Die Kolbenpumpen

einschließlich der Flügel- und Rotationspumpen

Von

H. Berg

Professor a. D. der Technischen Hochschule
Stuttgart

Zweite, vermehrte und verbesserte Auflage

Mit 536 Textfiguren und 13 Tafeln

Springer-Verlag Berlin Heidelberg GmbH
1921

Vorwort zur zweiten Auflage.

Die Tatsache, daß die zu Anfang des Krieges erschienene erste Auflage des Buches schon anderthalb Jahre nach Kriegsende in den Lagerbeständen des Verlags fehlte, berechtigt zu dem Schluß, daß das wissenschaftliche Interesse unserer Kriegsteilnehmer auch für das Gebiet des Pumpenbaus wieder ein recht lebhaftes geworden ist.

Zu einer Änderung des seitherigen Inhalts des Buches ergab sich bei der Bearbeitung der neuen Auflage nur in geringem Maße Veranlassung; die Worte, welche der Verfasser an die Spitze der ersten Auflage gesetzt hat, behalten daher unverändert ihre Geltung. Als eine wesentliche Bereicherung dürfte außerdem das neu Hinzugetretene empfunden werden: Je mehr der Verfasser sich mit der Aufklärung des Verhaltens der Ventile beschäftigte, um so mehr kam er zu der Überzeugung, daß bei dieser schwierig zu durchdringenden Materie nur auf dem Versuchswege ein weiterer Gewinn für die praktischen Bedürfnisse der Industrie zu erzielen sei. Die durch den Krieg unterbrochenen Versuche wurden daher im Sommer 1919 mit der glücklicherweise schon vor dem Beginn der wirtschaftlichen Schwierigkeiten erstellten Pumpwerksanlage fortgesetzt. Die Ergebnisse dieser Versuche, die sich nunmehr auf sechs Ventile verschiedener Größe und Konstruktion erstrecken, wurden für die vorliegende Neuausgabe bearbeitet und zugleich mit einer Beschreibung der Versuchseinrichtung sowie der Durchführung der Versuche in dieselbe aufgenommen. Als ein Fortschritt dürfte hierbei zu bezeichnen sein, daß die Aufzeichnung der Ventilbewegung entgegen dem sonstigen Gebrauch mit Hilfe einer mit gleichförmiger Geschwindigkeit sich drehenden Indikatortrommel erfolgte und dadurch Ventilhublinien gewonnen wurden, welche das tatsächliche Verhalten der Ventile unmittelbar zur Anschauung bringen.

Mit der vorliegenden Arbeit wollte ich meinen deutschen Fachgenossen einen weiteren Dienst erweisen.

Stuttgart, im September 1920.

H. Berg.

Vorwort zur ersten Auflage.

Das vorliegende Buch ist dazu bestimmt, insoweit das Gebiet der Kolbenpumpen in Frage kommt, an die Stelle des bekannten Sammelwerks über Pumpen von Hartmann-Knoke zu treten. Das Programm dieses letzteren Buches war die „Berechnung und Ausführung der für die Förderung von Flüssigkeiten gebräuchlichen Maschinen". Es behandelte dementsprechend alle zur Flüssigkeitsförderung dienenden Vorrichtungen nicht nur in beschreibender und vergleichender Darstellung, sondern auch in kritischer Betrachtung hinsichtlich der Wirkungsweise und Ausführung. War es schon in der letzten Auflage nicht mehr durchzuführen, all den verschiedenen Pumpengattungen die ihrer Bedeutung zukommende Würdigung in vollem Maße angedeihen zu lassen, so erschien es angesichts des neuzeitlichen Fortschritts in der konstruktiven Durchbildung und der Verwendung der Zentrifugalpumpen, deren ausreichende Behandlung allein schon ein Buch von annähernd dem Umfang eines Werkes über Wasserturbinen erfordert, nunmehr angezeigt, von der Zusammenfassung aller Pumpengattungen in einem einzigen Buch von großem Umfang abzusehen. Es war die Zeit für die Teilung des Stoffes in einzelne Sondergebiete und deren Behandlung in Spezialwerken gekommen.

Die Besprechung der Kolbenpumpen in dem vorliegenden Buch baut sich auf den Darlegungen auf, die ich in der letzten Auflage von Hartmann-Knoke[1]) im Abschnitt „Verdrängerpumpen" veröffentlicht habe. Das Buch behandelt demnach die Kolbenpumpen einschließlich der Flügelpumpen und der Rotations- oder Kapselpumpen.

Der die Theorie der Kolbenpumpen behandelnde Teil des Buches enthält wesentlich Neues über die Wirkungsweise und Berechnung der Windkessel und der Ventile.

Die seither allgemein übliche Größenbestimmung der Windkessel unter der unzutreffenden Annahme einer gleichmäßigen Wassergeschwindigkeit in der Leitung ist verlassen. Um dies zu ermöglichen, war eine eingehende Untersuchung über die Entstehung der Druckschwankungen im Windkessel und der Geschwindigkeitsschwankungen in der Leitung erforderlich. Hierbei glaubte ich, im Sinn vieler Leser zu handeln, wenn ich die Entwicklungen möglichst einfach und ohne die Voraussetzung einer Kenntnis der Theorie der elastischen Schwingungen durchführte. Dies war zu erreichen, wenn nur die Hauptwirkungen in Betracht gezogen wurden, während die Nebenwirkungen, welche in einer Dämpfung der Schwingungen zum Ausdruck kommen und niemals zahlenmäßig gefaßt werden können, außer acht blieben. Die Zulässigkeit dieser Maßnahme gründet sich darauf, daß diese Dämpfungen nur im Falle starker Schwingungen, also im Resonanzpunkt und dessen Nähe

---

[1]) Die Pumpen von K. Hartmann und J. O. Knoke. Dritte, neu bearbeitete Auflage von H. Berg. Verlag von Julius Springer, Berlin 1906.

von wesentlichem Einfluß sind, dieses Gebiet aber bei praktisch brauchbaren Anlagen zu vermeiden ist. Die Verhältnisse im Resonanzgebiet hat A. Gramberg in der Abhandlung „Wirkungsweise und Berechnung der Windkessel von Kolbenpumpen" in der Zeitschr. d. Ver. deutsch. Ing. 1911, S. 842 u. ff., aufs eingehendste behandelt. Für die Bedürfnisse der ausführenden Technik ist es aber wichtiger, mittels einfacher Rechnung für gegebene Verhältnisse den Abstand von dem Resonanzpunkt ermitteln bzw. für neue Verhältnisse die maßgebenden Größenwerte so wählen zu können, daß man sich in einem Abstand von dem Resonanzpunkt befindet, wo keine starken Schwingungen stattfinden, der Einfluß der Dämpfung also nicht berücksichtigt zu werden braucht. Die Größenbestimmung der Windkessel erfolgt nach wie vor auf Grund des Ungleichförmigkeitsgrades des Druckes im Windkessel, dessen Ermittlung auf eine einfache Weise dadurch möglich war, daß teils auf rechnerischem, teils auf zeichnerischem Wege vorgegangen wurde. Eine Reihe von Zahlenbeispielen zeigt die Anwendung des neuen Rechenverfahrens zur Bestimmung der Größe des Windkessels und zur Untersuchung von Pumpendiagrammen. Eine Prüfung der theoretisch entwickelten Drucklinien durch Vergleich mit den von Gramberg auf dem Versuchswege erhaltenen Diagrammen gibt die Aufklärung, wie die eigentümlichen Diagrammformen, die man beim Indizieren von Pumpen häufig erhält, zustande kommen.

Die außerordentliche Spärlichkeit des Materials, das in der Literatur über Versuche an Ventilen zu finden ist, hauptsächlich an Ringventilen mit solchen Formen und Abmessungen, wie sie an ausgeführten Pumpen zu treffen sind, veranlaßte mich, meine Untersuchungen des Tellerventils, die in Heft 30 der Mitteilungen über Forschungsarbeiten veröffentlicht sind, zunächst auf drei Ringventile verschiedener Größe mit Hilfe einer zu dem Zweck eigens gebauten Pumpe auszudehnen. Hierbei ergab sich ein neues Verfahren zur Bestimmung der Ventile bei gegebener Wasserlieferung und Umdrehungszahl der Pumpe. Eine Anleitung zur Verwendung der Versuchsventile, auch ihrer Zusammenstellung zu Gruppenventilen für Fälle, wo größere Wassermengen zu bewältigen sind, ist durch Zahlenbeispiele gegeben.

Die der konstruktiven Ausführung der Kolbenpumpen gewidmeten Abschnitte enthalten zahlreiche neue Konstruktionen, hauptsächlich kleinerer Pumpen, die zeigen, daß die Kolbenpumpe trotz, vielleicht auch wegen des lebhaften Wettbewerbs der Zentrifugalpumpe im Bund mit dem Elektromotor in fortschreitender Entwicklung begriffen ist.

Den Firmen, welche mich durch Überlassung von Konstruktionszeichnungen unterstützt haben, möchte ich auch an dieser Stelle meinen lebhaften Dank zum Ausdruck bringen.

Wenn die vorliegende literarische Bearbeitung eines Sondergebiets des Maschinenbaus der studierenden Jugend und den in der Industrie tätigen Fachgenossen bei ihrer Berufsarbeit eine schätzenswerte Hilfe leisten wird, so ist der Hauptzweck meiner Arbeit erfüllt.

Stuttgart, im September 1914.

H. Berg.

Inhaltsverzeichnis.

Tafelverzeichnis.

Häufig gebrauchte Buchstabenbezeichnungen.

A $\quad$ = Druck der Atmosphäre in mW (Meter Wassersäule).

A_t $\quad$ = Druck in mW, bei welchem das Wasser von t^0 C in Dampfform übergeht.

b $\quad$ = Ventilbelastung in mW, bezogen auf die Fläche des Ventiltellers.

c_s, c_d = Geschwindigkeit des Wassers in der Saug-, Druckleitung in m/sek.

f $\quad$ = Flächeninhalt des Ventiltellers in qm.

F, f $\quad$ = Querschnitt des Kolbens, der Kolbenstange in qm.

F_s, F_d = Querschnitt der Saug-, Druckleitung in qm.

F_w $\quad$ = Querschnitt des Windkessels in qm.

$\mathfrak{F}$ $\quad$ = Druck der Ventilbelastungsfeder in kg.

g $\quad$ = Beschleunigung durch die Schwerkraft = 9,81 m/sek².

G_w $\quad$ = Ventilgewicht im Wasser in kg.

h $\quad$ = Druck in mW.

h_m $\quad$ = Mittlerer (absoluter) Luftdruck im Windkessel in mW.

h_{sv}, h_{dv} = Durchgangswiderstand des Saug-, Druckventils in mW.

$h_{(sv)_0}$, $h_{(dv)_0}$ = Öffnungswiderstand des Saug-, Druckventils in mW.

h_{sw}, h_{dw} = mittlerer Luftdruck im Saug-, Druckwindkessel in mW.

H_s, H_d, H = Saug-, Druck-, Förderhöhe in m.

H_{ws}, H_{wd} = Widerstandshöhe der Saug-, Druckleitung in mW.

k $\quad$ = Kolbenbeschleunigung in m/sek².

k_0 $\quad$ = Kolbenbeschleunigung bei der Kolbenumkehr in m/sek².

l $\quad$ = Umfang des Ventilspalts in m.

L $\quad$ = Länge der Schubstange in m.

L_s, L_d = Länge der Saug-, Druckleitung in m.

n $\quad$ = Anzahl der Umdrehungen oder Doppelhübe in der Minute.

N $\quad$ = Kraftbedarf der Pumpe in Pferdekräften.

p $\quad$ = Druck in kg/qm.

Q $\quad$ = Vom Kolben verdrängtes Volumen in cbm/sek.

Q_e $\quad$ = Tatsächliche Wasserlieferung in cbm/sek.

Q_v $\quad$ = Die vom Ventil verarbeitete Wassermenge in cbm/sek oder l/sek.

r $\quad$ = Kurbelradius in m.

S $\quad$ = Kolbenhub in m.

t $\quad$ = Zeit vom Beginn des Kolbenhubs gerechnet, in sek.

u $\quad$ = Kolbengeschwindigkeit in m/sek.

v $\quad$ = Ventilgeschwindigkeit in m/sek.

W $\quad$ = Luftinhalt des Windkessels in cbm.

x $\quad$ = Kolbenweg in m.

γ $\quad$ = Gewicht von 1 cbm der Förderflüssigkeit = 1000 kg für Wasser.

δ_c $\quad$ = Ungleichförmigkeitsgrad der Geschwindigkeit des Wassers in der Leitung.

δ_p $\quad$ = Ungleichförmigkeitsgrad des Drucks im Windkessel.

ζ_s, ζ_d = Hydraulische Widerstandskoeffizienten der Saug-, Druckleitung.

η $\quad$ = Gesamtwirkungsgrad.

η_v $\quad$ = Volumetrischer Wirkungsgrad.

φ $\quad$ = Kurbelwinkel in Graden.

$\omega = \dfrac{\pi n}{30}$ = Winkelgeschwindigkeit der Kurbel in m/sek.

Einleitung.

Bei den im nachstehenden behandelten Pumpen erfolgt die Flüssigkeitsförderung durch einen zylindrischen oder plattenförmigen Körper (Kolben, Verdränger), durch dessen Bewegung die Flüssigkeit aus dem Pumpenraum verdrängt wird, während gleichzeitig oder abwechselnd der durch die Bewegung des Verdrängers im Pumpenkörper frei werdende Raum sich unter der Wirkung des Atmosphärendrucks mit Flüssigkeit anfüllt.

Nach der Art der Bewegung des Verdrängers sind zu unterscheiden:

    I. Kolbenpumpen, mit geradlinig hin- und herbewegtem Verdränger,

    II. Flügelpumpen, mit im Kreise hin- und herschwingendem Verdränger,

    III. Rotationspumpen, mit stetig sich um eine Achse drehendem Verdränger.

I. Kolbenpumpen.

A. Theorie der Kolbenpumpen.

1. Die Einrichtung und Wirkungsweise einer Kolbenpumpe.

In dem Pumpenzylinder C, Fig. 1, wird der scheibenförmige Kolben K, welcher sich luftdicht an die Zylinderwand anschließt, auf- und abbewegt. An den Zylinder ist links das Saugventilgehäuse G_s mit dem Saugventil V_s, rechts das Druckventilgehäuse G_d mit dem Druckventil V_d angeschraubt. Vom Saugventilgehäuse bis zum Brunnen geht die Saugleitung L_s, vom Druckventilgehäuse bis zum Sammelbehälter die Druck- oder Steigleitung L_d.

Die Wirkungsweise der Pumpe ist nun die folgende: Es seien Pumpe und Rohrleitung mit Luft von der Pressung der Atmosphäre angefüllt. Der Wasserspiegel in der Saugleitung steht alsdann in der gleichen Höhe wie der Wasserspiegel im Brunnen, da der Luftdruck innerhalb und außerhalb des Saugrohres gleich groß ist. Der Kolben befinde sich in seiner unteren Totlage. Wird er in die Höhe gezogen, so vergrößert sich der unter ihm befindliche Pumpenraum, die darin eingeschlossene Luft dehnt sich aus, gleichzeitig nimmt ihr Druck gegen die Zylinderwände und gegen das Saugventil ab. Die Pressung oberhalb des Saugventils wird kleiner als diejenige unterhalb desselben, wo der Atmosphärendruck herrscht. Ist die Pressung über dem Saugventil durch das Hochziehen des Kolbens auf einen gewissen Betrag gesunken, so wird das Ventil von dem Atmosphärendruck gehoben. Bei weiterem Steigen des Kolbens findet ein Überströmen von Luft aus dem Saugrohr in den Pumpenraum statt, und der Inhaltsvergrößerung des Pumpenraums entsprechend nimmt die Pressung der Luft sowohl im Pumpenzylinder als auch in der Saugleitung ab. Die Folge ist, daß der Wasserspiegel im Saugrohr steigt, weil die Luftpressung innerhalb des Rohrs kleiner ist, als außerhalb desselben.

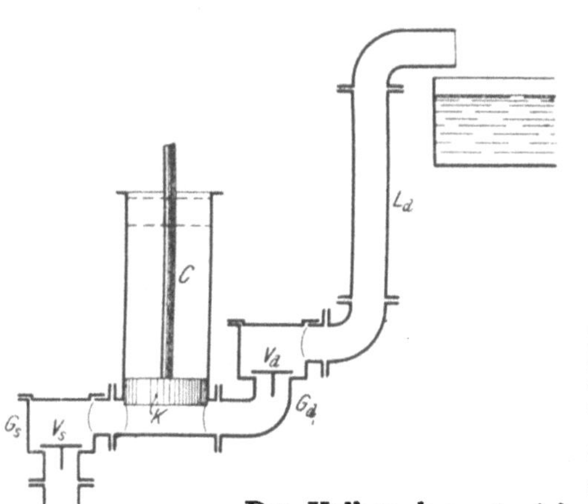

Fig. 1.

Hat der Kolben seine höchste Stellung erreicht, so sei das Wasser im Saugrohr auf die Höhe A-A gestiegen. Da nunmehr keine weitere Inhaltsvergrößerung im Pumpenzylinder stattfindet, so hört das Überströmen der Luft aus der Saugleitung nach dem Pumpenraum auf, und das Ventil schließt sich unter der Wirkung seines Eigengewichtes.

Der Kolben bewegt sich sodann abwärts unter gleichzeitigem Zusammendrücken der im Pumpenraum befindlichen Luft, deren Pressung zunächst auf die Höhe des Atmosphärendrucks und dann weiter steigt, bis das Druckventil gehoben wird und ein Überströmen von Luft in das Druckrohr erfolgt.

Gelangt der Kolben in die tiefste Stellung, so hört dieses Überströmen auf und es schließt sich das Druckventil. Hiermit ist das erste Kolbenspiel beendet.

Bei dem zweiten Aufsteigen des Kolbens tritt wieder eine gewisse Luftmenge aus der Saugleitung in die Pumpe, und es findet infolgedessen ein weiteres Steigen des Wassers in der Saugleitung statt. Die in den Pumpenzylinder eingetretene Luft wird beim Niedergang des Kolbens durch das Druckventil hindurch in die Druckleitung gefördert.

Bei jedem Kolbenaufgang steigt das Wasser im Saugrohr um ein Stück höher, bis es schließlich durch das Saugventil in den Pumpenraum eintritt. Ist es so hoch gestiegen, daß bei der tiefsten Kolbenstellung die beiden Ventilkästen und der Zylinderraum ganz von Wasser erfüllt sind, so folgt das Wasser dem Kolben bei seinem Aufgange unter der Wirkung des Drucks der Atmosphäre auf den Wasserspiegel des Brunnens. Man nennt diesen Vorgang das Saugen

der Pumpe, den Weg des Kolbens während dieses Saugens den Saughub der Pumpe.

Die Wassermenge, welche in den Pumpenzylinder eintritt, ist gleich
dem vom Pumpenkolben freigemachten Raum, also gleich dem Produkt
aus Kolbenquerschnitt mal Kolbenhub, oder gleich dem Hubvolumen
der Pumpe.

Bei dem Niedergang des Kolbens oder dem Druckhub der Pumpe
wird die gleiche Wassermenge von dem Kolben aus dem Zylinderraum
durch das Druckventil in die Druckleitung gefördert. Mit jedem Druckhub steigt der Wasserspiegel in dieser Leitung höher, bis er schließlich
den Ausguß erreicht.

Sind Pumpe und Leitungen ganz mit Wasser angefüllt, so wird
eine Wassermenge, welche gleich dem Hubvolumen der Pumpe ist,
bei jedem Saughub aus der Saugleitung in den Zylinder und gleichzeitig aus dem Brunnen in die Saugleitung gesaugt, und bei jedem
Druckhub aus dem Pumpenzylinder in die Druckleitung gefördert,
wobei gleichzeitig eine gleich große Wassermenge durch den Ausguß
nach dem Sammelbehälter abfließt.

Das Wasser wird also bei der betrachteten Pumpe auf zweierlei
Weise vom Brunnen auf die Höhe des Ausgusses gefördert: Vom
Brunnen bis zur Pumpe durch Saugen, von der Pumpe bis zum Aus-
guß durch Drücken.

Die mechanische Arbeit, welche verrichtet werden muß, um das
Wasser auf die ganze Höhe zu heben, zerfällt demnach in zwei Teile,
welche sich hinsichtlich ihrer Größe zueinander verhalten wie die Saughöhe zur Druckhöhe.

Da auf die in der Saugleitung aufsteigende Wassersäule als treibende
Kraft nur der Druck der Atmosphäre wirkt, so ist die Höhe, auf welche
das Wasser beim Saugen dem Kolben folgen kann, eine begrenzte,
und da der Atmosphärendruck dem Druck einer Wassersäule von rund
10 m Höhe entspricht, so kann eine Pumpe theoretisch nur 10 m hoch
saugen. In Wirklichkeit wird diese Saughöhe nicht erreicht, weil ein
Teil des Atmosphärendrucks zur Überwindung der Widerstände, welche
bei der Bewegung des Wassers durch die Rohrleitung und Pumpe entstehen, erforderlich ist.

Die Druckhöhe einer Kolbenpumpe ist theoretisch unbegrenzt;
sie beträgt oft mehrere hundert Meter. Ihre Beschränkung erfährt
sie durch die begrenzte Widerstandsfähigkeit der zum Pumpenbau
verfügbaren Konstruktionsmaterialien.

2. Die gebräuchlichsten Bauarten der Kolbenpumpen. Ihre Wirkungsweise und Verwendung.

Es bezeichne:

F den Kolbenquerschnitt in Quadratmeter,
f den Querschnitt der Kolbenstange in Quadratmeter,
S den Kolbenhub in Meter,
n die Anzahl der Doppelhübe oder Umdrehungen in der Minute,

V das vom Kolben aus dem Pumpenzylinder in die Druckleitung
verdrängte Volumen in Kubikmeter beim Vorlauf (Aufgang),
d. h. derjenigen Bewegungsrichtung des Kolbens, bei welcher
die Kolbenstange aus dem Pumpenzylinder heraustritt,

R das vom Kolben aus dem Pumpenzylinder verdrängte Volumen
beim Rücklauf (Niedergang) in Kubikmeter,

Q das vom Kolben in der Sekunde verdrängte Volumen in Kubikmeter.

Der Kolben verdrängt bei einer Hin- und Herbewegung (Doppelhub, Umdrehung) das Volumen $V + R$.

Macht die Pumpe n Umdrehungen (Doppelhübe) in der Minute,
oder $\dfrac{n}{60}$ Umdrehungen in der Sekunde, so ist das in der Sekunde verdrängte Volumen

$$Q = \frac{(V + R)n}{60} \qquad \ldots \ldots \ldots \ldots \quad 1$$

Einfachwirkende Pumpen.

Fig. 2 und 3. Liegende und stehende Plungerpumpe.

Beim Vorlauf (Aufgang) saugt der Kolben die Wassermenge FS
aus der Saugleitung in den Zylinder, beim Rücklauf (Niedergang) verdrängt er diese Wassermenge nach der Druckleitung. Saugen und
Drücken findet also abwechslungsweise statt.

Die Antriebsarbeit der Pumpe beim Vorlauf verhält sich zu derjenigen beim Rücklauf wie die Saughöhe zur Druckhöhe.

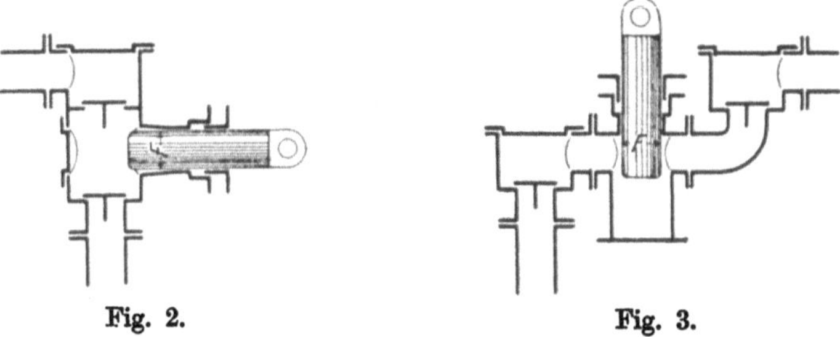

Fig. 2.　　　　　　　　Fig. 3.

Für die Wasserverdrängung nach der Druckleitung ergibt sich:

$$V = 0$$
$$R = FS$$
$$\overline{V + R = FS}$$
$$Q = \frac{FSn}{60} \qquad \ldots \ldots \ldots \ldots \quad 2$$

Die einfachwirkenden Plungerpumpen werden zur Förderung kleiner
wie großer Wassermengen auf alle Förderhöhen verwendet.

Bei größeren Wassermengen und bei hohem Druck (Speise- und
Preßpumpen) werden zwei oder drei Pumpen gleicher Konstruktion

nebeneinander angeordnet und durch eine gemeinschaftliche Kurbelwelle angetrieben (Zwillingspumpe, Drillingspumpe).

Fig. 4. **Hubpumpe mit Ventilkolben.** Das Druckventil ist in dem durchbrochenen Kolben untergebracht.

Beim Aufgang saugt der Kolben die Wassermenge FS in den unter ihm befindlichen Zylinderraum, gleichzeitig verdrängt er aus dem oberen Zylinderraum nach der Druckleitung eine Wassermenge, welche, sofern von dem Vorhandensein der Kolbenstange abgesehen wird, ebenfalls gleich FS ist. Die Pumpe saugt und drückt also gleichzeitig beim Kolbenaufgang.

Beim Niedergang ist das Saugventil geschlossen und das Wasser steht in den beiden Leitungen und der Pumpe still. Der Kolben schiebt sich bei geöffnetem Ventil durch die Wassersäule des Zylinders, eine Wasserförderung findet hierbei nicht statt.

Es fällt somit die ganze Förderarbeit der Pumpe auf den Kolbenaufgang und dementsprechend ist ihr Kraftbedarf ein sehr ungleichmäßiger.

Für die Wasserverdrängung ergibt sich:

$$V = FS$$
$$\underline{R = 0}$$
$$V + R = FS$$
$$Q = \frac{FSn}{60} \quad \ldots \ldots \quad 3$$

Streng genommen gilt das Vorstehende nur, wenn der Querschnitt der Kolbenstange klein ist im Verhältnis zum Kolbenquerschnitt. Andernfalls ist die Pumpe als einfachsaugend und doppeltdrückend anzusehen (siehe S. 10).

Die Hubpumpen sind hauptsächlich als Brunnenpumpen, Tiefbrunnenpumpen und Abteufpumpen in Verwendung, ferner als Warmwasserpumpen bei der Kondensationsvorrichtung von Dampfmaschinen.

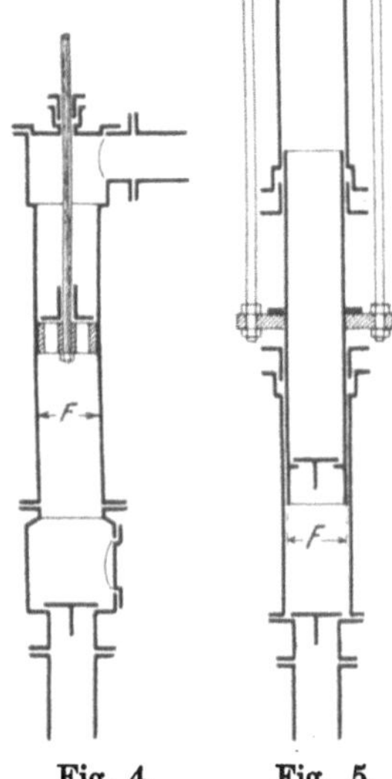

Fig. 4.   Fig. 5.

Die Abdichtung des Ventilkolbens gegen die Zylinderwand ist bei größerer Druckhöhe nicht mehr zuverlässig, auch ist eine Undichtheit nur durch die Unzulänglichkeit der Wasserlieferung, also meist erst bei großem Fehler bemerkbar; außerdem ist es schwierig, für das Kolbenventil einen genügenden Durchgangsquerschnitt zu erzielen. Erstere Übelstände entfallen bei der nächstfolgenden Pumpe.

Fig. 5. **Hubpumpe mit Rohrkolben.**

Der Kolben besteht aus einem Rohr, in welches das Druckventil eingebaut ist, und wird durch ein außenliegendes Gestänge bewegt. Die Abdichtung geschieht durch zwei außenliegende und dehalb leicht zugängliche Stopfbüchsen.

Ein Nachteil der Konstruktion im Vergleich zu Fig. 4 ist der wesentlich größere Reibungswiderstand des Kolbens in den Stopfbüchsen, auch ist das Gewicht der auf- und niedergehenden Konstruktionsteile größer.

Die Wirkungsweise der Pumpe ist die gleiche wie diejenige der Pumpe
Fig. 4. Ihre Konstruktion eignet sich hauptsächlich für Tiefbrunnenpumpen mit großer Förderhöhe.

Doppeltwirkende Pumpen.

Doppeltwirkende Pumpen entstehen durch die Vereinigung zweier
einfach wirkenden Pumpen.

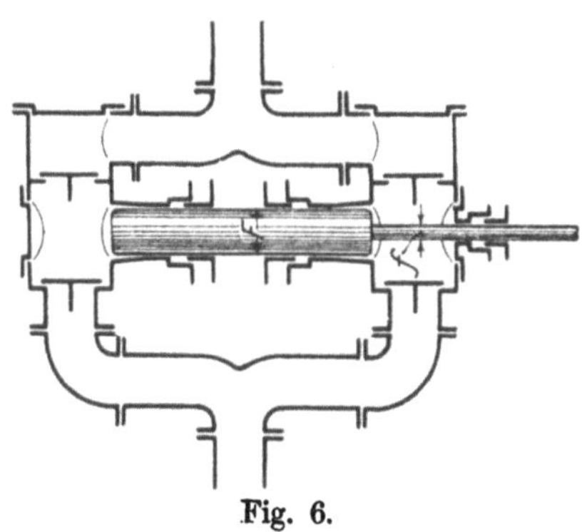

Fig. 6.

**Fig. 6. Liegende Plunger-
pumpe mit nach innen ge-
kehrten Stopfbüchsen.**

Die Konstruktion ist eine Zusammenstellung zweier Pumpen
nach Fig. 2 bei gemeinschaftlichem Plunger. Bei jedem Hub
saugt die eine wirksame Kolbenfläche, während gleichzeitig die
andere drückt, und zwar ist die
wirksame Kolbenfläche auf der
hinteren Pumpenseite F, auf der
vorderen $(F-f)$.

Für die Wasserverdrängung
nach dem Druckrohre ergibt
sich demnach:

$$V = (F-f)S$$
$$R = FS$$
$$\overline{V + R = (2F-f)S}$$
$$Q = \frac{(2F-f)Sn}{60} \quad \ldots \ldots \ldots \ldots 4$$

Um den Reibungswiderstand des Kolbens zu vermindern, werden
die beiden innenliegenden Stopfbüchsen häufig durch eine einzige mit
nur einer Dichtung (Unastopfbüchse) ersetzt.

Hierbei ergibt sich zugleich eine geringere Baulänge der Pumpe,
was auch erreicht wird, wenn man die Stopfbüchse in das Innere des
Zylinders verlegt. Die leichte Zugänglichkeit und die Übersichtlichkeit,
welche der außenliegenden Stopfbüchse eigen sind, gehen dabei jedoch
verloren. Man findet die innenliegende Stopfbüchse deshalb meist
nur bei kleinen Pumpen. (Näheres hierüber siehe unter „Stopfbüchsen".)

Die Anordnung Fig. 6 ist die gebräuchlichste für Wasserwerks-
und Wasserhaltungsmaschinen.

Fig. 7 und 8. Liegende Plungerpumpe mit nach außen
gekehrten Stopfbüchsen.

Die Konstruktion ist ebenfalls eine Vereinigung von zwei Pumpen
nach Fig. 2, aber in umgekehrter Aufstellung. Es sind nur zwei Stopfbüchsen notwendig, während die Anordnung nach Fig. 6 im allgemeinen
deren drei bedarf; auch ist die Wasserlieferung und demnach die Antriebsarbeit für Vor- und Rücklauf genau gleich groß, was dort nicht
zutrifft. Dagegen ist ein Umführungsgestänge zur Übertragung der
Bewegung des vorderen Kolbens auf den hinteren notwendig.

Die Wasserförderung erhält man aus:

$$V = F S$$
$$R = F S$$
$$\overline{V + R = 2 F S}$$
$$Q = \frac{2 F S n}{60} \quad \ldots \ldots \ldots \ldots \quad 5$$

Die Anordnung mit Umführungsgestänge wird hauptsächlich bei Pumpen mit großer Druckhöhe (Wasserhaltungsmaschinen, Preßpumpen zum Speisen von Akkumulatoren und hydraulischen Pressen) gewählt, denn in diesem Fall erhält die Kolbenstange bei einer An-

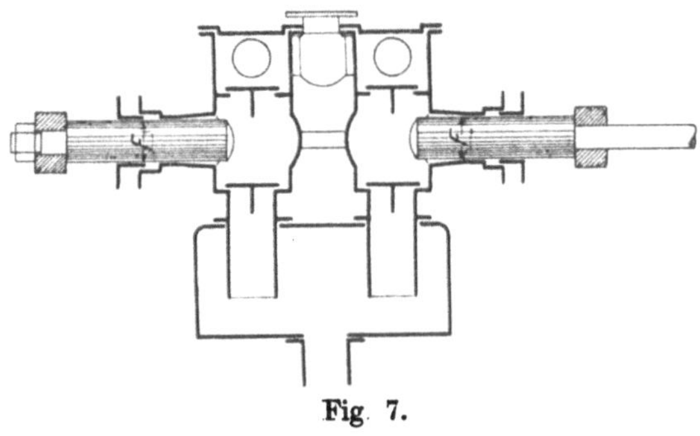

Fig. 7.

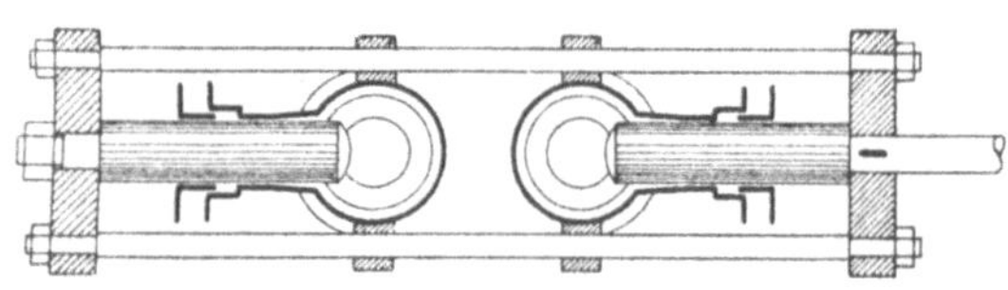

Fig. 8.

ordnung nach Fig. 6 wegen des großen Kolbenwiderstandes einen verhältnismäßig großen Querschnitt, die Pumpenlieferung und der Arbeitsbedarf fallen daher für Vor- und Rücklauf sehr verschieden aus.

Auch für schnellaufende Pumpen mit Antrieb durch Elektromotor ist die Pumpe mit Umführungsgestänge wegen ihres gleichmäßigen Widerstands beliebt.

Fig. 9 und 10. Liegende Pumpen mit Scheibenkolben.

An die Stelle des Plungers der Bauart Fig. 6 tritt bei der Anordnung Fig. 9 ein Scheibenkolben. Dadurch wird eine wesentlich kleinere Baulänge der Pumpe und geringerer Kolbenwiderstand erzielt.

Diese Bauart wird bei Pumpen für kleinere und mittlere Wassermengen bei mäßiger Förderhöhe (Fabrikpumpen) sehr häufig angewandt. Für größere Druckhöhen eignet sie sich wegen der mangelhaften Abdichtung des Scheibenkolbens nicht.

Eine weitere Verminderung der Baulänge der Pumpe wird durch die Anordnung sämtlicher Ventile oberhalb des Pumpenzylinders, Fig. 10, erzielt.

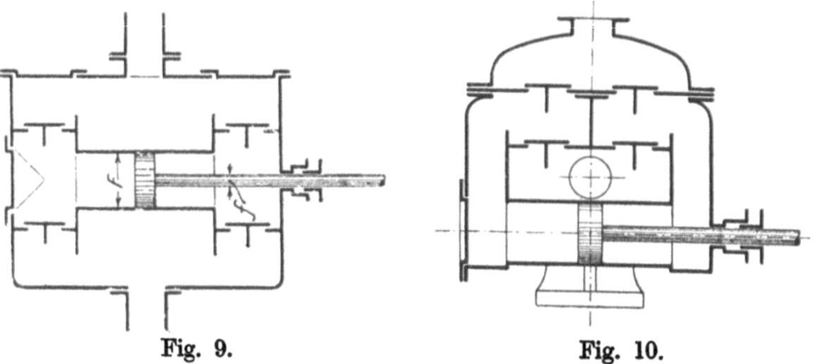

Fig. 9.   Fig. 10.

Diese Konstruktion findet sich hauptsächlich bei direktwirkenden Dampfpumpen.

Die Wirkungsweise der Pumpen nach Fig. 9 und 10 ist die gleiche, wie diejenige der Anordnung Fig. 6.

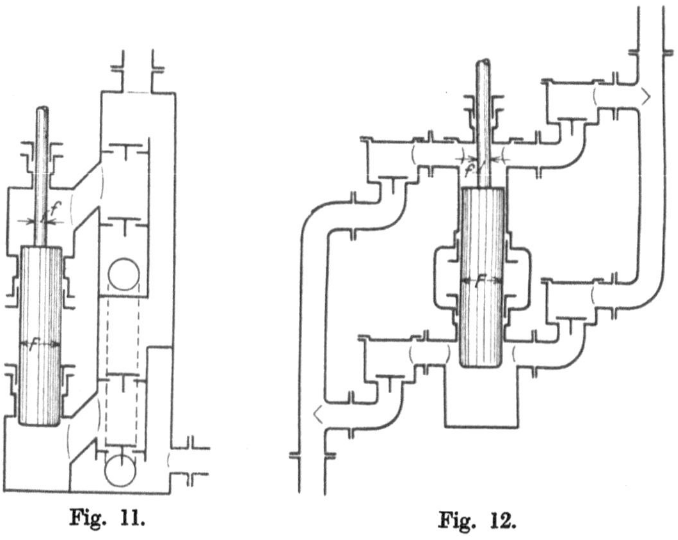

Fig. 11.   Fig. 12.

Fig. 11 und 12. Stehende Plungerpumpen.

Die Anordnung Fig. 11 entsteht durch Aufeinanderstellen von zwei einfachwirkenden Plungerpumpen mit gegeneinandergekehrten Stopfbüchsen und zeichnet sich durch gedrängten Bau, hauptsächlich durch geringen Platzbedarf im Grundriß aus. Sie stellt die am häufigsten gebrauchte Type freistehender Pumpen für mittlere Wassermengen und mäßige Druckhöhen dar (Fabrikpumpen, Speisepumpen, Tiefbrunnenpumpen).

Die Pumpe Fig. 12 besteht in der Hauptsache aus dem Zylinder und vier angeschraubten Ventilgehäusen gleichen Modells. Da der gesamte Pumpenkörper aus lauter vorwiegend zylindrischen Gußstücken von verhältnismäßig geringem Durchmesser zusammengesetzt ist, besitzt er größere Widerstandsfähigkeit gegenüber innerem Überdruck als die kastenförmigen Anordnungen mit zum Teil ebenen Wänden der Pumpen nach Fig. 9—11. Demgemäß eignet sich diese Pumpentype hauptsächlich für größere Förderhöhe bei mäßiger Wassermenge (Schachtpumpe). Als Vorteil derselben ist noch hervorzuheben, daß die Ventile sehr leicht zugänglich sind, als Nachteil, daß der ganze Pumpenkörper sehr umfangreich und konstruktiv unschön ausfällt. Für hohe Umdrehungszahl ist diese Pumpe nicht geeignet.

Die Wirkungsweise dieser und der vorher besprochenen Pumpe ist die gleiche wie diejenige der Pumpe Fig. 6.

Fig. 13. Stehende Pumpe mit Scheibenkolben.

Während bei der Pumpe Fig. 12 die beiden Saugventile links, die beiden Druckventile rechts vom Pumpenzylinder angeordnet sind,

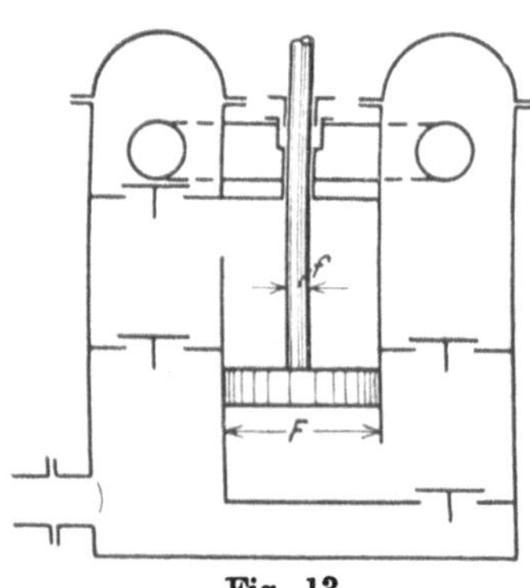

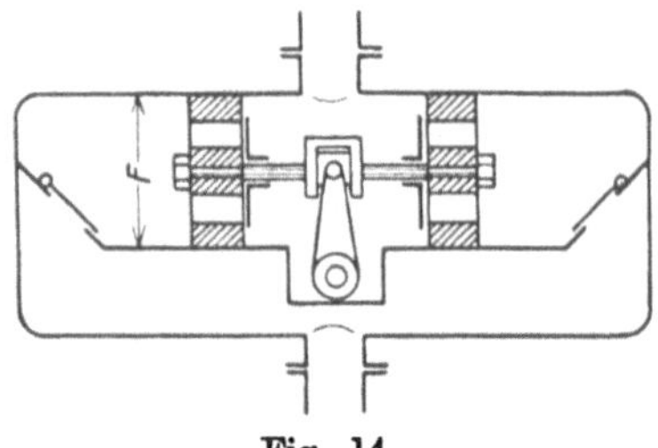

Fig. 13.   Fig. 14.

ist bei dieser Konstruktion je das zusammenarbeitende Saug- und Druckventil einer Pumpenseite in einem Kasten seitlich des Zylinders untergebracht.

Wirkungsweise und Verwendung dieser Pumpenart ist wie diejenige der liegenden Pumpe mit Scheibenkolben Fig. 9.

Fig. 14. Liegende Pumpe mit Doppelventilkolben.

Die Anordnung besteht aus zwei einfachwirkenden Hubpumpen, deren Kolben zu einem Doppelkolben vereinigt sind. Wird dieser nach rechts bewegt, so saugt und drückt der linke Kolben und umgekehrt.

Bei jedem Kolbenhub wird die Wassermenge FS in die Druckleitung verdrängt.

Fig. 15. Stehende Pumpe mit zwei gegenläufigen Ventilkolben.

Während bei den vorstehend beschriebenen doppeltwirkenden Pumpen zur Erzielung der Doppelwirkung vier Ventile, also doppelt so viele als bei einer einfachwirkenden Pumpe erforderlich waren, braucht die Anordnung Fig. 15 nur zwei Ventile, dafür aber zwei Kolben mit gegenläufiger Bewegung, die durch zwei unter 180° versetzte Kurbeln angetrieben werden.

Zur Beurteilung der Wirkungsweise sei die Wasserförderung nach dem Druckrohr bestimmt. Geht der obere Kolben in die Höhe, so schiebt er die Wassermenge $(F-f_1)\,S$ in das Steigrohr, der gleichzeitig niedergehende untere Kolben hat auf diese Wasserförderung keinen Einfluß. Bei dem darauf folgenden Hub schiebt der aufsteigende untere Kolben die Wassermenge $(F-f)\,S$ durch den niedergehenden oberen Kolben hindurch in das Steigrohr, gleichzeitig verdrängt aber auch die niedergehende hohle Stange des oberen Kolbens mit ihrem Querschnitt f_1 die Wassermenge $f_1 S$ aus dem Pumpenraum oberhalb des oberen Kolbens in das Steigrohr. Man erhält dementsprechend für die Wasserlieferung der Pumpe nach dem Steigrohr, wenn mit V bzw. R die Wasserlieferung beim Auf-, bzw. Niedergang des oberen Kolbens bezeichnet wird:

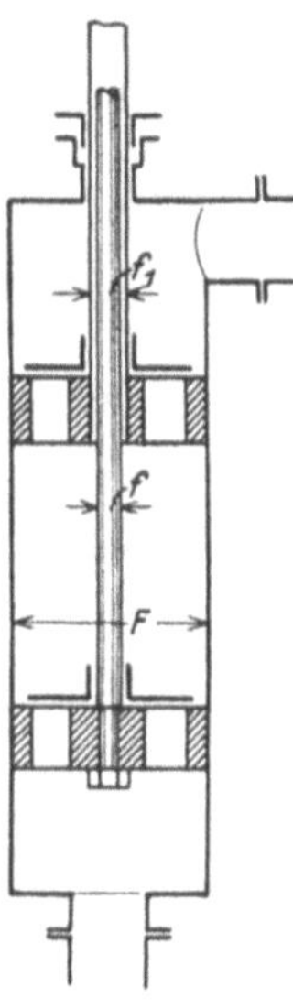

$$V = (F-f_1)\,S$$
$$R = (F-f+f_1)\,S$$
$$\overline{V + R = (2F-f)\,S}$$
$$Q = \frac{(2F-f)\,Sn}{60} \quad \dots \dots \quad 6$$

Fig. 15.

Die sekundliche Wasserlieferung ist also wie bei der doppeltwirkenden Pumpe Fig. 6.

Nachteilig ist, daß jedes Kolbenventil wegen der gegenläufigen Bewegung der Kolben das Doppelte der Wassermenge durchlassen muß, die der Bewegung seines Kolbens allein entspricht.

Verwendung findet die Bauart bei Rohrbrunnenpumpen für größere Wassermengen.

Bei den doppeltwirkenden Pumpen ist der vom Pumpenantrieb zu überwindende Kolbenwiderstand beim Vor- und Rücklauf des Kolbens annähernd gleich groß, während er sich bei den einfachwirkenden Pumpen wie die Saughöhe zur Druckhöhe verhält. Durch die gleichmäßige Arbeitsverteilung sind die Konstruktionsbedingungen für den Antrieb der doppeltwirkenden Pumpen günstigere. Die doppeltwirkende Pumpe braucht allerdings doppelt soviel Ventile als die einfachwirkende; die Größe dieser Ventile, ebenso wie die Größe des Hubvolumens der Pumpe, braucht jedoch nur der Hälfte der zu liefernden Wassermenge zu entsprechen.

Einfachsaugende und doppeltdrückende Pumpen oder Differentialpumpen.

Fig. 16 und 17. Liegende und stehende Differentialpumpe mit Plungerkolben.

Beim Vorlauf (Aufgang) wird die Wassermenge FS in den hinteren (unteren) Zylinderraum gesaugt und die Wassermenge $(F-f)\,S$ aus dem vorderen (oberen) Zylinderraum in die Druckleitung verdrängt.

Beim Rücklauf (Niedergang) schiebt die hintere (untere) Kolbenfläche die Wassermenge FS durch das Verbindungsrohr in den vorderen (oberen) Zylinderraum, dabei wird jedoch durch die eindringende Kolbenstange der Betrag fS aus diesem Raum in die Druckleitung weitergedrängt. Die Pumpe arbeitet also beim Vorlauf saugend und zugleich drückend, beim Rücklauf nur drückend.

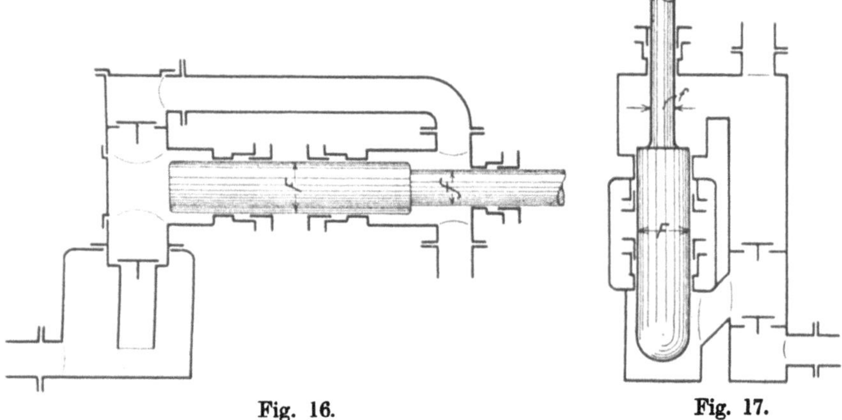

Fig. 16.Fig. 17.

Die Wasserlieferung ergibt sich aus:

$$V = (F - f)S$$
$$R = fS$$
$$\overline{V + R = FS}$$
$$Q = \frac{FSn}{60} \quad \ldots \ldots \ldots \ldots \quad 7$$

Wird der Stangenquerschnitt f gleich der Hälfte des Plungerquerschnittes F gemacht, dann ist die Wasserlieferung der Pumpe beim Vor- und Rücklauf gleich. Es kann aber auch das Verhältnis der beiden Querschnitte F und f so gewählt werden, daß die Antriebsarbeit beim Vor- und Rücklauf gleich groß, bei stehenden Pumpen auch das Gewicht der auf- und niedergehenden Konstruktionsteile ausgeglichen wird.

Für die gleiche Wasserlieferung müssen bei einer Differentialpumpe die Ventile und das Hubvolumen ebenso groß wie bei einer einfachwirkenden Pumpe sein. Die Differentialpumpe fällt also größer aus als die doppeltwirkende Pumpe, sie besitzt aber nur halb so viele Ventile wie diese und bietet die Möglichkeit vollständig gleichen Kolbenwiderstands für Vor- und Rücklauf.

Die Differentialpumpen werden daher den doppeltwirkenden Pumpen bei kleinen und mittleren Wassermengen und großer Förderhöhe vorgezogen.

Fig. 18. Differentialpumpe mit Ventilkolben.

Der bei der einfachwirkenden Hubpumpe Fig. 4 bestehende Übelstand, daß beim Aufgang des Kolbens die ganze Saug und Druckarbeit, beim Niedergang keine Arbeit zu leisten ist, wird durch das Hinzufügen eines Plungers (s. Fig. 18) behoben. Beim Aufgang wird die Wassermenge FS von der unteren Fläche des Ventilkolbens angesaugt und gleichzeitig von der oberen Fläche gehoben, sofern der kleine Querschnitt des Gestänges zwischen den beiden Kolben unberücksichtigt bleibt. Der Plunger macht aber im Zylinder einen Raum fS frei, so daß in die Druckleitung nur die Wassermenge $(F-f)S$ tritt. Beim Niedergang schiebt sich der Ventilkolben durch die stillstehende Wassersäule des Pumpenzylinders, während der Plunger die Wassermenge fS aus dem Zylinder verdrängt.

Die Wasserlieferung ist demnach:

$$V = (F-f)S$$
$$R = fS$$
$$\overline{V + R = FS}$$
$$Q = \frac{FSn}{60} \quad \ldots \ldots \quad 8$$

Durch entsprechende Wahl des Plungerquerschnitts f kann man wie bei den Pumpen Fig. 16 und 17 gleiche Antriebsarbeit für Auf- und Niedergang erzielen.

Die Pumpe tritt an die Stelle der einfachwirkenden Hubpumpe in Fällen, wo die Förderhöhe groß ist (Tiefbrunnenpumpe).

Fig. 19. Differentialpumpe mit Rohrkolben (Rittingerpumpe).

An den feststehenden Zylinder C_1 mit dem Saugventil V_s ist das Saugrohr S angeschlossen. Der Rohrkolben K vom äußeren Querschnitt F ist nach oben erweitert zu

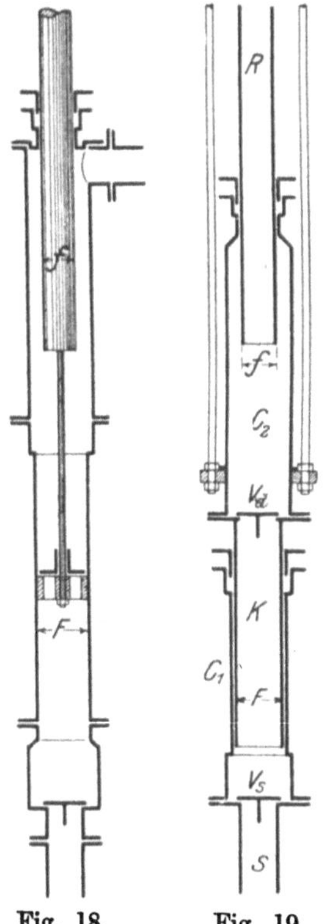

Fig. 18.   Fig. 19.

einem Zylinder C_2, dessen Stopfbüchse das feststehende Steigrohr R vom äußeren Querschnitt f umfaßt. Der Rohrkolben wird samt dem Zylinder C_2 und dem Druckventil V_d durch ein Gestänge auf und ab bewegt. Beim Heben des Rohrkolbens wird die Wassermenge FS in den Zylinder C_1 gesaugt, gleichzeitig schiebt sich durch das Heben des Zylinders C_2 das feststehende Steigrohr (Degenrohr) R in diesen Zylinderraum hinein und verdrängt die Wassermenge fS in die Steigleitung.

Beim Niedergang tritt, da das Saugventil geschlossen ist, die Wassermenge FS durch das Druckventil aus dem Zylinder C_1 in den Zylinder C_2 und gelangt durch diesen in das Steigrohr R, aber nur zu einem Teil, der andere Teil dient dazu, den unter dem Steigrohr durch die Abwärtsbewegung des Zylinders C_2 freiwerdenden Raum fS auszufüllen, so daß die ins Steigrohr eintretende Wassermenge $(F-f)S$ ist.

Die Wasserlieferung ergibt sich daher aus:

$$V = fS$$
$$R = (F - f)S$$
$$\overline{V + R = FS}$$
$$Q = \frac{FSn}{60} \quad \cdots\cdots\cdots\cdots\cdots\cdots\; 9$$

Derartige Pumpen wurden vielfach als Schachtpumpen verwendet; sie gestatten eine größere Druckhöhe als Pumpen mit Ventilkolben und nehmen weniger Raum ein als Plungerpumpen, weil sie einachsig sind, d. h. weil die Mittellinien von Zylinder, Ventilen und Rohrleitungen alle in eine Achse zusammenfallen.

3. Geförderte Flüssigkeitsmenge. Volumetrischer Wirkungsgrad.

Im vorhergehenden Abschnitt wurde die vom Kolben in der Sekunde verdrängte Flüssigkeitsmenge Q für die gebräuchlichsten Pumpenarten bestimmt. Die tatsächlich von der Pumpe gelieferte Wassermenge ist stets kleiner als das vom Kolben verdrängte Volumen, weil gewisse Lieferungsverluste entstehen.

Diese Verluste sind zurückzuführen auf:

1. das verspätete Öffnen und Schließen der Ventile,
2. die Anwesenheit von Luft im Pumpenzylinder, herrührend von dem natürlichen Luftgehalt des Wassers, Undichtheit der Saugleitung, unter Umständen auch von fehlerhafter Konstruktion des Pumpenzylinders,
3. mangelhafte Abdichtung der Stopfbüchsen und des Kolbens,
4. Undichtheit der Ventile.

Zu 1. Solange der Kolben sich in der Druckrichtung bewegt, verdrängt er Wasser, und dieses kann nur durch das Druckventil entweichen. Dieses Ventil ist also unter allen Umständen offen, bis der Kolben ans Ende des Druckhubs gelangt, und hat im Augenblick der Kolbenumkehr immer noch einen gewissen Abstand von seinem Sitz, wie im späteren näher nachgewiesen ist.

Geht hierauf der Kolben zurück, so wird sich das Druckventil vollends schließen, und dann erst beginnt die Saugwirkung des Kolbens. Hat aber der Kolben vom Augenblick des Hubwechsels bis zu dem Augenblick, wo das Druckventil schließt, den Weg x zurückgelegt, so wird bei dem Saughub nicht die Wassermenge FS, sondern nur $F(S-x)$ in den Zylinder gesaugt. Durch die Schlußverspätung des Druckventils entsteht also eine Verminderung der angesaugten Wassermenge. Den gleichen Einfluß hat die Schlußverspätung des Saugventils: Findet der Schluß des Ventils erst statt, nachdem der Kolben seine Bewegung umgekehrt und in der Druckrichtung den Weg x_1 zurückgelegt hat, so tritt von der angesaugten Wassermenge $F(S-x)$ der Betrag Fx_1 aus dem Zylinder in die Saugleitung zurück; es wird also von der Pumpe im ganzen nur die Wassermenge $F(S-x-x_1)$ in die Druckleitung gefördert.

Zu 2. Das Wasser im Brunnen hat stets einen gewissen Gehalt an Luft. Da die Flüssigkeitspressung in der Saugleitung vom Brunnen bis zum Pumpenzylinder mit der Saughöhe stetig abnimmt, so scheidet sich aus dem Wasser bei seinem Aufsteigen in der Saugleitung eine gewisse Luftmenge ab, die um so größer ist, je größer der natürliche Luftgehalt des Wassers im Brunnen ist und je höher gesaugt wird. Die Pumpe fördert also nicht nur Wasser, sondern ein Gemenge von Wasser und Luft. Durch Undichtheit der Saugleitung kann die Luftmenge noch wesentlich vergrößert werden.

Ein weiterer Lieferungsverlust kann infolge fehlerhafter Konstruktion des Pumpenkörpers entstehen, wenn in diesem ein sogenannter Luftsack, d. h. ein Raum vorhanden ist, in welchem die Luft hängen bleibt, anstatt daß sie beim Druckhub des Kolbens durch das Druckventil aus dem Pumpenzylinder entweicht.

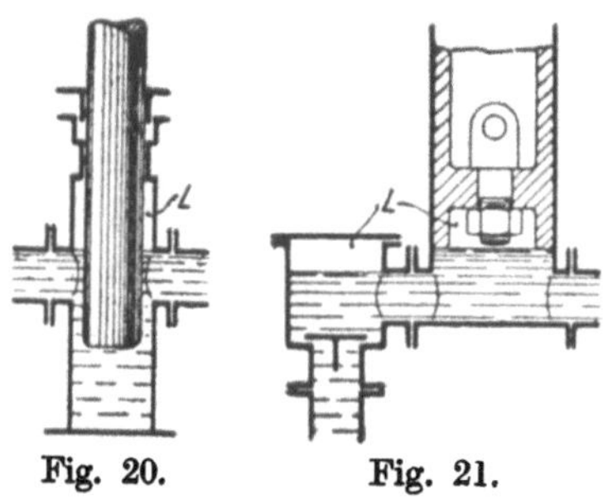

Fig. 20.　　　　Fig. 21.

Die im Raum L, siehe Fig. 20 und Fig. 21, befindliche Luft hat während der Saugbewegung des Kolbens eine Pressung, welche gleich der Saugspannung im Zylinder ist. Kehrt der Kolben um, so wird diese Luft, sobald sich das Saugventil geschlossen hat, durch die Kolbenbewegung zusammengedrückt, ihre Pressung steigt nicht plötzlich, sondern nach dem Mariotteschen Gesetz allmählich. Der Kolben legt also einen gewissen Weg zurück, bis der Druck im Pumpenzylinder so weit gestiegen ist, daß das Druckventil aufgeht, und dann erst beginnt die Wasserförderung nach der Druckleitung.

Ebenso wird sich beim Saughub der Pumpe zuerst diese Luft wieder ausdehnen, dann erst öffnet sich das Saugventil.

Der durch einen solchen Luftsack entstehende Lieferungsverlust ist um so größer, je größer der Unterschied zwischen der Saugspannung und der Druckspannung, d. h. je größer die Saughöhe und je größer die Druckhöhe ist.

Zu 3. Dichtet die Stopfbüchse am Plunger oder an der Stange des Scheibenkolbens nicht vollständig ab, so wird während des Drückens eine gewisse Flüssigkeitsmenge, welche von der Pumpenlieferung abgeht, durch sie austreten. Ebenso wird beim Saugen der Zylinder nicht vollgesaugt, wenn Luft durch die Stopfbüchse eintreten kann. Ist der Scheibenkolben einer doppeltwirkenden Pumpe nicht dicht, so tritt bei jedem Hub Wasser von der Druckseite nach der Saugseite über.

Zu 4. Sind die Ventile nicht dicht, so findet beim Saugen ein Rückströmen von Wasser aus der Druckleitung in den Pumpenraum, beim Drücken ein solches aus dem Pumpenraum in die Saugleitung statt.

Aus dem Vorstehenden geht hervor, daß auch bei normalarbeitenden Pumpen die tatsächliche Wasserlieferung stets kleiner ist, als das vom Kolben verdrängte Volumen.

Das Verhältnis η_v der tatsächlich gelieferten Wassermenge Q_e zur Kolbenverdrängung Q nennt man den **volumetrischen Wirkungsgrad** oder **Lieferungsgrad** oder **Lieferungskoeffizienten** der Pumpe.

Es ist also:

$$\eta_v = \frac{Q_e}{Q} \text{ oder } Q_e = \eta_v Q \;\; . \; . \; . \; . \; . \; . \; . \; . \quad 10$$

Wie vorstehend erläutert, wird die tatsächliche Wasserlieferung einer Pumpe von der Größe der Saug- und der Druckhöhe und von der Beschaffenheit des Wassers beeinflußt. Es ist demnach der volumetrische Wirkungsgrad selbst für eine und dieselbe Pumpenkonstruktion kein feststehender Wert.

Der volumetrische Wirkungsgrad ist auch von der Größe der Pumpe abhängig, und zwar ist er bei kleineren Pumpen kleiner, weil die Lieferungsverluste bei diesen verhältnismäßig mehr ausmachen.

Es kann angenommen werden:

$\eta_v = 0{,}97 \div 0{,}99$ für beste große Pumpen (Wasserversorgungs- und Wasserhaltungsmaschinen).

$\eta_v = 0{,}90 \div 0{,}95$ für mittelgroße gute Pumpen (Fabrikpumpen).

$\eta_v = 0{,}85 \div 0{,}90$ für kleine Pumpen in guter Ausführung.

Zwecks Ermittelung des volumetrischen Wirkungsgrades einer ausgeführten Pumpe bestimmt man die Größe Q_e durch Abwägen oder Messen des geförderten Wassers und die Größe Q durch Berechnen der Kolbenverdrängung aus den Abmessungen der Pumpe und ihrer Umdrehungszahl nach den auf S. 4 und ff. angegebenen Gleichungen.

4. Graphische Darstellung der Pumpenlieferung.

Die Geschwindigkeit, mit welcher sich das Wasser in dem Pumpenraum und den Rohrleitungen bewegt, hängt in jedem Augenblick von der Geschwindigkeit des Kolbens ab. Ist das Bewegungsgesetz des letzteren gegeben, so lassen sich auch für jeden Augenblick diese Wassergeschwindigkeiten und die Pumpenlieferung bestimmen.

Hat der Kolben vom Querschnitt F qm zur Zeit t, vom Beginn des Hubs gerechnet, die Geschwindigkeit u m/sek., so verdrängt er in der Sekunde die Wassermenge Fu cbm, also in dem Zeitelement dt das Volumen

$$dV = Fu\,dt$$

und während des ganzen Hubs das Volumen

$$V = \int_{t=0}^{t=T} Fu\,dt, \;\; . \; . \; . \; . \; . \; . \; . \; . \; . \quad 11$$

wenn T die Zeit eines Hubs bedeutet.

Macht der Kolben n Doppelhübe oder $2\,n$ einfache Hübe in der Minute, so ist die Zeit eines Hubs in Sekunden

$$T = \frac{60}{2\,n} = \frac{30}{n},$$

also ergibt sich die Wasserverdrängung während eines Hubs aus

$$V = \int_{t=0}^{t=\frac{30}{n}} F\,u\,dt \quad \ldots \ldots \ldots \ldots \quad 12$$

Darstellung der Wasserlieferung von Pumpen mit Kurbelantrieb.

Es bedeute

    x den Kolbenweg in m,
    u die Kolbengeschwindigkeit in m/sek,
    k die Kolbenbeschleunigung in m/sek²,
    r den Kurbelradius in m,
    L die Länge der Schubstange in m,
    φ den Kurbelwinkel in Graden,
    $\omega = \dfrac{d\varphi}{dt}$ die Winkelgeschwindigkeit der Kurbel.

Erhält der Kolben seine Bewegung durch ein Kurbelgetriebe, dann ist der Kolbenweg

$$x = r\,(1 - \cos\varphi) \pm \frac{1}{2} L \left(\frac{r}{L}\sin\varphi\right)^2 \quad \ldots \ldots \quad 13$$

die Kolbengeschwindigkeit

$$u = \omega r \left(\sin\varphi \pm \frac{1}{2}\frac{r}{L}\sin 2\varphi\right) \quad \ldots \ldots \ldots \quad 14$$

die Kolbenbeschleunigung

$$k = \omega^2 r \left(\cos\varphi \pm \frac{r}{L}\cos 2\varphi\right) \quad \ldots \ldots \ldots \quad 15$$

wobei das obere Zeichen für den Vorlauf, das untere für den Rücklauf des Kolbens gilt.

Kann man den Einfluß der endlichen Länge der Schubstange vernachlässigen, also $L = \infty$ setzen, so ergibt sich für

    den Kolbenweg $x = r\,(1 - \cos\varphi)$ $\ldots \ldots$ 16
    die Kolbengeschwindigkeit $u = \omega r \sin\varphi$ $\ldots \ldots$ 17
    die Kolbenbeschleunigung $\;k = \omega^2 r \cos\varphi$ $\ldots \ldots$ 18

Unter der Annahme, daß $L = \infty$, erhält man mit Gleichung 12 und 17.

$$V = \int_{t=0}^{t=T} F\,u\,dt = \int_{t=0}^{t=T} F\,\omega r \sin\varphi\,dt \quad \ldots \ldots \ldots \quad 19$$

oder, da

$$dt = \frac{d\varphi}{\omega},$$

$$V = \int_{\varphi=0}^{\varphi=180} F r \sin\varphi \, d\varphi = -F r \cos\varphi \Big|_{\varphi=0}^{\varphi=180} = 2 F r = F S \dots 20$$

Das Integral $\int F u \, dt = \int F \omega r \sin\varphi \, dt$ läßt sich leicht graphisch darstellen: Beschreibt man in irgend einem Maßstab mit dem Radius $\varrho = F \omega r$ einen Halbkreis (Fig. 23), so stellt für den Augenblick, wo die Kurbel unter dem Winkel φ steht, die Ordinate $AB = F \omega r \sin\varphi = F u$ die vom Kolben in der Sekunde verdrängte Wassermenge dar.

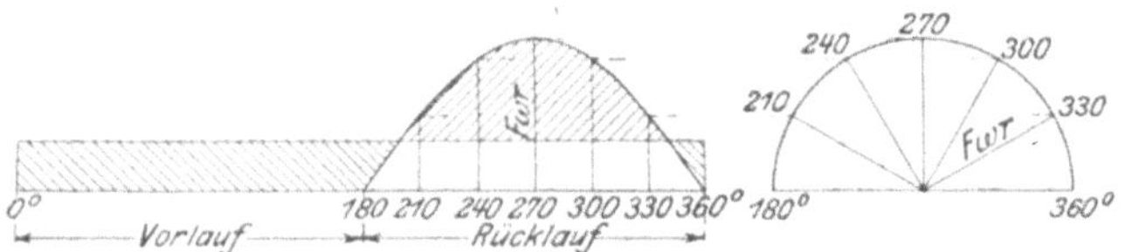

Fig. 22.
Einfachwirkende Pumpen nach Fig. 2 und 3.

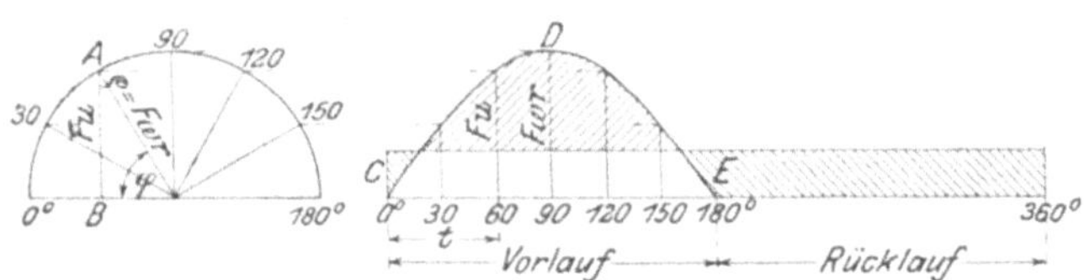

Fig. 23.   Fig. 24.
Hubpumpe nach Fig. 4, Rohrkolbenpumpe nach Fig. 5.

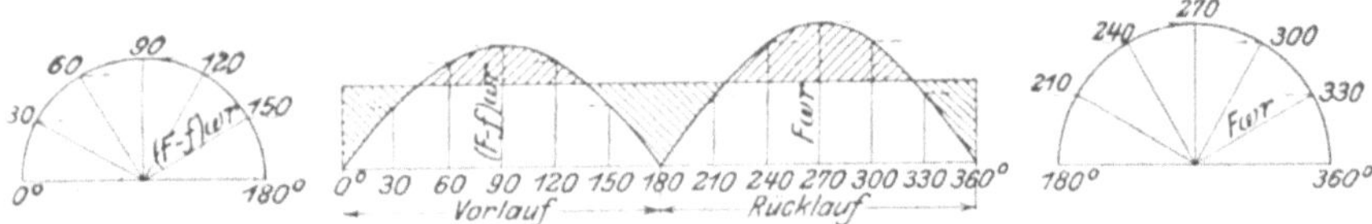

Fig. 25.
Doppeltwirkende Pumpen mit einseitiger Kolbenstange nach Fig. 6, 9.

Da die Kurbel sich mit gleichförmiger Geschwindigkeit dreht, so verhalten sich die vom Beginn des Hubs verstrichenen Zeiten wie die zurückgelegten Kurbelwinkel, also gilt

$$t = \frac{\varphi}{180} T.$$

Trägt man die Zeiten t als Abszissen, die zugehörigen Wassermengen $F u$ als Ordinaten auf, so ergibt sich die Lieferungskurve CDE (Fig. 24). Der Inhalt der von dieser Kurve und der Abszissenachse umschlossenen Fläche stellt $\int F u \, dt = \int F \omega r \sin\varphi \, dt$, also die während des ganzen Hubs verdrängte Wassermenge dar.

Die Figuren 22 bis 29 zeigen die Art der Wasserlieferung der verschiedenen Pumpenarten während einer Umdrehung.

Durch die Anordnung zweier oder mehrerer Pumpen, welche miteinander entsprechend verbunden sind und ein gemeinschaftliches Druckrohr haben, kann die Gleichförmigkeit der Wasserlieferung und des Kraftbedarfs wesentlich erhöht werden. Die Lieferungskurve ergibt sich dann durch Summieren der Ordinaten der einzelnen Lieferungskurven, wie in Fig. 28 und 29 dargestellt.

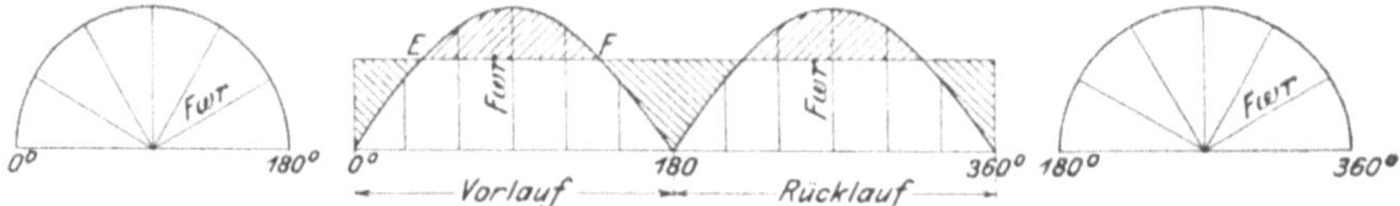

Fig. 26.
Doppeltwirkende Pumpe nach Fig. 7.

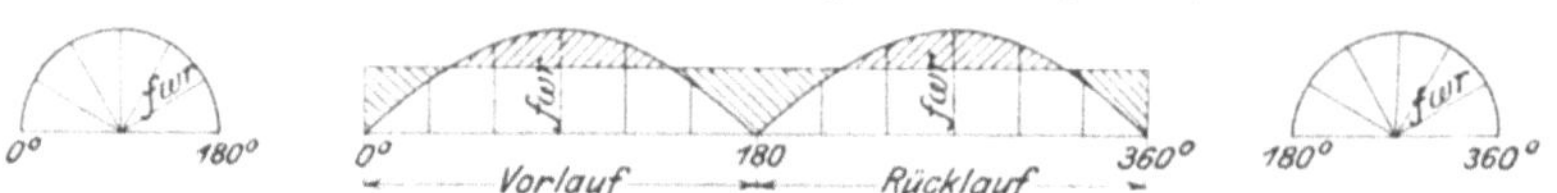

Fig. 27.
Differentialpumpen mit $F = 2f$ nach Fig. 16 bis 19.

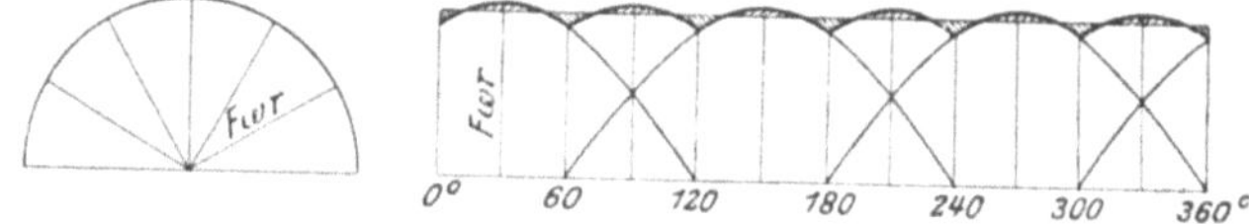

Fig. 28.
Drei einfachwirkende Pumpen nach Fig. 2 unter 120° gekuppelt.

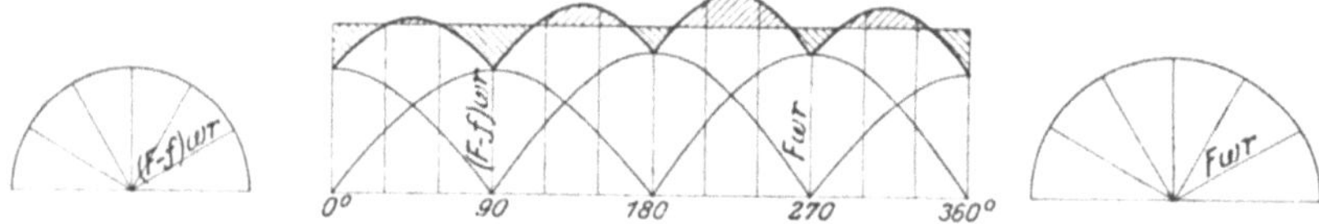

Fig. 29.
Zwei doppeltwirkende Pumpen nach Fig. 6 unter 90° gekuppelt.

Der Abstand der in den Bildern eingezeichneten horizontalen Geraden von der Abszissenachse entspricht der mittleren sekundlichen Wasserlieferung Q (siehe Ziff. 2) der Pumpe. Die Ordinaten der schraffierten Flächen stellen den jeweiligen Mehr- bzw. Minderbetrag der Pumpenlieferung im Vergleich zur mittleren Wasserlieferung dar.

5. Die Saugwirkung der Kolbenpumpen ohne Windkessel.

a) Bestimmung des Wasserdrucks auf die Kolbenfläche während der Saugwirkung.

Der Kolben der stehenden Pumpe, Fig. 30, werde nach einem bestimmten Gesetz aufwärts bewegt. Saugleitung und Pumpe seien mit

Wasser gefüllt. Da die Atmosphäre auf den Wasserspiegel des Brunnens drückt, so folgt der Wasserstrom dem aufsteigenden Kolben, sofern der Atmosphärendruck genügt, die der Wasserbewegung entgegenwirkenden Kräfte zu überwinden.

In einem gewissen Zeitpunkte befinde sich der Kolben im Abstand x von seiner unteren Totlage, seine Geschwindigkeit sei in dem betreffenden Augenblick u, seine Beschleunigung k.

Soll das Wasser dem aufsteigenden Kolben folgen, ohne daß seine Berührung mit der unteren Kolbenfläche aufhört, so ist ein Druck auf den Wasserspiegel des Brunnens erforderlich, welcher sich zusammensetzt aus:

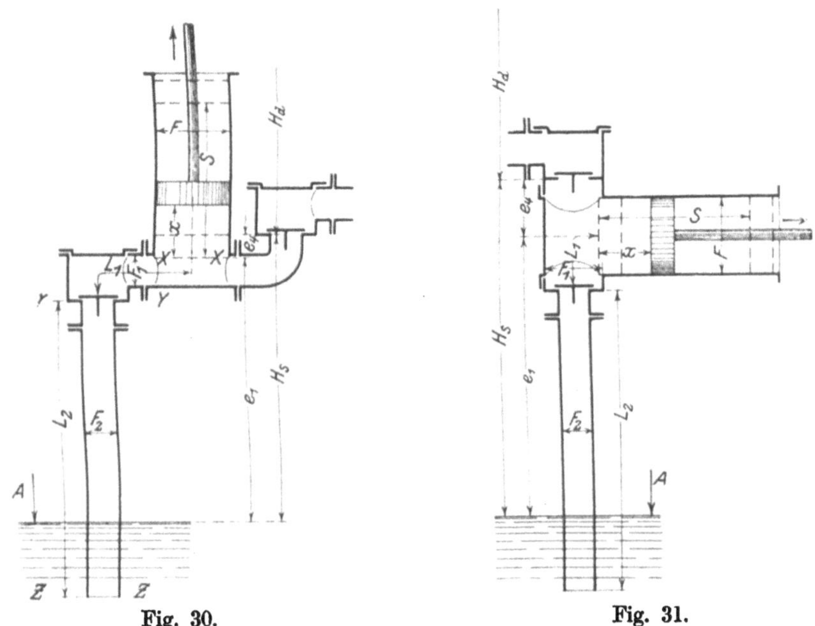

Fig. 30.   Fig. 31.

1. dem Druck h_1, welcher notwendig ist, der unter dem Kolben hängenden Wassersäule das Gleichgewicht zu halten,
2. dem Druck h_2 zur Überwindung der durch die Bewegung des Wassers in der Saugleitung und der Pumpe entstehenden hydraulischen Widerstände,
3. dem Druck h_3 zur Überwindung der durch die Trägheit der Wassermassen hervorgerufenen Massenkräfte und zur Erzeugung der Wassergeschwindigkeit.

Der Druck des Wassers gegen die untere Kolbenfläche ist gleich dem Druck der Atmosphäre auf den Wasserspiegel des Brunnens abzüglich der Summe der unter 1. bis 3. angegebenen Drücke.

Es gilt daher:

$$\frac{p_1}{\gamma} = A - (h_1 + h_2 + h_3) \quad \ldots \ldots \ldots \quad 21$$

wenn p_1 den Druck des Wassers gegen die Kolbenfläche in kg/qm,
$\gamma = 1000$ das Gewicht eines cbm Wasser in kg,

also $\dfrac{p_1}{\gamma}$ den Druck des Wassers gegen die Kolbenfläche, ausgedrückt

in m Wassersäule[1]),
A den Druck der Atmosphäre in m Wassersäule,
h_1, h_2 und h_3 die vorstehend angeführten Drücke in m Wassersäule bedeuten.

Bestimmung des Druckes h_1:

Bezeichnet e_1 den vertikalen Abstand des Kolbens vom Wasserspiegel des Brunnens, wenn der Kolben sich in seiner unteren Totlage
befindet, so ist die Höhe der unter dem Kolben hängenden Wassersäule in dem Augenblick, wo dieser sich aus seiner unteren Totlage
um die Strecke x entfernt hat, gleich $e_1 + x$. Der notwendige Druck,
um dieser Wassersäule das Gleichgewicht zu halten, ist daher:

$$h_1 = e_1 + x \quad\ldots\ldots\ldots\ldots\ldots \quad 22$$

Bestimmung des Druckes h_2:

Die Leitung vom Pumpenzylinder bis zum Brunnen besteht aus
zwei Teilen: aus der Strecke von der Zylinderachse bis zum Saugventil
mit der Länge L_1 und dem durchschnittlichen Querschnitt F_1 und der
Strecke vom Saugventil bis zum Brunnen, d. h. der Saugleitung mit
der Länge L_2 und dem Querschnitt F_2.

Hat im betrachteten Augenblick der Kolben die Geschwindigkeit u,
so muß sich, wenn keine Trennung innerhalb der Wassersäule erfolgen
soll, das Wasser auf der Strecke L_1 mit der Geschwindigkeit

$$c_1 = \frac{F}{F_1} u \quad\ldots\ldots\ldots\ldots\ldots \quad 23$$

und in der Saugleitung mit der Geschwindigkeit

$$c_2 = \frac{F}{F_2} u \quad\ldots\ldots\ldots\ldots\ldots \quad 24$$

bewegen.

Die hydraulischen Widerstände entstehen auf der Strecke L_1 durch
die Änderungen der Bewegungsrichtung des Wassers, durch die Änderungen seiner Geschwindigkeit entsprechend der Verschiedenheit des
Durchgangsquerschnittes und durch die Reibung an den Wänden;
in der Saugleitung durch die Änderungen der Bewegungsrichtung infolge

---

[1]) Der Druck einer Flüssigkeitssäule von der Höhe h m auf eine Fläche von
f qm ist $P = f h \gamma$ kg, wenn γ das Gewicht von 1 cbm der Flüssigkeit bedeutet.
Der Druck auf 1 qm der Fläche ist alsdann $p = \dfrac{P}{f} = h \gamma$ kg. Zur Umwandlung
eines Drucks p, gemessen in kg/qm, in einen Druck h, gemessen in m Flüssigkeitssäule und umgekehrt, hat man demnach die Beziehung

$$p = h \gamma \quad \text{oder} \quad h = \frac{p}{\gamma}.$$

von etwa vorhandenen Krümmungen der Leitung, durch die Reibung des Wassers an der Rohrwand und durch die Einrichtung eines Saugkopfes, der unter Umständen mit einem Fußventil versehen ist.

Alle diese Widerstände sind nicht konstant, sondern ändern sich mit dem Quadrat der Wassergeschwindigkeit. Jeder einzelne derselben ist bestimmt durch den Ausdruck $\zeta \dfrac{c^2}{2g}$, wenn ζ den Widerstandskoeffizienten und c die Wassergeschwindigkeit bedeutet.

Demgemäß lassen sich die Widerstände im Pumpenraum, d. h. auf der Strecke L_1 durch den Ausdruck

$$\Sigma\,\zeta_1 \frac{c_1{}^2}{2g} = \Sigma\,\zeta_1 \left(\frac{F}{F_1}\right)^2 \frac{u^2}{2g} \quad \ldots \ldots \ldots \ldots \quad 25$$

und die Widerstände in der Saugleitung durch

$$\Sigma\,\zeta_2 \frac{c_2{}^2}{2g} = \Sigma\,\zeta_2 \left(\frac{F}{F_2}\right)^2 \frac{u^2}{2g} \quad \ldots \ldots \ldots \ldots \quad 26$$

zusammenfassen.

Als Summe der vorbezeichneten Widerstandshöhen ergibt sich demnach

$$\left[\Sigma\,\zeta_1 \left(\frac{F}{F_1}\right)^2 + \Sigma\,\zeta_2 \left(\frac{F}{F_2}\right)^2\right] \frac{u^2}{2g}.$$

Die Wasserströmungen im Ventilkasten und Pumpenraum lassen sich nur schätzungsweise beurteilen, ebenso die ihnen entsprechenden Widerstandskoeffizienten. Für praktische Rechnungen wird es sich daher empfehlen, für die ganze Strecke vom Brunnen bis zum Pumpenzylinder eine Leitung von konstantem Querschnitt F_s und der Länge L_s anzunehmen und die sämtlichen Widerstandskoeffizienten in $\Sigma\,\zeta_s$ zusammenzufassen, so daß die Summe der sämtlichen mit der Wassergeschwindigkeit veränderlichen hydraulischen Widerstände durch den Ausdruck

$$\Sigma\,\zeta_s \left(\frac{F}{F_s}\right)^2 \frac{u^2}{2g}$$

dargestellt wird.

Zu diesen Widerständen kommt noch derjenige, welchen das Saugventil dem Durchgang des Wassers entgegensetzt. Dieser kann, solange das Ventil geöffnet ist, als konstant angesehen werden. Zum Abheben des Ventils von seinem Sitz ist jedoch ein größerer Druck in Rechnung zu nehmen. Bezeichnet man den ersten Widerstand mit h_{sv}, so ergibt sich der notwendige Druck auf den Wasserspiegel des Brunnens zur Überwindung sämtlicher hydraulischen Bewegungswiderstände auf der Strecke vom Brunnen bis zum Pumpenzylinder aus

$$h_2 = h_{sv} + \Sigma\,\zeta_s \left(\frac{F}{F_s}\right)^2 \frac{u^2}{2g} \quad \ldots \ldots \ldots \ldots \quad 27$$

Bestimmung des Druckes h_3:

Die Geschwindigkeit des Pumpenkolbens hat zu Beginn des Hubs den Wert null; sie ändert sich nach dem Bewegungsgesetz des Kolbens und hat zu Ende des Hubs wieder den Wert null. Soll keine Trennung in der Wassersäule erfolgen, so müssen die Wassermassen ihre Geschwindigkeit dem Bewegungsgesetz des Kolbens entsprechend ändern. Mit der Geschwindigkeitsänderung treten aber Massenkräfte auf.

Die ganze Wassermasse, welche dem Kolben folgen muß, besteht aus der Wassermasse im Pumpenzylinder von der Größe

$$\frac{F x \gamma}{g},$$

$(F x =$ Volumen des Wassers im Zylinder in cbm

$\gamma = 1000 =$ Gewicht eines cbm Wasser in kg

$F x \gamma =$ Gewicht der Wassermasse im Zylinder in kg

$g = 9{,}81 =$ Beschleunigung der Schwerkraft

$\dfrac{F x \gamma}{g} =$ Masse des Wassers im Zylinder)

aus der Masse des Wassers im Pumpenraum

$$\frac{F_1 L_1 \gamma}{g}$$

und der Masse des Wassers in der Saugleitung

$$\frac{F_2 L_2 \gamma}{g}.$$

Diese drei Wassermassen haben verschiedene Beschleunigungen: Ist die Kolbenbeschleunigung im betrachteten Augenblick gleich k, und soll das Wasser, ohne daß eine Trennung in der Wassersäule entsteht, dem Kolben folgen, so muß die Beschleunigung desselben im Pumpenzylinder ebenfalls k, im Pumpenraum

$$k_1 = \frac{F}{F_1} k \quad \ldots \ldots \ldots \ldots \ldots \quad 28$$

und in der Saugleitung

$$k_2 = \frac{F}{F_2} k \quad \ldots \ldots \ldots \ldots \ldots \quad 29$$

sein.

Es ist daher im Querschnitt $X\!-\!X$ (Fig. 30) zur Beschleunigung der Wassermasse im Zylinder ein Druck h_I notwendig, welcher sich ergibt aus

$$F h_I \gamma = \frac{F x \gamma}{g} k,$$

(d. h. Kraft $=$ Masse mal Beschleunigung).

Also ist der erforderliche Druck auf die Flächeneinheit des Querschnittes $X\!-\!X$ in m Wassersäule

$$h_I = \frac{x k}{g} \quad \ldots \ldots \ldots \ldots \ldots \quad 30$$

Für die Beschleunigung der Wassermasse im Pumpenraum allein, für dessen Querschnitt der Durchschnittswert F_1 und dessen Länge gleich L_1 angenommen sei, bedarf es im Querschnitt $Y\!-\!Y$ eines Druckes h_{II}, welcher sich bestimmt aus

$$F_1\,h_{II}\,\gamma = \frac{F_1 L_1\,\gamma}{g}\,\frac{F}{F_1}\,k,$$

also einer Pressung

$$h_{II} = L_1\frac{F}{F_1}\frac{k}{g} \ . \ . \ . \ . \ . \ . \ . \ . \ . \ . \ 31$$

Der im Querschnitt $Y-Y$ zur Beschleunigung der oberhalb desselben im Zylinder und Pumpenraum befindlichen Wassermassen nötige Gesamtdruck ist also

$$h_I + h_{II} = x\frac{k}{g} + L_1\frac{F}{F_1}\frac{k}{g} \ . \ . \ . \ . \ . \ . \ . \ 32$$

Zur Beschleunigung des Wassers in der Saugleitung allein ergibt sich die im Querschnitt $Z-Z$ notwendige Pressung h_{III} aus

$$F_2 \cdot h_{III} \cdot \gamma = \frac{F_2 L_2\,\gamma}{g}\,\frac{F}{F_2}\,k,$$

$$h_{III} = L_2\frac{F}{F_2}\frac{k}{g} \ . \ . \ . \ . \ . \ . \ . \ . \ . \ 33$$

(Besteht die Saugleitung aus mehreren Strecken von verschiedenem Querschnitt und verschiedener Länge, z. B. aus zwei Strecken mit den Querschnitten F_2' und F_2'' und den Längen L_2' und L_2'', so ist zu setzen

$$h_{III} = \left[L_2'\,\frac{F}{F_2'} + L_2''\,\frac{F}{F_2''}\right]\frac{k}{g}.)$$

Also ist der im Querschnitt $Z-Z$ zur Beschleunigung sämtlicher über ihm befindlicher Wassermassen notwendige Gesamtdruck

$$h_I + h_{II} + h_{III} = x\frac{k}{g} + L_1\frac{F}{F_1}\frac{k}{g} + L_2\frac{F}{F_2}\frac{k}{g} \ . \ . \ . \ . \ 34$$

Zu diesen drei Massendrücken tritt noch ein weiterer:

Bewegt sich der Kolben in dem betrachteten Augenblick um die Strecke dx weiter, so tritt die Wassermenge $F\,dx$ aus dem Pumpenraum in den Zylinder über, wobei sich ihre Geschwindigkeit von c_1 in u umändert. Dieser Geschwindigkeitsänderung der Wassermasse $\dfrac{F\,dx\,\gamma}{g}$ entspricht eine mechanische Arbeit

$$\frac{F\,dx\,\gamma}{g}\,\frac{u^2 - c_1^2}{2}.$$

Eine gleich große Wassermenge tritt aus der Saugleitung in den Pumpenraum unter Änderung ihrer Geschwindigkeit von c_2 in c_1 entsprechend einer mechanischen Arbeit

$$\frac{F\,dx\,\gamma}{g}\,\frac{c_1^2 - c_2^2}{2}.$$

Gleichzeitig tritt die Wassermenge $F\,dx$ aus dem Brunnen, wo sie die Geschwindigkeit o hat, in das Saugrohr und erhält dabei die Geschwindigkeit c_2, wozu die Arbeit

$$\frac{F\,dx\,\gamma}{g}\,\frac{c_2^2 - o}{2}$$

aufzuwenden ist.

Die gesamte mechanische Arbeit, welche zu leisten ist, damit Saugleitung und Pumpe dem Fortschreiten des Kolbens entsprechend nach-
gefüllt werden, ist somit

$$\frac{F\,dx\,\gamma}{g}\,\frac{u^2-c_1{}^2+c_1{}^2-c_2{}^2+c_2{}^2}{2}=\frac{F\,dx\,\gamma}{g}\,\frac{u^2}{2}\quad\ldots\ldots\ 35$$

Diese Arbeit erfordert einen Druck auf den Wasserspiegel des
Brunnens oder im Querschnitt Z—Z des Saugrohres, welcher sich
folgendermaßen bestimmt:

Wenn sich der Kolben um dx weiterbewegt, so schreitet das Wasser
in dem Endquerschnitt Z—Z des Saugrohres um die Strecke

$$dx_2=\frac{F}{F_2}\,dx\quad\ldots\ldots\ldots\ldots\ 36$$

fort. Der in diesem Querschnitt F_2 zur Leistung vorstehender Arbeit
notwendige Druck h_{IV} ergibt sich aus der Arbeitsgleichung: Kraft mal
Weg = Arbeit.

$$F_2\,h_{IV}\,\gamma\,\frac{F}{F_2}\,dx=\frac{F\,dx\,\gamma}{g}\,\frac{u^2}{2}$$

$$h_{IV}=\frac{u^2}{2g}\quad\ldots\ldots\ldots\ldots\ 37$$

Die im Endquerschnitt Z—Z, zur Geschwindigkeitsänderung der
Wassermassen, erforderliche Gesamtpressung ist somit

$$h_I+h_{II}+h_{III}+h_{IV}=\frac{x\,k}{g}+L_1\frac{F}{F_1}\,\frac{k}{g}+L_2\frac{F}{F_2}\,\frac{k}{g}+\frac{u^2}{2g}\quad\ldots\ 38$$

Ersetzt man den Pumpenraum und das Saugrohr durch eine einzige
Leitung von der Länge L_s und dem Querschnitt F_s, setzt man also

$$L_1\frac{F}{F_1}\,\frac{k}{g}+L_2\frac{F}{F_2}\,\frac{k}{g}=L_s\frac{F}{F_s}\,\frac{k}{g},\quad\ldots\ldots\ 39$$

so ergibt sich der zur Überwindung der Massenkräfte notwendige
Druck h_3 auf den Wasserspiegel des Brunnens zu

$$h_3=\frac{x\,k}{g}+L_s\frac{F}{F_s}\,\frac{k}{g}+\frac{u^2}{2g}\quad\ldots\ldots\ldots\ 40$$

Durch Einsetzen der für h_1, h_2 und h_3 gefundenen Werte in die Gleichung 21 folgt dann der Druck des Wassers auf die Kolbenfläche
während der Saugwirkung für eine stehende Pumpe in m Wassersäule:

$$\frac{p_1}{\gamma}=A-\left\{(e_1+x)+h_{sv}+\Sigma\,\zeta_s\left(\frac{F}{F_s}\right)^2\frac{u^2}{2g}+\frac{x\,k}{g}+L_s\frac{F}{F_s}\,\frac{k}{g}+\frac{u^2}{2g}\right\}\ 41$$

Bei einer liegenden Pumpe ist der vertikale Abstand des Kolbens
vom Wasserspiegel des Brunnens konstant gleich e_1 (siehe Figur 31).
Man hat daher:

$$\frac{p_1}{\gamma}=A-\left\{e_1+h_{sv}+\Sigma\,\zeta_s\left(\frac{F}{F_s}\right)^2\frac{u^2}{2g}+\frac{x\,k}{g}+L_s\frac{F}{F_s}\,\frac{k}{g}+\frac{u^2}{2g}\right\}\ \cdot\ 42$$

b) Graphische Darstellung des Wasserdrucks auf die Kolbenfläche während der Saugwirkung.

Nach vorstehendem ist der Wasserdruck auf die Kolbenfläche ausgedrückt in m Wassersäule bei stehenden Pumpen

$$\frac{p_1}{\gamma} = A - (e_1 + x) - h_{sv} - \left[\Sigma\,\zeta_s\left(\frac{F}{F_s}\right)^2 + 1\right]\frac{u^2}{2g} - L_s\frac{F}{F_s}\frac{k}{g} - \frac{x\,k}{g}, \qquad 43$$

bei liegenden Pumpen

$$\frac{p_1}{\gamma} = A - e_1 - h_{sv} - \left[\Sigma\,\zeta_s\left(\frac{F}{F_s}\right)^2 + 1\right]\frac{u^2}{2g} - L_s\frac{F}{F_s}\frac{k}{g} - \frac{x\,k}{g}. \qquad 44$$

Die Glieder auf der rechten Seite dieser Gleichungen stellen Drücke dar, die während des Kolbenhubs teils konstant, teils veränderlich sind. In Fig. 32, deren Länge OP den Kolbenhub darstellt, sind die Kolbenwege als Abszissen, die entsprechenden Werte dieser Drücke als Ordinaten aufgetragen, und zwar nach oben oder unten, je nachdem dieselben positiv oder negativ sind. Der Punkt O entspricht der tiefsten Stellung des Kolbens.

Atmosphärendruck A:

Derselbe ist eine konstante Größe, er stellt sich als eine horizontale Gerade im Abstand $y = A$ von der Abszissenachse dar (Linie I).

Höhe der Wassersäule unter dem Kolben $e_1 + x$ bei stehender, e_1 bei liegender Pumpe:

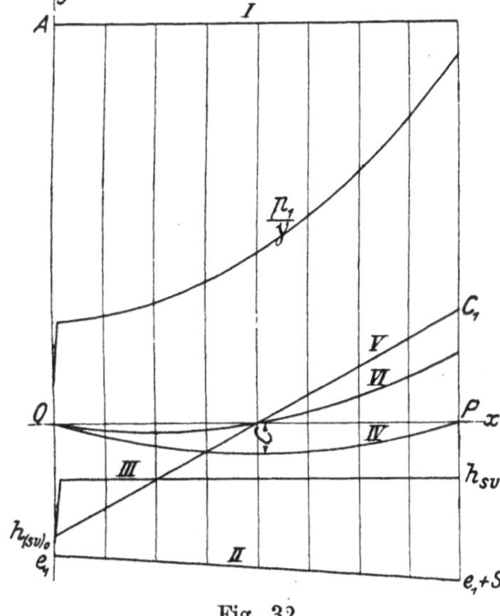

Fig. 32.

Bei der stehenden Pumpe ist für die Kolbenstellung x der Druck der Wassersäule gleich $e_1 + x$. Die Gleichung der Linie ist also

$$y = e_1 + x\,{}^{x=S}_{x=0}.$$

Das ist die Gleichung einer Geraden mit dem Anfangswert $y = e_1$ und dem Endwert $y = e_1 + S$ (Linie II).

Bei der liegenden Pumpe ist die Höhe der Wassersäule konstant gleich e_1. Man hat also für die Drucklinie die Gleichung $y = e_1$, d. h. eine horizontale Gerade im Abstand e_1 von der Abszissenachse.

Saugventilwiderstand h_{sv} und $h_{(sv)0}$:

Der Ventilwiderstand h_{sv} kann während der Kolbenbewegung als konstant angesehen werden, er stellt sich daher als horizontale Gerade dar. Zum Öffnen des Ventils ist jedoch ein größerer Druck, welcher mit

$h_{(s\,v)_0}$ bezeichnet werden möge, erforderlich (Linie *III*). Über die Bestimmung von $h_{s\,v}$ und $h_{(s\,v)_0}$ siehe Ziff. 14 g.

Hydraulische Widerstände $\left[\varSigma\,\zeta_s\left(\dfrac{F}{F_s}\right)^2+1\right]\dfrac{u^2}{2\,g}$:

Bei einer Pumpe mit Kurbelantrieb ($L=\infty$) ist nach Gleichung 17 $u=\omega\,r\sin\varphi$ Man hat daher

$$\left[\varSigma\,\zeta_s\left(\frac{F}{F_s}\right)^2+1\right]\frac{u^2}{2\,g}=\left[\varSigma\,\zeta_s\left(\frac{F}{F_s}\right)^2+1\right]\frac{\omega^2\,r^2}{2\,g}\sin^2\varphi=C\cdot\sin^2\varphi,$$

wobei die Konstante

$$C=\left[\varSigma\,\zeta_s\left(\frac{F}{F_s}\right)^2+1\right]\frac{\omega^2\,r^2}{2\,g}.$$

Für den Kurbelwinkel φ ist bei $L=\infty$ nach Gleichung 16 der Kolbenweg $x=r\,(1-\cos\varphi)$. Die Linie der hydraulischen Widerstandshöhen ist also bestimmt durch die Gleichungen

$$x=r\,(1-\cos\varphi)$$
$$y=C\sin^2\varphi=C\,(1-\cos^2\varphi).$$

Beide Gleichungen vereinigt, gibt:

$$y=C\left(1-\left(1-\frac{x}{r}\right)^2\right)=C\left(\frac{2\,x}{r}-\frac{x^2}{r^2}\right).$$

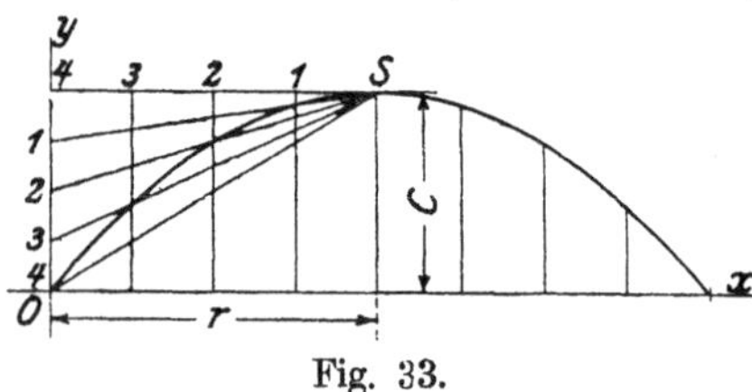

Fig. 33.

Das ist die Gleichung einer Parabel, deren Scheitel S (Fig. 33) die Koordinaten $x=r$ und $y=C$ hat und welche durch den Ursprung des Koordinatensystems geht. Man bestimmt die Lage des Scheitels und erhält dann die Parabel durch die bekannte Konstruktion (siehe Fig. 33).

Die Widerstände sind zu Anfang und Ende des Hubs null, in der Mitte sind sie am größten. In Fig. 32 sind die hydraulischen Bewegungswiderstände durch Linie *IV* dargestellt.

Massenwiderstand des Wassers in der Saugleitung $L_s\dfrac{F}{F_s}\dfrac{k}{g}$:

Die Beschleunigung des Kolbens ist bei Kurbelantrieb ($L=\infty$) nach Gleichung 18 bestimmt durch

$$k=\omega^2 r\cos\varphi.$$

Man erhält daher

$$L_s\frac{F}{F_s}\frac{k}{g}=L_s\frac{F}{F_s}\frac{\omega^2 r}{g}\cos\varphi=C_1\cos\varphi,$$

wenn die Konstante

$$C_1=L_s\frac{F}{F_s}\frac{\omega^2 r}{g}.$$

Die Linie des Massenwiderstandes hat sodann die Gleichungen:

$$x = r(1 - \cos \varphi)$$

$$y = C_1 \cdot \cos \varphi$$

$$y = C_1 \left(1 - \frac{x}{r}\right)_{x=0}^{x=2r}$$

Das ist die Gleichung einer Geraden mit dem Anfangswert $y = + C_1$ und dem Endwert $y = - C_1$.

Die Massenkraft ist also zu Beginn und Ende des Hubs am größten, in der Mitte des Hubs null. Sie wirkt in der ersten Hälfte des Hubs die Bewegung hemmend, in der zweiten Hälfte die Bewegung unterstützend (Linie V, Fig. 32).

Massenwiderstand des Wassers im Pumpenzylinder $\dfrac{xk}{g}$:

Für $L = \infty$ ist $x = r(1 - \cos \varphi)$ und $k = \omega^2 r \cos \varphi$, also

$$\frac{xk}{g} = \frac{\omega^2 r^2}{g} \cos \varphi \,(1 - \cos \varphi).$$

Die Gleichungen der Widerstandslinie sind also:

$$x = r\,(1 - \cos \varphi)$$

$$y = \frac{\omega^2 r^2}{g} \cos \varphi \,(1 - \cos \varphi)$$

$$y = \frac{\omega^2 r^2}{g} \left(1 - \frac{x}{r}\right) \frac{x}{r} = \frac{\omega^2}{g} (r\,x - x^2)_{x=0}^{x=2r}.$$

Das ist die Gleichung einer Parabel (siehe Fig. 34), deren wesentliche Punkte bestimmt sind durch die Koordinaten:

$$x = 0; \qquad y = 0;$$

$$x = \frac{r}{2}; \qquad y = \frac{1}{4}\frac{\omega^2 r^2}{g};$$

$$x = r; \qquad y = 0;$$

$$x = 3\frac{r}{2}; \qquad y = -\frac{3}{4}\frac{\omega^2 r^2}{g};$$

$$x = 2r; \qquad y = -2\frac{\omega^2 r^2}{g}.$$

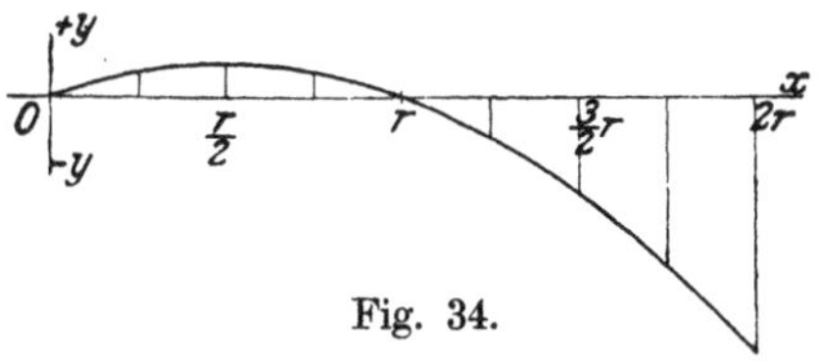

Fig. 34.

Da die Wassermasse im Zylinder während der ersten Hälfte des Hubs eine beschleunigte, während der zweiten Hälfte eine verzögerte Bewegung hat, so ist ihr Widerstand in der ersten Hubhälfte positiv, in der zweiten negativ. Die Massenkraft hat zu Beginn des Hubs den Wert null, da die Wassermenge im Zylinder null ist, in der Hubmitte ist die Massenkraft wieder null, weil die Geschwindigkeitsänderung null ist, und am Hubende ist sie am größten, woselbst auch die Wassermenge am größten ist.

Die Massenkraft des Wassers im Pumpenzylinder hat auch bei schnelllaufenden Pumpen einen so kleinen Wert, daß sie bei praktischen Rechnungen vernachlässigt werden kann. Sie ist in Fig. 32 durch Linie VI dargestellt.

Die Linie $\dfrac{p_1}{\gamma}$ des Wasserdrucks auf die Kolbenfläche (siehe Fig. 32) ergibt sich durch algebraisches Summieren der Ordinaten der anderen Linien.

Beispiel: Für die in Fig. 35 gezeichnete Pumpe soll die Linie des Drucks $\dfrac{p_1}{\gamma}$ bei einer Umdrehungszahl n = 60 bestimmt werden[1]).

Es ist $n = 60$, also $\omega = \dfrac{\pi n}{30} = \dfrac{3{,}14 \cdot 60}{30} = 6{,}28$; $\omega^2 = 39{,}44$; ferner $r = 0{,}075$, also $\omega^2 r = 2{,}96$; $\omega^2 r^2 = 0{,}22$; $F = \dfrac{\pi}{4}\, 0{,}075^2$; $F_s = \dfrac{\pi}{4}\, 0{,}050^2$, also $F : F_s = \dfrac{75^2}{50^2} = 2{,}25$.

Die Berechnung des Ventilwiderstandes (siehe Ziffer 14 g) ergebe für den Widerstand des geöffneten Ventils $h_{s\,v} = 0{,}360$ m, für den Öffnungswiderstand $h_{(s\,v)\,o} = 1{,}280$ m.

Zur Bestimmung der hydraulischen Widerstände sei angenommen, daß das Wasser vom Brunnen bis in den Pumpenzylinder durch ein Rohr (siehe Fig. 35) vom Durchmesser $D_s = 0{,}050$ m und der Länge $L_s = 4{,}400 + 0{,}065 + 0{,}225 = 4{,}690$ m, welches bei A und B ein Knie hat, geführt werde.

Dann ergibt sich für die Summe $(\varSigma\,\zeta_s)$ der Widerstandskoeffizienten nach Ziffer 10:

$$\text{Leitungswiderstand } \zeta = \frac{\lambda L_s}{D_s} = \frac{0{,}03 \cdot 4{,}690}{0{,}050} \quad . \quad . \quad \zeta = 2{,}8$$

$$\text{Knie bei } A \text{ mit } \delta = 90^0 \text{ nach Weisbach } . \quad . \quad \zeta = 1{,}0$$

$$\text{Knie bei } B \text{ desgl.} . \quad . \ldots \ldots \ldots \ldots \quad \zeta = 1{,}0$$

$$\text{Widerstand beim Eintritt ins Saugrohr } . \quad . \quad . \quad \zeta = 0{,}5$$

$$\varSigma\,\zeta_s = 5{,}3$$
$$\sim 5{,}5$$

Zum Aufzeichnen der Drucklinien der Fig. 36, S. 30, hat man dann folgende Werte:

Linie *I.* $A = 10$ m.

„ *II.* $e_1 = 4{,}250$ m (s. Fig. 35, Abstand der Kolbenfläche vom Wasserspiegel des Brunnens); $e_1 + S = 4{,}250 + 0{,}150 = 4{,}400$ m.

„ *III.* $h_{s\,v} = 0{,}360$ m; $h_{(s\,v)\,o} = 1{,}280$ m.

„ *IV.* $C = \left[\varSigma\,\zeta_s \left(\dfrac{F}{F_s} \right)^2 + 1 \right] \dfrac{\omega^2 r^2}{2g} = (5{,}5 \cdot 2{,}25^2 + 1) \dfrac{0{,}22}{2 \cdot 9{,}81} = 0{,}323$ m.

„ *V.* $C_1 = L_s \left(\dfrac{F}{F_s} \right) \dfrac{\omega^2 r}{g} = 4{,}690 \cdot 2{,}25 \cdot \dfrac{2{,}96}{9{,}81} = 3{,}180$ m.

„ *VI.* $\dfrac{\omega^2 r^2}{g} = \dfrac{0{,}22}{9{,}81} = 0{,}0224$ m; $\dfrac{1}{4}\dfrac{\omega^2 r^2}{g} = 0{,}0056$ m;

$\dfrac{3}{4}\dfrac{\omega^2 r^2}{g} = 0{,}0168$ m; $2\dfrac{\omega^2 r^2}{g} = 0{,}0448$ m.

---

[1]) Die eingeklammerten Maße in Fig. 35 gelten für die später besprochene Ausrüstung der Pumpe mit Windkesseln.

250
5150
(4800)
5000
50
(350)
150 mm Hub
60 Umdrehungen i. d. M.
(200)
S = 150
75
C
60
125
50
A
70
B
265
35
65
60
225
225
50
(360)
(460)
(7040)
4340
4400
(7100)
(6950)
4250
50
(6490)
(250)
250

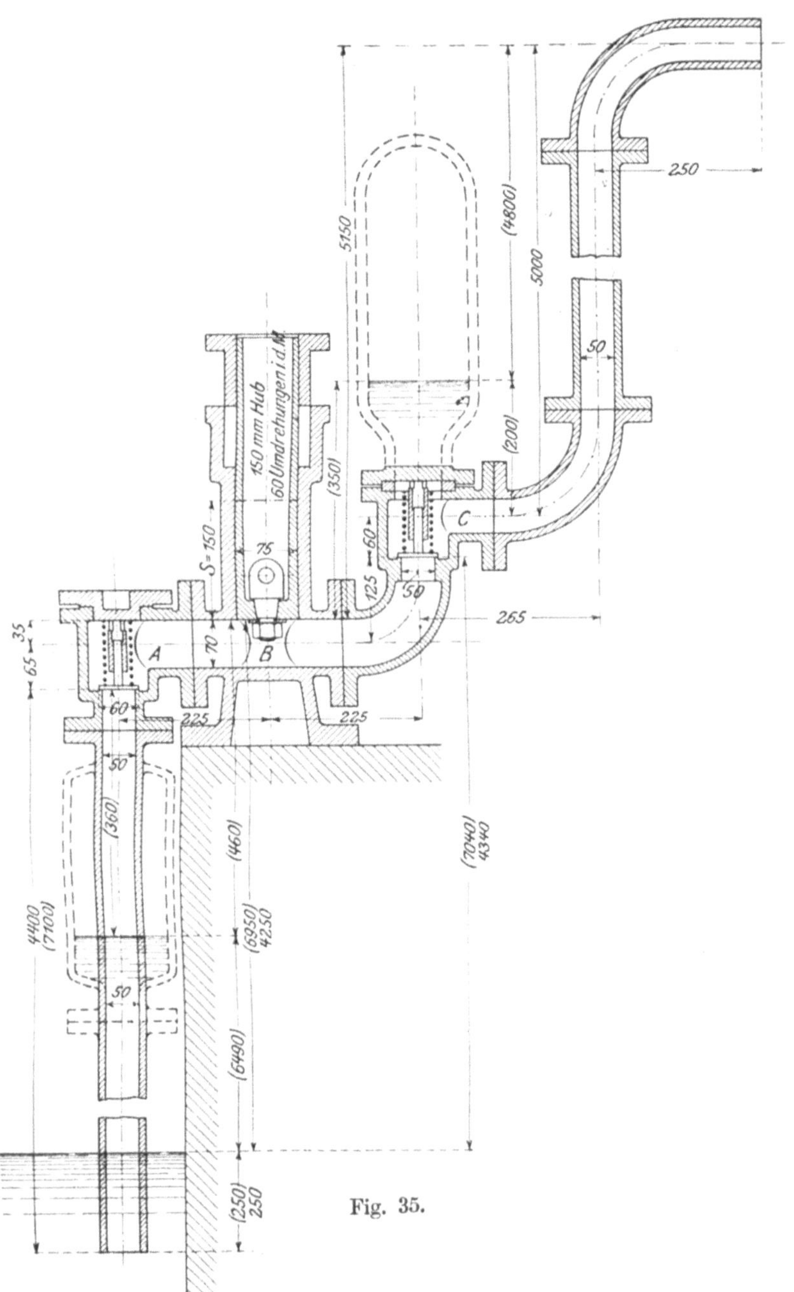

Fig. 35.

Die letzten Werte, welche sich auf die Massenkraft des Wassers im Pumpenzylinder beziehen, sind so klein, daß sie zu vernachlässigen sind, die Linie *VI* also wegfällt.

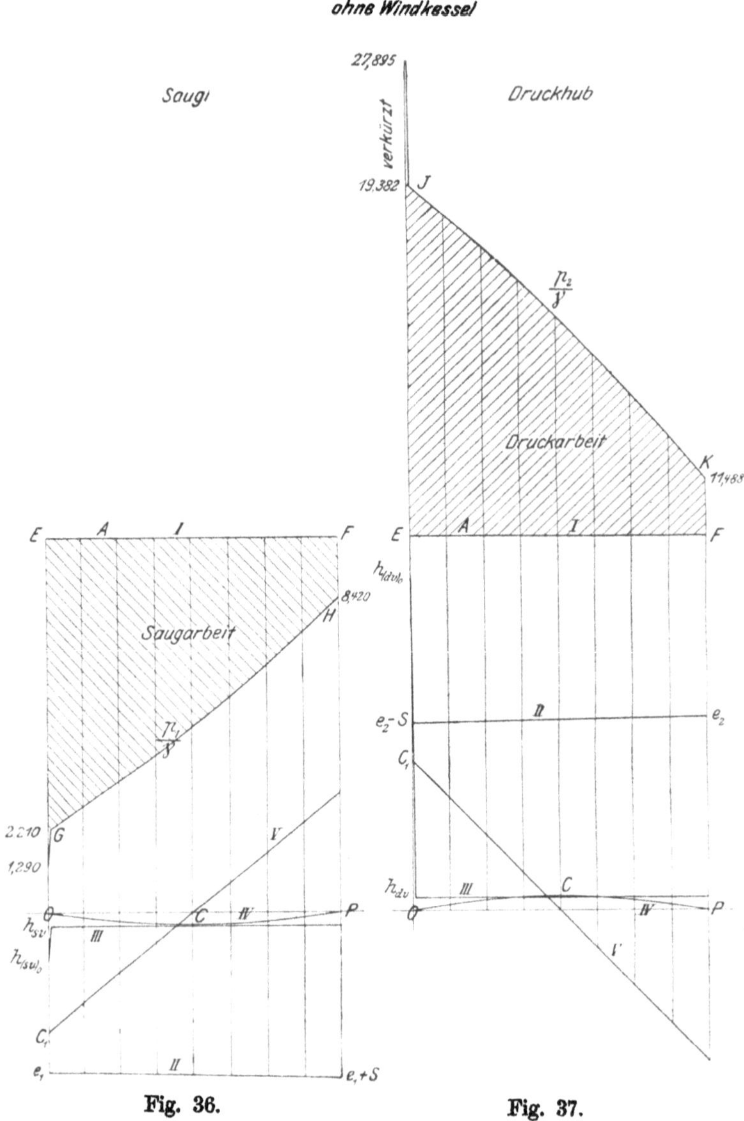

Fig. 36.   Fig. 37.

Aus der Linie $\frac{p_1}{\gamma}$ der Fig. 36 ist ersichtlich, daß der Wasserdruck an der Kolbenfläche im Augenblick des Anhubs nur 1,29 m Wassersäule beträgt. Er steigt aber, sobald das Saugventil von seinem Sitz abgehoben ist, rasch auf 2,2 m und wächst dann stetig bis zum Ende des Hubs, wo er 8,4 m erreicht. Die starke Änderung des Drucks rührt,

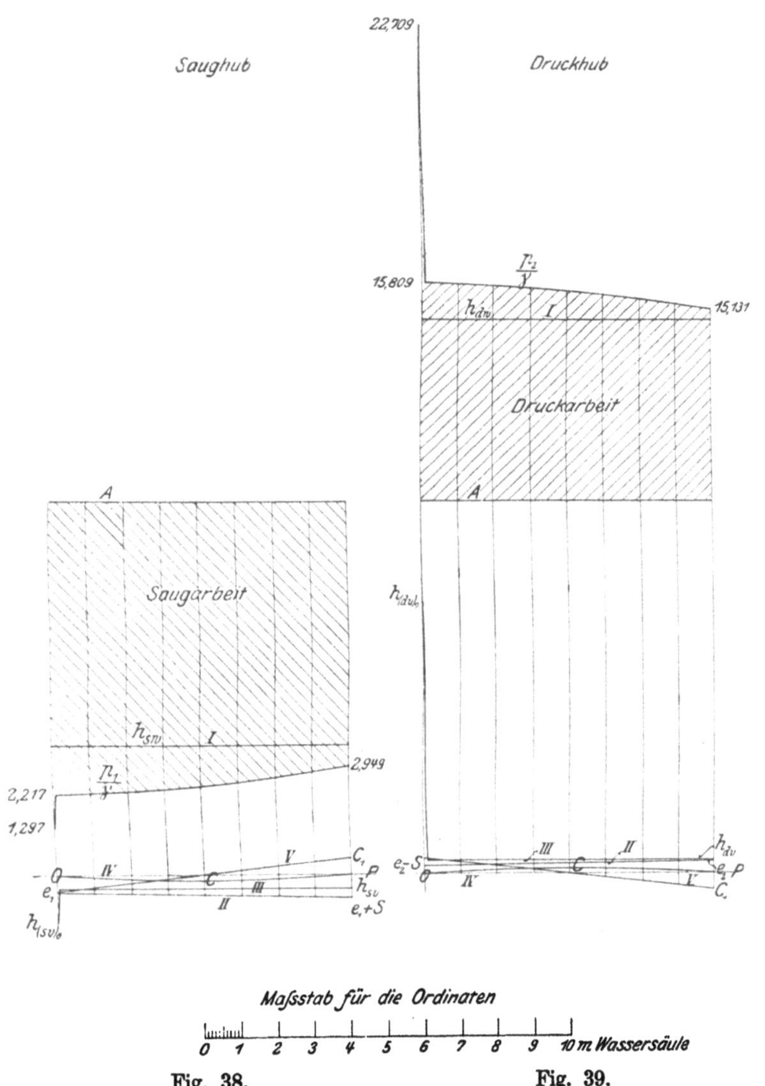

Fig. 38.   Fig. 39.

wie ein Blick auf die Linien der Fig. 36 ergibt, von dem Massendruck des Wassers in der Saugleitung her. Obgleich diese Leitung nicht lang ist, so sind doch zur Beschleunigung des in ihr befindlichen Wassers beim

Anhub des Kolbens über 3 m Wassersäule notwendig, um welchen Betrag der Druck am Pumpenkolben vermindert wird. Um den gleichen Betrag steigert sich durch die Massenwirkung am Ende des Hubs der Druck an der Kolbenfläche und in der Pumpe überhaupt.

Das Beispiel, welchem keine unnatürlichen Verhältnisse zugrunde liegen, zeigt den großen Einfluß der Massenkraft des Wassers in der Leitung, im besonderen auch die Bedeutung der Weite der Saugleitung; denn würde der Durchmesser derselben von 50 auf 75 mm vergrößert, d. h. gleich dem Kolbendurchmesser gemacht, so wäre das Querschnittsverhältnis $F : F_s = 1$ statt 2,25, und die Massenkraft wäre um mehr als die Hälfte ihres Wertes verkleinert.

6. Die Druckwirkung der Kolbenpumpen ohne Windkessel.

a) Bestimmung des Wasserdrucks auf die Kolbenfläche während der Druckwirkung.

Der Kolben, Fig. 40, bewegt sich abwärts und schiebt das Wasser in der Pumpe und der Druckleitung vor sich her. Anfangend mit dem Wert null steigert sich die Kolbengeschwindigkeit und nimmt dann wieder bis auf null ab. In gleicher Weise ändert sich die Geschwindigkeit des Wassers.

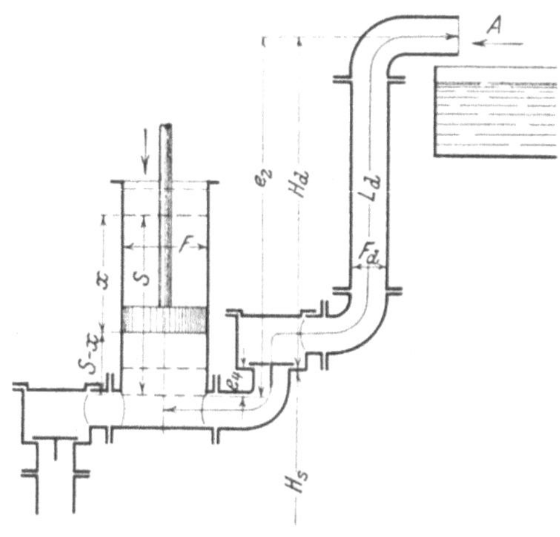

Fig. 40.

Der Druck gegen die Kolbenfläche setzt sich zusammen aus:
1. dem Druck A der Atmosphäre auf den Ausflußquerschnitt des Druckrohrs,
2. dem Druck h_1, herrührend von dem Gewicht des Wassers in der Steigleitung,
3. dem Druck h_2, hervorgerufen durch die bei der Bewegung des Wassers in der Pumpe und Steigleitung entstehenden hydraulischen Widerstände,
4. dem Druck h_3, herrührend von den Massenkräften.

Bezeichnet p_2 den Druck auf die Kolbenfläche in kg/qm, also $\dfrac{p_2}{\gamma}$ diesen Druck in m Wassersäule, so ist

$$\frac{p_2}{\gamma} = A + h_1 + h_2 + h_3 \ldots \ldots \ldots \ldots \quad 45$$

Bestimmung des Druckes h_1:

Befindet sich der Kolben im Abstand x von der oberen Totlage, so ist der vertikale Abstand der Kolbenfläche von dem Ausguß gleich $e_2 - (S - x)$ (siehe Fig. 40). Es entsteht daher durch das Gewicht der Wassersäule eine Pressung auf die Kolbenfläche von der Größe

$$h_1 = e_2 - (S - x) \ldots \ldots \ldots \ldots \ldots \ldots \quad 46$$

Dieser Druck wächst mit x, d. h., solange der Kolben niedergeht.

Bestimmung des Druckes h_2:

Nimmt man eine von der Achse des Pumpenzylinders bis zum Ausguß gehende Leitung von konstantem Querschnitt F_d und der Länge L_d an, so ist der von den veränderlichen hydraulischen Widerständen herrührende Druck analog den Verhältnissen bei der Saugwirkung bestimmt durch

$$\Sigma \zeta_d \left(\frac{F}{F_d} \right)^2 \frac{u^2}{2g}.$$

Bezeichnet ferner h_{dv} den konstant anzunehmenden Widerstand des Druckventils, so ist der ganze durch die hydraulischen Widerstände an der Kolbenfläche hervorgerufene Druck

$$h_2 = h_{dv} + \Sigma \zeta_d \left(\frac{F}{F_d} \right)^2 \frac{u^2}{2g} \ldots \ldots \ldots \ldots \quad 47$$

Bestimmung des Druckes h_3:

Die Wassermasse im Pumpenzylinder ist $\dfrac{F(S-x)\gamma}{g}$, diejenige in der Leitung $\dfrac{F_d L_d \gamma}{g}$. Die Beschleunigungen dieser Wassermassen sind k und $k_d = \dfrac{F}{F_d} k$ und ihr Druck gegen die Flächeneinheit des Kolbens ist (vgl. die Saugwirkung):

$$\frac{S-x}{g} k + L_d \frac{F}{F_d} \frac{k}{g}.$$

Beim Übergang des Wassers aus dem Pumpenzylinder in die Druckleitung ändert sich seine Geschwindigkeit von u in c_d, dies entspricht einer Druckhöhe

$$\frac{c_d^2 - u^2}{2g} = \left[\left(\frac{F}{F_d} \right)^2 - 1 \right] \frac{u^2}{2g},$$

$$\text{da } c_d = \frac{F}{F_d} u \text{ ist.}$$

Demnach ist der ganze von der Geschwindigkeitsänderung der Wassermassen herrührende Druck gegen die Kolbenfläche

$$h_3 = (S-x)\frac{k}{g} + L_d \frac{F}{F_d}\frac{k}{g} + \left[\left(\frac{F}{F_d}\right)^2 - 1\right]\frac{u^2}{2g} \quad \ldots \quad 48$$

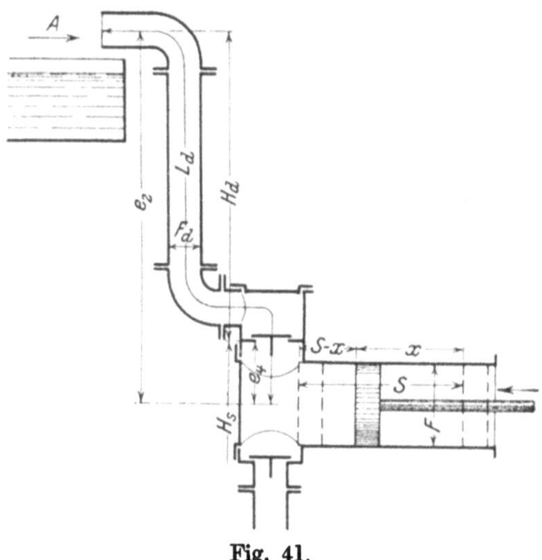

Fig. 41.

Setzt man die gefundenen Werte h_1, h_2 und h_3 in die Gleichung 45 ein, so ergibt sich der gesamte **Druck des Wassers auf die Kolbenfläche der stehenden Pumpe in m Wassersäule**

$$\frac{p_2}{\gamma} = A + e_2 - (S-x) + h_{dv} + \Sigma\zeta_d\left(\frac{F}{F_d}\right)^2\frac{u^2}{2g} + (S-x)\frac{k}{g} + L_d\frac{F}{F_d}\frac{k}{g}$$

$$+ \left[\left(\frac{F}{F_d}\right)^2 - 1\right]\frac{u^2}{2g} \quad \ldots \quad 49$$

Bei einer **liegenden** Pumpe ist die Höhe der über dem Kolben stehenden Wassersäule konstant gleich e_2 (siehe Fig. 41), man hat daher:

$$\frac{p_2}{\gamma} = A + e_2 + h_{dv} + \Sigma\zeta_d\left(\frac{F}{F_d}\right)^2\frac{u^2}{2g} + (S-x)\frac{k}{g} + L_d\frac{F}{F_d}\frac{k}{g} + \left[\left(\frac{F}{F_d}\right)^2 - 1\right]\frac{u^2}{2g} \quad 50$$

b) Graphische Darstellung des Wasserdrucks auf die Kolbenfläche während der Druckwirkung.

Zum Zwecke der graphischen Darstellung seien die Gleichungen 49 und 50 in folgender Form geschrieben:

Für die stehende Pumpe

$$\frac{p_2}{\gamma} = A + e_2 - (S-x) + h_{dv} + \left[(\Sigma\zeta_d + 1)\left(\frac{F}{F_d}\right)^2 - 1\right]\frac{u^2}{2g} + L_d\frac{F}{F_d}\frac{k}{g} + (S-x)\frac{k}{g} \quad 51$$

Für die liegende Pumpe

$$\frac{p_2}{\gamma} = A + e_2 + h_{dv} + \left[(\Sigma\zeta_d + 1)\left(\frac{F}{F_d}\right)^2 - 1\right]\frac{u^2}{2g} + L_d\frac{F}{F_d}\frac{k}{g} + (S-x)\frac{k}{g} \quad . \quad 52$$

Führt man die Bestimmung der Drucklinien in gleicher Weise wie bei der Saugwirkung durch, so ergibt

der **Atmosphärendruck** A eine horizontale Gerade (siehe Fig. 42, Linie I), im Abstand A von der Abszissenachse,

die **Höhe der Wassersäule** $e_2 - (S-x)$ eine gerade Linie mit dem Anfangswert $y = e_2 - S$ und dem Endwert $y = e_2$ (Linie II),

der **Widerstand des Druckventils** eine horizontale Gerade im Abstand h_{dv}, mit einem größeren Anfangswert entsprechend dem Öffnungswiderstand $h_{(dv)o}$ (Linie III),

die **Summe der veränderlichen hydraulischen Widerstände**

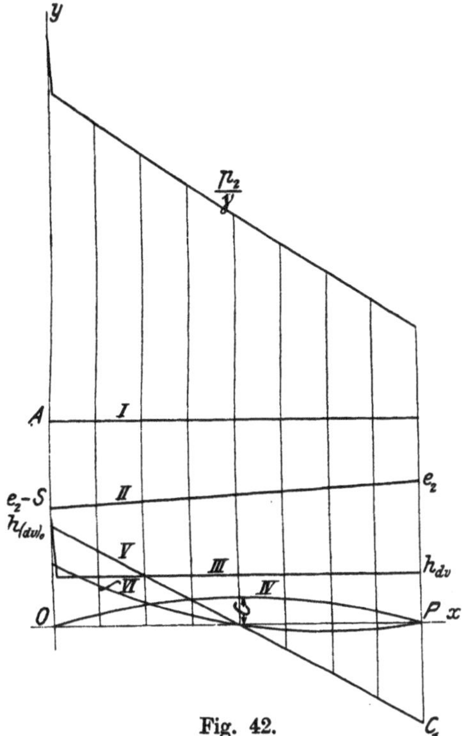

Fig. 42.

$$\left[(\Sigma\zeta_d + 1)\left(\frac{F}{F_d}\right)^2 - 1\right]\frac{u^2}{2g}$$ eine Parabel, deren Scheitel durch die Koordinaten

$$x = r \quad \text{und} \quad y = C = \left[(\Sigma\zeta_d + 1)\left(\frac{F}{F_d}\right)^2 - 1\right]\frac{\omega^2 r^2}{2g}$$

bestimmt ist (Linie IV),

der Widerstand der Wassermasse in der Leitung $L_d\dfrac{F}{F_d}\dfrac{k}{g}$ eine Gerade mit dem Anfangswert $y = +C_1 = +L_d\dfrac{F}{F_d}\dfrac{\omega^2 r}{g}$

und dem Endwert $y = -C_1 = -L\dfrac{F}{F_d}\dfrac{\omega^2 r}{g}$ (Linie V),

der Widerstand der Wassermasse im Pumpenzylinder $(S-x)\dfrac{k}{g}$ eine Parabel (Linie VI), deren Gleichung sich in folgender Weise ergibt:

Da $x = r(1 - \cos\varphi)$ und $k = \omega^2 r \cos\varphi$, so hat man die Gleichungen:

$$x = r(1 - \cos\varphi)$$

$$y = (S - x)\frac{\omega^2 r \cos\varphi}{g} = (2r - x)\frac{\omega^2 r}{g}\cos\varphi$$

und aus deren Vereinigung die Beziehung:

$$y = \frac{\omega^2}{g}(2r^2 - 3rx + x^2)$$

$$\text{Für} \quad x = 0 \quad \text{wird} \quad y = 2\frac{\omega^2 r^2}{g}$$

$$, \quad x = \frac{r}{2} \quad ,, \quad y = \frac{3}{4}\frac{\omega^2 r^2}{g}$$

$$,, \quad x = r \quad ,, \quad y = 0$$

$$,, \quad x = 3\frac{r}{2} \quad ,, \quad y = -\frac{1}{4}\frac{\omega^2 r^2}{g}$$

$$,, \quad x = 2r \quad ,, \quad y = 0.$$

Die Aufzeichnung dieser Werte gibt die Linie VI.

Hinsichtlich der Bedeutung der Massenkraft des Wassers im Pumpenzylinder gilt das gleiche wie bei der Saugwirkung.

Durch Addition der Ordinaten sämtlicher Drucklinien erhält man die Linie $\frac{p_2}{\gamma}$ **des Wasserdrucks auf die Kolbenfläche während der** Druckwirkung (siehe Fig. 42).

Beispiel: Für die in Fig. 35, S. 29, gezeichnete Pumpe soll die Drucklinie $\frac{p_2}{\gamma}$ bei einer Umdrehungszahl $n = 60$ bestimmt werden.

Außer den auf S. 28 berechneten Werten für ω, r, $\omega^2 r$ usw. hat man:

$$F = \frac{\pi}{4}0{,}075^2 \quad \text{und} \quad F_d = \frac{\pi}{4}0{,}050^2, \quad \text{also} \quad \frac{F}{F_d} = \frac{75^2}{50^2} = 2{,}25.$$

Die Berechnung des Ventilwiderstandes (vgl. Ziff. 14, g, β) ergebe $h_{dv} = 0{,}360$ m und $h_{(dv)o} = 8{,}873$ m. Zur Bestimmung der hydraulischen Widerstände sei angenommen, daß das Wasser vom Pumpenzylinder bis zum Ausguß durch ein Rohr vom Durchmesser $D_d = 0{,}050$ m und der Länge $L_d = 5{,}925$ m, welches bei B und C ein Knie und außerdem drei Krümmer hat, geführt werde. Dann ergibt sich für die Summe der Widerstandskoeffizienten $(\Sigma\zeta_d)$ nach Ziff. 10.

Leitungswiderstand $\zeta = \dfrac{\lambda L_d}{D_d} = \dfrac{0{,}03 \cdot 5{,}925}{0{,}05}$ . . . . . $\zeta = 3{,}55$

Knie mit $\delta = 90^0$ nach Weisbach $\zeta = 1{,}00$ . . . 2 Stück $\zeta = 2{,}00$

Krümmer mit $\dfrac{d}{\varrho} = 0{,}33$ nach Weisbach $\zeta = 0{,}14$ 3 Stück $\zeta = 0{,}42$

$$\overline{\hspace{6cm}}$$

$$\Sigma\zeta_d = 5{,}97$$
$$\sim 6{,}00$$

Zur Aufzeichnung der Drucklinien der Fig. 37, S. 30 hat man dann folgende Werte:

Linie I. $A = 10$ m;

„ II. $e_2 = 5{,}150$ m (s. Fig. 35), $e_2 - S = 5{,}150 - 0{,}150 = 5{,}000$ m;

„ III. $h_{dv} = 0{,}360$, $h_{(dv)0} = 8{,}873$ m;

$$\text{„ IV. } C = \left[(\varSigma\zeta_d + 1)\left(\frac{F}{F_d}\right)^2 - 1 \right] \frac{\omega^2 r^2}{2g}$$

$$= \left[(6+1)\,2{,}25^2 - 1 \right] \frac{0{,}22}{2\cdot 9{,}81} = 0{,}386 \text{ m};$$

$$\text{„ V. } C_1 = L_d \frac{F}{F_d}\frac{\omega^2 r}{g} = 5{,}925\cdot 2{,}25\cdot\frac{2{,}96}{9{,}81} = 4{,}022.$$

Die Massenkraft des Wassers im Pumpenzylinder sei wieder vernachlässigt.

Wie die Linie $\frac{p_2}{\gamma}$ der Fig. 37 zeigt, ist der Wasserdruck an der Kolbenfläche zu Beginn des Druckhubs infolge des Öffnungswiderstandes des Druckventils sehr groß, er sinkt, sobald das Ventil von seinem Sitz abgehoben ist, auf 19,4 m und nimmt während des ganzen Druckhubs ab, bis er schließlich 11,5 m erreicht. Die große Verschiedenheit des Druckes in der Pumpe rührt wie bei der Saugwirkung von dem Massenwiderstand des Wassers in der Leitung her; denn dieser geht von einem positiven Wert in einen negativen über, während die übrigen Widerstände ganz oder nahezu unveränderlich bzw. von geringer Bedeutung sind.

7. Einfluß der Wassermassen in den Leitungen auf den Gang der Pumpe. Notwendigkeit der Anordnung von Windkesseln bei Pumpen mit Kurbelantrieb.

Bei den vorstehenden Entwicklungen hat sich ergeben, daß der Wasserdruck auf den Kolben, oder auch die Pressung im Pumpenraum überhaupt, während der Saugwirkung stetig wächst und bei der Druckwirkung stetig abnimmt. Die Verschiedenheit des Drucks zu Anfang und Ende des Hubs rührt von dem Einfluß der Massenkraft des Wassers in den Leitungen her. Sie ist um so größer, je größer diese Massenkraft ist.

a) Verringerung der Pumpenlieferung und Entstehung von Wasser- und Ventilschlag durch Zurückbleiben der Saugwassersäule. Mehrförderung.

Der Druck des Wassers auf die Kolbenfläche während der Saugwirkung ist in dem Augenblick, wo der Kolben anhebt, am kleinsten. Man erhält diesen Druck aus Gleichung 41 bzw. 42, wenn man $x = 0$ und $u = 0$ setzt, zu:

$$\frac{(p_1)_0}{\gamma} = A - \left\{ e_1 + h_{(sv)0} + L_s\frac{F}{F_s}\frac{k_0}{g} \right\} \quad \ldots \ldots \quad 53$$

wobei $h_{(sv)0}$ den Öffnungswiderstand des Saugventils und k_0 die Kolbenbeschleunigung beim Anhub bedeutet.

Liegt der höchste Punkt des Pumpenraums um e_4 m höher als die Kolbenfläche im Augenblick des Kolbenanhubs (siehe Fig. 40), so ist die Pressung im höchsten Punkt des Pumpenraumes, also der kleinste Druck, welcher im Pumpenraum vorkommt, in diesem Augenblick:

$$\frac{p_{min}}{\gamma} = \frac{(p_1)_0}{\gamma} - e_4 \quad \dots \dots \dots \dots \quad 54$$

Diese Pressung darf nun nicht so klein sein, daß das Wasser im Pumpenraum in Dampfform übergeht, d. h. es muß

$$\frac{p_{min}}{\gamma} > A_t \quad \dots \dots \dots \dots \dots \quad 55$$

sein, wenn A_t die Pressung in m Wassersäule bedeutet, bei welcher das Verdampfen des Wassers von der Temperatur t^0 C beginnt.

Entwickelt sich beim Anhub des Kolbens Dampf im Pumpenraum, so bewegt sich die Saugwassersäule nicht der Kolbenbeschleunigung entsprechend, es strömt vielmehr das Wasser unter der Wirkung des Drucks der Atmosphäre auf den Wasserspiegel des Brunnens in den Pumpenraum, in welchem der Gegendruck A_t herrscht, mit anfangs zunehmender dann annähernd gleichbleibender Geschwindigkeit ein. Da zu Anfang des Hubs nicht genügend Wasser zufließt, um den durch die Kolbenbewegung frei werdenden Raum auszufüllen, so reicht der Wasserspiegel nicht bis zum höchsten Punkt des Pumpenraumes. In der zweiten Hälfte des Hubs nimmt die Kolbengeschwindigkeit ab, die Geschwindigkeit des eintretenden Wassers bleibt aber (annähernd) gleich, es wird daher der von Dampf erfüllte Raum kleiner, und zwar um so schneller, je mehr die Kolbengeschwindigkeit abnimmt. Unter Umständen wird der Pumpenraum ganz angefüllt, noch ehe der Kolben das Hubende erreicht, es trifft dann der steigende Wasserspiegel je nach der Bauart der Pumpe mit der Kolbenfläche oder der Unterfläche des Druckventils zusammen. In diesem Augenblick wird die Geschwindigkeit der Wassersäule, welche sich vorher unabhängig von der Kolbengeschwindigkeit bewegt hatte, plötzlich durch die Kolbenbewegung bestimmt. Hierbei entsteht ein Stoß oder sogenannter Wasserschlag, der um so heftiger ist, je größer die Geschwindigkeitsänderung der Wassersäule beim Zusammentreffen ist. Er kann so heftig sein, daß das Druckventil gehoben wird und Wasser schon während des Saughubs in die Druckleitung übertritt. Es findet dann eine Mehrförderung statt.

Von dem Augenblick an, wo das Druckventil gehoben und die Druckwassersäule in Bewegung gesetzt wird, also beide Ventile geöffnet sind, bewegen sich die Saug- und Druckwassersäule frei vermöge ihrer lebendigen Kraft. Der Atmosphärendruck hat keinen Einfluß auf ihre Bewegung, da er sowohl auf den Wasserspiegel des Brunnens als auch auf den Ausflußquerschnitt der Steigleitung, also sowohl in der Richtung der Bewegung als auch dieser entgegengesetzt wirkt. Durch die Saugleitung strömt eine Wassermenge, welche gleich ist der Summe aus der Wassermenge, die der Kolben ansaugt, und der Wassermenge, welche durch das Druckventil in die Steigleitung übertritt. Durch die widerstehenden Kräfte, welche sich aus der ganzen Förderhöhe und der Summe der Widerstände in den beiden Leitungen und der Pumpe zusammensetzen, wird nun die lebendige Kraft der beiden Wassersäulen vermindert, es nimmt ihre Geschwindigkeit ab. Erfolgt diese Geschwindigkeitsabnahme so rasch, daß der Wasserzufluß aus der Saugleitung in die Pumpe gleich der vom Pumpenkolben angesaugten Wassermenge wird, noch ehe der Kolben das Ende des Saughubs erreicht hat, so schließt sich das Druckventil wieder und das Wasser in der Saugleitung bewegt sich der Kolbengeschwindigkeit entsprechend weiter. Es kann aber auch der Fall sein, daß zu Ende des Saughubs beide Ventile noch geöffnet und beide Leitungen von Wasser durchströmt sind. Kehrt jetzt der Kolben seine Bewegung um, so wird durch seine Geschwindigkeitszunahme infolge des Widerstands der Wassermasse ein Druck im Pumpenzylinder erzeugt, welcher die Saugsäule rasch zum Stillstand oder selbst zur Umkehr bringt. Das Saugventil wird je nach Umständen mit größerem oder kleinerem Schlag geschlossen.

Eine solche Mehrförderung wird am ehesten bei langer Saugleitung und geringer Belastung des Druckventils, also bei Saugpumpen, welche unmittelbar in die Atmosphäre ausgießen, eintreten. Sie bedeutet selbstverständlich keinen Gewinn an Nutzbarkeit, denn die lebendige Kraft, vermöge welcher das Wasser das Druckventil aufstößt und in die Druckleitung übertritt, muß den Wassermassen während der ersten Hälfte des Hubs vom Kolben erteilt werden. Die Mehrförderung gibt vielmehr zu Störungen im ruhigen Gang der Pumpe und zu Ventilschlägen Veranlassung und muß deshalb vermieden werden.

Läuft der Pumpenraum nicht voll, bis der Kolben das Hubende erreicht, so ist die vom Kolben angesaugte Wassermenge kleiner als das Hubvolumen der Pumpe, die Lieferung der Pumpe ist verringert.

Der in diesem Falle entstehende Wasserschlag ist besonders stark, denn der Wasserspiegel erreicht den höchsten Punkt des Pumpenraums erst bei rückläufiger Bewegung des Kolbens. Die Wassermasse in der Saugleitung kommt plötzlich zum Stillstand oder kehrt ihre Bewegung um, das Saugventil wird mit einem Schlag geschlossen.

Bedingung, daß das Wasser dem Kolben bei der Saugwirkung folgt.

Aus den vorstehenden Erläuterungen geht hervor, daß ein ruhiges Arbeiten der Pumpe nur stattfindet, wenn das Wasser dem Kolben vom Hubbeginn an folgt, d. h. wenn die Bedingung 55 erfüllt ist, welche ausspricht, daß die Pressung $\dfrac{p_{min}}{\gamma}$ im höchsten Punkt des Pumpenraums beim Anhub des Kolbens größer sein muß, als die Spannung A_t, bei welcher sich Dampf entwickelt.

Aus der Bedingung 55 folgt mit Gleichung 53 und 54

$$A - \left\{ e_1 + h_{(sv)o} + L_s \frac{F}{F_s} \frac{k_0}{g} \right\} - e_4 > A_t \quad \ldots \ldots \quad 56$$

Der senkrechte Abstand $e_1 + e_4$ des höchsten Punktes im Pumpenraum vom Saugwasserspiegel werde die „Saughöhe" der Pumpe genannt (vgl. Fig. 30 und 31, S. 19). Er sei mit H_s bezeichnet, alsdann ist:

$$H_s = e_1 + e_4 \quad \ldots \ldots \ldots \ldots \quad 57$$

Hiermit ergibt sich aus der vorstehenden Beziehung:

$$A - \left\{ H_s + h_{(s\,v)\,0} + L_s \frac{F}{F_s} \frac{k_0}{g} \right\} > A_t \quad \ldots \ldots \quad 58$$

oder

$$L_s \frac{F}{F_s} \frac{k_0}{g} < A - A_t - H_s - h_{(s\,v)\,0} \quad \ldots \ldots \quad 59$$

Für eine Pumpe mit Kurbelantrieb ist die Beschleunigung beim Anhub des Kolbens, d. h. für $\varphi = 0$, nach Gleichung 15:

$$k_0 = \omega^2 r \left(1 \pm \frac{r}{L} \right).$$

Hiermit ergibt Gleichung 59:

$$L_s \frac{F}{F_s} \frac{\omega^2 r}{g} \left(1 \pm \frac{r}{L} \right) < A - A_t - H_s - h_{(s\,v)\,0} \quad \ldots \ldots \quad 60$$

Diese Bedingung spricht aus, daß der Massenwiderstand des Wassers in der Saugleitung eine gewisse Größe nicht überschreiten darf, wenn das Wasser dem Kolben zu Beginn des Saughubs folgen soll.

In Fällen, wo diese Bedingung nicht erfüllt ist, muß in der Saugleitung möglichst nahe der Pumpe ein Windkessel angeordnet werden. Hierdurch wird bewirkt, daß das Wasser vom Brunnen bis zum Windkessel sich mit gleichförmiger Geschwindigkeit bewegt, während nur die in der kurzen Strecke zwischen Windkessel und Pumpenkolben befindliche Wassermasse die Beschleunigung und Verzögerung des Kolbens mitmacht. Wegen der geringen Länge dieser Strecke ist die hierbei entstehende Massenkraft klein.

b) Entstehung von Wasser- und Ventilschlag durch Voreilen der Druckwassersäule. Mehrförderung.

Der Kolben bewegt sich vom Beginn bis zur Mitte des Hubs mit zunehmender Geschwindigkeit. Da er das Wasser in der Pumpe und Druckleitung vor sich herschiebt, so nimmt auch die Geschwindigkeit des Wassers bis zur Hubmitte zu. In der zweiten Hälfte des Hubs nimmt die Kolbengeschwindigkeit fortwährend ab; soll kein Abreißen des Wassers vom Kolben während dieser Bewegung eintreten, so muß auch die Geschwindigkeit der vor dem Kolben herlaufenden Wassersäule der Kolbenbewegung entsprechend abnehmen. Vermöge ihrer lebendigen Kraft hat die Wassersäule das Bestreben, sich mit gleichmäßiger Geschwindigkeit fortzubewegen. Ihrer Bewegung wirken aber der Druck der Atmosphäre auf die Mündung der Steigleitung, ihr Gewicht und die hydraulischen Widerstände entgegen. Durch diese widerstehenden Kräfte wird ihre lebendige Kraft verkleinert, ihre Geschwindigkeit nimmt also ab. Ist ihre Verzögerung gerade so groß wie die Verzögerung des Kolbens, so bewegt sie sich vor dem Kolben her, ohne daß ein Druck zwischen Kolbenfläche und Wassersäule besteht. Ergeben die auf die Wassersäule wirkenden Kräfte eine Verzögerung, die größer ist als die Verzögerung des Kolbens, so übt die Wassersäule einen Druck auf die Kolbenfläche aus, sie muß von dem Kolben geschoben werden.

Ist ihre Verzögerung kleiner als die Verzögerung des Kolbens, so eilt sie dem Kolben voraus, es findet eine Trennung zwischen Kolben und Wasser statt.

Genauer betrachtet ergeben sich bei einer Pumpe mit Kurbelantrieb folgende Verhältnisse:

In der zweiten Hälfte des Druckhubs nimmt der Druck des Wassers auf die Kolbenfläche gegen das Hubende immer mehr ab. Dies ist im vorhergehenden Abschnitt ausführlich erläutert.

Die Pressung im Pumpenraum kann nun aber nur bis auf den Druck sinken, bei welchem das Saugventil sich öffnet. Sind die Saugverhältnisse der Pumpe in Ordnung, so ist dieser Druck größer als die Spannung A_t, bei welcher Dampfbildung eintritt. Ein Abreißen des Wassers vom Kolben wird daher, selbst wenn der Druck im Pumpenzylinder gegen das Hubende stark abnimmt, nicht eintreten, weil sich vorher das Saugventil öffnet und Wasser aus der Saugleitung in den Zylinder strömt. Von dem Augenblick an, wo beide Ventile geöffnet sind, ist die in die Steigleitung tretende Wassermenge gleich der Kolbenverdrängung vermehrt um den Zufluß des Wassers aus der Saugleitung in den Pumpenzylinder, also größer als die Kolbenverdrängung, es findet eine Mehrförderung statt. Ist die Drucksäule noch in Bewegung, das Druckventil also noch offen, wenn der Kolben den Saughub beginnt, so kommt die Drucksäule rasch zum Stillstand, kehrt unter Umständen ihre Bewegung um und schließt das Druckventil mit einem Schlag.

Wenn auch eine Trennung der Wassersäule vom Kolben in der zweiten Hälfte des Druckhubs nicht eintreten wird, so kann doch ein Abreißen der Wassersäule innerhalb der Druckleitung stattfinden, denn die Pressung in der Druckleitung ist kleiner als im Pumpenraum. Sinkt an irgend einer Stelle des Druckrohres die Pressung auf A_t, so entwickelt sich Dampf und es tritt in dem betreffenden Querschnitt eine Trennung der Wassersäule ein. Das abgetrennte Stück bewegt sich frei, getrieben von seiner lebendigen Kraft und der Spannung A_t. Durch die der Bewegung widerstehenden Kräfte nimmt seine Geschwindigkeit ab, und es ist möglich, daß es von dem vom Kolben nachgeschobenen Stück wieder eingeholt wird, oder daß es sogar nach einiger Zeit infolge der Verzögerung seine Bewegung umkehrt und auf das nachfolgende Stück zurückfällt. In beiden Fällen erfolgt ein Wasserschlag durch den Stoß der bewegten Massen gegeneinander.

Um für gegebene Verhältnisse festzustellen, ob ein Abreißen der Druckwassersäule möglich ist, genügt es, die Untersuchung für den Augenblick der Kolbenumkehr, also am Ende des Druckhubs, auszuführen, denn in diesem Augenblick ist die Massenkraft des Wassers in der Leitung am größten. Findet ein Abreißen bei der Kolbenumkehr nicht statt, so ist es überhaupt ausgeschlossen.

Für die in Fig. 43 gezeichnete Druckleitung ergibt sich folgendes, wenn ein Kurbelantrieb mit $L = \infty$ angenommen wird:

Untersuchung der horizontalen Rohrstrecke am Ende der Leitung:

In einem beliebigen Querschnitt $y—y$ dieser Strecke ist die Pressung im Augenblick der Kolbenumkehr gleich dem Druck A der Atmosphäre auf die Mündung des Rohres abzüglich des in der Bewegungsrichtung wirkenden Massendrucks des Wasserkörpers von der Länge l_y. Dieser

Massendruck ist $l_y \dfrac{F}{F_d} \dfrac{\omega^2 r}{g}$. Weitere Kräfte sind nicht vorhanden, da das Rohr horizontal ist und die hydraulischen Bewegungswiderstände im Augenblick der Bewegungsumkehr null sind, weil die Kolbengeschwindigkeit null ist.

Es ist daher die Pressung im Querschnitt y—y

$$h_y = A - l_y \frac{F}{F_d} \frac{\omega^2 r}{g} \quad\ldots\ldots\ldots\ 61$$

Der Druck ist also in demjenigen Querschnitt am kleinsten, für welchen l_y am größten ist, d. h. an der Krümmung der Leitung bei A. Wenn ein Abreißen des Wassers stattfindet, so findet es dort statt, und zwar ist der Druck an dieser Stelle bestimmt durch:

Fig. 43.

$$h_A = A - L_y \frac{F}{F_d} \frac{\omega^2 r}{g} \quad\ldots\ldots\ldots\ 62$$

Die Wassersäule reißt also bei Punkt A ab, wenn $h_A \lessgtr A_t$ ist.

Untersuchung der vertikalen Rohrstrecke:

In einem beliebigen Querschnitt x—x ist der Druck bei der Kolbenumkehr

$$h_x = A + l_x - l_x \frac{F}{F_d} \frac{\omega^2 r}{g} - L_y \frac{F}{F_d} \frac{\omega^2 r}{g}$$

$$= A + l_x \left(1 - \frac{F}{F_d} \frac{\omega^2 r}{g}\right) - L_y \frac{F}{F_d} \frac{\omega^2 r}{g} \quad\ldots\ldots\ 63$$

Ist $\left(1 - \dfrac{F}{F_d} \dfrac{\omega^2 r}{g}\right)$ positiv, so ist h_x am kleinsten, wenn l_x am kleinsten ist, d. h. der Druck ist im oberen Rohrende bei A am kleinsten, und zwar ergibt sich für denselben, da $l_x = 0$

$$h_A = A - L_y \frac{F}{F_d} \frac{\omega^2 r}{g} \quad\ldots\ldots\ldots\ldots\ 64$$

Ist $\left(1 - \dfrac{F}{F_d} \dfrac{\omega^2 r}{g}\right)$ negativ, so ist h_x am kleinsten, wenn l_x am größten ist, d. h. der Druck ist am unteren Rohrende bei B am kleinsten. Mit $l_x = L_x$ ergibt sich derselbe zu:

$$h_B = A + L_x \left(1 - \frac{F}{F_d} \frac{\omega^2 r}{g}\right) - L_y \frac{F}{F_d} \frac{\omega^2 r}{g} \quad\ldots\ldots\ 65$$

Je nachdem also $\left(1 - \dfrac{F}{F_d} \dfrac{\omega^2 r}{g}\right)$ positiv oder negativ ist, findet das Abreißen oben oder unten am vertikalen Rohr statt, und zwar tritt dasselbe ein, wenn h_A bzw. $h_B \lessgtr A_t$ ist.

In diesem Fall ist in der Druckleitung zunächst der Pumpe ein Windkessel anzuordnen.

8. Die Saug- und die Druckwirkung der Kolbenpumpen mit Windkesseln.

a) Die Ausrüstung der Pumpe mit Saugwindkessel. Bestimmung des mittleren Luftdrucks im Windkessel.

In die Saugleitung (s. Fig. 44) sei ein Gefäß W_s (Windkessel) eingeschaltet. Außerdem sei am unteren Ende der Saugleitung ein sog.

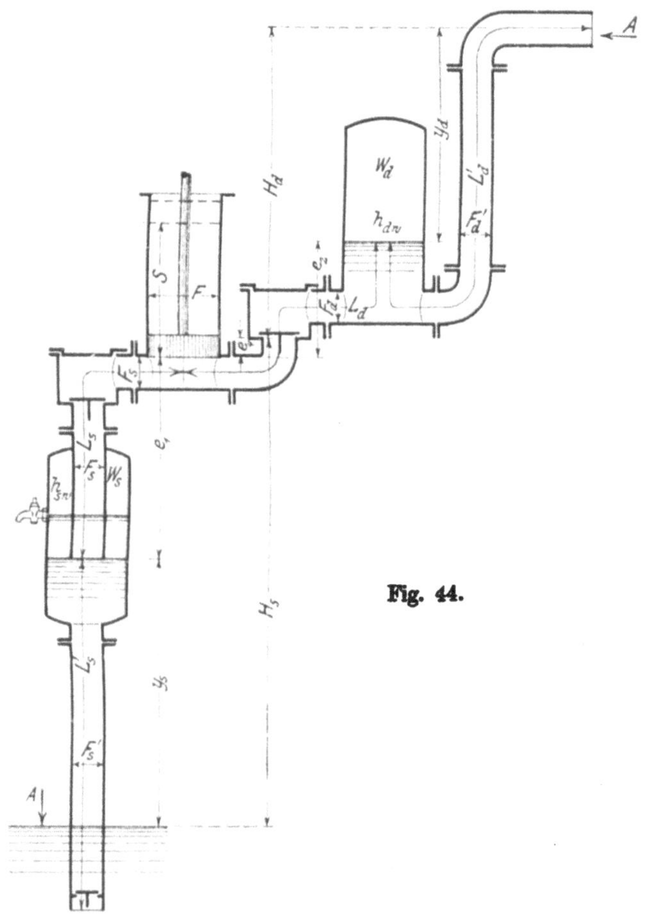

Fig. 44.

Fußventil angebracht, welches das Rückfließen des Wassers aus der Saugleitung nach dem Brunnen beim Stillstand der Pumpe verhindert.

Vor dem Ingangsetzen der Pumpe werde die Saugleitung und der Windkessel mit Wasser angefüllt, letzterer etwa bis zur Höhe des Hahns, durch welchen die Luft abgelassen werden kann.

Falls keine besondere Vorrichtung zum Anfüllen getroffen ist, kann dieses durch den Saugventilkasten nach Herausnahme des Saugventils geschehen.

Wird nun die Pumpe in Betrieb gesetzt, so entnimmt sie ihr Wasser aus dem Windkessel. Der Wasserspiegel in diesem sinkt, die über ihm befindliche Luft dehnt sich aus und der Druck derselben nimmt ab. Dadurch vermindert sich auch der Druck auf das Fußventil, bis dieses durch den Druck der Atmosphäre auf den Wasserspiegel des Brunnens gehoben und die über ihm befindliche Wassersäule in Gang gesetzt wird. Es beginnt das Wasser aus dem Brunnen in den Windkessel überzuströmen. Solange die Wasserentnahme aus dem Windkessel durch die Pumpe größer ist als der Zufluß aus dem Brunnen, wird der Wasserspiegel im Windkessel und der Luftdruck in demselben weiter sinken. Dadurch wird der Überdruck der Atmosphäre immer größer und die Wassergeschwindigkeit in der Leitung nimmt zu, bis ebensoviel Wasser dem Windkessel zufließt als die Pumpe aus ihm entnimmt. Während das Wasser in der Saugleitung emporsteigt, nimmt sein Druck stetig ab. Hierbei scheidet sich Luft ab, und zwar um so mehr, je größer die Druckabnahme und je größer der Luftgehalt des Wassers im Brunnen ist. Diese Luft sammelt sich im Windkessel an, es nimmt daher der Luftgehalt desselben während des Betriebs stetig zu und sein Wasserspiegel sinkt allmählich bis zum unteren Rand des Saugrohrs der Pumpe.

Ein weiteres Sinken findet nicht statt, vielmehr wird jetzt die mit dem Wasser in den Windkessel eintretende Luftmenge durch die Pumpe beständig abgesaugt, womit der Beharrungszustand erreicht ist. Da die Höhenlage des Wasserspiegels im Windkessel und der Luftdruck in demselben (annähernd) konstant bleiben, so ist der Unterschied zwischen Atmosphärendruck und Windkesselpressung unveränderlich. Es bewegt sich daher auch das Wasser vom Brunnen zum Windkessel mit konstanter Geschwindigkeit, und eine Massenkraft tritt für diese Leitungsstrecke nicht auf. Nur die zwischen Windkessel und Pumpe befindliche Wassersäule erfährt der Kolbenbewegung entsprechende Geschwindigkeitsänderungen. Damit die hierbei entstehenden Massenkräfte klein ausfallen, soll diese Wassersäule kurz sein; der Windkessel ist deshalb so nahe als möglich an die Pumpe zu rücken.

Die Pressung der Luft im Saugwindkessel während des Betriebs ergibt sich aus folgendem:

Ist Q die durchschnittliche Wasserlieferung der Pumpe in der Sekunde in cbm,

F'_s der Querschnitt der Saugleitung des Windkessels in qm,

c'_s die (annähernd) konstante Geschwindigkeit des Wassers in dieser Leitung in m,

so gilt

$$F'_s c'_s = Q.$$

Es ist daher die Geschwindigkeit des Wassers im Saugrohr des Windkessels

$$c'_s = \frac{Q}{F'_s} \quad \dots \dots \dots \dots \dots \quad 66$$

Um dem Wasser, das im Brunnen die Geschwindigkeit null hat, diese Geschwindigkeit zu verleihen, ist eine Druckhöhe $\frac{c'^2_s}{2g}$ notwendig. Außerdem sind Bewegungswiderstände auf dem Weg des Wassers vom Brunnen bis zum Windkessel zu überwinden, welche im ganzen die Druckhöhe $\varSigma \zeta \frac{c'^2_s}{2g}$ erfordern mögen. Beträgt ferner der senkrechte Abstand des Wasserspiegels im Windkessel vom Wasserspiegel des Brunnens y_s m, so ist der Luftdruck h_{sw} im Windkessel bestimmt durch

$$h_{sw} = A - y_s - \frac{c'^2_s}{2g}\,(1 + \varSigma \zeta), \quad \ldots \ldots \ldots \; 67$$

denn es ist der Druck im Windkessel gleich dem Druck der Atmosphäre auf den Wasserspiegel des Brunnens abzüglich des Drucks, welcher notwendig ist, um der Wassersäule zwischen Brunnen und Windkessel das Gleichgewicht zu halten, und abzüglich der zur Überwindung der Widerstände und zur Geschwindigkeitserzeugung notwendigen Druckhöhe.

b) Die Ausrüstung der Pumpe mit Druckwindkessel. Bestimmung des mittleren Luftdrucks im Windkessel.

Ebenso wie in die Saugleitung sei in die Druckleitung (s. Fig. 44) ein Gefäß W_d (Windkessel) eingeschaltet, welches so gebaut ist, daß die in ihm enthaltene Luft nicht nach der Druckleitung entweichen kann.

Der Betrieb der Pumpe vollzieht sich in der Weise, daß nur die zwischen Pumpe und Windkessel befindliche Wassermasse die Geschwindigkeitsänderungen des Kolbens mitmacht, während die Wassermasse in der Druckleitung hinter dem Windkessel sich mit konstanter Geschwindigkeit bewegt.

Ist Q die durchschnittliche Wasserlieferung der Pumpe in der Sekunde in cbm,

F'_d der Querschnitt der Druckleitung in qm,

c'_d die (annähernd) konstante Geschwindigkeit in dieser Leitung in m,

so ergibt sich diese Geschwindigkeit aus

$$c'_d = \frac{Q}{F'_d} \quad \ldots \ldots \ldots \ldots \; 68$$

Damit das Wasser mit dieser Geschwindigkeit durch die Druckleitung strömt, muß der Druck h_{dw} der Luft im Windkessel gleich sein dem Druck A der Atmosphäre auf die Mündung des Druckrohres plus dem Druck y_d der über dem Wasserspiegel des Windkessels stehenden Wassersäule plus dem Druck $\varSigma \zeta \frac{c'^2_d}{2g}$ zur Überwindung der Bewegungswiderstände in der Leitung plus dem Druck $\frac{c'^2_d}{2g}$ zur Erzeugung der Geschwindigkeit c'_d in der Leitung, sofern man annimmt, daß die Geschwindigkeit, mit welcher das Wasser in den Windkessel tritt, durch Stoß und Wirbelung in diesem verloren geht.

Es ist also die Pressung der Luft im Druckwindkessel während des Betriebes:

$$h_{dw} = A + y_d + \frac{{c'_d}^2}{2g}(1 + \Sigma \zeta) \quad \ldots \ldots \ldots \quad 69$$

In Wirklichkeit ist weder in der Saugleitung noch in der Druckleitung die Wassergeschwindigkeit vollständig unveränderlich. Da die Entnahme aus dem Saugwindkessel bzw. die Zufuhr zu dem Druckwindkessel der Wirkungsweise der Pumpe entsprechend eine periodisch veränderliche ist, so schwankt der Wasserspiegel und demgemäß auch die Pressung der Luft im Windkessel periodisch, was zur Folge hat, daß auch die Wassergeschwindigkeit in der angeschlossenen Leitung periodisch veränderlich ist.

Der Inhalt des Windkessels ist so zu bemessen, daß diese Schwankungen innerhalb der zulässigen Grenzen bleiben (s. Ziff. 13).

c) Bestimmung des Wasserdrucks auf die Kolbenfläche.

Die Arbeit einer Pumpe mit Windkesseln kann als eine Wasserförderung aus einem Gefäß W_s, in welchem geringer Druck herrscht, in ein Gefäß W_d mit höherem Druck aufgefaßt werden.

Die Betrachtungen, welche über die Pumpen ohne Windkessel angestellt wurden, haben volle Gültigkeit, wenn man sich an die Stelle des Brunnens den Saugwindkessel und an die Stelle des Sammelbehälters den Druckwindkessel gesetzt denkt.

An die Stelle des Drucks A der Atmosphäre auf den Wasserspiegel des Brunnens tritt jetzt die Pressung h_{sw} der Luft auf den Wasserspiegel des Saugwindkessels, und statt des Druckes A der Atmosphäre wirkt auf die Ausflußöffnung der Druckleitung der Druck h_{dw} der Luft im Druckwindkessel. e_1 bedeutet den senkrechten Abstand des Kolbens vom Wasserspiegel des Saugwindkessels, wenn der Kolben sich in seiner unteren Totlage befindet, e_2 den senkrechten Abstand des Kolbens in dieser Lage vom Wasserspiegel des Druckwindkessels, L_s die Länge des Saugrohrs zwischen Saugwindkessel und Pumpe, L_d die Länge des Druckrohrs zwischen Pumpe und Druckwindkessel. Die Länge der Saugleitung zwischen Brunnen und Saugwindkessel sei mit L'_s, die Länge der Druckleitung vom Druckwindkessel bis zum Ausguß mit L'_d bezeichnet.

Dementsprechend ist dann der
Wasserdruck auf die Kolbenfläche während der Saugwirkung:
bei einer stehenden Pumpe nach Gleich. 41:

$$\frac{p_1}{\gamma} = h_{sw} - \left\{ (e_1 + x) + h_{sv} + \Sigma \zeta_s \left(\frac{F}{F_s}\right)^2 \frac{u^2}{2g} + x\frac{k}{g} + L_s\frac{F}{F_s}\frac{k}{g} + \frac{u^2}{2g} \right\} \quad 70$$

bei einer liegenden Pumpe nach Gleich. 42:

$$\frac{p_1}{\gamma} = h_{sw} - \left\{ e_1 + h_{sv} + \Sigma \zeta_s \left(\frac{F}{F_s} \right)^2 \frac{u^2}{2g} + \frac{xk}{g} + L_s \frac{F}{F_s} \frac{k}{g} + \frac{u^2}{2g} \right\} \ . \ . \ . \ \ 71$$

wobei
$$h_{sw} = A - y_s - \frac{c'_s{}^2}{2g} (1 + \Sigma \zeta).$$

Wasserdruck auf die Kolbenfläche während der Druckwirkung:

bei einer stehenden Pumpe nach Gleich. 49:

$$\frac{p_2}{\gamma} = h_{dw} + e_2 - (S - x) + h_{dv} + \Sigma \zeta_d \left(\frac{F}{F_d} \right)^2 \frac{u^2}{2g} + (S - x) \frac{k}{g} + L_d \frac{F}{F_d} \frac{k}{g}$$
$$+ \left[\left(\frac{F}{F_d} \right)^2 - 1 \right] \frac{u^2}{2g} \ . \ . \ . \ \ 72$$

bei einer liegenden Pumpe nach Gleich. 50:

$$\frac{p_2}{\gamma} = h_{dw} + e_2 + h_{dv} + \Sigma \zeta_d \left(\frac{F}{F_d} \right)^2 \frac{u^2}{2g} + (S - x) \frac{k}{g} + L_d \frac{F}{F_d} \frac{k}{g}$$
$$+ \left[\left(\frac{F}{F_d} \right)^2 - 1 \right] \frac{u^2}{2g} \ . \ . \ . \ \ 73$$

wobei
$$h_{dw} = A + y_d + \frac{c'_d{}^2}{2g} (1 + \Sigma \zeta).$$

d) Bedingung, daß das Wasser dem Kolben bei der Saugwirkung folgt.

Ersetzt man in Gleichung 56 den Druck A der Atmosphäre auf den Wasserspiegel des Brunnens durch den Windkesseldruck h_{sw}, so hat man die Bedingung:

$$h_{sw} - \left\{ e_1 + h_{(sv)_0} + L_s \frac{F}{F_s} \frac{k_0}{g} \right\} - e_4 > A_t \ \ . \ . \ . \ . \ . \ \ 74$$

oder mit
$$h_{sw} = A - y_s - \frac{c'_s{}^2}{2g} (1 + \Sigma \zeta),$$

$$A - y_s - \frac{c'_s{}^2}{2g} (1 + \Sigma \zeta) - e_1 - e_4 - h_{(sv)_0} - L_s \frac{F}{F_s} \frac{k_0}{g} > A_t$$

oder da (Fig. 44)
$$y_s + e_1 + e_4 = H_s$$

$$A - H_s - \frac{c'_s{}^2}{2g} (1 + \Sigma \zeta) - h_{(sv)_0} - L_s \frac{F}{F_s} \frac{k_0}{g} > A_t \ \ . \ . \ . \ \ 75$$

Hieraus ergibt sich für den Massendruck des Wassers zwischen Saugwindkessel und Pumpe:

$$L_s \frac{F}{F_s} \frac{k_0}{g} < A - A_t - H_s - h_{(sv)_0} - \frac{c'_s{}^2}{2g} (1 + \Sigma \zeta) \ . \ . \ \ 76$$

oder mit
$$k_0 = \omega^2 r \left(1 \pm \frac{r}{L} \right)$$

$$L_s \frac{F}{F_s} \frac{\omega^2 r}{g} \left(1 \pm \frac{r}{L} \right) < A - A_t - H_s - h_{(sv)_0} - \frac{c'_s{}^2}{2g} (1 + \Sigma \zeta) \ \ \ 77$$

e) Graphische Darstellung des Wasserdrucks auf die Kolbenfläche.

Der Druck des Wassers auf die Kolbenfläche einer Pumpe mit Windkesseln werde in gleicher Weise dargestellt, wie dies für eine Pumpe ohne Windkessel im früheren geschehen ist.

Es sei die früher berechnete Pumpe, Fig. 35, S. 29, mit Saug- und Druckwindkessel versehen, wie durch gestrichelte Linien angegeben ist. Außerdem sei die Pumpe um 2,7 m höher aufgestellt, so daß der Abstand des Druckventils vom Wasserspiegel des Brunnens 7,040 m statt 4,340 m beträgt (vgl. die eingeklammerten Maße der Fig. 35).

Es soll für den Saug- und den Druckhub die Linie des Wasserdrucks auf den Kolben bestimmt werden bei einer Annahme von 60 Umdrehungen in der Minute.

Wie früher (S. 28) gilt: $n = 60$; $\omega = 6,28$; $\omega^2 = 39,44$; $r = 0,075$ m; $\omega^2 r = 2,96$; $\omega^2 r^2 = 0,22$; $F = \dfrac{\pi}{4} \cdot 0,075^2 = 0,0044$ qm usw.

Bestimmung des Drucks $\dfrac{p_1}{\gamma}$ während der Saugwirkung:

Nach Gleichung 70 ist, bei Vernachlässigung des Massendrucks $x\dfrac{k}{g}$ des Wassers im Pumpenzylinder:

$$\frac{p_1}{\gamma} = h_{sw} - (e_1 + x) - h_{sv} - \left[\Sigma \zeta \left(\frac{F}{F_s} \right)^2 + 1 \right] \frac{u^2}{2g} - L_s \frac{F}{F_s} \frac{k}{g}, \qquad 78$$

wobei

$$h_{sw} = A - y_s - \frac{{c'_s}^2}{2g} (1 + \Sigma \zeta).$$

Der Windkesseldruck h_{sw} ergibt sich nun aus folgendem:
Die mittlere Wasserlieferung der einfachwirkenden Pumpe beträgt

$$Q = \frac{FSn}{60} = \frac{0,0044 \cdot 0,150 \cdot 60}{60} = 0,00066 \text{ cbm},$$

also ist die Geschwindigkeit des Wassers im Saugrohr des Windkessels nach Gleich. 66

$$c'_s = \frac{Q}{F_s} = \frac{0,00066}{0,001963} = 0,336 \text{ m}.$$

Die Summe der Widerstandskoeffizienten $\Sigma \zeta$ ergibt sich für die Leitung vom Brunnen zum Windkessel bei der Länge (Fig. 35) $L'_s = 0,250 + 6,490 = 6,740$ m aus

$$\text{Leitungswiderstand } \zeta = \frac{\lambda L'_s}{D'_s} = \frac{0,03 \cdot 6,740}{0,05} \quad \cdot \cdot \quad \zeta = 4,0$$

Widerstand beim Eintritt ins untere Ende des
Saugrohres . . . . $\zeta = 0,5$

$$\Sigma \zeta = 4,5$$

Mit $A = 10$ m; $y_s = 6,490$ m (s. Fig. 35); $c'_s = 0,336$ m und $\Sigma \zeta = 4,5$ wird

$$h_{sw} = 10 - 6,490 - \frac{0,336^2}{2 \cdot 9,81} (1 + 4,5) = 10 - 6,490 - 0,032 = 3,478 \text{ m}.$$

Die Berechnung des Ventilwiderstandes (s. Ziff. 14, g, α u. β) ergebe
für den Widerstand des geöffneten Ventils $h_{s\,v} = 0{,}360$ m;
für den Öffnungswiderstand $h_{(s\,v)_0} = 1{,}280$ m.

Der Bestimmung der hydraulischen Bewegungswiderstände für die Leitungsstrecke vom Windkessel bis zur Pumpenachse sei ein Rohr vom Durchmesser $D_s = 0{,}050$ und der Länge $L_s = 0{,}360 + 0{,}065 + 0{,}225 = 0{,}650$ m, welches bei A und B ein rechtwinkliges Knie hat, zugrunde gelegt. Dann ergibt sich für die Summe der Widerstandskoeffizienten $\Sigma\,\zeta_s$ nach Ziff. 10:

Leitungswiderstand $\zeta = \dfrac{\lambda L_s}{D_s} = \dfrac{0{,}03 \cdot 0{,}650}{0{,}05}$ . . . $\zeta = 0{,}4$

Knie bei A mit $\delta = 90^0$ nach Weisbach . . . $\zeta = 1{,}0$

Knie bei B dgl. . . . . $\zeta = 1{,}0$

Widerstand beim Eintritt ins Saugrohr . . . . $\zeta = 0{,}5$

$$\Sigma\,\zeta \sim 3{,}0$$

Zur Aufzeichnung der Drucklinien der Fig. 38, S. 31 hat man nun folgende Werte:

Linie I. $h_{s\,w} = 3{,}478$ m.

„   II. $e_1 = 0{,}460$ m (s. Fig. 35); $e_1 + S = 0{,}460 + 0{,}150 = 0{,}610$ m.

„   III. $h_{s\,v} = 0{,}360$ m; $h_{(s\,v)_0} = 1{,}280$ m.

„   IV. $C = \left[\Sigma\,\zeta_s\left(\dfrac{F}{F_s}\right)^2 + 1\right]\dfrac{\omega^2 r}{g} = (3 \cdot 2{,}25^2 + 1)\dfrac{0{,}22}{2 \cdot 9{,}81} = 0{,}182$ m.

„   V. $C_1 = L_s\dfrac{F}{F_s}\dfrac{\omega^2 r}{g} = 0{,}650 \cdot 2{,}25 \cdot \dfrac{2{,}96}{9{,}81} = 0{,}441$ m.

Die aus diesen Linien resultierende Linie des Drucks $\dfrac{p_1}{\gamma}$ zeigt Fig. 38.

Bestimmung des Drucks $\dfrac{p_2}{\gamma}$ während der Druckwirkung:

Nach Gleichung 72 ist, bei Vernachlässigung des Massendrucks $(S - x)\dfrac{k}{g}$ des Wassers im Pumpenzylinder,

$$\frac{p_2}{\gamma} = h_{d\,w} + [e_2 - (S - x)] + h_{d\,v} + \left[(\Sigma\,\zeta_d + 1)\left(\frac{F}{F_d}\right)^2 - 1\right]\frac{u^2}{2g} + L_d\frac{F}{F_d}\frac{k}{g}, \quad 79$$

wobei

$$h_{d\,w} = A + y_d + \frac{c'_d{}^2}{2g}\,(1 + \Sigma\,\zeta).$$

Der Windkesseldruck $h_{d\,w}$ ergibt sich aus folgendem:

Da der Durchmesser der Druckleitung ebenso groß ist wie der Durchmesser der Saugleitung, so sind die Wassergeschwindigkeiten in diesen Leitungen gleich, also ist

$$c'_d = c'_s = 0{,}336 \text{ m.}$$

Die Summe der Widerstandskoeffizienten $\Sigma\,\zeta$ für die Leitung vom Wasserspiegel des Druckwindkessels bis zum Ausguß bei einer Länge

$L'_d = 0{,}200 + 0{,}265 + 5{,}000 + 0{,}250 = 5{,}715$ m und einem Durchmesser $D'_d = 0{,}050$ m ist nach Ziff. 10:

Leitungswiderstand $\zeta = \dfrac{\lambda L'_d}{D'_d} = \dfrac{0{,}03 \cdot 5{,}715}{0{,}05}$ . . . . $\zeta = 3{,}4$

Knie bei C mit $\delta = 90^0$ nach Weisbach . . . . $\zeta = 1{,}0$

Krümmer mit $\dfrac{d}{\varrho} = 33$ nach Weisbach $\zeta = 0{,}14$ 2 Stück $\zeta = 0{,}28$

$$\Sigma\zeta = 5$$

Mit $A = 10$ m; $y_d = 4{,}800$ m (s. Fig. 35, S. 29); $c'_d = 0{,}336$ m und $\Sigma\zeta = 5$ wird

$$h_{dw} = 10{,}000 + 4{,}800 + \frac{0{,}336^2}{2 \cdot 9{,}81}\,(1 + 5) = 10 + 4{,}8 + 0{,}035 = 14{,}835 \text{ m.}$$

Die Berechnung des Ventilwiderstands ergebe für den Widerstand des geöffneten Ventils $h_{dv} = 0{,}360$ m, für den Öffnungswiderstand $h_{(dv)_0} = 7{,}260$ m.

Zur Bestimmung der hydraulischen Bewegungswiderstände auf der Strecke vom Pumpenzylinder bis zum Wasserspiegel des Druckwindkessels sei mit Rücksicht auf die Verschiedenheit in der Größe des Durchgangsquerschnitts der durchschnittliche Durchmesser nicht größer als $D_d = 0{,}050$ m angenommen bei einer Länge der Strecke von $L_d = 0{,}225 + 0{,}125 + 0{,}060 + 0{,}200 = 0{,}610$ m. Dann ist die Summe der Widerstandskoeffizienten $\Sigma\zeta$ nach Ziff. 10:

Leitungswiderstand $\zeta = \dfrac{\lambda L_d}{D_d} = \dfrac{0{,}03 \cdot 0{,}61}{0{,}05}$ . . . $\zeta = 0{,}36$

Knie bei B mit $\delta = 90^0$ nach Weisbach . . . $\zeta = 1{,}00$

Krümmer mit $\dfrac{d}{\varrho} = 0{,}33$ dgl. . . . . $\zeta = 0{,}14$

$$\Sigma\zeta = 1{,}5$$

Zur Aufzeichnung der Drucklinien der Fig. 39, S. 31 hat man dann folgende Werte:

Linie   I. $h_{dw} = 14{,}835$ m.

„   II. $e_2 = 0{,}350$ m (s. Fig. 35); $e_2 - S = 0{,}350 - 0{,}150 = 0{,}200$ m.

„   III. $h_{dv} = 0{,}360$ m; $h_{(dv)_0} = 7{,}260$ m.

„   IV. $C = \left[(\Sigma\zeta + 1)\left(\dfrac{F}{F_d}\right)^2 - 1\right]\dfrac{\omega^2 r^2}{2g}$

$$= (1{,}5 + 1) \cdot 2{,}25^2 - 1]\frac{0{,}22}{2 \cdot 9{,}81} = 0{,}131 \text{ m.}$$

„   V. $C_1 = L_d \dfrac{F}{F_d}\dfrac{\omega^2 r}{g} = 0{,}61 \cdot 2{,}25 \cdot \dfrac{2{,}96}{9{,}81} = 0{,}414$ m.

Hieraus ergibt sich die in Fig. 39 gezeichnete Linie des Drucks $\dfrac{p_2}{\gamma}$.

Bei einem Vergleich der Fig. 38 und 39 mit den Fig. 36 und 37 springt die Verminderung des Massendrucks des Wassers infolge der Anordnung der Windkessel in die Augen.

Bei Beginn des Saughubs ist dieser Druck 3,180 m ohne Windkessel und nur 0,441 m mit Windkessel, bei der Druckwirkung stehen die Werte 4,022 m und 0,414 m einander gegenüber. Wegen der Verkleinerung des Massendrucks zu Beginn des Saughubs um 3,180—0,441 $\sim$ 2,7 m kann die Saughöhe der Pumpe mit Windkessel um 2,7 m größer sein, ohne daß die Pressung im Pumpenraum zu Beginn des Saughubs kleiner ist.

Der Druck $\dfrac{p_1}{\gamma}$ bzw. $\dfrac{p_2}{\gamma}$ des Wassers auf den Kolben und demnach auch die Flüssigkeitspressung im Pumpenraum überhaupt wird durch die Anordnung der Windkessel beinahe konstant. Durch den Saugwindkessel wird der Unterschied des Drucks auf den Kolben zu Anfang und Ende des Hubs von 8,4—2,2 = 6,2 m auf 2,9—2,2 = 0,7 m und durch den Druckwindkessel von 19,4—11,5 = 7,9 m auf 15,8—15,1 = 0,7 m verringert. Vermöge der größeren Gleichmäßigkeit des Kolbenwiderstandes wird ein ruhigerer Gang der Pumpe erzielt und die größte Beanspruchung sämtlicher Konstruktionsteile, welche durch die Pressung im Pumpenzylinder zu Beginn des Druckhubs bestimmt ist, wird verringert. Außerdem wird ein gleichmäßiger Wasserausfluß aus der Mündung des Druckrohres bewirkt, was besonders bei Spritzen unbedingt nötig ist.

9. Größte mögliche Saughöhe.

Unter der Saughöhe H_s ist, wie schon früher angegeben, der senkrechte Abstand des höchsten Punktes im Pumpenraum, d. h. des Druckventils vom Wasserspiegel des Brunnens zu verstehen. Die größte mögliche Saughöhe ergibt sich aus der Bedingung, daß das Wasser beim Beginn des Saughubs dem Kolben folgt. Diese Bedingung lautet

a) für Pumpen ohne Windkessel (siehe Gleichung 60)

$$L_s \frac{F}{F_s} \frac{\omega^2 r}{g} \left(1 \pm \frac{r}{L}\right) < A - A_t - H_s - h_{(s\,v)_0},$$

wo L_s die Länge der Leitung vom Brunnen bis zur Achse des Pumpenzylinders bedeutet.

Hieraus ergibt sich für die Saughöhe

$$H_s < A - A_t - h_{(s\,r)_0} - L_s \frac{F}{F_s} \cdot \frac{\omega^2 r}{g} \left(1 \pm \frac{r}{L}\right) \quad \ldots \ldots \quad 80$$

Da $\omega = \dfrac{3{,}14 \cdot n}{30}$ und $g = 9{,}81$, so wird $\dfrac{\omega^2 r}{g} \sim \dfrac{n^2 r}{900}$, also gilt auch

$$H_s < A - A_t - h_{(s\,v)_0} - L_s \frac{F}{F_s} \cdot \frac{n^2 r}{900} \left(1 \pm \frac{r}{L}\right) \quad \ldots \ldots \quad 81$$

Die gleiche Bedingung kann man auch noch in anderer Form darstellen: Die mittlere sekundliche Wasserlieferung einer einfachwirkenden Pumpe oder einer Differentialpumpe oder der einen Seite einer doppeltwirkenden Pumpe ist bestimmt durch

$$Q = \frac{F S n}{60} = \frac{F r n}{30},$$

also ist

$$\frac{F\,\omega^2 r}{g} = \frac{F\,n^2 r}{900} = \frac{Q\,n}{30} \quad \ldots \ldots \ldots \ldots \quad 82$$

Setzt man letzteren Wert in den obigen Ausdruck ein, so erhält man

$$H_s < A - A_t - h_{(sv)_0} - \frac{L_s}{F_s}\,\frac{Q\,n}{30}\left(1 \pm \frac{r}{L}\right) \quad \ldots \ldots \quad 83$$

b) für Pumpen mit Windkessel (siehe Gleichung 77) gilt

$$L_s\,\frac{F}{F_s}\,\frac{\omega^2 r}{g}\left(1 \pm \frac{r}{L}\right) < A - A_t - H_s - h_{(sv)_0} - H'_{ws}, \quad \ldots \quad 84$$

wenn

$$H'_{ws} = \frac{c'^2_s}{2g}(1 + \Sigma\,\zeta) \quad \ldots \ldots \ldots \ldots \quad 85$$

die Widerstandshöhe der Leitung vom Brunnen bis zum Windkessel und L_s die Länge der Leitung vom Windkessel bis zur Achse des Pumpenzylinders bedeutet.

Hieraus ergibt sich für die Saughöhe

$$H_s < A - A_t - h_{(sv)_0} - L_s\,\frac{F}{F_s}\,\frac{\omega^2 r}{g}\left(1 \pm \frac{r}{L}\right) - H'_{ws} \quad \ldots \quad 86$$

$$H_s < A - A_t - h_{(sv)_0} - L_s\,\frac{F}{F_s}\,\frac{n^2 r}{900}\left(1 \pm \frac{r}{L}\right) - H'_{ws} \quad \ldots \quad 87$$

$$H_s < A - A_t - h_{(sv)_0} - \frac{L_s}{F_s}\,\frac{Q\,n}{30}\left(1 \pm \frac{r}{L}\right) \quad \ldots \ldots \ldots \quad 88$$

Aus vorstehenden Gleichungen geht hervor, daß die größte mögliche Saughöhe einer Pumpe um so kleiner ist,

1. je kleiner der Atmosphärendruck A ist. An hochgelegenen Punkten der Erdoberfläche ist wegen des geringeren Druckes der Luft die größte mögliche Saughöhe kleiner als an tiefgelegenen.

Das Barometer gibt den Atmosphärendruck in m Quecksilbersäule an. Da das spezifische Gewicht des Quecksilbers in bezug auf Wasser gleich $13{,}596 \sim 13{,}6$ ist, so kommt der Druck von 1 m Quecksilbersäule dem Druck von $13{,}6$ m Wassersäule gleich. Ist demnach z. B. der Barometerstand 732 mm, so beträgt der Atmosphärendruck

$$A = 0{,}732 \cdot 13{,}6 = 9{,}955 \text{ m Wassersäule.}$$

Nach Hütte, 22. Auflage, Bd. II, S. 250, kann für den Atmosphärendruck bei einer Temperatur von 10^0 C durchschnittlich angenommen werden:

Höhe über dem Meeresspiegel in m	0	100	200	300	400	500	600	700	800	900	1000	1200	1500	2000
Barometerstand in mm Q.-S.	760	751	742	733	724	716	707	699	690	682	674	658	635	598
Atmosphärendruck in m Wassersäule	10,3	10,2	10,1	9,9	9,8	9,7	9,6	9,5	9,4	9,3	9,2	8,9	8,6	8,1

2. je größer die Spannung A_t ist, bei welcher die Dampfentwicklung der zu fördernden Flüssigkeit beginnt. Diese wächst mit der Temperatur der Flüssigkeit, und zwar ist für Wasser anzunehmen:

Temperatur t in ºC 5 10 20 30 40 50 60 70 80 90 100
Druck A_t in m Wassersäule 0,09 0,12 0,24 0,43 0,75 1,25 2,02 3,17 4,82 7,14 10,33

Wie ersichtlich, nimmt mit der Temperatur die Spannung A_t sehr rasch zu, die mögliche Saughöhe in gleichem Maße also ab. Handelt es sich um die Förderung von heißem Wasser, so stellt man die Pumpe so tief, daß ihr das Wasser unter der Wirkung seines Eigengewichts zufließt, sie also überhaupt nicht zu saugen braucht.

3. je größer der Öffnungswiderstand $h_{(sv)_0}$ des Saugventils ist. Dieser hängt von der Konstruktion des Ventils ab, die ihrerseits hauptsächlich durch Wasserlieferung und Umdrehungszahl der Pumpe bestimmt ist.

4. je größer der Massenwiderstand $\dfrac{L_s}{F_s}\dfrac{Qn}{30}\left(1\pm\dfrac{r}{L}\right)$ ist. Hiernach ist die Massenwirkung um so größer, die mögliche Saughöhe also um so kleiner, je größer die Länge L_s der Leitung von der Pumpe bis zum Brunnen bzw. bis zum Saugwindkessel, je größer $\dfrac{Q}{F_s}$, d. h. je größer die durch die Flächeneinheit des Leitungsquerschnitts gehende sekundliche Wassermenge oder die durchschnittliche Wassergeschwindigkeit in der Leitung, und je größer die Umdrehungszahl n der Pumpe ist. Wird die gleiche Wassermenge Q z. B. von einer Pumpe mit 60 Umdrehungen und von einer Pumpe mit 120 Umdrehungen gefördert, so ist im zweiten Fall, da n doppelt so groß, auch der Massenwiderstand doppelt so groß bzw. es muß für gleiche Saugfähigkeit der Querschnitt F_s der Saugleitung im zweiten Fall doppelt so groß sein.

Um eine große Saugfähigkeit zu erzielen, ist demnach allgemein die Pumpe möglichst nahe am Brunnen aufzustellen, bzw. die Entfernung des Windkessels von der Pumpe möglichst kurz zu machen, ferner sind alle Durchgangsquerschnitte im Pumpenraum, Ventilkasten und der anschließenden Leitung reichlich zu bemessen. Bei gleicher Leitungslänge und gleicher Wasserlieferung müssen diese Querschnitte zur Erzielung gleicher Saugfähigkeit in demselben Verhältnis größer sein, als die Umdrehungszahl der Pumpe größer ist. Schnellaufende Pumpen brauchen daher bei gleicher Wasserlieferung einen größeren Pumpenraum, größeren Saugventilkasten und ein weiteres Saugrohr als langsamlaufende. Diese Abmessungen fallen bei schnelllaufenden Pumpen ohnedies reichlicher aus als bei langsamlaufenden, weil ihre Ventile größer sein müssen, wie sich aus späterem ergibt;

5. je größer die Widerstandshöhe H'_{ws} der Leitung vom Brunnen bis zum Windkessel ist.

Beispiel: Es soll die größte mögliche Saughöhe für die in Fig. 35 S. 29 dargestellte Pumpe bei 60 Umdrehungen in der Minute bestimmt werden, wenn dieselbe Wasser von 20^0 C zu fördern hat, und zwar a) ohne Windkessel, b) mit Windkessel.

a) ohne Windkessel: Nach Gleichung 81 gilt

$$H_s < A - A_t - h_{(s\,v)_0} - L_s \frac{F}{F_s} \frac{n^2 r}{900} \left(1 \pm \frac{r}{L}\right).$$

Es sei $A = 10{,}07$ m, ferner ist $A_t = 0{,}240$ m (siehe Tabelle S. 53 für $t = 20^0$ C). Der Öffnungswiderstand des Saugventils ergebe sich nach Ziff. 14, g, β zu $h_{(s\,v)_0} = 0{,}813$ m. Sodann ist (nach Fig. 35)

$$\frac{F}{F_s} = \frac{75^2}{50^2} = 2{,}25; \quad r = 0{,}075 \text{ m}; \quad n = 60; \quad \text{ferner sei } \frac{r}{L} = \frac{1}{5}.$$

Der Berechnung des Massenwiderstands sei die Annahme zugrunde gelegt, daß die Wassersäule vom Brunnen bis zur Pumpe durchweg den Querschnitt der Saugleitung hat.

Die Länge L_s dieser Wassersäule ist gleich der Länge L_1 von der Achse des Pumpenzylinders bis zum Saugventil plus dem Abstand L_2 des Saugventils vom Wasserspiegel des Brunnens plus der Eintauchtiefe L_3 des Saugrohrs, also ist

$$L_s = L_1 + L_2 + L_3.$$

Nach Fig. 35 ist $L_1 = 0{,}225 + 0{,}065 = 0{,}290$ m; $L_2 = H_s - 0{,}125 - 0{,}065 = H_s - 0{,}190$ m, da H_s der senkrechte Abstand des Druckventils vom Wasserspiegel des Brunnens ist; $L_3 = 0{,}250$ m, also ist

$$L_s = 0{,}290 + (H_s - 0{,}190) + 0{,}250 = H_s + 0{,}350 \text{ m}.$$

Setzt man die vorstehenden Werte in die Gleichung oben ein, so erhält man

$$H_s < 10{,}07 - 0{,}240 - 0{,}813 - (H_s + 0{,}350) \cdot 2{,}25 \cdot \frac{60^2 \cdot 0{,}075}{900} \left(1 + \frac{1}{5}\right)$$

$$H_s < 4{,}825 \text{ m}.$$

b) mit Windkessel: Es gilt nach Gleichung 87

$$H_s < A - A_t - h_{(s\,v)_0} - L_s \frac{F}{F_s} \frac{n^2 r}{900} \left(1 \pm \frac{r}{L}\right) - H'_{ws}.$$

Die Länge L_s der zu beschleunigenden Wassersäule zwischen der Achse des Pumpenzylinders und dem Saugwindkessel ist (siehe Fig. 35)

$$L_s = 0{,}225 + 0{,}065 + 0{,}360 = 0{,}650 \text{ m}.$$

Nimmt man für diese Säule durchweg den Querschnitt des Saugrohrs an, so erhält man mit den unter a) gegebenen Werten

$$H_s < 10{,}07 - 0{,}240 - 0{,}813 - 0{,}650 \cdot 2{,}25 \frac{60^2 \cdot 0{,}075}{900} \left(1 + \frac{1}{5}\right)$$

$$H_s < 8{,}491 \text{ m} - H'_{ws}.$$

Sind in der Leitung vom Brunnen bis zum Saugwindkessel besondere Widerstände etwa durch Krümmungen, durch einen Saugkorb, ein Fußventil oder dadurch, daß die Leitung in horizontaler Richtung auf größere

Entfernung geführt ist, vorhanden, so ist die entsprechende Widerstandshöhe H'_{ws} von dem für die zulässige Saughöhe gefundenen Wert noch in Abzug zu bringen.

Die im vorstehenden ermittelten Saughöhen stellen die äußersten Grenzwerte dar, welche man bei praktischen Ausführungen mit Rücksicht auf die Unsicherheit der Koeffizienten, den Luftgehalt des Wassers usw. womöglich vermeiden wird.

10. Koeffizienten zur Berechnung der hydraulischen Widerstände.

Die Widerstandshöhe h_w in m Wassersäule bestimmt sich aus

$$h_w = \zeta\, \frac{c^2}{2g}, \quad \ldots \ldots \ldots \ldots \quad 89$$

wo c die Geschwindigkeit des Wassers und ζ der Widerstandskoeffizient ist. Für diesen gelten folgende Werte:

Widerstand beim Eintritt in das Saugrohr:

wenn das Saugrohr mit dem zylindrischen, stumpfen
    Ende in den Saugbehälter eintaucht . . . . $\zeta = 0{,}5$,
bei trichterförmig ausgerundetem Rohrende . . . . $\zeta \sim 0{,}1$,
wenn ein Saugkopf vorhanden ist, je nach der Weite
    und Form der Lochungen . . . . $\zeta \geqq 1$.

Widerstand in einem geraden zylindrischen Rohr:

nach **Weisbach**

$$\zeta = \frac{\lambda L}{d}, \quad \ldots \ldots \ldots \ldots \ldots \quad 90$$

wenn L die Länge und d den lichten Durchmesser des Rohres bedeutet und der Koeffizient λ bestimmt ist durch

$$\lambda = 0{,}01439 + \frac{0{,}0094711}{\sqrt{c}}.$$

Zusammengehörige Werte von λ und c.

c	λ	c	λ	c	λ
0,1 m	0,0443	0,6 m	0,0266	1,2 m	0,0230
0,2	0,0356	0,7	0,0257	1,5	0,0221
0,3	0,0317	0,8	0,0250	2	0,0211
0,4	0,0294	0,9	0,0244	3	0,0199
0,5	0,0278	1,0	0,0239	5	0,0186

Nach H. **Lang** (Näheres siehe Hütte I) ist für Rohre ohne Inkrustationen zu setzen

$$\lambda = 0{,}02 + \frac{0{,}0018}{\sqrt{cd}}.$$

Die Geschwindigkeit c des Wassers wird bei Saugleitungen 0,5 bis 1 m/sek gewählt, und zwar um so kleiner, je enger die Leitung und je größer die Saughöhe ist; bei Druckleitungen 1 bis 2 m/sek. Bei langen Leitungen sind Anlage- und Betriebskosten gegeneinander abzuwägen.

Widerstand von Knierohren:

nach **Weisbach**

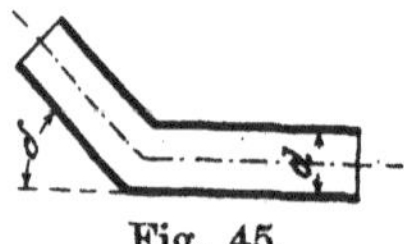

Fig. 45.

$$\zeta = \sin^2\frac{\delta}{2} + 2\sin^4\frac{\delta}{2} \quad \ldots \ldots \quad 91$$

$\delta =$	20°	40°	60°	80°	90°
$\zeta =$	0,03	0,14	0,37	0,75	1,00

Widerstand von Krümmern:

nach **Weisbach**

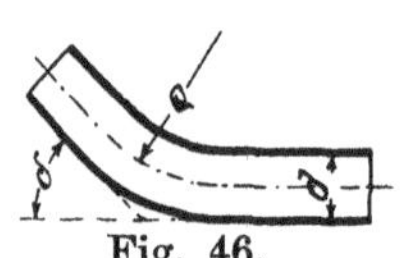

Fig. 46.

$$\zeta = \left[0,13 + 0,16\left(\frac{d}{\varrho}\right)^{3,5}\right]\frac{\delta}{90°} \quad \ldots \quad 92$$

Hieraus folgt für normale Krümmer mit der Baulänge

$$L = d + 100 \text{ mm und } \delta = 90°$$

d mm	50	100	150	200	250	300	400	500
ϱ mm	129	177	225	274	323	372	469	566
$\dfrac{d}{\varrho}$		0,39	0,56	0,67	0,73	0,77	0,81	0,85	0,88
ζ		0,14	0,15	0,17	0,18	0,19	0,21	0,22	0,23

Widerstand durch plötzliche Änderungen des Rohrquerschnitts:

1. Für eine plötzliche Erweiterung (s. Fig. 47) ist die Widerstandshöhe

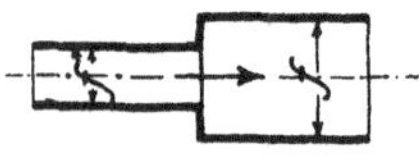

Fig. 47.

$$h_w = \frac{(u''-u)^2}{2g} = \left(\frac{f}{f''}-1\right)^2\frac{u^2}{2g},$$

wenn u'' und u die Geschwindigkeiten in den Querschnitten f'' und f sind; der Widerstandskoeffizient ist also

$$\zeta = \left(\frac{f}{f''}-1\right)^2 \ldots \ldots \ldots \ldots \quad 93$$

2. Für eine plötzliche Verengung nach Fig. 48 ist die Widerstandshöhe

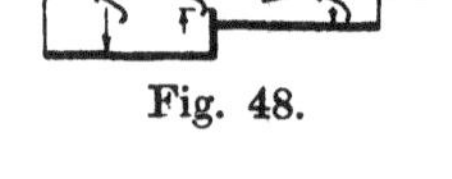

$$h_w = \left(\frac{f}{af'}-1\right)^2\frac{u^2}{2g},$$

also der Widerstandskoeffizient

Fig. 48.

$$\zeta = \left(\frac{f}{af'}-1\right)^2 \ldots \ldots \ldots \quad 94$$

Ist $f' \lessgtr 0,1\,f''$, so ist für alle Verhältnisse $f':f$ etwa zu setzen $a = 0,62$.

Wenn aber $f' \geqq 0,1\, f''$ ist, so setze man für

$\dfrac{f'}{f''} =$	1	0,9	0,8	0,7	0,6	0,5	0,4	0,3	0,2	0,1
$a =$	1,00	0,90	0,81	0,75	0,71	0,68	0,66	0,64	0,63	0,62

Wenn das Ende des Druckrohres mit einem Mundstück von kleinerem Querschnitte f' versehen ist, wie dies bei Spritzen der Fall ist, so entsteht beim Ausfluß auch ein Druckhöhenverlust, indem die der Querschnittsverengung entsprechende Geschwindigkeitsvermehrung von u in u' erzeugt werden muß. Die entsprechende Widerstandshöhe wird

$$h_w = \frac{u'^2 - u^2}{2g} = \left[\frac{f}{a f'} - 1\right]^2 \frac{u^2}{2g},$$

der Widerstandskoeffizient ist also

$$\zeta = \left[\frac{f}{a f'} - 1\right]^2; \quad \ldots \ldots \ldots \ldots \quad 95$$

a ist der Kontraktionskoeffizient, welcher entweder der obigen Tabelle zu entnehmen oder, wenn das Mundstück mit allmählichem Übergang in den Querschnitt f' geformt ist, gleich 1 zu setzen ist.

Widerstand durch einen Schieber:

1. Bei Verengung eines Rohres von rechteckigem Querschnitt f durch einen Schieber auf den Querschnitt f' ist für

$\dfrac{f'}{f} =$	0,9	0,8	0,7	0,6	0,5	0,4	0,3	0,2	0,1,
$\zeta =$	0,09	0,39	0,95	2,08	4,02	8,12	17,3	44,5	193,0

2. Bei Verengung eines zylindrischen Rohres (Fig. 49) dadurch, daß der Schieber um x gesenkt wird, ist für

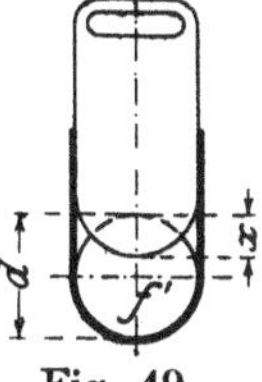

$\dfrac{x}{d} =$	$\dfrac{1}{8}$	$\dfrac{2}{8}$	$\dfrac{3}{8}$	$\dfrac{4}{8}$	$\dfrac{5}{8}$	$\dfrac{6}{8}$	$\dfrac{7}{8}$,
$\dfrac{f'}{f} =$	0,948	0,856	0,740	0,609	0,466	0,315	0,159,
$\zeta =$	0,07	0,26	0,81	2,06	5,52	17,0	97,8

Fig. 49.

Widerstand durch einen Hahn:

Für einen Hahn (Fig. 50) wird nach Grashof aus den Versuchen von Weisbach:

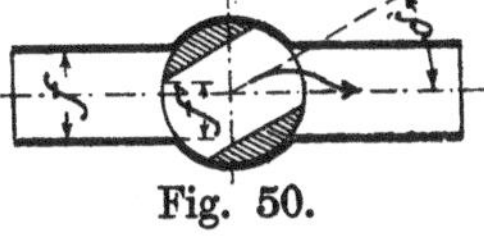

Fig. 50.

Stellwinkel $\delta =$		10^0	20^0	30^0	40^0	50^0	60^0	65^0
Rohr von rechteckigem Querschnitt	$\dfrac{f'}{f} =$	0,849	0,687	0,520	0,352	0,188	—	—
	$\zeta =$	0,31	1,84	6,15	20,7·	95,3	—	—
Rohr von kreisförmig. Querschnitt	$\dfrac{f'}{f} =$	0,850	0,692	0,535	0,385	0,250	0,137	0,091
	$\zeta =$	0,29	1,56	5,47	17,3	52,6	206	486

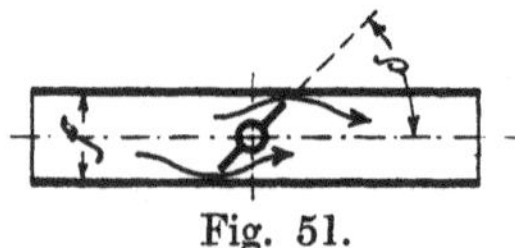

Fig. 51.

Widerstand durch eine Drosselklappe:

Für die Verengung durch eine Drosselklappe (Fig. 51) wird nach **Weisbach**:

Stellwinkel . . . . $\delta=$	10°	20°	30°	40°	50°	60°
Rohr von kreisförmi- gem Querschnitt. $\zeta=$	0,52	1,54	3,91	10,8	32,6	118

Widerstand durch Ventile. (S. Ziff. 14.)

11. Indizierte Pumpenarbeit. Antriebsarbeit.

a) Indizierte Pumpenarbeit.

Die am Kolben geleistete Arbeit wird die „Indizierte Pumpenarbeit" genannt, weil sie an einer im Betrieb befindlichen Pumpe
mittels des Indikators bestimmt werden kann. Für eine erst im Entwurf vorhandene Pumpe ist sie durch Rechnung mittels der im früheren
entwickelten Formeln für den Wasserdruck auf die Kolbenfläche zu
bestimmen.

Bestimmung der indizierten Pumpenarbeit durch Rechnung.

1. Einfachwirkende Pumpe ohne Windkessel.

Es sei die in Fig. 30, S. 19 und Fig. 40, S. 32 gezeichnete Pumpe
stehender Anordnung ohne Windkessel der Betrachtung zugrunde gelegt.

Kolbenwiderstand beim Saugen: Beim Kolbenaufgang wirkt
die Atmosphäre auf die obere Kolbenfläche und den Querschnitt der
Kolbenstange mit einer Pressung von $A\gamma$ kg/qm, während das Wasser
auf die untere Fläche einen Druck von p_1 kg/qm ausübt. Demnach ist
der Widerstand, welchen der Kolben dem Hochziehen entgegensetzt,

$$K_1 = F(A\gamma - p_1) = F\gamma\left(A - \frac{p_1}{\gamma}\right)\text{kg} \quad \ldots \ldots \quad 96$$

In Fig. 36, S. 30 ist der Atmosphärendruck A durch die Linie EF,
der Wasserdruck $\dfrac{p_1}{\gamma}$ durch die Linie GH dargestellt. Die Differenz der

Ordinaten beider Linien gibt also den Wert $\left(A - \dfrac{p_1}{\gamma}\right)$. Durch Multipli-

kation dieses Wertes mit $F\gamma$ erhält man demnach den Kolbenwiderstand in kg.

Saugarbeit: Die zum Aufziehen des Kolbens notwendige Arbeit,
welche der Saugarbeit der Pumpe entspricht, ist bestimmt durch

$$A_1 = \int_0^s K_1\,dx = F\gamma\int_0^s\left(A - \frac{p_1}{\gamma}\right)dx \quad \ldots \ldots \quad 97$$

Ihre Größe wird in Fig. 36 durch den Inhalt der Fläche $EFHG$ dargestellt.

Auf dem Rechnungsweg bestimmt sich diese Arbeit in folgender Weise:

Der Druck $\dfrac{p_1}{\gamma}$ des Wassers gegen die Kolbenfläche während der Saugwirkung wurde im früheren durch Gleichung 41 bestimmt. Setzt man diesen Wert in die vorstehende Gleichung ein, so ergibt sich

$$A_1 = F\gamma \left[\int_0^S (e_1 + x)\,dx + h_{sv} \int_0^S dx + \Sigma\,\zeta_s \left(\frac{F}{F_s}\right)^2 \int_0^S \frac{u^2}{2g}\,dx \right.$$

$$\left. + \int_0^S x\,\frac{k}{g}\,dx + L_s \frac{F}{F_s} \int_0^S \frac{k}{g}\,dx + \int_0^S \frac{u^2}{2g}\,dx \right]. \quad 98$$

Für eine Pumpe mit Kurbelantrieb $(L=\infty)$ ist $x = r\,(1 - \cos\varphi)$, also $dx = r \sin\varphi\,d\varphi$; $u = \omega r \sin\varphi$; $k = \omega^2 r \cos\varphi$.

Hiermit ergeben sich folgende Werte für die einzelnen Integrale:

$$\int_0^S (e_1 + x)\,dx = S\left(e_1 + \frac{S}{2}\right), \qquad \int_0^S dx = S,$$

$$\int_0^S \frac{u^2}{2g}\,dx = \frac{\omega^2 r^3}{2g} \int_0^\pi \sin^3\varphi\,d\varphi = \frac{4}{3}\,\frac{\omega^2 r^3}{2g},$$

$$\int_0^S x\,\frac{k}{g}\,dx = \frac{\omega^2 r^3}{g} \int_0^\pi (\sin\varphi \cos\varphi - \sin\varphi \cos^2\varphi)\,d\varphi = -\frac{2}{3}\,\frac{\omega^2 r^3}{g} = -\frac{4}{3}\cdot\frac{\omega^2 r^3}{2g},$$

$$\int_0^S \frac{k}{g}\,dx = \frac{\omega^2 r^2}{g} \int_0^\pi \sin\varphi \cos\varphi\,d\varphi = 0.$$

Hieraus folgt für die Saugarbeit

$$A_1 = F\gamma \left[S\left(e_1 + \frac{S}{2}\right) + h_{sv} S + \Sigma\,\zeta_s \left(\frac{F}{F_s}\right)^2 \frac{4}{3}\,\frac{\omega^2 r^3}{2g} \right.$$

$$\left. - \frac{4}{3}\,\frac{\omega^2 r^3}{2g} + 0 + \frac{4}{3}\,\frac{\omega^2 r^3}{2g} \right] \;\cdot\cdot\cdot\; 99$$

oder mit Berücksichtigung, daß $2r = S$ ist,

$$A_1 = \underbrace{FS\gamma\left(e_1 + \frac{S}{2}\right)}_{\mathrm{I}} + \underbrace{FS\gamma\left(h_{sv} + \Sigma\,\zeta_s\left(\frac{F}{F_s}\right)^2 \frac{2}{3}\,\frac{\omega^2 r^2}{2g}\right)}_{\mathrm{II}}$$

$$\underbrace{+ FS\gamma\left(-\frac{2}{3}\,\frac{\omega^2 r^2}{2g} + 0 + \frac{2}{3}\,\frac{\omega^2 r^2}{2g}\right)}_{\mathrm{III}} \;\cdot\cdot\cdot\; 100$$

Die Saugarbeit besteht aus drei Teilen:

Das Glied I stellt die Arbeit zum Heben des Wassers dar. Es wird die Zylinderfüllung vom Gewicht $FS\gamma$ auf die Höhe $e_1 + \dfrac{S}{2}$, d. h. vom Brunnen bis zum Schwerpunkt des Pumpenzylinders gehoben.

Das Glied II ist die Arbeit zur Überwindung des Saugventilwiderstandes und der veränderlichen hydraulischen Widerstände.

Das Glied III ist die Arbeit zur Beschleunigung der Wassermassen. Es setzt sich aus drei Teilen zusammen, deren Summe, wie ersichtlich, gleich null ist, was ohne weiteres einleuchtet, denn zu Beginn wie zu Ende des Hubs sind alle Wassermassen in Ruhe. Das erste Glied $-FS\gamma\dfrac{2}{3}\dfrac{\omega^2 r^2}{2g}$, welches die Arbeit zur Beschleunigung des Wassers im Pumpenzylinder darstellt, ist negativ. Es findet also durch die Wassermasse im Pumpenzylinder eine Arbeitsabgabe an den Kolben statt. Dies erklärt sich daraus, daß diese Wassermasse nicht konstant ist, sondern während des Hubs stetig wächst. Die Wassermasse, welche während der ersten Hälfte des Hubs beschleunigt werden muß und hierzu Arbeit braucht, ist kleiner als die Wassermasse, welche während der zweiten Hälfte des Hubs verzögert wird und dabei Arbeit an den Kolben abgibt. Das zweite Glied, d. h. die Arbeit zur Beschleunigung des Wassers in der Rohrleitung, ist null, denn diese Masse ist zu Anfang und zu Ende des Hubs gleich groß und sie hat beidemal die Geschwindigkeit null. Das dritte Glied $+FS\gamma\dfrac{2}{3}\dfrac{\omega^2 r^2}{2g}$ stellt die Arbeit dar, welche zum Anfüllen des Pumpenzylinders zu leisten ist. Sie dient dazu, die Wassermasse im Pumpenzylinder stetig zu vergrößern, und ist ebensogroß wie der Überschuß an Arbeit, welcher, wie vorstehend erläutert, infolge der Vergrößerung der Wassermasse an den Kolben abgegeben wird und durch das erste Glied dargestellt ist.

Die beim Saughub am Kolben zu leistende Arbeit ist also bestimmt durch

$$A_1 = FS\gamma\left[\left(e_1 + \frac{S}{2}\right) + \left(h_{sv} + \Sigma\zeta_s\left(\frac{F}{F_s}\right)^2\frac{2}{3}\frac{\omega^2 r^2}{2g}\right)\right] \quad . \ . \ . \ 101$$

Da $\omega r = \dfrac{\pi n r}{30}$ und die mittlere Kolbengeschwindigkeit $u_m = \dfrac{2rn}{30}$, so ist $\omega r = \dfrac{\pi}{2}u_m$. Hiermit ergibt sich dann:

$$A_1 = FS\gamma\left[\left(e_1 + \frac{S}{2}\right) + \left(h_{sv} + \Sigma\zeta_s\left(\frac{F}{F_s}\right)^2 1{,}645\frac{u^2{}_m}{2g}\right)\right] \quad . \ . \ 102$$

(Bei liegenden Pumpen (Fig. 31, S. 19) tritt in dieser Gleichung e_1 an die Stelle von $e_1 + \dfrac{S}{2}$.)

Kolbenwiderstand beim Drücken: Beim Niedergang wirkt auf den Kolben (vgl. Fig. 40, S. 32) von oben die Atmosphäre mit dem

Druck $A\gamma$ kg/qm, von unten das Wasser mit dem Druck p_2 kg/qm. Demnach ist der Widerstand des Kolbens bei seinem Niedergang

$$K_2 = F(p_2 - A\gamma) = F\gamma\left(\frac{p_2}{\gamma} - A\right) kg \quad \ldots \ldots \quad 103$$

In Fig. 37, S. 30 wird der Wert $\left(\dfrac{p_2}{\gamma} - A\right)$ durch die Differenz der Ordinaten der Linien JK und EF dargestellt. Durch Multiplikation des betreffenden Wertes mit $F\gamma$ ergibt sich der Kolbenwiderstand in kg.

Druckarbeit: Die zum Niederdrücken des Kolbens notwendige Arbeit, welche der Druckarbeit der Pumpe entspricht, ist bestimmt durch

$$A_2 = \int\limits_0^S K_2\, dx = F\gamma \int\limits_0^S \left(\frac{p_2}{\gamma} - A\right) dx \quad \ldots \ldots \quad 104$$

Ihre Größe wird in Fig. 37 durch den Inhalt der Fläche $JKFE$ dargestellt.

Auf dem Rechnungsweg ergibt sie sich in folgender Weise:

Der Druck $\dfrac{p_2}{\gamma}$ des Wassers gegen die Kolbenfläche während der Druckwirkung wurde im früheren durch Gleichung 49 bestimmt. Setzt man diesen Wert in die vorstehende Gleichung ein, so ergibt sich

$$A_2 = F\gamma\left[\int\limits_0^S (e_2 - S + x)\, dx + h_{dv}\int\limits_0^S dx + \Sigma\zeta_d\left(\frac{F}{F_d}\right)^2\int\limits_0^S \frac{u^2}{2g}\, dx\right.$$

$$\left. + \int\limits_0^S \frac{S - x}{g}\, k\, dx + L_d\frac{F}{F_d}\int\limits_0^S \frac{k}{g}\, dx + \left(\left(\frac{F}{F_d}\right)^2 - 1\right)\int\limits_0^S \frac{u^2}{2g}\, dx\right] \quad 105$$

Die Werte der einzelnen Integrale sind

$$\int\limits_0^S (e_2 - S + x)\, dx = S\left(e_2 - \frac{S}{2}\right),$$

$$\int\limits_0^S \frac{S - x}{g}\, k\, dx = S\int\limits_0^S \frac{k}{g}\, dx - \int\limits_0^S \frac{x\,k}{g}\, dx = 0 + \frac{4}{3}\frac{\omega^2 r^3}{2g} \text{ (s. oben)}.$$

Die übrigen Integrale sind die gleichen wie bei der Saugarbeit. Es ist daher die Druckarbeit bestimmt durch

$$A_2 = F\gamma\left[S\left(e_2 - \frac{S}{2}\right) + h_{dv}S + \Sigma\zeta_d\left(\frac{F}{F_d}\right)^2\frac{4}{3}\frac{\omega^2 r^3}{2g} + \frac{4}{3}\frac{\omega^2 r^3}{2g}\right.$$

$$\left. + 0 + \left(\left(\frac{F}{F_d}\right)^2 - 1\right)\frac{4}{3}\frac{\omega^2 r^3}{2g}\right], \quad \ldots \quad 106$$

oder mit Berücksichtigung, daß $2r = S$ ist, durch

$$A_2 = \underbrace{FS\gamma\left(e_2 - \frac{S}{2}\right)}_{\text{I}} + \underbrace{FS\gamma\left(h_{dv} + \Sigma\zeta_d\left(\frac{F}{F_d}\right)^2\frac{2}{3}\frac{\omega^2 r^2}{2g}\right)}_{\text{II}}$$
$$+ \underbrace{FS\gamma\left(\frac{F}{F_d}\right)^2\frac{2}{3}\frac{\omega^2 r^2}{2g}}_{\text{III}} \quad \ldots \quad 107$$

Das Glied I ist die Arbeit zum Heben der Zylinderfüllung $FS\gamma$ auf die Höhe $e_2 - \frac{S}{2}$, d. h. vom Schwerpunkt des Pumpenzylinders bis zum Auslauf am Druckrohr.

Das Glied II ist die Arbeit zur Überwindung des Druckventilwiderstandes und der veränderlichen hydraulischen Widerstände.

Das Glied III, welches die Beschleunigungsarbeit darstellt, ist nicht null wie bei der Saugwirkung. Dasselbe stellt vielmehr die Arbeit dar, welche das Wasser enthält, das mit der Geschwindigkeit c_d die Druckleitung verläßt, denn diese Arbeit ist

$$F\gamma\int_0^S\frac{c_d^2}{2g}dx = F\gamma\int_0^S\left(\frac{F}{F_d}\right)^2\frac{u^2}{2g}dx = F\gamma\left(\frac{F}{F_d}\right)^2\frac{4}{3}\frac{\omega^2 r^3}{2g} = FS\gamma\left(\frac{F}{F_d}\right)^2\frac{2}{3}\frac{\omega^2 r^2}{2g}.$$

In anderer Form geschrieben, ist die Arbeit beim Drücken

$$A_2 = FS\gamma\left[\left(e_2 - \frac{S}{2}\right) + \left(h_{dv} + (\Sigma\zeta_d + 1)\left(\frac{F}{F_d}\right)^2\frac{2}{3}\frac{\omega^2 r^2}{2g}\right)\right], \quad 108$$

oder, da $\omega r = \frac{\pi}{2}u_m$,

$$A_2 = FS\gamma\left[\left(e_2 - \frac{S}{2}\right) + \left(h_{dv} + (\Sigma\zeta_d + 1)\left(\frac{F}{F_d}\right)^2 1{,}645\frac{u_m^2}{2g}\right)\right]. \quad 109$$

(Bei liegenden Pumpen (Fig. 41, S. 34) tritt in dieser Gleichung e_2 an die Stelle von $e_2 - \frac{S}{2}$.)

Die während einer Umdrehung am Kolben zu leistende Arbeit, d. h. die Summe von Saug- und Druckarbeit, ist

$$A_i = A_1 + A_2 = \int_0^S K_1 dx + \int_0^S K_2 dx = F\int_0^S (p_2 - p_1)dx$$
$$= FS\gamma\left[e_1 + e_2 + \left(h_{sv} + \Sigma\zeta_s\left(\frac{F}{F_s}\right)^2 1{,}645\frac{u_m^2}{2g}\right)\right.$$
$$\left. + \left(h_{dv} + (\Sigma\zeta_d + 1)\left(\frac{F}{F_d}\right)^2 1{,}645\frac{u_m^2}{2g}\right)\right]. \ldots\ldots 110$$

Die Vermehrung der Pumpenarbeit durch die Widerstände kann man sich durch eine Vergrößerung der Saug- und der Druckhöhe der Pumpe entstanden denken. Setzt man dementsprechend

$$\left(h_{sv} + \Sigma \zeta_s \left(\frac{F}{F_s}\right)^2 1{,}645 \frac{u_m{}^2}{2g}\right) = H_{ws} \quad \ldots \ldots \quad 111$$

= durchschnittliche Widerstandshöhe der Saugleitung,

$$\left(h_{dv} + (\Sigma \zeta_d + 1)\left(\frac{F}{F_d}\right)^2 1{,}645 \frac{u_m{}^2}{2g}\right) = H_{wd} \quad \ldots \ldots \quad 112$$

= durchschnittliche Widerstandshöhe der Druckleitung,
so ergibt sich mit Berücksichtigung, daß $e_1 + e_2 = H_s + H_d$ ist,

$$A_i = FS\gamma(H_s + H_d + H_{ws} + H_{wd}) \text{ kgm}, \quad \ldots \ldots \quad 113$$

d. h. die Zylinderfüllung ist auf eine Höhe zu heben, welche sich zusammensetzt aus der Förderhöhe $H_s + H_d$, der durchschnittlichen Widerstandshöhe H_{ws} der Saugleitung und der durchschnittlichen Widerstandshöhe H_{wd} der Druckleitung.

Mit $H = H_s + H_d$ und $H_w = H_{ws} + H_{wd}$ schreibt sich die vorstehende Gleichung

$$A_i = FS\gamma(H + H_w) \text{ kgm} \quad \ldots \ldots \ldots \quad 114$$

Macht die Pumpe n Umdrehungen in der Minute, so ist ihr Arbeitsverbrauch, ausgedrückt in Pferdekräften,

$$N_i = \frac{FS\gamma n}{60 \cdot 75}(H + H_w) \quad \ldots \ldots \ldots \quad 115$$

oder allgemein

$$N_i = \frac{Q\gamma}{75}(H + H_w) \quad \ldots \ldots \ldots \quad 116$$

wobei Q das in der Sekunde vom Kolben verdrängte Wasservolumen in cbm bedeutet.

2. Einfachwirkende Pumpe mit Windkesseln.

Mit Beziehung auf Fig. 44, S. 43 ergibt sich wie im vorigen Fall der Kolbenwiderstand

$$\text{beim Aufgang} \quad K_1 = F\gamma\left(A - \frac{p_1}{\gamma}\right) kg, \quad \ldots \ldots \quad 117$$

$$\text{beim Niedergang} \quad K_2 = F\gamma\left(\frac{p^2}{\gamma} - A\right) kg, \quad \ldots \ldots \quad 118$$

demnach die Arbeit pro Umdrehung

$$A_i = A_1 + A_2 = \int_0^S K_1 dx + \int_0^S K_2 dx = F\int_0^S (p_2 - p_1) dx \quad \ldots \quad 119$$

Setzt man die Werte p_2 und p_1 entsprechend Gleich. 72 und 70 ein, so erhält man

$$A_i + FS\gamma \left[y_s + e_1 + e_2 + y_d + \left(h_{sv} + \Sigma \zeta_s \left(\frac{F}{F_s}\right)^2 1{,}645 \frac{u_m{}^2}{2g}\right)\right.$$

$$\left. + \left(h_{dv} + (\Sigma \zeta_d + 1)\left(\frac{F}{F_d}\right)^2 1{,}645 \frac{u_m{}^2}{2g}\right) + \frac{c'_s{}^2}{2g}(1 + \Sigma \zeta) + \frac{c'_d{}^2}{2g}(1 + \Sigma \zeta)\right] \quad 120$$

Nun ist (s. Fig. 44)

$$y_s + e_1 + e_2 + y_d = H_s + H_d,$$

ferner sei gesetzt

$$\left(h_{sv} + \Sigma\,\zeta_s \left(\frac{F}{F_s}\right)^2 1{,}645\,\frac{u_m{}^2}{2g}\right) = H_{ws}$$

= mittlere Widerstandshöhe der Leitung vom Saugwindkessel bis zur Pumpe,

$$\left(h_{dv} + (\Sigma\,\zeta_d + 1) \left(\frac{F}{F_d}\right)^2 1{,}645\,\frac{u_m{}^2}{2g}\right) = H_{wd}$$

= mittlere Widerstandshöhe der Leitung von der Pumpe bis zum Druckwindkessel,

$$\frac{c'_s{}^2}{2g}\,(1 + \Sigma\,\zeta) = H'_{ws} \quad \ldots \ldots \ldots \quad 121$$

= Widerstandshöhe der Leitung vom Brunnen bis zum Saugwindkessel,

$$\frac{c'_d{}^2}{2g}\,(1 + \Sigma\,\zeta) = H'_{w;d} \quad \ldots \ldots \ldots \quad 122$$

= Widerstandshöhe der Leitung vom Druckwindkessel zum Ausguß, dann erhält man für die indizierte Pumpenarbeit in kgm:

$$A_i = FS\gamma\,(H_s + H_d + H_{ws} + H_{wd} + H'_{ws} + H'_{wd}) = FS\gamma\,(H + H_w) \quad 123$$

oder bei n Umdrehungen in der Minute, in Pferdekräften:

$$N_i = \frac{FS\gamma n}{60 \cdot 75}\,(H + H_w) = \frac{Q\gamma}{75}\,(H + H_w), \quad \ldots \ldots \quad 124$$

wenn

$$H = H_s + H_d \quad \text{und} \quad H_w = H_{ws} + H_{wd} + H'_{ws} + H'_{wd} \quad \ldots \quad 125$$

3. Pumpen anderer Wirkungsweise.

Beim Vorlauf des Kolbens der doppeltwirkenden Pumpe Fig. 6, S. 6 wirkt der Wasserdruck $(F - f)\,p_2$ und der Atmosphärendruck $f A \gamma$ der Bewegung entgegen und der Druck $F p_1$ in der Richtung der Bewegung.

Demnach ist der Kolbenwiderstand

beim Vorlauf

$$K_1 = (F - f)\,p_2 + f A \gamma - F p_1 \text{ kg}, \quad \ldots \ldots \quad 126$$

beim Rücklauf

$$K_2 = F p_2 - f A \gamma - (F - f)\,p_1 \text{ kg} \quad \ldots \ldots \quad 127$$

und die notwendige Arbeit am Kolben pro Umdrehung

$$A_i = \int_0^S (K_1 + K_2)\,dx = (F - f)\int_0^S (p_2 - p_1)\,dx + F \int_0^S (p_2 - p_1)\,dx \text{ kgm}, \quad 128$$

d. h. die Arbeit einer doppeltwirkenden Pumpe ist gleich der Arbeit einer einfachwirkenden Pumpe mit dem wirksamen Kolbenquerschnitt $(F - f)$ und einer zweiten einfachwirkenden Pumpe mit dem wirksamen Kolbenquerschnitt F. Tatsächlich ist ja eine doppeltwirkende Pumpe nichts anderes als eine Vereinigung zweier einfachwirkender Pumpen.

Aus obiger Gleichung folgt auch

$$A_i = (2F - f) \int_0^S (p_2 - p_1)\,dx \text{ kgm} \quad \ldots \ldots \quad 129$$

Man kann also auch die Arbeit einer doppeltwirkenden Pumpe als die Arbeit einer einfachwirkenden mit einem wirksamen Kolbenquerschnitt von der Größe $(2F - f)$ auffassen.

Demnach finden die unter 1. und 2. für die einfachwirkende Pumpe ohne und mit Windkessel aufgestellten Arbeitsgleichungen 110 und 120 sinngemäße Anwendung für die Berechnung doppeltwirkender Pumpen. Das gleiche gilt auch für die Arbeitsbestimmung von Differential- und Hubpumpen.

Der Kolbenwiderstand dieser Pumpen ergibt sich, wie vorstehend für die einfach- und doppeltwirkende Pumpe gezeigt ist, als Resultierende aus den am Kolben wirkenden Kräften.

Bestimmung der indizierten Pumpenarbeit aus dem Indikatordiagramm.

Der Indikator zeichnet auf ein Papier, das mit einer Geschwindigkeit, welche der Kolbengeschwindigkeit proportional ist, hin- und herbewegt

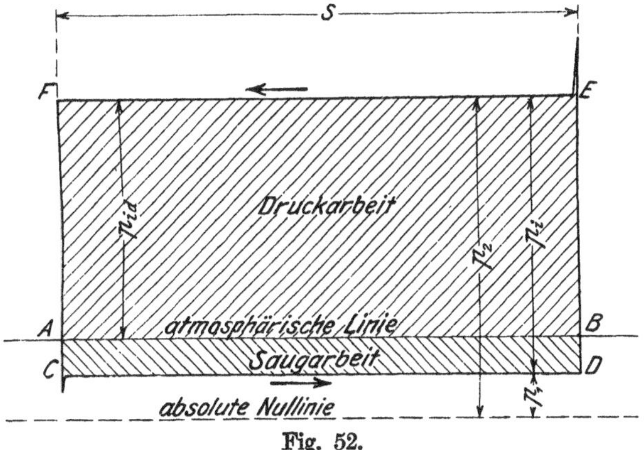

Fig. 52.

wird, die Pressung im Pumpenzylinder für eine Umdrehung auf. Hierbei entsteht das Diagramm $CDEF$ (s. Fig. 52), dessen Flächeninhalt durch

$$f_i = \int_0^S (p_2 - p_1)\,dx$$

bestimmt ist, wenn die Länge des Diagramms, welche dem Kolbenhub entspricht, mit S bezeichnet wird. Nach Gleichung 110 oder 119 ist aber $\int_0^S (p_2 - p_1)\,dx$ die pro Flächeneinheit des Kolbens und Umdrehung geleistete Summe der Saug- und Druckarbeit.

Um diese Arbeit aus einem gegebenen Diagramm zu bestimmen, ermittelt man den Flächeninhalt f_i desselben durch Planimetrieren und dividiert den erhaltenen Wert mit der Länge S des Diagramms. Man erhält dadurch die Höhe h_i eines Rechtecks, welches an Größe der Diagrammfläche gleichkommt, indem man setzt

$$h_i S = f_i$$

$$h_i = \frac{f_i}{S} \quad \dots \dots \dots \dots \dots \quad 130$$

Ist der Maßstab der Indikatorfeder $1 \text{ kg/qcm} = x \text{ mm}$, so ergibt sich, wenn h_i in mm eingesetzt wird, der durch die Rechteckshöhe h_i dargestellte mittlere Druck aus

$$p_i = \frac{h_i}{x} \text{ kg/qcm} = \frac{h_i}{x} \cdot 10000 \text{ kg/qm} \quad \dots \dots \quad 131$$

Die von der Diagrammfläche bzw. der ersetzenden Rechtecksfläche dargestellte Arbeit ist $S p_i$ kgm, also die am Kolben von der Fläche F pro Umdrehung geleistete Arbeit

$$A_i = F S p_i \text{ kgm,} \quad \dots \dots \dots \dots \dots \quad 132$$

wo F in qm, S in m und p_i in kg/qm einzusetzen ist.

Macht die Pumpe n Umdrehungen in der Minute, so ist ihr Arbeitsverbrauch, ausgedrückt in Pferdekräften,

$$N_i = \frac{F S p_i n}{60 \cdot 75} \quad \dots \dots \dots \dots \dots \quad 133$$

oder

$$N_i = \frac{Q p_i}{75}, \quad \dots \dots \dots \dots \dots \quad 134$$

wobei Q das in der Sekunde vom Kolben verdrängte Volumen in cbm und p_i den mittleren indizierten Druck in kg/qm bedeutet.

Das Indikatordiagramm ermöglicht auch, die mittleren Widerstandshöhen einzeln zu bestimmen. Wird mit dem Indikator die Linie AB des Atmosphärendrucks in das Diagramm eingezeichnet, so zerfällt das Diagramm in zwei Flächen (s. Fig. 52), von denen die obere ($ABEF$) die Druckarbeit, die untere ($ABDC$) die Saugarbeit darstellt (vgl. auch Fig. 36 und 37, S. 30). Durch Gleichsetzen der für A_i in Gleichung 114 und 132 gefundenen Werte erhält man

$$F S p_i = F S \gamma (H + H_w)$$

$$\frac{p_i}{\gamma} = H + H_w \quad \dots \dots \dots \dots \quad 135$$

d. h. die aus dem mittleren Druck p_i im Pumpenzylinder berechnete Höhe $\dfrac{p_i}{\gamma}$ ist gleich der Summe der Förderhöhe und der gesamten Widerstandshöhe.

Hat man für eine Pumpe die Höhe $\dfrac{p_i}{\gamma}$ aus dem Diagramm ermittelt und den senkrechten Abstand H von Mitte Ausguß bis zum Saugwasserspiegel gemessen, so erhält man die Summe sämtlicher Widerstandshöhen nach Gleichung 135 aus

$$H_w = \frac{p_i}{\gamma} - H \ldots\ldots\ldots\ldots\ 136$$

Um bei einer Pumpe ohne Windkessel die mittleren Widerstandshöhen der Saugleitung (H_{ws}) und der Druckleitung (H_{wd}) einzeln zu bestimmen, ermittelt man die Druckarbeit der Pumpe allein aus der Diagrammfläche $ABEF$ (Fig. 52) und bestimmt den mittleren Druck p_{id}. Die Druckhöhe $\frac{p_{id}}{\gamma}$ ist dann gleich der senkrechten Entfernung e_i von Indikatorstutzen am Pumpenzylinder und Ausguß, vermehrt um die Widerstandshöhe H_{wd} der Druckleitung. Es ist daher

$$\frac{p_{id}}{\gamma} = e_i + H_{wd}' \ldots\ldots\ldots\ldots\ 137$$

Sind $\frac{p_{id}}{\gamma}$ und e_i bestimmt, so erhält man die mittlere Widerstandshöhe H_{wd} aus

$$H_{wd} = \frac{p_{id}}{\gamma} - e_i \ldots\ldots\ldots\ldots\ 138$$

Die mittlere Widerstandshöhe H_{ws} ergibt sich dann aus

$$H_{ws} = H_w - H_{wd} \ldots\ldots\ldots\ldots\ 139$$

Wie bei einer Pumpe mit Windkesseln die einzelnen Widerstandshöhen, hauptsächlich der Widerstand der Ventile ermittelt werden können, zeigt das folgende Beispiel:

Für eine liegende Wasserwerksmaschine sei durch Messung bestimmt der senkrechte Abstand

des Wasserspiegels im Brunnen von dem Wasserspiegel im Saugwindkessel . . . . $y_s = 3{,}368$ m

des Wasserspiegels im Saugwindkessel von der Achse des Pumpenzylinders . . . . $e_1 = 0{,}400$ m

der Achse des Pumpenzylinders von dem Wasserspiegel im Druckwindkessel . . . . $e_2 = 0{,}970$ m

des Wasserspiegels im Druckwindkessel von der Mitte des Ausgusses . . . . $y_d = 60{,}000$ m

also ist die ganze Förderhöhe . . . . $H = 64{,}738$ m.

Die Bestimmung des mittleren indizierten Drucks im Pumpenzylinder ergebe

aus der ganzen Fläche des Indikatordiagramms

$$p_i = 7{,}46\ \text{kg/qcm} = 74\,600\ \text{kg/qm},$$

aus der Fläche der Druckarbeit

$$p_{id} = 6{,}88\ \text{kg/qcm} = 68\,800\ \text{kg/qm}.$$

Ferner sei die Angabe

des Manometers am Druckwindkessel 6,607 Atm. Überdruck,
des Quecksilbervakuummeters am Saugwindkessel 27,3 cm Quecksilbersäule.

Nach Gleichung 135 ist

$$\frac{p_i}{\gamma} = H + H_w;$$

mit

$$\frac{p_i}{\gamma} = \frac{74\,600}{1000} = 74{,}600 \text{ m} \quad \text{und} \quad H = 64{,}738 \text{ m}$$

folgt hieraus die Summe aller Widerstandshöhen

$$H_w = 74{,}600 - 64{,}738 = 9{,}862 \text{ m}.$$

Nun ist

$$H_w = H_{ws} + H_{wd} + H'_{ws} + H'_{wd}.$$

Nach Gleichung 67 und 121 ist der absolute Druck im Saugwindkessel

$$h_{sw} = A - y_s - H'_{ws},$$

also ist

$$A - h_{sw} = y_s + H'_{ws}.$$

Aus der Ablesung am Vakuummeter folgt

$$A - h_{sw} = 27{,}3 \text{ cm Quecksilbersäule}$$
$$= 0{,}273 \cdot 13{,}6 = 3{,}713 \text{ m Wassersäule}.$$

Da ferner $y_s = 3{,}368$ m ist, so ergibt sich die mittlere Widerstandshöhe der Leitung vom Brunnen bis zum Saugwindkessel aus

$$3{,}713 = 3{,}368 + H'_{ws}$$
$$H'_{ws} = 0{,}345 \text{ m}.$$

Nach Gleichung 69 und 122 ist der absolute Druck im Druckwindkessel

$$h_{dw} = A + y_d + H'_{wd},$$

also der Überdruck

$$h_{dw} - A = y_d + H'_{wd}.$$

Aus der Ablesung am Manometer folgt

$$h_{dw} - A = 6{,}607 \text{ Atm.} = 66{,}070 \text{ m Wassersäule};$$

da ferner $y_d = 60{,}000$ m ist, so ergibt sich für die Widerstandshöhe
der Leitung vom Druckwindkessel bis zum Ausguß

$$66{,}070 = 60{,}000 + H'_{wd}$$
$$H'_{wd} = 6{,}070 \text{ m}.$$

Mit $H_w = 9{,}862$ m, $H'_{ws} = 0{,}345$ m und $H'_{wd} = 6{,}070$ m erhält man die
Summe $H_{ws} + H_{wd}$ der Widerstandshöhen zwischen den Wasserspiegeln
der beiden Windkessel aus

$$9{,}862 = H_{ws} + H_{wd} + 0{,}345 + 6{,}070$$
$$H_{ws} + H_{wd} = 3{,}447.$$

Der Indikator sei in der Höhe der Zylinderachse angebracht. Die aus dem Diagramm sich ergebende Druckhöhe $\dfrac{p_{id}}{\gamma}$ ist dann gleich dem senkrechten Abstand $e_2 + y_d$ der Achse des Pumpenzylinders vom Ausguß, vermehrt um die Widerstandshöhe H_{wd} vom Pumpenzylinder bis zum Druckwindkessel und die Widerstandshöhe H'_{wd} vom Druckwindkessel bis zum Ausguß. Demnach gilt

$$\frac{p_{id}}{\gamma} = e_2 + y_d + H_{wd} + H'_{wd}.$$

Da nun $\dfrac{p_{id}}{\gamma} = \dfrac{68\,800}{1000} = 68{,}800$ m, $\quad e_2 = 0{,}970$ m, $\quad y_d = 60{,}000$ und $H'_{wd} = 6{,}070$ m, so hat man

$$68{,}800 = 0{,}970 + 60{,}000 + H_{wd} + 6{,}070$$
$$H_{wd} = 1{,}760 \text{ m.}$$

Dieser Wert, oben eingesetzt, gibt

$$H_{ws} + 1{,}760 = 3{,}447$$
$$H_{ws} = 1{,}687 \text{ m.}$$

Um nach dem angegebenen Verfahren die Widerstände im Zylinder einer Pumpe, welche in der Hauptsache aus den Ventilwiderständen bestehen, zu ermitteln, wird man die Pumpe mit geringer Druckhöhe arbeiten lassen, so daß eine schwache Indikatorfeder, welche die Saugspannungen deutlich angibt, verwendbar ist.

b) Antriebsarbeit.

Unter der „Antriebsarbeit" ist die an der Kolbenstange zu leistende Arbeit zu verstehen.

Die notwendige Kraft P an der Kolbenstange einer Pumpe ist gleich dem Kolbenwiderstand K, vermehrt um den Reibungswiderstand R, welcher durch die Abdichtung von Kolben und Kolbenstange hervorgerufen wird, und vermehrt um die zur Beschleunigung der Masse M von Kolben und Kolbenstange notwendige Kraft Mk. Bei stehenden Pumpen tritt hierzu beim Kolbenaufgang die Kraft G zum Heben des Gewichts von Kolben und Kolbenstange, während diese Kraft beim Kolbenniedergang in Abzug kommt. Die Kraft G ist für Plunger, welche durch eine Stopfbüchse aus dem Zylinder heraustreten, gleich dem Gewicht des Plungers in der Luft, denn der sogenannte Auftrieb ist in dem Wasserdruck auf die Endfläche des Plungers berücksichtigt. Bei Ventilkolben ist für die Kolbenstange das Gewicht in der Luft, für den Kolben das Gewicht im Wasser in Rechnung zu bringen. Somit ist die notwendige Kraft an der Kolbenstange einer stehenden Pumpe

beim Aufgang

$$P_1 = K_1 + R + Mk + G, \quad \ldots \ldots \ldots \quad 140$$

beim Niedergang

$$P_2 = K_2 + R + Mk - G \quad \ldots \ldots \ldots \ldots \quad 141$$

(Bei liegenden Pumpen ist $G = 0$ zu setzen.)

Die notwendige Antriebsarbeit an der Kolbenstange beträgt somit beim Aufgang

$$\int_0^S P_1\,dx = \int_0^S K_1\,dx + R\int_0^S dx + M\int_0^S k\,dx + G\int_0^S dx$$

oder da die Beschleunigungsarbeit $M\int_0^S k\,dx = 0$ ist,

$$\int_0^S P_1\,dx = A_1 + (R+G)S \quad\ldots\ldots\ldots\ldots \quad 142$$

und beim Niedergang

$$\int_0^S P_2\,dx = A_2 + (R-G)S, \quad\ldots\ldots\ldots\ldots \quad 143$$

also die notwendige Arbeit an der Kolbenstange pro Umdrehung in kgm

$$\int_0^S P_1\,dx + \int_0^S P_2\,dx = A_1 + A_2 + 2RS$$
$$= A_i + 2RS$$
$$= FS\gamma(H+H_w) + 2RS \quad\ldots\quad 144$$

oder bei n Umdrehungen in der Minute in Pferdekräften

$$N = N_i + \frac{2RSn}{60\cdot 75}$$
$$= \frac{Q\gamma}{75}(H+H_w) + \frac{2RSn}{60\cdot 75} \quad\ldots\ldots\quad 145$$

Meistens bestimmt man die Antriebsarbeit einer Pumpe aus ihrer indizierten Arbeit durch die Beziehung

$$N = \frac{N_i}{\eta_m} = \frac{Q\gamma(H+H_w)}{75\cdot\eta_m} \quad\ldots\ldots\ldots\ldots \quad 146$$

wo η_m den mechanischen Wirkungsgrad (s. Ziff. 12) bedeutet, oder auch aus der Beziehung

$$N = \frac{Q_e\gamma H}{75\cdot\eta}, \quad\ldots\ldots\ldots\ldots\ldots \quad 147$$

wo Q_e die tatsächlich gelieferte Wassermenge und η den Gesamtwirkungsgrad bedeutet.

Bezeichnet $Q_h = 3600\,Q_e$ die Wasserlieferung der Pumpe in cbm pro Stunde, so ergibt sich aus vorstehender Gleichung mit $Q_e = \dfrac{Q_h}{3600}$ und $\gamma = 1000$

$$N = \frac{Q_h H}{270\,\eta} \quad\ldots\ldots\ldots\ldots\ldots \quad 148$$

Nimmt man für grobe Überschlagsrechnung den Gesamtwirkungsgrad kleiner und mittelgroßer Pumpen $\eta = 0{,}75$ an, so ergibt sich die einfache Beziehung

$$N = \frac{Q_h H}{270 \cdot 0{,}75} \sim \frac{Q_h H}{200} \quad \ldots \ldots \ldots \quad 149$$

Beispiel: 5 cbm/Stunde auf 100 m Förderhöhe

$$N = \frac{5 \cdot 100}{200} = 2{,}5.$$

12. Wirkungsgrade.

Der volumetrische Wirkungsgrad (Lieferungsgrad, Lieferungskoeffizient)

$$= \frac{\text{Tatsächlich gelieferte Wassermenge}}{\text{Vom Kolben verdrängtes Volumen}}$$

$$\eta_v = \frac{Q_e}{Q} \quad \ldots \ldots \ldots \ldots \quad 150$$

gibt Aufschluß über die Größe des Wasserverlustes infolge mangelhafter Dichtung des Kolbens, der Stopfbüchsen und der Ventile, sowie infolge verspäteten Schlusses der Ventile.

Der Hydraulische Wirkungsgrad

$$= \frac{\text{Wirkliche Förderhöhe}}{\text{Wirkliche Förderhöhe} + \text{Summe der hydraulischen Widerstandshöhen}}$$

$$\eta_h = \frac{H}{H + H_w} \quad \ldots \ldots \ldots \ldots \quad 151$$

gibt ein Urteil über die Widerstände beim Durchgang durch die Rohrleitungen und die Pumpe und über die Größe des Widerstandes der Ventile.

Der Indizierte Wirkungsgrad

$$= \frac{\text{Nutzarbeit in gehobenem Wasser}}{\text{Indizierte Pumpenarbeit}}$$

$$\eta_i = \frac{Q_e H}{Q(H + H_w)} \quad \ldots \ldots \ldots \ldots \quad 152$$

ist das Produkt aus dem volumetrischen und dem hydraulischen Wirkungsgrad, also

$$\eta_i = \eta_v \cdot \eta_h \quad \ldots \ldots \ldots \ldots \quad 153$$

Er faßt die Arbeitsverluste, welche in der Pumpe und den Rohrleitungen entstehen, zusammen, gibt also einen Anhalt über die Zweckmäßigkeit der Konstruktion der Pumpe und der Rohrleitungen.

Der Mechanische Wirkungsgrad

$$= \frac{\text{Indizierte Pumpenarbeit}}{\text{Antriebsarbeit}}$$

$$\eta_m = \frac{\gamma Q(H + H_w)}{75 N} \quad \ldots \ldots \ldots \ldots \quad 154$$

gibt ein Urteil über die Größe der mechanischen Reibungswiderstände im Antrieb der Pumpe, und zwar über die Reibung derjenigen Getriebe, welche die Antriebsarbeit von dem Getriebselement, an welchem die Messung vorgenommen wird, bis zum Pumpenkolben übertragen.

Der Gesamtwirkungsgrad

$$= \frac{\text{Nutzarbeit in gehobenem Wasser}}{\text{Antriebsarbeit}}$$

$$\eta = \frac{\gamma Q_e H}{75 N} \quad \ldots \ldots \ldots \ldots \quad 155$$

umfaßt sämtliche Arbeitsverluste und dient zur Beurteilung der Wirtschaftlichkeit des Betriebes.

Der Gesamtwirkungsgrad ist gleich dem Produkt aus den einzelnen Wirkungsgraden, es ist daher

$$\eta = \eta_v \cdot \eta_h \cdot \eta_m = \eta_i \cdot \eta_m \quad \ldots \ldots \ldots \ldots \quad 156$$

Bei kleinen Kolbenpumpen macht die Überwindung der Stopfbüchsenreibung einen großen Teil der Antriebsarbeit aus. Demgemäß hängt bei diesen der Gesamtwirkungsgrad wesentlich von der Art und dem Betriebszustand der Packung ab und kann sehr verschieden sein. Durchschnittlich dürfte für den Gesamtwirkungsgrad von kleinen bis größten Kolbenpumpen angenommen werden:

$\eta = 0{,}85 \div 0{,}98$ Antriebsarbeit unmittelbar an der Kolbenstange gemessen,

$\eta = 0{,}75 \div 0{,}93$ Antriebsarbeit an der Kurbelwelle oder der auf ihr angebrachten Riemenscheibe gemessen,

$\eta = 0{,}72 \div 0{,}90$ Antriebsarbeit an der treibenden Riemenscheibe gemessen,

$\eta = 0{,}85 \div 0{,}88$ Dampfpumpmaschinen für Wasserversorgung und Wasserhaltung,

$\eta = 0{,}85$ große elektrisch angetriebene Kolbenpumpen mit dem Motor direkt gekuppelt (Wasserhaltungen),

$\eta = 0{,}72$ große elektrisch angetriebene Zentrifugalpumpen mit dem Motor direkt gekuppelt (Wasserhaltungen).

Bestimmung der Wirkungsgrade ausgeführter Pumpwerke.

Die tatsächlich geförderte Wassermenge Q_e wird durch Messen des aus dem Ausguß getretenen Wassers oder mittels eines in die Druckleitung eingeschalteten Wassermessers bestimmt, während die Kolbenverdrängung Q aus den Abmessungen des Pumpenzylinders und der Hubzahl berechnet wird.

Unter der wirklichen Förderhöhe H ist zunächst der senkrechte Abstand des Ausgusses vom Saugwasserspiegel zu verstehen. Ist der Sammelbehälter, in welchen gefördert wird, von der Pumpstation weit entfernt, so ist nicht bloß ein Vertikal-, sondern auch ein Horizontaltransport des Wassers zu leisten, welch letzterer die Widerstandshöhe H_w nicht unwesentlich vergrößert. In einem solchen Fall ergibt sich, hauptsächlich bei kleiner Förderhöhe H, ein unverhältnismäßig kleiner hydraulischer Wirkungsgrad η_h und Gesamtwirkungsgrad η für die Pumpe, indem der Widerstand der langen Leitung der Pumpe gleichsam zur Last gelegt wird. Man pflegt daher bei der Bestimmung des Wirkungsgrades größerer Pumpwerke als wirkliche Förderhöhe H die sog. manometrische Förderhöhe der Berechnung zugrunde zu legen, indem man zu dem senkrechten Abstand von Ausguß und Saugwasserspiegel die Widerstandshöhen der Saugleitung bis zum Saugwindkessel und der Druckleitung hinter dem Druckwindkessel hinzurechnet. Man setzt also

$$H = (y_s + H'_{ws}) + e_1 + e_2 + (y_d + H'_{wd}) \quad \ldots \ldots \quad 157$$

Die Förderhöhe $(y_s + H'_{ws})$ ergibt sich aus der Ablesung am Vakuummeter des Saugwindkessels, dessen Angabe in m Wassersäule auszudrücken ist, die Förderhöhe $(y_d + H'_{wd})$ ist gleich dem vom Manometer des Druckwindkessels angezeigten Überdruck, ausgedrückt in m Wassersäule, während die Förderhöhe $e_1 + e_2$ der senkrechte Abstand der Wasserspiegel in den beiden Windkesseln oder vielmehr, wenn das Manometer unterhalb des Wasserspiegels am Druckwindkessel angeschlossen ist, der senkrechte Abstand dieses Anschlusses vom Wasserspiegel im Saugwindkessel ist.

Die Höhe $(H + H_w)$ erhält man aus der mittleren Höhe des Pumpenindikatordiagramms.

Zur Berechnung des Gesamtwirkungsgrades η ist die Antriebsarbeit N der Pumpe zu ermitteln. Bei Dampfpumpwerken bestimmt man die indizierte Arbeitsleistung der Dampfmaschine und faßt diese als die Antriebsarbeit auf. Bei Pumpen mit Riemenantrieb durch eine Transmissionswelle wird man unter der Antriebsarbeit gewöhnlich die Arbeit an der (treibenden) Riemenscheibe verstehen, bei Pumpen mit elektrischem Antrieb den Energiebedarf des Elektromotors.

Soll jedoch der Gesamtwirkungsgrad zum Vergleich von Pumpwerken verschiedener Antriebsart dienen, so ist in allen Fällen auf die Leistung der Antriebsmaschine (Dampfmaschine, Gasmaschine usw.) zurückzugehen. Der Gesamtwirkungsgrad umfaßt dann die sämtlichen zwischen Antriebsmaschine und Pumpe durch Zahnräder, Riemen- oder sonstige Getriebe entstehenden Verluste, bei elektrischer Übertragung auch die Verluste elektrischer Energie in Generator, Leitung und Motor.

Die Lieferungsbedingungen für größere Pumpwerksanlagen mit Antrieb durch Wärmemotoren werden in der Regel so abgefaßt, daß für 1 kg Brennstoff eine bestimmte Nutzleistung in Kilogrammmetern oder für ein Nutzpferd ein gewisser Brennstoffverbrauch in der Stunde garantiert wird. Die Nutzleistung wird aus der Förderhöhe und der Menge des tatsächlich gehobenen Wassers bestimmt, wobei jeweilig ausgesprochen wird, was unter der Förderhöhe zu verstehen ist. Zahlenwerte über Dampfpumpmaschinen siehe Ziff. 27.

Eine außerordentlich wertvolle Zusammenstellung zum Vergleich der Wirtschaftlichkeit verschiedener Wasserwerks-Pumpanlagen mit Sauggas-, Öl- und Dampfbetrieb enthält die Abhandlung „Neuere Pumpmaschinen für Wasserwerke" von Baurat R. Schröder, Hamburg, im Journal für Gasbeleuchtung 1911.

Einen Auszug gibt folgende Tabelle:

Vergleichende Zusammenstellung von Pumpwerken mit Sauggas-, Öl- und Dampfbetrieb.

Art der Anlage	Normale Pumpen- leistung N_e	Brennstoff			Ausnutzung der Brenn- stoffwärme $°/_0$
		Art	Heizwert von 1 kg WE	Verbrauch für 1 Pumpen- N_e/St kg	
Liegender Sauggasmotor, Seilantrieb, liegende doppeltw. Pumpe mit stehender doppeltw. Vor- pumpe	180	Koks	6 710	0,50	18,8
Stehender Dieselmotor, Riemenantrieb, liegende Stufenkolbenpumpe	61,6	Rohöl	10 000	0,226	28,0
Stehende Verbund-Dampf- maschine, 2 stehende ein- fachw. Kolbenpumpen	204	Stein- kohle	7 435	0,61	13,9
Stehende Dreifachexpan- sions - Dampfmaschine, 3 stehende doppeltw. Kolbenpumpen	315	Stein- kohle	7 516	0,54	15,6

13. Wirkungsweise und Berechnung des Windkessels.

Wie unter Ziffer 8 bereits erläutert, kann durch Einschalten eines Windkessels in die Saug- bzw. die Druckleitung bewirkt werden, daß die Wassersäule in der Leitung trotz der Ungleichförmigkeit der Be- wegung des Pumpenkolbens sich mit annähernd gleichmäßiger Ge- schwindigkeit bewegt. Der aus dem Wegfall der Massenkraft des Wassers in der Leitung entspringende Vorteil für die Konstruktion und die Ver- wendbarkeit der Pumpe ist auf S. 54 auch an Hand eines Zahlenbeispiels besprochen.

Außerdem wird durch genügende Abmessungen der Windkessel das Ingangsetzen der Pumpe erleichtert, insofern die Möglichkeit besteht, die Antriebsmaschine mit voller oder annähernd voller Umdrehungs- zahl anlaufen zu lassen. Die Arbeit der Pumpe wird zuerst haupt- sächlich von den Windkesseln aufgenommen, wobei in denselben die zur Ingangsetzung der Wassermassen nötige Pressung erzeugt wird.

Bei raschem oder plötzlichem Abstellen der Pumpe, wie dies durch Abfallen des Riemens, Versagen des Elektromotors, Bruch in dem Triebwerk der Antriebsmaschine usw. eintreten kann, bietet der Druck- windkessel einen Schutz gegen Zertrümmern der Pumpe durch die zu- rückfallende Druckwassersäule, insofern die Entstehung eines Stoßes durch die Elastizität der Luft im Windkessel verhindert wird.

Die Größe des Windkessels muß sowohl den Verhältnissen beim Betrieb wie auch beim Anlassen entsprechen, demgemäß hat ihre Bestimmung nach diesen beiden Gesichtspunkten zu erfolgen.

A. Berechnung des Windkessels mit Rücksicht auf die Schwankung des Drucks im Windkessel und die Schwankung der Geschwindigkeit in der Leitung[1]).

Für das Verständnis der nicht ganz einfachen physikalischen Vorgänge dürfte es förderlich sein, wenn der Untersuchung der Pumpen mit Windkessel die Bestimmung der Druck- und Geschwindigkeitsverhältnisse einfacherer Anordnungen vorausgeschickt wird.

1. Pumpe ohne Windkessel.

An die Pumpe Fig. 53 sei die Rohrleitung unmittelbar angeschlossen. Mit den auf S. 16 angegebenen Bezeichnungen ist der Weg x des Kolbens in t Sekunden, vom Beginn des Hubs gerechnet, bei Vernachlässigung des Einflusses der endlichen Länge der Schubstange bestimmt durch Gleichung 16, S. 16

$$x = r(1 - \cos \omega t),$$

wenn der Kurbelwinkel mit ωt bezeichnet, d. h. im Bogenmaß ausgedrückt wird.

Hierbei wird die Wassermenge Fx von dem Kolben in das Druckrohr verdrängt, und es schreitet die Wassersäule während der Zeit t im Druckrohr um die Strecke $s = \dfrac{Fx}{F_d}$ fort. Demnach ist der Weg der Wassersäule in den ersten t Sekunden

$$s = \frac{Fr}{F_d}(1 - \cos \omega t), \quad . \quad 158$$

also die Geschwindigkeit der Wassersäule zur Zeit t

$$\frac{ds}{dt} = \frac{Fr\omega}{F_d} \sin \omega t \quad . \quad 159$$

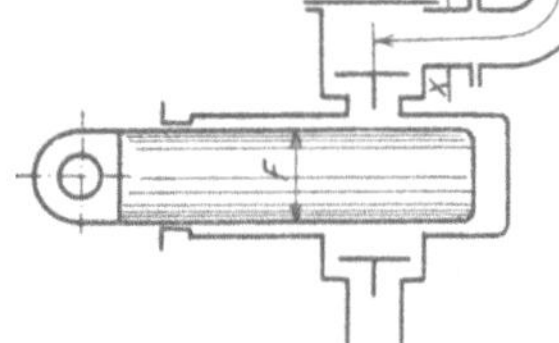

Fig. 53.

Ein Bild von der Veränderung dieser Geschwindigkeit während des Druckhubs gibt die Sinuslinie ABC in Fig. 54a, bei welcher die Abszissen die Zeiten t, die Ordinaten die zugehörigen Geschwindigkeiten darstellen.

Beschreibt man einen Halbkreis mit dem Radius $\varrho = \dfrac{Fr\omega}{F_d}$,

(s. Fig. 54a), dann stellt die Strecke $EF = \varrho \sin \omega t = \dfrac{Fr\omega}{F_d} \sin \omega t$ die

---

[1]) Abhandlungen über den gleichen Gegenstand wurden, soweit dem Verfasser bekannt, veröffentlicht von: A. Riedler in der Schrift „Indikatorversuche an Pumpen und Wasserhaltungsmaschinen" 1881, M. Hoechstädter in der Zeitschr. „Die Fördertechnik" 1907, S. 82, und A. Gramberg in der Zeitschrift d. Ver. deutsch. Ing. 1911, S. 842.

zum Kurbelwinkel ωt gehörige Geschwindigkeit dar. Die Länge AC der Figur, welche der Zeit eines Kolbenhubs entspricht, ist bestimmt durch $t = \dfrac{\pi}{\omega}$. Da die Kurbel sich mit gleichförmiger Geschwindigkeit dreht, so entsprechen gleichen Drehwinkeln der Kurbel gleiche Zeiten. Teilt man demgemäß den Halbkreis und die Länge AC in dieselbe Anzahl gleicher Teile, so ergeben die durch die entsprechenden Teilpunkte gezogenen Projektionsstrahlen die Punkte der Geschwindigkeitslinie. Wie ersichtlich, nimmt die Wassergeschwindigkeit von null bis zu einem Maximum zu und sinkt wieder auf null. Die größte Ordinate, die sog. Amplitude der Sinuslinie, ist bestimmt durch $\dfrac{Fr\omega}{F_d}$.

Bei der einfachwirkenden Pumpe steht die Wassersäule während des Saughubs still (Fig. 54a), bei der doppeltwirkenden Pumpe wiederholt sich bei jedem Hub der gleiche Bewegungsvorgang (Fig. 54b).

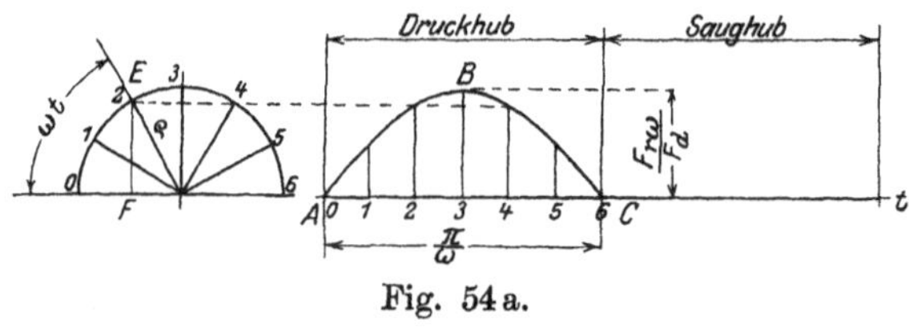

Fig. 54a.

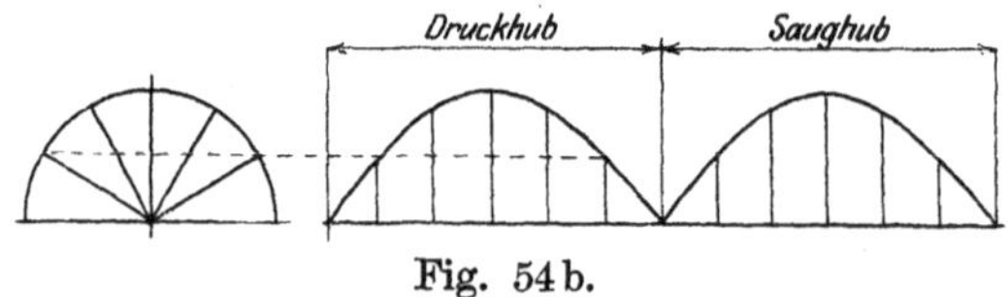

Fig. 54b.

Für die Beschleunigung der Wassersäule zur Zeit t ergibt sich sodann durch Ableiten von Gleichung 159

$$\frac{d^2s}{dt^2} = \frac{Fr\omega^2}{F_d}\cos\omega t \ \dots\dots\dots\dots\ 160$$

Diese Beschleunigung ist in Fig. 55a durch die Cosinuslinie ABC dargestellt, die nichts anderes ist, als eine um $\dfrac{\pi}{2}$ verschobene Sinuslinie, denn $\cos\omega t = \sin\left(\dfrac{\pi}{2} + \omega t\right)$. Für den Beginn des Kolbenhubs, d. h. $t = 0$ ergibt sich der Anfangswert

$$\frac{d^2s}{dt^2} = \frac{F}{F_d}r\omega^2\sin\left(\frac{\pi}{2} + 0\right) = \frac{F}{F_d}r\omega^2.$$

Man hat eine Sinuslinie, welche mit der Amplitude beginnt. In der ersten Hälfte des Hubs ist die Beschleunigung positiv, die Geschwindigkeit des Wassers nimmt also fortwährend zu, die Geschwindigkeitszunahme wird aber stetig kleiner, bis sie in der Mitte des Hubs den

Wert null erreicht. Von da ab ist die Beschleunigung negativ, es findet
also eine Geschwindigkeitsabnahme statt, die um so größer wird, je mehr
sich der Kolben dem Hubende nähert (vgl. die Beschleunigungslinie
Fig. 55a mit der Geschwindigkeitslinie Fig. 54a). Die Beschleunigung
der Wassersäule einer doppeltwirkenden Pumpe ohne Windkessel zeigt
Fig. 55b.

Der Wasserdruck im Pumpenzylinder setzt sich zusammen:
aus dem Druck A der Atmosphäre auf den Mündungsquerschnitt des
Steigrohrs, aus dem hydrostatischen Druck H_d der Wassersäule, aus
dem Druck H_w, hervorgerufen durch die beim Durchströmen der Pumpe
und der Leitung entstehenden hydraulischen Widerstände, und aus dem

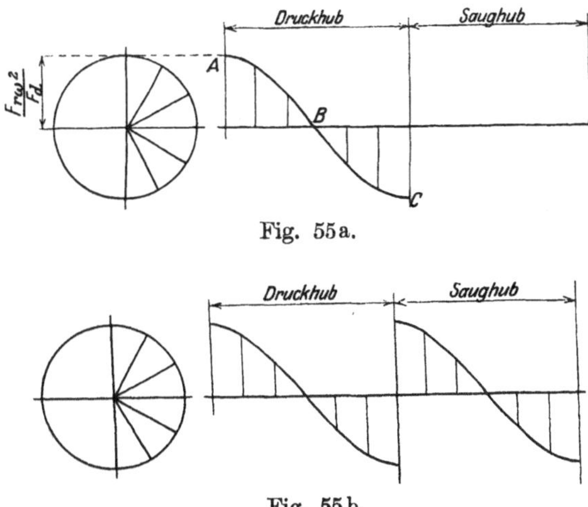

Fig. 55a.

Fig. 55b.

Druck h_k, herrührend von dem Massenwiderstand der Wassersäule.
Es ist demnach der Wasserdruck im Pumpenzylinder bestimmt durch

$$h = A + H_d + H_w + h_k \quad \ldots \ldots \ldots \ldots \quad 161$$

oder, wenn

$$A + H_d + H_w = h_m \quad \ldots \ldots \ldots \ldots \quad 162$$

gesetzt wird,

$$h = h_m + h_k; \quad h_k = h - h_m \quad \ldots \ldots \ldots \ldots \quad 163$$

Die Bestimmung des Massendrucks h_k ergibt sich wie folgt:
Der Wasserkörper in der Leitung vom Querschnitt F_d und der Länge
L_d hat das Gewicht $F_d L_d \gamma$, also die Masse $\dfrac{F_d L_d \gamma}{g}$. Um diesem Körper

die Beschleunigung $\dfrac{d^2 s}{dt^2}$ zu verleihen, muß nach dem Gesetz, daß
Kraft = Masse mal Beschleunigung ist, im Querschnitt $x-x$ (Fig. 53)
eine Kraft $\dfrac{F_d L_d \gamma}{g} \dfrac{d^2 s}{dt^2}$ auf ihn ausgeübt werden. Die hierzu erforder-

liche Wasserpressung h_k im Querschnitt $x - x$ von der Größe F_d bestimmt sich demnach aus

$$F_d h_k \gamma = \frac{F_d L_d \gamma}{g} \frac{d^2 s}{dt^2}$$

$$h_k = \frac{L_d}{g} \frac{d^2 s}{dt^2} \cdot \quad \dots \dots \dots \dots \quad 164$$

Somit ist der Druck im Pumpenzylinder zur Zeit t nach Gleichung 163

$$h = h_m + \frac{L_d}{g} \frac{d^2 s}{dt^2} \quad \dots \dots \dots \dots \quad 165$$

und der zur Beschleunigung der Wassersäule dienende Teil desselben

$$h - h_m = h_k = \frac{L_d}{g} \frac{d^2 s}{dt^2} \quad \dots \dots \dots \dots \quad 166$$

woraus mit Gleichung 160

$$h - h_m = \frac{L_d}{g} \frac{F}{F_d} r \omega^2 \cos \omega t \quad \dots \dots \dots \quad 167$$

Der zur Beschleunigung der Wassersäule dienende Teil des Wasserdrucks im Pumpenzylinder ist also der Beschleunigung der Wassersäule proportional, es stellt daher die Beschleunigungslinie Fig. 55a auch den Beschleunigungsdruck bei entsprechend anderem Maßstab der Ordinaten dar. Bei der doppeltwirkenden Pumpe erfährt die Wassersäule zu Beginn eines jeden Kolbenhubs einen Impuls (Fig. 55b), bei der einfachwirkenden Pumpe nur bei jeder Umdrehung.

2. Windkessel mit Rohrleitung. Eigenschwingungszahl der Wassersäule.

An einen Windkessel Fig. 56 sei eine mit Wasser gefüllte Rohrleitung angeschlossen. Wir können den elastischen Luftkörper im Windkessel als eine Feder ansehen, die durch das Gewicht der Wassersäule und den auf dem Mündungsquerschnitt der Leitung wirkenden Atmosphärendruck belastet ist. Das Volumen der Luft sei W_m, ihr Druck sei $h_m = A + H_d$. Steigt der Wasserspiegel im Windkessel vom Querschnitt F_w aus irgendeinem Grund um den Betrag y, so wird das Luftvolumen W_m um $F_w \cdot y$ vermindert, also von W_m auf $W = W_m - F_w y$ zusammengedrückt, dabei wachse der Druck der Luft von h_m auf h. Unter der Annahme, daß die Zustandsänderung der Luft nach dem Mariotteschen Gesetz erfolge, wonach das Produkt aus Druck und Volumen konstant ist, gilt sodann

$$h W = h_m W_m \quad \dots \dots \dots \quad 168$$

$$h = \frac{W_m}{W} h_m = \frac{W_m h_m}{W_m - F_w y} = \frac{h_m}{1 - \frac{F_w}{W_m} y}, \quad 169$$

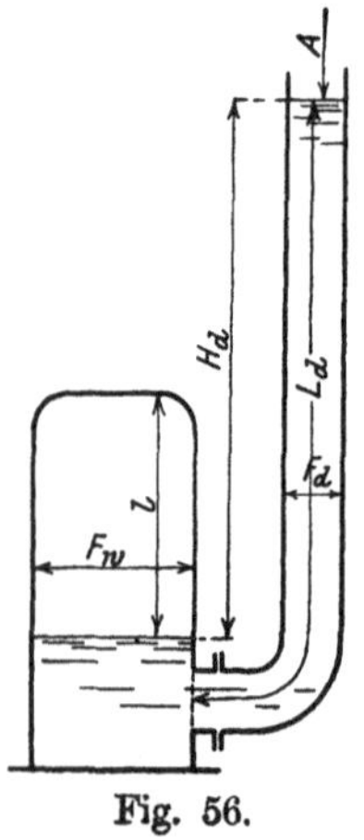

Fig. 56.

wofür, sofern es sich um eine verhältnismäßig kleine Volumenänderung handelt[1]), also $\dfrac{F_w y}{W_m}$ klein gegenüber 1 ist, gesetzt werden kann

$$h = h_m \left(1 + \frac{F_w y}{W_m} \right) \quad \ldots \ldots \ldots \ldots \quad 170$$

Hieraus ergibt sich die durch die Hebung y des Wasserspiegels entstehende Drucksteigerung

$$h - h_m = \frac{F_w h_m}{W_m} y \quad \ldots \ldots \ldots \ldots \quad 171$$

oder

$$\frac{h - h_m}{y} = \frac{F_w h_m}{W_m} = \text{konst.}$$

Da die rechte Seite dieser Gleichung ein konstanter Wert ist, so spricht die Gleichung aus: Die Drucksteigerung $h - h_m$ ist der Spiegelhebung y, d. h. der Zusammendrückung der Luftfeder proportional. Diese verhält sich wie eine Drahtfeder. Dabei ist die Federkonstante gleich $\dfrac{F_w h_m}{W_m}$ (in m Wassersäule ausgedrückt) oder, wenn die Höhe des Luftraums vom Querschnitt F_w mit l bezeichnet wird, der Luftinhalt also durch $W_m = F_w l$ dargestellt ist, gleich $\dfrac{h_m}{l}$.

Denken wir uns nun, die in Ruhe befindliche Wassersäule sei durch einen Druck auf ihren Wasserspiegel im Steigrohr langsam so weit niedergedrückt worden, daß der Wasserspiegel im Windkessel um den Betrag y_0 über seine Ruhelage gestiegen und die Federspannung dementsprechend vermehrt ist. Dann werde die Wassersäule freigegeben. Sie wird sich alsdann unter dem Druck der gespannten Feder in Bewegung setzen, dabei wird der Wasserspiegel im Windkessel sinken. Hat nach t Sekunden sein Abstand von der Ruhelage von y_0 auf y abgenommen, so ist die Wassermenge $F_w (y_0 - y)$ aus dem Windkessel in die Rohrleitung übergeströmt. Gleichzeitig macht die Wassersäule einen Weg s, der sich bestimmt aus: Wasserabgabe des Windkessels = Ausflußmenge durch die Leitung. Es gilt somit

$$F_w (y_0 - y) = F_d s$$

oder

$$y = y_0 - \frac{F_d s}{F_w} \quad \ldots \ldots \ldots \ldots \quad 172$$

Dieser Wert, in Gleichung 171 eingesetzt, gibt

$$h - h_m = \frac{F_w h_m}{W_m} \left(y_0 - \frac{F_d}{F_w} s \right).$$

Anderseits gilt nach Gleichung 166

$$h - h_m = \frac{L_d}{g} \frac{d^2 s}{dt^2}.$$

____

[1]) Die Abmessungen des Windkessels lassen sich meistens so wählen, daß $F_w y$ nicht mehr als 5% von W_m beträgt.

Setzt man die beiden Werte für $h - h_m$ einander gleich, so erhält man

$$\frac{L_d}{g}\frac{d^2s}{dt^2} = \frac{F_w h_m}{W_m}\left(y_0 - \frac{F_d}{F_w}s\right)$$

$$\frac{d^2s}{dt^2} + \frac{g h_m F_d}{L_d W_m}s = \frac{g h_m F_w}{L_d W_m}y_0 \quad\ldots\ldots\ldots\; 173$$

Setzt man hierin ferner zur Vereinfachung der Schreibweise

$$\frac{g h_m F_d}{L_d W_m} = q^2; \quad \sqrt{\frac{g h_m F_d}{L_d W_m}} = q \quad\ldots\ldots\ldots\; 174$$

und

$$\frac{g h_m F_w}{L_d W_m}y_0 = b, \quad\ldots\ldots\ldots\ldots\; 175$$

also

$$\frac{F_w}{F_d}y_0 = \frac{b}{q^2}, \quad\ldots\ldots\ldots\ldots\; 176$$

so schreibt sich die Gleichung 173

$$\frac{d^2s}{dt^2} + q^2 s = b \quad\ldots\ldots\ldots\ldots\; 177$$

Die Lösung dieser Differentialgleichung ist

$$s = C_1 \cos qt + C_2 \sin qt + \frac{b}{q^2} \quad\ldots\ldots\ldots\; 178$$

Hierbei ist s der Weg der Wassersäule in t Sekunden vom Beginn der Bewegung an gerechnet. Die Größen C_1 und C_2 sind Integrationskonstante, welche noch zu bestimmen sind.

Die Geschwindigkeit der Wassersäule zur Zeit t ist alsdann

$$\frac{ds}{dt} = -C_1 q \sin qt + C_2 q \cos qt. \quad\ldots\ldots\ldots\; 179$$

und die Beschleunigung der Wassersäule zur Zeit t

$$\frac{d^2s}{dt^2} = -C_1 q^2 \cos qt - C_2 q^2 \sin qt \quad\ldots\ldots\ldots\; 180$$

Ferner folgt hieraus nach Gleichung 166, der die Beschleunigung der Wassersäule hervorrufende Teil des Drucks im Windkessel

$$h - h_m = \frac{L_d}{g}\left[-C_1 q^2 \cos qt - C_2 q^2 \sin qt\right] \quad\ldots\ldots\; 181$$

Die Konstanten C_1 und C_2 bestimmen sich aus dem Zustand zu Beginn der Bewegung, der dadurch gekennzeichnet ist, daß zur Zeit $t = 0$ der Weg $s = 0$ und die Geschwindigkeit $\frac{ds}{dt} = 0$ ist. Dementsprechend ergibt sich

aus Gleichung 178 mit $t = 0$ und $s = 0$

$$0 = C_1 + 0 + \frac{b}{q^2}$$

$$C_1 = -\frac{b}{q^2} \quad \dots \dots \dots \dots \dots \quad 182$$

aus Gleichung 179 mit $t = 0$ und $\dfrac{ds}{dt} = 0$

$$0 = 0 + C_2 q$$
$$C_2 = 0 \quad \dots \dots \dots \dots \dots \quad 183$$

Mit diesen Werten von C_1 und C_2 erhält man sodann für den **Weg der Wassersäule** nach Gleichung 178

$$s = \frac{b}{q^2}(1 - \cos qt) \quad \dots \dots \dots \dots \quad 184$$

oder mit Gleichung 176

$$s = \frac{F_w}{F_d} y_0 (1 - \cos qt), \quad \dots \dots \dots \quad 185$$

die **Geschwindigkeit der Wassersäule** zur Zeit t nach Gleichung 179

$$\frac{ds}{dt} = +\frac{b}{q}\sin qt, \quad \dots \dots \dots \dots \quad 186$$

die **Beschleunigung der Wassersäule** zur Zeit t nach Gleichung 180

$$\frac{d^2 s}{dt^2} = +b\cos qt, \quad \dots \dots \dots \dots \quad 187$$

den **Beschleunigungsdruck** im Windkessel zur Zeit t nach Gleichung 181

$$h - h_m = \frac{L_d}{g} \cdot b \cos qt \dots \dots \dots \dots \quad 188$$

Für die **graphische Darstellung des Weges der Wassersäule** nach Gleichung 185 genügt es, die Veränderung des Klammerausdrucks $(1 - \cos qt)$ zu zeigen, der vor der Klammer stehende konstante Faktor $\dfrac{F_w}{F_d} y_0$ kann im Ordinatenmaßstab berücksichtigt werden. Die Darstellung des ersten Glieds in der Klammer geschieht durch eine Horizontale im Abstand $+1$ von der Abszissenachse (Fig. 57a), für das zweite Glied hat man eine mit dem Werte -1 beginnende Cosinuslinie (Fig. 57b). Die Darstellung des ganzen Ausdrucks $(1 - \cos qt)$ erhält man dann in Fig. 57c durch algebraische Summierung der Ordinaten der Fig. 57a und 57b. Die Wassersäule schwingt also auf und nieder. Nach der Zeit $\dfrac{\pi}{q}$ kehrt sie ihre Bewegung

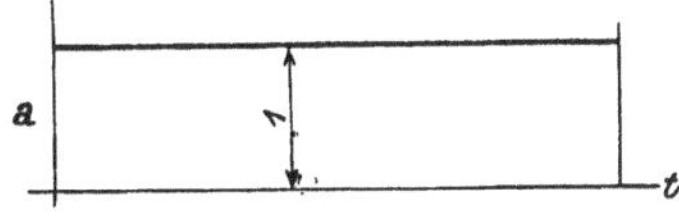

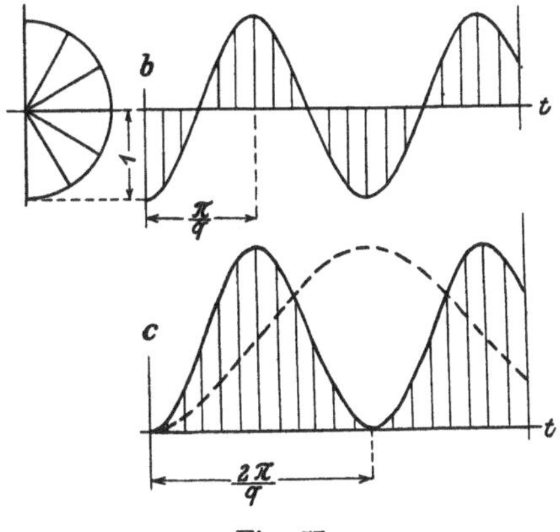

Fig. 57.

um und erreicht nach $\dfrac{2\pi}{q}$ Sekunden wieder ihre Anfangslage. Die Zeit einer Hin- und Herschwingung oder Doppelschwingung werde als die Schwingungsdauer bezeichnet. Diese ist also bestimmt durch

$$T_s = \frac{2\pi}{q} \quad \dots\dots\dots\dots\dots \quad 189$$

Die Anzahl der Doppelschwingungen in einer Sekunde oder die Eigenschwingungszahl der Wassersäule ist alsdann

$$z = \frac{1}{T_s} = \frac{q}{2\pi} \quad \dots\dots\dots\dots\dots \quad 190$$

Die Zahl der Hin- und Herschwingungen, welche die Wassersäule in der Sekunde ausführt, hängt demnach von dem Wert $q = \sqrt{\dfrac{g\,h_m F_d}{L_d W_m}}$ ab (s. Gleichung 174).

Die Eigenschwingungszahl der Wassersäule ist also um so größer:

1. je größer $\dfrac{h_m}{L_d}$, d. h. je größer der mittlere Druck im Windkessel im Verhältnis zur Länge der Leitung ist. Dieses Verhältnis wechselt mit dem Zweck, welchem die Pumpwerke dienen, außerordentlich stark. Während z. B. bei einer Wasserwerksmaschine mit einer Förderhöhe $H_d = 90$ m, also einem absoluten Druck im Windkessel von $h_m \sim 90 + 10 = 100$ mW und bei einer Entfernung des Hochbehälters vom Pumpwerk von 1 km der Wert

$$\frac{h_m}{L_d} = \frac{100}{1000} = \frac{1}{10}$$

ist, wird bei einer Wasserhaltungsmaschine, bei welcher Förderhöhe und Leitungslänge annähernd gleich sind, der Wert $\dfrac{h_m}{L_d} \sim 1$ sein. Bei einer Pumpe zum Speisen eines Dampfkessels mit 9 Atmosphären Überdruck, wo also wieder $h_m \sim 90 + 10 = 100$ mW ist, beträgt dagegen, wenn die Pumpe in einer Entfernung von 10 m vom Kessel aufgestellt ist, der Wert

$$\frac{h_m}{L_d} = \frac{100}{10} = 10,$$

er ist also 100 mal so groß als bei der vorgenannten Wasserwerksmaschine.

Bei einer Saughöhe von nur 2 m wird der absolute Druck im Saugwindkessel $h_m \sim 10 - 2 = 8$ mW sein. Ist die Länge L_s der Leitung auch nur 2 m, dann ist

$$\frac{h_m}{L_s} \sim \frac{8}{2} = 4,$$

hat man dagegen eine Saughöhe von 8 m, also einen Druck $h_m \sim 10 - 8 = 2$ mW im Windkessel und ist wieder die Leitungslänge ungefähr gleich der Saughöhe, also 8 m, so ist das Verhältnis

$$\frac{h_m}{L_s} = \frac{2}{8} = \frac{1}{4},$$

d. h. 16 mal kleiner als im vorigen Fall.

2. je größer der Leitungsquerschnitt F_d ist,

3. je kleiner der Luftinhalt W_m des Windkessels ist.

Wird z. B. der Luftinhalt W_m auf das 4fache vergrößert, so wird der Wert q halb so groß, und demnach die Schwingungsdauer T_s doppelt so groß, die Schwingungszahl z halb so groß. An Stelle der ausgezogenen tritt in Fig. 57c die gestrichelte Linie.

Während die Dauer oder Zahl der Schwingungen in einem gegebenen Fall durch den Wert q bestimmt ist, hängt die Größe des Ausschlags von dem Faktor $\dfrac{F_w}{F_d}\, y_0$ in der Gleichung 185, also von dem Wert y_0 ab, d. h. von dem Betrag, um welchen die Luftfeder im Windkessel vor dem Beginn der Bewegung zusammengedrückt, oder davon, wie weit das System aus der Ruhelage gebracht wurde.

3. Doppeltwirkende Pumpe mit Windkessel.

a) Hauptgleichungen.

Es liegt im Wesen der doppeltwirkenden Pumpe, daß im Beharrungszustand nach jedem Kolbenhub der gleiche Vorgang sich wiederholt. Demnach werden der Druck im Windkessel und die Geschwindigkeit

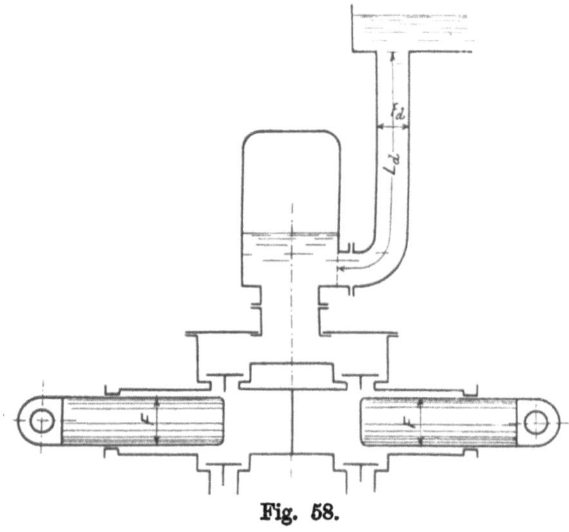

Fig. 58.

in der Leitung nach jedem Hub wieder die gleiche Änderung durchlaufen. Es genügt deshalb auch, die Betrachtung auf die Dauer eines Hubs zu beschränken. Da die Anordnung einer doppeltwirkenden Plungerpumpe mit Umführungsgestänge und Windkessel Fig. 58 eine

Vereinigung der beiden vorhergehenden Beispiele darstellt, so können wir verschiedentlich unmittelbar auf diese Bezug nehmen.

Ist h der Druck im Windkessel zur Zeit t und h_m der mittlere Druck im Windkessel, so ergibt sich nach Gleichung 166 die Beschleunigung $\dfrac{d^2s}{dt^2}$ der Wassersäule zur Zeit t aus

$$h - h_m = \frac{L_d}{g}\,\frac{d^2s}{dt^2}.$$

Anderseits ist die Drucksteigerung $h - h_m$, welche durch eine Hebung y des Wasserspiegels im Windkessel über seine mittlere Lage entsteht, nach Gleichung 171 bestimmt durch

$$h - h_m = \frac{F_w h_m}{W_m}\,y.$$

Aus diesen beiden Gleichungen folgt

$$\frac{d^2s}{dt^2} = \frac{g\,F_w h_m}{L_d W_m}\,y \quad \ldots \ldots \ldots \ldots \quad 191$$

Eine weitere Beziehung ergibt sich nun aus folgendem: Bedeutet u die Kolbengeschwindigkeit zur Zeit t, also Fu die von der Pumpe in der Sekunde dem Windkessel zugeführte Wassermenge, bezeichnet ferner c die Geschwindigkeit, mit welcher das Wasser aus dem Windkessel zur Zeit t durch die Leitung vom Querschnitt F_d abströmt, also $F_d c$ die sekundliche Abflußmenge, dann ist die sekundliche Wasseraufnahme des Windkessels bestimmt durch Wasseraufnahme = Zufuhr — Abfluß

$$F_w v = F u - F_d c, \quad \ldots \ldots \ldots \ldots \quad 192$$

wo v die Geschwindigkeit bedeutet, mit welcher der Wasserspiegel im Windkessel vom Querschnitt F_w steigt.

Mit

$$v = \frac{dy}{dt}, \quad u = \frac{dx}{dt} \quad \text{und} \quad c = \frac{ds}{dt}$$

schreibt sich diese Gleichung

$$F_w dy = F dx - F_d ds \quad \ldots \ldots \ldots \ldots \quad 193$$

Zu Beginn des Kolbenhubs, also zur Zeit $t = 0$, sei die Spiegelhebung y im Windkessel gleich y_0, der Weg x des Kolbens gleich 0 und der Weg s der Wassersäule gleich 0, während mit y, x und s die entsprechenden Werte zur beliebigen Zeit t bezeichnet seien. Dann folgt aus Gleichung 193 für die Zeit von $t = 0$ bis $t = t$

$$F_w \int_{y_0}^{y} dy = F \int_{0}^{x} dx - F_d \int_{0}^{s} ds$$

$$F_w(y - y_0) = F x - F_d s \quad \ldots \ldots \ldots \ldots \quad 194$$

Hieraus ergibt sich die Spiegelhebung y zur Zeit t

$$y = \frac{F}{F_w}\,x - \frac{F_d}{F_w}\,s + y_0 \quad \ldots \ldots \ldots \ldots \quad 195$$

oder da nach Gleichung 16 der Kolbenweg $x = r(1 - \cos \omega t)$ ist, so wird

$$y = \frac{F}{F_w} r(1 - \cos \omega t) - \frac{F_d}{F_w} s + y_0 \ \ldots \ldots \quad 196$$

Dies in Gleichung 191 eingesetzt, gibt

$$\frac{d^2 s}{dt^2} + \frac{g h_m F_d}{L_d W_m} s = \frac{g h_m F r}{L_d W_m} (1 - \cos \omega t) + \frac{g h_m F_w}{L_d W_m} y_0 \ \ldots \ldots \quad 197$$

Setzt man hierin wieder wie im vorigen Beispiel zur Vereinfachung der Schreibweise

$$\frac{g h_m F_d}{L_d W_m} = q^2; \quad \sqrt{\frac{g h_m F_d}{L_d W_m}} = q \ \ldots \ldots \quad (174)$$

$$\frac{g h_m F_w}{L_d W_m} y_0 = b \ \ldots \ldots \ldots \ldots \ldots \quad (175)$$

$$\frac{F_w}{F_d} y_0 = \frac{b}{q^2} \ \ldots \ldots \ldots \ldots \ldots \quad (176)$$

und außerdem

$$\frac{g h_m F r}{L_d W_m} = a \ \ldots \ldots \ldots \ldots \ldots \ldots \quad 198$$

also

$$\frac{F r}{F_d} = \frac{a}{q^2}, \ \ldots \ldots \ldots \ldots \ldots \ldots \quad 199$$

so schreibt sich die Gleichung 197

$$\frac{d^2 s}{dt^2} + q^2 s = a(1 - \cos \omega t) + b \ \ldots \ldots \ldots \quad 200$$

Durch Lösung dieser Differentialgleichung ergibt sich der Weg der Wassersäule in t Sekunden vom Beginn des Hubs

$$s = C_1 \cos qt + C_2 \sin qt + \frac{b}{q^2} + \frac{a}{q^2} - \frac{a}{q^2 - \omega^2} \cos \omega t^1), \ \ldots \quad 201$$

wobei C_1 und C_2 die Integrationskonstanten sind.

---

[1]) Die 3 ersten Glieder auf der rechten Seite dieser Gleichung stellen den Weg der Wassersäule infolge der Bewegung des Wasserspiegels im Windkessel dar, sie sind gleichlautend wie in Gleichung 178, wobei die Konstanten C_1 und C_2 jedoch andere Werte haben. Ist kein Windkessel vorhanden, so kommen sie in Wegfall, und es verbleibt

$$s = \frac{a}{q^2} \left(1 - \frac{1}{1 - \left(\frac{\omega}{q}\right)^2} \cos \omega t \right)$$

Mit $W_m = 0$ wird aber (s. Gleichung 174) der Wert $q = \infty$, also $\frac{\omega}{q} = 0$ und man

erhält, wenn man nach Gleichung 199 den Wert $\frac{a}{q^2} = \frac{F r}{F_d}$ setzt,

$$s = \frac{F r}{F_d} (1 - \cos \omega t).$$

Das ist die Gleichung für den Weg der Wassersäule, wenn kein Windkessel vorhanden ist (siehe Fall 1, Gleichung 158).

Durch Ableiten dieser Gleichung folgt sodann die Geschwindigkeit der Wassersäule zur Zeit t

$$\frac{ds}{dt} = -C_1 q \sin qt + C_2 q \cos qt + \frac{a\,\omega}{q^2-\omega^2}\sin \omega t \ . \ . \ . \ . \ 202$$

die Beschleunigung der Wassersäule zur Zeit t

$$\frac{d^2 s}{dt^2} = -C_1 q^2 \cos qt - C_2 q^2 \sin qt + \frac{a\,\omega^2}{q^2-\omega^2}\cos \omega t \ . \ . \ . \ 203$$

Ferner der Beschleunigungsdruck im Windkessel zur Zeit t nach Gleichung 166

$$h-h_m = \frac{L_d}{g}\left[-C_1 q^2 \cos qt - C_2 q^2 \sin qt + \frac{a\,\omega^2}{q^2-\omega^2}\cos \omega t\right] \ . \ 204$$

Bestimmung der Konstanten C_1 und C_2: Aus der Erwägung, daß die Wassersäule unter dem Druck der elastischen Luftfeder im Windkessel steht, der Flüssigkeitsdruck sich also nur mit der Zusammendrückung bzw. Ausdehnung dieser Feder, also nur allmählich ändern kann, ergibt sich, daß die Drucklinie eine stetig verlaufende Linie sein muß, also auch beim Hubwechsel des Kolbens weder einen Sprung noch einen Knick aufweisen kann. Mit anderen Worten: es muß der Druck und die Tangente an die Drucklinie zu Ende eines Kolbenhubs und zu Anfang des darauffolgenden gleichen Wert haben. Zur Bestimmung der Werte C_1 und C_2 hat man demnach die zwei Bedingungsgleichungen

$$h-h_m \ \text{für} \ t = \frac{\pi}{\omega} = h-h_m \ \text{für} \ t=0$$

$$\frac{d(h-h_m)}{dt} \ \text{für} \ t = \frac{\pi}{\omega} = \frac{d(h-h_m)}{dt} \ \text{für} \ t=0.$$

Aus Gleichung 204 folgt

$$\text{für} \ t = \frac{\pi}{\omega} \qquad\qquad\qquad \text{für} \ t=0$$

$$\left[-C_1 q^2 \cos \frac{q}{\omega}\pi - C_2 q^2 \sin \frac{q}{\omega}\pi - \frac{a\,\omega^2}{q^2-\omega^2}\right] = \left[-C_1 q^2 + \frac{a\,\omega^2}{q^2-\omega^2}\right]$$

oder

$$C_1\left(1-\cos \frac{q}{\omega}\pi\right) - C_2 \sin \frac{q}{\omega}\pi = \frac{2\,a\,\omega^2}{q^2(q^2-\omega^2)} \ . \ . \ . \ . \ 205$$

Für die Tangente an die Drucklinie ergibt sich ferner aus Gleichung 204

$$\frac{d(h-h_m)}{dt} = \frac{L_d}{g}\left[+C_1 q^3 \sin qt - C_2 q^3 \cos qt - \frac{a\,\omega^3}{q^2-\omega^2}\sin \omega t\right] \ 206$$

Hieraus folgt

$$\text{für} \ t = \frac{\pi}{\omega} \qquad\qquad\qquad \text{für} \ t=0$$

$$\left[+C_1 q^3 \sin \frac{q}{\omega}\pi - C_2 q^3 \cos \frac{q}{\omega}\pi\right] = [-C_2 q^3] \ . \ . \ . \ . \ 207$$

Aus den Gleichungen 205 und 207 ergibt sich dann für die beiden Unbekannten C_1 und C_2

$$C_1 = \frac{a}{q^2} \frac{\omega^2}{q^2 - \omega^2} \quad \ldots \ldots \ldots \ldots \quad 208$$

$$C_2 = -\frac{a}{q^2} \frac{\omega^2}{q^2 - \omega^2} \operatorname{ctg} \frac{q}{\omega} \frac{\pi}{2} = -C_1 \operatorname{ctg} \frac{q}{\omega} \frac{\pi}{2} \ldots \quad 209$$

b) Beschleunigungsdruck im Windkessel.

Setzt man die Konstanten C_1 und C_2 nach Gleichung 208 und 209 in Gleichung 204 ein, so ergibt sich der Beschleunigungsdruck im Windkessel aus

$$h - h_m = \frac{L_d}{g} \frac{a\omega^2}{q^2 - \omega^2} \left[-\cos qt + \operatorname{ctg} \frac{q}{\omega} \frac{\pi}{2} \sin qt + \cos \omega t \right] \quad . \quad 210$$

Nach Gleichung 198 ist

$$a = \frac{g h_m F r}{L_d W_m}.$$

Dies eingesetzt gibt

$$h - h_m = \frac{h_m}{W_m} F r \frac{\omega^2}{q^2 - \omega^2} \left[-\cos qt + \operatorname{ctg} \frac{q}{\omega} \frac{\pi}{2} \sin qt + \cos \omega t \right] \quad 211$$

oder

$$h - h_m = -\frac{h_m}{W_m} F r \frac{1}{1 - \left(\dfrac{q}{\omega}\right)^2} \left[-\cos qt + \operatorname{ctg} \frac{q}{\omega} \frac{\pi}{2} \sin qt + \cos \omega t \right] \quad 212$$

Anderseits ist nach Gleichung 174

$$\frac{h_m}{W_m} = \frac{L_d q^2}{g F_d}.$$

Durch Einsetzen dieses Wertes in Gleichung 211 erhält man als zweite Gleichung für den Beschleunigungsdruck die Beziehung

$$h - h_m = \frac{L_d}{g} \frac{F r}{F_d} \frac{\omega^2}{1 - \left(\dfrac{\omega}{q}\right)^2} \left[-\cos qt + \operatorname{ctg} \frac{q}{\omega} \frac{\pi}{2} \sin qt + \cos \omega t \right] \quad 213$$

Während Gleichung 212 den Windkesseldruck $(h - h_m)$ in Abhängigkeit von der Förderhöhe bzw. h_m, ferner von dem Luftinhalt W_m und der Größe des Hubvolumens der Pumpe bzw. $F r$ angibt, zeigt ihn Gleichung 213 in Abhängigkeit von der Leitungslänge L_d, dem Leitungsquerschnitt F_d und dem Hubvolumen bzw. $F r$.

Für den Beginn des Kolbenhubs, also $t = 0$ wird der Klammerausdruck in Gleichung 212 oder 213

$$\left[-\cos qt + \operatorname{ctg} \frac{q}{\omega} \frac{\pi}{2} \sin qt + \cos \omega t \right] = -[1 + 0 + 1] = 0$$

also $h - h_m = 0$ oder $h = h_m$. Da also zu Beginn des Hubs der Windkesseldruck h gleich dem mittleren Windkesseldruck h_m ist, so ist die Spiegelhebung zu Beginn des Kolbenhubs, die bei der vorstehenden Entwicklung zunächst mit y_0 bezeichnet wurde, bei der doppeltwirkenden Pumpe gleich null, was auch aus Gleichung 171 mit $h - h_m = 0$ hervorgeht. Hieraus folgt weiter, daß bei der doppeltwirkenden Pumpe auch der Wert $b=0$ ist (s. Gleichung 175).

c) Graphische Darstellung des Beschleunigungsdrucks im Windkessel.

Um ein Bild von der Veränderung des Windkesseldrucks während der Dauer eines Kolbenhubs zu erhalten, werde zu verschiedenen Zeiten t als Abszissen der die Geschwindigkeitsänderung der Wassersäule bewirkende Druck $h-h_m$ als Ordinate aufgetragen.

Zu diesem Zweck sei Gleichung 213 in folgender Form geschrieben:

$$h-h_m = \frac{L_d F r \omega^2}{g F_d} \left[-\frac{1}{1-\left(\dfrac{\omega}{q}\right)^2} \cos qt \right.$$

$$\left. +\frac{1}{1-\left(\dfrac{\omega}{q}\right)^2} \operatorname{ctg} \frac{q}{\omega}\frac{\pi}{2} \sin qt + \frac{1}{1-\left(\dfrac{\omega}{q}\right)^2} \cos \omega t \right] \quad \ldots \quad 214$$

Die rechte Seite der Gleichung besteht aus dem vor der Klammer stehenden Faktor $\dfrac{L_d}{g}\dfrac{F r \omega^2}{F_d}$, welcher für eine gegebene Pumpe mit bestimmter Umdrehungszahl einen konstanten Wert hat, während der Klammerausdruck selbst eine mit der Zeit t veränderliche Größe ist. Bezeichnen wir dieselbe mit $\varkappa$, setzen wir also

$$\varkappa = \left[-\frac{1}{1-\left(\dfrac{\omega}{q}\right)^2} \cos qt + \frac{1}{1-\left(\dfrac{\omega}{q}\right)^2} \operatorname{ctg} \frac{q}{\omega}\frac{\pi}{2} \sin qt + \frac{1}{1-\left(\dfrac{\omega}{q}\right)^2} \cos \omega t \right] \quad 215$$

so wird

$$h-h_m = \frac{L_d F r \omega^2}{g F_d} \varkappa \quad \ldots \ldots \ldots \quad 216$$

Hiernach stellt der Wert $\varkappa$ den Beschleunigungsdruck $h-h_m$ einer Pumpe dar, für welche der Faktor $\dfrac{L_d F r \omega^2}{g F_d}=1$ ist. Zeichnen wir den Wert $\varkappa$ in einer Linie auf, so gilt diese zunächst für eine solche Pumpe, sie kann aber auch zur Beurteilung irgendeiner anderen Pumpe bei entsprechend anderem Maßstab der Ordinaten dienen.

Der Klammerausdruck für $\varkappa$ hat die Form $-A \cos qt + B \sin qt + C \cos \omega t$. Jedes dieser drei Glieder stellt sich durch eine Sinus- bzw. Cosinuslinie dar, wobei die Amplituden A, B und C ausschließlich von dem Wert $\dfrac{\omega}{q}$ bzw. $\dfrac{q}{\omega}$ abhängen und die Zeit einer Doppelschwingung bei dem ersten und zweiten Glied durch den Wert $\dfrac{2\pi}{q}$, d. h. die Eigenschwingungsdauer der Wassersäule (s. Gleichung 189), bei dem dritten Glied durch $\dfrac{2\pi}{\omega}$, d. h. die Dauer einer Umdrehung der

Pumpe, bestimmt ist. Da anderseits $\dfrac{q}{2\pi}$ die Eigenschwingungszahl der Wassersäule (s. Gleichung 190) und $\dfrac{\omega}{2\pi}$ die Umdrehungszahl der Pumpe in der Sekunde bedeuten, so stellt der Wert $\dfrac{q}{\omega}$ das Verhältnis

$$\frac{\text{Eigenschwingungszahl der Wassersäule in der Sekunde}}{\text{Umgangszahl der Pumpe in der Sekunde}}$$

dar.

Dieses Verhältnis ist von großer Bedeutung, insofern durch dasselbe die Schwankung des Drucks im Windkessel und der Geschwindigkeit des Wassers in der Leitung bestimmt ist.

Mit

$$q = \sqrt{\frac{g\,h_m F_d}{L_d W_m}}$$

nach Gleichung 174 und

$$\omega = \frac{\pi n}{30}$$

ergibt sich

$$\frac{q}{\omega} = \frac{30}{n}\sqrt{\frac{g}{\pi^2}\frac{h_m F_d}{L_d W_m}} \sim \frac{30}{n}\sqrt{\frac{h_m F_d}{L_d W_m}} \quad \dots \quad 217$$

Zur weiteren Erläuterung möge das folgende Zahlenbeispiel dienen: Es soll die Änderung des Druckes im Druckwindkessel einer doppeltwirkenden Pumpe für einen Kolbenhub dargestellt werden für den Fall, daß die Eigenschwingungszahl der Wassersäule sich zur Umdrehungszahl der Pumpe wie $3:4$ verhält.

Mit

$$\frac{q}{\omega} = \frac{3}{4} = 0,75$$

ergibt sich

$$\frac{\omega}{q} = 1,333; \qquad \frac{1}{1-\left(\dfrac{\omega}{q}\right)^2} = -1,287; \qquad \frac{q}{\omega}\frac{\pi}{2} = 67^0 30'; \qquad \mathrm{ctg}\,\frac{q}{\omega}\frac{\pi}{2} = 0,414$$

und

$$\frac{1}{1-\left(\dfrac{\omega}{q}\right)^2}\,\mathrm{ctg}\,\frac{q}{\omega}\frac{\pi}{2} = -1,287 \cdot 0,414 = -0,533.$$

Diese Werte in Gleichung 215 eingesetzt gibt

$$\varkappa = [\underset{\text{I}}{+\,1,287\cos qt} \;\underset{\text{II}}{-\,0,533\sin qt} \;\underset{\text{III}}{-\,1,287\cos\omega t}]$$

Die Aufzeichnung der einzelnen Glieder des Klammerausdrucks gibt für

Glied I $= +\,1,287\cos qt$ die mit 1 bezeichnete Cosinuslinie in Fig. 59a, beginnend mit $+1,287$;

Glied II $= -0{,}533 \sin qt$ die mit 2 bezeichnete Sinuslinie in Fig. 59b, wobei die Ordinaten des Minuszeichens wegen nach unten abgetragen sind;

Glied III $= -1{,}287 \cos \omega t$ die mit ω bezeichnete Cosinuslinie in Fig. 59c, beginnend mit $-1{,}287$.

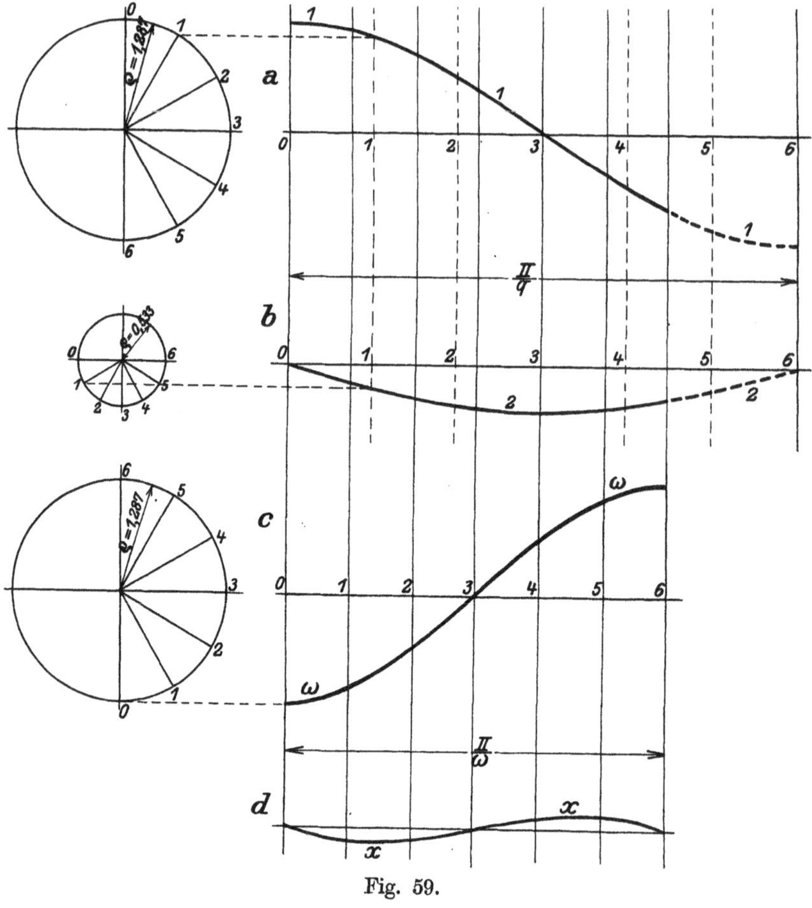

Fig. 59.

Die Abszisse $\dfrac{\pi}{q}$ der Linien 1 und 2, welche die Zeit einer einfachen Schwingung der Wassersäule darstellt, verhält sich zur Abszisse $\dfrac{\pi}{\omega}$ der ω-Linie, die der Zeit eines Kolbenhubs entspricht, wie

$$\frac{\pi}{q} : \frac{\pi}{\omega} = \frac{\omega}{q} = \frac{1{,}333}{1}.$$

Durch algebraische Summierung der Ordinaten der drei Linien erhält man sodann die resultierende mit $\varkappa$ bezeichnete Linie in Fig. 59d, welche die Änderung des Wertes $\varkappa$ und damit die Schwankung des Windkesseldrucks während eines Kolbenhubs zur Anschauung bringt.

Da sich nach der Zeit $\dfrac{\pi}{\omega}$ der Vorgang wiederholt, so kommt von den Kurven 1 und 2 des Gliedes I und II nur das Stück von $t=0$ bis $t=\dfrac{\pi}{\omega}$ in Betracht.

Die $\varkappa$-Linie in Fig. 59d gilt für alle Fälle von Pumpen, wo das Verhältnis $\dfrac{q}{\omega}=0{,}75$ ist. Den absoluten Wert der Ordinaten und damit die wirkliche Größe der Ausschläge erhält man für einen bestimmten Fall durch Multiplikation mit dem Faktor $\dfrac{L_d F r \omega^2}{g F_d}$.

d) Die Druckschwankung im Windkessel in Abhängigkeit von dem Verhältnis

$$\frac{q}{\omega} = \frac{\text{Eigenschwingungszahl der Wassersäule}}{\text{Umgangszahl der Pumpe}}.$$

Wie für das vorstehende Beispiel mit $\dfrac{q}{\omega}=0{,}75$ wurde für eine Reihe anderer Werte von $\dfrac{q}{\omega}$ der Klammerausdruck für $\varkappa$ (s. Gleichung 215) berechnet und das Ergebnis in nachstehender Tabelle zusammengestellt. Wie ersichtlich, erstreckt sich die Untersuchung über das Gebiet zwischen dem Fall $\dfrac{q}{\omega}=0{,}1$, wo also die Eigenschwingungszahl der Wassersäule den 10. Teil von der Umgangszahl der Pumpe beträgt, und dem Fall $\dfrac{q}{\omega}=6{,}0$, wo die Eigenschwingungszahl 6 mal so groß ist als die Umgangszahl der Pumpe.

In Fig. 60 und 61 sind sodann die Tabellenwerte graphisch dargestellt. Die Linien 1 und 2 sind als Teilkurven gestricht gezeichnet. Die mit q bezeichnete Linie ist die Resultierende aus diesen beiden Linien und zeigt den Einfluß der Eigenschwingung der Wassersäule auf die Druckschwankung, während die mit ω bezeichnete, den Tabellenwerten der letzten Spalte entsprechende Linie den Einfluß der Kolbenbewegung zum Ausdruck bringt. Die durch Schraffierung hervorgehobene $\varkappa$-Linie des Beschleunigungsdrucks im Windkessel ist sodann die Resultierende aus der q-Linie und der ω-Linie; sie stellt zugleich die Schwankung des Wasserspiegels im Windkessel dar. Die außerdem in den Bildern noch sichtbare strichpunktiert gezeichnete Cosinuslinie kommt vorerst nicht in Betracht.

Da die Länge der Diagramme, welche der Zeit $\dfrac{\pi}{\omega}$ eines Kolbenhubs entspricht, in allen Bildern die gleiche ist, so zeigt die Tafel zunächst

Tabelle zur Bestimmung der Druckschwankung im Druckwindkessel
einer doppeltwirkenden Pumpe.

$$h - h_m = \frac{L_d F r \omega^2}{g F_d} \varkappa.$$

Fig. 60 u. 61 Bild Nr.	$\dfrac{q}{\omega}$	$\varkappa$ (nach Gleichung 215)		
		Linie 1 $\cos q t$	Linie 2 $\sin q t$	Linie ω $\cos \omega t$
1	0,10	$+0{,}010$	$-0{,}064$	$-0{,}010$
2	0,25	$+0{,}067$	$-0{,}161$	$-0{,}067$
3	0,50	$+0{,}333$	$-0{,}333$	$-0{,}333$
4	0,75	$+1{,}287$	$-0{,}533$	$-1{,}287$
5	0,90	$+4{,}273$	$-0{,}677$	$-4{,}273$
6	1,00	$\pm\infty$	$-0{,}785$	$\mp\infty$
7	1,15	$-4{,}082$	$-0{,}980$	$+4{,}082$
8	1,25	$-2{,}778$	$-1{,}150$	$+2{,}778$
9	1,50	$-1{,}801$	$-1{,}801$	$+1{,}801$
10	1,75	$-1{,}485$	$-3{,}585$	$+1{,}485$
11	2,00	$-1{,}333$	$\mp\infty$	$+1{,}333$
12	2,25	$-1{,}245$	$+3{,}006$	$+1{,}245$
13	2,50	$-1{,}190$	$+1{,}190$	$+1{,}190$
14	2,75	$-1{,}152$	$+0{,}477$	$+1{,}152$
15	3,00	$-1{,}126$	$\pm0{,}000$	$+1{,}126$
16	3,25	$-1{,}104$	$-0{,}414$	$+1{,}104$
17	3,50	$-1{,}089$	$-1{,}089$	$+1{,}089$
18	3,75	$-1{,}076$	$-2{,}414$	$+1{,}076$
19	4,00	$-1{,}067$	$\mp\infty$	$+1{,}067$
20	4,25	$-1{,}058$	$+2{,}555$	$+1{,}058$
21	4,50	$-1{,}051$	$+1{,}051$	$+1{,}051$
22	4,75	$-1{,}046$	$+0{,}433$	$+1{,}046$
23	5,00	$-1{,}042$	$\pm0{,}000$	$+1{,}042$
24	5,25	$-1{,}037$	$-0{,}430$	$+1{,}037$
25	5,50	$-1{,}034$	$-1{,}034$	$+1{,}034$
26	5,75	$-1{,}031$	$-2{,}489$	$+1{,}031$
27	6,00	$-1{,}028$	$-\infty$	$+1{,}028$

die Veränderungen der Druckschwankung, wenn eine Pumpe mit unveränderter Umdrehungszahl läuft, in dem Ausdruck $\dfrac{q}{\omega}$ die Größe ω
also konstant bleibt, während der Wert

$$q = \sqrt{\frac{g h_m F_d}{L_d W_m}},$$

also die Eigenschwingungszahl der Wassersäule von Fall zu Fall größer
ist, was z. B. durch stufenweise Verkleinerung des Luftinhalts W_m im
Windkessel bewirkt werden kann.

Das Anwachsen des Wertes $\dfrac{q}{\omega}$ von Bild zu Bild können wir uns
anderseits auch dadurch hervorgerufen denken, daß der Wert q konstant
bleibt, während der Wert ω abnimmt. Dann haben wir den Fall einer
Pumpe, deren Umdrehungszahl bei sonst unveränderten Verhältnissen
stufenweise verkleinert wird.

Insofern die Ordinaten der Drucklinien in Fig. 60 und 61 ausschließlich von dem Verhältnis $\frac{q}{\omega}$ abhängen, können die Figuren der Tafel auch für diesen Fall dienen, nur müßte streng genommen die Länge des Diagramms entsprechend der Zunahme der Zeitdauer eines Kolbenhubs in den aufeinanderfolgenden Bildern immer größer werden; außerdem ist jetzt der Faktor $\dfrac{L_d F r \omega^2}{g F_d}$, mit dem die Ordinaten zu multiplizieren sind, nicht mehr konstant, wie im vorigen Fall, sondern er nimmt wie das Quadrat der Umdrehungszahl von Bild zu Bild ab, und in dem gleichen Maße werden auch die Ausschläge der Drucklinien kleiner. Für diesen Fall zeigen die Figuren wenigstens die Zahl der Schwingungen und ihren Verlauf im allgemeinen.

Faßt man zunächst das Gebiet von $\frac{q}{\omega} = 0,1$ bis $\frac{q}{\omega} = 2,0$ (Bild 1 bis 11) ins Auge, so erkennt man, daß die Druckänderung ($\varkappa$-Linie) während eines Hubs aus einer Doppelschwingung besteht mit anfänglicher Senkung des Wasserspiegels unter seine Mittellage, die er in der Hubmitte wieder erreicht, um dann während der zweiten Hubhälfte sich über dieselbe zu erheben und am Hubende wieder in sie zu gelangen (vgl. auch Fig. 65, Kurve a). Mit der Zunahme des Wertes $\frac{q}{\omega}$ wird die Schwankung des Drucks oder Wasserspiegels immer größer. Während bei $\frac{q}{\omega} = 0,1$ der Druck durch eine nahezu gerade horizontale Linie dargestellt wird, also so gut wie konstant ist, sind die Ausschläge bei $\frac{q}{\omega} = 1,75$ (Bild 10) schon zu bedeutender Höhe angewachsen, und sie werden für $\frac{q}{\omega} = 2,0$ theoretisch gleich unendlich, insofern (s. die Tabelle) die Amplitude der Linie 2 unendlich ist. Demgegenüber verschwindet der Einfluß der beiden anderen Glieder, und die Druckkurve ist eine Sinuslinie mit unendlich großer Amplitude und einer Schwingungsdauer, die gleich der Zeit eines Kolbenhubs ist. Es kommt also auf jeden Kolbenhub eine volle Auf- und Niederschwingung des Wasserspiegels im Windkessel. Wir haben den Fall, der in der Akustik als Resonanz bezeichnet wird.

Wir bemerken in der Tabelle ferner, daß bei $\frac{q}{\omega} = 1,0$ die Amplituden des ersten und des dritten Glieds unendlich groß werden. Wenn man in Gleichung 215 $\frac{q}{\omega} = n$ setzt, so erhält man für die Summe des ersten und dritten Glieds mit $n = 1$ einen unbestimmten Wert, der durch Ableiten von Zähler und Nenner nach n sich in folgender Weise bestimmt:

$$\frac{\cos \omega t - \cos q t}{1 - \left(\dfrac{\omega}{q}\right)^2} = \frac{\cos \omega t - \cos n \omega t}{1 - \dfrac{1}{n^2}}\bigg|_{n=1} = \frac{0}{0} = \frac{\omega t \sin n \omega t}{2 n^{-3}}\bigg|_{n=1} = \frac{\omega t}{2} \sin \omega t$$

Druckschwankung im Druckwindkessel einer doppeltwirkenden Pumpe in Abhängigkeit von dem Verhältnis

$$\frac{q}{\omega}=0{,}10 \text{ bis } \frac{q}{\omega}=3{,}00.$$

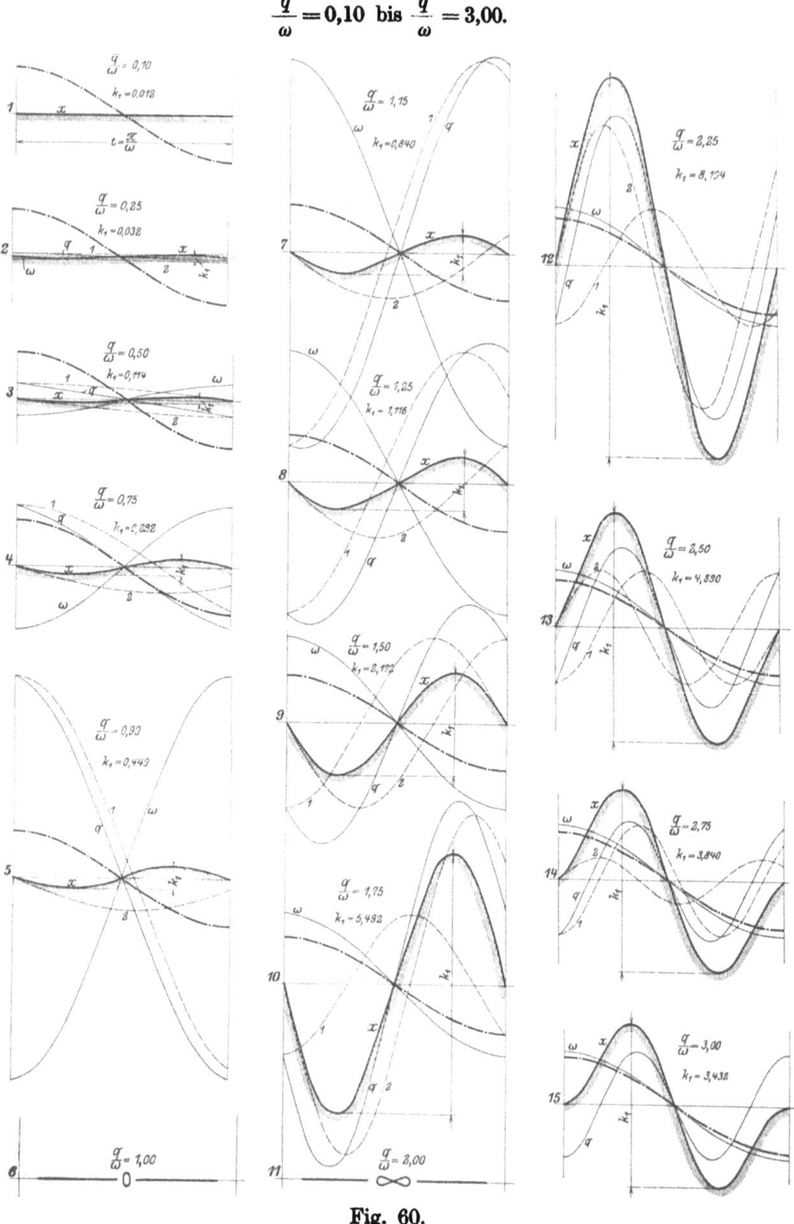

Fig. 60.

Druckschwankung im Druckwindkessel einer doppeltwirkenden Pumpe
in Abhängigkeit von dem Verhältnis

$$\frac{q}{\omega} = 3{,}25 \ \text{bis} \ \frac{q}{\omega} = 6{,}00.$$

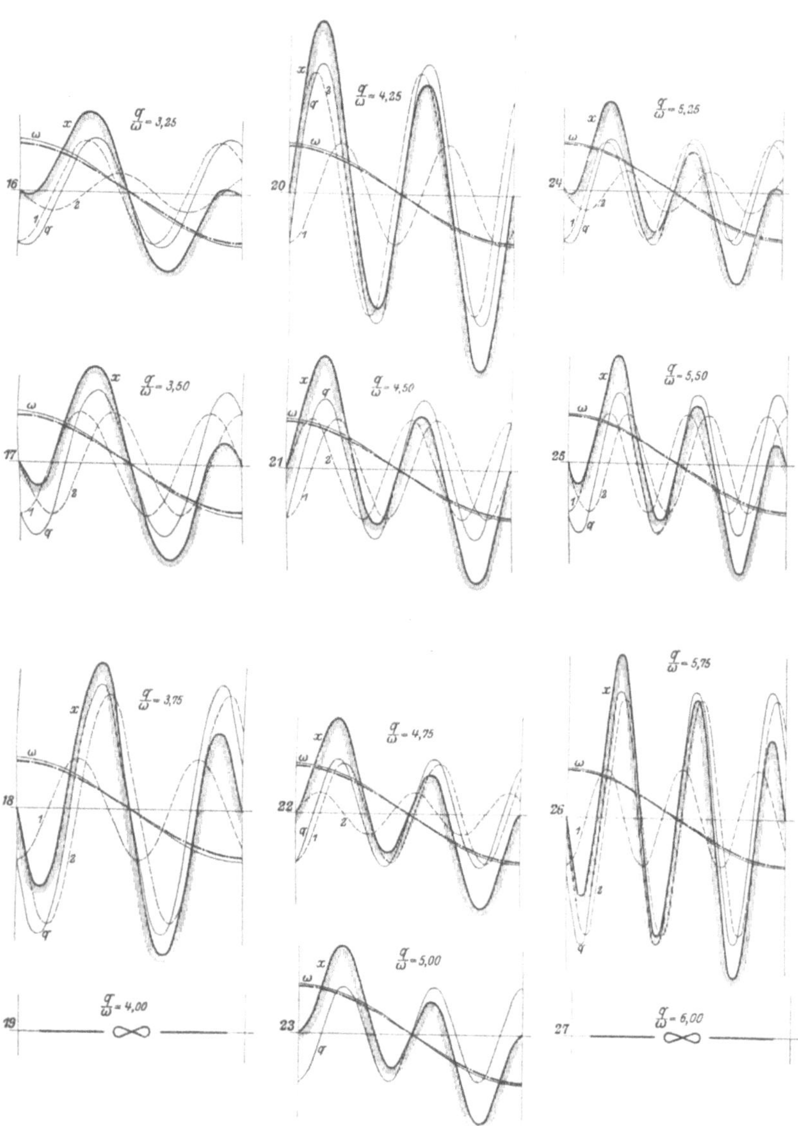

Fig. 61.

und für das zweite Glied

$$\frac{1}{1-\left(\dfrac{\omega}{q}\right)^2}\,\mathrm{ctg}\,\frac{q}{\omega}\,\frac{\pi}{2}\,\sin qt = \frac{1}{1-\dfrac{1}{n^2}}\,\mathrm{ctg}\,\frac{\pi}{2}\,n\,\sin qt\Big|_{n=1} = \frac{0}{0}$$

$$= \frac{1}{2n^{-3}}\,\frac{-\pi\sin qt}{2\sin^2\dfrac{\pi}{2}\,n}\Big|_{n=1} = \frac{-\pi}{4}\sin qt = \frac{-\pi}{4}\sin\omega t \ \ (\text{da } q=\omega \text{ ist}).$$

Hiernach ergibt sich aus Gleichung 215

$$\varkappa = \left(\frac{\omega t}{2} - \frac{\pi}{4}\right)\sin\omega t$$

Es wird nun z. B. für die Zeit $t = \dfrac{1}{4}\dfrac{\pi}{\omega}$

$$\varkappa = \left(\frac{\pi}{8} - \frac{\pi}{4}\right)\sin\frac{\pi}{4} = -\,0{,}278.$$

In gleicher Weise ergibt sich

$t=$	0	$\dfrac{1}{8}\dfrac{\pi}{\omega}$	$\dfrac{1}{4}\dfrac{\pi}{\omega}$	$\dfrac{3}{8}\dfrac{\pi}{\omega}$	$\dfrac{1}{2}\dfrac{\pi}{\omega}$	$\dfrac{3}{4}\dfrac{\pi}{\omega}$	$\dfrac{\pi}{\omega}$
$\varkappa=$	0	$-0{,}225$	$-0{,}278$	$-0{,}181$	0	$+0{,}278$	0

Die Aufzeichnung der Werte in Figur 62 gibt eine Schwingung, die zwischen Bild 5 und 7 der Fig. 60 hineinpaßt.

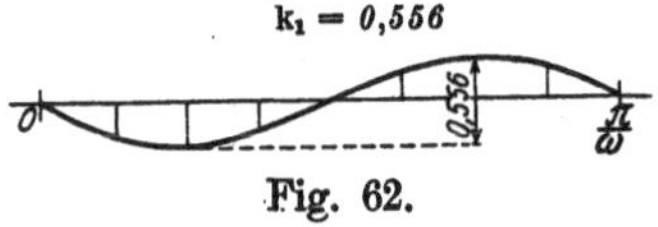

Fig. 62.

Beim Durchgang durch $\dfrac{q}{\omega}=1{,}0$ dreht sich in der Tabelle das Vorzeichen der Teilkurve 1 und der ω-Linie um (vgl. auch Bild 5 mit Bild 7).

Denkt man sich in einer der Figuren vor dem Resonanzpunkt $\left(\dfrac{q}{\omega}=2{,}0\right)$ die Drucklinie über den nächstfolgenden Kolbenhub fortgesetzt, jedoch von rechts nach links, also nach rückwärts eingezeichnet, wie dies bei der hin und her schwingenden Bewegung einer Indikator-

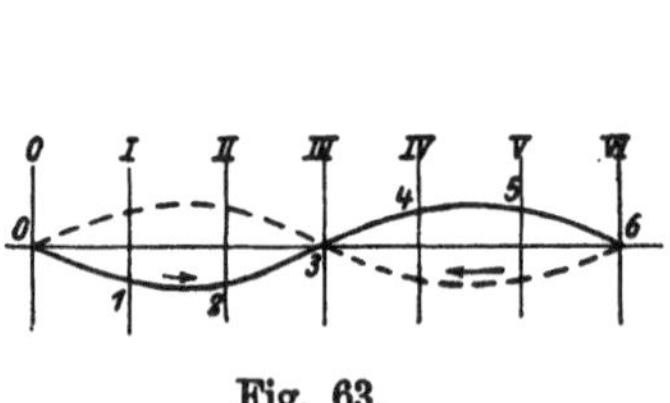

Fig. 63.

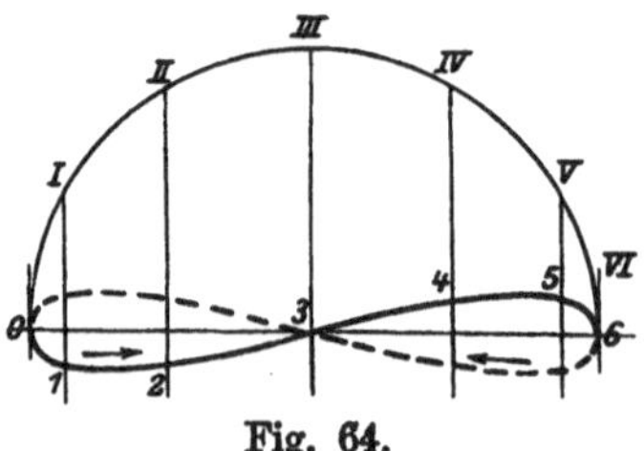

Fig. 64.

trommel geschieht, so erhält man eine Doppelschleife mit spitzen Enden (s. Fig. 63), welche bei einem Indikatordiagramm, wenn dieses Kolbenwegbasis hat, die in Fig. 64 dargestellte Form annimmt.

Gehen wir in der Betrachtung der Figur 60 nun zu dem hinter dem Resonanzpunkt $\left(\dfrac{q}{\omega}=2,0\right)$ liegenden Gebiet über, so bemerken wir, daß von $\dfrac{q}{\omega}=2,0$ bis $\dfrac{q}{\omega}=3,0$ (Bild 11 bis 15) der Wasserspiegel ebenfalls eine Doppelschwingung ausführt, jedoch mit dem Unterschied, daß er sich nach Beginn des Kolbenhubs zuerst über seine Mittellage erhebt, während die Senkung unter diese erst in der zweiten Hubhälfte stattfindet (siehe Fig. 65, Kurve b). Die Schleife

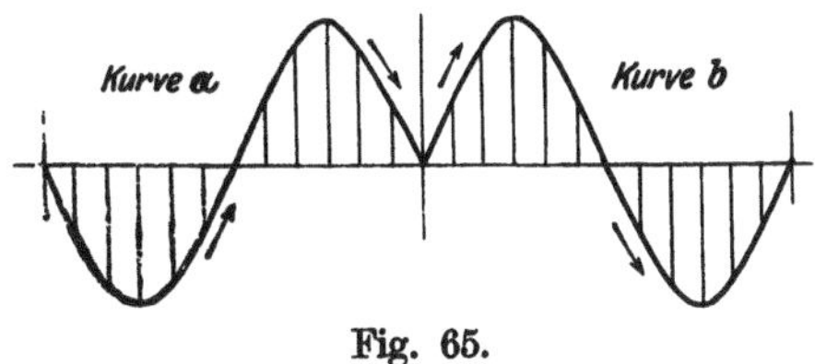

Fig. 65.

des Indikatordiagramms wird jetzt vom Schreibstift in umgekehrter Richtung durchlaufen.

Für die Umwandlung der Kurvenform a (Fig. 65) in die Form b beim Durchgang durch den Resonanzpunkt finden wir die mathematische Erklärung in der Tabelle, wo bei $\dfrac{q}{\omega}=2,0$ die Amplitude der Teilkurve 2 von $-\infty$ in $+\infty$ überspringt, das Vorzeichen der für die Druckkurve ausschlaggebenden Sinuslinie 2 sich also umdreht. In Wirklichkeit wird sich der Übergang von der einen Kurvenform in die andere nicht plötzlich, sondern allmählich vollziehen, und zwar durch eine zeitliche Verschiebung der Schwankung des Wasserspiegels gegen den Anfang des Kolbenhubs bzw. des Hubs der schwingenden Indikatortrommel. Der Druck im Pumpenzylinder und Windkessel wird in Wirklichkeit nicht, wie die Theorie angibt, bis zum Resonanzpunkt ins Unendliche wachsen, vielmehr wird der Kolben dem größer werdenden Gegendruck nachgeben, die Geschwindigkeit der Maschine verringert sich, während die Wassersäule bestrebt ist, ihre Schwingungszahl beizubehalten, wobei sich die Verschiebung vollzieht.

Daß in Fig. 65 die Kurvenform a zur Form b wird, wenn sie sich zeitlich gegen den Anfang A des Kolbenhubs um die Dauer eines halben Kolbenhubs verschiebt, erhellt aus den Figuren 66a bis 66g, welche Zeitbasis haben.

Bei einem Indikatordiagramm mit Kolbenwegbasis (Fig. 67a), also mit Antrieb der Indikatortrommel durch eine Kurbel kommt diese zeitliche Verschiebung einem allmählichen Voreilen der Schwankung des Wasserspiegels im Windkessel bis zu einem Kurbelwinkel von 90^{0} gleich (s. Fig. 67a bis 67g), die Ordinaten 1, 2, 3 . . . der Druckkurve verschieben sich gegen die durch die Teilpunkte des Kurbelkreises gezogenen Senkrechten I, II, III . . . . . Während in Fig. 67a der Wasserspiegel bei der Kurbelstellung 0 eben unter seine Mittellage zu sinken beginnt, ist er in Fig. 67b bei dieser Kurbelstellung bereits um die Ordinate 1 gesunken, usw. Ein Vergleich der aufeinanderfolgenden Bilder zeigt, daß z. B. der Anfangspunkt 0 der Druckkurve von Ordinate zu Ordinate nach rechts wandert, bis er in Fig. 67g in die Hubmitte gelangt. Gleichzeitig wandert der Kurvenpunkt 6 von der Hubmitte in Fig. 67a nach links und gelangt in Fig. 67g an den Hubanfang. Die beiden Punkte begegnen sich in Fig. 67d, wobei die scheinbare Umkehr der Bewegungsrichtung des Schreibstifts stattfindet. Ebenso wie Fig. 67a der Kurvenform *a* in Fig. 65, so entspricht Fig. 67g der Kurvenform *b* in Fig. 65.

Durch die vorstehenden Darlegungen ist die Entstehung der verschiedenartigen Diagrammformen, die sich bei der Untersuchung von doppeltwirkenden Pumpen im Resonanzgebiet am Druckwindkessel zeigen, und die scheinbare Umkehrung der Bewegungsrichtung des Schreibstifts erklärt.

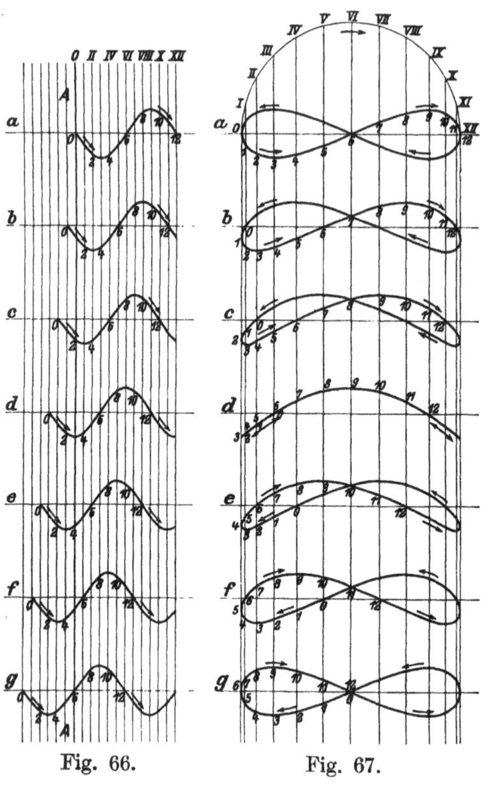

Fig. 66.   Fig. 67.

Bevor wir unsere Ergebnisse an Hand einiger an ausgeführten Maschinen entnommener Diagramme prüfen, wollen wir zunächst in der Betrachtung der Fig. 60 und 61 fortfahren.

In dem Gebiet von

$$\frac{q}{\omega} = 2,0 \text{ bis } \frac{q}{\omega} = 3,0$$

(Bild 12 bis 15) werden die Ausschläge der Drucklinie oder des Wasserspiegels mit der Entfernung vom Resonanzpunkt kleiner. Bei $\frac{q}{\omega} = 3,0$ verläuft die Drucklinie zu Beginn und Ende des Kolbenhubs tangential an die Linie des mittleren Drucks, es bahnt sich eine weitere Schwingung an.

Ein Blick auf die folgenden Bilder zeigt, daß die Zahl der Schwingungen und die Größe der Ausschläge sich mit der Zunahme des Wertes $\frac{q}{\omega}$ periodisch verändern. Während wir von Anfang an bis $\frac{q}{\omega} = 3,0$ nur ein e Doppelschwingung hatten, erhebt sich der Wasserspiegel im Gebiet zwischen $\frac{q}{\omega} = 3,0$ und $\frac{q}{\omega} = 5,0$ (Bild 16 bis 23) zweimal über seine Mittellage und sinkt zweimal unter sie; er führt zwei Doppelschwingungen aus. Dabei wachsen die Ausschläge bis $\frac{q}{\omega} = 4,0$, wo sie wieder, wie bei $\dfrac{q}{\omega} = 2{,}0$ unendlich groß werden (Resonanz II. Ordnung), und nehmen dann wieder ab bis $\dfrac{q}{\omega} = 5{,}0$. Von hier an haben wir sodann 3 Doppelschwingungen von zunehmender Größe, die bei $\dfrac{q}{\omega} = 6{,}0$ wieder ins Unendliche wachsen usw.

Der Vorteil, welchen die Anordnung des Windkessels bietet, läßt sich sehr leicht übersehen, wenn man die Linie des Beschleunigungsdruckes der Wassersäule für den Fall, daß kein Windkessel vorhanden ist, einzeichnet. Nach Gleichung 167 ist dieser Druck

$$h - h_m = \frac{L_d F r \omega^2}{g F_d} \cos \omega t; \quad.$$

er stellt sich in unseren Diagrammen, für welche

$$\frac{L_d F r \omega^2}{g F_d} = 1$$

ist, in der strichpunktierten Cosinuslinie mit der Amplitude 1 dar.

Betrachten wir zuerst das hinter dem Resonanzpunkt $\left(\dfrac{q}{\omega} = 2{,}0\right)$ liegende Gebiet, so erkennen wir, daß unsere $\varkappa$-Linie des Windkesseldrucks in der Hauptsache nichts anderes ist als die von den Eigenschwingungen der Wassersäule überlagerte (strichpunktiert gezeichnete) Linie des Beschleunigungsdrucks der Pumpe ohne Windkessel. In allen Fällen, wo $\dfrac{q}{\omega} > 2{,}0$, d. h. die Eigenschwingungszahl der Wassersäule größer als die Hubzahl der Pumpe ist, bietet also der Windkessel keinen Nutzen, er wirkt unter Umständen geradezu schädlich. Demnach ist sein Luftinhalt immer so zu bemessen, daß $\dfrac{q}{\omega} < 2{,}0$ wird. Anderseits zeigt sich der große Vorteil, den er gewährt, in dem vor dem Resonanzpunkt liegenden Gebiet in den Fällen, wo der Wert $\dfrac{q}{\omega}$ klein ist. Der Vorteil wird aber immer geringer, je mehr man sich dem Resonanzpunkt nähert.

e) Der Ungleichförmigkeitsgrad des Drucks im Windkessel.

Als Maß für die Druckschwankung kann das Verhältnis des Druckunterschieds $h_{max} - h_{min}$ zum mittleren Druck h_m dienen. Dementsprechend pflegt man zu setzen

$$\delta_p = \frac{h_{max} - h_{min}}{h_m} \quad \ldots \ldots \ldots \ldots \quad 218$$

und nennt δ_p den Ungleichförmigkeitsgrad des Drucks im Windkessel.

An Stelle vorstehender Gleichung kann man auch schreiben

$$\delta_p = \frac{(h_{max} - h_m) + (h_m - h_{min})}{h_m}$$

Nach Gleichung 216 ist der Druck $h-h_m$ am größten (kleinsten) in dem Zeitpunkt, wo der Klammerausdruck $\varkappa$ seinen größten (kleinsten) Wert hat. Demnach gilt

$$h_{max} - h_m = \frac{L_d F r \omega^2}{g F_d} \varkappa_{max}$$

$$h_{min} - h_m = \frac{L_d F r \omega^2}{g F_d} \varkappa_{min}$$

$$\overline{\quad h_{max} - h_{min} = \frac{L_d F r \omega^2}{g F_d} (\varkappa_{max} - \varkappa_{min})\quad}$$

$$\delta_p = \frac{L_d F r \omega^2}{g h_m F_d} (\varkappa_{max} - \varkappa_{min}) \quad \dots \dots \quad 219$$

$$\delta_p = \frac{L_d F r \omega^2}{g h_m F_d} k_1, \quad \dots \dots \dots \quad 220$$

wenn
$$k_1 = \varkappa_{max} - \varkappa_{min} \quad \dots \dots \dots \quad 221$$

gesetzt wird.

Anstatt nun $\varkappa_{max}$ und $\varkappa_{min}$ aus Gleichung 215 analytisch bzw. graphisch für die verschiedenen Werte von $\frac{q}{\omega}$ zu bestimmen, können wir, da wir im Besitz der Drucklinien in Fig. 60 und 61 sind, die Differenz $k_1 = \varkappa_{max} - \varkappa_{min}$ unmittelbar den $\varkappa$-Linien dieser Figuren entnehmen. Hierbei ergeben sich die in nachstehender Tabelle zusammengestellten Werte für k_1.

Tabelle zur Bestimmung des Ungleichförmigkeitsgrades des Drucks im Windkessel einer doppeltwirkenden Pumpe.

$$\delta_p = \frac{L_d F r \omega^2}{g h_m F_d} k_1 = \frac{F r}{W_m \left(\frac{q}{\omega}\right)^2} k_1 = \frac{F r}{W_m} k_2$$

$\frac{q}{\omega}$	k_1	k_2	$\frac{q}{\omega}$	k_1	k_2	$\frac{q}{\omega}$	k_1
0,05	0,006	2,40	1,05	0,671	0,61	2,05	32,800
0,10	0,012	1,20	1,10	0,755	0,62	2,10	17,180
0,15	0,018	0,80	1,15	0,840	0,63	2,15	12,620
0,20	0,025	0,62	1,20	0,970	0,67	2,20	9,810
0,25	0,032	0,51	1,25	1,116	0,71	2,25	8,104
0,30	0,041	0,45	1,30	1,271	0,75	2,30	7,040
0,35	0,054	0,45	1,35	1,445	0,79	2,35	6,280
0,40	0,070	0,44	1,40	1,650	0,84	2,40	5,700
0,45	0,091	0,45	1,45	1,890	0,90	2,45	5,250
0,50	0,114	0,46	1,50	2,172	0,96	2,50	4,880
0,55	0,145	0,48	1,55	2,550	1,06	2,55	4,610
0,60	0,178	0,49	1,60	3,028	1,18	2,60	4,380
0,65	0,214	0,50	1,65	3,640	1,34	2,65	4,190
0,70	0,252	0,51	1,70	4,390	1,52	2,70	4,000
0,75	0,292	0,52	1,75	5,492	1,79	2,75	3,840
0,80	0,337	0,53	1,80	7,320	2,26	2,80	3,715
0,85	0,394	0,54	1,85	10,660	3,12	2,85	3,620
0,90	0,449	0,55	1,90	15,780	4,38	2,90	3,550
0,95	0,504	0,56	1,95	32,656	8,57	2,95	3,490
1,00	0,556	0,56	2,00	∞	∞	3,00	3,432

Einen anderen Ausdruck für δ_p erhält man außerdem in folgender Weise:

Aus Gleichung 174 folgt

$$\frac{L_d}{g\,h_m F_d} = \frac{1}{W_m q^2}.$$

Dies in Gleichung 220 eingesetzt, gibt

$$\delta_p = \frac{Fr}{W_m\left(\dfrac{q}{\omega}\right)^2}\,k_1 = \frac{Fr}{W_m}\,k_2, \quad \ldots \ldots \ldots \quad 222$$

wenn

$$k_2 = \frac{k_1}{\left(\dfrac{q}{\omega}\right)^2} \quad \ldots \ldots \ldots \ldots \quad 223$$

gesetzt wird.

In Fig. 68 sind außerdem die Werte von $\dfrac{q}{\omega}$ als Abszissen und die zugehörigen Werte von k_1 als Ordinaten aufgetragen.

Fig. 69 zeigt die gleiche Kurve in einzelne Teilstrecken AB, BC, CD und DE (s. Fig. 68) zerlegt. Hierbei gibt Fig. 69a das Stück der Kurve mit der Abszisse AB von $\dfrac{q}{\omega} = 0$ bis $\dfrac{q}{\omega} = 1,0$, Fig. 69b das Stück mit der Abszisse BC von $\dfrac{q}{\omega} = 1,0$ bis $\dfrac{q}{\omega} = 1,8$ usw. Aus diesen Kurven läßt sich der Wert von k_1 für jeden beliebigen zwischen den Grenzen 0,10 und 3,00 liegenden Wert von $\dfrac{q}{\omega}$ entnehmen.

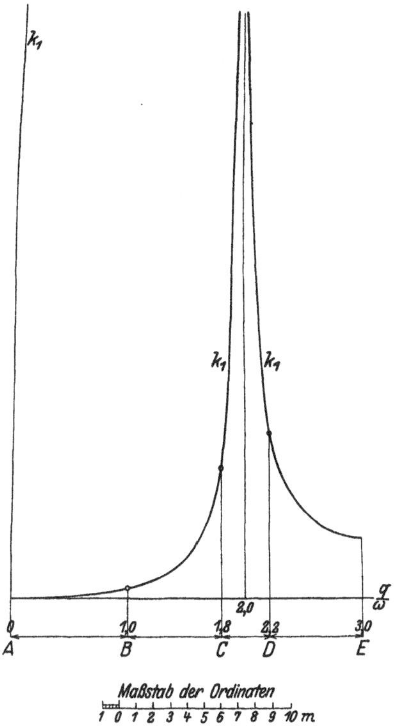

f) Geschwindigkeit des Wassers in der Leitung.

Setzt man die Konstanten C_1 und C_2 nach Gleichung 208 und 209 in Gleichung 202 ein, so erhält man für die Geschwindigkeit c der Wassersäule

Fig. 68.

$$c = \frac{ds}{dt} = \frac{a\,\omega}{q^2 - \omega^2}\left[-\frac{\omega}{q}\sin qt - \frac{\omega}{q}\operatorname{ctg}\frac{q}{\omega}\frac{\pi}{2}\cos qt + \sin\omega t\right] \quad 224$$

Strecke C–D
k1
Maßstab der Ordinaten
1 0 1 2 3 4 5m
C
D
Strecke B–C
k1
b
B
C
Strecke D–E
k1
d
D
E
Maßstab der Ordinaten
1 0 1 2 3 4 5m
Strecke A–B
k1
a
A
B
Maßstab der Ordinaten
0,1 0 1 2 3 4 0,5 6 7 8 9 1,0m

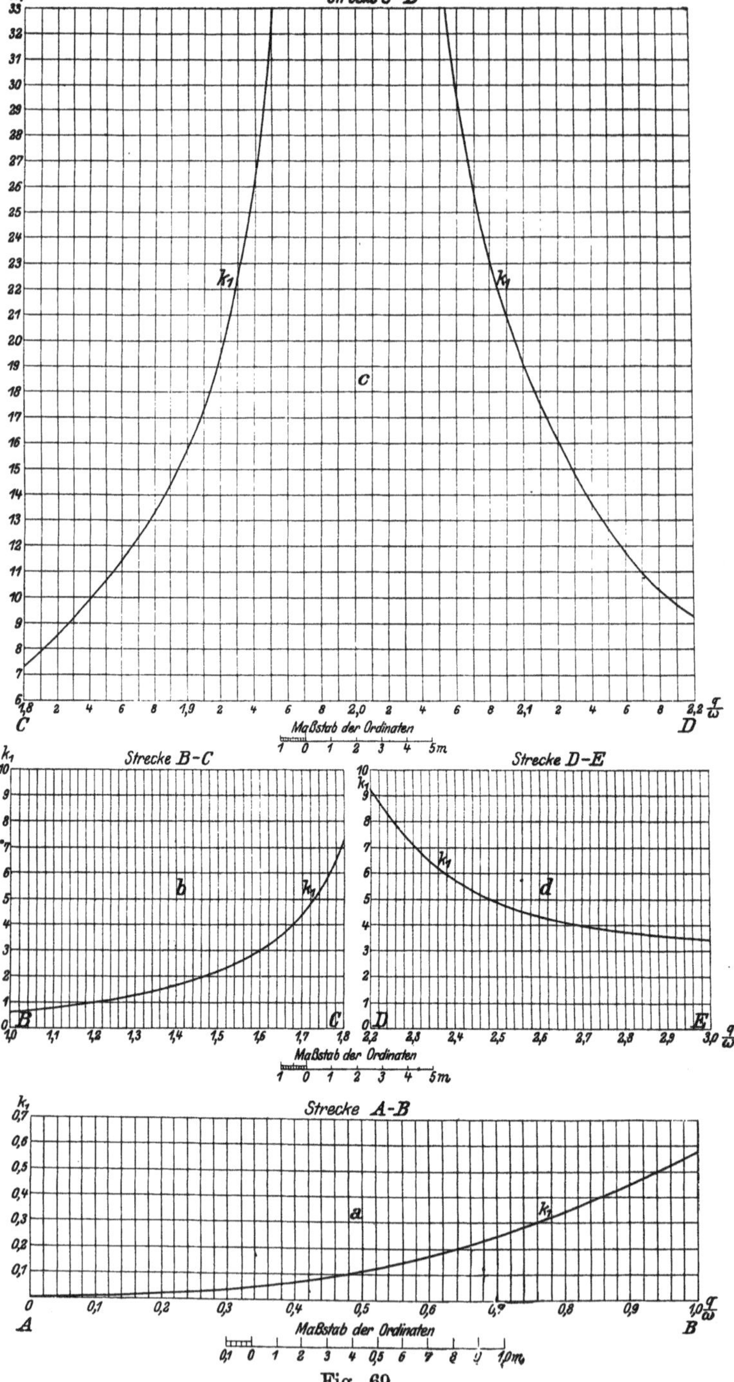

Fig. 69.

Nun ist nach Gleichung 199

$$a = \frac{F r}{F_d} q^2.$$

Dies eingesetzt, gibt

$$c = \frac{F r \omega}{F_d} \left[-\frac{\omega}{q} \frac{1}{1-\left(\frac{\omega}{q}\right)^2} \sin qt \right.$$

$$\left. -\frac{\omega}{q} \frac{1}{1-\left(\frac{\omega}{q}\right)^2} \operatorname{ctg} \frac{q}{\omega} \frac{\pi}{2} \cos qt + \frac{1}{1-\left(\frac{\omega}{q}\right)^2} \sin \omega t \right] \quad 225$$

Bezeichnet man den Klammerausdruck mit μ, setzt man also

$$\mu = \left[-\frac{\omega}{q} \frac{1}{1-\left(\frac{\omega}{q}\right)^2} \sin qt \right.$$

$$\left. -\frac{\omega}{q} \frac{1}{1-\left(\frac{\omega}{q}\right)^2} \operatorname{ctg} \frac{q}{\omega} \frac{\pi}{2} \cos qt + \frac{1}{1-\left(\frac{\omega}{q}\right)^2} \sin \omega t \right], \quad 226$$

so wird

$$c = \frac{F r \omega}{F_d} \mu \ldots \ldots \ldots \ldots 227$$

g) Die Geschwindigkeitsschwankung in der Leitung in Abhängigkeit von dem Verhältnis

$$\frac{q}{\omega} = \frac{\text{Eigenschwingungszahl der Wassersäule}}{\text{Umgangszahl der Pumpe}}.$$

Berechnet man für die in Tabelle S. 92 angegebenen Werte von $\frac{q}{\omega}$ den Ausdruck μ nach Gleichung 226, so ergibt sich die folgende Zusammenstellung.

Zeichnet man diese Werte in ganz der gleichen Weise auf, wie es in Fig. 60 und 61 für den Windkesseldruck geschehen, so erhält man die zu den Drucklinien in Fig. 60 und 61 gehörigen Linien der Geschwindigkeit des Wassers in der Leitung (siehe Fig. 70 und 71).

Solange der Druck im Windkessel kleiner ist als der mittlere Druck, nimmt die Geschwindigkeit des Wassers ab und umgekehrt. Wir sehen daher, daß für das ganze vor dem Resonanzpunkt, d. h. vor $\frac{q}{\omega} = 2{,}0$ (Bild 11) liegende Gebiet die Geschwindigkeitslinie vom Hubbeginn bis zur Hubmitte sinkt und dann in der zweiten Hälfte des Hubs wieder steigt. Zu Anfang und Ende des Hubs ist die Geschwindigkeit am größten, in der Hubmitte am kleinsten. Die Schwankungen, welche bei den kleinen Werten von $\frac{q}{\omega}$ verschwindend klein sind, werden ebenso

Geschwindigkeitsschwankung in der Leitung einer doppeltwirkenden
Pumpe in Abhängigkeit von dem Verhältnis

$$\frac{q}{\omega} = 0{,}10 \ \text{bis} \ \frac{q}{\omega} = 3{,}00.$$

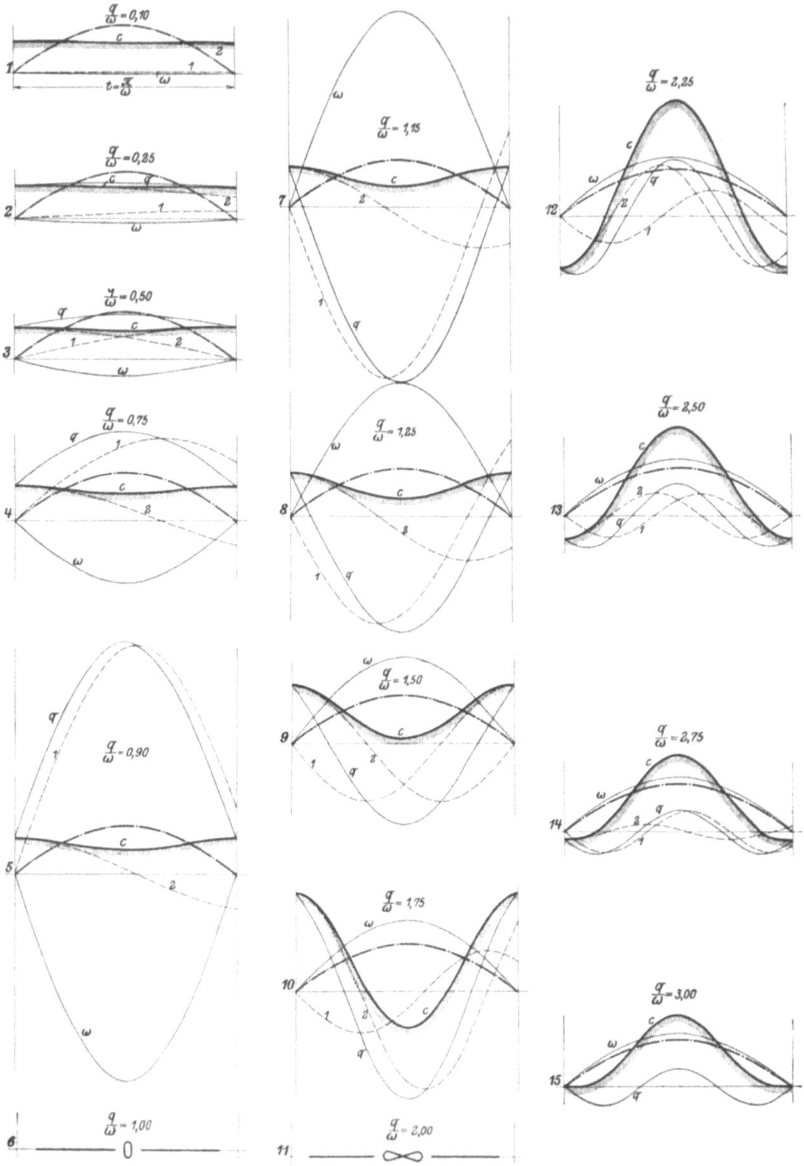

Fig. 70.

Geschwindigkeitsschwankung in der Leitung einer doppeltwirkenden
Pumpe in Abhängigkeit von dem Verhältnis

$$\frac{q}{\omega} = 3{,}25 \ \text{bis} \ \frac{q}{\omega} = 6{,}00.$$

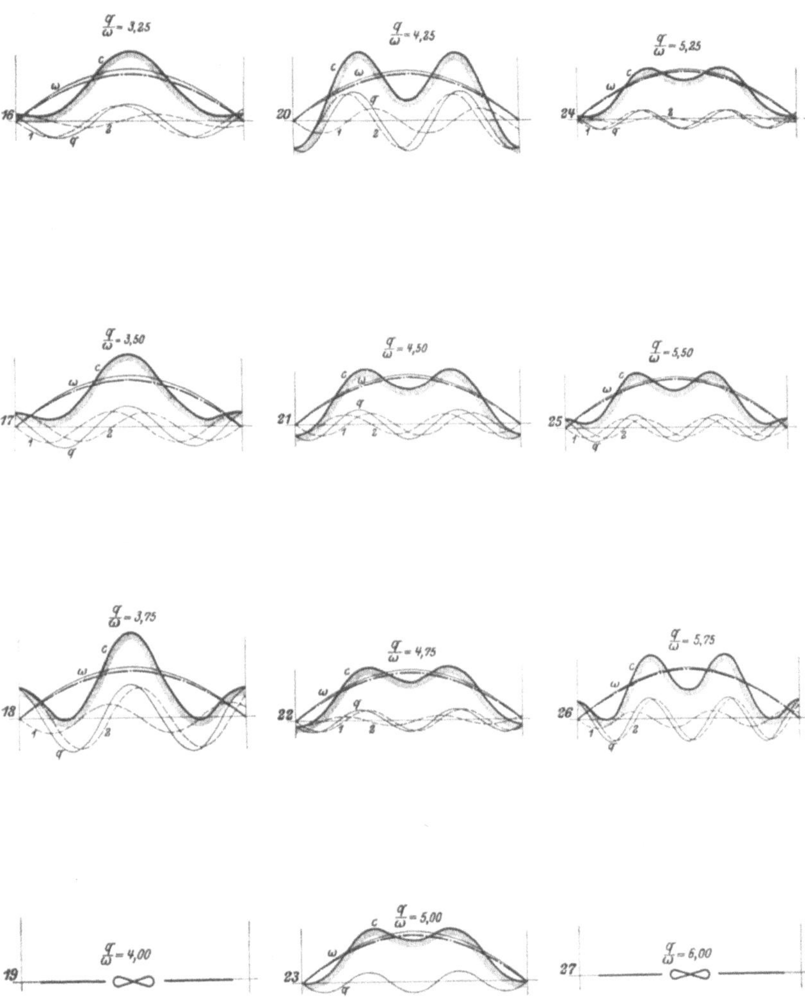

Fig. 71.

Tabelle zur Bestimmung der Geschwindigkeitsschwankung in der Leitung einer doppeltwirkenden Pumpe.

$$c = \frac{F r \omega}{F_d} \mu.$$

Fig. 70 u. 71 Bild Nr.	$\dfrac{q}{\omega}$	μ (nach Gleichung 226)		
		Linie 1 $\sin qt$	Linie 2 $\cos qt$	Linie ω $\sin \omega t$
1	0,10	$+0,101$	$+0,638$	$-0,010$
2	0,25	$+0,267$	$+0,644$	$-0,067$
3	0,50	$+0,667$	$+0,667$	$-0,333$
4	0,75	$+1,715$	$+0,710$	$-1,287$
5	0,90	$+4,748$	$+0,752$	$-4,273$
6	1,00	$\pm\infty$	$+0,785$	$\mp\infty$
7	1,15	$-3,549$	$+0,852$	$+4,082$
8	1,25	$-2,222$	$+0,920$	$+2,778$
9	1,50	$-1,201$	$+1,201$	$+1,801$
10	1,75	$-0,848$	$+2,048$	$+1,485$
11	2,00	$-1,665$	$\pm\infty$	$+1,333$
12	2,25	$-0,553$	$-1,072$	$+1,245$
13	2,50	$-0,476$	$-0,471$	$+1,190$
14	2,75	$-0,419$	$-0,151$	$+1,152$
15	3,00	$-0,375$	$\mp0,000$	$+1,126$
16	3,25	$-0,340$	$+0,127$	$+1,104$
17	3,50	$-0,311$	$+0,286$	$+1,089$
18	3,75	$-0,287$	$+0,644$	$+1,076$
19	4,00	$-0,267$	$\pm\infty$	$+1,067$
20	4,25	$-0,249$	$-0,568$	$+1,058$
21	4,50	$-0,233$	$-0,222$	$+1,051$
22	4,75	$-0,220$	$-0,087$	$+1,046$
23	5,00	$-0,208$	$\mp0,000$	$+1,042$
24	5,25	$-0,197$	$+0,079$	$+1,037$
25	5,50	$-0,187$	$+0,182$	$+1,034$
26	5,75	$-0,179$	$+0,420$	$+1,031$
27	6,00	$-0,171$	$+\infty$	$+1,028$

wie die Druckschwankungen mit der Zunahme dieses Wertes immer größer und werden bei $\dfrac{q}{\omega} = 2,0$ unendlich groß (siehe Tabelle). Schon bei $\dfrac{q}{\omega} = 1,5$ sinkt die Geschwindigkeit in der Mitte des Kolbenhubs beinahe auf null, d. h. die Wassersäule kommt beinahe zum Stillstand; bei $\dfrac{q}{\omega} = 1,75$ strömt das Wasser in der Hubmitte nach dem Windkessel zurück, denn die Geschwindigkeit ist in dem mittleren Teil des Kolbenwegs negativ. Die in die Figuren eingetragene strichpunktierte Sinuslinie stellt die Geschwindigkeit des Wassers dar, wenn kein Windkessel vorhanden ist (s. Gleichung 159). In dem ganzen, hinter dem Resonanzpunkt liegenden Gebiet (Bild 12 bis 27) ist die Geschwindigkeitslinie nichts anderes als die Geschwindigkeitslinie des Wassers in der Leitung der Pumpe ohne Windkessel, überlagert von den Geschwindigkeits-

schwankungen, die von der Eigenschwingung der Wassersäule herrühren.
Der Windkessel bietet in diesem Fall keinen Vorteil.

h) Der Ungleichförmigkeitsgrad der Geschwindigkeit des
Wassers in der Leitung.

Analog dem Ungleichförmigkeitsgrad des Drucks im Windkessel
sei das Verhältnis

$$\delta_c = \frac{c_{max} - c_{min}}{c_m} \quad \dots\dots\dots\dots \quad 228$$

als der Ungleichförmigkeitsgrad der Geschwindigkeit des
Wassers in der Leitung bezeichnet.

Wie bereits im vorstehenden hervorgehoben, ist die Geschwindigkeit
für das vor dem Resonanzpunkt liegende Gebiet am Anfang und Ende
des Hubs, d. h. für $t = 0$ und $t = \dfrac{\pi}{\omega}$ am größten, und für die Hubmitte,

d. h. $t = \dfrac{\pi}{2\omega}$ am kleinsten. Hiermit ergibt sich aus Gleich. 225

$$\text{mit } t = 0 \quad c_{max} = \frac{Fr\omega}{F_d}\left[-\frac{\omega}{q}\frac{1}{1-\left(\dfrac{\omega}{q}\right)^2}\operatorname{ctg}\frac{q}{\omega}\frac{\pi}{2} \right] \quad \dots\dots \quad 229$$

$$\text{mit } t = \frac{\pi}{2\omega}$$

$$c_{min} = \frac{Fr\omega}{F_d}\left[-\frac{\omega}{q}\frac{1}{1-\left(\dfrac{\omega}{q}\right)^2}\sin\frac{q}{\omega}\frac{\pi}{2} \right.$$
$$\left. -\frac{\omega}{q}\frac{1}{1-\left(\dfrac{\omega}{q}\right)^2}\operatorname{ctg}\frac{q}{\omega}\frac{\pi}{2}\cos\frac{q}{\omega}\frac{\pi}{2} + \frac{1}{1-\left(\dfrac{\omega}{q}\right)^2} \right] \quad \dots \quad 230$$

Ferner folgt die mittlere Geschwindigkeit c_m aus der mittleren Kolbengeschwindigkeit mit

$$c_m = \frac{F}{F_d}u_m = \frac{F}{F_d}\frac{2rn}{30} = \frac{Fr\omega 2}{F_d\pi} \quad \dots\dots\dots \quad 231$$

Mit diesen Werten gibt Gleichung 228

$$\delta_c = \frac{\pi}{2}\frac{1}{1-\left(\dfrac{\omega}{q}\right)^2}\left[+\frac{\omega}{q}\sin\frac{q}{\omega}\frac{\pi}{2} - \frac{\omega}{q}\operatorname{ctg}\frac{q}{\omega}\frac{\pi}{2}\left(1-\cos\frac{q}{\omega}\frac{\pi}{2}\right) - 1 \right] \quad 232$$

Der Ungleichförmigkeitsgrad δ_c ist also nur von dem Verhältnis $\dfrac{q}{\omega}$
abhängig. Die nachstehende Tabelle bzw. Fig. 72 gibt ein Bild von der
Veränderung seines Wertes mit der Änderung des Wertes $\dfrac{q}{\omega}$.

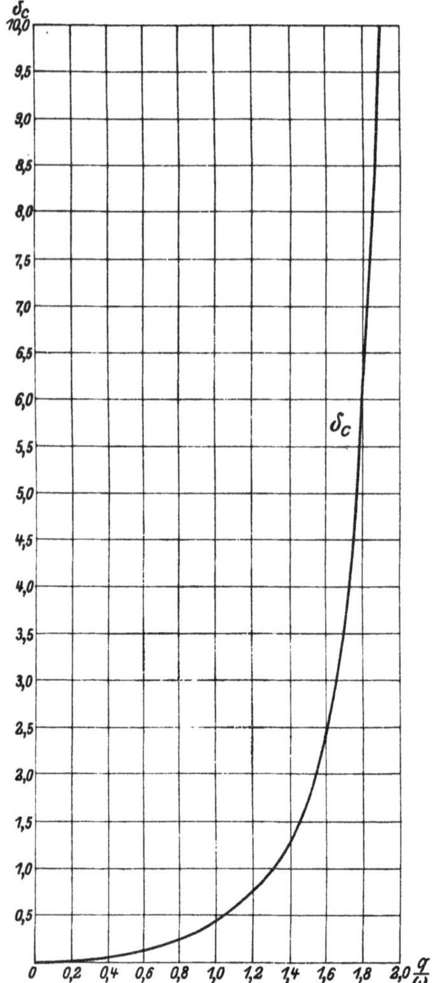

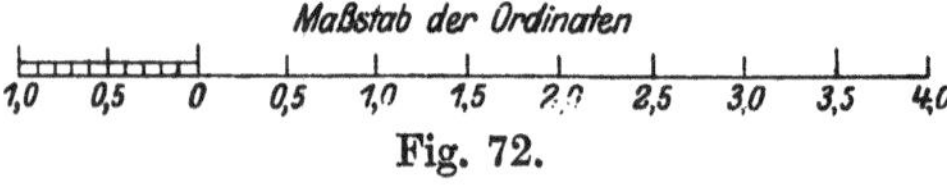

Fig. 72.

Tabelle des Ungleichförmigkeitsgrades der Geschwindigkeit des Wassers in der Leitung einer doppeltwirkenden Pumpe.

$$\delta_c = \frac{\pi}{2}\,\frac{1}{1-\left(\dfrac{\omega}{q}\right)^2}\left[+\frac{\omega}{q}\sin\frac{q}{\omega}\frac{\pi}{2}\right.$$

$$\left.-\frac{\omega}{q}\operatorname{ctg}\frac{q}{\omega}\frac{\pi}{2}\left(1-\cos\frac{q}{\omega}\frac{\pi}{2}\right)-1\right]$$

$\dfrac{q}{\omega}$	0,10	0,25	0,50	0,75
δ_c	0,003	0,021	0,090	0,220
$\dfrac{q}{\omega}$	0,90	1,00	1,15	1,25
δ_c	0,342	0,447	0,660	0,860
$\dfrac{q}{\omega}$	1,50	1,75	2,00	
δ_c	1,724	4,362	∞	

4. Einfachwirkende Pumpe mit Windkessel.

a) Hauptgleichungen und Beschleunigungsdruck.

Bei dem Druckhub erfährt die unter der Einwirkung der Luftfeder im Windkessel stehende Wassersäule einen Impuls von seiten des Pumpenkolbens, beim Saughub schwingt sie frei. Der Fall stellt also eine Kombination von Ziffer 3 (beim Druckhub) und Ziffer 2 (beim Saughub) dar. Demnach gelten die dort gefundenen Gleichungen. Bezeichnet man die Integrationskonstanten für den Druckhub mit C_1 und C_2, für den Saughub mit C_3 und C_4, so erhält man für den Weg der Wassersäule beim Druckhub nach Gleichung 201

$$s = C_1\cos qt + C_2\sin qt - \frac{a}{q^2-\omega^2}\cos\omega t + \frac{a+b}{q^2}\quad\ldots\quad 233$$

beim Saughub nach Gleichung 178

$$s' = C_3\cos qt' + C_4\sin qt' + \frac{b}{q^2}\quad\ldots\ldots\quad 234$$

Hieraus folgt für den **Beschleunigungsdruck** nach Gleichung 166 durch zweimaliges Ableiten beim Druckhub

$$h - h_m = \frac{L_d}{g}\left[-C_1 q^2 \cos qt - C_2 q^2 \sin qt + \frac{a\,\omega^2}{q^2 - \omega^2}\cos \omega t \right] \qquad 235$$

beim Saughub

$$h' - h_m = \frac{L_d}{g}\left[-C_3 q^2 \cos qt' - C_4 q^2 \sin qt' \right] \;\; \ldots \ldots \; 236$$

Die Bestimmung der Konstanten erfolgt dann wieder aus der Bedingung, daß Druck und Tangente an die Drucklinie zu Ende eines Hubs und Anfang des nächsten den gleichen Wert haben müssen.

Es ergibt sich

$$C_1 = C_3 = \frac{a}{2q^2}\frac{\omega^2}{q^2 - \omega^2} \quad \text{und} \quad C_2 = C_4 = -\frac{a}{2q^2}\frac{\omega^2}{q^2 - \omega^2}\,\operatorname{ctg}\frac{q}{\omega}\frac{\pi}{2} \qquad 237$$

Diese Werte in die vorstehenden Gleichungen eingesetzt, gibt für **den Beschleunigungsdruck im Windkessel**
beim Druckhub

$$h - h_m = \frac{L_d F r\,\omega^2}{g\,F_d}\cdot$$
$$\left. \underbrace{\left[-\frac{1}{1-\left(\frac{\omega}{q}\right)^2}\frac{1}{2}\cos qt + \frac{1}{1-\left(\frac{\omega}{q}\right)^2}\frac{1}{2}\operatorname{ctg}\frac{q}{\omega}\frac{\pi}{2}\sin qt + \frac{1}{1-\left(\frac{\omega}{q}\right)^2}\cos \omega t \right]}_{\varkappa} \right\} \quad 238$$

$$h - h_m = \frac{L_d}{g}\frac{F r\,\omega^2}{F_d}\varkappa \;\; \ldots \ldots \ldots \; 239$$

beim Saughub

$$h' - h_m = \frac{L_d}{g}\frac{F r\,\omega^2}{F_d}\cdot$$
$$\left. \underbrace{\left[-\frac{1}{1-\left(\frac{\omega}{q}\right)^2}\frac{1}{2}\cos qt' + \frac{1}{1-\left(\frac{\omega}{q}\right)^2}\frac{1}{2}\operatorname{ctg}\frac{q}{\omega}\frac{\pi}{2}\sin qt' \right]}_{\varkappa'} \right\} \quad 240$$

$$h' - h_m = \frac{L_d}{g}\frac{F r\,\omega^2}{F_d}\varkappa' \;\; \ldots \ldots \ldots \; 241$$

Der Wert $\varkappa'$ für den Saughub unterscheidet sich von dem Wert $\varkappa$ für den Druckhub nur dadurch, daß das dritte Glied des Klammerausdrucks fehlt.

b) Die Druckschwankung im Windkessel in Abhängigkeit von dem Verhältnis

$$\frac{q}{\omega} = \frac{\text{Eigenschwingungszahl der Wassersäule}}{\text{Umgangszahl der Pumpe}}\,.$$

Die nachstehende Tabelle enthält die Berechnungen des Klammerausdrucks für $\varkappa$ (siehe Gleichung 238) und für $\varkappa'$ (s. Gleichung 240) im Gebiet von $\frac{q}{\omega} = 0{,}10$ bis $\frac{q}{\omega} = 1{,}00$.

Tabelle zur Bestimmung der Druckschwankung im Druckwindkessel einer einfachwirkenden Pumpe.

$$h - h_m = \frac{L_d\,F\,r\,\omega^2}{g\,F_d}\,\varkappa \quad \text{(Druckhub nach Gleich. 238 und 239).}$$

$$h' - h_m = \frac{L_d\,F\,r\,\omega^2}{g\,F_d}\,\varkappa' \quad \text{(Saughub nach Gleich. 240 und 241).}$$

Fig. 73 Bild Nr.	$\dfrac{q}{\omega}$	$\varkappa$ (nach Gleichung 238)		Linie ω
		$\varkappa'$ (nach Gleichung 240)		
		Linie 1	Linie 2	
		$\cos qt$	$\sin qt$	$\cos \omega t$
—	0,10	$+0,005$	$-0,032$	$-0,010$
1	0,25	$+0,033$	$-0,080$	$-0,067$
2	0,50	$+0,167$	$-0,167$	$-0,333$
3	0,75	$+0,643$	$-0,266$	$-1,287$
4	0,90	$+2,137$	$-0,338$	$-4,273$
—	0,95	$+4,631$	$-0,364$	$-9,262$
5	1,00	∞	$-0,392$	∞

Beispiel: Es soll die Druckschwankung im Druckwindkessel einer
einfachwirkenden Pumpe dargestellt werden, bei welcher

$$\frac{q}{\omega} = \frac{30}{n}\sqrt{\frac{h_m F_d}{L_d W_m}} = 0,50$$

ist.

Man erhält mit vorstehender Tabelle

für den Druckhub

$$h - h_m = \frac{L_d\,F\,r\,\omega^2}{g\,F_d}\left[+0,167\cos 0,5\,\omega t - 0,167\sin 0,5\,\omega t - 0,333\cos \omega t\right]$$

für den Saughub

$$h' - h_m = \frac{L_d\,F\,r\,\omega^2}{g\,F_d}\left[+0,167\cos 0,5\,\omega t' - 0,167\sin 0,5\,\omega t'\right].$$

Durch Aufzeichnung der beiden Klammerwerte erhält man die
Drucklinie in Fig. 73 Bild 2. Diesen Verlauf nimmt die Drucklinie in
allen Fällen von einfachwirkenden Pumpen, wo das Verhältnis $\dfrac{q}{\omega}$ den
Wert 0,5 hat. Um die Größe der Ausschläge für den besonderen Fall
zu erhalten, sind die Ordinaten mit dem Faktor $\dfrac{L_d\,F\,r\,\omega^2}{g\,F_d}$ zu multiplizieren. Die Ausschläge wachsen von Bild zu Bild mit dem Wert $\dfrac{q}{\omega}$.
Schon für $\dfrac{q}{\omega} = 1,00$ tritt Resonanz ein.

c) Der Ungleichförmigkeitsgrad des Druckes im Windkessel.

Wie bei der doppeltwirkenden Pumpe (s. Gleichung 220 und 222) bestimmt sich der Ungleichförmigkeitsgrad δ_p aus

$$\delta_p = \frac{L_d F r \omega^2}{g h_m F_d} k_1 = \frac{F r}{W_m \left(\dfrac{q}{\omega}\right)^2} k_1,$$

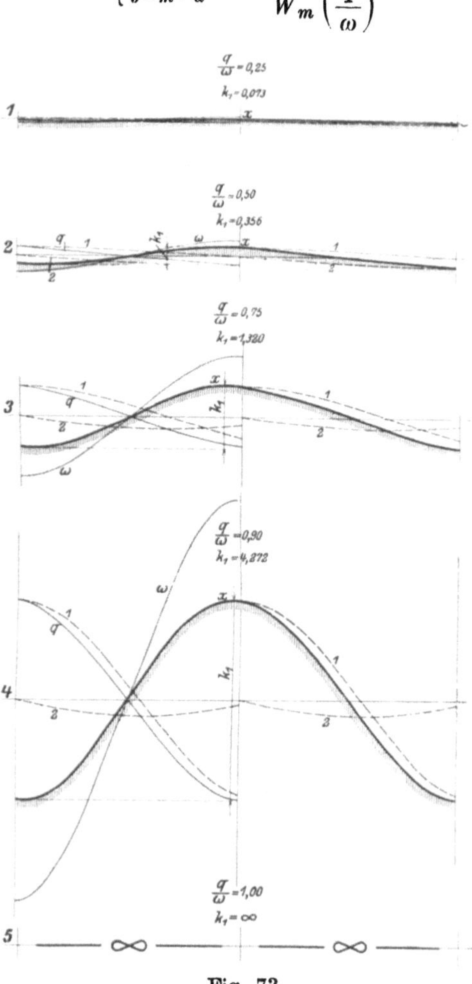

Fig. 73.

wobei k_1 wieder den Unterschied des größten und kleinsten Druckes während einer Umdrehung der Pumpe darstellt. Aus den Drucklinien der Fig. 73 ergeben sich die Werte für k_1 in Abhängigkeit von $\frac{q}{\omega}$, wie aus der folgenden Tabelle zu ersehen ist.

**Tabelle zur Bestimmung des Ungleichförmigkeitsgrades des Drucks
im Windkessel einer einfachwirkenden Pumpe.**

$\dfrac{q}{\omega}$	0,10	0,25	0,50	0,75	0,90	1,00
k_1	0,012	0,073	0,356	1,320	4,272	∞

5. *Doppeltwirkende Pumpe mit zwei Windkesseln.*

Bei doppeltwirkenden Pumpen werden häufig zwei gleiche Windkessel an Stelle von einem einzigen angeordnet. In Fig. 74 sind die

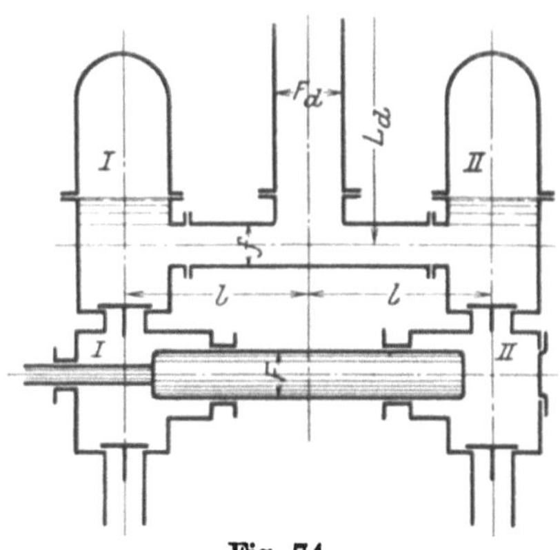

Fig. 74.

Wasserräume der beiden Windkessel durch ein Rohr vom Querschnitt f und der Länge 2 l verbunden. Von diesem zweigt die Druckleitung in der Mitte ab.

In jedem Windkessel wirkt abwechselnd ein vom eigenen Kolben und ein vom Kolben der anderen Seite herrührender Impuls. Nach je einer Umdrehung der Maschine wiederholt sich der Vorgang im gleichen Windkessel.

Geht man bei der Untersuchung der Verhältnisse so wie bei der doppeltwirkenden Pumpe mit einem Windkessel vor, so erhält man an Stelle von der Gleichung 213 für den Beschleunigungsdruck in einem der Windkessel vom Inhalt W'

beim Druckhub seines Kolbens

$$h - h_m = \frac{Fr\omega^2}{g} \frac{q^2}{q^2 - \omega^2}\left[-\left(\frac{L_d}{F_d} + \frac{l}{2f}\right) \cos qt + \left(\frac{L_d}{F_d} + \frac{l}{2f}\right) \operatorname{ctg} \frac{q}{\omega} \frac{\pi}{2} \sin qt \right. $$
$$\left. + \frac{L_d}{F_d} \frac{q_0^2}{q_0^2 - \omega^2} \cos \omega t \right] + \frac{Fr\omega^2}{g} \frac{l}{f} \frac{q_0^2}{q_0^2 - \omega^2} \cos \omega t \quad . \quad . \quad 242$$

beim Saughub seines Kolbens

$$h' - h_m = \frac{Fr\omega^2}{g} \frac{q^2}{q^2 - \omega^2}\left[-\left(\frac{L_d}{F_d} + \frac{l}{2f}\right) \cos qt' + \left(\frac{L_d}{F_d} + \frac{l}{2f}\right) \operatorname{ctg} \frac{q}{\omega} \frac{\pi}{2} \sin qt' \right. $$
$$\left. + \frac{L_d}{F_d} \frac{q_0^2}{q_0^2 - \omega^2} \cos \omega t' \right] \quad . \quad . \quad . \quad . \quad . \quad . \quad . \quad 243$$

Hierbei ist

$$q^2 = \frac{g h_m F_d}{\left(\dfrac{l}{f} F_d + 2 L_d\right) W'_m} \quad . \quad . \quad . \quad . \quad . \quad . \quad . \quad 244$$

und

$$q_0^2 = \frac{g h_m f}{l W'_m} \quad . \quad . \quad . \quad . \quad . \quad . \quad . \quad . \quad . \quad 245$$

Je kleiner der Wert $\dfrac{l}{f}$ ist, d. h. je kürzer und je weiter man das Verbindungsrohr macht, um so mehr verschwindet der Einfluß der Zweiteilung des Windkessels, um so mehr nähert sich die Wirkung der beiden Windkessel derjenigen eines einzigen. Werden dieselben ganz zusammengerückt (s. Fig. 58), so daß $l = 0$ wird, so gehen die Gleichungen 242 und 243 über in die Gleichung 214 der doppeltwirkenden Pumpe mit einem Windkessel von der Größe $W_m = 2\,W'_m$, also mit einem Inhalt, der gleich dem Gesamtinhalt der beiden Windkessel ist.

Ausführungen von Pumpwerken mit kurzem Verbindungsrohr der Windkessel zeigen die Tafeln I und XI, solche mit langem die Tafeln III und X. (Vgl. auch das Rechnungsbeispiel S. 118.)

Ist ein Hauptwindkessel vorhanden (s. Fig. 75), so ist für die Länge L_d der zu beschleunigenden Wassersäule in den obigen Gleichungen die Entfernung der Abzweigstelle der Rohre vom Hauptwindkessel einzusetzen.

Wird der Hauptwindkessel bis zur Abzweigstelle der Rohre an die Pumpe herangerückt, wie dies in Fig. 75 punktiert gezeichnet ist, so ist in den Gleichungen 242 und 243 $L_d = 0$ zu setzen. Es gehen dann diese Gleichungen in die Gleichungen 238 und 240 der einfachwirkenden Pumpe über. Jede der beiden Pumpenseiten arbeitet unabhängig von der anderen als einfachwirkende Pumpe mit einer Leitungslänge l und einem Windkesselinhalt W'_m gegen den Druck h_m im Hauptwindkessel, der bei genügender Größe des letzteren als konstant angenommen werden kann.

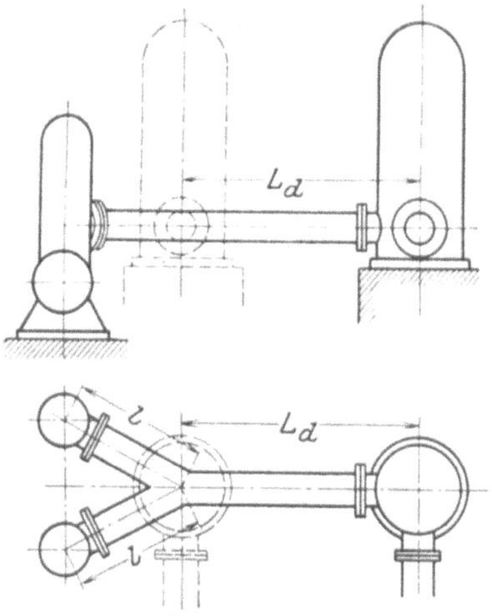

Fig. 75.

6. *Rechnungsbeispiele und Diagramme.*

Die Berechnung erfolgt vorwiegend auf Grund der folgenden im früheren entwickelten drei Gleichungen und mit Hilfe der Tabellen S. 100 und 112 bzw. der Fig. 69 und 73. Es wurde gefunden

$$\text{I.}\quad \delta_p = \frac{L_d\,F\,r\,\omega^2}{g\,h_m\,F_d}\,k_1 \qquad \text{(s. Gleich. 220)}$$

$$\text{II.}\quad \frac{q}{\omega} = \frac{30}{n}\sqrt{\frac{h_m\,F_d}{L_d\,W_m}} \qquad \text{(s. Gleich. 217)}$$

$$\text{III.}\quad W_m = \frac{F\,r}{\delta_p\left(\dfrac{q}{\omega}\right)^2}\,k_1 \qquad \text{(s. Gleich. 222).}$$

Bestimmung des Ungleichförmigkeitsgrads δ_p für eine gegebene doppeltwirkende Pumpe: Man bestimmt den Wert $\frac{q}{\omega}$ aus Gleichung II, die Tabelle S. 100 bzw. Fig. 69 gibt den zu $\frac{q}{\omega}$ gehörigen Wert von k_1, dann folgt der Wert δ_p aus Gleichung I oder III.

Bestimmung des nötigen Luftinhalts W_m für einen bestimmten Ungleichförmigkeitsgrad δ_p: Aus Gleichung I erhält man den Wert k_1, sodann gibt die Tabelle S. 100 das zugehörige $\frac{q}{\omega}$, worauf der Wert W_m aus Gleichung II oder III ermittelt werden kann.

Bei einfachwirkender Pumpe gelten dieselben Gleichungen und die Tabelle S. 112 bzw. Fig. 73.

I. Druckwindkessel.

1. Beispiel: Bestimmung der Größe des Druckwindkessels für eine doppeltwirkende Pumpe.

Bei einer doppeltwirkenden Wasserwerkspumpe sei der Kolbenquerschnitt $F = \frac{\pi}{4} \, 0{,}275^2 = 0{,}0594$ qm, der Querschnitt der einseitigen Kolbenstange $f = \frac{\pi}{4} \, 0{,}075^2 = 0{,}0044$ qm, also der wirksame Kolbenquerschnitt $\frac{2\,F - f}{2} = 0{,}057$ qm; der Kolbenhub $S = 2\,r = 0{,}76$ m, also $Fr = 0{,}057 \cdot 0{,}380 = 0{,}0217$ cbm; die Umdrehungszahl in der Minute $n = 50$, also die Winkelgeschwindigkeit $\omega = \dfrac{3{,}14 \cdot 50}{30} = 5{,}23$ m/sek und $\omega^2 = 27{,}35$. Ferner die (absolute) Druckhöhe einschließlich der Leitungswiderstände $h_m = 100{,}0$ m und der Querschnitt der Druckleitung $F_d = \frac{\pi}{4} \cdot 0{,}300^2 = 0{,}0707$ qm.

I. Fall: Es sei die Länge der Druckleitung $L_d = 120{,}0$ m, also Druckhöhe und Leitungslänge annähernd gleich groß. Ein Hauptwindkessel in der Druckleitung sei nicht vorhanden.

Aus Gleichung I folgt mit den vorstehenden Werten

$$\delta_p = \frac{120 \cdot 0{,}0217 \cdot 27{,}35}{9{,}81 \cdot 100 \cdot 0{,}0707}\, k_1 = 1{,}026\, k_1.$$

Wählt man den Ungleichförmigkeitsgrad $\delta_p = 0{,}02$, so wird

$$k_1 = \frac{0{,}02}{1{,}026} = 0{,}0195.$$

Für diesen Wert gibt die Tabelle S. 100

$$\frac{q}{\omega} = 0{,}157.$$

Aus Gleichung III erhält man dann den Luftinhalt des Windkessels

$$W_m = \frac{0{,}0217 \cdot 0{,}0195}{0{,}02 \cdot 0{,}157^2} = 0{,}858 \text{ cbm.}$$

Alsdann ist

$$\frac{W_m}{FS} = \frac{0{,}858}{0{,}0434} = 19{,}8.$$

Wie groß wird mit diesem Windkessel der Ungleichförmigkeitsgrad δ_p, wenn die Umdrehungszahl von $n=50$ auf $n=80$ gesteigert wird

Der Wert $\dfrac{q}{\omega} = 0{,}157$ ändert sich (s. Gleichung II) umgekehrt proportional der Umdrehungszahl n, wir erhalten also

$$\frac{q}{\omega} = \frac{0{,}157 \cdot 50}{80} = 0{,}098.$$

Hierfür gibt die Tabelle S. 100

$$k_1 = 0{,}012.$$

Mit Gleichung III erhält man dann

$$0{,}858 = \frac{0{,}0217 \cdot 0{,}012}{\delta_p \cdot 0{,}098^2}$$

$$\delta_p = 0{,}032.$$

II. Fall: Die Druckleitung habe eine beträchtliche Länge, mit Rücksicht auf das Ingangsetzen der Pumpe sei deshalb in der Entfernung 10 m von der Pumpe ein Windkessel in die Druckleitung eingeschaltet. Die Länge der Wassersäule, welche für die Druckschwankungen im Pumpenwindkessel in Betracht kommt, ist jetzt $L_d = 10$ m. Im übrigen sollen die gleichen Werte wie im vorigen Beispiel gelten. Mit $L_d = 10$ statt $L_d = 120$ wird (s. Gleichung I) bei 50 Umdrehungen

$$\delta_p = \frac{1{,}026 \cdot 10}{120}\, k_1 = 0{,}085\, k_1.$$

Für $\delta_p = 0{,}02$ ist alsdann

$$k_1 = \frac{0{,}02}{0{,}085} = 0{,}235.$$

Hierfür gibt Fig. 69a

$$\frac{q}{\omega} = 0{,}68.$$

Mit Gleichung III erhält man dann

$$W_m = \frac{0{,}0217 \cdot 0{,}235}{0{,}02 \cdot 0{,}68^2} = 0{,}551 \text{ cbm,}$$

also

$$\frac{W_m}{FS} = \frac{0{,}551}{0{,}0434} = 12{,}7.$$

Wie groß wird in diesem Fall der Ungleichförmigkeitsgrad δ_p, wenn die Umdrehungszahl von $n = 50$ auf $n = 80$ gesteigert wird?

An Stelle des Werts $\dfrac{q}{\omega} = 0{,}68$ tritt (s. Gleichung II) jetzt

$$\frac{q}{\omega} = \frac{0{,}68 \cdot 50}{80} = 0{,}425.$$

Hierfür gibt Fig. 69a: $k_1 = 0{,}08$.

Mit Gleichung III erhält man dann

$$0{,}551 = \frac{0{,}0217 \cdot 0{,}08}{\delta_p \cdot 0{,}425^2}$$

$$\delta_p = 0{,}017.$$

2. Beispiel: Die stehende Differentialpumpe eines Wasserwerks ergab am Pumpenzylinder das Druckdiagramm Fig. 76. Es soll die Ursache für die starke Schwankung der Drucklinie ermittelt werden.

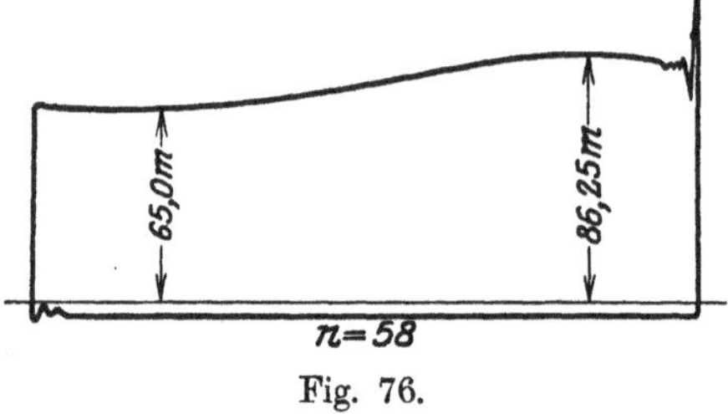

Fig. 76.

Aus der Form der Drucklinie, die eine zuerst steigende, dann fallende Doppelschwingung darstellt, erkennen wir sofort, daß wir uns hinter dem Resonanzpunkt, und zwar in dem Gebiet zwischen Bild 11 und Bild 15 der Fig. 60 befinden. Es ist zu vermuten, daß der Windkessel nicht genügend mit Luft versehen ist. Es werde deshalb die Luftmenge bestimmt, bei welcher der vorliegende Verlauf der Drucklinie eintritt, wobei wir annehmen, daß die Druckänderung im Windkessel annähernd die gleiche sei wie im Pumpenzylinder, das Diagramm also auch für den Windkessel gelte.

Die Durchmesser des Differentialplungers sind $D = 0{,}500$ m und $d = 0{,}380$ m, also ist der mittlere wirksame Kolbenquerschnitt

$$\frac{(F-f)+f}{2} = \frac{F}{2} = \frac{1}{2}\frac{\pi}{4}\,0{,}500^2 = 0{,}0982 \text{ qm,}$$

der Hub $S = 2r = 0{,}750$ m, also $Fr = 0{,}0982 \cdot 0{,}375 = 0{,}037$ cbm; die Umdrehungszahl in der Minute $n = 58$, also $\omega = \dfrac{\pi \cdot 58}{30} = 6{,}07$ m/sek und

$\omega^2 = 36{,}84$; der Querschnitt der Druckleitung $F_d = \dfrac{\pi}{4}\,0{,}400^2 = 0{,}126$ qm; die Länge der Druckleitung von der Pumpe bis zum Hauptwindkessel nur $L_d = 3{,}75$ m.

Aus dem Diagramm ergibt sich (absolut) $h_{max} = 96{,}25$ m, $h_{min} = 75{,}0$ m, also $h_{max} - h_{min} = 21{,}25$ m und

$$h_m = \frac{h_{max} + h_{min}}{2} = \frac{96{,}25 + 75{,}0}{2} = 85{,}6 \text{ m.}$$

Demnach ist der Ungleichförmigkeitsgrad

$$\delta_p = \frac{h_{max} - h_{min}}{h_m} = \frac{21,25}{85,6} = 0,248.$$

Mit Gleichung I ergibt sich

$$\delta_p = \frac{3,75 \cdot 0,037 \cdot 36,84}{9,81 \cdot 85,6 \cdot 0,126} k_1$$
$$= 0,048 \; k_1.$$

Woraus für $\delta_p = 0,248$

$$k_1 = \frac{0,248}{0,048} = 5,17.$$

Der zu diesem Wert von k_1 gehörige Wert von $\dfrac{q}{\omega}$ ergibt sich aus Fig. 69d zu $\dfrac{q}{\omega} = 2,46$. Die Verhältnisse entsprechen also annähernd Bild 13 in Fig. 60.

Aus Gleichung III folgt dann ein Luftgehalt des Windkessels von

$$W_m = \frac{0,037 \cdot 5,17}{0,248 \cdot 2,46^2} = 0,127 \text{ cbm}$$

oder

$$\frac{W_m}{FS} = \frac{0,127}{0,074} = 1,72.$$

Das ganze Fassungsvermögen des Windkessels ist $W_m = 0,260$ cbm, also

$$\frac{W_m}{FS} = \frac{0,260}{0,074} = 3,5.$$

Der Windkessel ist also nur annähernd zur Hälfte mit Luft gefüllt.

Es soll nun noch ermittelt werden, ob der Windkessel genügt, wenn er ganz mit Luft gefüllt ist.

Aus Gleichung III ergibt sich mit $W_m = 0,260$

$$\frac{q}{\omega} = \frac{30}{58} \sqrt{\frac{85,6 \cdot 0,126}{3,75 \cdot 0,260}} = 1,72.$$

Wir befinden uns jetzt (s. Bild 10, Fig. 60) vor dem Resonanzpunkt $\left(\dfrac{q}{\omega} = 2,0 \right)$ und erhalten aus Fig. 69b

$$k_1 = 4,8.$$

Hiermit gibt Gleichung III

$$0,260 = \frac{0,037 \cdot 4,8}{\delta_p \cdot 1,72^2}$$
$$\delta_p = \frac{0,037 \cdot 4,8}{0,260 \cdot 2,96} = 0,231.$$

Dieser Ungleichförmigkeitsgrad ist auch viel größer, als man ihn gewöhnlich wählt, wir befinden uns zu nahe dem Resonanzpunkt. Der Windkessel sollte größer sein. Wird der Windkessel ganz entlüftet, so haben wir den Fall einer Pumpe ohne Windkessel. Der zur Beschleunigung der Wassersäule erforderliche Druck im Pumpenzylinder bestimmt sich dann nach Gleichung 167

für den Anfang des Kolbenhubs, also $t = 0$, durch

$$h_a - h_m = \frac{L_d}{g} \frac{F}{F_d} r \omega^2 = \frac{3{,}75 \cdot 0{,}0982 \cdot 0{,}375 \cdot 36{,}84}{9{,}81 \cdot 0{,}126} = 4{,}14 \text{ m},$$

für das Ende des Hubs, also $t = \dfrac{\pi}{\omega}$, durch

$$h_e - h_m = - \frac{L_d}{g} \frac{F}{F_d} r \omega^2 = - 4{,}14.$$

Somit ist der Unterschied des größten und kleinsten Kolbendrucks im Verhältnis zum mittleren Kolbendruck

$$\frac{h_a - h_e}{h_m} = \frac{(h_a - h_m) - (h_e - h_m)}{h_m} = \frac{4{,}14 + 4{,}14}{85{,}6} = 0{,}097.$$

Durch Ausschalten des Windkessels werden die Verhältnisse also günstiger. Dies rührt daher, daß die Entfernung zwischen Pumpe und Hauptwindkessel sehr gering und der Querschnitt des Verbindungsrohres groß, der Beschleunigungsdruck der Wassersäule daher klein ist.

3. Beispiel. Es soll die Druckschwankung im Druckwindkessel der auf Tafel X dargestellten Wasserwerkspumpe bei 40 Umdrehungen in der Minute, einer Druckhöhe (einschließlich der Leitungswiderstände) von 70 m und einer Länge der Druckleitung von 80 m bestimmt werden.

a) Mit Berücksichtigung des Verbindungsrohrs der beiden Windkessel.

Es ist gegeben:

$$F = \frac{\pi}{4} \, 0{,}275^2 = 0{,}0594 \ \text{qm}; \quad r = 0{,}380 \ \text{m}; \quad \omega = \frac{\pi \cdot 40}{30} = 4{,}19;$$

$$\omega^2 = 17{,}556; \quad L_d = 80 \ \text{m}; \quad F_d = \frac{\pi}{4} \cdot 0{,}300^2 = 0{,}0706 \ \text{qm}; \quad l = 1{,}200 \ \text{m};$$

$$f = \frac{\pi}{4} \cdot 0{,}275^2 = 0{,}0594 \ \text{qm}; \quad h_m = 10 + 70 = 80 \ \text{m}. \quad \text{Ferner sei die Luft-}$$

menge in jedem der beiden zylindrisch angenommenen Windkessel $W'_m = 0{,}333$ cbm.

Mit diesen Werten ist

$$\frac{F r \omega^2}{g} = \frac{0{,}0594 \cdot 0{,}380 \cdot 17{,}556}{9{,}81} = 0{,}0670.$$

Sodann hat man nach Gleichung 244

$$q^2 = \frac{9{,}81 \cdot 80 \cdot 0{,}0706}{\left(\dfrac{1{,}2 \cdot 0{,}0706}{0{,}05904} + 2 \cdot 80 \right) \cdot 0{,}333} = 1{,}0308.$$

also $q = 1{,}0153$; ferner

$$\frac{q}{\omega} = \frac{1{,}0153}{4{,}19} = 0{,}2423; \quad \frac{q}{\omega} \frac{\pi}{2} = 0{,}2423 \cdot 90 = 21^\circ 48';$$

$$\frac{q^2}{q^2 - \omega^2} = \frac{1{,}0308}{1{,}0308 - 17{,}556} = - 0{,}0624$$

und nach Gleichung 245

$$q_0{}^2 = \frac{9{,}81 \cdot 80 \cdot 0{,}0594}{1{,}2 \cdot 0{,}333} = 116{,}65, \text{ also } \frac{q_0{}^2}{q_0{}^2 - \omega^2} = \frac{116{,}65}{116{,}65 - 17{,}556} = 1{,}177.$$

Alsdann ergibt sich für den Beschleunigungsdruck

beim Druckhub des Kolbens nach Gleichung 242

$$h - h_m = 0{,}0670 \cdot (-0{,}0624)\left[-\left(\frac{80}{0{,}0706} + \frac{1{,}2}{2 \cdot 0{,}0594}\right)\cos q\,t\right.$$
$$+ \left(\frac{80}{0{,}0706} + \frac{1{,}2}{2 \cdot 0{,}0594}\right)\operatorname{ctg} 21^0\,48'\sin q\,t + \frac{80}{0{,}0706}\cdot 1{,}177\cos \omega\,t\bigg]$$
$$+ 0{,}0670\,\frac{1{,}2}{2 \cdot 0{,}0594}\cdot 1{,}177\cos \omega\,t$$

$$= [+\,4\,7781\cos q\,t - 11{,}945\sin q\,t - 5{,}5748\cos \omega\,t] + 1{,}5939\cos \omega\,t$$
$$= 4{,}7781\cos q\,t - 11{,}945\sin q\,t - 3{,}9809\cos \omega\,t$$

beim Saughub des Kolbens nach Gleichung 243 der vorstehende Klammerausdruck

$$h' - h_m = +\,4{,}77781\cos q\,t' - 11{,}945\sin q\,t' - 5{,}5748\cos \omega\,t'$$

Für die nun vorzunehmende zeichnerische Ermittelung der Druckschwankung und zugleich der Schwankung des Wasserspiegels im Windkessel braucht man (s. S. 90) das Verhältnis $\dfrac{\omega}{q} = \dfrac{1}{0{,}2423} = 4{,}127$ (s. oben). Hiermit ergibt sich die in Fig. 77 ausgezogene Schwingungslinie.

Wie ersichtlich, wechselt im gleichen Windkessel eine schwache Doppelschwingung (ABC) mit einer starken Doppelschwingung (CDA)

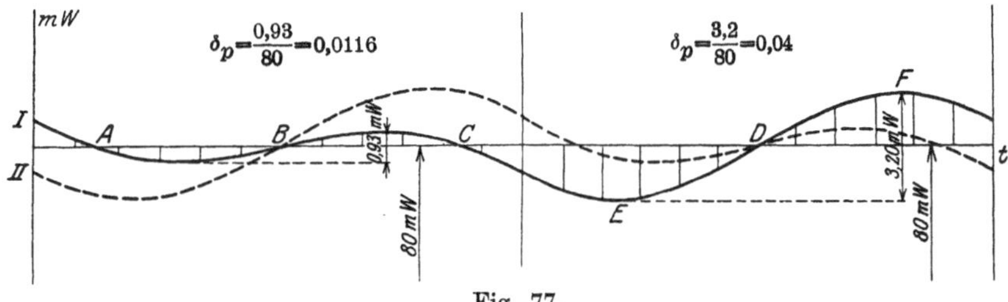

Fig. 77.

ab. Gibt die ausgezogene Linie I die Schwankung des Wasserspiegels und des Drucks im Windkessel I (Fig. 74), so gibt die gestricht gezeichnete Linie II die gleichzeitig stattfindenden Schwankungen im Windkessel II. Diese Linie erhält man durch Verschieben der ausgezogenen Linie um die Zeitdauer eines Kolbenhubs.

Da während des Saughubs dem Windkessel von seiten der Pumpe kein Wasser zugeführt wird, so muß z. B. in den Windkessel I auf der Strecke EF, wo trotzdem sein Wasserspiegel steigt, Wasser aus dem Verbindungsrohr zurückfließen.

b) Mit Vernachlässigung des Verbindungsrohrs unter gleichzeitiger Annahme einer doppeltwirkenden Pumpe mit nur einem Windkessel vom Luftgehalt $W_m = 2W'_m$.

Mit den Werten unter a) folgt nach Gleichung 174

$$q^2 = \frac{9,81 \cdot 80 \cdot 0,0706}{80 \cdot 2 \cdot 0,333} = 1,040; \text{ also } q = 1,02; \text{ ferner } \frac{q}{\omega} = \frac{1,02}{4,19} = 0,244;$$

$$\frac{q}{\omega}\frac{\pi}{2} = 0,244 \cdot 90 = 22^0; \quad \frac{1}{1 - \left(\frac{\omega}{q}\right)^2} = \frac{q^2}{q^2 - \omega^2} = \frac{1,040}{1,040 - 17,556} = -0,06296$$

Hiermit ergibt sich nach Gleichung 214 der Beschleunigungsdruck

$$h - h_m = \frac{80 \cdot 0,0670}{0,0706} \left[+ 0,06296 \cos q\,t - 0,06296 \operatorname{ctg} 22^0 \sin q\,t - 0,06296 \cos \omega\,t \right]$$

$$= 4,7825 \cos q\,t - 11,835 \sin q\,t - 4,7825 \cos \omega\,t$$

Ferner
$$\frac{\omega}{q} = \frac{1}{0,244} = 4\,098.$$

Die mit vorstehender Gleichung ermittelte Drucklinie in Fig. 78 zeigt, daß die Stärke der Schwankung des Wasserspiegels ungefähr in

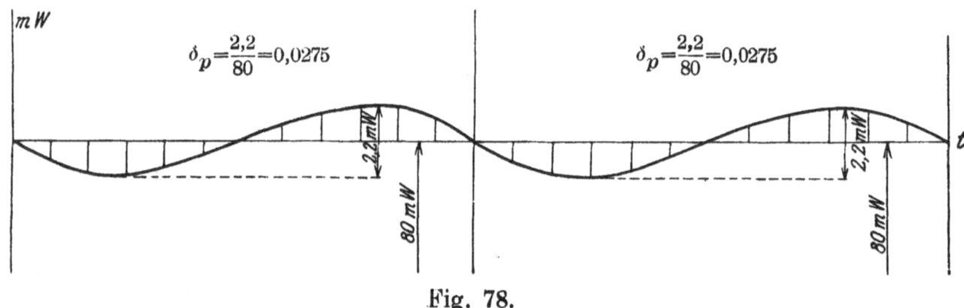

Fig. 78.

der Mitte liegt zwischen der schwachen und starken Schwankung des vorstehend betrachteten Falls der Anordnung von zwei Windkesseln. Ein Rückfließen von Wasser nach dem Windkessel findet natürlich nicht mehr statt.

4. Beispiel: Für eine doppeltwirkende Dampfspeisepumpe sei der mittlere wirksame Kolbenquerschnitt $F = 0,0098$ qm; der Hub $S = 0,300$ m; der Querschnitt der Druckleitung $F_d = 0,0078$ qm; die Länge der Leitung von der Pumpe bis zum Dampfkessel $L_d = 10,0$ m; der mittlere absolute Druck im Windkessel $h_m = 110,0$ m; der Luftinhalt des Druckwindkessels $W_m = 20\,F\,S = 20 \cdot 0,0098 \cdot 0,300 = 0,059$ cbm. Es soll bestimmt werden, bei welcher Umgangszahl der Pumpe das Speiseventil am Kessel zu schlagen beginnt.

Das Speiseventil schlägt im Takt mit der Hubzahl der Pumpe, wenn die Geschwindigkeitsschwankung des Wassers in der Leitung so groß ist, daß das Wasser bei jedem Hub nach dem Windkessel zurückströmt bzw. zurückströmen würde, wenn es nicht durch das sich schließende Speiseventil daran gehindert würde. Als Beginn des Schlagens ist der Zustand anzusehen, wo die Wassersäule periodisch zum Stillstand kommt, d. h. $c_{min} = 0$ wird. Alsdann ist der Ungleichförmigkeitsgrad der Wassergeschwindigkeit in der Leitung $\delta_c = 2,0$, denn mit $c_{min} = 0$, also

$$c_m = \frac{c_{max} + c_{min}}{2} = \frac{c_{max}}{2},$$

wird

$$\delta_c = \frac{c_{max} - c_{min}}{c_m} = \frac{(c_{max} - 0)2}{c_{max}} = 2.$$

Nach der Tabelle S. 108 bzw. Fig. 72 tritt dies ein für $\dfrac{q}{\omega} = 1,53$. Mit diesem Wert gibt Gleichung II

$$1,53 = \frac{30}{n} \sqrt{\frac{110 \cdot 0,0078}{10 \cdot 0,059}}$$

$$n = 23,6.$$

5. Beispiel: Die am Pumpenzylinder und Druckwindkessel einer Wasserwerksmaschine aufgenommenen Diagramme Fig. 79 und 80[1])

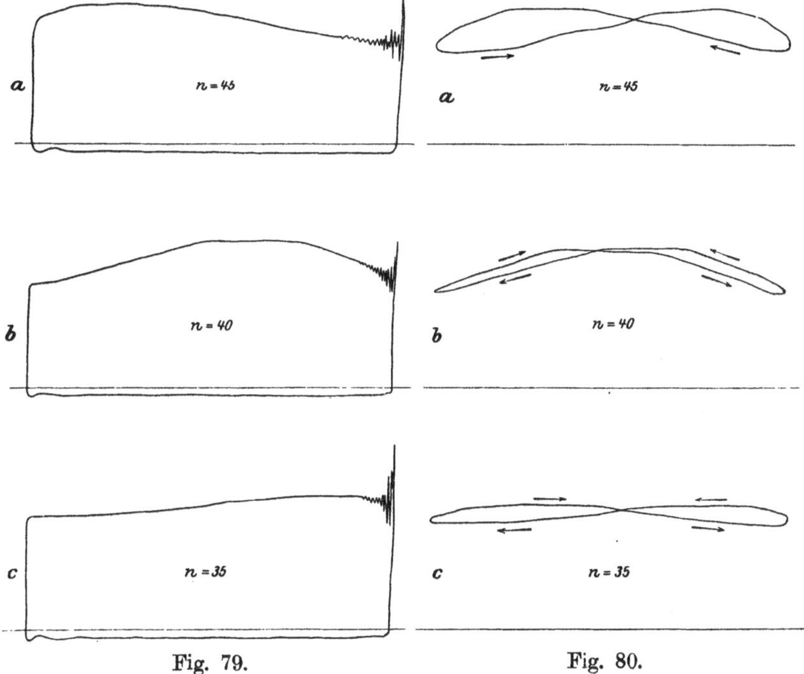

Fig. 79.   Fig. 80.

veranschaulichen den Durchgang der Maschine durch das Resonanzgebiet im Druckwindkessel bei einer von $n = 45/\text{min}$ bis $n = 35/\text{min}$ abnehmenden Umgangszahl der Pumpe. Man vergleiche Fig. 80a mit Fig. 67b, Fig. 80b mit Fig. 67d und Fig. 80c mit Fig. 67e.

Der Resonanzpunkt liegt zwischen $n = 45$ und $n = 40$, denn die Umkehr der Bewegungsrichtung des Schreibstifts findet zwischen Fig. 80a und 80b statt.

---

[1]) Von Herrn E. Fischer, früher Betriebsingenieur der Städtischen Wasserwerke in Stuttgart, ermittelt.

II. Saugwindkessel.

Der Unterschied in der Wirkungsweise eines Druck- und eines Saugwindkessels besteht darin, daß in der Druckleitung das Wasser aus dem Windkessel abströmt, in der Saugleitung das Wasser dem Windkessel zuströmt und infolgedessen eine Steigerung des Luftdrucks h im Windkessel über den mittleren Druck h_m bei der Drucksäule eine Beschleunigung, bei der Saugsäule dagegen eine Verzögerung hervorruft. An Stelle der für Druckwindkessel geltenden Gleichung 166

$$h - h_m = + \frac{L_d}{g} \frac{d^2 s}{dt^2}$$

gilt demnach für Saugwindkessel

$$h - h_m = - \frac{L_s}{g} \frac{d^2 s}{dt^2} \quad \ldots \ldots \ldots \quad 246$$

Um den Beschleunigungsdruck für die Saugsäule einer doppeltwirkenden Pumpe zu erhalten, sind dementsprechend in Gleichung 214 auf der rechten Seite die Vorzeichen sämtlicher Glieder umzudrehen. Man erhält alsdann

$$h - h_m = \frac{L_s F r \omega^2}{g F_s} \left[+ \frac{1}{1 - \left(\frac{\omega}{q}\right)^2} \cos qt \right.$$

$$\left. - \frac{1}{1 - \left(\frac{\omega}{q}\right)^2} \operatorname{ctg} \frac{q}{\omega} \frac{\pi}{2} \sin qt - \frac{1}{1 - \left(\frac{\omega}{q}\right)^2} \cos \omega t \right] \quad \ldots \quad 247$$

Dementsprechend hat man sich, wenn es sich um einen Saugwindkessel handelt, in den Fig. 60 und 61 die Vorzeichen sämtlicher Kurvenordinaten, also die ganzen Bilder umgedreht zu denken. Beim Saugwindkessel hat daher die Linie des Windkesseldrucks vor dem Resonanzpunkt die Form b (siehe Fig. 65) und hinter demselben die Form a. Die Umwandlung der einen Form in die andere vollzieht sich beim Durchgang durch das Resonanzgebiet jetzt in der durch Fig. 81 und 82 dargestellten Weise.

Die Tabelle S. 100 bzw. die Kurven Fig. 69 behalten auch für Saugwindkessel ihre Gültigkeit, ebenso wie die vorstehenden Gleichungen I bis III (S. 113), wobei an Stelle von L_d und F_d sinngemäß die Werte von L_s und F_s zu setzen sind.

6. Beispiel: Bestimmung des Luftinhalts für den Saugwindkessel einer einfachwirkenden oder einer Differentialpumpe.

Bei der stehenden Differentialpumpe eines Wasserwerks seien die Plungerdurchmesser $D = 0{,}435$ m bzw. $d = 0{,}335$ m, von welchen bei der Saugwirkung nur der größere mit dem Querschnitt $F = \frac{\pi}{4} \cdot 0{,}435^2$ $= 0{,}149$ qm in Betracht kommt. Der Hub sei $S = 2r = 0{,}760$ m, also $Fr = 0{,}149 \cdot 0{,}380 = 0{,}057$ cbm. Die Länge der Saugleitung sei $L_s = 15{,}75$ m, der Querschnitt derselben $F_s = \frac{\pi}{4} \cdot 0{,}400^2 = 0{,}126$ qm. Die Saughöhe einschließlich der Leitungswiderstände betrage $H_s + H_w = 4,0$ m. Die Umdrehungszahl der Pumpe sei $n = 27$ in der Minute. Es soll der Wind-

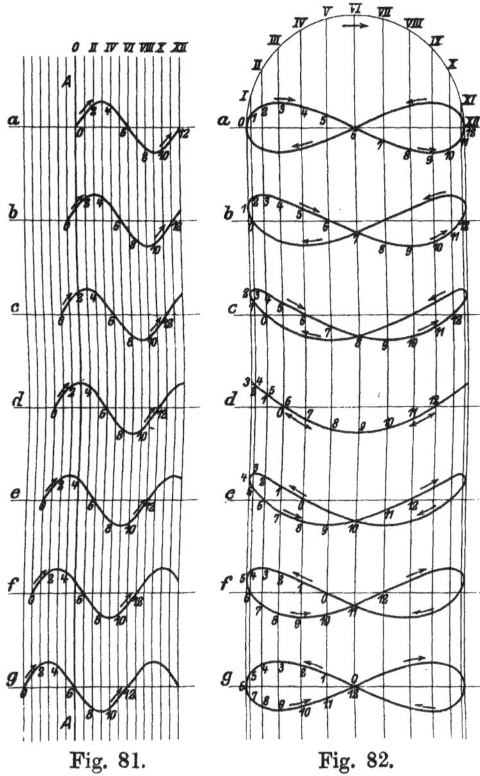

Fig. 81.			Fig. 82.

kesselinhalt W_m für einen Ungleichförmigkeitsgrad $\delta_p = 0,10$ bestimmt werden.

Der mittlere Druck h_m im Windkessel ist bei einer Saughöhe von 4,0 m und einem Atmosphärendruck von 10,0 m bestimmt durch $h_m = 10,0 - 4,0 = 6,0$ m. Für $n = 27$ ist $\omega = \dfrac{\pi \cdot 27}{30} = 2,826$ m/sek und $\omega^2 = 7,986$. Aus Gleichung I folgt sodann

$$\delta_p = \frac{15,75 \cdot 0,057 \cdot 7,986}{9,81 \cdot 6,0 \cdot 0,126} \, k_1$$
$$= 0,97 \, k_1.$$

Für $\delta_p = 0,10$ wird hiermit

$$k_1 = \frac{0,10}{0.97} = 0.103.$$

Hierfür gibt die Tabelle S. 112

$$\frac{q}{\omega} = 0,276.$$

Also mit Gleichung III

$$W_m = \frac{0{,}057 \cdot 0{,}103}{0{,}10 \cdot 0{,}276^2} = 0{,}770 \text{ cbm}$$

$$\frac{W_m}{FS} = \frac{0{,}770}{0{,}114} = 6{,}76.$$

7. Beispiel: Die Diagramme Fig. 83 und 84 gestatten, die im Saugwindkessel einer Wasserwerksmaschine beim Durchgang durch das

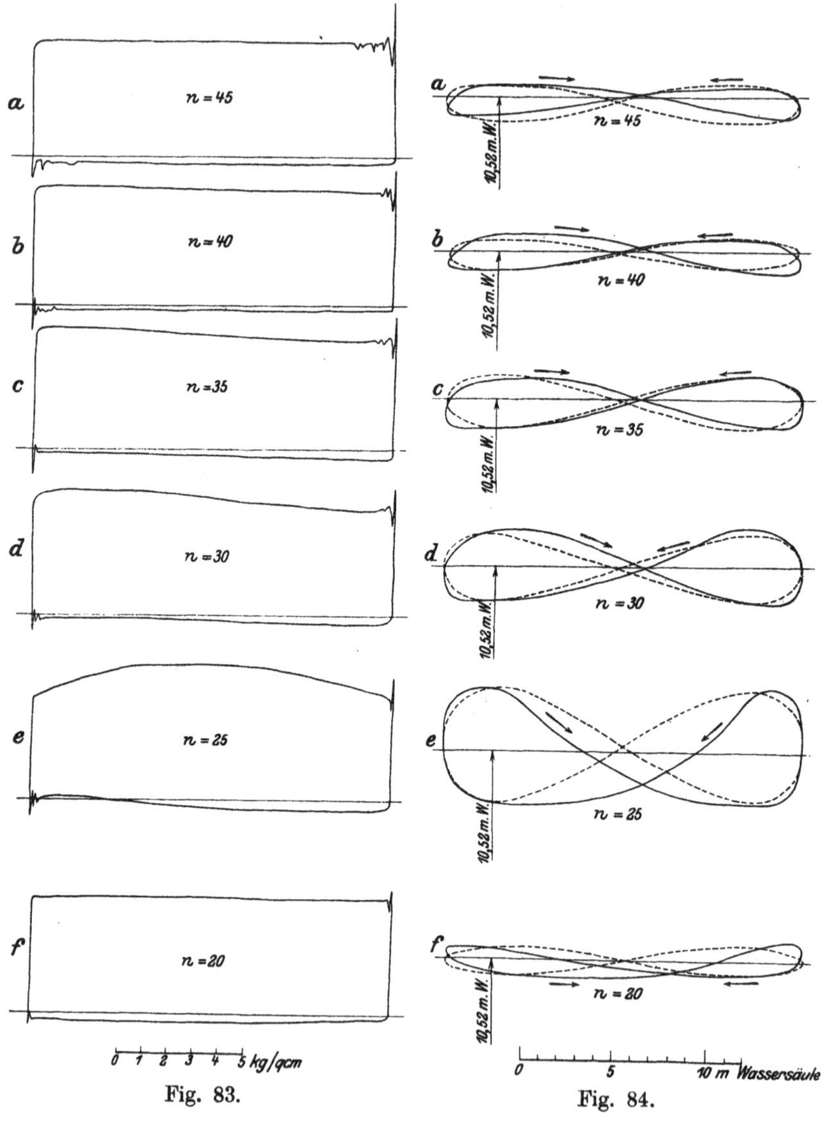

Fig. 83.   Fig. 84.

Resonanzgebiet im Saugwindkessel entstehenden Druckschwankungen zu verfolgen[1]).

Die Versuche wurden mit der in Fig. 364 dargestellten stehenden Maschine der Hamburger Wasserwerke ausgeführt. Um bei den kleinsten mit derselben möglichen Umdrehungszahlen in das Resonanzgebiet zu gelangen, wurde mit geringer Saughöhe, d. h. hohem Wasserstand im Brunnen gearbeitet, damit der mittlere Druck h_m im Saugwindkessel möglichst groß war. Außerdem wurde der Luftinhalt W_m des Saugwindkessels durch Abnahme des Aufsatz-Windkessels zwischen den beiden Pumpenseiten und Verschluß des Stutzens mit einem Deckel vermindert.

Der Betrieb der Maschine mit stufenweise abnehmender Umgangszahl von $n = 45$ bis $n = 20$ ergab am Pumpenzylinder die aus Fig. 83 und am Saugwindkessel die aus Fig. 84 ersichtlichen (vollausgezogenen) Drucklinien. Bei den letzteren ist aus der Bewegungsrichtung des Schreibstifts zu erkennen, daß wir uns von $n = 45$ bis $n = 25$ vor dem Resonanzpunkt befinden. Bei $n = 20$ hat der Schreibstift seine Bewegung umgekehrt. Der Resonanzpunkt liegt also zwischen $n = 25$ und $n = 20$.

Um die Diagramme an Hand der im früheren gegebenen Theorie näher zu untersuchen, wurden die Drucklinien auch auf theoretischem Wege ermittelt. Es wurde für jedes Windkesseldiagramm, ebenso wie dies im 2. Beispiel S. 116 geschehen, der Ungleichförmigkeitsgrad δ_p bestimmt, hiermit der Wert k_1 aus Gleichung I S. 113 berechnet, sodann der zugehörige Wert von $\dfrac{q}{\omega}$ aus der Tabelle S. 100 bzw. der Fig. 69 entnommen, hierauf die Linie der Druckschwankung nach Gleichung 214, wie auf S. 90 erläutert, in einem Diagramm mit Zeitbasis aufgezeichnet und schließlich dieses Diagramm in ein solches mit Kolbenwegbasis unter der Annahme unendlicher Länge der Schubstange verwandelt. Auf diese Weise entstanden die in Fig. 84 gestricht gezeichneten Druckkurven.

Unter der Annahme einer Länge der Saugwassersäule, die nur schätzungsweise bestimmt werden konnte, von $L_s = 3,0$ m ergab sich im einzelnen

$n =$	45	40	35	30	25	20	
$\delta_p =$	0,156	0,166	0,260	0,365	0,573	0,181	Aus den Diagrammen Fig. 84.
$k_1 =$	0,674	0,920	1,884	3,636	8,500	4,062	Nach Gleichung I S. 113.
$\dfrac{q}{\omega} =$	1,05	1,16	1,44	1,63	1,82	2,68	Aus Fig. 69 bzw. Tabelle S. 100.
$W_m = \Big\{$	0,450	0,474	0,397	0,430	0,487	0,360	Nach Gleichung III S. 113 berechnet.
	0,456	0,432	0,438	0,462	0,476	0,444	Aus den Beobachtungen am Wasserstandsglas geschätzt.

[1]) Die Diagramme verdanke ich Herrn Baurat R. Schröder in Hamburg.

Aus den Werten von $\dfrac{q}{\omega} = 1{,}05$ bis $1{,}82$ für $n = 45$ bis $n = 25$ ergibt sich, daß wir uns (s. Fig. 60) in dem Gebiet von Bild 6 bis Bild 11, also vor dem Resonanzpunkt befinden, während $\dfrac{q}{\omega} = 2{,}68$ für $n = 20$ dem Bild 14 hinter dem Resonanzpunkt am nächsten kommt[1]).

Ein Vergleich der ausgezogenen (auf dem Versuchswege gewonnenen) mit den gestricht gezeichneten (auf dem Rechnungswege erhaltenen) Drucklinien (Fig. 84) ergibt selbst bei dem Ungleichförmigkeitsgrad des Windkesseldrucks von 36% bei $n = 30$ (Fig. 84d) noch befriedigende Übereinstimmung in der Gestalt der Drucklinien. Daß der Kreuzungspunkt der Schleife bei allen Versuchsdiagrammen rechts von der Mitte der Figur liegt, ist auf die endliche Länge der Schubstange zurückzuführen, die bei den theoretischen Kurven nicht berücksichtigt wurde.

Die große Verschiedenheit der beiden Kurven bei $n = 25$ und $n = 20$, zwischen denen der Resonanzpunkt liegt, weist auf die oben besprochene zeitliche Verschiebung der Schwingung der Wassersäule gegen den Anfang der Kolbenbewegung beim Durchgang durch den Resonanzpunkt hin (vgl. Fig. 84e mit Fig. 82c, und Fig. 84f mit Fig. 82e).

Zur Entscheidung der Frage, ob die Schwankungen, welche nicht nur die Saug-, sondern auch die Drucklinien der Pumpenraumdiagramme (Fig. 83) aufweisen, mit Resonanz im Druckwindkessel oder nur mit großem Ungleichförmigkeitsgrad der Geschwindigkeit des Schwungrads zu erklären sind, müßten Druckwindkesseldiagramme vorliegen.

Ein reiches Material an wertvollen· Diagrammen bietet außerdem die Abhandlung von A. Riedler, Indikatorversuche an Pumpen und Wasserhaltungsmaschinen, 1881, sowie die Veröffentlichung von A. Gramberg, Wirkungsweise und Berechnung der Windkessel von Kolbenpumpen, in der Zeitschr. d. Ver. deutsch. Ing. 1911, S. 842 u. ff.

Berechnet man für ein einzelnes Diagramm der letzteren Abhandlung den Wert $\dfrac{q}{\omega}$ und vergleicht man das Diagramm. mit dem zu diesem Wert von $\dfrac{q}{\omega}$ gehörigen Bild der Fig. 60 und 61, so wird man mannigfache Übereinstimmung hinsichtlich Zahl und Verlauf der Schwingungen der Drucklinie finden. Hierauf näher einzugehen, verbietet der zulässige Umfang des vorliegenden Buches.

B. Berechnung des Windkessels mit Rücksicht auf das Ingangsetzen der Pumpe. Hauptwindkessel.

Pumpe und Rohrleitungen seien mit Wasser gefüllt. Das Volumen der im Druckwindkessel enthaltenen Luft sei vor der Ingangsetzung der Pumpe W_0 cbm, ihre Pressung h_0 m Wassersäule, dann ist

$$h_0 = A + y_d, \quad\ldots\ldots\ldots\ldots 248$$

---

[1]) Die Bilder sind umgedreht zu denken, da es sich um einen Saugwindkessel handelt.

wenn A der Druck der Atmosphäre auf die Mündung des Steigrohrs und y_d der senkrechte Abstand dieser Mündung vom Wasserspiegel des Windkessels ist. Wird die Pumpe angelassen, so liefert sie ihr Wasser zunächst in den Windkessel; es steigt der Wasserspiegel in diesem, und durch die hiermit verbundene Verkleinerung des Luftvolumens wächst der Luftdruck. Infolgedessen setzt sich das Wasser in der Druckleitung in Bewegung und strömt mit um so größerer Geschwindigkeit ab, je höher der Druck im Windkessel steigt. Mit der Zunahme der Geschwindigkeit wächst der hydraulische Leitungswiderstand h_w.

Es sei angenommen, die Pumpe werde mit solcher Geschwindigkeit angelassen, daß durch den Querschnitt F_1 des Zuflußrohrs das Wasser mit der durchschnittlichen Geschwindigkeit c_1 in den Windkessel tritt, so daß also $F_1 c_1$ cbm dem Windkessel in der Sekunde zugeführt werden. Nach t Sekunden, vom Beginn der Inbetriebsetzung an gerechnet, sei die Pressung im Windkessel von h_0 auf h gestiegen, hierbei habe das Volumen der Luft von W_0 auf W abgenommen, und das Wasser in der Rohrleitung vom Querschnitt F_d habe die Geschwindigkeit c erreicht. Im Zeitelement dt tritt die Wassermenge $F_1 c_1 dt$ in den Windkessel, während die Wassermenge $F_d c dt$ von ihm abfließt. Es wird also der Wasserinhalt des Windkessels in der Zeit dt um das Volumen

$$dq = F_1 c_1 dt - F_d c\, dt \quad \ldots \ldots \ldots \quad 249$$

vergrößert bzw. das Luftvolumen im Windkessel verkleinert.

Die ganze Verminderung des Luftinhalts vom Beginn der Inbetriebsetzung bis zur Zeit t ist dann

$$q = \int_0^t F_1 c_1\, dt - \int_0^t F_d c\, dt \quad \ldots \ldots \ldots \quad 250$$

$$= F_1 c_1 t - F_d \int_0^t c\, dt.$$

Da nach dem Mariotteschen Gesetz das Produkt aus Druck und Volumen der Luft konstant ist, so gilt

$$W h = W_0 h_0$$

oder, da

$$W = W_0 - q,$$
$$(W_0 - q) h = W_0 h_0,$$

also

$$q = W_0 - W_0 \frac{h_0}{h} \quad \ldots \ldots \ldots \quad 251$$

und demnach

$$dq = W_0 h_0 \frac{dh}{h^2} \quad \ldots \ldots \ldots \quad 252$$

Hiernach ist mit Rücksicht auf Gleichung 249

$$F_1 c_1 dt - F_d c\, dt = W_0 h_0 \frac{dh}{h^2} \quad \ldots \ldots \ldots \quad 253$$

Es ergibt sich nun noch eine weitere Beziehung aus folgendem:

Wenn der Druck h im Windkessel größer ist als der Widerstand $h_0 + h_w$ der Wassersäule, so erfährt diese eine Beschleunigung, deren Größe sich aus dem Gesetz, daß bewegende Kraft = Masse mal Beschleunigung ist, bestimmt. Auf den Querschnitt des Steigrohrs wirkt der Druck $F_d h \gamma$, der Widerstand der Wassersäule ist gleich $F_d (h_0 + h_w) \gamma$. Die die Wassersäule bewegende Kraft ist also $F_d (h - h_0 - h_w) \gamma$. Hat die Wassersäule die Länge L_d, so ist ihre Masse $\dfrac{F_d L_d \gamma}{g}$, und da ihre Beschleunigung gleich $\dfrac{dc}{dt}$, so ergibt sich die Beziehung

$$F_d (h - h_0 - h_w) \gamma = \frac{F_d L_d \gamma}{g} \frac{dc}{dt}, \quad \ldots \ldots \ldots \quad 254$$

woraus mit

$$h_w = \Sigma \zeta \frac{c^2}{2g}$$

$$dt = \frac{L_d}{g} \frac{dc}{h - h_0 - \Sigma \zeta \dfrac{c^2}{2g}} \quad \ldots \ldots \ldots \quad 255$$

Setzt man diesen Wert in Gleichung 253 ein, so folgt die Beziehung zwischen der Geschwindigkeit c in der Leitung und dem Windkesseldruck h

$$\frac{L_d}{g} (F_1 c_1 - F_d c)\, dc = W_0 h_0 \frac{h - h_0 - \Sigma \zeta \dfrac{c^2}{2g}}{h^2}\, dh \quad \ldots \quad 256$$

Diese Gleichung läßt sich nicht integrieren.

a) **Die hydraulischen Widerstände in der Leitung werden vernachlässigt.**

Wird $h_w = \Sigma \zeta \dfrac{c^2}{2g} = 0$ gesetzt, so ist die Gleichung integrierbar, und man hat

$$\frac{L_d}{g} \int_0^c (F_1 c_1 - F_d c)\, dc = W_0 h_0 \int_{h_0}^h \frac{h - h_0}{h^2}\, dh$$

$$\frac{L_d}{g} \left(F_1 c_1 c - \frac{F_d c^2}{2} \right) = W_0 h_0 \left(ln\, \frac{h}{h_0} + \frac{h_0}{h} - 1 \right) \quad \ldots \quad 257$$

Mit dieser Beziehung läßt sich für irgendeinen Druck h im Windkessel die Geschwindigkeit c des Wassers in der Leitung bestimmen. Je höher der Druck im Windkessel steigt, um so größer wird die Geschwindigkeit, mit der das Wasser aus ihm abströmt. Dies dauert so lange fort, bis die Abflußmenge $F_d c$ gleich der konstant angenommenen Zuflußmenge $F_1 c_1$ geworden ist. Dann steigt der Wasserspiegel im Windkessel nicht mehr weiter, es ist der höchste Windkesseldruck h_{max}

erreicht. Die diesem Druck entsprechende Geschwindigkeit ergibt sich
also aus: Abflußmenge = Zuflußmenge, d. h.

$$F_d\, c = F_1\, c_1$$

oder

$$c = \frac{F_1}{F_d}\, c_1 \quad \ldots \ldots \ldots \ldots \quad 258$$

Mit diesen Werten von c und h gibt Gleichung 257

$$\frac{L_d (F_1 c_1)^2}{2g F_d} = W_0 h_0 \left(ln\, \frac{h_{max}}{h_0} + \frac{h_0}{h_{max}} - 1 \right) \quad \ldots \ldots \quad 259$$

Hieraus folgt der mindestens erforderliche Luftinhalt des Druckwindkessels

$$W_0 = \frac{L_d}{h_0}\, \frac{(F_1 c_1)^2}{2g\, F_d}\, \frac{1}{\left(ln\, \dfrac{h_{max}}{h_0} + \dfrac{h_0}{h_{max}} - 1 \right)} \quad \ldots \ldots \quad 260$$

Der notwendige Luftinhalt des Druckwindkessels beim Stillstand ist
also um so größer,

je größer $F_1 c_1$, d. h. die Wasserlieferung der Pumpe beim Anlaufen.
Geschieht dieses mit voller Geschwindigkeit, so ist $F_1 c_1 = Q$, wenn
Q die mittlere sekundliche Wasserlieferung der Pumpe während
des Betriebs bedeutet;

je größer $\dfrac{L_d}{h_0}$, d. h. je länger die Leitung im Verhältnis zum Windkesseldruck beim Stillstand, d. h. zur Druckhöhe der Pumpe;

je kleiner der Querschnitt F_d der Druckleitung;

je kleiner $\dfrac{h_{max}}{h_0}$, d. h. je kleiner die zulässige Drucksteigerung im Windkessel beim Anlaufen. Der zulässige Höchstwert h_{max} hängt davon
ab, welchen Widerstand die Antriebsmaschine beim Anlaufen überwinden kann.

8. Beispiel: Die sekundliche Wasserlieferung einer Wasserwerksmaschine sei $Q = 0{,}050$ cbm; der senkrechte Abstand des Wasserspiegels im Windkessel von der Mündung der Druckleitung $y_d = 206$ m,
also der absolute Druck im Windkessel beim Stillstand der Pumpe
$h_0 = A + y_d = 10 + 206 = 216$ m. Die 12 km lange Druckleitung bestehe
aus einer Strecke von der Länge $L_I = 4000$ m mit einem Durchmesser
$D_I = 0{,}190$ m, also einem Querschnitt $F_I = 0{,}0283$ qm und aus einer
Strecke von der Länge $L_{II} = 8000$ m mit einem Durchmesser $D_{II} = 0{,}325$ m,
also einem Querschnitt $F_{II} = 0{,}083$ qm.

Es soll die Größe des Windkessels bestimmt werden. Um einen
Anhalt für die Wahl des Verhältnisses $h_{max} : h_0$ zu gewinnen, sei zunächst
der mittlere Betriebsdruck $h_m = h_0 + h_w$ im Windkessel bestimmt.
Hierbei ist die Widerstandshöhe h_w gleich der Summe der Widerstände
in den beiden Leitungsstrecken, also

$$h_w = \Sigma\, \zeta_I\, \frac{c^2{}_I}{2g} + \Sigma\, \zeta_{II}\, \frac{c^2{}_{II}}{2g},$$

wenn c_I und c_{II} die mittleren Wassergeschwindigkeiten in den beiden Leitungsstrecken bedeuten. Da durch beide Strecken die gleiche Wassermenge fließt, so ist

$$F_{II}\,c_{II} = F_I\,c_I$$

oder

$$c_{II} = \frac{F_I\,c_I}{F_{II}}.$$

Dementsprechend gilt

$$h_w = \left[\Sigma\,\zeta_I + \Sigma\,\zeta_{II} \left(\frac{F_I}{F_{II}}\right)^2 \right] \frac{c^2{}_I}{2g}$$

oder

$$h_w = \Sigma\,\zeta\,\frac{c^2{}_I}{2g}.$$

Unter der Annahme $\lambda = 0{,}024$ ergibt sich

$$\Sigma\,\zeta_I = \frac{\lambda L_I}{D_I} = \frac{0{,}024 \cdot 4000}{0{,}190} = 505$$

$$\Sigma\,\zeta_{II} = \frac{\lambda L_{II}}{D_{II}} = \frac{0{,}024 \cdot 8000}{0{,}325} = 591$$

$$\left(\frac{F_I}{F_{II}}\right)^2 = \left(\frac{0{,}0283}{0{,}083}\right)^2 = 0{,}116,$$

also

$$\Sigma\,\zeta = (505 + 591 \cdot 0{,}116) = 573.$$

Ferner ist

$$c_I = \frac{Q}{F_I} = \frac{0{,}050}{0{,}0283} = 1{,}8 \text{ m}.$$

Es wird daher der mittlere Leitungswiderstand

$$h_w = \frac{573 \cdot 1{,}8^2}{2 \cdot 9{,}81} = 94{,}7 \text{ m}$$

und der mittlere Betriebsdruck im Windkessel

$$h_m = h_0 + h_w = 216 + 94{,}7 \sim 310 \text{ m}.$$

Da wir bei der Berechnung des Windkesselinhalts den Widerstand der Leitung vernachlässigen, so sei angenommen, daß der Höchstdruck beim Anlassen der Pumpe den mittleren Betriebsdruck um nicht mehr als $8^0/_0$ überschreite. Mit $h_{max} = 1{,}08\,h_m = 1{,}08 \cdot 310 = 335$ wird dann

$$\frac{h_{max}}{h_0} = \frac{335}{216} = 1{,}555.$$

Die auf den Leitungsquerschnitt vom Durchmesser $D_I = 0{,}190$ m reduzierte Länge der Leitung ist sodann

$$L_d = L_I + L_{II}\,\frac{F_I}{F_{II}} = 4000 + \frac{8000 \cdot 0{,}0283}{0{,}083} = 6730 \text{ m}.$$

Mit Gleichung 260 erhält man nun für den Windkesselinhalt (s. Tabelle S. 134)

$$W_0 = \frac{6730}{216}\,\frac{(0{,}05)^2}{2 \cdot 9{,}81 \cdot 0{,}0283}\,\frac{1}{\left(ln\,1{,}555 + \dfrac{1}{1{,}555} - 1\right)} \sim 1{,}655 \text{ cbm.}$$

Da dieser Windkessel zu groß ist, als daß er mit der Pumpe konstruktiv vereinigt werden könnte, so ist er gesondert aufzustellen.

b) Die hydraulischen Widerstände in der Leitung werden berücksichtigt.

Die den Leitungswiderstand berücksichtigende Gleichung 256 lautet, etwas anders geschrieben,

$$\frac{(F_1 c_1 - F_d c)\,dc}{h - h_0 - \Sigma\,\zeta\,\dfrac{c^2}{2\,g}} = \frac{g\,W_0\,h_0}{L_d}\,\frac{dh}{h^2}.$$

Bezeichnet man hierin zur Vereinfachung der Schreibweise die Geschwindigkeit c mit x und den zugehörigen Windkesseldruck h mit y und setzt man ferner $F_1 c_1 = C_1$; $F_d = C_2$; $h_0 = C_3$; $\dfrac{\Sigma\,\zeta}{2\,g} = C_4$ und $\dfrac{g\,W_0\,h_0}{L_d} = C_5$, so schreibt sich die Gleichung

$$\frac{(C_1 - C_2 x)\,dx}{y - C_3 - C_4 x^2} = C_5\,\frac{dy}{y^2} \quad \dots \dots \dots \ 261$$

oder wenn $\dfrac{C_1}{C_5} = C_6$ und $\dfrac{C_2}{C_5} = C_7$ gesetzt wird, erhält man mit kleiner Umformung

$$\frac{dy}{dx} = \frac{(C_6 - C_7 x)\,y^2}{y - C_3 - C_4 x^2} \quad \dots \dots \dots \dots \ 262$$

Da diese Gleichung nicht integrierbar ist, so muß die durch sie bestimmte Kurve punktweise ermittelt werden.

Sind die Koordinaten x_n und y_n eines Kurvenpunkts gegeben, so erhält man die Abszisse x_{n+1} des nächsten Kurvenpunkts, dessen Ordinate y_{n+1} ist, aus der Gleichung der Kurventangente im Punkt x_n, y_n, welche lautet:

$$\left(\frac{dy}{dx}\right)_n = \frac{y_{n+1} - y_n}{x_{n+1} - x_n} \quad \dots \dots \dots \dots \ 263$$

Hieraus folgt die Abszisse

$$x_{n+1} = \frac{(y_{n+1} - y_n)}{\left(\dfrac{dy}{dx}\right)_n} + x_n \quad \dots \dots \dots \dots \ 264$$

9. Beispiel: Es soll die Steigerung des Drucks im Windkessel dargestellt werden, wenn die im vorigen Beispiel betrachtete Pumpe mit voller Geschwindigkeit angelassen wird. Dabei soll die Zunahme des Leitungswiderstands beim Anlassen berücksichtigt werden.

Mit den im vorigen Beispiel enthaltenen Zahlenwerten ergibt sich für die Konstanten der Gleichung 261:

$$C_1 = F_1 c_1 = Q = 0{,}05; \qquad C_2 = F_d = 0{,}0283; \qquad C_3 = h_0 = 216;$$

$$C_4 = \frac{\Sigma \zeta}{2\,g} = \frac{573}{2 \cdot 9{,}81} = 29; \qquad C_5 = \frac{g\,W_0\,h_0}{L_d} = \frac{9{,}81 \cdot 1{,}655 \cdot 216}{6730} = 0{,}52;$$

$$C_6 = \frac{C_1}{C_5} = \frac{0{,}05}{0{,}52} = 0{,}096; \qquad C_7 = \frac{C_2}{C_5} = \frac{0{,}0283}{0{,}52} = 0{,}0545.$$

Diese Werte in Gleichung 262 eingesetzt gibt

$$\frac{d\,y}{d\,x} = \frac{(0{,}096 - 0{,}0545\,x)\,y^2}{y - 216 - 29\,x^2}.$$

Zu Beginn ist die Geschwindigkeit in der Leitung $c = 0$ und der Druck im Windkessel $h = h_0$. Für den Anfangspunkt der Drucklinie gilt also $x_0 = 0$; $y_0 = 216$. Mit diesen Werten ergibt sich für die Kurventangente im Anfangspunkt nach vorstehender Gleichung

$$\left(\frac{d\,y}{d\,x}\right)_0 = \frac{(0{,}096 - 0)\,216^2}{0} = \infty,$$

d. h. die Kurve hat im Anfangspunkt eine senkrechte Tangente. Um den nächsten Kurvenpunkt bestimmen zu können, sei angenommen, daß die Tangente im Punkt $x_0 y_0$ eine kleine Abweichung von der Vertikalen habe, und demgemäß sei gesetzt

$$\left(\frac{d\,y}{d\,x}\right)_0 = 1\,000\,000.$$

Nach Gleichung 263 gilt dann für den Kurvenpunkt mit den Koordinaten $x_1 y_1$

$$x_1 = \frac{y_1 - y_0}{\left(\dfrac{d\,y}{d\,x}\right)_0} + x_0.$$

Es sei in diesem Punkt der Druck um 10 m höher als im Anfangspunkt, also $y_1 = y_0 + 10 = 216 + 10 = 226$. Dann ist die zugehörige Geschwindigkeit des Wassers in der Leitung nach vorstehender Gleichung

$$x_1 = \frac{226 - 216}{1\,000\,000} + 0 = 0{,}00001.$$

Mit diesen Werten von x_1 und y_1 ergibt sich für die Tangente im Punkt $x_1 y_1$ nach Gleichung 263

$$\left(\frac{d\,y}{d\,x}\right)_1 = \frac{(0{,}096 - 0{,}0545 \cdot 0{,}00001)\,226^2}{226 - 216 - 29 \cdot 0{,}00001^2} \sim \frac{0{,}096 \cdot 226^2}{10} = 490{,}33.$$

Im nächsten Punkt sei der Druck wieder um 10 m höher, also $y_2 = y_1 + 10 = 226 + 10 = 236$, dann ist die zugehörige Geschwindigkeit

$$x_2 = \frac{236 - 226}{490{,}33} + 0{,}00001 = 0{,}02041 \text{ usw.}$$

Fährt man in dieser Weise fort, indem man für jeden weiteren Punkt den Druck im Windkessel um 10 m höher annimmt und die zugehörige Wassergeschwindigkeit in der Leitung bestimmt, so erhält man die folgenden Zahlenwerte, welche die in Fig. 85 ersichtliche Druckkurve $A\,B$ ergeben.

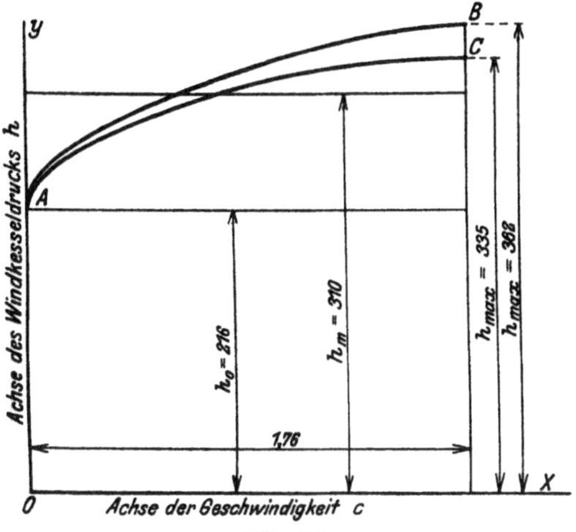

Fig. 85.

Geschwindigkeit in der Leitung x bzw. c	Druck im Windkessel y bzw. h	Geschwindigkeit in der Leitung x bzw. c	Druck im Windkessel y bzw. h
0,00000	216	0,5766	306
0,00001	226	0,7095	316
0,0204	236	0,8587	326
0,0582	246	1,0282	336
0,1114	256	1,2262	346
0,1787	266	1,4736	356
0,2591	276	1,6674	361
0,3522	286	1,7610	361,6
0,4579	296		

Der Druck steigt also auf 362 m. Er ist demnach, da

$$\frac{h_{max}}{h_m} = \frac{362}{310} = 1,17$$

ist, um 17% größer als der mittlere Betriebsdruck. Im gleichen Verhältnis ist die Belastung des Antriebsmotors der Pumpe beim Anlaufen größer als beim Betrieb.

Um den Einfluß des Leitungswiderstands zu veranschaulichen, ist in Fig. 85 außerdem die Druckkurve AC eingezeichnet, welche sich bei Vernachlässigung des Reibungswiderstands in der Leitung ergibt. Man erhält dieselbe am einfachsten, wenn man für verschiedene Werte von h bzw. von dem Verhältnis $\dfrac{h}{h_0}$ die zugehörige Geschwindigkeit c nach Gleichung 257 berechnet, wobei man sich mit Vorteil der umstehenden Tabelle bedient.

$\dfrac{h_{max}}{h_0}$	$\left[ln\,\dfrac{h_{max}}{h_0} + \dfrac{h_0}{h_{max}} - 1 \right]$	$\dfrac{h_{max}}{h_0}$	$\left[ln\,\dfrac{h_{max}}{h_0} + \dfrac{h_0}{h_{max}} - 1 \right]$
1,00	0,0000	1,35	0,0408
1,05	0,0012	1,40	0,0508
1,10	0,0044	1,45	0,0612
1,15	0,0093	1,50	0,0721
1,20	0,0156	1,55	0,0834
1,25	0,0231	1,60	0,0950
1,30	0,0316		

Eine Berechnung des Windkessels mit Rücksicht auf das Ingangsetzen der Pumpe ist selbstverständlich nur bei einer im Verhältnis zur Förderhöhe großen Leitungslänge erforderlich.

14. Wirkungsweise und Berechnung der Ventile.

Die Ventile haben den Zweck, den Pumpenraum abwechselnd mit der Saug- und der Druckleitung in Verbindung zu bringen bzw. von diesen Leitungen abzuschließen. Man unterscheidet Hubventile, Klappen und Schieber. Bei den Hubventilen erfolgt das Öffnen und Schließen des Verbindungskanals zwischen Pumpenraum und Leitung durch eine Bewegung der Ventilplatte senkrecht zur Dichtungsfläche, bei den Klappen durch Drehung der Ventilplatte um eine zur Dichtungsfläche parallel liegende Achse, bei den Schiebern durch eine Bewegung der Schieberplatte parallel zur Dichtungsfläche. Erfolgt die Bewegung der Ventile lediglich durch die Wechselwirkung zwischen dem Flüssigkeitsdruck und der Ventilbelastung, so werden die Ventile als selbsttätige bezeichnet, ist ihre Bewegung eine durch die Einwirkung einer mechanischen Vorrichtung teilweise oder gänzlich gezwungene, so spricht man von gesteuerten Ventilen. Zur selbsttätigen Wirkung eignen sich nur die Hubventile und Klappen, die Bewegung der Schieber muß eine gänzlich gezwungene sein, weil der senkrecht zu ihrer Bewegungsrichtung wirkende Flüssigkeitsdruck nicht zu ihrer Bewegung dienen kann. Die Hubventile und Klappen haben unter Umständen eine zum Teil selbsttätige, zum Teil durch eine Steuerungseinrichtung gezwungene Bewegung.

Hubventile.

a) Beziehung zwischen Wassermenge, Ventilbelastung und Ventilhub im allgemeinen.

α) Die Geschwindigkeit des Wassers im Ventilsitz ist gleichbleibend. Schwebezustand des Ventils.

Der Sitz des Ventils (Fig. 86) habe den Querschnitt f_1 qm und werde vom Wasser mit der gleichbleibenden Geschwindigkeit c_1 m/sek durchströmt, so daß eine Wassermenge $Q = f_1 c_1$ cbm in der Sekunde durch das Ventil tritt.

Bei dem Übergang aus der Sitzöffnung in den Ventilspalt wird das Wasser durch den Ventilteller aus seiner Richtung abgelenkt und es erfährt hierauf eine zweite Ablenkung bei seinem Übertritt aus dem Spalt in den ringförmigen Querschnitt zwischen dem Ventilteller und der Wand des Ventilgehäuses. Gleichzeitig mit den Richtungsänderungen entstehen Geschwindigkeitsänderungen des Wassers, entsprechend der Verschiedenheit der Größe der durchströmten Querschnitte.

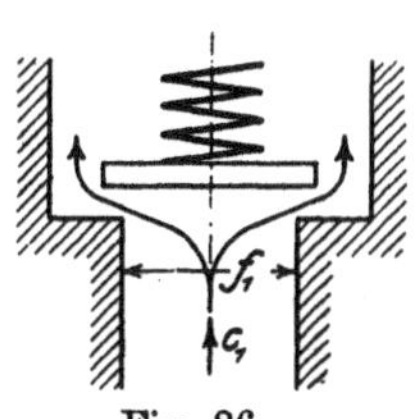

Fig. 86.

Die Kraft, welche das Wasser infolge dieser Richtungs- und Geschwindigkeitsänderungen auf das Ventil ausübt, und mit der das geöffnete Ventil gegen den Wasserstrom gedrückt, d. h. belastet werden muß, um es gegenüber der von der strömenden Flüssigkeit ausgeübten Wirkung in seiner Stellung zu erhalten, hat Bach durch Versuche ermittelt, deren Ergebnisse in der Schrift „Versuche über Ventilbelastung und Ventilwiderstand" (Verlag von J. Springer, Berlin 1884)[1]) niedergelegt sind.

Es ergab sich

$$P_1 = \gamma f_1 \frac{c_1^2}{2g}\left[\varkappa + \left(\frac{f_1}{\mu_1 h l_1}\right)^2\right] \quad\ldots\ldots\ldots 265$$

Hierin bedeutet mit dem Meter als Längen-, dem Quadratmeter als Flächen- und dem Kilogramm als Gewichtseinheit:

P_1 die Kraft, welche der Wasserstrom auf das Ventil ausübt,

d_1 den Durchmesser der Ventilsitzöffnung,

f_1 den Querschnitt der Ventilsitzöffnung,

l_1 den Umfang des Zylindermantels, durch welchen die Flüssigkeit radial auswärts entweicht, gemessen an der Peripherie von f_1,

c_1 die Geschwindigkeit, mit welcher das Wasser unter dem Ventil ankommt, also durch den Querschnitt f_1 fließt,

h die Hubhöhe des Ventils,

$\varkappa$ und μ_1 Erfahrungskoeffizienten, welche von der Konstruktion des Ventils abhängen und auf dem Versuchsweg zu bestimmen sind,

γ das Gewicht der Volumeneinheit der Flüssigkeit ($\gamma = 1000$ für Wasser),

$g = 9{,}81$ die Beschleunigung durch die Schwerkraft.

Die Gleichung läßt erkennen, daß der Druck des Wasserstroms gegen das Ventil außer von der Geschwindigkeit c_1, mit welcher das Wasser gegen das Ventil strömt, auch von dem Abstand h des Ventiltellers von seiner Sitzfläche abhängig ist.

Die das Ventil niederdrückende Kraft oder seine Belastung setzt sich zusammen aus der Gewichtsbelastung G_w, bestehend aus dem Gewicht des Ventils und dem Gewicht seiner Belastungsfeder im Wasser, und aus dem Druck $\mathfrak{F}$ seiner Belastungsfeder. Besteht Gleichgewicht zwischen

---

[1]) Siehe auch Z. d. Ver. deutsch. Ing. 1886, S. 421 u. ff.

Ventilbelastung und Kraft des Wasserstroms, d. h. ist $P_1 = G_w + \mathfrak{F}$, so bewegt sich das Ventil nicht, es schwebt auf dem Wasserstrom; in diesem Falle gilt

$$G_w + \mathfrak{F} = \gamma f_1 \frac{c_1^2}{2g}\left[\varkappa + \left(\frac{f_1}{\mu_1 h l_1}\right)^2\right] \quad \ldots \ldots \quad 266$$

Diese Gleichung stellt die Beziehung zwischen der Ventilbelastung $G_w + \mathfrak{F}$, der Wassermenge $f_1 c_1$, welche in der Sekunde durch das Ventil strömt, und dem Ventilhub h für ein auf dem Wasserstrom in Ruhe schwebendes Ventil von bestimmten Abmessungen dar. Sind zwei dieser Größen gegeben, so kann die dritte bestimmt werden.

Aus Gleichung 266 erhält man zur Ermittelung des Ventilhubs

$$h = \frac{f_1 c_1}{\mu_1 l_1 \sqrt{\dfrac{2 g (G_w + \mathfrak{F})}{f_1 \gamma} - \varkappa c_1^2}} \quad \ldots \ldots \quad 267$$

Aus dieser Beziehung ist ersichtlich, daß der Ventilhub h um so größer ist, je größer die Geschwindigkeit c_1 ist, mit welcher das Wasser durch den Ventilsitz strömt. Das Ventil stellt sich also bei gegebener Belastung um so höher ein, je größer die in der Sekunde durchströmende Wassermenge ist.

Geht die Wassergeschwindigkeit von c_1 in einen anderen konstanten Wert über, der kleiner ist als c_1, dann wird der Druck des Wasserstromes gegen die untere Fläche des Ventiltellers (s. Gleichung 265) kleiner. Bleibt die Ventilbelastung unverändert, so ist der von oben auf das Ventil wirkende Druck größer als die von unten auf dasselbe wirkende Kraft des Wasserstroms, es sinkt daher das Ventil, d. h. der Wert des Ventilhubs h nimmt ab, was nach Gleichung 265 zur Folge hat, daß die Kraft des Wasserstroms zunimmt, da h im Nenner steht. Das Ventil sinkt daher nur so lange, bis die Kraft des Wasserstroms wieder gleich der Ventilbelastung geworden ist, und kommt bei einer kleineren Hubhöhe wieder ins Gleichgewicht.

Zahlenbeispiel: Für ein Tellerventil ohne untere Führung (vgl. Fig. 86) gilt nach Bach die Gleichung 267 bei Hubhöhen von $h = 0{,}1 d_1$ bis $h = 0{,}25 d_1$. Für die Koeffizienten $\varkappa$ und μ_1 ist zu setzen:

$$\varkappa = 2{,}5 + 19 \frac{b_1 - 0{,}1\,d_1}{d_1}$$

bei einer radialen Breite der Dichtungsfläche von $b_1 = 0{,}1 d_1$ bis $b_1 = 0{,}25 d_1$,

$$\mu_1 = 0{,}60 \text{ bis } 0{,}62$$

bei breiter bis schmaler Dichtungsfläche.

Für das Ventil Fig. 86 sei $f_1 = \frac{\pi}{4} d_1^2 = \frac{\pi}{4} \cdot 0{,}050^2 = 0{,}001964$ qm; $l_1 = \pi \cdot 0{,}050 = 0{,}157$ m; $b_1 = 0{,}005$ m; $G_w + \mathfrak{F} = 1{,}614 + 0 = 1{,}614$ kg. Es soll der Hub des Ventils bestimmt werden für den Fall, daß die Wassergeschwindigkeit c_1 im Ventilsitz einmal 1,850 m/sek und das andere Mal 1,006 m/sek beträgt.

Mit $\varkappa = 2,5 + 19 \dfrac{5 - 0,1 \cdot 50}{50} = 2,5$ und $\mu_1 = 0,62$ folgt aus Gleichung 267

für $c_1 = 1,850$ m

$$h = \cfrac{0,001964 \cdot 1,850}{0,62 \cdot 0,157 \sqrt{\dfrac{2 \cdot 9,81 \cdot 1,614}{0,001964 \cdot 1000} - 2,5 \cdot 1,850^2}} = 0,0135 \text{ m,}$$

für $c_1 = 1,006$ m ergibt sich in der gleichen Weise

$$h = 0,0055 \text{ m.}$$

Bei einer Abnahme der Geschwindigkeit, mit welcher das Wasser gegen das Ventil strömt, von 1,850 auf 1,006 m sinkt also das Ventil um 8 mm.

Zur Bestimmung des Ventilhubs aus Wassermenge und Ventilbelastung läßt sich eine Gleichung aufstellen, welche eine bequemere Form als Gleichung 267 besitzt.

Bedeutet neben den früheren Bezeichnungen

d den äußeren Durchmesser des Ventiltellers,

l den äußeren Umfang desselben,

$f = \dfrac{\pi\, d^2}{4}$ seine Fläche,

c die Geschwindigkeit, mit welcher das Wasser in radialer Richtung am Umfang des Ventiltellers ausströmt,

a den Kontraktionskoeffizienten, welcher mit dem Ventilhub veränderlich ist, aber unabhängig von der Austrittsgeschwindigkeit angenommen wird,

so ist die aus dem Ventilspalt austretende Wassermenge bestimmt durch $a c l h$. Diese Wassermenge ist, wenn das Ventil mit gleichbleibendem Abstand von seinem Sitz auf dem Wasserstrom schwebt, gleich der Wassermenge, welche unter dem Ventil ankommt. Man hat daher

$$a c l h = f_1 c_1, \qquad \dotfill \qquad 268$$

oder

$$h = \frac{f_1 c_1}{a c l} \qquad \dotfill \qquad 269$$

oder

$$\frac{c}{c_1} = \frac{f_1}{a\, l\, h}, \qquad \dotfill \qquad 270$$

d. h. für gleichen Ventilhub, also gleiche Werte von h und a, ist die Spaltgeschwindigkeit c proportional der Geschwindigkeit c_1, mit welcher das Wasser unter dem Ventil ankommt.

In Gleichung 266 stellt der Klammerwert einen Faktor dar, welcher von der Ventilkonstruktion abhängt und mit dem Ventilhub veränderlich ist. Bezeichnet man diesen Faktor mit ζ_1, setzt man also

$$\zeta_1 = \left[\varkappa + \left(\frac{f_1}{\mu_1 h l_1} \right)^2 \right],$$

so lautet Gleichung 266

$$\frac{G_w + \mathfrak{F}}{f_1 \gamma} = \frac{c_1{}^2}{2g} \zeta_1; \qquad c_1 = \frac{1}{\sqrt{\zeta_1}} \sqrt{2g \frac{G_w + \mathfrak{F}}{f_1 \gamma}} \quad \ldots \ldots \; 271$$

Diese Gleichung drückt die Beziehung zwischen der Ventilbelastung und der Geschwindigkeit c_1 aus. Für den gleichen Ventilhub, also gleichen Wert von ζ_1, ist demnach die Ventilbelastung proportional dem Quadrat der Geschwindigkeit, mit der das Wasser unter dem Ventil ankommt. Nun ist aber nach Gleichung 270 die Spaltgeschwindigkeit c proportional der Geschwindigkeit c_1, es ist also die Ventilbelastung auch proportional dem Quadrat der Spaltgeschwindigkeit. Es gilt daher auch

$$\frac{G_w + \mathfrak{F}}{f_1 \gamma} = \frac{c^2}{2g} \zeta_2; \qquad c = \frac{1}{\sqrt{\zeta_2}} \sqrt{2g \frac{G_w + \mathfrak{F}}{f_1 \gamma}} \quad \ldots \ldots \; 272$$

oder wenn man die Ventilbelastung auf die ganze Ventilfläche f bezieht, so ist der Zusammenhang von Ventilbelastung und Spaltgeschwindigkeit gegeben durch

$$\frac{G_w + \mathfrak{F}}{f \gamma} = \frac{c^2}{2g} \zeta; \qquad c = \frac{1}{\sqrt{\zeta}} \sqrt{2g \frac{G_w + \mathfrak{F}}{f \gamma}} \quad \ldots \ldots \; 273$$

wo ζ wieder einen Koeffizienten bedeutet, der von der Ventilkonstruktion abhängt und mit dem Ventilhub veränderlich ist.

Wir erkennen, daß die Spaltgeschwindigkeit unmittelbar durch die Ventilbelastung beeinflußt werden kann, und daß sie um so größer ist, je größer diese gewählt wird.

Führt man nun den Wert von c nach Gleichung 273 in die Gleichung 269 ein, so erhält man für den Ventilhub

$$h = \frac{f_1 c_1}{\dfrac{a}{\sqrt{\zeta}} \sqrt{2g \dfrac{G_w + \mathfrak{F}}{f \gamma}} \, l} \qquad \ldots \ldots \ldots \; 274$$

Faßt man ferner den Quotienten der beiden Koeffizienten a und $\sqrt{\zeta}$ in einem Koeffizienten zusammen, indem man

$$\mu = \frac{a}{\sqrt{\zeta}} \qquad \ldots \ldots \ldots \ldots \; 275$$

setzt, und denkt man sich außerdem die Ventilbelastung $G_w + \mathfrak{F}$ durch einen Wasserzylinder von der Grundfläche f des Ventils und der Höhe b ersetzt, so daß also $b f \gamma = G_w + \mathfrak{F}$ oder

$$b = \frac{G_w + \mathfrak{F}}{f \gamma} \qquad \ldots \ldots \ldots \; 276$$

ist, so stellt b die Ventilbelastung, ausgedrückt in m Wassersäule, dar.

Durch Einführung der Werte μ und b in Gleichung 274 erhält man dann für den Ventilhub

$$h = \frac{f_1 c_1}{\mu \sqrt{2g b l}} \qquad \ldots \ldots \ldots \; 277$$

Das Ventil stellt sich also um so höher ein, je größer die durchströmende Wassermenge $f_1 c_1$ und je kleiner die Ventilbelastung b ist. Außerdem, je kleiner der Spaltumfang l des Ventils ist.

An der Stelle des Produktes ac in Gleichung 269 steht in Gleichung 277 das Produkt $\mu \sqrt{2gb}$. Es gilt somit

$$ac = \mu \sqrt{2gb} \ \ldots\ldots\ldots\ldots \ 278$$

Der Koeffizient μ berücksichtigt, wie die beiden Werte α und $\sqrt{\zeta}$, aus welchen er sich zusammensetzt, die Kontraktion im Ventilspalt und die Beziehung zwischen Ventilbelastung und Spaltgeschwindigkeit.

β) Die Geschwindigkeit des Wassers im Ventilsitz ist veränderlich.

Im vorstehenden ergab sich, daß die Hubhöhe eines unter der Einwirkung eines Wasserstroms stehenden Ventils von der Geschwindigkeit des Wassers im Ventilsitz abhängig ist, und zwar, daß das Ventil steigt oder sinkt, je nachdem die Wassergeschwindigkeit zu- oder abnimmt. Erfolgt die Änderung der Wassergeschwindigkeit periodisch nach einem bestimmten Gesetz, so ändert sich auch der Ventilhub periodisch, es entsteht ein periodisch sich wiederholendes Ventilspiel.

Bei einem in Bewegung befindlichen Ventil gilt nicht mehr die im vorgehenden aufgestellte Beziehung, daß die austretende Spaltmenge gleich der durch den Ventilsitz gehenden Wassermenge ist, d. h. daß $aclh = f_1 c_1$ (Gleichung 268). Es wird vielmehr, wenn das Ventil steigt, unterhalb desselben, zwischen Teller und Sitzebene, ein Raum frei, welcher von dem aus dem Ventilsitz kommenden Wasser angefüllt wird. Die hierzu erforderliche Wassermenge tritt nicht durch den Spalt, und es ist deshalb die Spaltmenge kleiner als die durch den Ventilsitz gehende Wassermenge. Sinkt das Ventil, so verdrängt es einen Teil des unter ihm befindlichen Wassers; diese Wassermenge entweicht durch den Spalt, es wird daher durch das Sinken des Ventils die Spaltmenge um den Betrag der Ventilverdrängung vergrößert (Gesetz von Westphal).

Bezeichnet

f die Fläche des Ventiltellers in qm,

v die Ventilgeschwindigkeit in m/sek,

so schreibt sich das eben ausgesprochene Gesetz:

$$aclh = f_1 c_1 \mp fv \ \ldots\ldots\ldots\ldots \ 279$$

d. h. Spaltmenge = Wassermenge im Ventilsitz $\mp$ Ventilverdrängung, wobei das obere Zeichen für das Steigen, das untere für das Sinken des Ventils gilt.

Es ergibt sich also der Ventilhub aus

$$h = \frac{f_1 c_1 \mp fv}{acl} \ \ldots\ldots\ldots\ldots \ 280$$

oder, wenn man statt der Spaltgeschwindigkeit die Ventilbelastung einführt,

$$h = \frac{f_1 c_1 \mp fv}{\mu \sqrt{2gb}\,l} \ \ldots\ldots\ldots\ldots \ 281$$

Es ist nun die Ventilbelastung b noch näher zu bestimmen: Wenn das Ventil in Bewegung ist, besteht, streng genommen, nicht mehr Gleichgewicht zwischen der Kraft des Wasserstroms und der Ventilbelastung allein, wie dies bei dem auf dem Wasserstrom von unveränderlicher Stärke schwebenden Ventil der Fall ist, es tritt vielmehr zu den angeführten Kräften noch der durch die Wasserverdrängung des sich bewegenden Ventils entstehende hydraulische und der von der Reibung des Ventils an seiner Führung herrührende mechanische Bewegungswiderstand, außerdem die mit der Geschwindigkeitsänderung des Ventils verknüpfte Massenkraft hinzu.

Die auf das Ventil während seines Spiels wirkenden Kräfte sind teils konstant, teils veränderlich, sowohl hinsichtlich ihrer Größe als auch ihrer Richtung. Wird eine Kraft, welche das Ventil zu heben sucht, als positiv, eine das Ventil niederdrückende Kraft als negativ bezeichnet, so kommt im einzelnen in Betracht:

die Kraft $+ P_1$ des Wasserstroms gegen die untere Ventilfläche. Diese ist sowohl beim Steigen als auch beim Sinken des Ventils nach aufwärts gerichtet, also positiv,

die Ventilbelastung $-(G_w + \mathfrak{F})$, welche das Ventil stets niederzudrücken sucht,

der hydraulische Bewegungswiderstand $\mp W$ des Ventils, welcher der Bewegungsrichtung des Ventils immer entgegenwirkt, also beim steigenden Ventil abwärts gerichtet (negativ), beim sinkenden Ventil aufwärts gerichtet (positiv) ist,

der mechanische Bewegungswiderstand $\mp R$ des Ventils, welcher wie der hydraulische der Bewegungsrichtung des Ventils immer entgegenwirkt,

die Massenkraft des Ventils $+ M_v k_v$, wobei M_v die Ventilmasse und k_v die Ventilbeschleunigung darstellt. Diese Kraft hängt nach Größe und Richtung von dem Gesetz der Kolbenbewegung, durch welche das Ventilspiel hervorgerufen wird, ab. Wird der Kolben durch ein Kurbelgetriebe bewegt, so ist sie, wie aus den Erläuterungen im nächsten Abschnitt hervorgeht, stets nach oben gerichtet, also positiv.

Die Gleichgewichtsbedingung für die sämtlichen am Ventil wirkenden Kräfte ist demnach

$$+ P_1 - (G_w + \mathfrak{F}) \mp W \mp R + M_v k_v = 0,$$

wobei die oberen Vorzeichen für das Steigen, die unteren für das Sinken des Ventils gelten.

Für einen beliebigen Augenblick der Ventilbewegung erfordert daher die Gleichgewichtsbedingung eine Kraft des Wasserstroms von der Größe

$$P_1 = + (G_w + \mathfrak{F}) \pm W \pm R - M_v k_v.$$

Die aus den Einzelkräften auf der rechten Seite dieser Gleichung resultierende Kraft kann als Ventilbelastung im weiteren Sinn aufgefaßt werden. Während nun die Ventilbelastung, in m Wassersäule ausgedrückt, bei dem in Ruhe auf dem Wasserstrom schwebenden Ventil durch $b = \dfrac{G_w + \mathfrak{F}}{f \gamma}$ bestimmt war, wird sie jetzt, bei dem spielenden Ventil, durch

$$b = \frac{G_w + \mathfrak{F} \pm W \pm R - M_v k_v}{f \gamma} \qquad \ldots \ldots \ldots \; 282$$

dargestellt. Die resultierende Ventilbelastung ist also beim Steigen des Ventils größer als beim Sinken.

Führt man diesen Wert in die Gleichung 281 ein, so erhält man für den Ventilhub beim Steigen des Ventils

$$h = \frac{f_1 c_1 - f v}{\mu \sqrt{\dfrac{2g(G_w + \mathfrak{F} + W + R - M_v k_v)}{f \gamma} l}} \qquad \ldots \ldots \; 283$$

beim Sinken des Ventils

$$h = \frac{f_1 c_1 + f v}{\mu \sqrt{\dfrac{2g(G_w + \mathfrak{F} - W - R - M_v k_v)}{f \gamma} l}} \qquad \ldots \ldots \; 284$$

Bei dem ersten dieser beiden Ausdrücke ist der Zähler kleiner und der Nenner größer als bei dem zweiten. Bei dem Steigen des Ventils wird also der Ventilhub im allgemeinen kleiner sein als beim Sinken. Wir erkennen hieraus schon jetzt, daß ein unter der Einwirkung eines in gleicher Weise zu- und wieder abnehmenden Wasserstroms stehendes Ventil nicht in gleicher Weise steigen und sinken wird.

b) Die Wirkungsweise der Hubventile von Kolbenpumpen mit Kurbelantrieb.

α) Grundlegende Betrachtungen.

Um den allgemeinen Charakter der Ventilbewegung bei Kolbenpumpen mit Kurbelantrieb an der Hand einfacher Formeln kennen zu lernen, sei zunächst davon abgesehen, daß das Ventil sich während seines Spiels bewegt, es sei vielmehr angenommen, daß es sich in jedem Augenblick auf dem Wasserstrom schwebend in Ruhe befinde. Alsdann gelten die im vorhergehenden Abschnitt unter a) angestellten Betrachtungen, und der Ventilhub ist nach Gleichung 277 bestimmt durch

$$h = \frac{f_1 c_1}{\mu \sqrt{2 g b l}} \qquad \ldots \ldots \ldots \ldots \; (277)$$

Da in jedem Augenblick die durch den Ventilsitz gehende Wassermenge gleich der Kolbenverdrängung, also $f_1 c_1 = F u$ ist, so gilt

$$h = \frac{F u}{\mu \sqrt{2 g b l}} \qquad \ldots \ldots \ldots \ldots \; 285$$

Wird der Einfluß der endlichen Länge der Schubstange auf die Kolbenbewegung vernachlässigt, so ist nach Gleichung 17 $u = \omega r \sin \varphi$, und es ergibt sich hiermit als Gleichung für den Ventilhub

$$h = \frac{F r \omega}{\mu \sqrt{2 g b l}} \sin \varphi \qquad \ldots \ldots \ldots \; 286$$

Sieht man von der Veränderlichkeit von μ ab, und nimmt man außerdem an, daß auch die Ventilbelastung b ein konstanter Wert

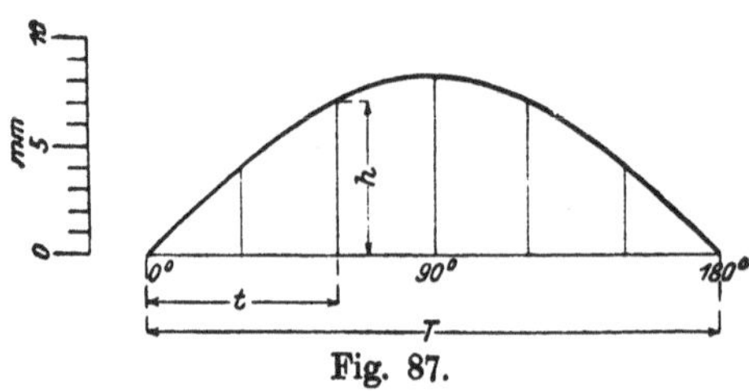

sei, dann ist der Ventilhub proportional dem Sinus des Kurbelwinkels. Er wird daher durch die Sinuslinie Fig. 87 dargestellt.

Ebenso wie die Kolbengeschwindigkeit u oder die ihr proportionale Geschwindigkeit c_1 im Ventilsitz periodisch von dem Wert null auf

Fig. 87.

einen Höchstwert steigt und wieder auf null zurücksinkt, erhebt sich das Ventil von seinem Sitz, steigt bis zu einer gewissen Höhe und sinkt wieder auf den Sitz zurück. Dem Gesetz der Ventilbewegung liegt das Sinusgesetz der Kolbenbewegung zugrunde.

Der größte Ventilhub tritt ein bei $\varphi = 90^0$ und ist bestimmt durch

$$h_{max} = \frac{F r \omega}{\mu \sqrt{2 g b l}} \quad \cdots \cdots \cdots \quad 287$$

Die Ventilgeschwindigkeit v bestimmt sich aus

$$v = \frac{d h}{d t} = \frac{F r \omega}{\mu \sqrt{2 g b l}} \cos \varphi \, \frac{d \varphi}{d t}$$

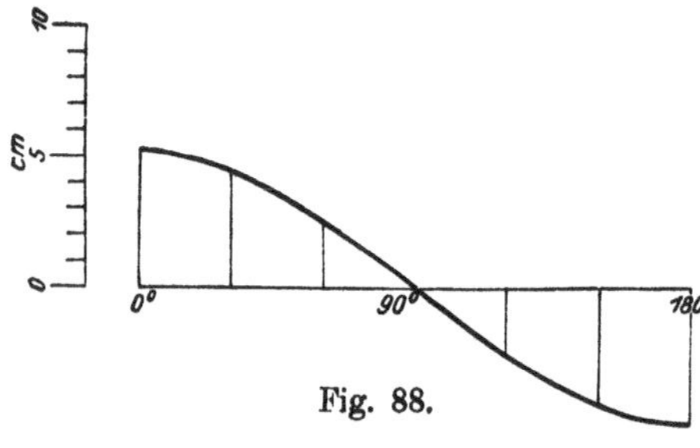

oder, da $\dfrac{d \omega}{d t} = \omega$,

$$v = \frac{F r \omega^2}{\mu \sqrt{2 g b l}} \cos \varphi, \quad 288$$

d. h. die Ventilgeschwindigkeit ist proportional dem Kosinus des Kurbelwinkels. Sie ist (s. Fig. 88) für $\varphi = 0^0$

Fig. 88.

und 180^0, d. h. beim Abheben des Ventils von seinem Sitz und beim Auftreffen auf denselben am größten, und zwar

$$v_{max} = \pm \frac{F r \omega^2}{\mu \sqrt{2 g b l}}, \quad \cdots \cdots \cdots \quad 289$$

bei $\varphi = 90^0$, d. h. im höchsten Punkt der Ventilhublinie ist sie null. Von $\varphi = 0^0$ bis 90^0 ist $\cos \varphi$ positiv, also $v = + \dfrac{d h}{d t}$, d. h. das Ventil steigt; von $\varphi = 90^0$ bis 180^0 ist $\cos \varphi$ negativ, also $v = - \dfrac{d h}{d t}$, d. h. das Ventil sinkt.

Wie ein senkrecht nach aufwärts abgeschossener Körper beginnt das Ventil seine Bewegung mit einer gewissen Geschwindigkeit; diese nimmt, solange das Ventil steigt, stetig ab, und schließlich kehrt das Ventil mit der Anfangsgeschwindigkeit wieder auf seinen Sitz zurück.

Die Änderung der Ventilgeschwindigkeit (Beschleunigung oder Verzögerung) ergibt sich aus

$$k_v = \frac{dv}{dt} = -\frac{F r \omega^2}{\mu \sqrt{2 g b l}} \sin\varphi \, \frac{d\varphi}{dt}$$

$$k_v = -\frac{F r \omega^3}{\mu \sqrt{2 g b l}} \sin\varphi \quad \ldots \ldots \ldots \quad 290$$

Diese Gleichung gibt von 0^0 bis 180^0 lauter negative Werte für die Geschwindigkeitsänderung. Von 0^0 bis 90^0 ist die Geschwindigkeit, wie oben gefunden, positiv. Ist nun ihre Änderung negativ, so nimmt die Geschwindigkeit des Ventils von 0^0 bis 90^0 ab, seine Bewegung ist beim Steigen verzögert. Die Massenkraft $M_v k_v$ des Ventils, welche dieser Verzögerung entgegenwirkt, ist nach oben gerichtet, also positiv. Von 90^0 bis 180^0 ist die Geschwindigkeit des Ventils (s. oben) negativ, die Änderung der Geschwindigkeit ist aber ebenfalls negativ, deshalb nimmt von 90^0 bis 180^0 die Geschwindigkeit zu, die Ventilbewegung ist beim Sinken beschleunigt. Die dieser Beschleunigung entgegenwirkende Massenkraft $M_v k_v$ ist wieder nach oben (positiv) gerichtet.

Die größte Geschwindigkeitsänderung findet bei der Bewegungsumkehr des Ventils, d. h. beim höchsten Ventilhub statt; zu Anfang und Ende des Ventilspiels ist die Geschwindigkeitsänderung null.

Die Gleichung 290 gibt die in Fig. 89 gezeichnete Sinuslinie.

Aus der Vereinigung der Gleichung 286 und 290 folgt:

$$k_v = -\omega^2 h \quad . \ 291$$

DieVentilbeschleunigung ist also proportional dem Ventilhub.

Einen Begriff von der Größe der Zahlenwerte für den Hub, die Geschwindigkeit und die Beschleunigung der Ventile gibt das folgende Rechnungsbeispiel, welches auch den Fig. 87 bis 89 zugrunde gelegt ist.

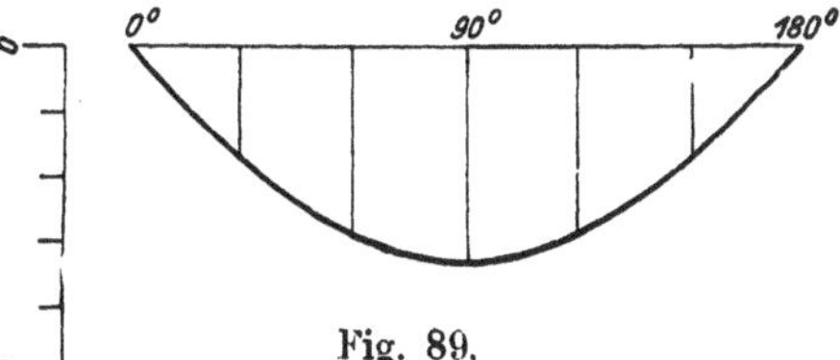

Fig. 89.

Es sei $F = \frac{\pi}{4} \cdot 0{,}07^2 = 0{,}00384$ qm; $r = 0{,}125$ m; $n = 61$, also $\omega = 6{,}385$; $l = \pi \cdot 0{,}06 = 0{,}188$ m; $\mu = 0{,}53$; $b = 0{,}710$ m, alsdann ist in m:

$$h = 0{,}0082 \sin\varphi \text{ nach Gleichung 286,}$$
$$v = 0{,}0524 \cos\varphi \text{ nach Gleichung 288,}$$
$$k_v = 0{,}3343 \sin\varphi \text{ nach Gleichung 290.}$$

β) *Das Bewegungsgesetz des Ventils.*

Für den Hub eines spielenden Ventils gilt allgemein die Gleichung 281

$$h = \frac{f_1 c_1 - f v}{\mu \sqrt{2 g b l}} \quad \ldots \ldots \ldots \quad (281)$$

Mit $f_1 c_1 = F u = F r \omega \sin \varphi$ und $v = \dfrac{dh}{dt}$ schreibt sich diese Gleichung

$$\mu \sqrt{2gb}\, lh = F r \omega \sin \varphi - f \frac{dh}{dt} \quad \dots \dots \quad 292$$

oder da

$$\omega = \frac{d\varphi}{dt}; \quad dt = \frac{d\varphi}{\omega},$$

$$\frac{f}{d\varphi}\, dh + \frac{\mu \sqrt{2gb}}{\omega}\, lh = F r \sin \varphi \quad \dots \dots \quad 293$$

Setzt man hierin $\dfrac{\mu \sqrt{2gb}}{\omega}\, l = m$ und $F r = p$, indem man annimmt, daß μ und b konstante Größen sind, so hat man

$$\frac{dh}{d\varphi} + \frac{m}{f}\, h = \frac{p}{f}\, \sin \varphi. \quad \dots \dots \dots \quad 294$$

Das Integral dieser Differentialgleichung I. Ordnung ist

$$h = e^{-\frac{m}{f}\varphi}\, C + \frac{p}{m^2 + f^2}\, (m \sin \varphi - f \cos \varphi)^1) \quad \dots \dots \quad 295$$

Diese Gleichung gilt sowohl für das Saug- als auch für das Druckventil, sofern beide Ventile von gleicher Konstruktion sind, was gewöhnlich der Fall ist. Andernfalls haben m, f und C verschiedene Werte für die beiden Ventile.

Die Bestimmung der Integrationskonstanten C erfolgt aus der Tatsache, daß das eine Ventil sich erst öffnen kann, wenn das andere geschlossen ist.

Ist z. B. der Kurbelwinkel, bei dem das Saugventil schließt, gleich $\pi + \delta$, so öffnet sich das Druckventil erst beim Kurbelwinkel δ. Es ist also $h = 0$ für $\varphi = \pi + \delta$ und für $\varphi = \delta$. Bei gleicher Ausführung beider Ventile hat man daher zur Bestimmung der Integrationskonstanten C nach Gleichung 295

mit $h = 0$ für $\varphi = \pi + \delta$

$$0 = e^{-\frac{m}{f}(\pi + \delta)}\, C + \frac{p}{m^2 + f^2}\, [m \sin (\pi + \delta) - f \cos (\pi + \delta)]$$

$$0 = e^{-\frac{m}{f}(\pi + \delta)}\, C - \frac{p}{m^2 + f^2}\, (m \sin \delta - f \cos \delta)$$

mit $h = 0$ für $\varphi = \delta$

$$0 = e^{-\frac{m}{f}\delta}\, C + \frac{p}{m^2 + f^2}\, (m \sin \delta - f \cos \delta)$$

Durch Addition der beiden letzten Gleichungen ergibt sich

$$0 = C \left(e^{-\frac{m}{f}(\pi + \delta)} + e^{-\frac{m}{f}\delta} \right) \quad \dots \dots \quad 296$$

---

1) Diese Gleichung wurde schon von M. Westphal, Beitrag zur Größenbestimmung von Pumpenventilen, Z. Ver. deutsch. Ing. 1893, S. 381, aufgestellt.

Da der Klammerausdruck ein endlicher Wert ist, so folgt $C = 0$, und es ist der Ventilhub nach Gleichung 295 bestimmt durch

$$h = \frac{p}{m^2 + f^2}\,(m \sin \varphi - f \cos \varphi)$$

$$h = \frac{p}{m\left(1 + \dfrac{f^2}{m^2}\right)}\left(\sin \varphi - \frac{f}{m}\cos \varphi\right)$$

$$h = \frac{Fr\omega}{\mu\sqrt{2gbl}\left[1 + \left(\dfrac{f\omega}{\mu\sqrt{2gbl}}\right)^2\right]}\left(\sin \varphi - \frac{f\omega}{\mu\sqrt{2gbl}}\cos \varphi\right). \qquad 297$$

Nun ist bei allen brauchbaren Pumpen der Wert $\dfrac{f\omega}{\mu\sqrt{2gbl}}$ ein kleiner

Bruch, so daß $\left(\dfrac{f\omega}{\mu\sqrt{2gbl}}\right)^2$ gegenüber 1 vernachlässigt werden kann.

Man kann daher mit genügender Genauigkeit setzen

$$h = \frac{Fr\omega}{\mu\sqrt{2gbl}}\left(\sin \varphi - \frac{f\omega}{\mu\sqrt{2gbl}}\cos \varphi\right) \ldots \ldots \quad 298$$

Hieraus folgt auch

$$\mu\sqrt{2gbl}\,h = Fr\omega \sin \varphi - \frac{Fr\omega^2 f}{\mu\sqrt{2gbl}}\cos \varphi \ldots \ldots \quad 299$$

d. h. Spaltmenge = Kolbenverdrängung — Ventilverdrängung.

Diese Gleichung, welcher die Annahme zugrunde liegt, daß der Koeffizient μ und die Ventilbelastung b unveränderliche Werte seien, läßt sich nach dem Vorgang von O. H. Müller[1]), wie Fig. 90 zeigt, veranschaulichen:

Die Kolbenverdrängung stellt sich in der Sinuslinie ABC, die Ventilverdrängung in der Kosinuslinie DEF dar. Durch algebraisches Summieren der Ordinaten dieser beiden Linien entsteht dann entsprechend Gleichung 299 die Linie DGH der Spaltmenge, welche eine gegen den Hubanfang verschobene Sinuslinie ist.

Die letztere Linie stellt aber gleichzeitig den Ventilhub dar; denn man erhält die Gleichung 298 des Ventilhubes durch Division der Gleichung 299 mit $\mu\sqrt{2gbl}$. Zur Darstellung des Ventilhubes hätte man also sämtliche Ordinaten der Fig. 90 mit diesem Wert zu dividieren, was gleichbedeutend damit ist, daß man für den Ventilhub den der Figur zugrunde liegenden Maßstab mit $\mu\sqrt{2gbl}$ multipliziert.

Mit den Zahlen des Beispiels S. 143 und $f = 0{,}002\,827$ qm ergibt sich

$$Fr\omega \sin \varphi = 0{,}00307 \sin \varphi \ \text{cbm/sek.}$$

$$\frac{Fr\omega^2 f}{\mu\sqrt{2gbl}}\cos \varphi = 0{,}000\,148 \cos \varphi \ \text{cbm/sek.}$$

$$\mu\sqrt{2gbl} = 0{,}371\,.$$

---

[1]) O. H. Müller, Das Pumpenventil. Verlag von A. Felix, Leipzig 1900.

Dementsprechend ist Fig. 90 gezeichnet.

Der Verlauf der Ventilhublinie zeigt jetzt die folgenden wichtigen Erscheinungen:

Das Ventil beginnt erst zu öffnen, nachdem der Kolben umgekehrt ist und nach der Totlage einen dem Kurbelwinkel AJ (s. Fig. 90) entsprechenden Weg zurückgelegt hat; das Ventil erreicht seinen höchsten

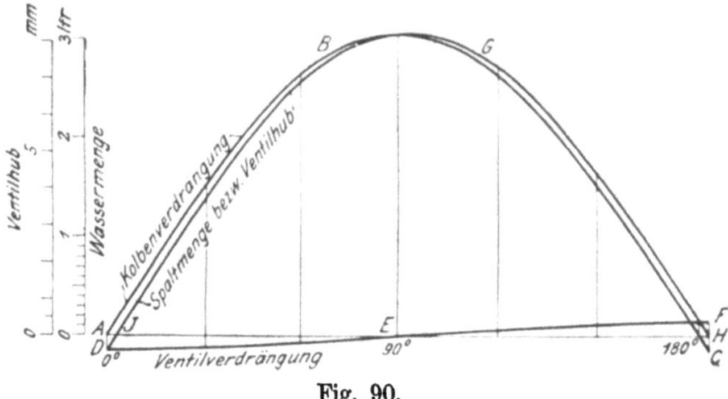

Fig. 90.

Stand bei einem Kurbelwinkel, der größer als 90° ist, trotzdem der Einfluß der endlichen Länge der Schubstange unberücksichtigt blieb; das Ventil ist bei der Kolbenumkehr, d. h. bei dem Kurbelwinkel 180°, noch um einen gewissen Betrag geöffnet und schließt erst, nachdem der Kolben seine Bewegung umgekehrt hat und sich auf dem Rückweg befindet, also mit Verspätung.

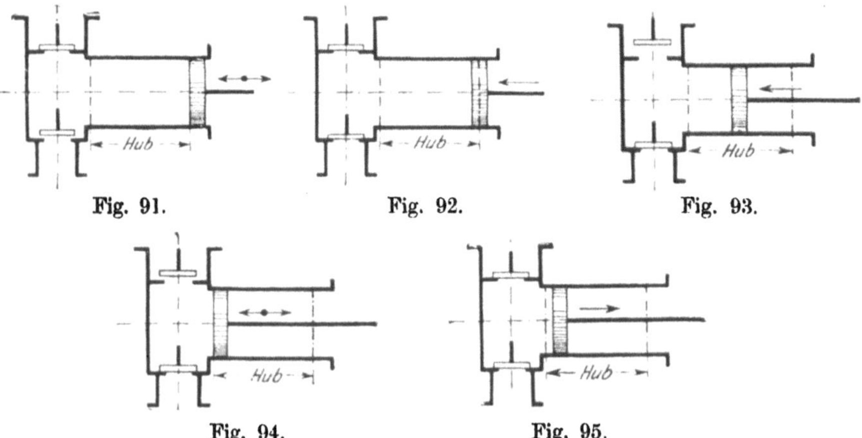

Fig. 91.   Fig. 92.   Fig. 93.

Fig. 94.   Fig. 95.

Fig. 91. Kolbenumkehr am Ende des Saughubs. Fig. 92. Abschluß des Saugventils, Öffnen des Druckventils, Beginn der Druckwirkung. Fig. 93. Mitte des Druckhubs, größter Hub des Druckventils. Fig. 94. Kolbenumkehr am Ende des Druckhubs. Fig. 95. Abschluß des Druckventils, Öffnen des Saugventils, Beginn der Saugwirkung.

Die Tatsache, daß das in Betracht gezogene Druckventil sich nicht sofort öffnet, wenn der Kolben den Druckhub beginnt, ist ohne weiteres einleuchtend, wenn man bedenkt, daß ebenso wie das Druckventil auch das Saugventil eine Schlußverspätung hat, und daß das Druckventil sich erst öffnen kann, wenn das Saugventil abgeschlossen hat. Der Beginn der Eröffnung des Druckventils hängt also von dem Abschluß des Saugventils ab, vgl. Fig. 91 bis 95.

Abweichung der tatsächlichen Ventilhublinie von der Sinuslinie.

Berücksichtigt man, daß, wie früher erläutert, die Ventilbelastung, welche wir zur Gewinnung der Ventilhublinie DGH als konstant angenommen haben, in Wirklichkeit infolge des hydraulischen und des mechanischen Bewegungswiderstandes des Ventils beim steigenden Ventil größer als beim sinkenden ist und infolgedessen die Ordinaten der wirklichen Ventilhublinie beim Steigen des Ventils noch kleiner, beim sinkenden Ventil noch größer sein müssen, als die Ventilhublinie DGH zeigt, zieht man ferner die Wirkung der Massenkraft des Ventils in Betracht, so läßt sich die Abweichung der tatsächlichen Ventilhublinie von dem Sinusgesetz, wie sie ganz allgemein bei den an Pumpen genommenen Ventilerhebungsdiagrammen in die Erscheinung tritt, unschwer erklären. Bei den in Fig. 96 bis 98 ersichtlichen (ausgezogenen) Erhebungslinien des in Fig. 464 dargestellten Ringventils erkennen wir, daß das Ventil verspätet öffnet, seinen höchsten Stand erst bei einem Kurbelwinkel, der größer als 90⁰ ist, erreicht, daß es am Ende des Kolbenhubs seinen Sitz noch nicht erreicht hat und infolgedessen verspätet

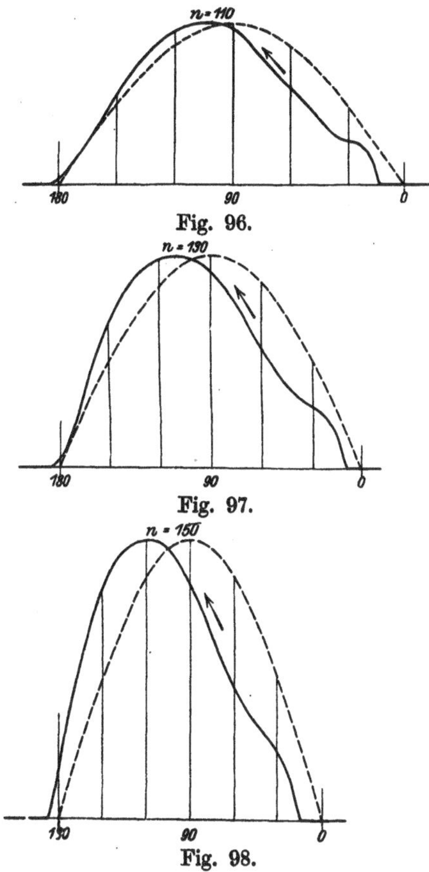

Fig. 96.

Fig. 97.

Fig. 98.

schließt. Die Verspätung beim Öffnen des Ventils ist größer als die Verspätung beim Ventilschluß. Diese stets zu beobachtende Erscheinung ist darauf zurückzuführen, daß immer ein mehr oder minder

10*

großer toter Gang im Kurbelgetriebe vorhanden ist, der eine entsprechende Drehung der Kurbel erfordert, bis der Kolben seine Bewegung in der neuen Richtung beginnt, sowie daß zur Umwandlung des Flüssigkeitsdrucks im Pumpenzylinder von der Saug- in die Druckspannung oder umgekehrt ein gewisser Kolben- bzw. Kurbelweg nötig ist. Da demnach der Kolben im Augenblick der Eröffnung des Ventils bereits eine gewisse Geschwindigkeit besitzt, so erfolgt das Öffnen des Ventils mit Stoß; zu dem kommt, daß zum Abheben des Ventils von seinem Sitz unterhalb des Ventils ein Überdruck notwendig ist, insofern die vom Wasser berührte Fläche des Ventils unten um den Betrag der Dichtungsfläche kleiner ist als oben.

Das durch diesen mit Stoß verbundenen Überdruck von seinem Sitz abgehobene Ventil bewegt sich zunächst rascher, als dem Sinusgesetz der Kolbenbewegung entspricht. Der anfangs mit geringer Geschwindigkeit aus dem Ventilsitz kommende Wasserstrom ist aber nicht imstande, es in seiner Geschwindigkeit zu erhalten, es zeigt sich vielmehr eine starke Abnahme der letzteren, die in Fig. 96 so groß ist, daß das Ventil für kurze Zeit zum Stillstand kommt. Da aber die Geschwindigkeit des Wassers im Ventilsitz mit dem Fortschreiten des Kolbens stetig wächst, so steigert sich der Druck des Wasserstroms gegen das Ventil, und es tritt eine Periode beschleunigter Bewegung ein; hierauf steigt dann das Ventil mit abnehmender Geschwindigkeit, bis es schließlich mit der Geschwindigkeit null seinen höchsten Stand erreicht. Obgleich die Geschwindigkeit des Wassers im Ventilsitz und damit die Kraft des Wasserstroms schon von $\varphi = 90^0$ an abnimmt, steigt das Ventil vermöge seiner lebendigen Kraft noch weiter. Je länger dies dauert, um so kleiner ist die Kraft des von unten wirkenden Wasserstroms in dem Augenblick, wo das Ventil zu sinken beginnt, mit um so größerer Geschwindigkeit wird dieses dann durch den Überdruck seiner wirksamen Belastung seinem Sitz zugeführt, um so kürzer ist aber auch die Zeit, die ihm verbleibt, um diesen vor der Kolbenumkehr zu erreichen. Aus den 3 Figuren ist ersichtlich, wie bei einer Steigerung der Umdrehungszahl der Pumpe von 110 auf 130 und dann auf 150 in der Minute der Maximalhub des Ventils, also der für das Schließen zurückzulegende Weg wächst, zugleich der Scheitel der Ventilhublinie immer mehr nach links gegen das Hubende rückt, also die zur Zurücklegung dieses Wegs zu Gebote stehende Zeit immer kleiner wird und infolgedessen der Ventilhub bei der Kolbenumkehr wächst.

γ) Die Entstehung des Ventilschlags bei Kolbenpumpen infolge ungenügender Ventilbelastung.

Zur Klärung dieser Frage wurden vom Verfasser die folgenden Versuche mit der in Z. Ver. deutsch. Ing. 1886 S. 424 beschriebenen Pumpe ausgeführt:

1. Pumpenzylinder und Ventilgehäuse waren von Wasser entleert. Die Pumpe stand still. Das Druckventil (Fig. 99) wurde, ohne daß es durch eine Feder belastet war, mit der Hand in die Höhe gehoben und

dann sich selbst überlassen. Das unter der Wirkung seines Eigengewichts niedergehende Ventil schloß mit einem deutlich hörbaren Schlag.

Während das Ventil niederging, wurde der Schreibstift mit der Papiertrommel in leichte Berührung gebracht und zugleich die Trommel mit gleichmäßiger Geschwindigkeit von Hand gezogen. Die entstandene Ventilbewegungslinie (Fig. 100) zeigt, daß das Ventil zuerst mit zunehmender, dann mit gleichbleibender Geschwindigkeit dem Sitz zueilt und die letztere Geschwindigkeit unverändert beibehält, bis es den Sitz mit einem Stoß erreicht, welcher in dem Diagramm durch das Springen des Schreibstiftes beim Aufsitzen des Ventils zum Ausdruck kommt.

2. Pumpenzylinder und Ventilgehäuse waren mit Wasser angefüllt. Die Pumpe stand still. Eine Belastung des Ventils durch eine Feder war nicht vorhanden.

Die Wiederholung des unter 1. beschriebenen Versuchs ergab die Abschlußlinie Fig. 101. Dieses Mal erfolgte der Abschluß des Ventils vollständig lautlos.

Wie die Figur zeigt, setzt sich das freigegebene Ventil allmählich in Bewegung, die Geschwindigkeit wächst, bis der Widerstand des Wassers

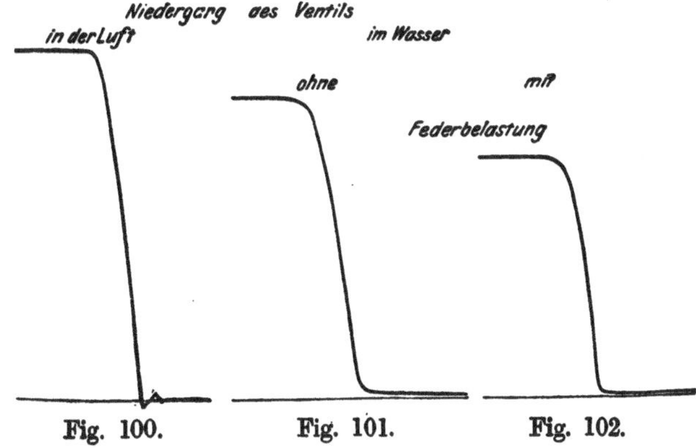

Fig. 99.

Fig. 100.   Fig. 101.   Fig. 102.

gleich der das Ventil bewegenden Kraft geworden ist, dann geht das Ventil mit gleichbleibender Geschwindigkeit weiter. Seine Geschwindigkeit nimmt aber, nachdem es in die Nähe des Sitzes gelangt ist, plötzlich sehr rasch bis auf null ab, ohne daß es die Fläche des Ventilsitzes ganz erreicht. Es verbleibt vielmehr eine sehr dünne Wasserschicht zwischen Ventilteller und Sitz.

3. Der unter 2. beschriebene Versuch wurde wiederholt, wobei jedoch das Ventil durch eine Feder belastet war, deren Druck bei dem höchsten Ventilhub rund 2,3 kg, bei dem Aufsitzen noch rund 1,95 kg betrug.

Der Niedergang des Ventils erfolgte auch diesmal wieder vollständig unhörbar. Wie Fig. 102 zeigt, nimmt zuletzt die Geschwindigkeit plötzlich wieder sehr rasch ab, und die metallischen Dichtungsflächen treffen trotz der starken Federbelastung nicht aufeinander.

Der Unterschied der Erscheinungen bei dem Niedergang des Ventils im Wasser und in der Luft besteht also darin, daß im ersten Fall die Geschwindigkeit des Ventils in der Nähe des Sitzes plötzlich abnimmt, daß das Ventil zur Ruhe kommt, noch ehe es den Sitz erreicht, und daß sein Niedergang vollständig lautlos erfolgt, während das in der Luft sinkende Ventil mit unverminderter Geschwindigkeit und unter Entstehung eines hörbaren Schlages auf die Sitzfläche auftrifft.

Diese Erscheinungen sind in folgender Weise zu erklären:

Die am Umfang des Ventiltellers ausströmende Wassermenge ist gleich der vom Ventil verdrängten Wassermenge. Bezeichnet

l den Umfang des Ventiltellers,

h den Ventilhub,

c die Geschwindigkeit, mit der das Wasser tatsächlich in radialer Richtung aus dem Spalt ausströmt,

a den Kontraktionskoeffizienten,

v die Geschwindigkeit des Ventils,

f den Querschnitt des Ventiltellers,

so wird, wenn das Ventil in die Nähe des Sitzes gelangt ist, die Beziehung gelten: Spaltmenge = Ventilverdrängung,

$$aclh = vf, \dots\dots\dots\dots\dots\dots\ 300$$

woraus sich die Geschwindigkeit v des Ventils mit $a = 1$ ergibt zu

$$v = \frac{clh}{f}. \dots\dots\dots\dots\dots\ 301$$

Würde nun das Ventil mit unverminderter Geschwindigkeit v, wie es bei dem Niedergang in der Luft der Fall ist, den Sitz erreichen, so müßte nach vorstehender Gleichung die Spaltgeschwindigkeit c in demselben Maße wachsen, wie der Ventilhub h abnimmt, denn l und f sind unveränderliche Werte, und würde das Ventil ganz bis auf den Sitz gelangen, also $h = 0$ werden, so müßte die Spaltgeschwindigkeit c unendlich groß werden. Die Spaltgeschwindigkeit ist aber ein begrenzter Wert, insofern sie durch die gegebene Ventilbelastung erzeugt wird.

Es kann daher c einen gewissen Betrag nicht überschreiten, und hieraus erklärt sich die rasche Abnahme der Geschwindigkeit v mit der Abnahme des Ventilhubs h.

Die Erscheinung, daß das Ventil seinen Sitz gar nicht ganz erreicht, sondern vorher zur Ruhe kommt, ergibt sich aus folgendem:

Ist k der Überdruck unter dem Ventilteller in m Wassersäule, ζk derjenige Teil dieser Druckhöhe, welcher zur Überwindung der Ausströmwiderstände gebraucht wird, so ist die Druckhöhe, welche die Spaltgeschwindigkeit erzeugt, gleich $(k - \zeta k)$ und demnach die Spaltgeschwindigkeit

$$c = \sqrt{2g\,(k - \zeta k)} \quad \ldots \ldots \ldots \ldots \ldots \quad 302$$

Wächst nun durch die Verengerung des Austrittsquerschnitts die Widerstandshöhe ζk auf k, was der Fall sein kann, noch ehe $h = 0$ wird, so wird nach vorstehender Gleichung $c = 0$ und deshalb nach Gleichung 301 auch $v = 0$, d. h. das Ventil bleibt stehen.

Beim Niedergang des Ventils in der Luft besteht insofern ein Unterschied, als die unter dem Ventil befindliche Luft nicht bloß durch den Ventilspalt ins Gehäuse, sondern auch durch den Ventilsitz unter geringer Kompression der im Zylinder enthaltenen Luft in den letzteren entweichen kann.

Aus den Versuchen geht hervor: **Ein Ventil kann sich im Wasser mit großer, man kann wohl sagen: beliebig großer Geschwindigkeit gegen seinen Sitz bewegen, es wird trotzdem kein Ventilschlag entstehen, wenn das vom Ventil verdrängte Wasser keinen anderen Ausweg als denjenigen durch den Ventilspalt hat.**

Wie liegen nun die Verhältnisse beim Schluß der Ventile von Kolbenpumpen mit Kurbelgetriebe?

Das Ventil bewegt sich beim Sinken (s. Fig. 96) zuerst mit zunehmender Geschwindigkeit gegen seinen Sitz. Gelangt es in die Nähe desselben, bevor der Kolben umkehrt, so macht sich eine starke Abnahme seiner Geschwindigkeit infolge der mit der Verengung des Ventilspalts verbundenen Bremswirkung bemerkbar (s. Fig. 96 und 97). In dem Augenblick, wo der Kolben umkehrt, ist die Wassergeschwindigkeit im Ventilsitz null, die Strömungsverhältnisse unter dem Ventil sind also die gleichen wie bei dem vorstehend beschriebenen Niedergang des Ventils bei stillstehender Pumpe.

Geht nun der Kolben zurück, so strömt das zwischen Ventil und Ventilsitz befindliche Wasser nicht nur unter dem Druck der Ventilbelastung durch den Spalt ins Ventilgehäuse, sondern es entweicht auch in den Pumpenzylinder in dem Maße, wie es vom Kolben angesaugt wird. Demgemäß gilt jetzt

$$aclh = fv - Fr\omega\sin\varphi \quad \ldots \ldots \ldots \ldots \quad 303$$

oder für die Ventilgeschwindigkeit

$$v = \frac{aclh + Fr\omega\sin\varphi}{f} \quad \ldots \ldots \ldots \ldots \quad 304$$

Die Spaltmenge nimmt infolge des kleiner werdenden Ventilhubs um so mehr ab, je mehr sich das Ventil seinem Sitz nähert, während die vom Kolben angesaugte Wassermenge mit der wachsenden Kolbengeschwindigkeit zunimmt. Ist die Abnahme der Spaltmenge stärker als die Zunahme der vom Kolben angesaugten Wassermenge, so nimmt die Geschwindigkeit des Ventils ab und umgekehrt. Im Augenblick des

Ventilschlusses ist die Spaltmenge null, die Schlußgeschwindigkeit des Ventils ist daher bestimmt durch

$$v_s = \frac{F r \omega \sin \delta}{f} \qquad \ldots \ldots \ldots \ldots \quad 305$$

Der Kurbelwinkel δ, bei welchem der Abschluß erfolgt, und also auch die Geschwindigkeit, mit welcher das Ventil auf seinen Sitz auftrifft, wird um so größer ausfallen, je mehr Wasser nach der Kolbenumkehr unter dem Ventil abzusaugen, mit anderen Worten, je größer der Ventilhub bei der Kolbenumkehr ist. Wird die Geschwindigkeit, mit welcher das Wasser unter dem Ventil abgesaugt wird, so groß, daß beim Abschluß des Ventils die zwischen den Dichtungsflächen von Ventil und Ventilsitz befindliche Flüssigkeitsschicht mitgerissen wird, so treffen die metallischen Flächen aufeinander, und der Schluß des Ventils ist von einem hörbaren Schlag begleitet.

Im Fall der Fig. 98 ist der Abstand des Ventils vom Sitz vor der Kolbenumkehr so groß, daß eine Bremswirkung infolge Verengung des Ventilspalts vor der Kolbenumkehr nicht eintritt; sie tritt aber überhaupt nicht ein, vielmehr eilt das Ventil nach der Kolbenumkehr unter der Saugwirkung des Kolbens mit unverminderter Geschwindigkeit seinem Sitz zu. Der Abschluß erfolgt in diesem Fall mit deutlich hörbarem Schlag.

Von dem Ventilschlag ist das Stoßen oder Stampfen der Pumpe bei der Kolbenumkehr zu unterscheiden, das seine Ursache ebenfalls in der Verspätung des Ventilschlusses hat. Wenn der Kolben umkehrt, so kehrt auch die im Pumpenraum und in der Rohrleitung bis zum Windkessel befindliche Wassermasse um und bewegt sich mit zunehmender Geschwindigkeit proportional der Kolbengeschwindigkeit rückwärts, bis im Augenblick des Ventilschlusses die zwischen Ventil und Windkessel befindliche Masse abgeschnitten wird und plötzlich zum Stillstand kommt. Der hierbei entstehende Stoß ist um so größer, je größer die vom Pumpenkörper aufzunehmende Energiemenge, je größer also die abgeschnittene Wassermasse und je größer ihre Geschwindigkeit, d. h. je größer die Verspätung des Ventilschlusses ist.

c) Ergebnisse von Versuchen über die Wirkungsweise von Pumpenventilen.

Um Einblick in das tatsächliche Verhalten von Pumpenventilen gebräuchlicher Bauarten und dadurch Anhaltspunkte für den Entwurf neuer Ventile zu gewinnen, wurden die in Fig. 103 bis 108 dargestellten 6 Ventile vom Verfasser einer eingehenden Untersuchung unterzogen. Ausführliches über die zu diesem Zweck getroffenen Einrichtungen, über die Durchführung der Versuche und über ihre Ergebnisse findet sich im Anhang hinter dem Abschnitt über Kolbenpumpen. Im nachstehenden ist das Wesentliche zum Gebrauch beim Entwurf von Pumpen zusammengestellt.

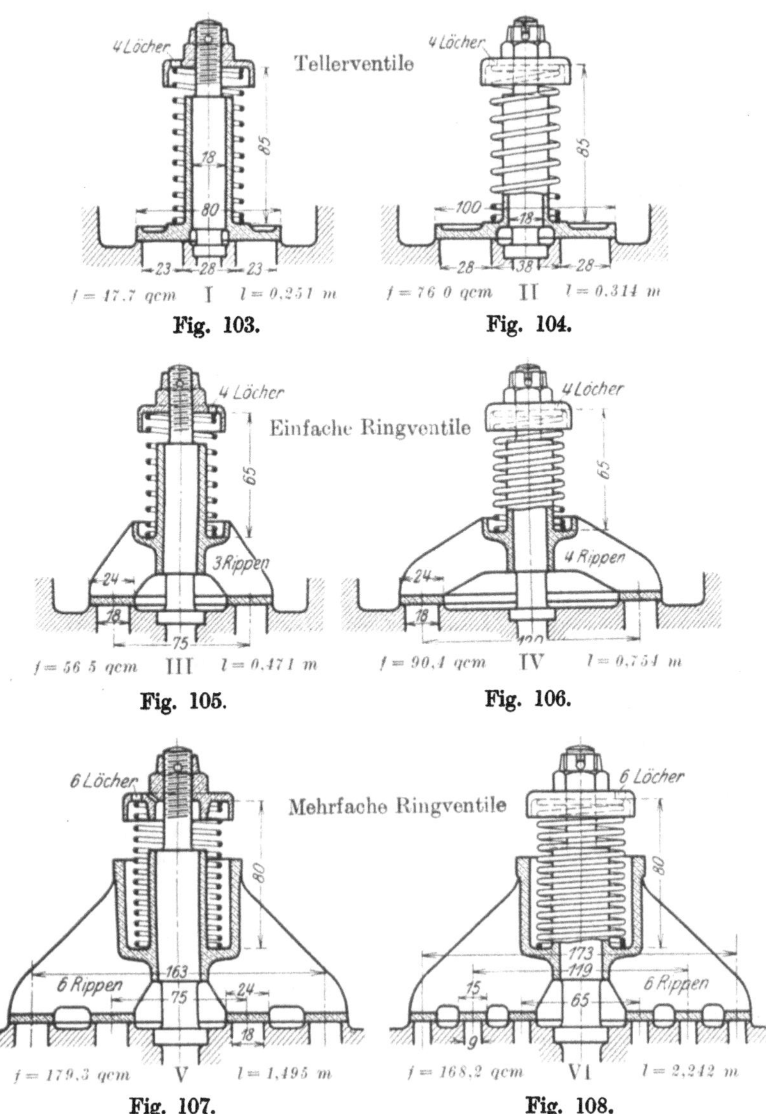

Fig. 103.   Fig. 104.

Fig. 105.   Fig. 106.

Fig. 107.   Fig. 108.

Größter Ventilhub und vom Ventil verarbeitete Wassermenge.

Es wurde nachgewiesen, daß innerhalb der Versuchsgrenzen folgender Satz Gültigkeit hat:

Ein mit einer bestimmten Feder belastetes Ventil steigt immer gleich hoch, wenn die vom Ventil in der Sekunde verarbeitete durchschnittliche Wassermenge

$$Q_v = \frac{F S n}{60}. \quad \ldots \ldots \ldots \ldots \quad 306$$

die gleiche ist, dabei ist es ganz gleichgültig, aus welchen Einzelwerten von Kolbenquerschnitt F, Kolbenhub S und Umdrehungszahl n in der Minute sich das Produkt FSn zusammensetzt.

Hat man also die Steighöhe eines Ventils für eine bestimmte Wassermenge mit Hilfe irgend einer Pumpe festgestellt, so kennt man auch seine Steighöhe für alle anderen Fälle seiner Verwendung, in welchen die verarbeitete Wassermenge die gleiche ist. Die besonderen Konstruktions- und Betriebsverhältnisse der Pumpe sind weiter nicht von Belang.

Für jedes der Versuchsventile wurden unter Änderung von Kolbenhub bzw. Kolbenquerschnitt und Umdrehungszahl bei schwacher und starker Belastung des Ventils mehrere Reihen von Ventilhubdiagrammen genommen (siehe Ziffer 29). Durch Auftragen der aus den Diagrammen entnommenen größten Ventilhübe als Abszissen und der berechneten zugehörigen Wassermengen als Ordinaten ergaben sich die in Fig. 109 und 110 ersichtlichen Q-h-Linien, und zwar für jedes Ventil zwei solcher Linien, eine voll ausgezogene für starke und eine gestricht gezeichnete für schwache Belastung des Ventils. Selbstverständlich steigt das Ventil bei gleicher durchströmender Wassermenge im Falle starker Belastung weniger hoch als bei schwacher.

Aus der Fig. 109 ist z. B. zu ersehen, daß bei einer Wasserlieferung der Pumpe von 3,5 l/sek das Ventil VI bei starker bzw. schwacher Belastung auf 2,6 bzw. 4,4 mm, das Ventil V auf 3,8 bzw. 6,3, das Ventil IV auf 7,7 bzw. 15,0 mm steigt.

Die Ventilbelastung, für welche diese Q-h-Linien Gültigkeit haben, gibt die Tabelle 1 (S. 156). Die ganze Belastung des Ventils setzt sich aus dem Gewicht G_w des Ventils im Wasser und dem Druck $\mathfrak{F}$ der Belastungsfeder zusammen. (Streng genommen wäre hierzu noch das Gewicht der Feder im Wasser zu zählen. Sofern es sich nicht um wissenschaftliche Untersuchungen handelt, kann dieses jedoch wegen seines geringen Einflusses vernachlässigt werden.) Die gestricht gezeichnete Q-h-Linie 1 des schwach belasteten Ventil I in Fig. 110 gilt, wie die Tab. 1 zeigt, unter der Voraussetzung, daß das Ventil, dessen Gewicht im Wasser $G_w = 0,435$ kg beträgt, durch eine zylindrische Schraubenfeder belastet ist, die beim Aufsitzen des Ventils, d. h. beim Ventilhub $h = 0$ einen Druck von $\mathfrak{F}_0 = 0,595$ kg und beim Ventilhub $h = 15$ mm einen solchen von $\mathfrak{F}_{15} = 1,148$ kg auf das Ventil ausübt. Die ganze Belastung des Ventils beträgt dann beim Aufsitzen des Ventils $G_w + \mathfrak{F}_0 = 1,030$ kg und wächst auf $G_w + \mathfrak{F}_{15} = 1,583$ kg bei 15 mm Ventilhub. Drückt man die Ventilbelastung anstatt in Kilogramm in Meter Wassersäule bezogen auf die Ventilfläche nach Gleichung 276 aus, so erhält man, da die Fläche des Ventils I (s. Fig. 103) $f = 0,00477$ qm ist, für die Ventilbelastung die Werte

$$b_0 = \frac{1,030}{0,00477 \cdot 1000} = 0,216 \text{ m} W \quad \text{und} \quad b_{15} = \frac{1,583}{0,00477 \cdot 1000} = 0,332 \text{ mW}.$$

Die Abmessungen zylindrischer Schraubenfedern aus Stahldraht, welche die in Tabelle 1 angegebenen Bedingungen erfüllen, sind in

Tabelle 2 (S. 156) zusammengestellt. Über die Berechnung der Federn siehe Seite 168.

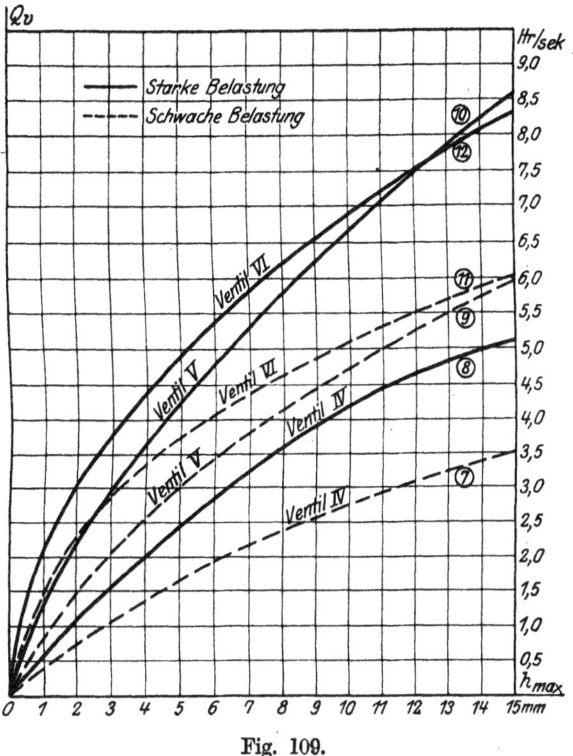

Fig. 109.

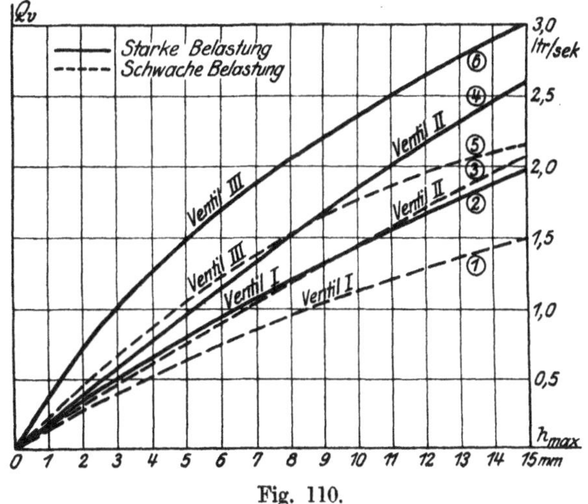

Fig. 110.

Tabelle 1. Ventilbelastung und Schlaggrenze.

a) Schwache Belastung:

Ventil Nr.	I		II		III		IV		V		VI	
Ventilhub h . . mm	0	15	0	15	0	15	0	15	0	15	0	15
Ventilgewicht G_w . . . . . kg	0,435	0,435	0,564	0,564	0,660	0,660	0,960	0,960	2,530	2,530	2,680	2,680
Federdruck $\mathfrak{F}$ kg	0,595	1,148	1,330	2,273	0,715	1,409	0,740	1,780	0,815	1,855	0,830	1,870
Ganze Belastung $G_w + \mathfrak{F}$ . . . kg	1,030	1,583	1,894	2,837	1,375	2,069	1,700	2,740	3,345	4,385	3,510	4,550
b . . . . . . mW	0,216	0,332	0,249	0,374	0,244	0,366	0,189	0,304	0,187	0,245	0,209	0,271
Schlaggrenze $Q_v n$ (Q_v in l/sek.)	145		185		270		370		560		650	

b) Starke Belastung:

Ventil Nr.	I		II		III		IV		V		VI	
Ventilhub h . . mm	0	15	0	15	0	15	0	15	0	15	0	15
Ventilgewicht G_w . . . . . kg	0,435	0,435	0,564	0,564	0,660	0,660	0,960	0,960	2,530	2,530	2,680	2,680
Federdruck $\mathfrak{F}$ kg	1,597	2,420	2,606	4,224	1,719	2,910	3,072	5,286	4,192	8,682	3,517	8,007
Ganze Belastung $G_w + \mathfrak{F}$ . . . kg	2,032	2,855	3,170	4,788	2,379	3,570	4,032	6,246	6,722	11,212	6,197	10,687
b . . . . . . mW	0,426	0,598	0,417	0,630	0,421	0,632	0,448	0,694	0,376	0,627	0,368	0,635
Schlaggrenze $Q_v n$ (Q_v in l/sek.)	285		310		470		850		1100		1170	

Tabelle 2. Abmessungen der Belastungsfedern.

a) Schwache Belastung:

Ventil Nr.	I	II	III	IV	V	VI
Drahtstärke . . . . mm	2,0	2,25	2,0	2,25	3,0	3,0
Mittlerer Windungsdurchm. . . . mm	36	36	36	36	46	46
Zahl der Windungen	9	8	7	8	12	12
Baulänge der Feder ungespannt . . . . mm	101	106	80	76	92	92
bei Ventilhub $h = 0$ . . . . . mm	85	85	65	65	80	80

b) Starke Belastung:

Ventil Nr.	I	II	III	IV	V	VI
Drahtstärke . . . . mm	2,25	2,75	2,5	3,0	3,5	3,5
Mittlerer Windungsdurchm. . . . mm	36	36	36	36	46	46
Zahl der Windungen	10	11	10,5	12	11	11
Baulänge der Feder ungespannt . . . . mm	114	109	87	86	94	92
bei Ventilhub $h = 0$ . . . . . mm	85	85	65	65	80	80

Größte Umdrehungszahl. und vom Ventil verarbeitete
Wassermenge. Schlaggrenze.

Es ist eine bekannte Erscheinung, daß bei Steigerung der Umdrehungszahl einer Kolbenpumpe von einer gewissen Grenze ab der Ventilschluß unruhig wird und bei weiterer Steigerung mehr oder minder rasch in deutlich hörbaren, dann mäßigen und schließlich kräftigen Ventilschlag übergeht. Die Versuche ergaben, daß diese Erscheinung bei einem mit einer bestimmten Feder belasteten Ventil immer eintritt, sobald das Produkt $Q_v n$, d. h. das Produkt aus der vom Ventil in der Sekunde verarbeiteten durchschnittlichen Wassermenge und der Umdrehungszahl der Pumpe in der Minute einen bestimmten Wert erreicht, der um so größer ist, je stärker das Ventil belastet ist.

Für jedes der sechs Versuchsventile wurde der Wert $Q_v n$, bei welchem „deutlicher" Ventilschlag eintrat, durch eine Anzahl von Versuchen bei verschiedenem Kolbenquerschnitt bzw. Kolbenhub durch allmähliche Steigerung der Umdrehungszahl unter den in Tabelle 1 S. 156 angegebenen Belastungsverhältnissen der Ventile bestimmt. Die gefundenen Zahlen sind am Schluß dieser Tabelle aufgeführt und als „Schlaggrenze" bezeichnet. Der Grenzwert $Q_v n$ ist der Ventilbelastung b_0 beim Aufsitzen des Ventils (annähernd) proportional. Es wird z. B. bei Ventil I durch Vergrößerung von $b_0 = 0{,}216$ auf $b_0 = 0{,}426$ der Wert $Q_v n$ von 145 auf 285 erhöht. Es ist aber $0{,}426 : 0{,}216 = 1{,}97$ und $285 : 145 = 1{,}96$.

Wird die ganze Pumpenlieferung mit Q bezeichnet (s. S. 4), so ist bei einfachwirkenden und bei Differentialpumpen die vom Ventil verarbeitete Wassermenge $Q_v = Q$, bei doppeltwirkenden Pumpen $Q_v = \dfrac{Q}{2}$ zu setzen. Sind z Ventile auf einem Sitz angeordnet, so ist $Q_v = \dfrac{Q}{z}$ bzw. $Q_v = \dfrac{Q}{2z}$ zu setzen.

d) Verwendungsgebiet der Versuchsventile. Rechnungsbeispiele.

Über das Verwendungsgebiet der Versuchsventile gibt die folgende Tabelle Aufschluß: Die erste Spalte enthält die vom Ventil in der Sekunde verarbeitete durchschnittliche Wassermenge Q_v in l/sek. Die weiteren Spalten geben für jedes Ventil sowohl für schwache als auch für starke Belastung

1. die Steighöhe h_{max} des Ventils bei der betreffenden Wassermenge Q_v, entnommen aus den Q-h-Linien der Fig. 109 und 110
2. die Umdrehungszahl n, bei welcher deutlicher Ventilschlag eintritt, wenn das Ventil die Wassermenge Q_v verarbeitet, berechnet aus dem für die Belastung b_0 gültigen Grenzwert $Q_v n$. Umdrehungszahlen über 250 in der Minute sind in die Tabelle nicht eingetragen, weil diese bei Kolbenpumpen kaum vorkommen.

Sieht man von Ventilhüben, die größer als 15 mm sind, ab, so ist das Verwendungsgebiet der Ventile, wie die Tabelle zeigt, in folgender Weise begrenzt. Es eignet sich

das Tellerventil I bei schwacher Belastung $(b_0 = 0{,}216$ mW)
bis zu 1,5 l/sek und 97 Umdrehungen, und bei starker Belastung $(b_0 = 0{,}426$ mW) bis zu 2,0 l/sek und 142 Umdrehungen,

Tabelle 3. Verwendungsgebiet der Versuchsventile

Q_v l/sek	Tellerventil I $d=80$ mm Fig. 103 und 436				Tellerventil II $d=100$ mm Fig. 104 und 443				Ringventil III $d_m=75$ mm Fig. 105 und 450				Ringventil IV $d_m=120$ mm Fig. 106 und 457				Zweiringventil V $\Sigma d_m=238$ mm Fig. 107 und 464				Dreiringventil VI $\Sigma d_m=357$ mm Fig. 108 und 472			
	$b_0=0{,}216$ $b_{15}=0{,}332$ $Q_v n=145$		$b_0=0{,}426$ $b_{15}=0{,}598$ $Q_v n=285$		$b_0=0{,}249$ $b_{15}=0{,}374$ $Q_v n=185$		$b_0=0{,}417$ $b_{15}=0{,}630$ $Q_v n=310$		$b_0=0{,}244$ $b_{15}=0{,}366$ $Q_v n=270$		$b_0=0{,}421$ $b_{15}=0{,}632$ $Q_v n=470$		$b_0=0{,}189$ $b_{15}=0{,}304$ $Q_v n=370$		$b_0=0{,}448$ $b_{15}=0{,}694$ $Q_v n=850$		$b_0=0{,}187$ $b_{15}=0{,}245$ $Q_v n=560$		$b_0=0{,}376$ $b_{15}=0{,}627$ $Q_v n=1100$		$b_0=0{,}209$ $b_{15}=0{,}271$ $Q_v n=650$		$b_0=0{,}368$ $b_{15}=0{,}635$ $Q_v n=1170$	
	h_{max}	n	h_{max}	n	h_{max}	n	h_{max}	n	h_{max}	n	h_{max}	n	h_{max}	n	h_{max}	n	h_{max}	n	h_{max}	n	h_{max}	n	h_{max}	n
0,25	2,0	—	1,4	—	—	—	—	—	—	—	—	—	—	—	—	—	—	—	—	—	—	—	—	—
0,50	3,8	—	2,8	—	3,3	—	2,5	—	2,2	—	1,4	—	—	—	—	—	—	—	—	—	—	—	—	—
0,75	6,0	193	4,6	—	5,1	—	3,9	—	3,5	—	2,2	—	—	—	—	—	—	—	—	—	—	—	—	—
1,00	8,6	145	6,6	—	6,8	185	5,2	—	4,8	—	3,0	—	2,6	—	1,8	—	—	—	—	—	—	—	—	—
1,25	11,6	116	8,5	228	8,6	148	6,6	248	6,2	216	4,0	—	3,3	—	2,3	—	—	—	—	—	—	—	—	—
1,50	15,0	97	10,5	190	10,5	123	8,0	207	7,8	180	5,1	—	4,2	246	2,8	—	2,0	—	1,2	—	—	—	—	—
1,75	—	—	13,0	163	12,5	106	9,5	177	9,8	154	6,2	—	5,1	212	3,3	—	2,4	—	1,4	—	—	—	—	—
2,00	—	—	15,0	142	14,4	92	11,0	155	12,5	135	7,5	235	6,2	185	3,8	—	2,9	—	1,6	—	—	—	—	—
2,25	—	—	—	—	—	—	12,8	138	—	—	9,2	209	7,4	164	4,5	—	3,4	249	2,0	—	2,0	—	1,1	—
2,50	—	—	—	—	—	—	14,3	124	—	—	11,0	188	8,5	148	5,1	—	3,9	224	2,3	—	2,3	—	1,4	—
2,75	—	—	—	—	—	—	—	—	—	—	12,9	171	10,2	135	5,7	—	4,4	204	2,8	—	2,7	236	1,6	—
3,00	—	—	—	—	—	—	—	—	—	—	15,0	157	11,5	123	6,4	—	5,0	187	3,0	—	3,2	217	2,0	—
3,50	—	—	—	—	—	—	—	—	—	—	—	—	15,0	106	7,7	243	6,3	160	3,8	—	4,4	186	2,6	—
4,00	—	—	—	—	—	—	—	—	—	—	—	—	—	—	9,2	212	7,6	140	4,5	—	5,9	162	3,4	—
4,50	—	—	—	—	—	—	—	—	—	—	—	—	—	—	11,2	189	9,3	124	5,6	244	7,5	144	4,3	—
5,00	—	—	—	—	—	—	—	—	—	—	—	—	—	—	14,4	170	11,0	112	6,4	220	9,5	130	5,2	234
5,50	—	—	—	—	—	—	—	—	—	—	—	—	—	—	—	—	13,0	102	7,4	200	12,0	118	6,3	213
6,00	—	—	—	—	—	—	—	—	—	—	—	—	—	—	—	—	15,0	93	8,4	183	15,0	108	7,5	195
6,50	—	—	—	—	—	—	—	—	—	—	—	—	—	—	—	—	—	—	9,6	169	—	—	8,9	180
7,00	—	—	—	—	—	—	—	—	—	—	—	—	—	—	—	—	—	—	10,9	157	—	—	10,4	167
7,50	—	—	—	—	—	—	—	—	—	—	—	—	—	—	—	—	—	—	12,0	147	—	—	12,0	156
8,00	—	—	—	—	—	—	—	—	—	—	—	—	—	—	—	—	—	—	13,4	138	—	—	13,8	146

das Tellerventil II bei schwacher Belastung ($b_0 = 0{,}249$ mW) bis zu 2,0 l/sek. und 92 Umdrehungen, und bei starker Belastung ($b_0 = 0{,}417$ mW) bis zu 2,5 l/sek und 124 Umdrehungen usw.

Wie ersichtlich können von dem Zweiringventil V und dem Dreiringventil VI bei der Belastung $b_0 = 0{,}376$ bzw. $b_0 = 0{,}368$ noch 8 l/sek verarbeitet werden.

Die Grenze des Verwendungsgebiets kann man bei sämtlichen Ventilen durch Vermehrung der Ventilbelastung höher legen, damit ist aber eine Vergrößerung des Widerstands, welchen das Wasser bei seinem Durchgang durch das Ventil zu überwinden hat, was gleichbedeutend mit einer Verminderung des Wirkungsgrads der Pumpe ist, verbunden.

Große Wassermengen lassen sich durch Anordnung mehrerer gleicher Ventile auf einem Sitz, durch sog. Gruppenventile, bewältigen.

Rechnungsbeispiele.

1. Beispiel: Für eine kleine einfachwirkende Kolbenpumpe mit 80 mm Kolbendurchmesser, 80 mm Kolbenhub und 175 Umdrehungen in der Minute ist das Ventil zu bestimmen.

Man hat

$$Q_v = \frac{FSn}{60} = \frac{\pi}{4}\,\frac{0{,}80^2 \cdot 0{,}8 \cdot 175}{60} = 1{,}17 \text{ l/sek}$$

also ist

$$Q_v n = 1{,}17 \cdot 175 = 212$$

Zur Vermeidung von Ventilschlag ist ein Ventil zu wählen, dessen Schlaggrenze $Q_v n$ höher als 212 liegt. Nach der Tabelle 3 eignet sich das Tellerventil I bei starker Belastung mit der Schlaggrenze $Q_v n = 285$. Bei der Wassermenge $Q_v = 1{,}17$ l/sek steigt es auf $h_{max} = 7{,}8$ mm (siehe Fig. 110). Der Eintritt eines Ventilschlags ist erst zu erwarten bei der

Umdrehungszahl $n = \dfrac{Q_v n}{Q_v} = \dfrac{285}{1{,}17} = 242$.

2. Beispiel: Es seien für die nachstehend angegebenen doppeltwirkenden Plungerpumpen verschiedener Größe die Ventile nach der Tabelle zu wählen:

Kolbendurchmesser . . . . mm	105	125	165
Kolbenhub . . . . mm	130	160	250
Umdrehungszahl n in der Minute	142	130	85
Vom Ventil verarbeitete Wassermenge $Q_v = \dfrac{FSn}{60}$ in l/sek	2,66	4,25	7,56
Wahl des Ventils nach der Tabelle S. 158	Ventil III mit starker Belastung	Ventil IV mit starker Belastung	Ventil V mit starker Belastung
Größter Ventilhub h_{max} . . . . . mm	nach Linie 6 Fig. 110 12,2	nach Linie 8 Fig. 109 10,2	nach Linie 10 Fig. 109 12,2
Produkt $Q_v n$	378	552	643
Schlaggrenze $Q_v n$ nach der Tabelle S. 158	470	850	1100

3. Beispiel: Es soll ein Ventil für 2,5 l/sek. bei 165 Umdrehungen in der Minute bestimmt werden. Es ist gegeben

$$Q_v n = 2,5 \cdot 165 = 412$$

Dieser Wert zur Sicherheit gegen Ventilschlag um $20^0/_0$ erhöht gibt

$$Q_v n = 1,2 \cdot 412 \sim 500.$$

Es kann Ventil III mit starker Belastung gewählt werden, dann ist aber seine Schlaggrenze von 470 auf 500 durch Vergrößerung der Ventilbelastung zu erhöhen. Da die Ventilbelastung b_0 und die Schlaggrenze $Q_v n$ für ein und dasselbe Ventil proportional sind, so ist die Belastung b_0 von 0,421 auf $\dfrac{500}{470} \cdot 0,421 = 0,448$, d. h. um $0,448 - 0,421 = 0,027$ zu vergrößern. Vermehrt man um den gleichen Betrag die Ventilbelastung b_{15} von 0,632 auf $0,632 + 0,027 = 0,659$, so bleibt die Federkonstante gleich, nämlich (s. S. 168)

$$C = \frac{(b_{15} - b_0)}{1,5} f\gamma = \frac{0,659 - 0,448}{1,5} \cdot 0,00565 \cdot 1000 = 1,192 \text{ kg/cm}.$$

4. Beispiel: Für eine doppeltwirkende Wasserwerkspumpe mit einer maximalen Wasserlieferung von 360 cbm/st bei 80 Umdrehungen pro Minute seien die Ventile zu bestimmen.

Bei einem Lieferungsgrad der Pumpe von $\eta_v = 0,96$ beträgt die sekundliche Wassermenge auf einer Pumpenseite $\dfrac{360}{2 \cdot 0,96 \cdot 3600} = 0,052$ cbm/sek. Es werden Gruppenventile gewählt. Bei der Wahl der Ventilzahl kommt in Betracht, daß der Querschnitt des gemeinschaftlichen Ventilsitzes gut ausgenutzt wird, damit der Durchmesser des Ventilkastens klein ausfällt und sämtliche Ventile möglichst unter den gleichen Strömungsverhältnissen arbeiten. Aus Fig. 111 ist zu ersehen, daß in dieser Hinsicht 7, 15, 19 und 25 Ventile günstiger sind als z. B. 9 und 12 Ventile. In den Figuren ist der Durchmesser der für das einzelne Ventil im Grundriß vorzusehenden Kreisfläche mit d_s, der Durchmesser des gemeinschaftlichen Sitzes der Gruppe mit D_s bezeichnet. Wählt man diesen Durchmesser d_s für die 6 Versuchsventile vom äußeren Durchmesser d_a nach folgender Tabelle:

Ventil	I	II	III	IV	V	VI
d_a mm	80	100	99	144	187	188
d_s mm	100	120	120	164	210	210

so ergibt sich für das obige Beispiel von 52 l/sek bei Verwendung der verschiedenen Ventile folgendes:

Wählt man 25 Ventile, so kommt auf ein Ventil die Wassermenge $Q_v = \dfrac{Q}{z} = \dfrac{52}{25} = 2,08$ l/sek. Alsdann ist $Q_v n = 2,08 \cdot 80 = 166$. Mit einem Zuschlag von $20^0/_0$ zur Sicherheit gegen Ventilschlag ergibt sich für die Schlaggrenze des zu wählenden Ventils der Mindestwert von

$166 \cdot 1,2 = 200$. Dieser Bedingung genügt Tellerventil I bei starker Belastung, für welches $Q_v n = 285$ ist. Dasselbe steigt bei 2,08 l/sek auf $h_{max} = 15$ mm. Der Durchmesser des Ventilsitzes ist bei 25 Ventilen (s. Fig. 111) $D_s = 6{,}15\, d_s$, also bei Tellerventil I, für welches (s. vorstehende Tabelle) $d_s = 100$ ist, wird $D_s = 6{,}15 \cdot 100 = 615$ mm.

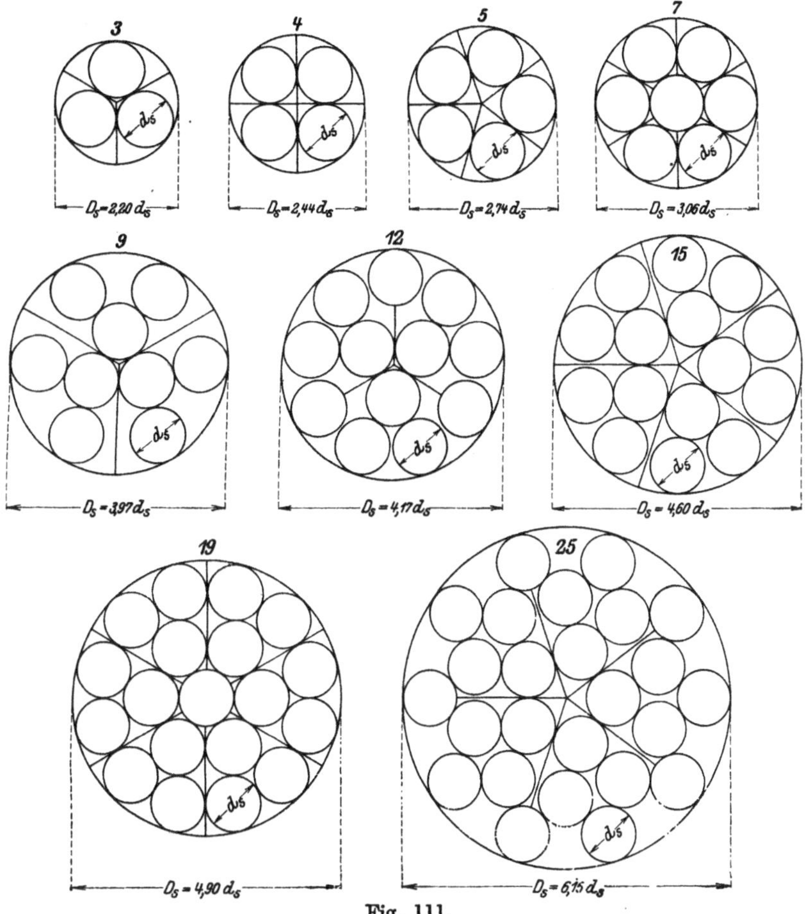

Fig. 111.

Macht man die gleiche Untersuchung für andere geeignete Ventilzahlen, so erhält man die folgende Zusammenstellung:

z	Q_v	$Q_v n$	$1{,}2\,Q_v n$	Nr.	h_{max}	D_s
25	2,08	166	200	I	ca. 15	615
19	2,74	219	263	III	ca. 13	590
15	3,46	277	332	IV	ca. 8	755
12	4,33	346	415	IV	ca. 11	685
7	7,45	596	715	V	ca. 11	643

Der Durchmesser des Ventilsitzes fällt also für 19 einfache Ringventile von 75 mm mittleren Durchmesser am kleinsten aus.

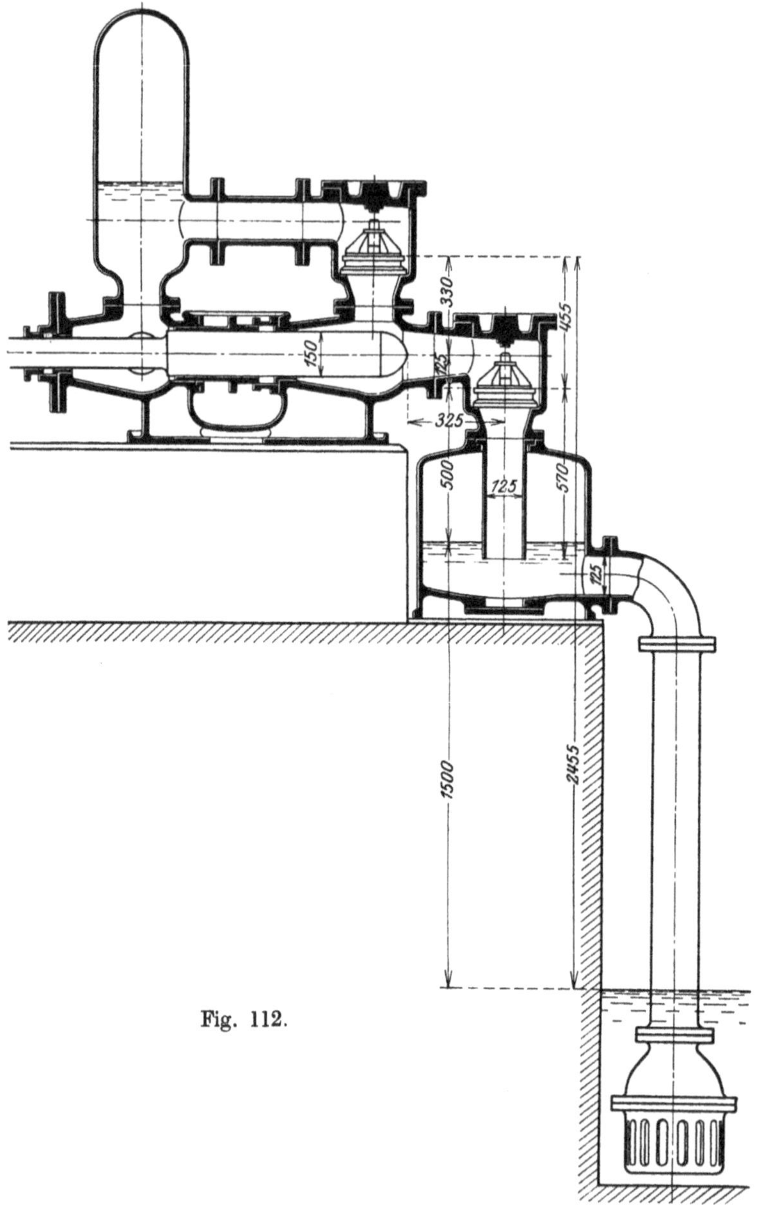

Fig. 112.

5. Beispiel: Es soll untersucht werden, ob die in Fig. 112 dargestellte
Differentialpumpe sich für eine Wasserlieferung von 8 l/sek bei Verwendung des zweifachen Ringventils V eignet.

Nach Tab. 3 schlägt das Ventil bei der Wassermenge von 8 l/sek deutlich, wenn die Pumpe 138 Umdrehungen macht entsprechend $Q_v n = 8 \cdot 138 = 1100$. Läßt man zur Sicherheit ruhigen Ventilschlusses nur $Q_v n = 900$ zu, so ergibt sich als größte zulässige Umdrehungszahl bei 8 l/sek $n = \dfrac{Q_v n}{Q_v} = \dfrac{900}{8} = 112{,}5$. Es werde $n = 110$ gewählt, dann ist $Q_v n = 8 \cdot 110 = 880$. Für die Wasserlieferung $Q = 0{,}008$ cbm berechnet sich bei einem Kolbenquerschnitt $F = \dfrac{\pi}{4} \cdot 0{,}150^2 = 0{,}0177$ qm und der Umdrehungszahl $n = 110$ der notwendige Kolbenhub zu

$$S = \frac{60\,Q}{F\,n} = \frac{60 \cdot 0{,}008}{0{,}0177 \cdot 110} = 0{,}250 \text{ m.}$$

Es ist nun noch zu prüfen, ob die Saugfähigkeit der Pumpe bei der in Fig. 112 wiedergegebenen Aufstellung ausreicht. Zu diesem Zweck werde der Druck im höchsten Punkt des Pumpenraums, d. h. unterhalb des Druckventils beim Anhub des Kolbens bestimmt:

Druck h_{sw} im Saugwindkessel:

Nach Gleichung 66 und 67 bestimmt sich der Druck h_{sw} mit $A = 10{,}0$ m; $y_s = 1{,}50$ (siehe Fig. 112); $c'_s = \dfrac{0{,}008}{0{,}0123} = 0{,}65$ und $\Sigma \zeta \sim 7$ (1 Krümmer, Saugkorb mit Fußventil, Leitungswiderstand) zu

$$h_{sw} = 10{,}0 - 1{,}5 - \frac{0{,}65^2}{2 \cdot 9{,}81}\,(1 + 7) = 10{,}0 - 1{,}5 - 0{,}170 = 8{,}33 \text{ m.}$$

Druck h_u unter dem Saugventil:

Setzt man in Gleichung 340 $\dfrac{F k_0}{g} = \dfrac{F \omega^2 r}{g} = \dfrac{Q n}{30}$ (s. S. 52), so erhält man

$$h_u = h_{sw} - y_2 - \frac{L_2}{F_2}\,\frac{Q n}{30}.$$

Mit $y_2 = 0{,}500$ (s. Fig. 112); $L_2 = 0{,}570$; $F_2 = 0{,}0123$; $Q n = 880$ folgt

$$h_u = 8{,}330 - 0{,}500 - \frac{0{,}570 \cdot 880}{0{,}0123 \cdot 30} = 8{,}330 - 0{,}500 - 1{,}359 = 6{,}471 \text{ mW}$$

oder $\qquad\qquad\qquad p_u = 6471$ kg/qm.

Druck h_0 über dem Saugventil:

Setzt man in Gleichung 334 den Massenwiderstand des Saugventils

$$M_v k_v = \frac{G_l}{g}\,\frac{F k_0}{f_u} \text{ (siehe Gleichung 333)} = \frac{G_l}{f_u}\,\frac{Q n}{30} \text{ (weil } \frac{F k_0}{g} = \frac{Q n}{30} \text{ ist),}$$

so bestimmt sich der Druck p_0 über dem Saugventil nach Gleichung 334 aus

$$f_u p_u = f_0 p_0 + (G_w + \mathfrak{J}_0) + \frac{G_l}{f_u}\,\frac{Q n}{30}.$$

Mit $f_0 = f = 0{,}0179$ (s. Seite 153); $f_u = \dfrac{18}{24} f_0 = 0{,}0134$ (s. Fig. 107);

$$G_w = 2{,}530; \quad \mathfrak{F}_0 = 4{,}192 \text{ (s. S. 156)}; \quad G_l = G_w \cdot \frac{8{,}3}{7{,}3} = \frac{2{,}530 \cdot 8{,}3}{7{,}3} = 2{,}880;$$

$Qn = 880$ erhält man

$$0{,}0179 \; p_0 = 0{,}0134 \cdot 6471 - 6{,}722 - 6{,}336$$
$$p_0 = 4850 \qquad\qquad - 376 \quad - 354$$
$$p_0 = 4114 \text{ kg/qm.}$$

Öffnungswiderstand $h_{(sv)0}$ des Saugventils:

$$h_{(sv)0} = \frac{p_u - p_0}{\gamma} = \frac{6471 - 4114}{1000} = 2{,}357 \text{ mW.}$$

Druck h_{min} unter dem Druckventil:

Nach Gleichung 342 wird mit $y = 0{,}455$ (s. Fig. 112); $L_1 = 0{,}325$

$+ 0{,}125 = 0{,}450$ und $F_1 = \dfrac{\pi}{4} \cdot 0{,}125^2 = 0{,}0123$ (durchschnittlich)

$$h_0 = h_{min} + y + \frac{L_1}{F_1} \frac{Qn}{30}$$
$$4{,}114 = h_{min} + 0{,}455 + 1{,}073$$
$$h_{min} = 2{,}586 \text{ m.}$$

Der Druck im Pumpenraum sinkt also nicht unter 2,586 mW; eine Gefahr der Dampfbildung liegt nicht vor, die Wassersäule folgt dem Kolben ohne Stoß.

Zusammenstellung der Widerstände, welche durch den Atmosphärendruck zu überwinden sind:

Saughöhe	2,455 mW
Leitungswiderstand vom Brunnen bis zum Saugwindkessel	0,170 „
Beschleunigungswiderstand der Wassersäule vom Saugwindkessel bis zum Pumpenkolben (1,359 + 1,073)	2,432 „
Öffnungswiderstand des Saugventils	2,357 „
	Summe 7,414 mW,

also Überschuß des Atmosphärendrucks über die Widerstände:

$$10 - 7{,}414 = 2{,}586 \text{ wie oben.}$$

Zur Beantwortung der Frage, welchen Wert von Qn die Saugfähigkeit der Pumpe bei einer bestimmten Saughöhe überhaupt gestattet, ist in ähnlicher Weise zu verfahren. Man nimmt den geringsten Druck h_{min} im Pumpenraum an und hat dann in den Gleichungen den Wert Qn als einzige Unbekannte.

e) Berechnung großer Ventile mit mehreren konzentrischen Ringen.

In Ermangelung von Versuchswerten für Ventile mit einer größeren Anzahl von konzentrischen Ringen dürfte es zulässig sein, zur Berechnung solcher Ventile die für das Versuchsventil Fig. 107 mit 2 Ringen gewonnenen Werte zu verwenden, vorausgesetzt, daß Breite, gegenseitiger Abstand und Dichtungsbreite der Ventilringe geradeso wie bei diesem Ventil, die Strömungsverhältnisse (Ablenkung und Geschwindigkeitsänderung) beim Durchgang des Wassers durch den rostartigen Ventilkörper also ähnliche sind.

Bei gleichem Ventilhub und gleicher Ventilbelastung (bezogen auf die Ventilfläche) wird dann die durchströmende Wassermenge proportional der Größe des Durchflußquerschnitts oder der Summe der mittleren Ventilringdurchmesser sein. Es gilt also

$$\frac{Q_v}{Q'_v} = \frac{\Sigma d_m}{\Sigma d'_m} \quad \cdots \cdots \cdots \cdots \quad 307$$

wobei unter Q'_v die unter gleichen Verhältnissen vom Versuchsventil V verarbeitete Wassermenge und $\Sigma d'_m = 0{,}238$ m die Summe der beiden mittleren Ringdurchmesser dieses Ventils ist (s. Fig. 465).

1. Beispiel: Die im 4. Beispiel auf S. 160 behandelte Wasserwerkspumpe soll große Einzelventile mit mehreren konzentrischen Ringen erhalten.

Die vom Ventil zu verarbeitende größte Wassermenge beträgt 52 l/sek bei 80 Umdrehungen pro Minute. Wählt man, um genügend Raum für eine kräftige Ventilspindel zu haben, den Durchmesser des inneren Ringes zu $d_1 = 0{,}130$ m, so erhält man, da die Durchmesser der aufeinanderfolgenden Ringe wie beim Versuchsventil Fig. 107 um 88 mm verschieden sein müssen, bei 5 Ringen ein Ventil mit nachstehenden Abmessungen der Ringe und einer Durchmessersumme $\Sigma d_m = 1{,}530$ m.

$$d_1 = 0{,}130$$
$$d_2 = 0{,}218$$
$$d_3 = 0{,}306$$
$$d_4 = 0{,}394$$
$$\underline{d_5 = 0{,}482}$$
$$\Sigma d_m = 1{,}530 \text{ m.}$$

Dieses Ventil steigt bei einer Wassermenge von 52 l/sek gleich hoch wie das Versuchsventil bei einer seiner Durchmessersumme (0,238) entsprechenden kleineren Wassermenge, die sich nach Gleichung 307 bestimmt aus

$$\frac{52}{Q'_v} = \frac{1{,}530}{0{,}238}$$

woraus

$$Q'_v = 8{,}1 \text{ l/sek.}$$

Für diese Wassermenge gibt die Tabelle S. 158 einen größten Ventilhub von 13,5 mm. Dieser erscheint nicht zu groß, da es sich um die maximale Leistung des Pumpwerks handelt. Die Abmessungen der Belastungsfeder ergeben sich dann auf Grund der Bedingung, daß die Ventilbelastung beim Aufsitzen des Ventils $b_0 = 0{,}376$ mW, beim Ventilhub von 15 mm aber $b_{15} = 0{,}627$ mW ist. Über die Berechnung der Feder siehe unter Ziffer 14 f.

2. Beispiel: Wie stark muß das im vorigen Beispiel behandelte Ventil belastet werden, wenn es bei dem gleichen Ventilhub $h = 13{,}4$ mm nicht nur 8, sondern 9 l/sek verarbeiten soll?

Im Fall die Ventilbelastung eine andere ist oder sein soll, als die bei den Versuchen stattgehabte, können die Tabellenwerte in folgender Weise umgerechnet werden:

Nimmt man an, daß das Ventil beim Kurbelwinkel $\varphi = 90^0$ seinen höchsten Stand einnimmt, was streng genommen zwar nicht richtig ist, so ergibt sich aus Gleichung 299 mit $\varphi = 90^0$

$$\mu\, h_{max}\sqrt{2g\overline{b}}\, l = F r \omega \qquad \dots \dots \dots \dots \quad 308$$

Da aber

$$F r \omega = \frac{F S}{2}\frac{n\pi}{30} = \frac{F S n}{60}\pi = Q_v \pi,$$

so folgt

$$\mu\, h_{max}\sqrt{2g\overline{b}}\, l = Q_v \pi \qquad \dots \dots \dots \dots \quad 309$$

Wird die Belastung von b in b' geändert, so wird für das gleiche Ventil gelten:

$$\mu'\, h'_{max}\sqrt{2g b'}\, l = Q'_v \pi \qquad \dots \dots \dots \dots \quad 310$$

Handelt es sich um keine stark abweichenden Werte des Ventilhubs h und der Belastung b, so kann $\mu' = \mu$ angenommen werden, dann ergibt sich durch Division der beiden Gleichungen das Verhältnis

$$\frac{h'_{max}\sqrt{b'}}{h_{max}\sqrt{b}} = \frac{Q'_v}{Q_v} \qquad \dots \dots \dots \dots \quad 311$$

Soll bei Änderung der Ventilbelastung die Wassermenge die gleiche bleiben und sich nur der Ventilhub ändern, so folgt mit $Q'_v = Q_v$:

$$h'_{max}\sqrt{b'} = h_{max}\sqrt{b} \qquad \dots \dots \dots \dots \quad 312$$

Soll anderseits der Ventilhub der gleiche bleiben und sich nur die Wassermenge ändern, so erhält man mit $h'_{max} = h_{max}$:

$$\frac{\sqrt{b'}}{\sqrt{b}} = \frac{Q'_v}{Q_v} \qquad \dots \dots \dots \dots \quad 313$$

Zur Beantwortung der obigen Frage kommt die letztere Gleichung (313) in Betracht.

Die Belastung $b_{13,4}$ beim Ventilhub $h = 13,4$ bestimmt sich mit den Tabellenwerten $b_0 = 0,376$ und $b_{15} = 0,627$, da es sich um eine zylindrische Schraubenfeder handelt, bei welcher der Federdruck proportional mit der Zusammendrückung der Feder wächst, aus (s. Fig. 113)

$$b_{13,4} = b_0 + \left(\frac{b_{15} - b_0}{15,0}\right)\cdot 13,4 = 0,376 + \left(\frac{0,627 - 0,376}{15}\right)13,4 = 0,600 \quad 314$$

Mit $\sqrt{b} = \sqrt{0,600} = 0,7746$; $Q_v = 8,0$ und $Q'_v = 9,0$ folgt dann aus Gleichung 313

$$\frac{\sqrt{b'}}{0,7746} = \frac{9,0}{8,0}$$

$$\sqrt{b'} = 0,872$$

$$b' = 0,935$$

Um das Verwendungsgebiet des Ventils V von 8 auf 9 l/sek zu steigern, ohne den Ventilhub $h = 13{,}4$ mm zu erhöhen, muß also die Belastung des Ventils bei diesem Hub von $b = 0{,}600$ m auf $b' = 0{,}935$ m, d. h. um 0,335 m vergrößert werden. Soll die Federkonstante die gleiche bleiben, so ist auch die Be-
lastung des Ventils beim Aufsitzen um den gleichen Betrag zu erhöhen, also von $b_0 = 0{,}376$ auf $b'_0 = 0{,}711$. Gleichzeitig wird dadurch die Schlaggrenze des Ventils auf

$$Q'_v n = \frac{b'_0}{b_0} Q_v n = \frac{0{,}711}{0{,}376} \cdot 1100 = 2080$$

höher gelegt.

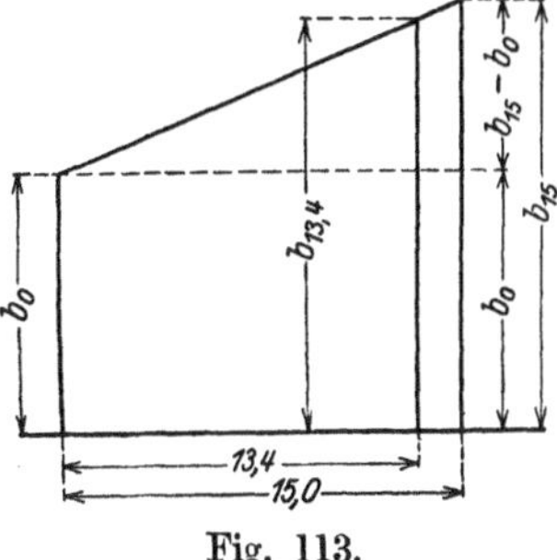

Fig. 113.

f) Berechnung der Ventilbelastungsfedern.

Die Federn werden meistens als zylindrische Schraubenfedern mit Kreisquerschnitt aus gehärtetem Federstahl ausgeführt. Zur Berechnung der Stärke des auf Verdrehung beanspruchten Drahtes dient die bekannte Formel

$$Pr = \frac{\pi}{16} k_d\, d^3 \sim \frac{1}{5} k_d d^3, \quad \ldots \ldots \ldots \ldots \; 315$$

wo P den größten Federdruck in kg, r den mittleren Windungshalb-messer in cm, k_d die zulässige Drehungsbeanspruchung des Federmaterials in kg/qcm und d die Drahtstärke in cm bedeutet.

Die zulässige Drehungsbeanspruchung k_d ist um so kleiner zu wählen, je größer die Anzahl n_f der Federspiele in der Minute ist.

Setzt man entsprechend Siebeck[1]) für gehärteten Federstahl

$$k_d = \frac{4000}{1 + \dfrac{n_f}{150}} \text{ kg/qcm,} \quad \ldots \ldots \ldots \; 316$$

so ergibt sich bei

$n_f =$	50	100	150	200 Federspielen in der Minute
$k_d =$	3000	2400	2000	1714 kg/qcm.

Die erforderliche Anzahl der nutzbaren Windungen folgt dann (s. Hütte) aus der Formel

$$y = \frac{64\, i\, P r^3}{d^4}\, \beta, \quad \ldots \ldots \ldots \ldots \ldots \; 317$$

wobei y die Zusammendrückung der Feder in cm, i die Anzahl der wirk-samen Federwindungen und $\beta = \dfrac{1}{800\,000}$ den Schubkoeffizienten für Federstahl bedeutet.

---

[1]) H. Al. Siebeck, Beitrag zur Berechnung der Schraubenfedern. Zeitschr. d. Ver. deutsch. Ing. 1911, S. 2177.

Bezeichnet man ferner die Federkonstante, d. h. den Druck in kg, welchen die Feder pro 1 cm Zusammendrückung ausübt, mit C, so folgt

$$C = \frac{P}{y} = \frac{d^4}{64\,i\,r^3\,\beta} \quad \ldots \ldots \ldots \ldots \; 318$$

und demnach ist die Windungszahl bestimmt durch

$$i = \frac{d^4}{64\,C\,r^3\,\beta} \quad \ldots \ldots \ldots \ldots \; 319$$

1. Beispiel: Es sollen die Abmessungen der Feder für starke Belastung des Versuchsventils I (s. Tab. 1, S. 156) bestimmt werden.

Nach der Tabelle soll der Federdruck beim Ventilhub $h = 0$ (Aufsitzen des Ventils) $\mathfrak{F}_0 = 1{,}597$ kg, beim Ventilhub $h = 15$ mm jedoch $\mathfrak{F}_{15} = 2{,}420$ kg betragen. Demnach soll die Federkonstante

$$C = \frac{\mathfrak{F}_{15} - \mathfrak{F}_0}{1{,}5} = \frac{2{,}420 - 1{,}597}{1{,}5} \sim 0{,}550 \; \text{kg/cm}$$

sein.

Ist die Ventilbelastung nicht in Kilogramm, sondern in Meter Wassersäule gegeben, so ist die Belastung beim Aufsitzen des Ventils (siehe Gleichung 276) $b_0 f \gamma = (G_w + \mathfrak{F}_0)$ kg und beim Ventilhub $h = 15$ mm anderseits $b_{15} f \gamma = (G_w + \mathfrak{F}_{15})$ kg. Dann ist

$$C = \frac{\mathfrak{F}_{15} - \mathfrak{F}_0}{1{,}5} = f \gamma \frac{(b_{15} - b_0)}{1{,}5} \; \text{kg/cm.}$$

Mit den Werten der Tabelle $b_0 = 0{,}426$ m und $b_{15} = 0{,}598$ m, sowie mit $f = 0{,}00477$ qm für Ventil I (siehe Fig. 103) ergibt sich wieder

$$C = 0{,}00477 \cdot 1000 \cdot (0{,}598 - 0{,}426) \cdot 0{,}67 \sim 0{,}550 \; \text{kg/cm.}$$

Wählt man die zulässige Belastung der Stahlfeder zu $k_d = 2000$ kg/qcm und den Windungshalbmesser der Feder $r = 1{,}8$ cm, so ergibt sich die Drahtstärke nach Gleichung 315 aus

$$2{,}420 \cdot 1{,}8 = \frac{2000}{5}\,d^3 = 400\,d^3$$

$$d = 0{,}22 \; \text{cm.}$$

Wählt man $d = 0{,}225$ cm, so folgt die Windungszahl nach Gleichung 319 aus

$$i = \frac{0{,}225^4 \cdot 800\,000}{64 \cdot 0{,}550 \cdot 1{,}8^3} \sim 10$$

Die Zusammendrückung der Feder beim Aufsitzen des Ventils ist ferner

$$y_0 = \frac{\mathfrak{F}_0}{C} = \frac{1{,}597}{0{,}550} = 2{,}9 \; \text{cm} \; \ldots \ldots \ldots \; 320$$

Da die Länge der eingebauten Feder beim Aufsitzen des Ventils $l = 8{,}5$ cm ist (s. Fig. 103), so ist ihre Länge in ungespanntem Zustand

$$L = l + y_0 = 8{,}5 + 2{,}9 = 11{,}4 \; \text{cm.}$$

2. Beispiel: Es soll die Feder für das auf S. 165 berechnete Ringventil bestimmt werden.

Nach den Angaben daselbst ist die erforderliche Ventilbelastung in mW beim Aufsitzen des Ventils $b_0 = 0,376$, bei einem Ventilhub von 15 mm jedoch $b_{15} = 0,627$ mW. Ferner ist die Ventilfläche $f = \pi \Sigma d_m e = 3,14 \cdot 1,530 \cdot 0,024 = 0,115$ qm.

Nach Gleichung 276 ist

$$G_w + \mathfrak{F}_0 = b_0\, f\gamma = 0,376 \cdot 0,115 \cdot 1000 = 43,24 \text{ kg}$$
$$G_w + \mathfrak{F}_{15} = b_{15}\, f\gamma = 0,627 \cdot 0,115 \cdot 1000 = 72,10 \text{ kg.}$$

Das Gewicht des Ventils im Wasser betrage $G_w = 16,8$ kg, somit ergibt sich $\mathfrak{F}_0 = 43,24 - 16,8 = 26,44$ kg, $\mathfrak{F}_{max} = 72,10 - 16,8 = 55,30$ kg und die Federkonstante

$$C = \frac{\mathfrak{F}_{15} - \mathfrak{F}_0}{1,5} = \frac{55,30 - 26,44}{1,5} = 19,24 \text{ kg/cm.}$$

Wählt man den Windungshalbmesser $r = 4$ cm und nach Gleich. 316 $k_d = 2400$ kg/qcm, entsprechend $n_f = 100$, so ergibt sich für die Drahtstärke nach Gleichung 315

$$55,30 \cdot 4 = \frac{1}{5}\, 2400\, d^3$$

$$d \sim 0,8 \text{ cm}$$

und die Windungszahl nach Gleichung 319

$$i = \frac{0,8^4 \cdot 800\,000}{64 \cdot 19,24 \cdot 4^3} \sim 4.$$

Will man aus Rücksicht auf die Ventilkonstruktion die Windungszahl auf $i_1 = 6$ erhöhen, so ist, damit die Federkonstante unverändert bleibt, der Drahtdurchmesser d auf d_1 derart zu verstärken, daß (s. Gleichung 319)

$$\frac{d_1^{\,4}}{d^4} = \frac{i_1}{i}, \quad \ldots \ldots \ldots \ldots \quad 321$$

also

$$d_1^{\,4} = \frac{0,8^4 \cdot 6}{4} = 0,6144$$

$$d_1 = 0,885 \sim 0,9 \text{ cm.}$$

Alsdann ist die Beanspruchung des Federmaterials (s. Gleichung 315) geringer im Verhältnis $\dfrac{d^3}{d_1^{\,3}}$, also

$$k_d = \frac{2400 \cdot 0,8^3}{0,9^3} = 1686 \text{ kg/qcm.}$$

Die Zusammendrückung beim Aufsitzen des Ventils ist sodann nach Gleichung 320

$$y_0 = \frac{\mathfrak{F}_0}{C} = \frac{26,44}{19,24} = 1,37 \text{ cm.}$$

Über die Berechnung von kegelförmig gewundenen Federn und solchen mit rechteckigem Querschnitt finden sich die nötigen Angaben in der Hütte oder auch in der oben angeführten Abhandlung von Siebeck.

g) Ventilwiderstand.

Es ist zu unterscheiden der Widerstand, welchen der Wasserstrom beim Durchfließen des geöffneten Ventils zu überwinden hat, und der Widerstand, welcher beim Abheben des Ventils von seinem Sitz entsteht, d. h. also der **Durchgangswiderstand** und der **Öffnungswiderstand des Ventils**.

α) *Durchgangswiderstand der Hubventile.*

Für die nachstehend dargestellten Ventilkonstruktionen hat Bach den Durchgangswiderstand durch Versuche[1]) festgestellt. Der Ventilsitz war von einem Wasserstrom von konstanter Stärke durchflossen, wobei das Ventil auf dem Wasserstrom mit gleichbleibendem Abstand von seinem Sitz schwebte.

Bedeutet

ζ den **Widerstandskoeffizienten,**

a, β, γ Erfahrungskoeffizienten, welche von der Ventilkonstruktion abhängen,

i die Anzahl der Rippen im Falle unterer Führung des Ventils durch Rippen (Fig. 115 und 116),

s die Breite dieser Führungsrippen, gemessen auf dem Umfang πd_1,

b_1 die radiale Breite der Dichtungsfläche $= \dfrac{1}{2}(d - d_1)$ (Fig. 114),

h_v den Ventilwiderstand in m Wassersäule,

dann ist mit den auf S. 135 gegebenen weiteren Bezeichnungen

$$h_v = \zeta \frac{c_1{}^2}{2\,g} \quad \dots\dots\dots\dots\dots\dots\dots \quad 322$$

$$\zeta = a + \beta \left(\frac{d_1}{h}\right)^2 \quad \dots\dots\dots\dots\dots \quad 323$$

$$\zeta = a + \beta \left(\frac{d_1{}^2}{(\pi d_1 - is)h}\right)^2 \quad \dots\dots\dots \quad 324$$

$$\zeta = a + \beta \left(\frac{d_1}{h}\right) + \gamma \left(\frac{d_1}{h}\right)^2 \quad \dots\dots\dots \quad 325$$

Im besonderen ist zu nehmen:

1. Für **Tellerventile ohne untere Führung** nach Fig. 114 bei Hubhöhen

$$h = \frac{d_1}{10} \ \text{bis} \ \frac{d_1}{4}$$

Gleichung 323 mit

$$a = 0{,}55 + 4\,\frac{b_1 - 0{,}1\,d_1}{d_1} \ \text{bei Breiten } b_1 \text{ von } \frac{d_1}{10} \text{ bis } \frac{d_1}{4},$$

$$\beta = 0{,}15 \ \text{bis} \ 0{,}16.$$

---

[1]) C. Bach, Versuche über Ventilbelastung und Ventilwiderstand. Verlag von J. Springer, Berlin 1884 oder C. Bach, Die Maschinenelemente. Verlag von Alfred Kröner, Leipzig.

2. **Für Tellerventile mit unterer Führung** nach Fig. 115 bei Hubhöhen

$$h = \frac{d_1}{8} \text{ bis } \frac{d_1}{4}$$

Gleichung 324 mit Werten von a, welche die für das Tellerventil ohne untere Führung gegebenen Werte um 0,8 bis 1,6 überschreiten, entsprechend einer Verengung des Querschnitts der Ventilöffnung durch die Führungsrippen um 13 bzw. 20$^0/_0$, d. h. auf 0,87 bzw. 0,80 f_1,

$$\beta = 1{,}70 \text{ bis } 1{,}75.$$

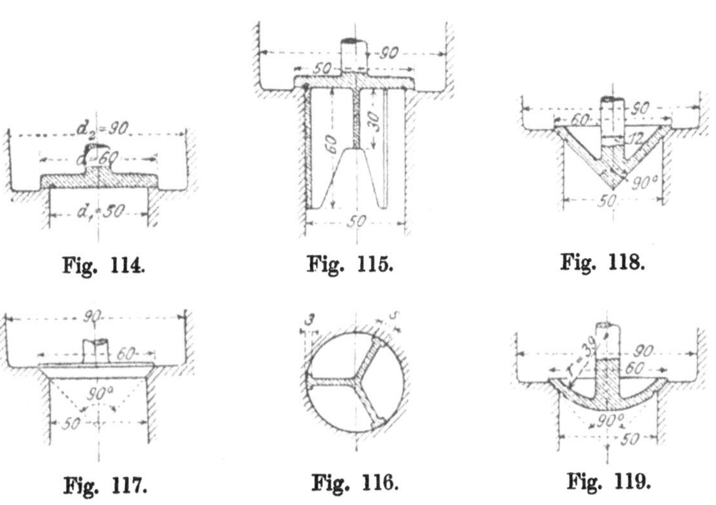

Fig. 114.   Fig. 115.   Fig. 118.

Fig. 117.   Fig. 116.   Fig. 119.

3. **Für Kegelventile mit ebener Unterfläche** nach Fig. 117 bei Hubhöhen

$$h = \frac{d_1}{10} \text{ bis } \frac{d_1}{4} \ (b_1 = 0{,}1 d_1)$$

Gleichung 325 mit

$$a = 2{,}6$$
$$\beta = -0{,}8$$
$$\gamma = 0{,}14.$$

4. **Für Kegelventile mit kegelförmiger Unterfläche** nach Fig. 118 bei Hubhöhen

$$h = \frac{d_1}{8} \text{ bis } \frac{d_1}{4}$$

Gleichung 323 mit

$$a = 0{,}6 \text{ und } \beta = 0{,}15.$$

5. **Für Ventile mit kugelförmiger Unterfläche auf kegelförmiger Sitzfläche** nach Fig. 119 bei Hubhöhen

$$h = \frac{d_1}{10} \text{ bis } \frac{d_1}{4}$$

Gleichung 325 mit

$$\alpha = 2{,}7$$
$$\beta = -\,0{,}8$$
$$\gamma = 0{,}14.$$

Diese Koeffizienten setzen voraus, daß (Fig. 114)

$$\frac{\pi}{4}(d_2{}^2 - d^2) = 1{,}8\,\frac{\pi}{4}\,d_1{}^2 = 1{,}8 f_1,$$

d. h. daß der ringförmige Querschnitt zwischen Ventilteller und Gehäusewandung um $80^0/_0$ größer ist als die Ventilöffnung, und ferner, daß das Wasser das Ventilgehäuse in senkrechter Richtung verläßt.

Handelt es sich um ein spielendes Ventil, so ist die Geschwindigkeit, mit welcher das Wasser das Ventil trifft, gleich $c_1 \mp v$, wenn c_1 die veränderliche Wassergeschwindigkeit im Sitz und v die gleichzeitige Geschwindigkeit des Ventils bedeutet, wobei das obere Zeichen für das steigende, das untere für das sinkende Ventil gilt. Man hat demnach

$$h_v = \zeta \,\frac{(c_1 \mp v)^2}{2\,g} \quad \ldots\ldots\ldots\ldots \quad 326$$

Bei den früheren Entwicklungen wurde angenommen, daß der Durchgangswiderstand der Hubventile von Kolbenpumpen mit Kurbelantrieb während des ganzen Ventilspiels annähernd konstant sei. Inwieweit diese Annahme in Wirklichkeit zutrifft, läßt sich aus dem folgenden Beispiel ersehen.

Ein Versuch des Verfassers mit dem Tellerventil ohne untere Führung (Fig. 114) ergab die in Fig. 120 dargestellte Ventilhublinie.

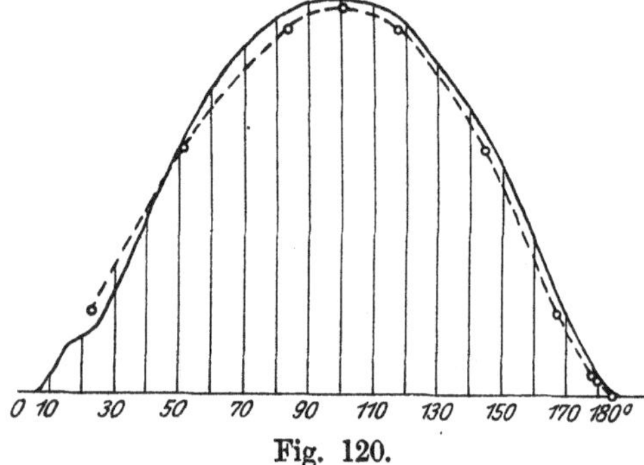

Fig. 120.

Hierbei galten folgende Werte: Kolbenquerschnitt $F = 0{,}003\,848$ qm, Durchgangsquerschnitt des Ventilsitzes $f_1 = 0{,}001\,963$ qm, Kurbelradius $r = 0{,}080$ m, Länge der Schubstange $L = 0{,}750$ m, also $\dfrac{r}{L} = \dfrac{0{,}080}{0{,}750}$ $= \dfrac{1}{9{,}375} = 0{,}107$, Umdrehungszahl in der Minute $n = 102$, also Winkelgeschwindigkeit $\omega = \dfrac{\pi \cdot 102}{30} = 10{,}676$.

Zur Bestimmung des Widerstandskoeffizienten ζ hat Bach für das betreffende Ventil die besondere Gleichung aufgestellt

$$\zeta = 0{,}30 + 0{,}18 \left(\frac{d_1}{0{,}0005 + \text{h}} \right)^2,$$

gültig für Hubhöhen von

$$h = \frac{d_1}{50} \text{ bis } \frac{d_1}{2}$$

mit dem Meter als Längeneinheit.

Mit dieser Gleichung berechnet sich die nachstehende Tabelle in folgender Weise:

Für einen bestimmten Kurbelwinkel φ (Spalte 0) ist der zugehörige Kolbenweg (Spalte 1) nach Gleichung 13

$$x = r \left(1 - \cos \varphi\right) - \frac{1}{2} L \left(\frac{r}{L} \sin \varphi \right)^2.$$

Der Ventilhub h (Spalte 2) ist der ausgezogenen Ventilhublinie Fig. 120 entnommen. Der zugehörige Wert ζ (Spalte 3) berechnet sich dann aus vorstehender Gleichung. Bei dem Kurbelwinkel φ ist nach Gleichung 14 die Kolbengeschwindigkeit

$$u = \omega r \left(\sin \varphi - \frac{1}{2} \frac{r}{L} \sin 2\,\varphi \right).$$

Die entsprechende Geschwindigkeit c_1 im Ventilsitz (Spalte 4) ist

$$c_1 = \frac{F}{f_1}\, u.$$

Die Ventilgeschwindigkeit v (Spalte 5) bei dem Kurbelwinkel φ ist aus der Neigung der Tangente an die Ventilhublinie graphisch mit Hilfe des Spiegellineals bestimmt. Aus den Werten ζ, c_1 und v (Spalte 3 bis 5) folgt schließlich der Ventilwiderstand h_v (Spalte 6) entsprechend Gleichung 326

0	1	2	3	4	5	6
φ^0	x m	h m	ζ	c_1 m	v m	h_v m
30	0,0096	0,0026	47,10	0,760	0,037	1,25
45	0,0213	0,0052	14,85	1,175	0,040	0,97
60	0,0368	0,0075	7,34	1,374	0,026	0,68
75	0,0553	0,0090	5,30	1,576	0,016	0,66
90	0,0757	0,0097	4,62	1,675	0,005	0,65
105	0,0967	0,0098	4,55	1,660	0,003	0,64
120	0,1168	0,0092	5,08	1,530	0,017	0,62
135	0,1344	0,0077	7,00	1,275	0,024	0,60
150	0,1482	0,0057	12,00	0,915	0,036	0,55
165	0,1570	0,0029	39,20	0,478	0,046	0,55
180	0,1600	0,0005	450,30	0,000	0,023	0,01

In Fig. 121 sind die Ventilwiderstände als Ordinaten die entsprechenden Kolbenwege als Abszissen aufgetragen.

Eine Bestimmung des Ventilwiderstandes aus der Ventilhublinie für den Beginn des Ventilspiels hat keinen Zweck, da die Ventilhublinie infolge des Stoßes, mit welchem das Ventil geöffnet wird, zuerst einen ganz unregelmäßigen Verlauf zeigt. Wie ersichtlich, ist der Widerstand während des größten Teils des Kolbenhubes annähernd konstant. Zu Anfang und zu Ende ergibt die Berechnung eine starke Abnahme desselben. Es ist dabei aber in Betracht zu ziehen, daß wegen des unregelmäßigen Verlaufs der Ventilhublinie wenigstens zu Anfang des Hubs der Ventilwiderstand überhaupt nicht mit Zuverlässigkeit bestimmt werden kann.

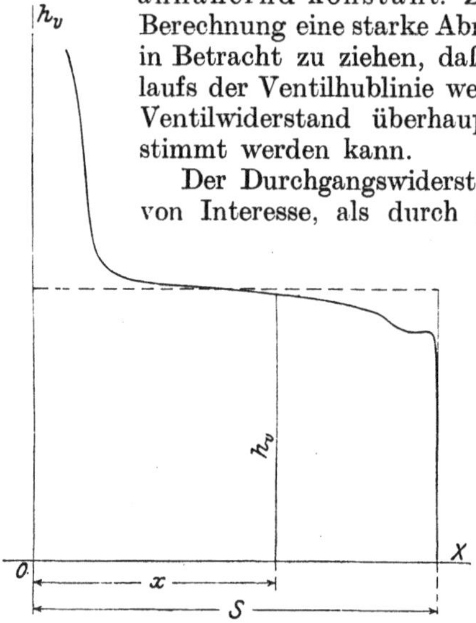

Der Durchgangswiderstand der Ventile ist nur insofern von Interesse, als durch denselben die Antriebsarbeit der Pumpe vergrößert wird. Die Arbeit zur Überwindung dieses Widerstandes ist in Fig. 121 durch die zwischen der Widerstandslinie und der Abszissenachse liegende Fläche dargestellt. Diese Fläche kann annähernd durch ein Rechteck ersetzt werden, dessen Höhe gleich dem Ventilwiderstand in der Mitte des Kolbenhubs, d. h. annähernd bei $\varphi = 90^0$ ist. In diesem Augenblick ist die Ventilerhebung am größten, also die Ventilgeschwindigkeit $v = 0$.

Fig. 121.

Demnach ist mit Rücksicht auf Gleichung 326

$$h_v = \zeta \frac{c_1^2}{2g}.$$

Die Bestimmung des Widerstands der auf S. 171 dargestellten Ventile wird daher in folgender Weise geschehen:

Man bestimmt die Kolbengeschwindigkeit für $\varphi = 90^0$, diese ist nach Gleichung 14

$$u = \omega r,$$

also ist die entsprechende Geschwindigkeit im Ventilsitz

$$c_1 = \frac{F}{f_1}\omega r.$$

Mit diesem Werte von c_1 ergibt sich der größte Ventilhub h aus den folgenden Gleichungen:

$$P_1 = \gamma f_1 \frac{c_1^2}{2g}\left[\varkappa + \left(\frac{d_1}{4\mu_1 h}\right)^2\right] \quad \ldots \ldots \ldots \ldots \quad 327$$

$$P_1 = \gamma f_1 \frac{c_1^2}{2g}\left[\varkappa + \left(\frac{f_1}{\mu_1(\pi d_1 - is)h}\right)^2\right] \quad \ldots \ldots \quad 328$$

und zwar gilt:

1. für Tellerventile ohne untere Führung nach Fig. 114 bei Hubhöhen

$$h = \frac{d_1}{10} \text{ bis } \frac{d_1}{4}$$

Gleichung 327 mit

$$\varkappa = 2{,}5 + 19\,\frac{b_1 - 0{,}1\,d_1}{d_1} \text{ bei Breiten } b_1 \text{ von } \frac{d_1}{10} \text{ bis } \frac{d_1}{4},$$

$\mu_1 = 0{,}60$ bei breiter Dichtungsfläche, bis 0,62 bei schmaler Dichtungsfläche;

2. für Tellerventile mit unterer Führung nach Fig. 115 und 116 bei Hubhöhen

$$h_1 = \frac{d_1}{8} \text{ bis } \frac{d_1}{4}$$

Gleichung 328 mit Werten von $\varkappa$ und μ_1, welche um $10^0/_0$ kleiner sind, als die für das Tellerventil ohne untere Führung angegebenen;

3. für Kegelventile mit ebener Unterfläche nach Fig. 117 bei Hubhöhen

$$h = 0{,}1\,d_1 \text{ bis } 0{,}15\,d_1\,(b_1 = 0{,}1\,d_1)$$

Gleichung 327 mit

$$\varkappa = -1{,}05 \text{ und } \mu_1 = 0{,}89;$$

4. für Kegelventile mit kegelförmiger Unterfläche nach Fig. 118 bei Hubhöhen

$$h = \frac{d_1}{8} \text{ bis } \frac{d_1}{4}.$$

Gleichung 327 mit

$$\varkappa = 0{,}38 \text{ und } \mu_1 = 0{,}68;$$

5. für Ventile mit kugelförmiger Unterfläche auf kegelförmiger Sitzfläche nach Fig. 119 bei Hubhöhen

$$h = \frac{d_1}{10} \text{ bis } \frac{d_1}{4}$$

Gleichung 327 mit

$$\varkappa = 0{,}96 \text{ und } \mu_1 = 1{,}15.$$

Für diese Koeffizienten gilt die gleiche Voraussetzung wie für die Widerstandskoeffizienten (s. oben).

Hat man den größten Ventilhub h ermittelt, so folgt der Koeffizient ζ aus Gleichung 323 bis 325, worauf sich der Ventilwiderstand aus Gleichung 322 berechnet.

Beispiel: Es soll der Durchgangswiderstand des Saugventils der in Fig. 35, S. 29 dargestellten Pumpe bestimmt werden.

Nach den Angaben auf S. 28 ist $\omega = 6{,}28$; $r = 0{,}075$, also $u = \omega r$

$= 6{,}28 \cdot 0{,}075 = 0{,}471$ m. Da ferner (s. Fig. 35) $F = \frac{\pi}{4}\,0{,}075^2$ und

$f_1 = \frac{\pi}{4}\,0{,}050^2$, also $\frac{F}{f_1} = \frac{75^2}{50^2} = 2{,}25$, so ist $c_1 = \frac{F}{f_1}\,u = 2{,}25 \cdot 0{,}471$

$= 1{,}06$ m. Die Belastung des Ventils sei $G_w + \mathfrak{F} = 0{,}95$ kg. Dann folgt der größte Ventilhub nach Gleichung 327 mit $P_1 = G_w + \mathfrak{F} = 0{,}95$;

$$\gamma = 1000; \quad f_1 = \frac{\pi}{4} \cdot 0.050^2 = 0.001\,963; \quad c_1 = 1.06; \quad g = 9.81; \quad \mu_1 = 0.60;$$

$$\varkappa = 2.5 + 19\,\frac{b_1 - 0.1\,d_1}{d_1} = 2.5 + 19\,\frac{0.005 - 0.1 \cdot 0.050}{0.050} = 2.5, \text{ aus}$$

$$0.95 = 1000 \cdot 0.001\,963 \cdot \frac{1.06^2}{2 \cdot 9.81}\left[2.5 + \left(\frac{0.050}{4 \cdot 0.60 \cdot h}\right)^2\right]$$

$$h = 0.0085 \text{ m} = 8.5 \text{ mm}.$$

Weiter ergibt sich

$$a = 0.55 + 4\,\frac{b_1 - 0.1\,d_1}{d_1} = 0.55 + 4\,\frac{0.005 - 0.1 \cdot 0.50}{0.050} = 0.55; \quad \beta = 0.15,$$

also nach Gleichung 323

$$\zeta = a + \beta\left(\frac{d_1}{h}\right)^2 = 0.55 + 0.15\left(\frac{0.050}{0.0085}\right)^2 = 5.74.$$

Der Ventilwiderstand ist daher nach Gleichung 322

$$h_v = \zeta\,\frac{c_1^2}{2g} = 5.74 \cdot \frac{1.06^2}{2 \cdot 9.81} = 0.36 \text{ m}.$$

β) Öffnungswiderstand der Hubventile.

Besonders der Öffnungswiderstand des Saugventils ist von Wichtigkeit, da von ihm die zulässige Saughöhe der Pumpe bzw. ihre zulässige Umdrehungszahl abhängt.

Der Öffnungswiderstand des Druckventils der Pumpe ohne Windkessel (s. Fig. 40, S. 32) bestimmt sich in folgender Weise:

Beginnt der Kolben den Druckhub mit der Beschleunigung k_0, so ist die Beschleunigung des Wassers in der Leitung oberhalb des Druckventils $k_d = \dfrac{F}{F_d}\,k_0$, wenn F_d der Querschnitt des Druckrohrs ist.

Die Pressung über dem Ventil ist beim Anheben des Kolbens gleich dem Druck A der Atmosphäre auf den Ausflußquerschnitt des Druckrohrs, vermehrt um die Höhe H_d der über dem Ventil stehenden Wassersäule und vermehrt um den Beschleunigungsdruck $L_3\,\dfrac{F}{F_d}\,\dfrac{k_0}{g}$ der Wassersäule zwischen Druckventil und Ausguß von der Länge L_3.

Demnach ist die Pressung in m Wassersäule

$$h_0 = A + H_d + L_3\,\frac{F}{F_d}\,\frac{k_0}{g} \quad \ldots \ldots \ldots \ldots \quad 329$$

oder in kg/qm

$$p_0 = \left(A + H_d + L_3\,\frac{F}{F_d}\,\frac{k_0}{g}\right)\gamma \quad \ldots \ldots \ldots \quad 330$$

Bei der Pumpe mit Windkessel (s. Fig. 44, S. 43) ergibt sich

$$h_0 = h_{dw} + y_3 + L_3\,\frac{F}{F_d}\,\frac{k_0}{g} \quad \ldots \ldots \ldots \quad 331$$

$$p_0 = \left(h_{dw} + y_3 + L_3 \frac{F}{F_d} \frac{k_0}{g} \right) \gamma \quad \ldots \ldots \quad 332$$

wenn nach Gleichung 69 $h_{dw} = A + y_d + \dfrac{c'_d{}^2}{2g} (1 + \Sigma \zeta)$ die Pressung im Windkessel, y_3 den senkrechten Abstand des Wasserspiegels im Windkessel vom Druckventil und $L_3 \dfrac{F}{F_d} \dfrac{k_0}{g}$ den Beschleunigungsdruck der Wassersäule zwischen Druckventil und Druckwindkessel von der Länge L_3 und dem durchschnittlichen Querschnitt F_d bedeutet.

Bezeichnet f_0 die obere und f_u die untere vom Wasser berührte Fläche des Ventils, wenn dieses aufsitzt, in qm, so muß zum Abheben des Ventils von seinem Sitz auf seine Unterfläche ein Druck ausgeübt werden, welcher gleich ist dem von oben auf die Ventilfläche wirkenden Wasserdruck $f_0\,p_0$ vermehrt um die Gewichtsbelastung G_w, die Federbelastung $\mathfrak{F}_0$ sowie den Beschleunigungswiderstand $M_v k_v$ des Ventils, wenn M_v die Masse des Ventils, k_v seine Beschleunigung bedeutet. Letztere ist im Augenblick des Anhubs gleich der Beschleunigung des unter dem Ventil im Ventilsitz vom freien Querschnitt f_u befindlichen Wassers. Demnach ist

$$k_v = \frac{F}{f_u} k_0 \quad \ldots \ldots \ldots \ldots \quad 333$$

Bezeichnet ferner p_u den zum Anheben des Ventils notwendigen Druck auf die vom Wasser berührte Unterfläche f_u desselben, ausgedrückt in kg/qm, so ergibt sich

$$f_u p_u = f_0 p_0 + G_w + \mathfrak{F}_0 + M_v k_v \quad \ldots \ldots \ldots \quad 334$$

oder

$$p_u = \frac{f_0}{f_u} p_0 + \frac{G_w + \mathfrak{F}_0}{f_u} + \frac{M_v k_v}{f_u} \quad \ldots \ldots \ldots \quad 335$$

Der Überdruck, welcher notwendig ist, um das Ventil von seinem Sitz abzuheben, oder der Öffnungswiderstand des Ventils ist demnach

$$p_u - p_0 = p_0 \left(\frac{f_0}{f_u} - 1 \right) + \frac{G_w + \mathfrak{F}_0}{f_u} + \frac{M_v k_v}{f_u} \quad \ldots \ldots \quad 336$$

oder in m Wassersäule ausgedrückt

$$h_{(dv)_0} = \frac{p_u - p_0}{\gamma} = \frac{1}{\gamma} \left[p_0 \frac{f_0 - f_u}{f_u} + \frac{G_w + \mathfrak{F}_0}{f_u} + \frac{M_v k_v}{f_u} \right] \quad \ldots \quad 337$$

Der Öffnungswiderstand des Druckventils ist also um so größer:

1. je größer der auf dem Ventil lastende Wasserdruck p_0 ist, also je größer die Druckhöhe der Pumpe und je länger die zu beschleunigende Wassersäule;

2. je größer $\dfrac{f_0 - f_u}{f_u}$, d. h. je größer die Dichtungsfläche im Verhältnis zu der vom Wasser berührten Unterfläche des Ventils;

3. je größer $\dfrac{G_w + \mathfrak{F}_0}{f_u}$, d. h. je größer die Ventilbelastung, bezogen

auf die Einheit der Unterfläche des Ventils ist. Dieser Wert ist aber um so größer, je größer $b_0 = \dfrac{G_w + \mathfrak{F}_0}{f\gamma}$ d. h. die Ventilbelastung beim Aufsitzen des Ventils in m Wassersäule;

4. je größer $\dfrac{M_v k_v}{f_u}$, d. h. je größer die Ventilmasse, bezogen auf die Einheit der Unterfläche des Ventils, und je größer die Ventilbeschleunigung. Letztere ist $k_v = \dfrac{F}{f_u} k_0$, d. h. um so größer, je kleiner der Querschnitt f_u des Ventils im Verhältnis zum Querschnitt F des Pumpenkolbens und je größer die Kolbenbeschleunigung ist.

Beispiel: Es soll der Öffnungswiderstand des Druckventils der in Fig. 35, S. 29 gezeichneten Pumpe bestimmt werden, für den Fall, daß die Pumpe mit dem in der Figur angegebenen Druckwindkessel versehen ist. Ferner sollen die im Beispiel S. 50 gemachten Annahmen gelten.

Alsdann ist der Druck im Windkessel $h_{dw} = 14{,}835$ m, ferner ist (s. Fig. 35) der Abstand des Wasserspiegels im Windkessel vom Druckventil $y_3 = 0{,}260$ m, die zwischen Druckventil und Wasserspiegel des Windkessels befindliche Wassermenge, welche zu beschleunigen ist, hat die Länge $L_3 = 0{,}260$ m, ihr mittlerer Durchmesser sei mit Rücksicht auf die Verengungen zu 0,070 m angenommen Demnach ist das Verhältnis $\dfrac{F}{F_d} = \dfrac{75^2}{70^2} = 1{,}15$. Ferner ist die Kolbenbeschleunigung $k_0 = \omega^2 r = 2{,}96$ m (s. S. 28).

Hiermit ergibt sich nach Gleichung 331

$$h_0 = 14{,}835 + 0{,}260 + 0{,}260 \cdot 1{,}15 \frac{2{,}96}{9{,}81}$$

$$= 14{,}835 + 0{,}260 + 0{,}090 = 15{,}185 \text{ m,}$$

oder

$$p_0 = 15{,}185 \cdot 1000 = 15\,185 \text{ kg/qm.}$$

Die Ventilbelastung sei $G_w + \mathfrak{F}_0 = 0{,}950$ kg, das Gewicht des Ventils in der Luft $G_l = 0{,}280$ kg, also seine Masse $M_v = \dfrac{G_l}{g} = \dfrac{0{,}280}{9{,}81} = 0{,}0285$.

Ferner ist $k_v = \dfrac{F}{f_u} k_0 = \dfrac{75^2}{50^2} \cdot 2{,}96 = 6{,}66$ m, also $M_v k_v = 0{,}189$ kg.

Mit $f_0 = \dfrac{\pi}{4} \cdot 0{,}060^2 = 0{,}002\,827$ qm und $f_u = \dfrac{\pi}{4} \cdot 0{,}050^2 = 0{,}001\,963$ qm ergibt sich dann nach Gleichung 334

$$0{,}001\,963\,p_u = 0{,}002\,827 \cdot 15\,185 + 0{,}950 + 0{,}189$$

$$= 42{,}928 + 0{,}950 + 0{,}189$$

$$p_u = 22\,449 \text{ kg/qm}$$

$$h_{(dv)_0} = \frac{22\,449 - 15\,185}{1000} = 7{,}26 \text{ m.}$$

Der Öffnungswiderstand des Saugventils ist analog Gleichung 337 bestimmt durch

$$h_{(sv)_0} = \frac{p_u - p_0}{\gamma} = \frac{1}{\gamma}\left[p_0\,\frac{f_0 - f_u}{f_u} + \frac{G_w + \mathfrak{F}_0}{f_u} + \frac{M_v\,k_v}{f_u}\right] \quad . \quad (337)$$

Der Widerstand ist also um so größer, je größer die Wasserpressung p_0 über dem Ventil bei seinem Anhub ist. Die Pressung im Pumpenzylinder ist aber zu Beginn und während des Saugens um so größer, je kleiner die Saughöhe ist; der Öffnungswiderstand des Saugventils nimmt also mit wachsender Saughöhe ab.

Im übrigen gilt von dem Öffnungswiderstand beim Saugventil das gleiche wie beim Druckventil.

Bei der Bestimmung des Öffnungswiderstandes des Saugventils kann man in verschiedener Weise vorgehen:

I. Fall: Ist die Konstruktion der Pumpe samt ihrer Aufstellung über dem Saugwasserspiegel gegeben oder angenommen, so bestimmt man den Druck p_u unterhalb des Ventiltellers für den Augenblick des Anhubs und berechnet dann den Ventilwiderstand aus Gleichung (337).

a) Pumpe ohne Windkessel. Im Augenblick des Kolbenanhubs ist der Druck h_u unter dem Ventilteller gleich dem Druck A der Atmosphäre auf den Wasserspiegel des Brunnens, vermindert um den senkrechten Abstand y_2 des Saugventils vom Wasserspiegel des Brunnens und vermindert um den Beschleunigungswiderstand $L_2\dfrac{F}{F_2}\dfrac{k_0}{g}$ der Wassersäule zwischen Brunnen und Saugventil von der Länge L_2 und dem Querschnitt F_2. Es ist daher

$$h_u = A - y_2 - L_2\frac{F}{F_2}\frac{k_0}{g} \ \ldots\ldots\ldots\ldots\ 338$$

oder

$$p_u = \left(A - y_2 - L_2\frac{F}{F_2}\frac{k_0}{g}\right)\gamma \ \ldots\ldots\ldots\ 339$$

b) Pumpe mit Windkessel. In diesem Fall ist

$$h_u = h_{sw} - y_2 - L_2\frac{F}{F_2}\frac{k_0}{g} \ \ldots\ldots\ldots\ldots\ 340$$

oder

$$p_u = \left(h_{sw} - y_2 - L_2\frac{F}{F_2}\frac{k_0}{g}\right)\gamma, \ \ldots\ldots\ 341$$

wenn nach Gleichung 67 $h_{sw} = A - y_s - \dfrac{c_s'^2}{2g}(1 + \Sigma\,\zeta)$ die Pressung im Saugwindkessel, y_2 der senkrechte Abstand des Saugventils vom Wasserspiegel im Saugwindkessel, $L_2\dfrac{F}{F_2}\dfrac{k_0}{g}$ der Massenwiderstand der Wassersäule zwischen Saugventil und Saugwindkessel von der Länge L_2 und dem durchschnittlichen Querschnitt F_2 ist.

Beispiel: Es soll der Öffnungswiderstand des Saugventils der in Fig. 35 gezeichneten Pumpe für die Anordnung ohne und mit Windkessel bestimmt werden.

a) Anordnung ohne Windkessel: Nach den Angaben des Zahlenbeispiels S. 28 bzw. der Fig. 35 ist $A = 10{,}00$ m; $y_2 = 4{,}400 - 0{,}250 = 4{,}150$ m; $L_2 = 4{,}400$ m; $\dfrac{F}{F_2} = \dfrac{75^2}{50^2} = 2{,}25$; $k_0 = \omega^2 r = 2{,}96$ m.

Hiermit ergibt sich nach Gleichung 339

$$p_u = h_u \cdot 1000 = \left(10{,}00 - 4{,}15 - 4{,}40 \cdot 2{,}25 \cdot \frac{2{,}96}{9{,}81} \right) 1000$$
$$= (10{,}00 - 4{,}15 - 2{,}99) \cdot 1000$$
$$= 2860 \ \text{kg/qm}.$$

Ferner gilt für das Saugventil, das von gleicher Konstruktion ist wie das Druckventil, nach dem vorigen Beispiel S. 178

$$f_u = \frac{\pi}{4} \cdot 0{,}050^2 = 0{,}001\,963 \ \text{qm}; \quad f_0 = \frac{\pi}{4} \cdot 0{,}060^2 = 0{,}002\,827 \ \text{qm}; \quad G_w + \mathfrak{F}_0$$
$$= 0{,}950 \ \text{kg}; \quad M_v = 0{,}0285; \quad k_v = 6{,}66 \ \text{m}; \quad \text{also} \quad M_v k_v = 0{,}189 \ \text{kg}.$$

Man hat daher nach Gleichung 334

$$0{,}001\,963 \cdot 2860 = 0{,}002\,827 \cdot p_0 + 0{,}950 + 0{,}189$$
$$p_0 = 1583 \ \text{kg/qm},$$

also ist der Ventilwiderstand nach Gleichung (337)

$$h_{(sv)_0} = \frac{p_u - p_0}{\gamma} = \frac{2860 - 1583}{1000} = 1{,}28 \ \text{m}.$$

b) Anordnung mit Windkessel: Nach den Angaben des Zahlenbeispiels S. 48 bzw. der Fig. 35 ist $h_{sw} = 3{,}478$ m; $y_2 = 0{,}360$ m; $L_2 = 0{,}360$; $\dfrac{F}{F_2} = \dfrac{75^2}{50^2} = 2{,}25$; $k_0 = \omega^2 r = 2{,}96$ m.

Hiermit ergibt sich nach Gleichung 340

$$p_u = h_u \cdot 1000 = \left(3{,}478 - 0{,}360 - 0{,}360 \cdot 2{,}25 \cdot \frac{2{,}96}{9{,}81} \right) 1000$$
$$= (3{,}478 - 0{,}360 - 0{,}244)\,1000$$
$$= 2874 \ \text{kg/qm}.$$

Nach Gleichung 334 ist dann

$$0{,}001\,963 \cdot 2874 = 0{,}002\,827 \cdot p_0 + 0{,}950 + 0{,}189$$
$$p_0 = 1592 \ \text{kg/qm},$$

also ist der Ventilwiderstand

$$h_{(sv)_0} = \frac{p_u - p_0}{\gamma} = \frac{2874 - 1592}{1000} = 1{,}28 \ \text{m}.$$

(Es fällt also der Saugventilwiderstand für die Anordnung ohne und mit Windkessel gleich groß aus; dies kommt daher, daß mit Rücksicht auf einen anderen Zweck die Saughöhe im einen Fall gleich 4,340 m, im anderen Fall gleich 7,040 m, d. h. so gewählt ist, daß der Druck im Pumpenraum beim Anhub des Kolbens in beiden Fällen gleich groß ist.)

II. Fall: Ist die Konstruktion der Pumpe gegeben und soll die größte mit ihr zu erzielende Saughöhe bestimmt werden, so nimmt man den Druck h_{min} im höchsten Punkt des Pumpenraums für den Augenblick des Kolbenanhubs an, bestimmt den entsprechenden Druck h_0 über dem Saugventil und berechnet dann den Ventilwiderstand nach Gleichung (337).

Im Augenblick des Kolbenanhubs ist der Wasserdruck h_0 über dem Saugventil gleich dem Druck h_{min} unter dem Druckventil, vermehrt um den senkrechten Abstand y des Druckventils vom Saugventil und vermehrt um den Druck $L_1 \dfrac{F}{F_1} \dfrac{k_0}{g}$ zur Beschleunigung der Wassersäule zwischen dem Saugventil und dem Pumpenkolben von der Länge L_1 und dem durchschnittlichen Querschnitt F_1. Es ist also

$$h_0 = h_{min} + y + L_1 \frac{F}{F_1} \frac{k_0}{g}$$

oder

$$p_0 = h_0\,\gamma = \left[h_{min} + y + L_1 \frac{F}{F_1} \frac{k_0}{g} \right] \gamma \quad \ldots \ldots \quad 342$$

Beispiel: Es soll der Öffnungswiderstand des Saugventils der in Fig. 35 gezeichneten Pumpe bestimmt werden, wenn dieselbe Wasser von 20^0 Celsius zu fördern hat und möglichst hoch über dem Saugwasserspiegel aufgestellt werden soll.

Damit keine Dampfbildung beim Anhub des Kolbens im Pumpenraum eintritt, darf der Druck bei einer Wassertemperatur von 20^0 Celsius nicht unter 0,240 m sinken. Dementsprechend ist $h_{min} = 0{,}240$ m zu setzen.

Mit $y = 0{,}065 + 0{,}125 = 0{,}190$ m (siehe Fig. 35); $L_1 = 0{,}065 + 0{,}225 = 0{,}290$ m; $\dfrac{F}{F_1} = \dfrac{75^2}{70^2} = 1{,}15$; $k_0 = 2{,}96$ m wird

$$p_0 = h_0\,1000 = \left(0{,}240 + 0{,}190 + 0{,}290 \cdot 1{,}15 \cdot \frac{2{,}96}{9{,}81} \right) \cdot 1000$$
$$= (0{,}240 + 0{,}190 + 0{,}100) \cdot 1000$$
$$= 530 \text{ kg/qm}$$

Aus Gleichung 334 ergibt sich dann mit den im Beispiel S. 180 angegebenen Werten von f_u, f_0, $G_w + \mathfrak{F}_0$ und $M_v k_v$

$$0{,}001\,963 \cdot p_u = 0{,}002\,827 \cdot 530 + 0{,}950 + 0{,}189$$
$$p_u = 1343 \text{ kg/qm}$$

also

$$h_{(s\,v)_0} = \frac{1343 - 530}{1000} = 0{,}813 \text{ m.}$$

Schlußbemerkung.

Die im vorstehenden gegebene Bestimmungsweise des Öffnungswiderstands der Ventile ist nicht einwandfrei:

Zunächst ist bei der Aufstellung der Gleichung 334 zur Bestimmung des notwendigen Wasserdrucks auf die Unterfläche des Ventils stillschweigend die Annahme gemacht, daß die Pressung in der Dichtungsfläche des Ventils im Augenblick des Anhubs gleich null sei. Bei ganz reinem Wasser und sauber aufgeschliffenen metallischen Dichtungsflächen wird es zutreffend sein, daß wegen der innigen Berührung der Flächenteilchen, auch wenn der Druck unterhalb des Ventils größer ist als über demselben, kein Wasser in die Dichtungsfläche eindringt, und daß deshalb die Pressung in dieser Fläche bis auf null herabsinkt, ehe das Ventil sich hebt. In sehr vielen Fällen, hauptsächlich bei nicht ganz reinem Wasser und, infolge von Abnutzung oder mangelhafter Ausführung, nicht ganz tadellosem Zustand der Dichtungsfläche wird der Wasserdruck von unten auch auf die Dichtungsfläche des Ventils wirken; dann ist selbstverständlich die zum Eröffnen des Ventils notwendige Pressung p_u und dementsprechend der notwendige Überdruck $p_u - p_0$ kleiner als ihn das vorstehende Rechnungsverfahren ergibt.

Eine Ungenauigkeit besteht ferner darin, daß bei der Berechnung des Massenwiderstandes des Ventils die Beschleunigung des Kolbens im Augenblick der Kolbenumkehr zugrunde gelegt wurde, während, wie früher nachgewiesen wurde, die Ventileröffnung infolge der Schlußverspätung des anderen Ventils später als die Kolbenumkehr, also bei kleinerer Kolbenbeschleunigung stattfindet. Beginnt der Kolben seinen Druckhub, so ist das Saugventil noch geöffnet. Das Wasser in dem Saugventilkasten und Saugrohr nimmt beim Fortschreiten des Kolbens eine rückläufige Bewegung an. Im Augenblick des Saugventilschlusses wird die unterhalb des Saugventils befindliche Wassermasse abgeschnitten und kommt zum Stillstand, zugleich wird das Druckventil von dem Pumpenkolben unter Vermittlung des Wassers im Pumpenraum aufgestoßen. Seine Eröffnung erfolgt also nicht durch eine rein statische, sondern durch eine dynamische Druckwirkung, die um so sanfter ist, je mehr Luft das Wasser enthält. Bei der Eröffnung des Saugventils liegen die Verhältnisse etwas anders. Nach dem verspäteten Schluß des Druckventils sinkt der Druck im Pumpenraum entsprechend der fortschreitenden Saugbewegung des Kolbens so lange, bis der auf die Unterseite des Saugventils wirkende Wasserdruck das Ventil von seinem Sitz abhebt und gleichzeitig die unter ihm befindliche Saugwassersäule in Gang gesetzt wird. Hier kann von einem statischen Eröffnungsdruck, wie er in der Berechnung angenommen ist, gesprochen werden. Da der Kolben und das Wasser im Pumpenzylinder seit der Kolbenumkehr bereits eine gewisse Geschwindigkeit erlangt haben, das Wasser im Saugrohr aber im Augenblick der Ventileröffnung seine Bewegung mit der Geschwindigkeit null beginnt, so muß strenggenommen ein Zurückbleiben der Saugwassersäule im ersten Augenblick der Saugwirkung stattfinden. Der Zusammenschluß der Wassermassen wird um so eher, aber auch um so weniger ruhig erfolgen, je größer der Überschuß des die Saugwassersäule beschleunigenden Atmosphären- bzw. Saugwindkesseldrucks über die ihm entgegenwirkenden Widerstände, d. h. je geringer der Druck im Pumpenraum beim Abheben des Ventils, je größer also der Öffnungswiderstand des Ventils und je kürzer die

Saugsäule ist. Hieraus folgt, daß das Saugventil auch bei geringer oder keiner Saughöhe nicht stärker belastet sein soll, als für seinen rechtzeitigen Schluß notwendig ist.

Aus dem Umstand, daß die Ventile verspätet schließen und öffnen, ergibt sich ferner, daß die früher entwickelte Theorie bezüglich der Bewegung der Wassermassen im Pumpenraum und den anschließenden Leitungen nicht streng richtig ist.

Eine Berücksichtigung der Ventilverspätung bei den theoretischen Entwicklungen ist aber ausgeschlossen, da die Verspätung auf dem Rechnungsweg nicht allgemein festzustellen ist, und da sich außerdem eine Umständlichkeit der mathematischen Ausdrücke ergeben würde, die deren. Gebrauch zu praktischen Rechnungen ausschließen würde.

Ein gewisser Ausgleich der Ungenauigkeit der Rechnungsweise besteht darin, daß die bei der Bestimmung der Massenwiderstände in Rechnung gebrachte Beschleunigung des Kolbens bei seiner Umkehr größer ist als die tatsächliche Kolbenbeschleunigung in dem Augenblick der Eröffnung der Ventile und der Ingangsetzung der Wassermassen, daß die Theorie also die Verhältnisse im allgemeinen ungünstiger annimmt, als sie in Wirklichkeit sind.

Klappenventile.

Infolge der Richtungs- und Geschwindigkeitsänderung, welche der Wasserstrom bei seinem Durchgang durch die geöffnete Klappe (Fig. 122) erfährt, übt er auf diese einen Druck aus, dessen Größe von der Größe der Klappenfläche, der Geschwindigkeit, mit welcher das Wasser gegen diese strömt, also der Durchgangsgeschwindigkeit durch die Sitzöffnung der Klappe, und außerdem von dem Öffnungswinkel der Klappe, d. h. dem Winkel zwischen der Richtung des Wasserstroms und der Flächennormale, abhängig ist.

Wie bei den Hubventilen wirkt der Kraft P_1 des Wasserstroms die Ventilbelastung $G_w + \mathfrak{F}$, wo G_w das Gewicht der

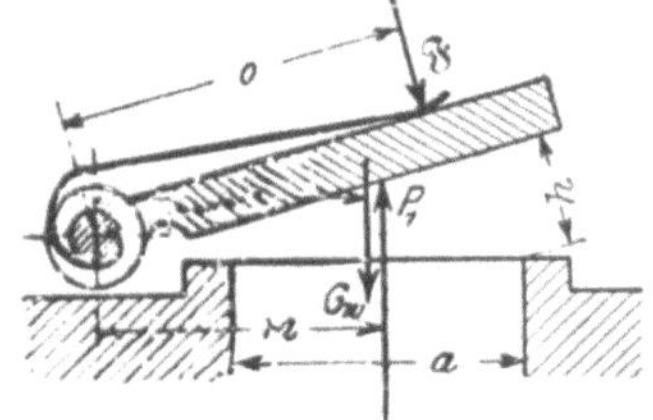

Fig. 122.

Klappe im Wasser, $\mathfrak{F}$ der Druck der Belastungsfeder ist, entgegen. Während aber bei den Hubventilen diese Kräfte direkt miteinander in Beziehung treten, kommen bei den Klappen ihre Momente, bezogen auf die Drehachse, in Betracht.

Ist die Geschwindigkeit c_1 im Ventilsitz konstant, so schwebt die Klappe in Ruhe auf dem Wasserstrom und es gilt (s. Fig. 122)

$$P_1 m = G_w n + \mathfrak{F} o \ \ldots \ \ldots \ \ldots \ \ldots \ \ldots \ 343$$

wo m, n und o die Hebelarme der drei Kräfte in Beziehung auf die Drehachse sind.

Ist die Wassergeschwindigkeit c_1 periodisch veränderlich, wie dies bei einer Kolbenpumpe zutrifft, so tritt ein periodisch sich wiederholendes Klappenspiel ein. Mit dem Öffnungswinkel ändern sich dabei aber alle drei Momente.

Bei dem Moment $P_1 m$ ändert sich die Kraft P_1, während der Hebelarm m bei den praktisch vorkommenden Hubhöhen der Klappen als konstant angesehen werden kann (Fig. 123).

Bei dem Moment $G_w n$ ist G_w konstant, der Hebelarm n nimmt ab bei größer werdendem Klappenhub, wenn die Bahn des Klappenschwerpunkts höher liegt als der Drehpunkt der Klappe (Fig. 124), und er wächst mit größer werdendem Klappenhub, solange als der Schwerpunkt der Klappe sich unterhalb des Drehpunkts befindet (Fig. 125).

Bei dem Moment $\mathfrak{F} o$ wächst die Kraft $\mathfrak{F}$ mit dem Steigen der Klappe, während der Hebelarm o annähernd konstant bleibt (Fig. 126).

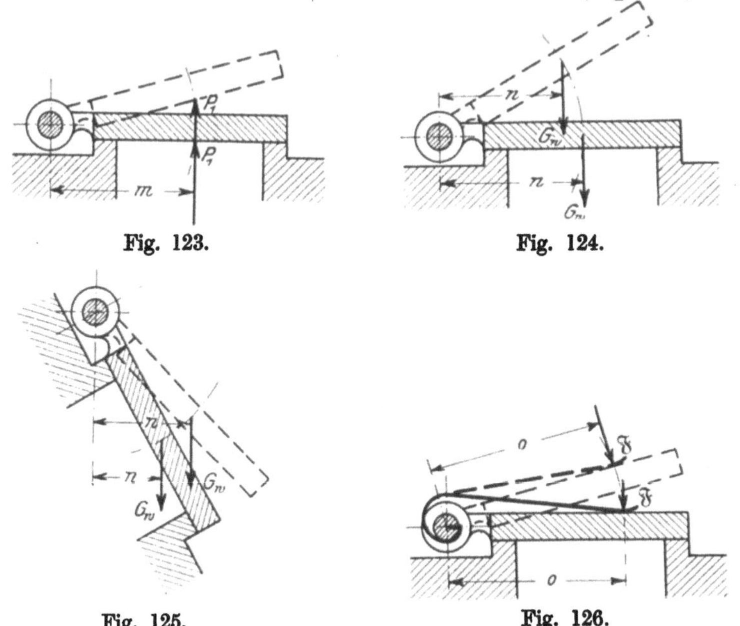

<table>
<tr><td>Fig. 123.</td><td>Fig. 124.</td></tr>
<tr><td>Fig. 125.</td><td>Fig. 126.</td></tr>
</table>

Eine nähere Bestimmung der Momentengleichung 343 hat Bach für eine rechteckige Klappe mit reiner Gewichtsbelastung durchgeführt[1]). Da jedoch die in Frage kommenden Koeffizienten durch Versuche nicht ermittelt sind, so möge hier der Hinweis auf die Abhandlung genügen.

Für die auf dem Wasserstrom in Ruhe schwebende Klappe gilt, wie bei den Hubventilen, daß die Spaltmenge gleich der durch den Ventilsitz strömenden Wassermenge ist.

Bei einer rechteckigen Klappe, deren Sitzöffnung die Breite a und die Länge b (parallel zur Drehachse gemessen) hat, strömt (Fig. 122) das Wasser durch eine Rechtecksfläche von der Größe $b\,h$ und zwei seitliche Trapezflächen (von der hinteren Rechtecksfläche zunächst der Drehachse kann abgesehen werden). Bei der Bestimmung des Spaltquerschnitts können jedoch die bezeichneten Flächen nicht voll in Rechnung gebracht

---

[1]) C. Bach, Die Konstruktion der Feuerspritzen. 1883. Verlag der J. G. Cottaschen Buchhandlung (Stuttgart).

werden, denn das würde der Annahme gleichkommen, daß das Wasser
in den Eckpunkten der Klappe in zwei zueinander senkrechten Rich-
tungen abfließe. Bach setzt mit Rücksicht hierauf als Gesamtquerschnitt der Spaltöffnung

$$h\left(b+2\,\frac{a}{2}\right)=h\,(a+b).$$

Bezeichnet ferner

$\quad$ a den Kontraktionskoeffizienten,
$\quad$ c die Spaltgeschwindigkeit,
$\quad$ c_1 die mittlere Wassergeschwindigkeit in der Sitzöffnung,
$\quad$ f_1 die Größe der Sitzöffnung,
so gilt nach oben genanntem Gesetz

$$h\,(a+b)\,ac=f_1c_1 \quad \dots\dots\dots\dots\dots \quad 344$$

Demnach ist der Klappenhub bestimmt durch

$$h=\frac{f_1c_1}{(a+b)\,ac}. \quad \dots\dots\dots\dots\dots \quad 345$$

An die Stelle dieser Gleichung tritt für eine spielende Klappe, entsprechend dem Gesetz, daß die Spaltmenge gleich der durch den Ventilsitz gehenden Wassermenge weniger der Ventilverdrängung ist (Gleichung
279, S. 139),

$$h=\frac{f_1c_1\mp fv}{(a+b)\,ac}, \quad \dots\dots\dots\dots\dots \quad 346$$

wenn f die das Wasser verdrängende Rechtecksfläche $a\,b$ der Klappe,
v die Geschwindigkeit des Schwerpunkts dieser Fläche ist.

Zur Berechnung des Klappenhubs nach Gleichung 345 oder 346 ist
die Kenntnis des Kontraktionskoeffizienten a und der Beziehung zwischen
der Spaltgeschwindigkeit c und der Ventilbelastung, die nur durch Versuche gewonnen werden kann, erforderlich. Veröffentlichungen hierüber
sind dem Verfasser nicht bekannt. Die Ermittlung des Hubs der Klappe
muß demnach der Schätzung überlassen bleiben.

Eine Untersuchung der Wirkungsweise der Klappen muß zu gleichen
Ergebnissen führen, wie sie bei den Hubventilen gewonnen wurden.
Demnach darf behufs der Vermeidung eines Schlages der Klappenhub
im Augenblick der Kolbenumkehr eine gewisse Größe nicht überschreiten,
was durch entsprechende Belastung der Klappe, bzw. entsprechende
Größe ihres Umfangs zu erzielen ist. Die Belastung der Klappe und ihr
Umfang müssen um so größer sein, je größer die Wasserlieferung der
Pumpe und je größer ihre Umdrehungszahl ist. Je kleiner der Umfang
der Klappe bei gegebenen Verhältnissen gewählt wird, um so größer
muß ihre Belastung sein, um so größer wird ihr Öffnungswiderstand,
um so kleiner die Saugfähigkeit der Pumpe, um so größer wird auch
der Durchgangswiderstand der Klappe, also die notwendige Antriebsarbeit der Pumpe.

Hinsichtlich der Frage, ob Hubventile oder Klappen für die Steuerung von Pumpen geeigneter sind, kommt folgendes in Betracht:

Da bei der Klappe das Abströmen des Wassers durch den Spalt
in der Hauptsache nur an der dem Gelenk gegenüberliegenden Seite

erfolgt, so ist der Klappenhub an dieser Seite bei gleicher durchströmender Wassermenge ungefähr doppelt so groß wie bei einem Hubventil von gleichem Spaltumfang. Hieraus folgt, daß auch der Hub im toten Punkt bei der Klappe größer ist als bei dem Hubventil, bzw. daß die Klappe stärker belastet werden muß als das Hubventil, wenn sie ebenso ruhig schließen soll wie dieses.

Wird die Sitzfläche der Klappe nicht senkrecht, sondern geneigt zur Richtung des Wasserstroms im Ventilsitz, wie in Fig. 248 angeordnet, so ist die Ablenkung, welche der Wasserstrom bei seinem Durchgang durch die Spaltöffnung erfährt, eine geringere als bei den Hubventilen und der auf die Ventilplatte ausgeübte Druck dementsprechend kleiner, wodurch sich für die Klappe eine Verringerung der notwendigen Belastung ergibt.

Während bei den Hubventilen die Kraft der Ventilmasse direkt in Wirkung tritt, kommt bei Klappen das Trägheitsmoment der Klappe in Beziehung auf die Drehachse in Betracht. In beiden Fällen läßt sich, auch bei schnellaufenden Pumpen, der schädliche Einfluß der Massenkraft des Ventils durch geeignete Konstruktion ausscheiden.

Die Führung des Hubventils ist, sofern das Ventil nicht der Einwirkung eines zu seiner Achse seitlich gerichteten Wasserstromes unterliegt, geringer Abnützung unterworfen, während bei Klappen unter Umständen eine starke Beanspruchung und dementsprechender Verschleiß, selbst Bruch des Gelenkes eintritt, wenn die resultierende der von oben auf die Klappe wirkenden Kräfte (Wasserdruck und Ventilbelastung) nicht mit der resultierenden Kraft des auf ihre Unterfläche wirkenden Wasserstromes zusammenfällt, d. h. ein Moment entsteht, welches einen Druck auf das Gelenk der Klappe absetzt.

Ein Vorteil der Klappen besteht darin, daß die Öffnung des Ventilsitzes nicht durch Stege u. dgl. verengt wird, außerdem gestattet die Möglichkeit, ihre Sitzflächen in beliebiger Lage, auch senkrecht, anzuordnen, eine sehr günstige Wasserführung.

Die konstruktive Ausführung der Federbelastung gestaltet sich bei Klappen weniger bequem, insofern Blattfedern statt der bei den Hubventilen gebräuchlichen Drahtfedern zur Anwendung kommen müssen.

Die Frage, welcher der beiden Ventilarten der Vorzug gebührt, kann nicht grundsätzlich entschieden werden. Die Entwicklung des Pumpenbaues ist in der Richtung erfolgt, daß die Klappen von den Hubventilen beinahe ganz verdrängt wurden und nur noch bei sehr langsam laufenden Pumpen und in Fällen, wo es sich um die Förderung stark verunreinigten Wassers handelt, im Gebrauch waren. In neuerer Zeit ist jedoch die Verwendung von kleinen federnden Klappen in großer Anzahl für schnelllaufende Pumpen wieder in Aufnahme gekommen (Fig. 250—254).

15. Gesichtspunkte für den Entwurf von Kolbenpumpen mit Kurbelantrieb.

Ist die von der Pumpe in der Sekunde zu liefernde Wassermenge Q_e in cbm gegeben, so ist die vom Kolben zu verdrängende Wassermenge (vgl. S. 15)

$$Q = \frac{Q_e}{\eta_v},$$

wo η_v den volumetrischen Wirkungsgrad der Pumpe bedeutet.

Das vom Kolben verdrängte Volumen ist in Ziffer 2, S. 3 u. ff. für verschiedene Pumpenarten angegeben. Für eine einfachwirkende Pumpe ist

$$Q = \frac{F S n}{60}.$$

Hieraus folgt

$$F S n = 60\,Q.$$

a) Wahl der Umdrehungszahl n.

Es kommen Umdrehungszahlen bis 250 und mehr in der Minute vor. Eine obere Grenze für die Umdrehungszahl besteht im allgemeinen nicht. Deren möglicher Höchstwert wird aber im bestimmten Fall durch die Saugfähigkeit der Pumpe, die wegen der gegebenen Größe des Atmosphärendrucks begrenzt ist, festgelegt. Früher wählte man selten mehr als 60 Umdrehungen. Durch die Steigerung, welche die Umdrehungszahl der Antriebsmaschinen in den letzten Jahrzehnten erfahren hat, entwickelte sich auch das Bedürfnis nach rascher laufenden Pumpen, und als vollends der elektrische Antrieb mehr und mehr in Anwendung kam, waren die Pumpenkonstrukteure genötigt, der Aufgabe, Pumpen mit mehreren 100 Umdrehungen zu bauen, näher zu treten. Nach dem dermaligen Stand sind Pumpen für kleine und mittlere Leistungen mit 40 bis 60 Umdrehungen als langsamlaufende, mit 60 bis 160 Umdrehungen als normallaufende, über 160 Umdrehungen als schnellaufende zu bezeichnen. Umdrehungszahlen bis 250 kommen nur bei elektrischem Antrieb vor und werden auch bei diesem gern vermieden.

Allgemein betrachtet ist bei der Wahl der Umdrehungszahl der Pumpe zu berücksichtigen, daß das Endziel bei dem Entwurf einer Pumpwerksanlage unter Beachtung der Anschaffungs- und Betriebskosten ein hoher Gesamtwirkungsgrad der Anlage sein muß. Dieser ist das Produkt aus dem Gesamtwirkungsgrad der Pumpe selbst, dem Gesamtwirkungsgrad der Antriebsmaschine und dem Wirkungsgrad der Zwischengetriebe.

Eine große Umdrehungszahl ist für den Bau der Pumpe selbst nicht von Vorteil; je höher die Umdrehungszahl bei bestimmter Wasserlieferung gewählt wird, um so größer müssen die Ventile, Ventilkästen und sämtliche Durchgangsquerschnitte auf der Strecke zwischen den beiden Windkesseln sein, wenn die Pumpe an Saugfähigkeit und Wirkungsgrad nicht verlieren soll. Nur das Hubvolumen, also der Rauminhalt des eigentlichen Pumpenzylinders, der durch das Produkt aus Kolbenquerschnitt und Kolbenhub dargestellt ist, nimmt bei gleicher Wasserlieferung in demselben Verhältnis ab, wie die Umdrehungszahl zunimmt. Demgemäß können schnellaufende Pumpen mit kurzem Hub gebaut werden, und ihr Raumbedarf ist im Verhältnis zu langsamlaufenden Pumpen klein, was bei großen Pumpwerken unter Umständen ins Gewicht fällt. Dem stehen größere Herstellungskosten der schnelllaufenden Pumpen, hauptsächlich ihrer Ventile, gegenüber, so daß die gesamten Anlagekosten bei schnell- und langsamlaufenden Pumpen durchschnittlich die gleichen sind. Ein wesentlicher Nachteil der schnelllaufenden Pumpen besteht aber in ihrer kürzeren Lebensdauer infolge größerer Abnützung der Ventile.

Die Rücksicht auf den Wirkungsgrad der ganzen Anlage, auf die Herstellungskosten und die Einfachheit der Ausführung drängt dazu, Zwischengetriebe womöglich zu vermeiden, die Pumpe also mit der Antriebsmaschine unmittelbar zu kuppeln. Hiernach wäre die Umdrehungszahl der Pumpe durch die normale Umdrehungszahl der Antriebsmaschine bestimmt. Für große Leistungen ist dieser Grundsatz bei Antrieb durch Dampfmaschinen, Gasmotoren, Elektromotoren usw. annähernd durchführbar, insofern die normalen Umdrehungszahlen, welche diese Maschinen bei großen Leistungen haben, auch mit Pumpen erreichbar sind. Bei mittleren und kleinen Leistungen sind die normalen Umdrehungszahlen dieser Antriebsmaschinen jedoch so groß, daß sie sich für Pumpen nicht mehr eignen, es bleibt daher nur die Möglichkeit, entweder unter Beibehaltung direkter Kuppelung das Pumpwerk mit Rücksicht auf die Pumpe mit einer Umdrehungszahl laufen zu lassen, die kleiner ist als die normale Umdrehungszahl der Antriebsmaschine, oder eine Umsetzung der Geschwindigkeit zwischen Antriebsmaschine und Pumpe durch Anordnung von Zwischengetrieben vorzunehmen.

Bei Dampfpumpen wird in der Regel der erste Weg eingeschlagen, weil die direkte Kuppelung der Dampfmaschine mit der Pumpe durch Anordnung der beiden Kolben auf gemeinschaftlicher Stange bequem ausführbar ist und zugleich einen gedrängten Bau der ganzen Pumpmaschine ergibt, und weil die Dampfmaschine ohne Schwierigkeit mit Umdrehungszahlen betrieben werden kann, die weit kleiner als ihre normale Umdrehungszahl sind.

Bei Pumpen mit Antrieb durch Elektromotor oder Gasmotor wird bei mittleren oder kleinen Leistungen Riemen- oder Zahnradgetriebe angewandt.

Der Antrieb von Pumpen durch Wassermotoren erfolgt je nach der Umdrehungszahl des Motors direkt oder mit Riemen- bzw. Zahnrädergetriebe.

b) Bestimmung des Zylindervolumens F S.

Nachdem die Umdrehungszahl gewählt ist, ergibt sich das nötige Zylindervolumen für die einfachwirkende Pumpe aus:

$$F S = \frac{60\,Q}{n}.$$

Der Rauminhalt des Pumpenzylinders wird also um so kleiner, je größer die Umdrehungszahl der Pumpe angenommen wird.

c) Wahl des Verhältnisses F : S bzw. D : S.

Je größer der Kolbenquerschnitt bei gegebener Fördermenge gewählt wird, um so größer ist die notwendige Kraft an der Kolbenstange und um so kleiner der notwendige Hub der Pumpe. Durch das Verhältnis

$F:S$ bzw. $D:S$ ist demnach das Verhältnis von Kraft und Weg, unter welchem die Arbeitsleistung stattfindet, bestimmt. Bei großem Kolbenquerschnitt ergeben sich große Zapfendurchmesser, überhaupt starke Abmessungen der Getriebeteile, andererseits baut sich die Pumpe wegen des entsprechenden kleinen Hubs kurz.

Im allgemeinen ist bei der Wahl von $F:S$ der Gesichtspunkt leitend, daß die Getriebeteile normale Abmessungen erhalten, und es haben demnach Pumpen für große Förderhöhe kleinen Kolbenquerschnitt und verhältnismäßig großen Hub.

Stehenden Pumpen gibt man mit Rücksicht auf die Bauhöhe einen kleineren Hub als liegenden.

Bei schnellaufenden Pumpen kommt noch folgendes in Betracht: Je größer der Hub gewählt wird, um so größer ist bei gegebener Umdrehungszahl die Kolbengeschwindigkeit und die Kolbenbeschleunigung, also die Massenkraft des Pumpenkolbens und der hin- und hergehenden Teile des Triebwerks; bei direkter Kuppelung des Pumpenkolbens mit dem Dampfkolben durch gemeinschaftliche Kolbenstange kommt die Massenkraft des Dampfkolbens hinzu. Um diese Massenkräfte in gewissen Grenzen zu halten, müssen schnellaufende Pumpen mit kurzem Hub gebaut werden, wobei sich dann ein großer Kolbenquerschnitt ergibt. Da bei solchen Pumpen die Ventile und Ventilkästen ohnedies groß ausfallen, so ist auch aus konstruktiven Rücksichten wegen des Anschlusses des Zylinders an den Ventilkasten ein großer Zylinderdurchmesser angezeigt. Hervorzuheben ist, daß das Verhältnis $F:S$ nur auf die Massenkräfte des Triebwerks, nicht aber auf die Geschwindigkeit und Beschleunigung der Wassermassen in den Ventilkästen und Leitungen oder auf die Konstruktion der Ventile Einfluß hat. Hierfür kommen (s. Ziffer 9) die sekundliche Wassermenge, welche durch das Produkt FS und die Umdrehungszahl bestimmt ist, und die Größe der Durchgangsquerschnitte in Betracht, und es kann demnach an einen gegebenen Ventilkasten samt Ventil und Rohrleitung nach Belieben ein kurz- oder langhubiger Zylinder angebaut werden.

d) Wahl der Ventilgröße und der Ventilbelastung.

Zunächst ist durch die Bedingung (s. Ziffer 29)

$$b_0\, l \gtrless \lambda\, Q\, n$$

festgelegt, daß das Produkt aus Ventilbelastung und Spaltumfang des Ventils (also der Ventilgröße) einen gewissen Wert haben muß, der um so größer ist, je größer die Umdrehungszahl der Pumpe ist, mit welcher die betreffende Wassermenge gefördert werden soll. Je größer nun die Ventilbelastung gewählt wird, um so kleiner kann das Ventil sein, um so billiger wird die Pumpe, um so größer wird aber der Widerstand der Ventile, also um so ungünstiger der Wirkungsgrad der Pumpe und um so stärker die Abnutzung der Ventile. Häufig ist durch die Saughöhe die Stärke der Belastung des Saugventils begrenzt. Da ferner die Arbeit zur Überwindung des Durchgangswiderstands der Ventile einen um so größeren Prozentsatz der Gesamtarbeit ausmacht, je geringer die Förderhöhe der Pumpe ist, so müssen Pumpen mit kleiner Förderhöhe verhältnismäßig große Ventile mit schwacher Belastung erhalten, wenn sich ein hoher Wirkungsgrad ergeben soll, während Preßpumpen ohne nennenswerte Saughöhe kleine stark belastete Ventile haben können.

Bei den Versuchen des Verfassers betrug die als stark bezeichnete Ventilbelastung beim Aufsitzen des Ventils rund 0,4 mW. Damit ergeben sich Ventilabmessungen, wie sie bei den ausgeführten Pumpen im allgemeinen zu finden sind. Die schwache Belastung von rund 0,2 mW kommt vorwiegend für Ventile von Pumpen mit großer Saughöhe und geringer Förderhöhe in Betracht.

e) Über die Zweckmäßigkeit gesteuerter Ventile.

Es gab eine Zeit, wo viele Wasserwerks- und Wasserhaltungsmaschinen mit einer Einrichtung zur Steuerung der Ventile versehen wurden. Wenn dies auch ein falscher Weg war, von dem sich der Pumpenbau wieder

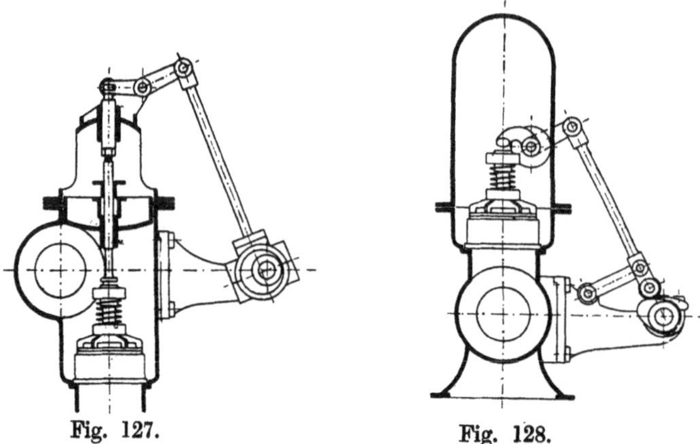

Fig. 127.   Fig. 128.

zurechtgefunden hat, so kann die Besprechung der betreffenden Einrichtungen heute noch nicht ganz unterlassen werden.

Die Wirkungsweise solcher Ventile ist die folgende: Das Öffnen des nur durch sein Eigengewicht belasteten, leicht gebauten Ventils erfolgt selbsttätig unter der Wirkung des Wasserstroms. Der Niedergang des Ventils geschieht zwangläufig, indem dasselbe durch eine mechanische Vorrichtung gegen Ende des Kolbenhubs nahe an seine Sitzfläche gebracht wird. Der Abschluß des Ventils erfolgt dann wieder selbsttätig unter der Wirkung des Ventilgewichts und des Drucks einer durch das Steuergestänge zusammengedrückten Draht- oder Gummirohrfeder.

Wie ein Blick in A. Riedlers „Schnellbetrieb" zeigt, kann die Steuerung in sehr verschiedener Weise ausgeführt werden. Als Beispiel ist in Fig. 127 die Steuerung eines Saugventils, in Fig. 128 diejenige eines Druckventils dargestellt.

Das Saugventil Fig. 127 wird durch eine Spindel, welche durch den Ventilkastendeckel geführt ist und von einem Exzenter samt Gestänge eine auf- und niedergehende Bewegung erhält, gegen seinen Sitz bewegt;

bei der Steuerung des Druckventils Fig. 128 tritt an die Stelle der Spindel ein innerhalb des Gehäuses auf einer horizontalen Achse angebrachter Daumen, welcher von einer unrunden Scheibe mit Rolle durch ein Hebelwerk bewegt wird.

Die Wirkungsweise eines gesteuerten Ventils zeigt das Ventilerhebungsdiagramm Fig. 129 des in Fig. 130 dargestellten Saugventils einer stehenden Wasserwerksmaschine. Die Abszissen stellen die Kolbenwege, die Ordinaten die entsprechenden Ventilhübe dar. Die gestrichelte Linie veranschaulicht die Bewegung des auf- und niedergehenden Daumens, die ausgezogene die Bewegung des Ventils.

Das Ventil bewegt sich, unbeeinflußt von der Steuerung, unter der Wirkung des Wasserstroms, bis es von dem niedergehenden Daumen getroffen und niedergedrückt wird. Hierbei ist der Druck des Daumens bzw. der Gummirohrfeder auf das Ventil gleich der Kraft des Wasserstroms abzüglich des Ventilgewichts. Das Ventil schließt sich wie ein selbsttätiges Ventil unter der Einwirkung seiner Gewichts- und Federbelastung. Durch die Abwärtsbewegung des Ventils entsteht eine Er-

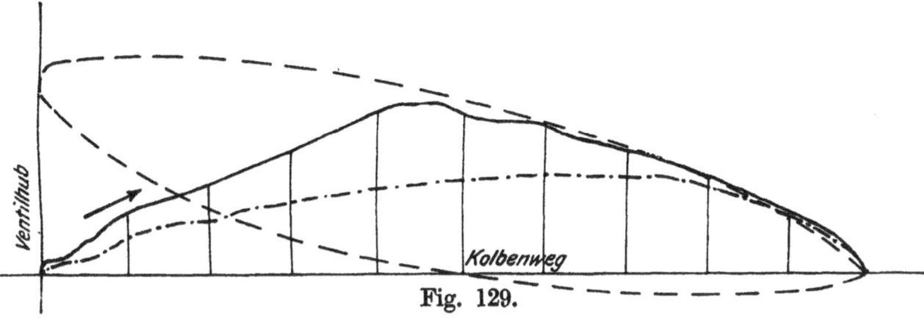

Fig. 129.

höhung der Spaltgeschwindigkeit, die um so größer ist, je schneller das Ventil von der Steuerung bewegt wird. Die hierdurch entstehende Vergrößerung des Durchgangswiderstands darf aber beim Saugventil ein gewisses Maß nicht überschreiten, da sonst der Pumpenzylinder nicht vollgesaugt wird, ganz wie beim ungesteuerten Ventil. Es liegen also bezüglich des Ventilschlusses die Verhältnisse bei dem gesteuerten Ventil keineswegs günstiger als bei dem ungesteuerten. Dies ist durch die Erfahrung bestätigt, insofern gesteuerte Ventile nicht minder Neigung zum Schlagen haben als ungesteuerte.

Ein Vorteil der Steuerung besteht darin, daß durch ihre Anbringung der zur Überwindung des Durchgangswiderstands der Ventile erforderliche Teil der Betriebsarbeit kleiner wird. Bei den von R. Schröder angestellten Versuchen[1] ergab das Ventil Fig. 130, nachdem die Steuerung entfernt und das Ventil durch eine Schraubenfeder belastet war, deren Druck für einen ruhigen Ventilschluß genügte, die in Fig. 129 gestrichpunktiert gezeichnete Ventilhublinie. Wie ersichtlich, ist der Ventilhub während des ganzen Kolbenhubs kleiner als beim gesteuerten Ventil (ausgezogene Linie), also muß auch der Durchgangswiderstand größer sein. Bei einer Förderhöhe von 43 m ergaben dementsprechend die

---

[1] Zeitschr. d. Ver. deutsch. Ing. 1902, S. 660.

genannten Versuche bei selbsttätigem Saug- und Druckventil einen Arbeitsmehrverbrauch der Pumpe von 1,6%, was einer Vergrößerung der Förderhöhe um 0,688 m gleichkommt.

Der durch die Steuerungseinrichtung erzielte Gewinn von 0,688 m würde aber bei einer Förderhöhe von 100 m, da der Ventilwiderstand von der Förderhöhe unabhängig ist, nur noch 0,688% ausmachen. Der Vorteil der Steuerungseinrichtung ist also um so geringer, je größer die Förderhöhe der Pumpe ist. Zieht man die durch die Steuerung entstehende Erhöhung der Anschaffungskosten, die Vermehrung der bewegten Teile, welche der Abnützung unterliegen, die Vergrößerung der Anzahl der zu bedienenden Stopfbüchsen usw. in Betracht, so kann man sich der Überzeugung nicht verschließen, daß der durch die Steuerung in wirtschaftlicher Hinsicht vermöge der Verminderung des Ventilwiderstandes erzielte Gewinn dem Mehraufwand an Herstellungs- und Betriebskosten nicht entspricht. Hierzu ist noch zu bemerken, daß bei den oben besprochenen Versuchen das gesteuerte Ventil die gleichen Abmessungen hatte wie das ungesteuerte. Es wird nun häufig als ein Vorzug der gesteuerten Ventile hervorgehoben, daß sie wegen ihres größeren Hubs mit geringerem Umfang, also kleiner ausgeführt werden können. Dies trifft zu, dann geht aber der Vorzug des geringeren Ventilwiderstandes wieder verloren.

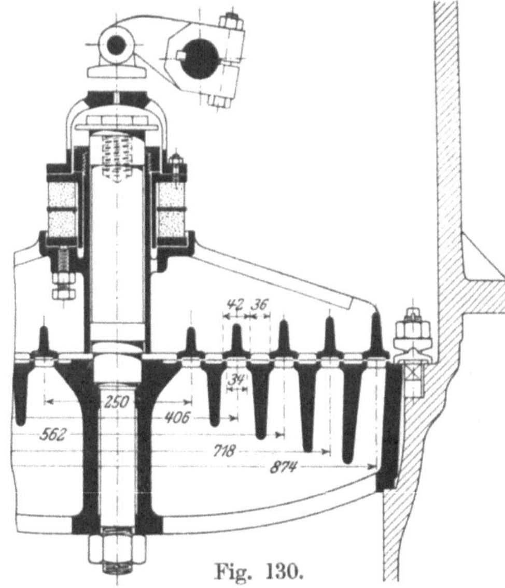

Fig. 130.

Ein weiterer Vorzug gesteuerter Ventile besteht in der größeren Saugfähigkeit der Pumpe. Da das gesteuerte Saugventil im Augenblick der Eröffnung nur durch sein Eigengewicht belastet ist, so ist bei ihm der Öffnungswiderstand kleiner als bei dem sowohl unter Gewichts- als auch Federbelastung stehenden selbsttätigen Ventil, und dementsprechend ist die zulässige Saughöhe der Pumpe eine größere. In Gleichung (337) tritt bei gesteuertem Saugventil an die Stelle von $\dfrac{G_w + \mathfrak{F}_0}{f_u \gamma}$ der Wert $\dfrac{G_w}{f_u \gamma}$, es ist daher der Öffnungswiderstand des gesteuerten Ventils um

$$\frac{\mathfrak{F}_0}{f_u \gamma}$$

kleiner und um den gleichen Betrag ist die zulässige Saughöhe der Pumpe größer.

Bei den oben besprochenen Versuchen von R. Schröder war das Gewicht des gesteuerten Ventils im Wasser $G_w = 132$ kg, das Gewicht dieses Ventils im Wasser nach Entfernung der Steuervorrichtung $G_w = 122$ kg und der Druck der eingelegten Schraubenfeder beim Aufsitzen des Ventils $\mathfrak{F}_0 = 100$ kg. Da nach Fig. 130 die vom Wasser berührte Unterfläche des Ventils

$$f_u = \pi\,(0{,}250 + 0{,}406 + 0{,}562 + 0{,}718 + 0{,}874) \cdot 0{,}034$$
$$= \pi \cdot 2{,}810 \cdot 0{,}034 \sim 0{,}30 \text{ qm}$$

ist, so beträgt die Verminderung der Saughöhe der Pumpe durch die Ventilbelastung

$$\text{beim gesteuerten Ventil} \quad \frac{G_w}{f_u\gamma} = \frac{132}{0{,}30 \cdot 1000} = 0{,}440 \text{ m,}$$

$$\text{beim ungesteuerten Ventil} \quad \frac{G_w + \mathfrak{F}_0}{f_u\,\gamma} = \frac{122 + 100}{0{,}30 \cdot 1000} = 0{,}740 \text{ m.}$$

Die Saugfähigkeit der gesteuerten Pumpe ist also um $0{,}740 - 0{,}440 = 0{,}300$ m größer. Der in diesem Fall erzielte Gewinn an Saugfähigkeit ist also so klein, daß er die Anordnung einer Steuerung gewiß nicht rechtfertigt.

Man wird daher im allgemeinen die notwendige Saugfähigkeit der Pumpen durch entsprechend große Ventile mit geringer Belastung und durch große Durchgangsquerschnitte des Ventilkastens und Saugrohres erzielen. Im Falle, daß sich hierbei unbequem große Abmessungen der Pumpe ergeben, greift man nicht zur Steuerung, sondern zu einem wirksameren Hilfsmittel, d. h. man stellt die Pumpe tiefer, indem man unter Umständen eine stehende, unterhalb der Maschinenhaussohle angeordnete Pumpe anstatt einer liegenden Pumpe wählt. Größere Pumpwerke erhalten bei großer Saughöhe eine tief aufgestellte Zubringepumpe, welche das Wasser der Druckpumpe zuhebt. Hierdurch gewinnt man für die Hauptpumpe alle Konstruktionserleichterungen (kleine Ventile mit großer Belastung usw.), welche eine geringe Saughöhe mit sich bringt.

Der einzige Fall, wo eine zwangläufige Schlußbewegung der Ventile am Platz oder vielmehr nicht zu umgehen ist, wird durch die Kanalisationspumpen dargestellt, bei welchen die Klappen, um die im Schmutzwasser enthaltenen groben Verunreinigungen durchzulassen, einen so großen Hub haben müssen, daß die Konstruktion einer geeigneten Belastungsfeder nicht mehr möglich ist.

Eine Steuerung der Öffnungsbewegung des Saugventils wird bei Pumpen zur Förderung heißer Flüssigkeiten, z. B. bei Kesselspeisepumpen, welche kochendes Niederschlagswasser in einen Dampfkessel pressen sollen, ausgeführt, derart, daß bei Beginn der Saugwirkung das Saugventil mittels eines stetig sich drehenden, von der Schwungradwelle in Bewegung gesetzten Hubdaumens gehoben wird, während es bei Beginn der Druckwirkung sich freigängig schließen kann, indem die Form des Daumens entsprechend gewählt ist.

Solche Pumpen können aber auch ohne Saugventil ausgeführt werden, wenn die Anordnung getroffen wird, daß der hochgehende Kolben eine

Öffnung im Zylinder freimacht, durch welche die Flüssigkeit aus dem Saugbehälter durch ihr Eigengewicht in den unteren Raum des stehenden Zylinders fließt. Beim Abwärtsgang schließt der Kolben die Zulaufmündung ab und drückt die im unteren Zylinderraum befindliche Flüssigkeit durch das Druckventil in das Druckrohr. (Vgl. die saugventillose Pumpe der Amag-Hilpert in Nürnberg, Fig. 309.)

B. Die konstruktive Ausführung der Kolbenpumpen.

I. Einzelteile der Kolbenpumpen.

16. Pumpenkörper.

Das Material ist meistens Gußeisen, bei höherem Druck Stahlguß, bei ganz hohem Druck (Preßpumpen) Phosphorbronze und geschmiedetes Material (Schweißeisen, Flußeisen, Stahl). Handelt es sich um die Förderung von Flüssigkeiten (Säuren), welche vermöge ihrer chemischen Eigenschaften Eisen und Stahl angreifen, so kommt Bronze oder eine andere der Flüssigkeit entsprechende Legierung, ferner Hartblei, Hartgummi, Porzellan, Ton usw. zur Verwendung.

Bei Wasserpumpen mit Scheibenkolben, welche oft längere Zeit stillstehen, wird, um ein Rosten der Lauffläche des Kolbens zu verhüten, der Zylinder aus Bronze gemacht oder bei größeren Abmessungen aus Gußeisen mit eingesetzter zylindrischer Büchse aus Bronze. Die Befestigung der letzteren im Zylinder kann in verschiedener Weise geschehen: durch Eintreiben der außen mit Mennige bestrichenen Büchse in den erwärmten Zylinder, dessen Bohrung im kalten Zustand etwas kleiner ist als der äußere Durchmesser der Büchse; durch Vernieten oder Verschrauben der Büchse an den Stirnseiten usw.

Die Wandstärke gußeiserner Pumpenkörper von zylindrischer Form, welche nicht auszubohren sind (Plungerpumpen), kann, sofern nicht die Anstrengung des Materials durch den Flüssigkeitsdruck, sondern die Rücksicht auf Herstellung, Transport und Montage in Betracht kommt, nach Bach[1]) bestimmt werden aus

$$\left. \begin{array}{l} s = \dfrac{D}{50} + 10 \text{ mm, wenn stehend gegossen,} \\[2mm] s = \dfrac{D}{40} + 12 \text{ mm, wenn liegend gegossen,} \end{array} \right\} \quad \ldots \ 347$$

wo s die Wandstärke und D den inneren Durchmesser des Zylinders in mm bedeutet.

Die Rücksichtnahme auf die Beanspruchung der Zylinderwand durch inneren Überdruck erfordert nach Bach eine Wandstärke

$$s = \frac{1}{2}\left(\sqrt{\frac{k_z + 0{,}4\,p_i}{k_z - 1{,}3\,p_i}} - 1 \right) D + a, \quad \ldots \ 348$$

---

[1]) C. Bach, Die Maschinenelemente. Verlag von Alfred Kröner, Leipzig.

worin k_z die zulässige Zuganstrengung des Materials in kg/qcm, p_i den inneren Überdruck in kg/qcm und a einen Zuschlag mit Rücksicht auf die Möglichkeit der Kernverlegung bedeutet, welch letzterer zu 3—6 mm anzunehmen ist.

Die größere der beiden aus Gleichung 347 und 348 sich ergebenden Wandstärken ist zu wählen.

Ausgebohrte Zylinder, welche die genaue zylindrische Form beim Ausbohren erlangen und im Betrieb beibehalten müssen, damit der Kolben abdichten kann, und welche ein ein- oder zweimaliges Ausbohren nach eingetretener Abnützung gestatten sollen, müssen größere Wandstärken erhalten, entsprechend einer Vermehrung der Größen 10 mm bzw. 12 mm in der Gleichung 347 um etwa 3—5 mm, während in der Gleichung 348 die Größe a etwa 8—16 mm zu wählen sein wird.

Die vorstehende Gleichung 348 gilt für Hohlzylinder, welche keine Stutzen (Öffnungen) oder nur solche von geringen Abmessungen haben. Sind jedoch Abzweigungen mit verhältnismäßig großem Durchmesser vorhanden, so tritt durch diese eine Verschwächung des Zylinders ein, und es ist dann die Inanspruchnahme des Materials an der Abzweigungsstelle für die Wandstärke des Pumpenkörpers maßgebend.

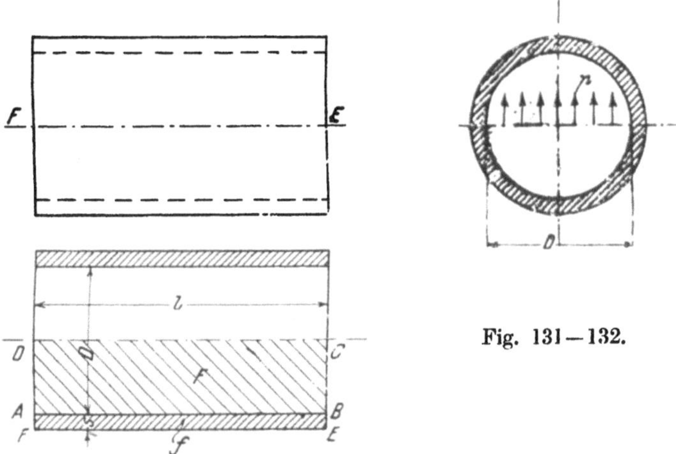

Fig. 131—132.

Für den durch einen inneren Überdruck von p kg/qcm beanspruchten Zylinder (Fig. 131—132) kann die Zuganstrengung des Materials in dem Querschnitt $ABEF$ in folgender Weise bestimmt werden.

Die Zugkraft, welche der Querschnitt $ABEF$ der Zylinderwand mit dem Flächeninhalt $f = ls$ aufzunehmen hat, ist gleich dem Inhalt der Fläche $ABCD$ von der Größe $F = l\,\dfrac{D}{2}$, multipliziert mit dem auf die Flächeneinheit wirkenden Druck p.

Es ergibt sich daher die Zuganstrengung des Materials im Querschnitt $ABEF$ aus

$$f k_z = F p \quad\ldots\ldots\ldots\ldots\quad 349$$

13*

oder

$$l s k_z = \frac{l D}{2} \, p$$

$$k_z = \frac{D p}{2 s} \quad \cdots\cdots\cdots\cdots\cdots \quad 350$$

Bei dieser Rechnungsweise ist angenommen, daß die Anstrengung des Materials im ganzen Querschnitt gleich groß ist, was nur für Zylinder von einer im Verhältnis zum Durchmesser geringen Wandstärke gilt. In Wirklichkeit ist die Beanspruchung an der inneren Querschnittskante AB am größten. Das vorstehende Rechnungsverfahren ist daher nur angängig, wenn die zulässige Zuganstrengung des Materials entsprechend gering in die Rechnung eingeführt wird.

Beispiel: Es sei $D = 30$ cm; $s = 3$ cm; $p = 35$ Atm $= 35$ kg/qcm; alsdann ist

$$k_z = \frac{30 \cdot 35}{2 \cdot 3} = 175 \text{ kg/qcm.}$$

Wird aus dem Zylinder ein Loch vom Durchmesser d herausgeschnitten, so haben die beiden Eckquerschnitte (Fig. 133) mit der

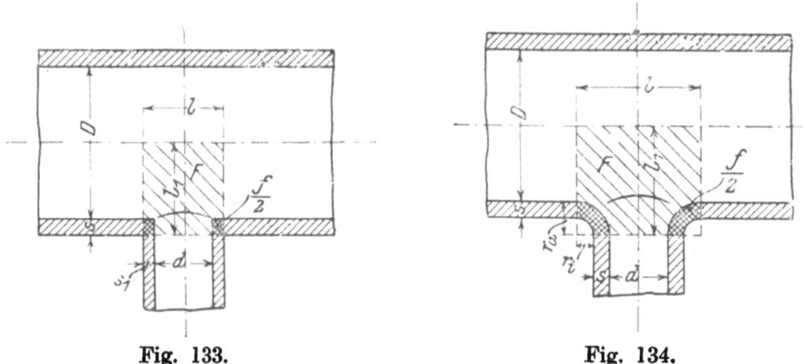

<table>
<tr><td>Fig. 133.</td><td>Fig. 134.</td></tr>
</table>

Gesamtfläche $f = 2 s s_1$ eine Zugkraft aufzunehmen, welche gleich ist dem Inhalt der schraffierten Fläche von der Größe $F = (l l_1 - 2 s s_1)$ multipliziert mit dem Druck p. Die Beziehung

$$f k_z = F p$$

gibt demnach

$$2 s s_1 k_z = (l l_1 - 2 s s_1) p$$

$$k_z = \frac{(l l_1 - 2 s s_1) p}{2 s s_1} \quad \cdots\cdots\cdots\cdots \quad 351$$

Beispiel: Es sei $d = 12$ cm und $s_1 = s = 3$ cm. Im übrigen gelten die Angaben des letzten Beispiels. Dann ist (s. Fig. 133)

$$l = d + 2 s_1 = 12 + 2 \cdot 3 = 18 \text{ cm}; \quad l_1 = \frac{D}{2} + s = 15 + 3 = 18 \text{ cm};$$

also

$$k_z = \frac{(18 \cdot 18 - 2 \cdot 3 \cdot 3) 35}{2 \cdot 3 \cdot 3} = 595 \text{ kg/qcm.}$$

Diese Beanspruchung ist sehr groß. Eine Verminderung derselben durch Vergrößerung der Eckquerschnitte ist wegen der entstehenden Gußspannungen unzulässig, dagegen können günstigere Belastungsverhältnisse durch Ausrundung der Öffnung (s. Fig. 134) erzielt werden.

Unter Zugrundelegung der Beziehung

$$f k_z = F p$$

ergibt sich für diesen Fall

$$f = 2\left[\frac{1}{4}\,\pi(r_a^2 - r_i^2)\right] = \frac{\pi(r_a^2 - r_i^2)}{2}$$

$$F = \left(l\,l_1 - 2\,\frac{1}{4}\,\pi r_a^2\right) = \left(l\,l_1 - \frac{\pi r_a^2}{2}\right)$$

also

$$\frac{\pi(r_a^2 - r_i^2)}{2}\,k_z = \left(l\,l_1 - \frac{\pi r_a^2}{2}\right)p$$

$$k_z = \frac{(2l\,l_1 - \pi r_a^2)\,p}{\pi(r_a^2 - r_i^2)} \quad \ldots \ldots \ldots \quad 352$$

Beispiel: Mit den Angaben des vorhergehenden Beispiels sowie $r_a = 6{,}5$ cm und $r_i = 3{,}5$ cm erhält man

$$l = d + 2r_a = 12 + 2\cdot 6{,}5 = 25 \text{ cm}; \quad l_1 = \frac{D}{2} + r_a = 15 + 6{,}5 = 21{,}5 \text{ cm},$$

demnach

$$k_z = \frac{(2\cdot 25\cdot 21{,}5 - 3{,}14\cdot 6{,}5^2)\cdot 35}{3{,}14\,(6{,}5^2 - 3{,}5^2)} = 350 \text{ kg/qcm.}$$

Durch die Ausrundung des Querschnitts wird also die Zuganstrengung von 595 kg/qcm auf 350 kg/qcm vermindert.

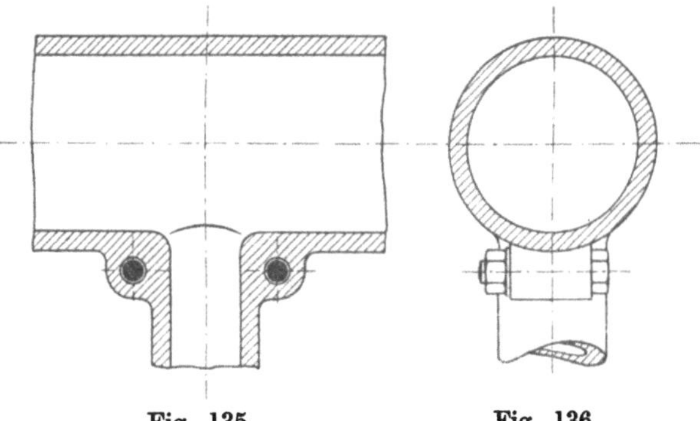

Fig. 135.　　　　　Fig. 136.

Unter Umständen sind starke Ausrundungen konstruktiv unbequem. Sie können umgangen werden, wenn man an der gefährlichen Anschlußstelle ein Auge mit einem Loch angießt, in welches ein Schraubenbolzen eingezogen wird. Der letztere wird fest angezogen, so daß das Material an der Anschlußstelle bei unbelasteter Pumpe zusammengedrückt ist (s. Fig. 135 und 136).

Bei der Wahl der zulässigen Zuganstrengung k_z kommt in Betracht, ob die Belastung eine ruhende oder wechselnde ist. Letzteres trifft für die den eigentlichen Zylinder und den zwischen Saug- und Druckventil. gelegenen Pumpenraum umschließenden Wände zu. Diese unterliegen rasch vor sich gehenden, der Saug- und der Druckhöhe der Pumpe entsprechenden Wechseln der Beanspruchung, welche wegen der fehlenden Elastizität des Wassers Stoßwirkungen nahekommen. Es dürfte zu wählen sein für

$$\text{Gußeisen } k_z \leqq \begin{Bmatrix} 250 & \text{kg/qcm} \\ 150 & ,, \end{Bmatrix} \text{ bei } \begin{Bmatrix} \text{ruhender} \\ \text{wechselnder} \end{Bmatrix} \text{ Belastung,}$$

$$\text{Stahlguß } k_z \leqq \begin{Bmatrix} 550 & ,, \\ 350 & ,, \end{Bmatrix} \text{ bei } \begin{Bmatrix} \text{ruhender} \\ \text{wechselnder} \end{Bmatrix} \text{ Belastung.}$$

Hinsichtlich der Berechnung der Ventilkastendeckel und der Verschlüsse seitlicher Öffnungen am Pumpenkörper sei auf die eingehenden Erläuterungen über diesen Gegenstand in den Maschinenelementen von C. Bach verwiesen.

Bei der Formgebung des Pumpenkörpers ist mit Sorgfalt darauf zu achten, daß die durch das Saugventil oder auf anderem Weg in den Pumpenraum gelangte Luft mit Sicherheit bis zum Druckventil, das im höchsten Punkt des Pumpenraums anzuordnen ist, emporsteigt, daß also kein Luftsack, d. h. keine Stelle vorhanden ist, wo diese Luft hängenbleiben und sich festsetzen kann. Die während des Saughubs eingetretene Luft muß bei dem darauffolgenden Druckhub jeweilig wieder aus dem Pumpenraum durch das Druckventil entweichen, andernfalls entsteht verspätetes Öffnen und Schließen der Ventile und infolgedessen Verminderung des volumetrischen Wirkungsgrades der Pumpe, Ventilschlag und unruhiger Gang der Pumpe (vgl. Ziffer 3).

Bei der Anordnung der Ventile ist eine günstige Wasserführung auf dem Weg vom Saug- zum Druckventil, d. h. möglichst wenig Ablenkung des Wassers aus seiner Bewegungsrichtung, Vermeidung von Bewegungsumkehr und möglichst geringe Länge der zwischen den beiden Ventilen befindlichen Wassersäule anzustreben. Hierzu kommt die Bedingung, daß die Ventile leicht zugänglich sind.

Hinsichtlich der Wasserführung gestaltet sich die Anordnung Fig. 137 und 138 für liegende Pumpen am günstigsten. Das Saugventil muß so tief unter der Achse des Pumpenzylinders angeordnet werden, daß das durch den Ventilspalt austretende Wasser den Ventilkasten in der Richtung der Ventilachse durchströmt, damit nicht durch den Wasserstrom eine zur Ventilachse senkrecht wirkende Kraft bei der Saugwirkung des Kolbens entsteht. Ebenso muß die Abführung des Wassers aus dem Druckventilkasten in entsprechender Höhe über dem Druckventil geschehen. Das Saugventil ist durch den Zylinderdeckel, das Druckventil von oben zugänglich. Bei doppeltwirkenden Pumpen ist für das vordere Saugventil die Anordnung eines seitlichen Deckels notwendig.

Bei ganz kleinen Pumpen wird das Druckventil häufig um so viel größer als das Saugventil ausgeführt, daß dieses durch die Sitzöffnung

des Druckventils herausgenommen werden kann. Bei größeren Pumpen
werden die Saugventile durch seitliche Öffnungen am Pumpenkörper
eingebracht. Bei Pumpen mit sehr großen Ventilen können solche
seitliche Öffnungen nur als Handlöcher dienen. Zweckmäßig ist es dann,
die beiden Ventile selbst gleich groß auszuführen, den Durchmesser
des Druckventilsitzes aber größer zu machen als denjenigen des Saug-
ventilsitzes, so daß das Saugventil samt Sitz durch den Druckventilkasten nach oben herausgezogen werden kann.

Durch die Anordnung des Ventilkastens seitwärts der Zylinderachse
(Fig. 139) wird die Zugänglichkeit des Saugventils erhöht, die Wasserführung ist aber ungünstiger.

Bei kleinen doppeltwirkenden Pumpen, hauptsächlich Dampfpumpen ohne Schwungrad, ist die Anordnung der Saugventile oberhalb
der Zylinderachse beliebt (Fig. 10). Der Zylinder baut sich hierbei sehr
kurz, der Anschluß der Saugleitung gestaltet sich bequem, und der
Pumpenkolben steht auch beim Stillstand der Pumpe stets unter Wasser.

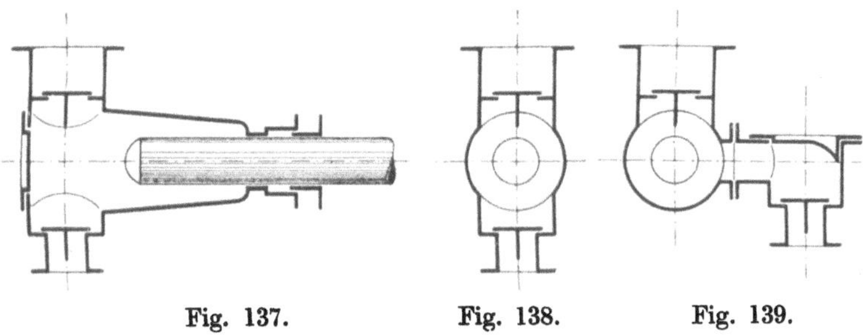

Fig. 137.   Fig. 138.   Fig. 139.

Die durch das Saugventil eintretende Luft gelangt unmittelbar unter
das Druckventil. Da die Wassermasse zwischen den Ventilen und dem
Kolben, welche bei jedem Kolbenhub ihre Bewegung umkehren muß,
verhältnismäßig lang ist, so muß, damit ihr Beschleunigungswiderstand
klein wird, der Verbindungskanal zwischen Ventilkasten und Pumpenzylinder reichlich bemessen werden.

Beispiele der Anordnung der Ventile bei stehenden Pumpen geben
die Figuren unter Ziffer 2.

17. Windkessel.

Die Windkessel werden entweder durch geeignete Ausbildung des
Pumpenkörpers bzw. der Fundamentplatte erzielt oder als selbständige
Konstruktionsteile ausgeführt. Im letzteren Fall erhalten sie die Form
eines Zylinders mit gewölbten Stirnflächen, zuweilen auch kugel- oder
birnenförmige Gestalt. Das Material ist Gußeisen, Stahlguß, Rotguß,
Eisen-, Stahl- oder Kupferblech. Für die Förderung von Flüssigkeiten,
welche diese Materialien angreifen, werden Windkessel aus Gußeisen
mit einer Ausfütterung aus Blei, Zinn, Hartgummi usw. verwendet.

Bei der Berechnung der Wandstärke ist die zulässige Belastung
mit Rücksicht auf die Stöße, welchen hauptsächlich Druckwindkessel
ausgesetzt sind, niedrig zu wählen.

Damit die Wassermassen zwischen dem Pumpenkolben und den Windkesseln, welche die Geschwindigkeitsänderungen des Kolbens mitzumachen haben, gering ausfallen, sind die Windkessel so nahe als möglich an die Pumpenventile zu rücken.

Sind im Windkessel zwei Wassersäulen miteinander in Berührung, von welchen die eine gleichförmige Geschwindigkeit hat, während die andere sich mit veränderlicher Geschwindigkeit bewegt und periodisch zum Stillstand kommt, so empfiehlt es sich, zur Vermeidung von Stößen das Zufluß- und Abflußrohr so anzuordnen, daß die veränderliche Massenkraft der einen Wassersäule nicht unmittelbar auf die andere Wassersäule einwirkt, sondern in erster Linie von den Wänden des Windkessels und dem in demselben befindlichen Luftkissen aufgenommen wird. In Verfolgung dieses Grundsatzes ergeben sich die in Fig. 140 bis 143 dargestellten Anordnungen von Windkesseln für kleinere Pumpen.

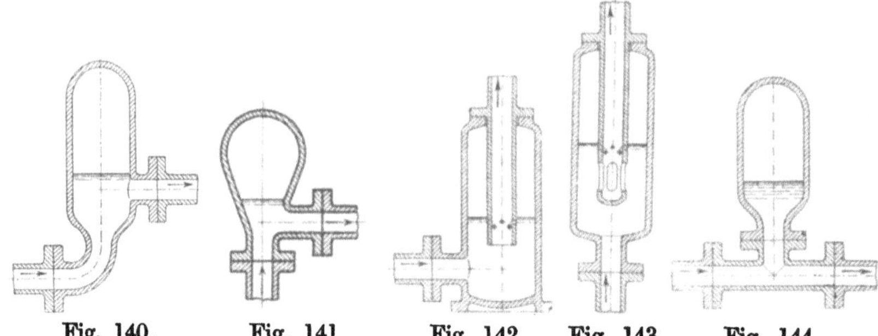

Fig. 140. Fig. 141. Fig. 142. Fig. 143. Fig. 144.

Fig. 140 und 142 Zufluß von der Seite, Fig. 141 und 143 Zufluß von unten;
Fig. 140 und 141 Abfluß nach der Seite, Fig. 142 und 143 Abfluß nach oben.

Für Saugwindkessel eignet sich mehr die Abfuhr des Wassers nach oben, weil die Luft in feinerer Verteilung in das Abflußrohr gelangt (siehe unten), für Druckwindkessel ist die Abfuhr nach der Seite mehr zu empfehlen, wegen der Schwierigkeit, das Entweichen der hochgespannten Luft oben an der Dichtungsfläche zu verhindern.

Die Ausführung nach Fig. 144 ist nach den vorstehend entwickelten Grundsätzen als fehlerhaft zu bezeichnen.

Beispiele für die Ausbildung des Pumpenkörpers zum Windkessel geben die im späteren enthaltenen Darstellungen ausgeführter Pumpen.

Entfernung der Luft aus dem Saugwindkessel: Beim Aufsteigen des Wassers in der Saugleitung scheidet sich aus ihm infolge der Druckverminderung eine gewisse Luftmenge ab, welche sich im Saugwindkessel absetzt. Infolgedessen sinkt der Wasserspiegel des Saugwindkessels während des Betriebs so lange, bis er die Abflußöffnung des Windkessels erreicht. Wie im früheren erläutert, schwankt der Wasserspiegel periodisch auf und ab. Ist die Schwankung groß, so besteht die Möglichkeit, daß am Abflußrohr eine große Öffnung für den Austritt der Luft frei wird, so daß mit einem Mal eine große Luftblase aus dem Windkessel in das Saugrohr der Pumpe übertritt, wobei eine entsprechende

Wassermenge aus diesem Rohr in den Windkessel zurückfällt. Die große Luftmenge verursacht im Pumpenzylinder Stoß und Ventilschlag. Um dies zu verhüten, ist danach zu streben, daß die Luft nur in kleinen Mengen aus dem Windkessel in die Pumpe gelangt, derart, daß bei jedem Saughub des Kolbens nur so viel Luft angesaugt wird, als während einer Umdrehung (bei doppeltwirkenden Pumpen mit gemeinschaftlichem Windkessel für beide Pumpenseiten während eines Hubs) in dem Windkessel sich absetzt. Bei Anordnungen nach Fig. 142 und 143, woselbst das Wasser durch ein Tauchrohr aus dem Windkessel abgeführt wird, läßt sich dies dadurch erreichen, daß man an dem Abflußrohr einen Kranz von kleinen Löchern anbringt. Sobald der Wasserspiegel bis zu diesen Löchern gesunken ist, wird Luft aus dem Windkessel abgesaugt, und es wird dadurch verhütet, daß der Wasserspiegel bis zur Mündung des Rohrs herabsinkt. Die Löcher sollen so klein sein, daß trotz des Eintritts der Luft das Ansaugen des Wassers durch die Rohrmündung nicht unterbrochen wird. Da die Menge der abzuführenden Luft schwer im voraus zu beurteilen ist, auch je nach dem Betrieb verschieden sein wird, empfiehlt es sich einen zweiten Kranz von Löchern etwas tiefer anzubringen. Dasselbe kann durch einen feinen senkrechten Schlitz im Rohr erreicht werden.

Bei Dampfpumpen, welche mit Kondensation arbeiten, läßt sich die Entlüftung des Saugwindkessels auch dadurch bewirken, daß man seinen Luftraum mit dem Kondensator durch ein Rohr verbindet.

Pumpen, welche mit negativer Saughöhe arbeiten, denen also das Wasser vermöge des Gefälls der Zuleitung unter Druck zufließt, müssen bei langer Zuleitung zur Vermeidung von Stößen einen Windkessel in dieser Leitung erhalten, welcher nicht entlüftet, sondern vielmehr wie ein Druckwindkessel mit Luft versorgt werden muß.

Zufuhr von Luft zum Druckwindkessel: Die Luft des Druckwindkessels wird vom Wasser absorbiert, und zwar in um so höherem Maße, je größer der Windkesseldruck, also die Druckhöhe der Pumpe ist. Dieser Vorgang wird durch das stetige Auf- und Nieder- schwanken des Wasserspiegels begünstigt. Es ist also ein Ersatz der mit dem Wasser nach der Druckleitung entweichenden Luft notwendig. Bei mäßigen

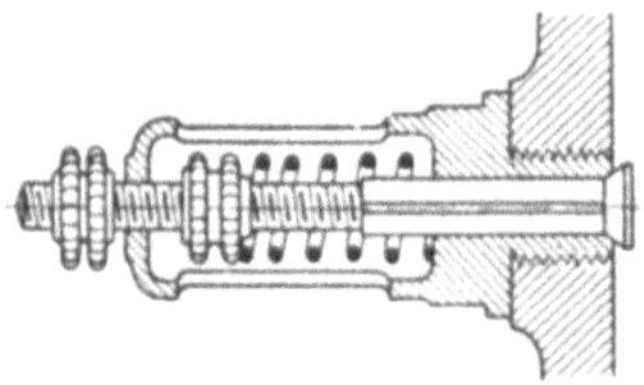

Fig. 145.

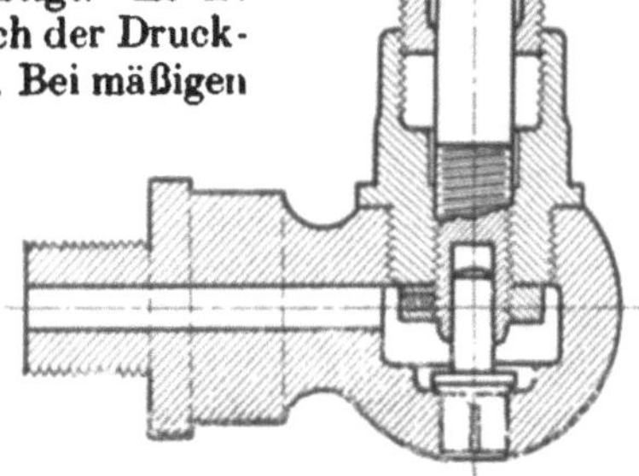

Fig. 146.

Druckhöhen, wie sie bei Wasserwerksmaschinen vorkommen, kann dies mit Hilfe von Schnüffelventilen geschehen. Das Ventil Fig. 145 oder 146 (Konstruktion von Klein, Schanzlin & Becker in Frankenthal)

wird dicht unterhalb des Druckventils am Pumpenkörper angebracht.
Beim Saughub wird durch den Pumpenkolben Luft aus der Atmosphäre
in den Zylinder gesaugt, beim darauffolgenden Druckhub schließt sich
das Ventil, und die angesaugte Luft entweicht durch das Druckventil
der Pumpe nach dem Windkessel. Damit die Luft aber sicher in den
Windkessel gelangt und dort aufgefangen wird, ist die ganze aus der
Pumpe kommende Wassermenge in den Druckwindkessel hinein (vgl.
Fig. 140—143) und nicht nur an diesem vorbei (vgl. Fig. 144) zu führen.

Anstatt des Schnüffelventils kann man auch eine Lufteinlaßschraube
Fig. 147 (System Klein) verwenden. Diese wird unterhalb des Saugventils oder auch am Saugwindkessel angebracht.
Die Luft tritt in diesem Fall in stetigem Strome
in das Wasser der Saugleitung bzw. in den Windkessel.

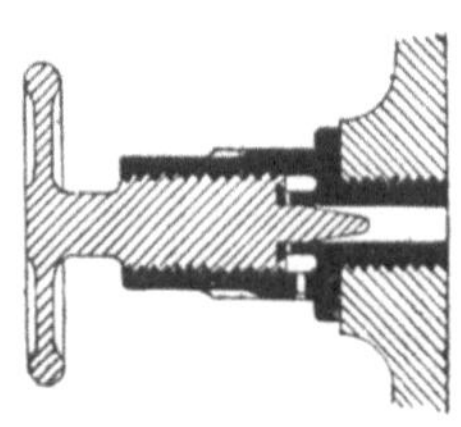

Fig. 147.

Bedarf der Druckwindkessel einer reichlichen
Luftzufuhr, wie dies bei großen Pumpen und bei
großen Druckhöhen der Fall ist, so ist eine besondere Luftspeisevorrichtung vorzusehen, denn
das Schnüffeln größerer Luftmengen in den
Pumpenzylinder bringt Unruhe in den Gang der
Pumpe und dauert zu lange.

Die Schnüffelventile sind nur in Tätigkeit, während die Pumpe
im Betrieb ist, es besteht also nicht die Möglichkeit, mit Hilfe derselben
den Druckwindkessel vor dem Anlassen der Pumpe mit dem nötigen
Luftinhalt zu versehen, falls dieser nicht vorhanden ist. Bei Pumpen
mit großer Druckhöhe, welche mit großer Geschwindigkeit anlaufen,
wie z. B. Wasserhaltungsmaschinen mit elektrischem Antrieb, ist dies
aber dringend notwendig, da beim Anlassen mit ungenügendem Luftinhalt des Druckwindkessels Wasserschläge in der Druckleitung und im
Windkessel entstehen. Allgemein empfiehlt es sich, eine von dem Pumpenbetrieb unabhängige Luftspeisevorrichtung für den Druckwindkessel
vorzusehen.

Hierfür kommt die Hydraulische Luftpumpe von Scholl,
ausgeführt von Gebrüder Reuling, G. m. b. H. in Mannheim-Neckarau
in Betracht.

Fig. 148 zeigt schematisch einen Vertikalschnitt der Konstruktion.
In einem Gußgehäuse a ist ein oben offener kupferner Schwimmer b
eingebaut, an dem unten das Auslaßventil f für die Arbeitsflüssigkeit
und oben die Querstange y befestigt ist, die beim Aufwärtsgang des
Schwimmers an das Ventil i für den Flüssigkeitseinlaß stößt und dessen
Öffnung vermittelt. Die Stange y liegt in einem Kanal w des Gehäusedeckels. h ist der Stutzen für die zulaufende Arbeitsflüssigkeit (Wasser).
Seitlich an a angeschlossen sind die Luftventile, das Saugventil k und
das Druckventil l.

Um die Wirkungsweise der Pumpe zu verstehen, denke man sich
den Behälter a sowie die Heberleitung g und das Rohr r mit Flüssigkeit
gefüllt. Schwimmer und Flüssigkeitsventile sollen sich in der gezeichneten Lage befinden, und es soll Luft von atmosphärischer Pressung angesaugt werden. Da die Ausmündung von r tiefer liegt als a, so fließt

die in b befindliche Flüssigkeit durch r ab und saugt dabei Luft durch k in den Behälter hinein, während der Flüssigkeitsspiegel im Schwimmer sinkt und der Schwimmer dadurch Auftrieb erhält. Der Schwimmerauftrieb überwindet schließlich den auf i lastenden Druck, das Flüssigkeitseinlaßventil hebt und öffnet sich, und das Auslaßventil f wird geschlossen. Die einlaufende Flüssigkeit wird von i aus durch den Kanal w in den ringförmigen Raum zwischen a und b geleitet, wo durch den Aufwärtsgang des Schwimmers der Spiegel gesunken war, und strömt darauf in das Innere des Schwimmers. Gleichzeitig wird die im Behälter a enthaltene Luft komprimiert und nach Erreichung des erforderlichen Überdrucks durch l in die angeschlossene Druckleitung befördert. Kurz bevor der Schwimmer mit Flüssigkeit gefüllt ist, überwindet das Schwimmergewicht den Öffnungswiderstand des Auslaßventils f und öffnet es, während i sich unter dem Einfluß der Druckflüssigkeitsströmung schließt. Durch f und g fließt nun die zugelaufene Flüssigkeit ab, und die anzusaugende Luft kann wieder durch k nach a strömen, womit sich das vorher beschriebene Spiel wiederholt.

Fig. 149 zeigt die Anordnung der Luftpumpe zur Belüftung eines Druckwindkessels. Hier wird die Druckwasserleitung zur Luftpumpe in derjenigen Höhe am Windkessel angeschlossen, wo sich der Wasserspiegel befinden soll, die Abwasserleitung läßt man frei ausgießen, oder man führt das Abwasser in die Saugleitung der

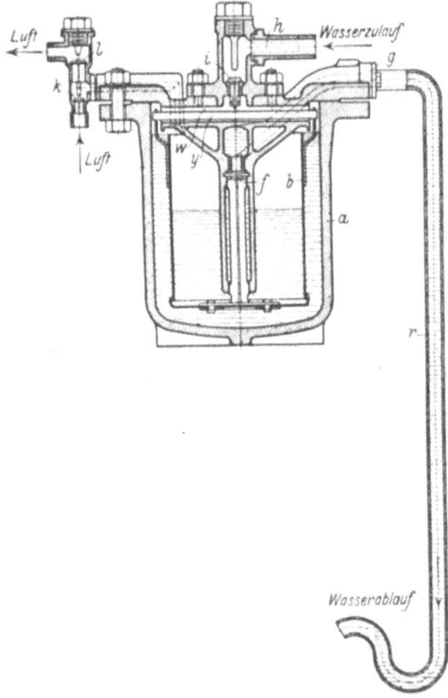

Fig. 148.

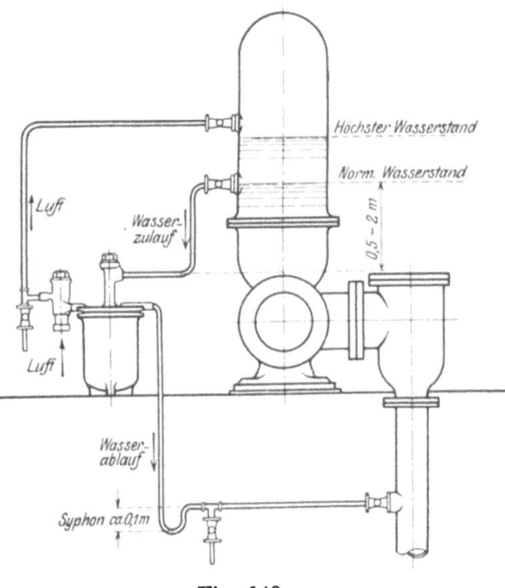

Fig. 149.

Wasserpumpe. Die Druckleitung für die Luft wird an den Windkessel in solcher Höhe angeschlossen, daß auch bei starken Druckschwankungen kein Wasser in die Leitung eindringen kann.

Bemerkt muß noch werden, daß die Luftpumpe ohne Unterbrechung arbeitet, solange sich der Wasserspiegel im Windkessel über dem vorgeschriebenen Niveau befindet. Sobald aber der Wasserspiegel unter dieses Niveau sinkt, dann fließt der Luftpumpe durch die Wasserzuleitung kein Betriebswasser mehr zu, sondern Luft. Der Schwimmer kann sich dann nicht mit Wasser füllen, er verharrt in seiner obersten Lage und setzt dadurch die Luftpumpe außer Betrieb. Wenn nun der Wasserspiegel im Windkessel wieder steigt und die Zuleitung zur Luftpumpe erreicht, dann fließt auch letzterer wieder Wasser zu, der Schwimmer füllt sich mit Wasser und steuert um, womit dann die Luftpumpe wieder in Betrieb gesetzt ist. In einfachster Weise wird also durch den steigenden Wasserspiegel die Luftpumpe selbsttätig in Betrieb und durch den fallenden Wasserspiegel selbsttätig außer Betrieb gesetzt. Der Wasserverbrauch für die selbsttätige Füllung eines Druckwindkessels mit Luft ist erfahrungsgemäß sehr gering.

Ebenso wie zum Belüften des Druckwindkessels kann diese Luftpumpe auch zum Entlüften des Saugwindkessels und von Heberleitungen dienen.

Außerdem kommen zum Auffüllen der Druckwindkessel mit Luft vielfach von Hand zu bedienende Luftschleusenvorrichtungen zur Verwendung. Für große Pumpwerke empfiehlt sich die Aufstellung eines mit Dampf oder Elektrizität betriebenen Kompressors, der sowohl für das Absaugen der Luft aus dem Saugwindkessel als auch für den Luftersatz im Druckkessel eingerichtet wird.

Zur Ausrüstung der Windkessel gehören außer den besprochenen Vorrichtungen Apparate zum Erkennen des Wasserstandes (Wasserstandsgläser, Probierhahnen), zum Ablesen des Drucks (Vakuummeter, Manometer) und zum Schutz gegen unzulässige Beanspruchung (Sicherheitsventile).

18. Kolben.

Der Kolben, dessen Zweck es ist, die Förderflüssigkeit in den Pumpenraum zu saugen und aus ihm zu verdrängen, erhält bei der in Frage stehenden Pumpengattung eine hin und her gehende Bewegung. Hinsichtlich der Konstruktion unterscheidet man in der Hauptsache Scheiben- und Tauchkolben (Plunger).

Scheibenkolben.

Diese haben die Form einer runden Scheibe, welche in dem zu einem zylindrischen Rohr ausgebildeten Pumpenkörper hin und her geht. Die Innenfläche des Zylinders, dessen Länge derjenigen des Kolbenhubs entspricht, ist sauber bearbeitet. Um den Durchtritt von Flüssigkeit oder Luft zwischen Kolben und Zylinderwand zu verhindern, ist der Kolben mit einer besonderen Dichtung (Liderung) versehen, die je nach Art und Temperatur der Flüssigkeit, sowie nach der Förderhöhe der Pumpe verschieden zu wählen ist. In einzelnen Fällen, besonders bei Feuerspritzen, wird auf eine besondere Dichtung verzichtet und der Kolben dann in den Zylinder eingeschliffen.

Der Kolbenkörper wird meistens aus Gußeisen gefertigt; wenn die Flüssigkeit dieses Material angreift, benutzt man Bronze u. dgl.

Die Kolbendichtung besteht meist aus Ringen von Metall oder aus Leder in Form von Stulpen und Manschetten; außerdem kommen Hartgummi und Holz als Dichtungsmaterial zur Verwendung.

Metalldichtung eignet sich für kalte und heiße Flüssigkeiten, wenn sie frei von Beimengungen (Sand u. dgl.) sind. Gegenüber der vielfach gebrauchten Lederdichtung bietet die Metalldichtung den Vorteil, daß die Pumpe auch nach längerem Trockenliegen sofort betriebsfähig ist, auch wird der Reibungswiderstand des Kolbens bei ihrer Anwendung geringer. Das Material der Ringe ist zähes Gußeisen oder häufig Bronze zur Vermeidung des Rostens. Die Ringe werden meistens wie bei Dampfkolben federnd, d. h. geschlitzt und in ungespanntem Zustand mit größerem Durchmesser, als die Zylinderbohrung ist, aus-

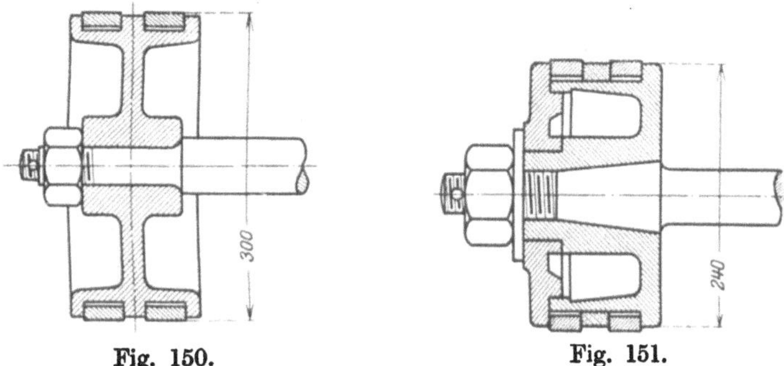

Fig. 150.   Fig. 151.

geführt. Dabei nimmt die radiale Ringstärke gegen die Stoßstelle hin ab. Ausführliches über die Herstellung und Bemessung solcher Ringe findet sich in C. Bach, Die Maschinenelemente.

Einen Kolben einfachster Konstruktion mit Metalldichtung zeigt Fig. 150. Beim Einbringen in die Nuten müssen die Ringe über den Kolbenkörper gestreift und dabei auseinandergebogen werden.

Will man dies vermeiden, so ist der Kolbenkörper mehrteilig zu konstruieren. Bei der Ausführung Fig. 151 werden die beiden Dichtungsringe aus Gußeisen und der zwischen ihnen liegende Trennungsring aus Bronze nach Abnahme des Deckels auf den Kolbenkörper aufgeschoben. Ein durch Verschlagen der Stirnflächen zwischen den Ringen entstandener Spielraum läßt sich in einfachster Weise durch Abdrehen des Kolbenkörpers beseitigen.

Einen für den Durchtritt des Wassers durchbrochenen Scheibenkolben (Ventilkolben) einer Hubpumpe zeigt Fig. 152 und 153. Derselbe gehört zu der Rohrbrunnenpumpe Fig. 301. Die Konstruktion der Metalldichtung ist im Grunde die gleiche wie die in Fig. 151 dargestellte. Der Kolben ist sehr lang gehalten und deshalb schwer, damit auch beim Kolbenniedergang das Gestänge auf Zug und nicht auf Druck oder Knickung beansprucht wird.

Bei sandhaltigem Wasser kommen an Stelle der Ringe aus Metall solche aus **Hartgummi** mit Vorteil zur Verwendung. Diese sind dann nicht federnd, also auch nicht geschlitzt.

Lederdichtung in Form von Stulpen, Manschetten oder Ringen aus 3—5 mm dickem Leder eignet sich besonders für Wasser, dessen Temperatur 30⁰ nicht überschreitet. Für saure Grubenwässer kann Leder nicht verwendet werden, auch ist es bei sandhaltigem Wasser und großer Hubzahl der Pumpe einem raschen Verschleiß unterworfen.

Fig. 154 (Konstruktion der **Amag-Hilpert**, Nürnberg) zeigt den Kolben der doppeltwirkenden Pumpe Fig. 313. Die Abdichtung durch die **Ledermanschetten** erfolgt dadurch, daß diese durch den Flüssigkeitsdruck gegen die Zylinderwand gepreßt werden. Um dies mit Sicherheit zu erreichen, ist zwischen Kolbenkörper und Manschette ein kleiner Spielraum vorgesehen, in welchen die Flüssigkeit eindringt. Da der Kolben einer doppeltwirkenden Pumpe angehört, der Flüssigkeitsdruck also abwechselnd auf der einen und der anderen Seite des Kolbens größer ist, sind 2 Manschetten in symmetrischer Anordnung notwendig; bei der Linksbewegung des Kolbens ist die linke, bei der Rechtsbewegung die rechte wirksam. Die beiden gleichartig gestalteten Hälften des Kolbenkörpers aus Gußeisen sind breit gehalten, so daß der Kolben eine gute Führung besitzt und ein Klemmen infolge einer etwaigen Ausbiegung der auf Knickung beanspruchten Kolbenstange ausgeschlossen ist. Weniger günstig in dieser Hinsicht ist die in Fig. 155 dargestellte Konstruktion, bei welcher der Kolbenkörper aus zwei gußeisernen massiven Platten besteht.

Weitere Ausführungen von Scheibenkolben mit Lederdichtung für doppeltwirkende Pumpen zeigen die späteren Abbildungen ganzer Pumpen.

Die Verwendung von **Ledermanschetten** zur Abdichtung bei hohem Druck zeigt die in Fig. 333 dargestellte Preßpumpe der **Maschinenbau-A.-G. Balcke in Frankenthal**. Die Dichtung

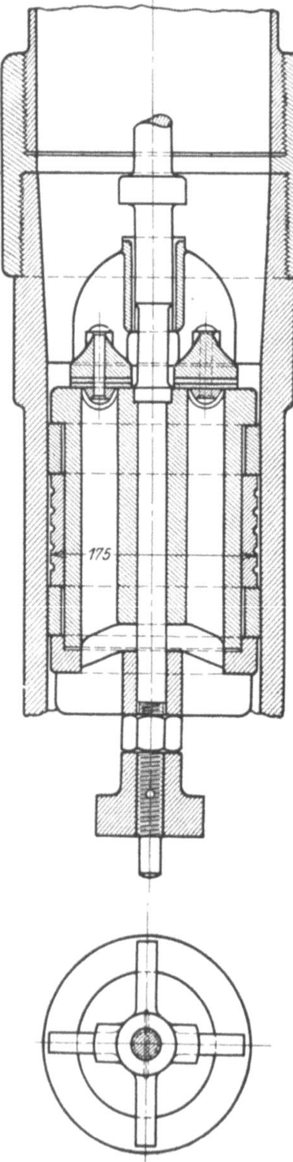

Fig. 152—153.

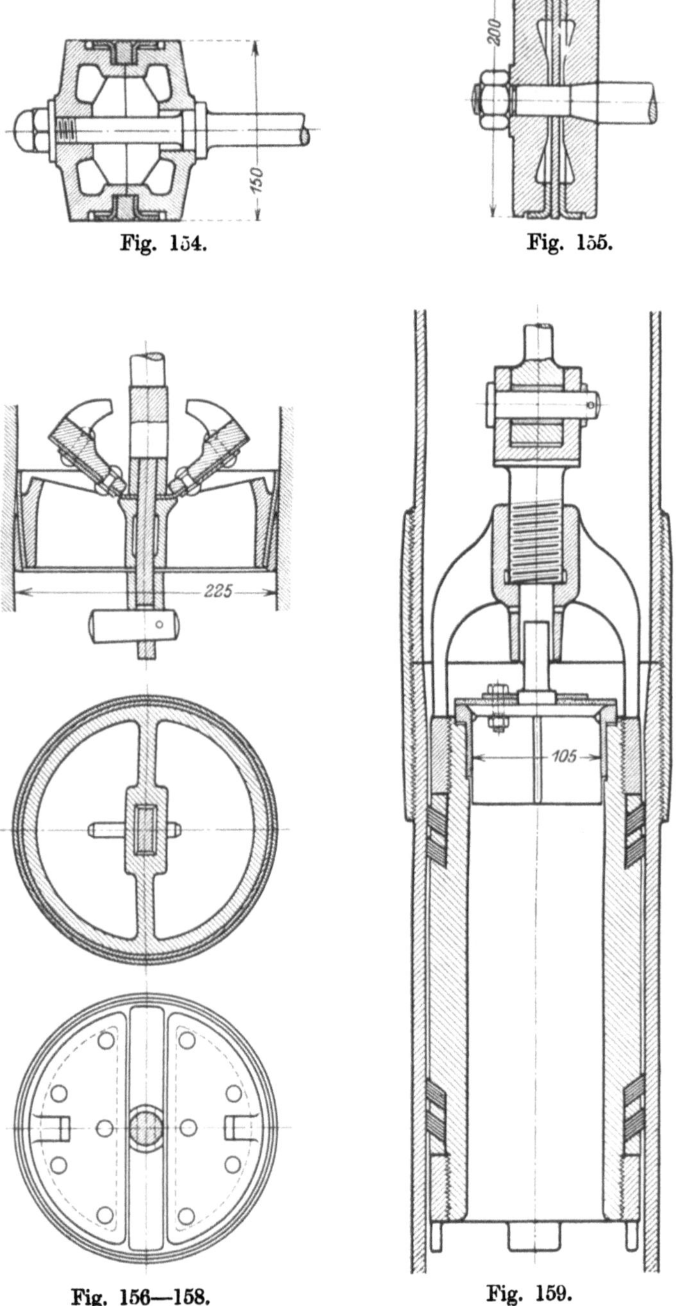

Fig. 154.

Fig. 155.

Fig. 156—158.

Fig. 159.

des in seinem unteren Teil als Scheibenkolben ausgebildeten Differentialkolbens besteht aus 3 U-förmigen Ledermanschetten, die, alle nach gleicher
Richtung angeordnet, die Abdichtung beim Kolbenaufgang bewirken.
Für den Niedergang braucht keine besondere Manschette vorgesehen
zu werden, da der Druck unterhalb des Kolbens nur um die Widerstandshöhe des Druckventils größer ist als oberhalb desselben.

Bei den Ventilkolben von Hubpumpen ist ebenfalls nur für den
Aufgang eine Abdichtung des Kolbens notwendig, da dieser beim Niedergang ja vom Wasser durchströmt, das Ventil also offen ist.

Fig. 156—158 zeigt einen Ventilkolben mit Dichtung durch Lederstulp. Letzterer wird durch einen mittels Keil angedrückten schmiedeisernen Ring (Fig. 156) gegen den Kolbenkörper gepreßt. Die beiden

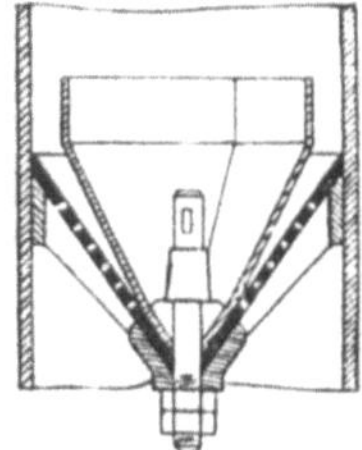

Klappenventile bestehen aus einer runden Lederscheibe, die mittels einer Schiene aus Schmiedeisen
auf den Kolbenkörper gedrückt wird und durch 2
halbkreisförmige Gußeisenplatten belastet ist.

Eine Abdichtung durch ringförmige Lederscheiben gibt der in Fig. 159 dargestellte Kolben
einer Rohrbrunnenpumpe (Konstruktion von Weise
& Monski, Halle a. S.).

Für sandhaltiges Wasser empfiehlt sich auch
der von Letestu angegebene, in Fig. 160 und 161
abgebildete Kolben. Der mit Schlitzen versehene
trichterförmige Kolbenkörper aus Gußeisen hat einen
Einsatz aus gelochtem Blech, das einem großen
trichterförmigen Lederbecher zur Abstützung dient.
Letzterer ist mit Einschnitten versehen, so daß er
sich beim Kolbenaufgang unter der Einwirkung des
Flüssigkeitsdrucks auf den siebartigen Sitz und mit
seinem oberen Rand gegen die Rohrwand legen,

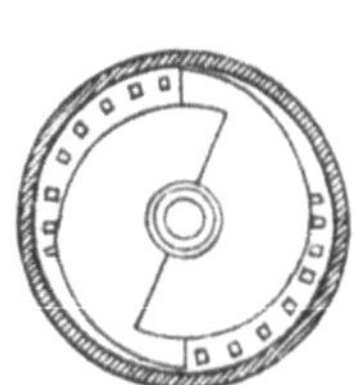

Fig. 160—161.   beim Kolbenniedergang sich zusammenfalten und
das Wasser durchlassen kann. Die Funktionen von
Kolbendichtung und Kolbenventil werden hierbei also von einem einzigen
Konstruktionselement erfüllt.

Weitere Beispiele von Ventilkolben geben die im späteren beschriebenen
Brunnenpumpen.

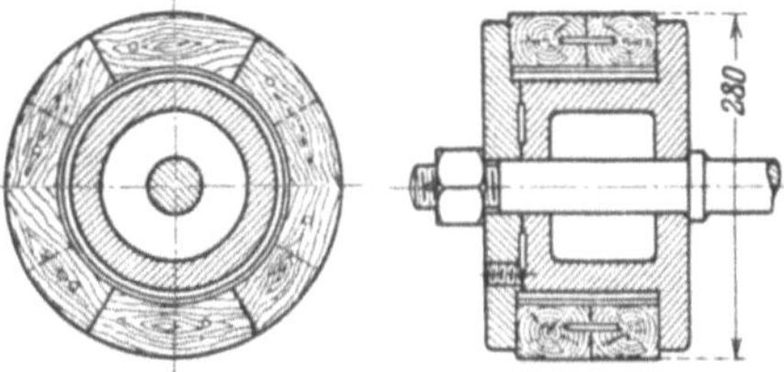

Fig. 162.   Fig. 163.

Holzliderung kommt bei den Warmwasserpumpen von Kondensationsdampfmaschinen vor, und zwar in Form von einzelnen zu einem
Ring beweglich vereinigten Segmenten aus Eichen- oder Ahornholz, die
durch eine Stahlfeder nach außen gedrückt werden (siehe Fig. 162 u. 163).

Tauchkolben.

Tauchkolben oder Plunger sind zylindrische Körper von einer Länge, die derjenigen des Kolbenhubs entspricht. Der Tauchkolben tritt durch eine Öffnung in der Wand des Pumpenraums in diesen ein und verdrängt eine seinem Rauminhalt entsprechende Flüssigkeitsmenge nach dem Druckrohr der Pumpe. Der bei seinem Rücklauf wieder frei werdende Raum wird von der aus dem Saugrohr nachströmenden Flüssigkeit ausgefüllt. Der Durchtritt von Flüssigkeit oder Luft zwischen dem Kolben und der Wand des Pumpenraums an der Eintrittsstelle des Plungers muß durch eine Dichtung (Stopfbüchse) verhindert werden, die in diesem Fall nicht wie beim Scheibenkolben an dem Kolbenkörper, sondern am Pumpenkörper angebracht wird, also festliegt.

Tauchkolben werden meistens aus Gußeisen angefertigt, und zwar von etwa 100 mm Durchmesser an hohl. Die Kernlöcher werden alsdann durch Gewindepfropfen oder durch angeschraubte bzw. mit Kupfer verstemmte Bodenstücke geschlossen.

Bei säurehaltigem Wasser wird Rotguß gewählt oder es wird der Gußeisenkörper mit einem Messingmantel versehen.

Bei hohem Druck (Preßpumpen) kommt Bronze oder Stahl zur Verwendung.

Zwecks Verringerung des Gewichts besteht bei großem Durchmesser (Wasserwerksmaschinen) der Kolben aus einem nahtlosen Schmiedeisen- oder Messingrohr, das an seinen Enden durch gußeiserne Böden abgeschlossen ist.

Die in Stopfbüchsen (siehe Ziff. 19) geführten Kolben werden glatt abgedreht. Bei mäßiger Förderhöhe (Wasserwerksmaschinen) wird in Fällen, wo der Kolben in zwei unmittelbar aneinander stoßenden Räumen arbeitet, auf eine besondere Dichtung verzichtet und nur eine lange Büchse aus Rotguß oder Gußeisen mit Weißmetallfutter zur Führung und Dichtung angeordnet.

Die Befestigung des Kolbens am Kreuzkopf erfolgt unmittelbar durch Verschraubung oder Keilverbindung, sofern nicht Kreuzkopf und Plunger ein Gußstück bilden. Bei den ganz im Innern des Pumpenraums liegenden Plungern doppeltwirkender Tauchkolbenpumpen ist zur Verbindung von Plunger und Kreuzkopf eine Kolbenstange erforderlich.

Zahlreiche Beispiele für die konstruktive Ausbildung von Tauchkolben und ihrer Verbindung mit Kreuzkopf oder Kolbenstange sind im nachstehenden aus den Abbildungen ausgeführter Pumpen ersichtlich und an der betreffenden Stelle besprochen.

19. Stopfbüchsen.

Zur Abdichtung der Kolbenstangen und der Tauchkolben sind an den Pumpenzylindern Stopfbüchsen anzubringen, welche mit Hanf-, Baumwoll-, Leder- oder Metallpackung versehen werden.

Fig. 164, Stopfbüchse für Hanf- oder Baumwollpackung[1]. Das Material kommt in geflochtenen Zöpfen oder Schnüren, welche mit

---

[1] C. Bach, Die Maschinenelemente.

geschmolzenem Talg getränkt sind, zur Verwendung. Diese werden entweder in spiralförmigen Lagen oder als mehrere an den Enden stumpf gestoßene Ringe in den Packungsraum eingebracht und mit der Stopfbüchsenbrille, die mit Schrauben angezogen wird, zusammengepreßt. Die Kolbenstange wird im Pumpenkörper durch die Grundbüchse aus Rotguß geführt; kleine Brillen werden ebenfalls aus Rotguß, größere aus Gußeisen mit Rotgußfutter gefertigt. In der Regel werden zwei oder drei Schrauben angeordnet. Damit bei nicht ganz gleichmäßigem Anziehen der Schrauben kein Klemmen zwischen Stange und Brille eintritt, ist die Bohrung der Brille etwas größer als der Stangendurchmesser zu machen. An großen Stopfbüchsen wird häufig eine Vorrichtung mit Zahnrädergetriebe angebracht, durch welche ein gleichmäßiges Anziehen aller Muttern bewirkt wird (siehe Taf. IX).

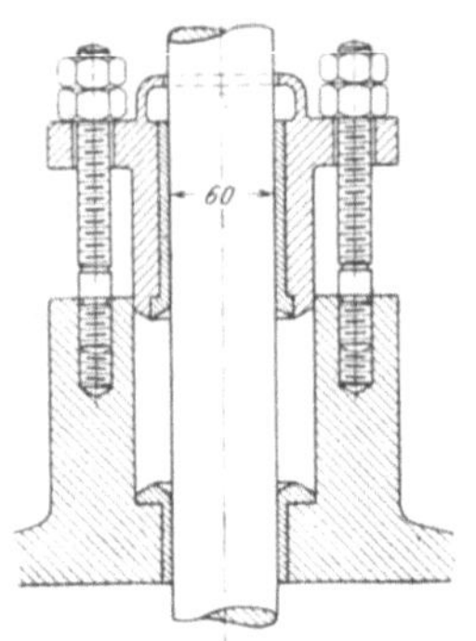

Fig. 164.

Fig. 165, 166, 167, Stopfbüchse mit Lederdichtung[1]). Diese Packungsart eignet sich für hohen Druck am besten, jedoch nur bei kalten Flüssigkeiten, die das Leder nicht angreifen. Fig. 165 Ausführung mit Lederscheiben, Fig. 166 und 167 mit Ledermanschette. Die beiden ersteren Konstruktionen eignen sich zur Abdichtung gegen inneren und äußeren, die letztere nur gegen inneren Überdruck.

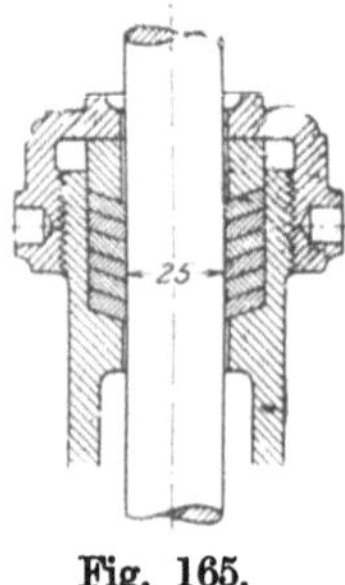

Fig. 165.

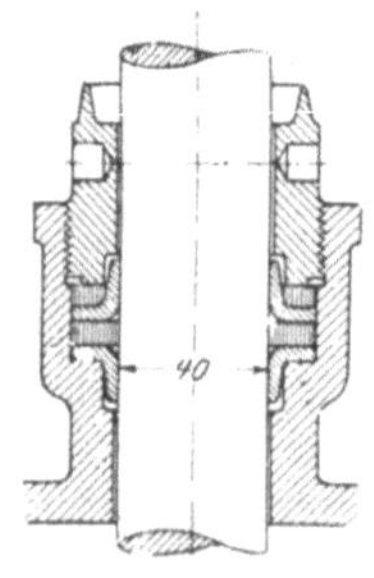

Fig. 166.

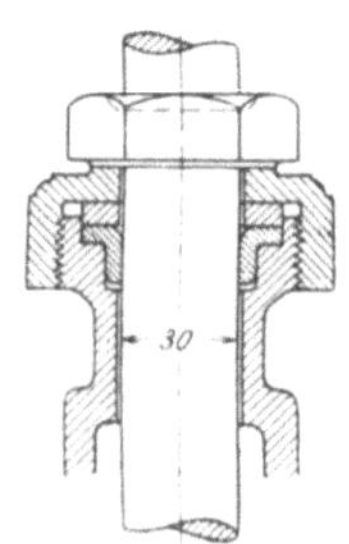

Fig. 167.

Fig. 168, Konstruktion der Aktiengesellschaft Wilhelmshütte in Schlesien. Die Packung besteht aus Lederscheiben in doppelter Lage, die durch 4 mm dicke Metallscheiben voneinander getrennt sind. Letztere haben einen 2 mm größeren inneren Durchmesser als die Lederringe, deren Breite etwa 35 mm beträgt. In die Packung ist ein Ring eingelegt, in dessen Hohlraum Schmiermaterial hineingepreßt wird.

Fig. 169 und 170, Konstruktion von Weise & Monski, Halle a. S. Die Abdichtung gegen äußeren Überdruck erfolgt durch eine, diejenige gegen inneren durch zwei Ledermanschetten, welche gegeneinander

---

[1]) C. Bach, Die Maschinenelemente.

durch eingelegte Rotgußringe abgestützt sind. Für die Zuführung von Schmiermaterial ist ein Schmierring vorgesehen.

Fig. 171, Stopfbüchse mit Metallpackung. Metallpackungen sind nur für reines, hauptsächlich sandfreies Wasser geeignet. Die dargestellte Konstruktion besteht aus vier Rotgußringen und vier Weißmetallringen. Jeder Ring ist in drei Teile geschnitten. Infolge der beim Anziehen entstehenden Keilwirkung pressen sich die erstgenannten Ringe gegen die Stopfbüchsenwandung, die letzteren gegen den Tauchkolben. Um ein sanftes Anziehen zu ermöglichen, ist zwischen die Brille und den ersten Ring eine Weichpackung eingelegt.

Fig. 172, Konstruktion von Gebr. Meer, M.-Gladbach. Die Metall-

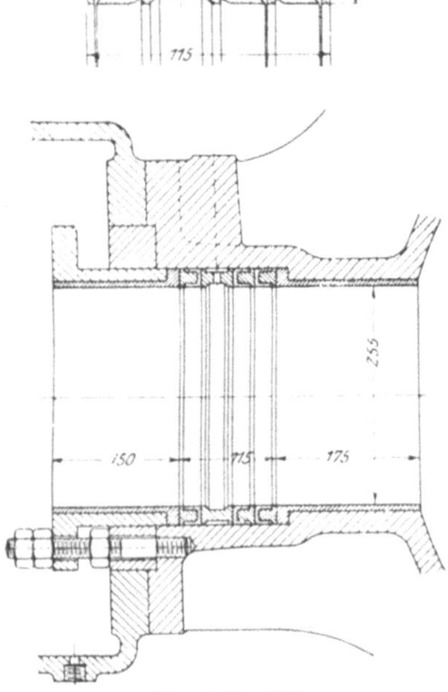

Fig. 169—170.

Fig. 168.

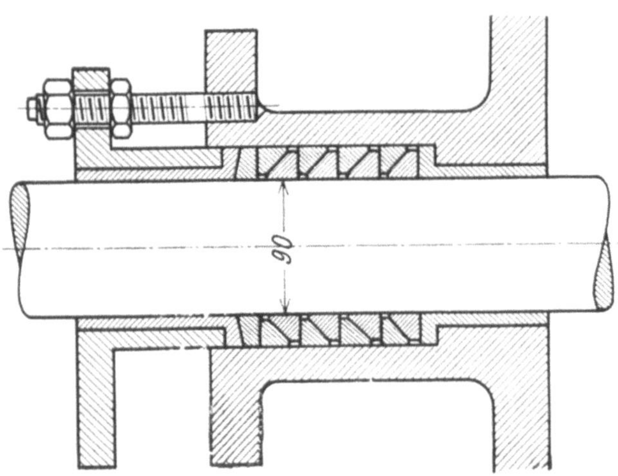

Fig. 171.

packung zur Abdichtung von Tauchkolben besteht aus Bronzeringen A, zwischen welche geschlossene, sauber auftuschierte Bronzeringe B eingelegt sind. Die einander berührenden Stirnflächen der Ringe sind sorgfältig aufeinander aufgeschliffen. Die ganze Packung wird durch eine Brille mit Rotgußfutter zusammengehalten.

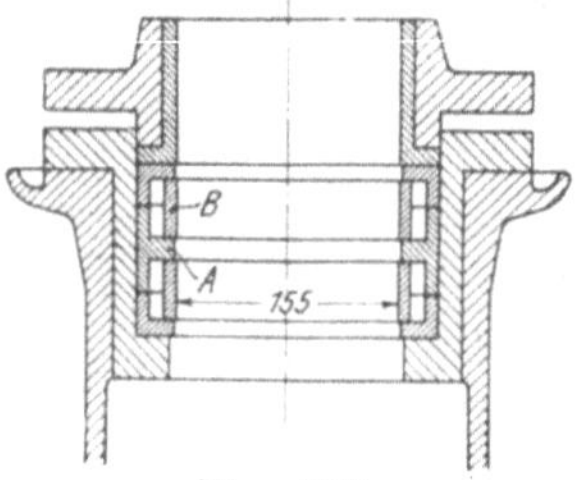

Fig. 173, innenliegende Stopfbüchse für doppelt wirkende Tauchkolbenpumpen. Kleine Dampfpumpen mit oberhalb des Zylinders angeordneten Ventilen erhalten häufig einen Tauchkolben mit innenliegender, von außen durch eine Schraubenspindel anziehbarer Stopfbüchse.

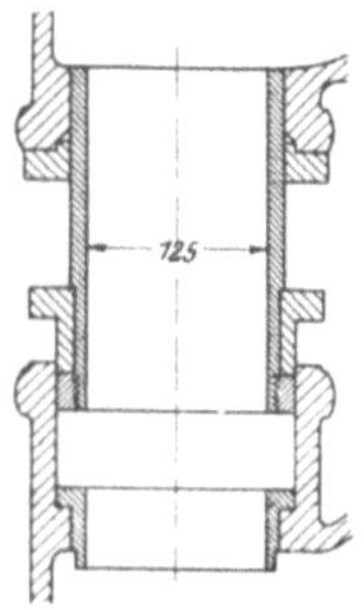

Fig. 172.

Da eine Undichtheit der innenliegenden Stopfbüchse, also die Notwendigkeit des Nachziehens von außen nicht zu erkennen ist, und der Wärter durch die Vorrichtung in Versuchung

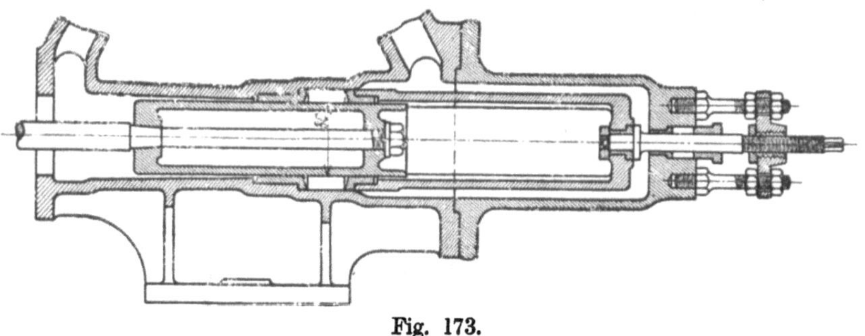

Fig. 173.

kommt, hierin zuviel zu tun, so wird auch auf die Nachstellbarkeit von außen ganz verzichtet (s. Fig. 316, Konstruktion von Weise & Monski, Halle a. S.).

Fig. 174, Konstruktion von Klein, Schanzlin & Becker in Frankenthal. Die Anordnung von zwei gegeneinandergekehrten Stopfbüchsen bei doppeltwirkenden Pumpen hat den Nachteil großer Baulänge und des Reibungswiderstandes der doppelten Dichtung. Bei der von der genannten Firma konstruierten sog. Unastopfbüchse (Fig. 174) gleitet der Plunger in einem Metallzylinder. Dieser ist in den oberen Pumpenzylinder hineingesteckt und mit Gummischnur abgedichtet, mit seinem unteren Ende ragt er in den Packungsraum der unteren Stopfbüchse hinein. Das Anziehen der Hanf- und Baumwollpackung geschieht durch eine Brille, welche über den Metallzylinder geschoben und durch einen vorgeschraubten schmiedeeisernen Ring mit diesem verbunden ist. Der Vorteil der Konstruktion besteht darin, daß nur die eine der beiden Dichtungen Reibung ver-

Fig. 174.

ursacht und der Abnutzung unterliegt, daß durch den Wegfall der oberen Stopfbüchse die Baulänge der Pumpe kleiner ist und daß der Plunger nicht mit der Brille in Berührung ist, daß also keine Reibung und Riefenbildung durch Schiefziehen der Brille entstehen kann.

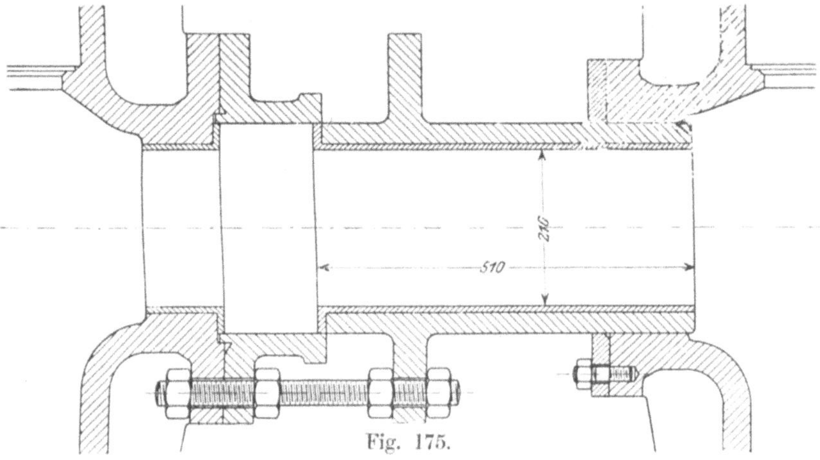

Fig. 175.

Fig. 175, Konstruktion von A. Borsig in Tegel b. Berlin. Die in dieser Figur dargestellte Konstruktion erreicht den gleichen Zweck wie die vorgenannte in etwas anderer Ausführung für große liegende

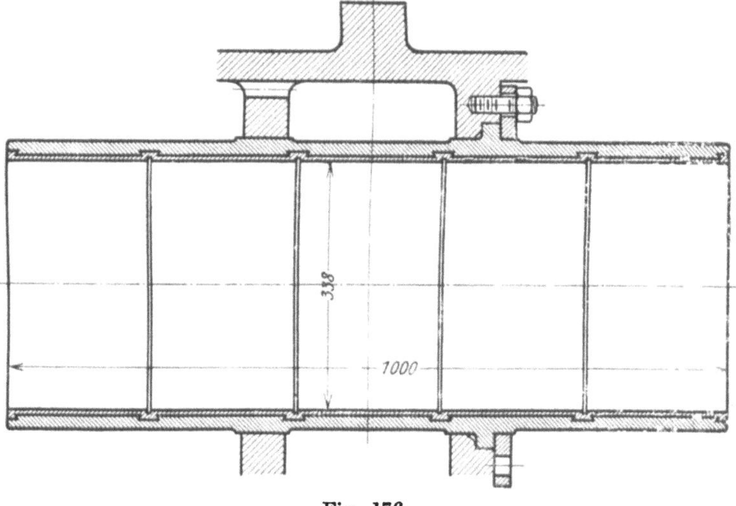

Fig. 176.

Pumpen. Unter Umständen genügt es, anstatt einer Stopfbüchsenpackung eine einfache Führungsbüchse von entsprechender Länge anzuordnen, wie Fig. 176 (Konstruktion von A. Borsig, Tegel bei Berlin) zeigt. Die mit Weißmetall ausgegossene Büchse aus Gußeisen wird durch einen geteilten schmiedeisernen Ring mittels Stiftschrauben im Pumpenkörper festgehalten.

Über die Bedeutung des durch unvollkommene Kolbendichtung hierbei entstehenden Lieferungsverlustes gibt folgende Betrachtung ein Urteil:

Die in der Sekunde zwischen Kolben und Führungsbüchse durchströmende Wassermenge ist bestimmt durch

$$q = \pi D x v \text{ cbm,}$$

wenn D den Kolbendurchmesser in Meter, x den radial gemessenen Spielraum zwischen Plunger und Führungsbüchse in Meter, also $\pi D x$ (angenähert) den ringförmigen Durchflußquerschnitt für das Wasser in Quadratmeter und v die Durchflußgeschwindigkeit in Meter bezeichnet. Letztere wird dargestellt durch

$$v = k \sqrt{2g(h_2 - h_1)},$$

wenn h_2 und h_1 den Druck in den Pumpenräumen zu beiden Seiten des Kolbens in Meter Wassersäule und k einen Geschwindigkeitskoeffizienten bezeichnet, der um so kleiner sein wird, je größer der Durchgangswiderstand, je länger also die Führungsbüchse und je kleiner der Spielraum ist. Mit $h_2 = A + H_d$ und $h_1 = A - H_s$ ergibt sich

$$v = k \sqrt{2g(H_d + H_s)} = k \sqrt{2gH}.$$

Die sekundliche Wasserlieferung einer doppeltwirkenden Pumpe ist

$$Q = 2 \frac{FSn}{60} = \frac{\pi D^2}{4} \frac{Sn}{30}.$$

Das Verhältnis von Leckverlust zu Wasserlieferung der Pumpe ist alsdann

$$\frac{q}{Q} = \frac{\pi D x k \sqrt{2gH} \cdot 4 \cdot 30}{\pi D^2 S n} = \frac{532 \, x k \sqrt{H}}{D S n}.$$

Der verhältnismäßige Lieferungsverlust ist also um so unbedeutender, je kleiner die Förderhöhe H und je größer das Produkt DSn d. h. die Wasserlieferung der Pumpe ist.

Bei großen doppeltwirkenden oder Differentialpumpen kann man demnach auf eine Stopfbüchsenpackung am Plunger zwischen den beiden Pumpenräumen bei mäßiger Förderhöhe verzichten.

20. Ventile.

a) Allgemeines.

Die Konstruktion der Ventile muß folgende Bedingungen erfüllen:
1. Das Ventil muß in geschlossenem Zustand gut abdichten, um ein Rücktreten der Flüssigkeit zu verhindern.
2. Die Führung des Ventils muß derart sein, daß ein Klemmen und Hängenbleiben des Ventils dauernd ausgeschlossen ist und das Ventil stets in der richtigen Weise auf seinen Sitz trifft.

3. Der Öffnungs- und Durchgangswiderstand des Ventils soll gering sein.

4. Das Ventil muß sich ohne Schlag schließen.

Die erste Forderung des dichten Abschlusses verlangt ein der Art und Temperatur der zu fördernden Flüssigkeit sowie dem auf dem Ventil lastenden Druck entsprechendes Material der Dichtungsflächen des Ventils und Ventilsitzes. Bei Hub- und Klappenventilen sind für vollkommen reines Wasser metallische Sitzflächen zweckmäßig und es wird die Anordnung solcher notwendig, wenn heiße Flüssigkeiten zu fördern sind; welches Metall im besonderen Fall zu wählen ist, hängt von der chemischen Einwirkung der Flüssigkeit ab. Bei sauren Grubenwassern, wie sie im Bergbau zu fördern sind, kann Gußeisen nicht verwendet werden, da es schnell zerfressen wird. Dagegen haben sich in solchen Fällen Kupferlegierungen (Bronze, Messing, Rotguß) und Hartblei bewährt. Die metallischen Dichtungsflächen sind sehr sorgfältig zu bearbeiten und aufeinander aufzuschleifen. Kautschuk, Hartgummi, Leder, Holz kommen für die Dichtungsflächen in Betracht, wenn unreine, schlammige, sandige Flüssigkeiten zu fördern sind, oder der Schlag, welcher beim Auftreffen des Ventils auf den Sitz entstehen kann, durch elastische Mittel gemildert werden soll. Kautschuk kann nur bei geringen Pressungen, Hartgummi dagegen auch bei größeren Verwendung finden.

Leder ist nur für kalte Flüssigkeiten geeignet. Bei Pumpen, welche oft längere Zeit stillstehen, aber jederzeit betriebsfähig sein müssen, ist dafür zu sorgen, daß die Lederdichtung nicht austrocknen und hart werden kann.

Bei der Anwendung von Kautschuk ist zu beachten, daß dieses Material nur dann elastisch ist, wenn es sich ausdehnen kann; wird Kautschuk z. B. in dem Ventilsitz in der Weise angeordnet, daß er beim Auftreffen des Ventils nicht nach der Seite ausweichen kann, so erfolgt der Stoß unelastisch. Kautschukplatten werden vielfach zur Bildung von Klappen benutzt, und zwar mit und ohne Hanfeinlage; letzteres, wenn die Klappen sich um eine kreisförmige Kante aufbiegen sollen. Kautschuk eignet sich auch für warmes, aber nicht für kochendes Wasser, da er in letzterem Fall weich wird. Der Kautschuk verliert allmählich seine Biegsamkeit und wird selbst in kaltem Wasser mit der Zeit hart und brüchig; es ist deshalb nur bestes Material zu verwenden, wenn längere Haltbarkeit erzielt werden soll.

Die Dichtungsfläche soll, damit der Öffnungswiderstand des Ventils möglichst klein wird, nur so breit sein, als notwendig ist, um die Abdichtung mit Sicherheit zu gewährleisten. Bei Pumpen mit großer Druckhöhe ist für ihre Breite die Flächenpressung maßgebend. Diese kann nach **Hütte** bei ruhigem Aufsitzen der Ventile betragen

für Rotguß . . . . bis 150 kg/qcm,
„ Phosphorbronze . . . . „ 200 „
„ Gußeisen . . . . „ 80 „
„ Hartgummi oder Leder . . . . . „ 30 „

Bei Schieberventilen kommen nur metallische Dichtungsflächen in Betracht.

Die Ventile müssen leicht zugänglich sein, um Störungen in ihrer Wirkungsweise rasch und ohne Schwierigkeit beheben zu können.

Der Ventilsitz wird entweder von dem entsprechend bearbeiteten Pumpenkörper selbst gebildet, oder als besonderer Konstruktionsteil im Ventilkasten befestigt. Die Art und Weise, wie dies erfolgt, ist bei den nachstehenden Beispielen von Ventilkonstruktionen besprochen.

Die zweite Forderung einer zuverlässigen Führung des Ventils kommt hauptsächlich bei Hubventilen in Betracht. Man hat Stift führung und Rippenführung zu unterscheiden, wie die folgenden Beispiele zeigen. Es ist anzustreben, daß das Ventil nicht der Einwirkung eines zu seiner Bewegungsrichtung seitlich gerichteten Wasserstroms unterliegt. Ist dies nicht ganz zu vermeiden, so ist die Führung reichlich lang zu wählen, ebenso müssen die aufeinander gleitenden Flächen mit Rücksicht auf die Abnutzung möglichst groß sein. Damit die Puffer wirkung des Wassers, durch welche der Schlag beim Ventilschluß verhindert wird, sich geltend macht, muß durch die Führung bewirkt werden, daß die Ebene der Ventilplatte bei ihrer Bewegung gegen die Sitzfläche parallel zu dieser Fläche ist, so daß das Wasser nicht einseitig durch den Spalt am Umfang der Ventilplatte abströmt.

Die dritte Forderung eines geringen Öffnungs- und Durch gangswiderstandes des Ventils verlangt neben einer den Arbeits verhältnissen der Pumpe entsprechenden Wahl der Größe des Ventils reichliche Bemessung des Durchgangsquerschnitts zwischen Ventil und Ventilkasten, bzw. zwischen den einzelnen Ventilen, und eine Ventil belastung, die nicht größer ist, als die Ruhe des Ventilschlusses bedingt.

Die vierte Forderung eines ruhigen Ventilschlusses ist durch richtige Wahl der Ventilbelastung, welche sich aus dem Gewicht des Ventils im Wasser und dem Druck einer etwa vorhandenen Belastungs feder zusammensetzt, zu erfüllen.

b) Hubventile.

Die Hubventile können mit ebener, kegel- oder kugelförmiger Sitz fläche ausgeführt sein, ferner mit einer, zwei oder mehr Spaltöffnungen. Die gesamte Ventileinrichtung kann hierbei aus einem oder aus meh reren Ventilen bestehen. Hiernach ergibt sich folgende Einteilung:

Einzelventile.

Einspaltige Ventile.	Mehrspaltige oder Ringventile.
Mit ebener Sitzfläche, Teller ventile mit kegelförmiger Sitzfläche, Kegelventile mit kugelförmiger Sitzfläche, Kugelventile	Mit einem Ring, mit mehreren konzentrischen durch Rippen miteinand. verbunden. Ringen mit ebenen oder kegelförmigen Sitzflächen.

Gruppenventile.

Mehrere Teller-, Kegel- oder Ringventile gleicher Konstruktion in einer Ebene.

Mehrere konzentrische, voneinander unabhängig spielende Ringe in einer Ebene.

Mehrere Ventile gleicher Konstruktion in verschiedenen Ebenen, sog. Etagenventile.

Einzelventile.

Tellerventile.

Fig. 177 und 178, Tellerventil mit metallischen Dichtungsflächen und unterer Rippenführung[1]). Ventil und Ventilsitz aus Bronze. Fig. 178 zeigt drei verschiedene Querschnittsformen der Rippen, von welchen gewöhnlich 3 bis 4 an den Ventilteller angegossen werden. Mit Rücksicht auf die Abnutzung ist eine Erbreiterung der Rippen nach außen zu empfehlen, also sind die Querschnitte b und c dem Querschnitt a vorzuziehen. Nach Versuchen von Bach geben Rippen nach Querschnitt c geringeren Durchgangswiderstand als Rippen nach Querschnitt b. Der mit einer Neigung von 1 : 15 außen kegelförmig abgedrehte Ventilsitz ist in den Pumpenkörper eingetrieben. Der Hub des Ventils ist durch einen Anguß am Ventilkastendeckel auf ein gewisses Maß beschränkt. Eine Hubbegrenzung dieser oder anderer Ausführungsweise wird bei allen Ventilen vorgesehen, sie hat den Zweck, ein Herauswerfen des Ventils aus seinem Sitz durch Zufälligkeiten zu verhindern; sie muß so hoch angebracht werden, daß bei normalem Pumpenbetrieb das Ventilspiel von ihr nicht beeinflußt wird.

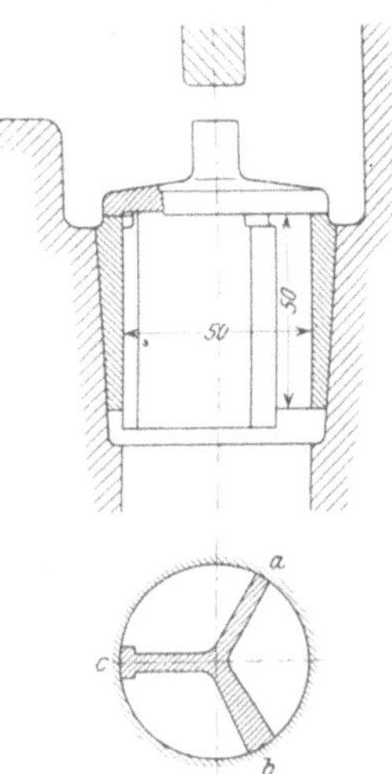

Fig. 177—178.

Fig. 179. Kleines Tellerventil mit metallischen Dichtungsflächen und oberer Stiftführung (Konstruktion von Weise & Monski, Halle a. S.). Ventil, Ventilsitz und Führungsstift aus Bronze. Der letztere ist in den Ventilsitz eingeschraubt. Diese Anordnung bedingt zwei Dichtungsflächen zwischen Ventil und Sitz, obgleich nur eine Spaltöffnung am Ventilumfang für den Durchgang des Wassers vorhanden ist. Die nötige Ventilbelastung ist durch eine zylindrische Schraubenfeder aus Messingdraht erzielt. Das Ventil, welches als selbständiger Konstruktionsteil fertiggestellt werden kann, bevor man es in die Pumpe einbringt, wird mit schwach konischem Gewinde in den Pumpenkörper eingeschraubt.

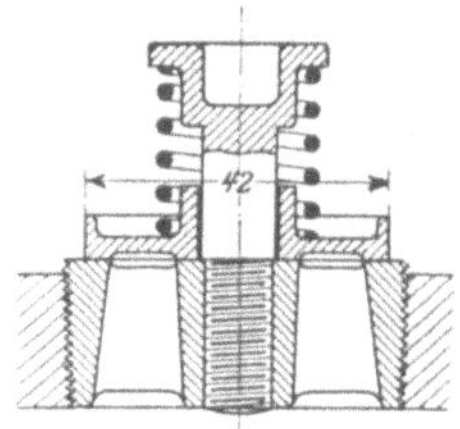

Fig. 179.

Fig. 180 (Konstruktion von Weise & Monski, Halle a. S.). Links: Tellerventil mit Gummidichtung und oberer Stiftführung. Der Ventilsitz aus Bronze ist eingeschraubt, der Ventilteller aus Gummi mit Hanf-

---

[1]) C. Bach, Die Maschinenelemente.

einlage wird durch die Stege des Ventilsitzes abgestützt und ist durch eine Messinghülse an dem in den Ventilsitz eingeschraubten Führungs-

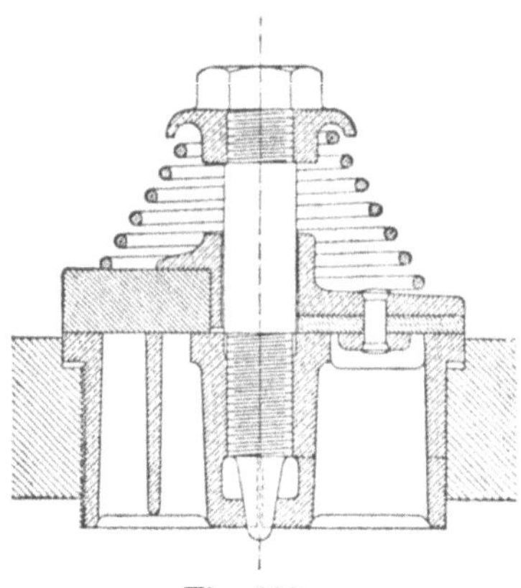

Fig. 180.

stift geführt. Rechts: Tellerventil aus Rotguß mit Lederarmierung. Die abdichtende Lederscheibe ist durch einen Ring aus Rotguß und Nietung mit dem Ventilteller verbunden. Der zylindrisch eingepaßte Sitz ist, wie auch das Auge für den Führungsstift, geschlitzt. Die hierdurch entstehenden Segmente werden durch die am unteren Ende des Führungsstiftes angebrachte kegelförmige Spitze gegen das Gehäuse gedrückt, wobei gleichzeitig der Führungsstift gegen selbsttätiges Lösen gesichert ist. Die Ventilbelastung ist durch eine kegelförmige Schraubenfeder, welche vermöge ihrer größeren Länge weicher als eine zylindrische Feder ist, erzielt.

Fig. 181 und 182 (Konstruktion von Weise & Monski, Halle a. S.). Tellerventil mit metallischen Sitzflächen, Lederdichtung und oberer Stiftführung. Der Ventilteller besteht aus mehreren dünnen, lose aufeinanderliegenden Metallplatten, welche bei geschlossenem Ventil durch die Stege des Sitzes gestützt werden. Auf diesen Metallplatten liegt lose eine Lederscheibe, deren

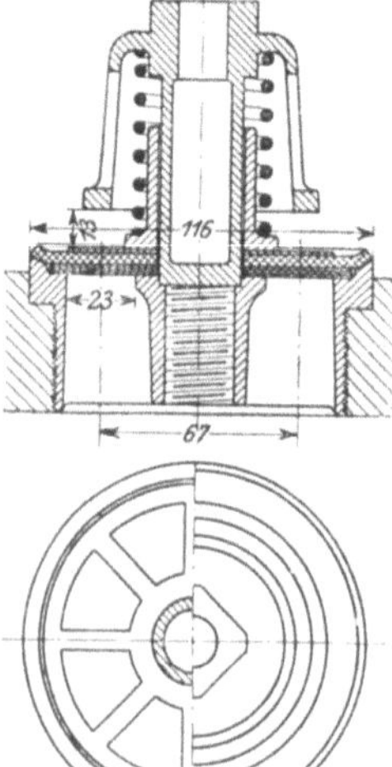

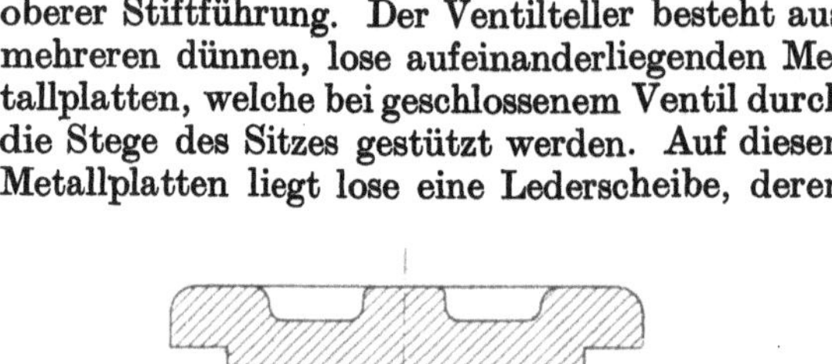

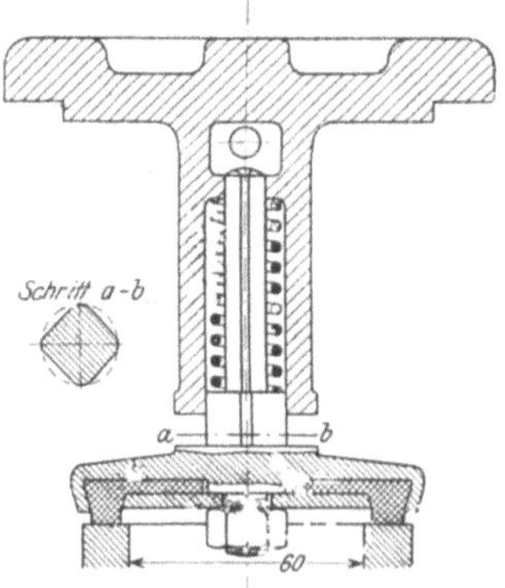

Fig. 181—182.   Fig. 183.

hervorstehender Rand sich gegen den Ventilsitz legt und die Abdichtung besorgt, während der Wasserdruck auf die Fläche des ganzen Ventils von den Metallplatten aufgenommen wird. Die notwendige Belastung wird durch eine Messingfeder erzielt, welche einerseits gegen die Fängerglocke, andrerseits gegen die Führungshülse aus Rotguß drückt. Zwischen diese

Hülse und die Lederscheibe ist noch eine Metallscheibe eingelegt, um das Anliegen der Lederscheibe an dem Ventilteller zu sichern. Der Führungsstift ist der Materialersparnis wegen in Hohlguß ausgeführt. Der Ansatz über der Fängerglocke ist als Vierkant ausgebildet, welches zum Angriff des Schlüssels beim Ein- und Ausdrehen des Führungsstifts dient.

Fig. 183. Tellerventil mit Gummidichtung und oberer Stiftführung[1]). Die Gummiplatte liegt zwischen zwei Metallscheiben, ohne von denselben gepreßt zu werden. Damit in die Führungshülse etwa eingedrungene kleine feste Körper (Schmutz, Sand u. dgl.) das Spiel des Ventiles weniger leicht beeinträchtigen, sind an den Führungsstift vier Flächen angefeilt. Das federbelastete, leicht gebaute Ventil eignet sich für große Hubzahlen bei geringer Förderhöhe.

Kegelventile.

Kegelventile bieten dem Wasser einen geringeren Durchgangswiderstand als Tellerventile, weil das Wasser bei seinem Durchgang durch die Spaltöffnung eine geringere Ablenkung erfährt. Nach Versuchen von Bach[2]) steigen Kegelventile mit ebener und mit kegelförmiger Unterfläche weniger hoch als Tellerventile, sie haben aber trotzdem größere Neigung zum Schlagen. Kegelförmige Dichtungsfläche ist daher weniger für spielende Ventile als für Absperr- und Fußventile geeignet.

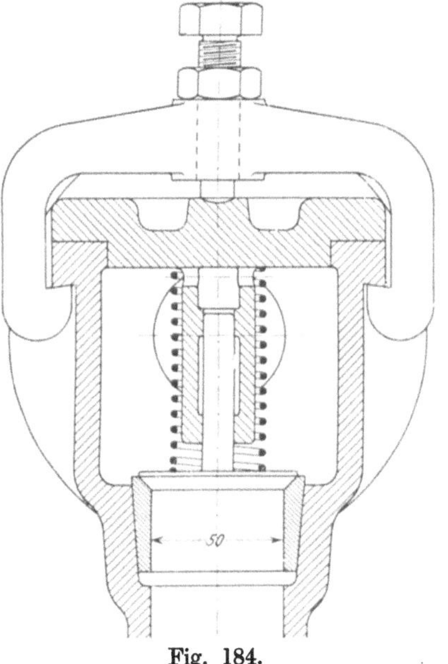

Fig. 184.

Fig. 184. Kegelventil mit metallischen Dichtungsflächen und oberer Stiftführung[3]). Ventil und Ventilsitz aus Bronze. Vermöge der Anordnung des Führungsstiftes am Ventilteller und der Hülse am Ventilkastendeckel braucht die Durchgangsöffnung des Ventilsitzes nicht durch Rippen usw. verengt zu werden. Da die Achse des Ventilkastendeckels genau mit der Achse des Sitzes zusammenfallen muß, ist die Ausführung etwas erschwert. Die Befestigung des Ventilkastendeckels ist durch eine einzige Schraube mit abnehmbarem Bügel bewirkt.

Fig. 185 und 186. Kegelventil mit metallischen Dichtungsflächen bei unterer Rippen- und oberer Stiftführung[4]). Ventilsitz und Teller

---

[1]) C. Bach, Die Maschinenelemente.
[2]) C. Bach, Zeitschr. d. Ver. deutsch. Ing. 1886, S. 421 u. f.
[3]) C. Bach, Die Maschinenelemente.
[4]) C. Bach, Die Maschinenelemente.

samt Stift aus Bronze. Die Abschrägung der Führungsrippen an ihrem unteren Ende bezweckt, eine Drehung des Ventils während seines Spiels herbeizuführen, so daß die Führungsflächen fortwährend wechseln und eine gleichmäßige Abnutzung der Führungshülse eintritt. Wie bei Fig. 184 muß die Achse des Ventilkastendeckels genau mit der Achse des Ventilsitzes zusammenfallen. Der Verschlußbügel braucht

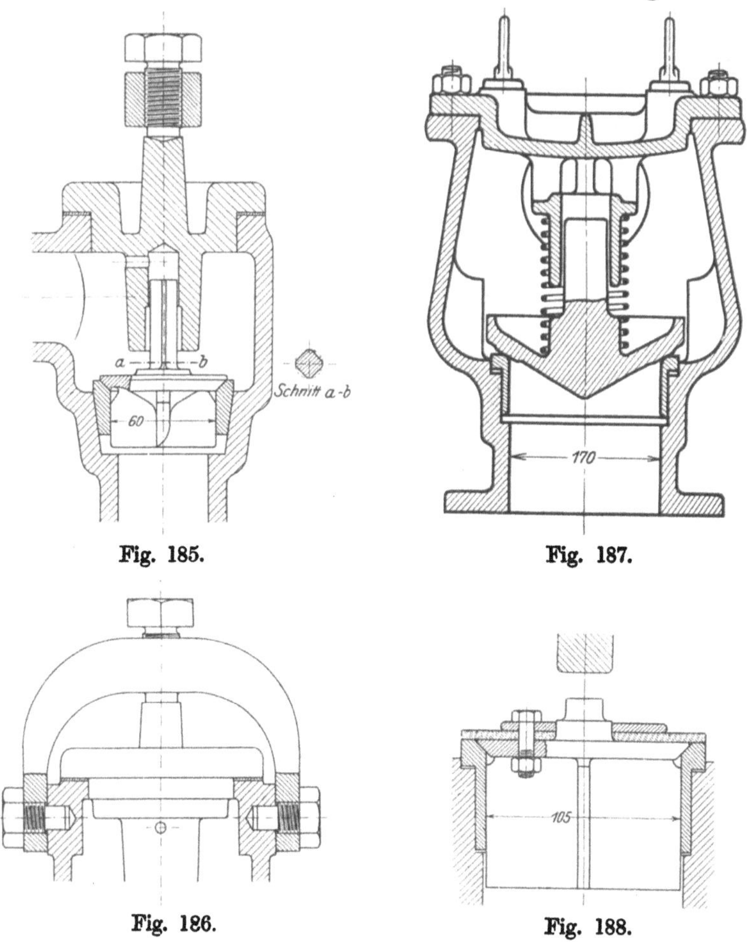

Fig. 185.

Fig. 187.

Fig. 186.

Fig. 188.

nicht wie dort abgenommen zu werden, sondern wird nach Lösen der Druckschraube einfach umgeklappt. Selbstverständlich ist diese Konstruktion nur für kleine Ventilkastendeckel geeignet.

Fig. 187. Pilzventil (Konstruktion von Weise & Monski, Halle a. S.). Kegelventil mit kegelförmiger Unterfläche bei oberer Stift- und oberer Rippenführung. Ventil und Ventilgehäuse aus Gußeisen, Ventilsitz aus Bronze. Dieser Typ findet bei der Förderung breiiger und zäher Flüssigkeiten Verwendung.

Den hiermit verbundenen großen Anforderungen an die Ventilführung ist durch die doppelte Ausführung derselben (Stift und Rippen) entsprochen. Infolge der Verlegung der Rippenführung in den Ventilkasten, also oberhalb des Ventils, ist der volle Kreisquerschnitt der Öffnung des Ventilsitzes für den Durchgang der Flüssigkeit frei. Der Verengung des ringförmigen Querschnitts zwischen Ventil und Ventilgehäuse durch die Rippen ist durch Erweiterung des Ventilkastens in seinem unteren Teile Rechnung getragen.

Fig. 188 (Konstruktion von Weise & Monski, Halle a. S.). Kegelventil mit unterer Rippenführung und Lederdichtung. Der Wasserdruck auf den Ventilteller wird durch die metallische Fläche des Ventilkegels, welche als Tragfläche dient, aufgenommen. Zur Abdichtung dient eine Lederscheibe, welche durch eine schmiedeiserne Platte und Schrauben mit dem Ventilteller verbunden ist. Die Trennung von Tragfläche und Dichtungsfläche, ein Konstruktionsgedanke, welcher von O. Fernis[1] herrührt, gestattet, Lederdichtung auch bei großer Druckhöhe anzuwenden. Sie wird in diesem Fall immer ausgeführt, wenn die Verunreinigung des Wassers durch Sand die Anwendung reiner metallischer Dichtung nicht gestattet. Der Ventilsitz ist zylindrisch in das Gehäuse eingepaßt. Ein Lockern desselben durch den Wasserdruck von unten beim Öffnen des Ventils ist ausgeschlossen, da die vom Wasser gedrückte Fläche oben entsprechend größer ist als unten.

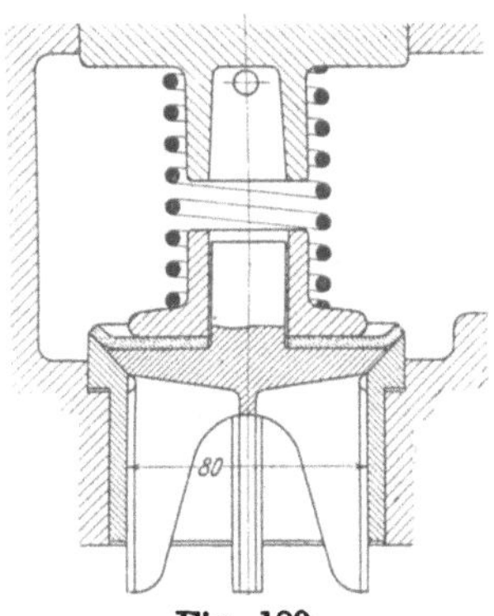

Fig. 189.

Fig. 189 (Konstruktion von Weise & Monski, Halle a. S.). Kegelventil mit unterer Rippenführung und Lederstulpdichtung. Die Konstruktion ist im wesentlichen die gleiche wie Fig. 188. Die Lederscheibe wird an ihrem Umfang durch den Ventilsitz aufgebogen, dadurch ist ihr Anliegen an der Dichtungsfläche auch für den Fall gesichert, daß kein Wasserdruck von oben wirkt (Inbetriebsetzung der Pumpe).

Kugelventile.

Kugelventile werden bei kleinerem Durchmesser als massive Kugeln aus Bronze oder Stahl, bei größerem Durchmesser als Gummikugeln mit Blei- oder Eisenkern oder als Hohlkugeln aus Bronze oder Gußeisen ausgeführt.

Kugelventile können sich nicht ecken, haben aber den Nachteil, daß sie, da sie nicht eingeschliffen werden können und die Dichtungsfläche an der Kugel beständig wechselt, nicht vollkommen dicht halten. Sie werden für kleinere Pumpen vielfach verwendet, hauptsächlich zur Förderung von dickflüssigen, breiigen und verunreinigten Stoffen (Maische, Jauche, Schlempe, Sirup, Öl, Gasteer, Ammoniakwasser u. dgl.).

----

[1] Erloschenes D.R.P. Nr. 9603.

Bei der Ausführung Fig. 190 bildet ein Bügel, der durch eine Druckschraube auf den Ventilsitz gepreßt wird und diesen dadurch zugleich festhält, die Führung und Hubbegrenzung des Ventils.

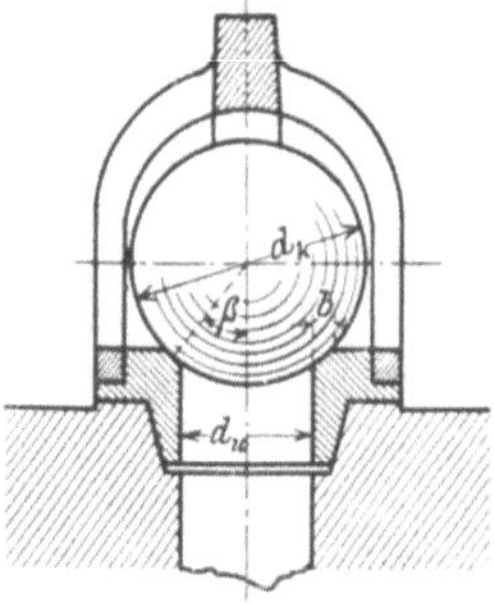

Damit ein Festklemmen der Kugel im Sitz vermieden wird, muß der auf die mittlere Sitzlinie sich beziehende Winkel β kleiner als 45° sein.

Dann ergibt sich

$$d_k \sin \beta = d_u + b;$$

für mittlere Verhältnisse kann

$$d_k = {}^3/_2\, d_u \text{ bis } {}^8/_5\, d_u$$

genommen werden.

Große Kugeln aus Metall werden hohl ausgeführt, da das Gewicht einer Kugel mit der dritten Potenz ihres Durchmessers wächst, das Ventil infolgedessen zu schwer werden würde.

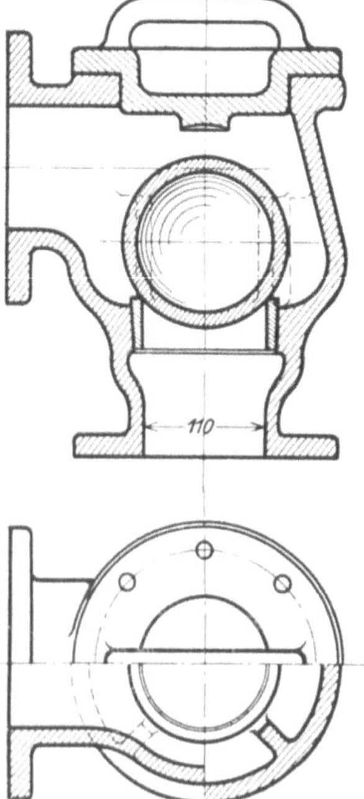

Fig. 190.

Fig. 191 und 192. Kugelventil von großen Abmessungen (Konstruktion von Weise & Monski, Halle a. S.). Ventilkasten und Kugel aus Gußeisen, Ventilsitz aus Schmiedeisen. Zur senkrechten Führung der Kugel sind vier Rippen im Ventilkasten angegossen, zur Hubbegrenzung dient ein Anguß am Ventilkastendeckel.

Ringventile.

Besteht die Ventilplatte anstatt aus einer runden Scheibe aus einem Ring, an dessen äußerem und innerem Umfang das Wasser ausströmen kann, sind also zwei Spaltöffnungen vorhanden, so ist der radiale Durchflußquerschnitt, welchen das Ventil dem Wasser bietet, bei gleichem Ventilhub und gleichem äußeren Ventildurchmesser größer als bei einem Tellerventil. Ringventile haben immer obere Führung. Auch bei ihnen ist sowohl Stift- als Rippenführung zu finden.

Ventile mit einem Ring.

Entweder ist der Führungsstift massiv und die Hülse durch Rippen mit dem Ventilring verbunden, wobei das am inneren Ventilumfang austretende Wasser zwischen Führungshülse und Ring hindurchströmt (Fig. 193—198) oder der

Fig. 191—192.

Führungsstift bildet einen Hohlzylinder (Rohr), durch dessen Innenraum dieses Wasser abgeführt wird (Fig. 199—205). Beispiele der Führung des Ventils durch Rippen geben sodann die Fig. 206 bis 210.

Fig. 193. Ringventil mit ebenen metallischen Dichtungsflächen und oberer Stiftführung. Ventilsitz, Ventil und Mutter aus Bronze. Die Hülse ist sowohl unten durch den Stift als auch oben durch die zu einem Zylinder ausgebildete Mutter geführt. Da diese zugleich die Hubbegrenzung für das Ventil bildet, kann der Druck der Belastungsfeder nicht durch Niederschrauben der Mutter, wohl aber durch Einlegen von Blechringen erhöht werden. Der kegelförmige Ventilsitz ist in das Pumpengehäuse eingetrieben.

Fig. 194 und 195. Ringventil aus Bronze für wagerecht angeordnete Führungsspindel (Konstruktion von R. Schröder). Da die Führungshülse durch das Ventilgewicht und einen Teil des Federgewichts nach abwärts gegen den Führungsstift gedrückt wird, entsteht bei der Bewegung des Ventils durch die Reibung der Führungshülse am Stift

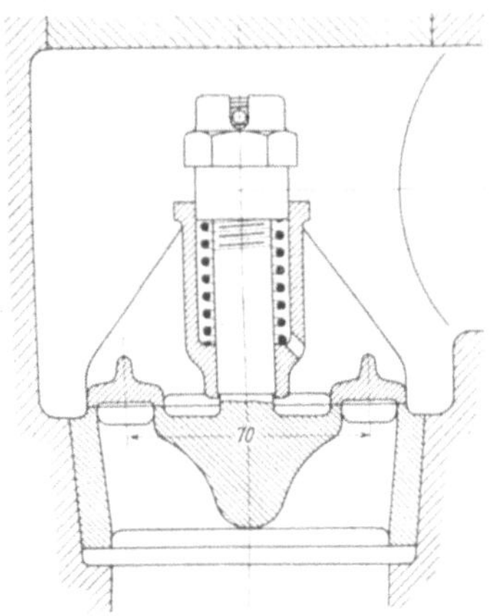

Fig. 193.

im oberen Teil der Berührungsfläche ein Widerstand, der bestrebt ist, die Ebene der Dichtungsfläche des Ventils aus ihrer senkrechten Lage zu drehen. Um die Wirkung dieses Drehmomentes möglichst gleich beim Öffnen und Schließen des Ventils zu erhalten, ist die Ventilplatte gegen die Mitte der sie tragenden Führungshülse gerückt. Die Feder aus Duranametall mit rechteckigem Querschnitt stützt sich einerseits unmittelbar gegen den Ventilring, anderseits gegen eine durchbrochene

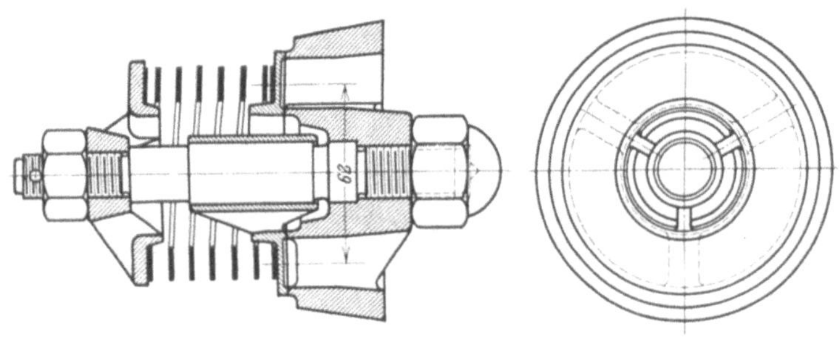

Fig. 194.   Fig. 195.

Platte, durch deren Öffnungen das am inneren Ventilumfang austretende Wasser abströmen kann. Der Ventilsitz wird mittels Eisenkitt in einer Vertiefung des Pumpengehäuses befestigt.

Fig. 196 und 197 (Konstruktion von Weise & Monski, Halle a. S.). Ringventil mit kegelförmigen Sitzflächen und Lederstulpdichtung. Die Belastungsfeder stützt sich oben gegen die Stege eines Führungszylinders und wirkt unten auf die Stege eines mit Schlitzen versehenen Ringes,

der oben an dem genannten Zylinder und unten an der Ventilspindel
geführt wird. Der mit kegelförmigen Sitzflächen versehene Ventilring
ist durch vier in die Schlitze des darüber befindlichen Ringes eingreifende
Zapfen zentriert. Zwischen diese beiden Ringe ist eine Lederscheibe
eingelegt, durch welche die Abdichtung besorgt wird, während der auf
dem Ventil lastende Wasserdruck von den metallischen Sitzflächen des
Ventilringes aufgenommen wird. Das Material der Führungsspindel ist
Stahl, dasjenige der übrigen Teile Rotguß.

Fig. 198. Ringventil mit kegelförmigen Sitzflächen und Lederstulpdichtung[1]). Ventilsitz aus Gußeisen, Ventil aus Bronze. Der Rand
der Lederscheibe wird durch den Ventilsitz beim Aufsitzen des Ventils

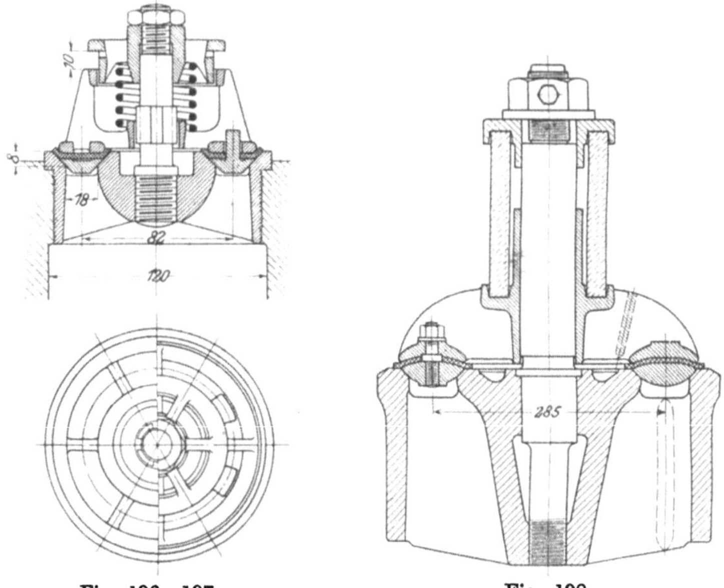

Fig. 196—197.   Fig. 198.

abgebogen, wodurch das Abdichten, selbst wenn kein Wasserdruck
auf dem Ventil lastet, gesichert ist. Als Belastungsfeder dient ein
Gummirohr.

Fig. 199 und 200 (Konstruktion der Maschinenfabrik Eßlingen).
Ringventil mit ebenen metallischen Dichtungsflächen. Ventilsitz und
Ventil aus Bronze. Die Führung des Ventils geschieht an einem durch
drei Rippen mit dem Ventilsitz verbundenen Rohr, durch welches das
am inneren Umfang des Ventilrings austretende Wasser abströmt; die
Konstruktion wird daher auch Rohrventil genannt. Der am oberen
Ende des Rohres aufgeschraubte Ring, gegen welchen sich die Belastungsfeder abstützt und welcher zugleich die Hubbegrenzung bildet, ist durch
eine zwischen die Rohrrippen hereinragende Schraube gegen selbsttätige

---

[1]) Vgl. A. Riedler, Schnellbetrieb (Wasserhaltungsmaschinen S. 75).

Drehung gesichert. Der Ventilsitz wird durch eingelegte Bolzen im Gehäuse festgehalten.

Fig. 201 und 202 (Konstruktion der **Amag-Hilpert**, Nürnberg) stellen eine einfachere Ausführung des gleichen Konstruktionsgedankens für kleine Ventile dar. Der Ventilsitz ist mittels Gummischnur im Gehäuse abgedichtet und durch eine Druckschraube festgehalten. Nach Lösen derselben kann das Ventil samt Sitz ohne Schwierigkeit aus dem Pumpengehäuse herausgenommen werden. Hubbegrenzung und hohlzylindrische Ventilführung bilden ein Gußstück, durch dessen Losschrauben das Ventil in seine einzelnen Teile zerlegt wird.

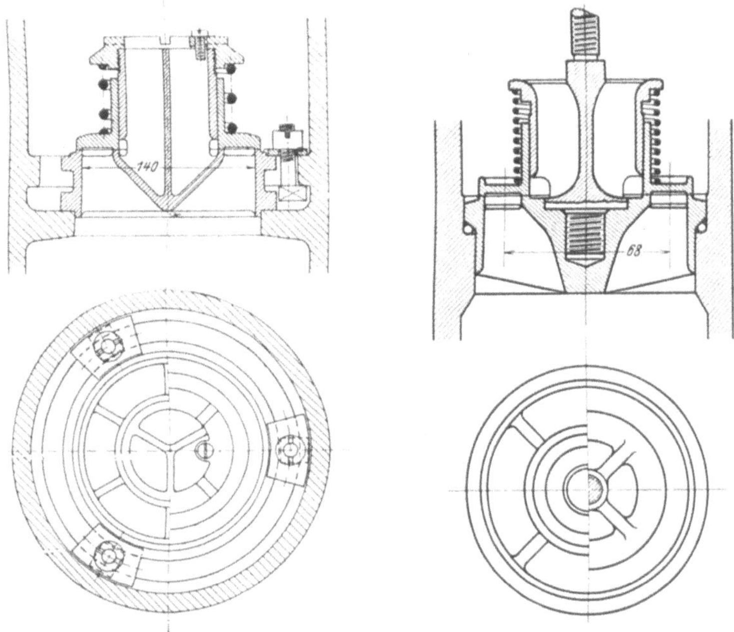

Fig. 199—200.   Fig. 201—202.

Fig. 203 und 204 (Konstruktion von **Weise & Monski**, Halle a. S.) zeigen die Befestigung von Saug- und Druckventil im Pumpengehäuse. Die Ausführung der Ventilringe mit Lederdichtung ist die gleiche wie bei dem Ventil Fig. 196 der gleichen Firma. Abweichend von diesem geschieht die Abführung des am inneren Umfang des Ventilrings ausströmenden Wassers durch eine hohlzylindrische Führung. Zur Befestigung des Druckventils im Gehäuse hat seine kegelförmige Spindel an ihrem unteren Ende ein Gewinde mit aufgeschraubter Mutter, die sich mit einem Bund gegen das Auge eines Bügels legt. Durch Anziehen derselben wird der Sitz des Ventils im Pumpengehäuse festgespannt. Die Befestigung des Saugventils erfolgt durch einen mit Sechskant versehenen Druckbolzen, der sich oben gegen die vorerwähnte Mutter abstützt und mit seinem anderen Ende in das Führungsstück des Saug-

ventils eingeschraubt ist. Durch Rückwärtsdrehen dieses Bolzens wird
der Sitz des Saugventils unter Vermittlung seiner kegelförmigen Spindel
niedergedrückt und im Gehäuse festgehalten. Eine auf den Druckbolzen
aufgeschraubte Mutter dient zur Sicherung der ganzen Verbindung.

Bei den besprochenen Rohrventilen besteht die Schwierigkeit, einen
Durchflußquerschnitt von genügender Größe für das aus dem Spalt
am inneren Umfang des Ventils kommende Wasser zu erzielen. Dieser
Übelstand ist bei dem Ventil Fig. 205 (Konstruktion der Maschinen-
bau-Aktien-Gesellschaft Balcke, Frankenthal (Pfalz)) vermieden.
Hier dient die zylindrische Schraubenfeder aus Messing mit rechteckigem
Querschnitt und gleichem mittlerem Durchmesser, wie derjenige des
Ventilrings ist, zugleich als Führungshülse des Ventils. Dementsprechend

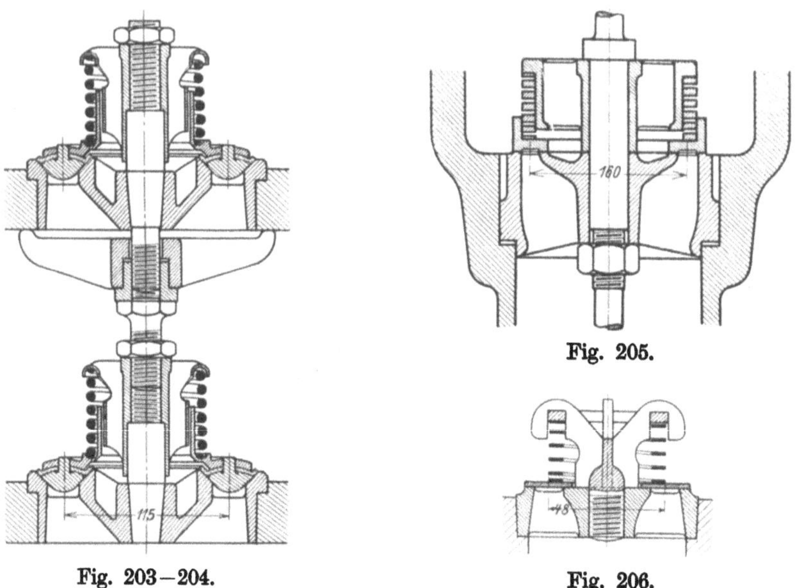

Fig. 205.

Fig. 203—204.   Fig. 206.

kann der innere Durchmesser des Hohlzylinders, durch welchen das
Wasser abströmt, größer sein.

Bei den im nachstehenden besprochenen Ringventilen mit Rippenführung stellt das in Fig. 206 abgebildete eine Konstruktion von Corliss
dar. Ventilsitz aus Bronze, Ventilringscheibe aus Phosphorbronze,
Belastungsfeder aus Kupferband, Abstützungsring für die Feder und
das Rippenkreuz aus Bronze. Die Führung der Ventilplatte ist als
mangelhaft zu bezeichnen. Auch fehlt eine Hubbegrenzung.

Wesentlich besser in dieser Hinsicht ist das Ventil Fig. 207 und 208
(Konstruktion der Worthington-Pumpen-Co.). Durch die doppelte
Führung, sowohl unten als oben, ist ein senkrechtes Aufsitzen des Ventils
auf seinen Sitz auch bei seitlicher Wasserströmung gesichert. Das
Ventil ist aus 1 mm starkem Messingblech durch Pressung hergestellt.
Um die Widerstandsfähigkeit der Ringscheibe zu erhöhen, ist ihr eine

gewölbte Form gegeben. Der Ventilhub findet seine Begrenzung, wenn die Windungen der Belastungsfeder aufeinanderzuliegen kommen.

Das Ventil Fig. 209 und 210 (Konstruktion von A. Borsig, Tegel b. Berlin) ist dem Ventil Fig. 206 ähnlich, vermeidet aber den Mangel der Führung und Hubbegrenzung. Der mittlere Ringdurchmesser ist 80 mm.

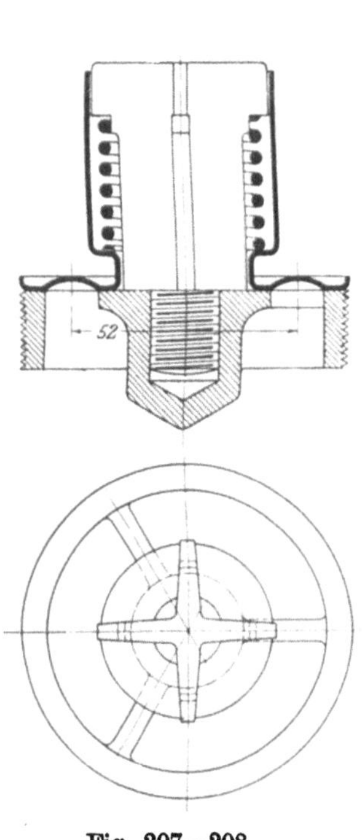

Fig. 207—208.

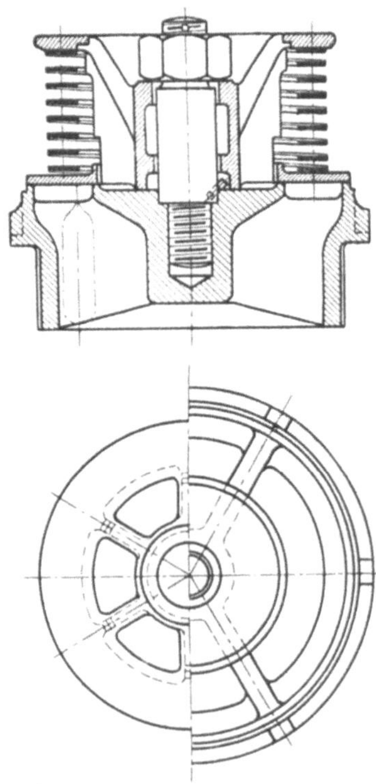

Fig. 209—210.

Ventile mit mehreren konzentrischen, durch Rippen miteinander verbundenen Ringen.

Derartige Ventile von großem Durchmesser bedürfen, um die Durchbiegung des Sitzes durch den auf seiner ganzen Fläche lastenden Wasserdruck auf ein verschwindend kleines Maß zurückzuführen, eines hohen, mit kräftigen Stegen versehenen Sitzes. Ebenso müssen die Ventilringe durch Rippen verbunden werden, welche hoch genug sind, um ein Verbiegen oder einen Bruch für den Fall, daß ein Fremdkörper zwischen die Dichtungsflächen gelangt, zu vermeiden. Aus gleichem Grund ist ein kräftiger Führungsstift und lange Führung des Ventils erforderlich.

Berechnung eines Ventilsitzes.

Es bestehe das Ventil aus drei konzentrischen Ringen mit den Durchmessern d_1, d_2 und d_3 (s. Fig. 211) und der Ventilsitz dementsprechend aus dem Kegel für die Spindel, 2 Tragringen I und II und dem äußeren Sitzring. Diese Teile seien wie in Fig. 217 durch 6 radiale Stege miteinander verbunden, die als 3 durchlaufende Träger aufgefaßt werden können. Bei der Frage, ob diese Träger als frei aufliegende oder als beiderseits eingespannte Balken zu rechnen sind, wird man sich für das letztere entscheiden, denn die Annahme des Freiaufliegens ist gleichbedeutend mit der Annahme, daß der äußere Sitzring (und ebenso die Tragringe) sich nach Fig. 212 deformiert, was bei den Abmessungen, welche man diesem Ring zu geben pflegt, nur in sehr geringem Maße zutreffen wird.

Man hat es also mit einem an seinen beiden Enden eingespannten Balken zu tun, dessen Biegungslinie beim Anschluß an den äußeren Sitzring horizontale Tangenten hat. In der Mitte dieses Balkens wird, soweit sich der Kegel erstreckt, keine Durchbiegung stattfinden. Dieser bildet ein starres Zwischenstück, an das sich die Biegungslinie zu beiden Seiten ebenfalls horizontal anschließt (s. Fig. 213). Die Länge dieses Zwischenstücks kommt für die in Rechnung zu ziehende freitragende Balkenlänge nicht in Betracht. Die auf den Kegel kommende Belastung ist vielmehr als eine in der Balkenmitte wirkende konzentrierte Kraft aufzufassen. Dabei ist die ganze Länge des Balkens $2\,l$ (s. Fig. 213). Auf die Grundfläche des Kegels wirkt der Wasserdruck unmittelbar, außerdem stützt sich auf sie der Ventilring vom Durchmesser d_1, der ebenfalls unter dem Wasserdruck steht, mit seiner inneren Dichtungsfläche. Die gesamte Belastung, welche auf den Kegel kommt, kann demnach gleich dem Wasserdruck gesetzt werden, der auf die Kreisfläche vom Durchmesser d_1 cm (s. Fig. 211) wirkt. Hiervon ist ein Drittel für jeden der drei Träger in Rechnung zu nehmen, so daß also der eingespannte Balken von der Länge $2\,l$ cm in seiner Mitte durch eine konzentrierte Kraft von der Größe $Q = \dfrac{1}{3}\dfrac{\pi}{4}\,d_1^2 p$ kg belastet ist, wo $p = \dfrac{H_d + H_s}{10}$ die Belastung des Ventilsitzes durch den Wasserdruck in kg/qcm bedeutet.

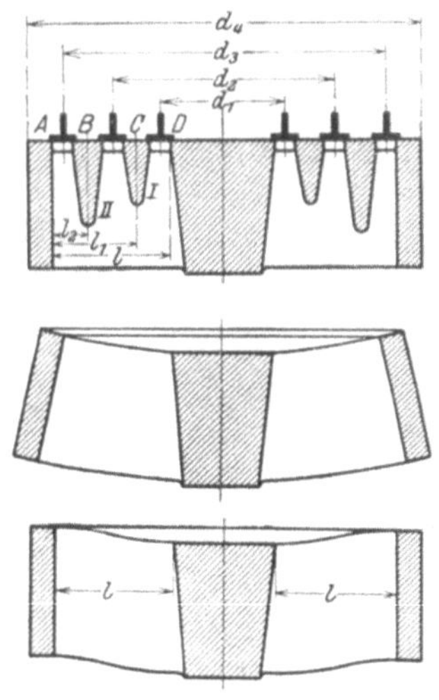

Fig. 211—213.

Der innere Tragring I des Ventilsitzes hat sodann den Druck des Wassers auf die durch die Durchmesser d_1 und d_2 begrenzte Ringfläche von der Größe $\dfrac{\pi}{4}\,(d_2^2 - d_1^2)$ qcm aufzunehmen. Da der ganze Ring durch die 6 radialen Stege gestützt ist, so kommt auf jeden Stützpunkt eine Kraft $Q_1 = \dfrac{1}{6}\dfrac{\pi}{4}\,(d_2^2 - d_1^2)p$ kg. Demgemäß ist der eingespannte Balken rechts und links von der Mitte durch eine konzentrierte Kraft Q_1 (s. Fig. 214) belastet.

In gleicher Weise ergibt sich durch die Belastung des äußeren Tragrings II eine zu beiden Seiten der Balkenmitte wirkende Kraft $Q_2 = \dfrac{1}{6}\dfrac{\pi}{4}(d_3{}^2 - d_2{}^2)\,p$ kg. Schließlich kommt noch der Wasserdruck $\dfrac{\pi}{4}(d_4{}^2 - d_3{}^2)\,p$ kg auf den äußeren Ring des Ventilsitzes. Diese Kraft vermehrt den Auflagedruck des Balkens zu beiden Seiten um $Q_3 = \dfrac{1}{6}\dfrac{\pi}{4}(d_4{}^2 - d_3{}^2)\,p$ kg, ohne die Biegungsanstrengung des Balkenmaterials zu erhöhen.

Für das Ventil einer Pumpe mit 100 m Förderhöhe, also $p = 10$ kg/qcm und den Abmessungen

$$
\begin{array}{ll}
d_1 = 11{,}2 \text{ cm} & l = 10{,}6 \text{ cm} \\
d_2 = 20{,}0 \ \text{,,} & l_1 = \ 7{,}5 \ \text{,,} \\
d_3 = 28{,}8 \ \text{,,} & l_2 = \ 3{,}1 \ \text{,,} \\
d_4 = 35{,}2 \ \text{,,} &
\end{array}
$$

ergibt sich

$$
Q = \frac{1}{3}\frac{\pi}{4}\,11{,}2^2 \cdot 10 = 328 \text{ kg}
$$

$$
Q_1 = \frac{1}{6}\frac{\pi}{4}\,(20^2 - 11{,}2^2)\,10 = 359 \text{ kg}
$$

$$
Q_2 = \frac{1}{6}\frac{\pi}{4}\,(28{,}8^2 - 20^2)\,10 = 562 \text{ kg}
$$

$$
Q_3 = \frac{1}{6}\frac{\pi}{4}\,(35{,}2^2 - 28{,}8^2)\,10 = 536 \text{ kg}
$$

Hieraus folgt der Auflagedruck aus der Summe der vertikalen Kräfte zu

$$
2P = Q + 2Q_1 + 2Q_2 + 2Q_3 = 3242 \text{ kg}
$$
$$
P = 1621 \text{ kg.}
$$

Es werde nun zunächst die Biegungsmomentenlinie bestimmt für den Fall, daß der Balken nicht eingespannt ist, sondern frei aufliegt.

Dann ist das Biegungsmoment für einen beliebigen Querschnitt im Abstand x vom Stützpunkt

auf der Balkenstrecke AB (siehe Fig. 214):

$$
M = (P - Q_3)\,x = (1621 - 536)\,x = 1085\,x \text{ kgcm,}
$$

also das Biegungsmoment

im Punkt A mit $x = 0$
$$
M_A = 0,
$$
im Punkt B mit $x = l_2 = 3{,}1$
$$
M_B = 1085 \cdot 3{,}1 = 3363 \text{ kgcm,}
$$

auf der Balkenstrecke BC:

$$
M = (P - Q_3)\,x - Q_2(x - l_2) = 1085\,x - 562\,(x - 3{,}1) \text{ kgcm,}
$$
also im Punkt C mit $x = l_1 = 7{,}5$
$$
M_C = 1085 \cdot 7{,}5 - 562\,(7{,}5 - 3{,}1) = 5665 \text{ kgcm,}
$$

auf der Balkenstrecke CD:

$$M = (P - Q_3)\,x - Q_2\,(x - l_2) - Q_1\,(x - l_1)$$
$$= (1085)\,x - 562\,(x - 3,1) - 359\,(x - 7,5),$$

also im Punkt D mit $x = l = 10,6$

$$M_D = 1085 \cdot 10,6 - 562\,(10,6 - 3,1) - 359\,(10,6 - 7,5) = 6172 \ \text{kgcm}.$$

Durch Auftragen dieser Werte ergibt sich die Biegungsmomentenlinie und die Biegungsmomentenfläche des Balkens für die Annahme, daß er frei aufliegend ist (siehe Fig. 215).

Nun ist nach einem Satz der Technischen Mechanik[1]) das Einspannungsmoment eines an beiden Enden eingespannten symmetrisch be-

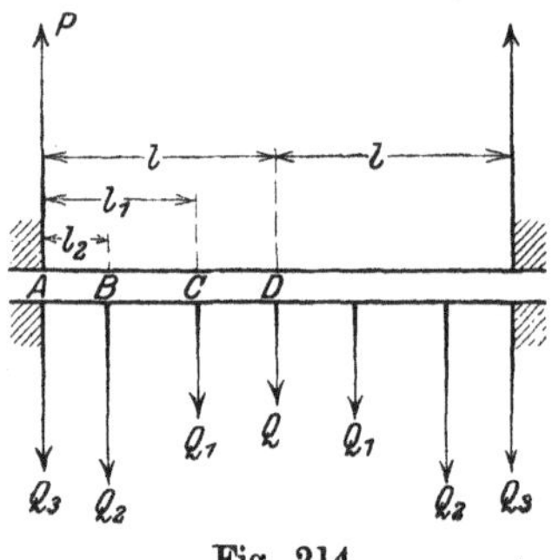

Fig. 214.

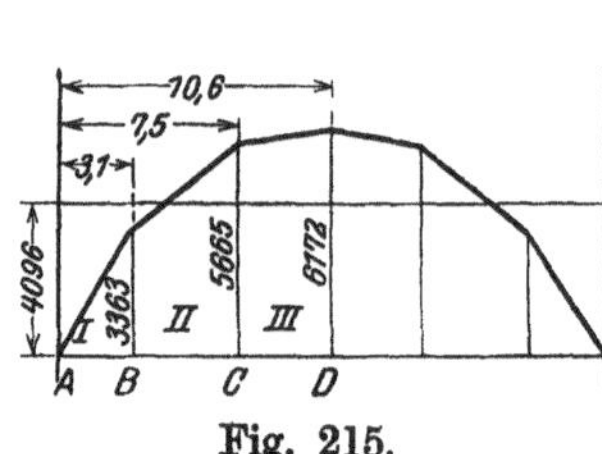

Fig. 215.

lasteten prismatischen Balkens gleich der mittleren Höhe der Biegungsmomentenfläche des frei aufliegenden Balkens. Somit ergibt sich bei dem vorliegenden Zahlenbeispiel (s. Fig. 215) das Einspannungsmoment

$$M_e = \frac{\text{Fläche (I + II + III)}}{10,6}$$

$$= \frac{\dfrac{3363 \cdot 3,1}{2} + \dfrac{5665 + 3363}{2}\,(7,5 - 3,1) + \dfrac{6172 + 5665}{2}\,(10,6 - 7,5)}{10,6}$$

$$= 4096 \ \text{kgcm}.$$

Die Biegungsmomente des eingespannten Balkens in den Punkten A, B, C und D sind dann

$$M'_A = -4096$$
$$M'_B = -4096 + 3363 = -\ 733$$
$$M'_C = -4096 + 5665 = +1569$$
$$M'_D = -4096 + 6172 = +2079$$

Das Biegungsmoment an der Einspannungsstelle (im Punkt A) ist also größer als dasjenige in der Mitte (im Punkt D).

Bezeichnet b die Breite, h die Höhe des rechteckigen Stegquerschnitts und k_b die zulässige Biegungsanstrengung des Materials, so gilt

---

[1]) **Perry**, Höhere Analysis für Ingenieure, II. Aufl. S. 118.

$$M'_A = \frac{1}{6}\, k_b\, b\, h^2.$$

Da der Übergang der Saug- in die Druckspannung des Pumpenraums immer plötzlich vor sich geht, das Material also fortgesetzten Stoßwirkungen unterworfen ist, so muß die zulässige Biegungsanstrengung k_b niedrig gewählt werden. Dies ist auch dadurch geboten, daß mit Rücksicht auf das Abdichten des Ventils die Durchbiegung des Sitzes nur eine sehr geringe sein darf.

Mit $k_b = 100$ kg/qcm (für Rotguß) und $b = 2{,}0$ cm ergibt sich mit vorstehender Gleichung die Steghöhe h aus

$$4096 = \frac{1}{6}\cdot 100 \cdot 2 \cdot h^2$$

$$h \sim 11 \text{ cm}.$$

Mit dieser Höhe ist der Steg, der in der Rechnung als prismatischer Balken angenommen ist, auf seiner ganzen Länge auszuführen. Eine Vergrößerung der Steghöhe gegen die Mitte des Ventils, wie sie in den meisten Ausführungen zu finden ist, entspricht nicht der Art der Belastung.

Die Tragringe, welche die Stege unter sich verbinden, erhöhen die Widerstandsfähigkeit der letzteren gegen Biegung, insofern sie die Deformation derselben hindern. Sie stellen zwischen den Stegen eingespannte Balken von geringer Länge dar, deren Stützweite um so kleiner, je kleiner der Ringdurchmesser ist. Ihre Höhe, die in der Regel weit größer gewählt wird, als die Rücksicht auf Biegungsbeanspruchung verlangen würde, läßt man logischerweise von Ring zu Ring gegen die Mitte des Ventils abnehmen, wie z. B. Fig. 216 und 218 zeigen.

Fig. 216 und 217 (Konstruktion der Maschinenfabrik Eßlingen). Ventil mit vier Ringen, ebenen Sitzflächen und oberer Stiftführung. Ventilsitz und Ventil aus Bronze. Der Ventilsitz ist durch eingelegte Schraubenbolzen im Gehäuse festgehalten. Die Regulierung der Federspannung geschieht durch Einlegen eines Ringes von entsprechender Dicke, gegen welchen sich die Feder mit ihrem oberen Ende abstützt.

Fig. 218 (Konstruktion von A. Borsig, Berlin). Ringventil mit drei konzentrischen Ringen, ebenen Dichtungsflächen und oberer Stiftführung. Auf den Ventilsitz aus Gußeisen sind Dichtungsleisten aus Bronze aufgeschraubt, das Ventil ist aus Bronze. Der Sitz des Druckventils (rechte Seite der Figur) ist unten erweitert, so daß der Saugventilsitz durch die Öffnung des Druckventilgehäuses eingebracht werden kann. Die Sitze werden durch Druckschrauben im Gehäuse festgehalten.

Fig. 219—221 (Konstruktion der Maschinenfabrik Eßlingen). Gesteuertes Ringventil mit zwei konzentrischen Ringen, ebenen Dichtungsflächen und oberer Stiftführung. Der Ventilsitz ist durch Keile im Gehäuse befestigt. Das Ventil ist mit einer Einrichtung behufs Steuerung seiner Schlußbewegung versehen. Über das obere Ende der langen Führungshülse des Ventils ist ein Ring geschraubt, gegen welchen sich die obere Stützplatte einer Gummirohrfeder legt und durch dessen

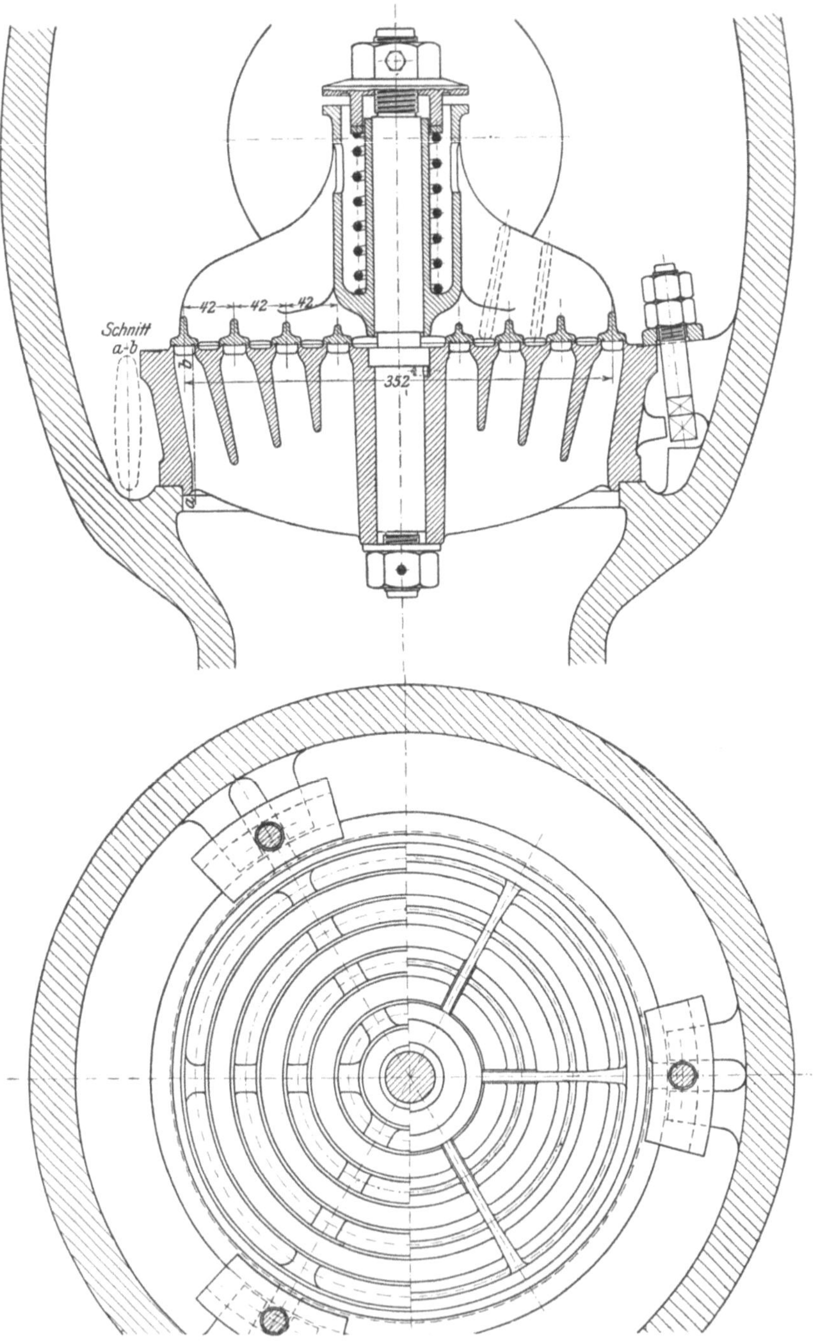

Fig. 216—217.

Niederschrauben diese Feder gespannt werden kann. Die Feder hat
nicht die Rolle einer Belastungsfeder, sondern sie bildet nur ein elastisches
Zwischenglied, das notwendig ist, um ein Verbiegen oder einen Bruch
im Steuermechanismus beim Niederdrücken des Ventils gegen seinen
Sitz zu vermeiden für den Fall, daß die Steuerung nicht richtig eingestellt oder ein Fremdkörper zwischen die Dichtungsflächen gelangt
ist. Der zwangläufige Schluß des Ventils erfolgt durch einen niedergehenden Daumen, welcher auf die obere Stirnfläche einer Haube drückt.
Die Bewegung dieses Daumens wird durch die Haube und die Gummirohrfeder auf das Ventil übertragen. (Vgl. Fig. 128, S. 190).

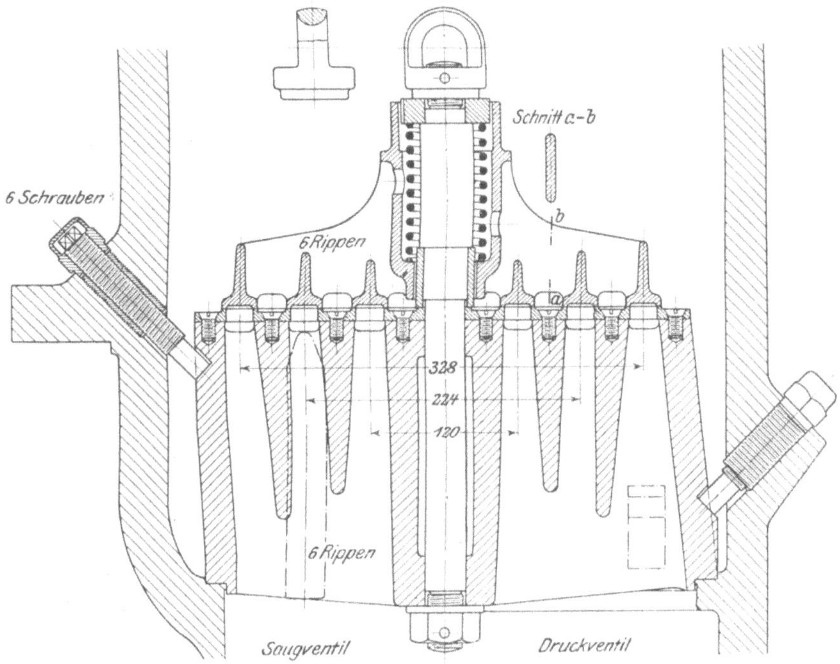

Fig. 218.

Fig. 222 (Konstruktion von Klein, Schanzlin und Becker,
Frankenthal). Die Anordnung ist als die Vereinigung eines Tellerventils
mit einem Ringventil anzusehen. Ventilsitz und Ventil sind aus Bronze.
Bemerkenswert ist die Befestigung des Ventils durch einen Bügel, welche
ein bequemes und rasches Ein- und Ausbauen des Ventils gestattet.
(Vgl. auch Fig. 327.)

Fig. 223—226 (Bauart Hörbiger, Konstruktion von Gebr. Meer,
M.-Gladbach.) Ringventil mit drei konzentrischen, durch Rippen verbundenen Ringen, ebenen Dichtungsflächen und Lenkerführung.
Das Ventil ist durch drei federnde Lenker aus Metallblech (Fig. 225),
welche einerseits am Ventil, andrerseits am feststehenden Fänger be-

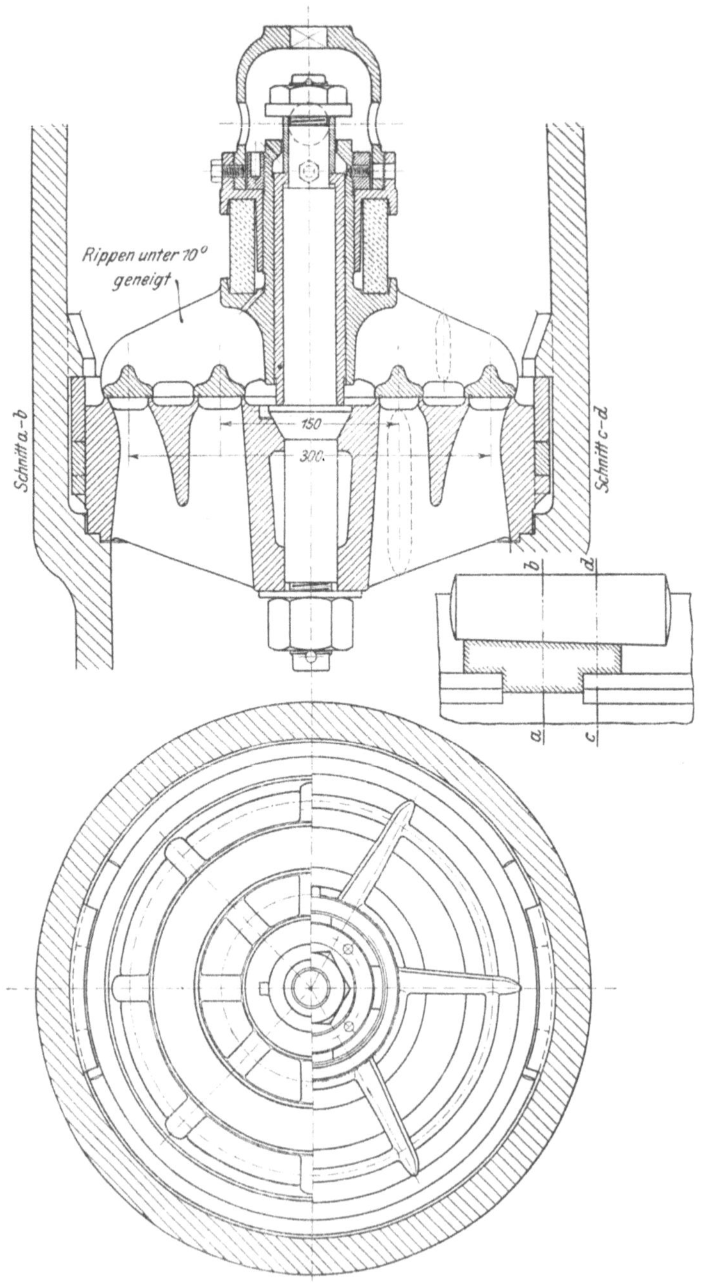

Fig. 219—221.

festigt sind, vollkommen reibungsfrei geführt, ein Hängenbleiben desselben durch Ecken oder Klemmen ist hierdurch ausgeschlossen. Die
notwendige Ventilbelastung ist durch drei zwischen Fänger und Ventilring eingelegte zylindrische Schraubenfedern aus Messingdraht erzielt.
Zum Ein- und Ausbauen des Ventils und Fängers wird die Ventilspindel
heruntergelassen, hierbei wird ein Herausfallen der Spindel durch einen
kleinen durch sie gesteckten Keil verhindert. Der Ventilsitz wird durch
einen Bügel in seinem Gehäuse festgehalten. Material des Ventilsitzes

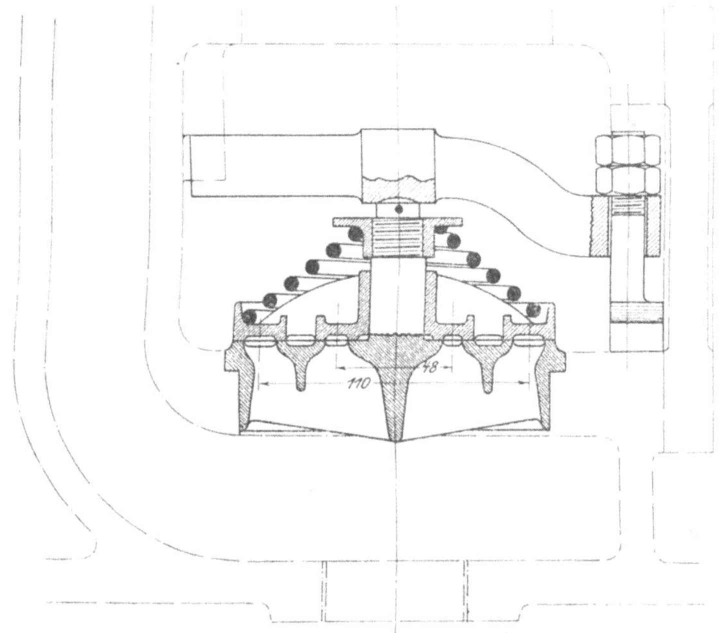

Fig. 222.

und Ventils Rotguß, des Fängers Gußeisen, der Spindel Stahl, des Bügels
Eisen.

Fig. 227 (Konstruktion von A. Borsig, Berlin). Ringventil mit
drei konzentrischen Ringen, schwach geneigten kegelförmigen Dichtungsflächen und oberer Stiftführung. Auf den Ventilsitz aus Gußeisen ist
eine Sitzplatte aus Rotguß aufgeschraubt. Die Ventilringe aus Hartgummi sind durch eine Gummirohrfeder belastet, welche durch eine
Messingscheibe in zwei Hälften geteilt ist, damit die Feder auf Druck und
nicht auf Knickung beansprucht ist. Das Material der Führungshülse
samt angegossenen Rippen und Ringen ist Phosphorbronze, dasjenige
der oberen Federstützplatte Gußeisen, der Führungsspindel Flußeisen,
der zugehörigen Mutter Rotguß. Die Abdichtung des Ventilsitzes ist
durch Gummischnur bewirkt.

Fig. 228 (Konstruktion von Klein, Schanzlin und Becker,
Frankenthal). Ringventil mit drei konzentrischen Ringen, kegelförmigen

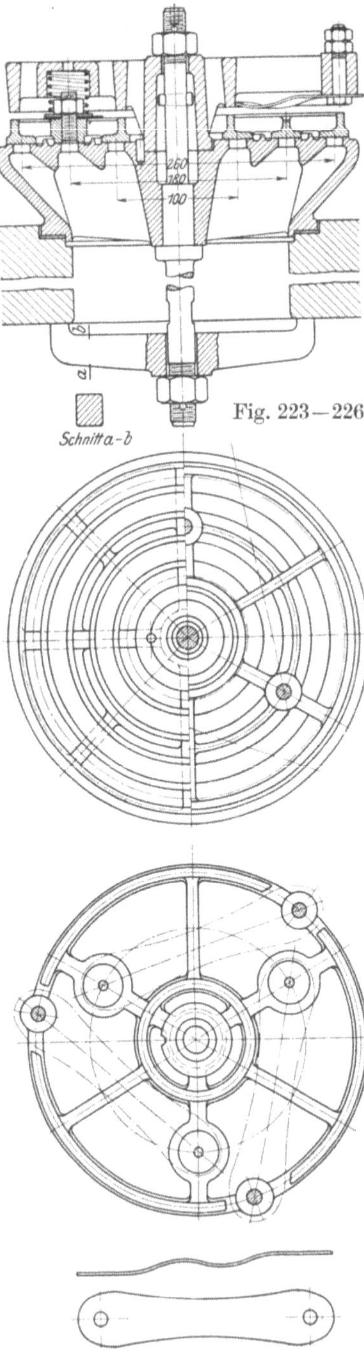

Fig. 223—226.

Schnitt a-b

metallischen Sitzflächen, Lederstulpdichtung und oberer Stiftführung. Material des Sitzes Gußeisen, der übrigen wesentlichen Teile Rotguß.

Fig. 229 und 230 (Konstruktion von Klein, Schanzlin und Becker, Frankenthal). Saug- und Druckventil mit vier konzentrischen Ringen, kegelförmigen Dichtungsflächen und oberer Stiftführung. Die beiden Ventile aus Rotguß sind gleicher Konstruktion und Größe, ein Unterschied besteht nur in der Gestalt ihres Sitzes, insofern der Druckventilsitz unten erweitert ist, um durch die Öffnung seines Gehäuses den Sitz des Saugventils einbringen zu können. Die Befestigung der Sitze ist durch eingelegte Bolzen, welche durch Lederscheiben abgedichtet sind, bewerkstelligt. Da es kaum möglich ist, die acht Kegelflächen des Sitzes und die entsprechenden acht Flächen eines Ventils, dessen Ringe fest miteinander verbunden sind, so abzudrehen, daß alle Ringe dicht schließen, so sind die vier Ringe gesondert ausgeführt; sie erhalten aber ihren Belastungsdruck durch eine gemeinschaftliche Gummirohrfeder unter Vermittlung eines Rippenkreuzes mit angegossenen Ringen. Die Mutter der Ventilspindel ist für den Angriff des Schlüssels mit Flügeln versehen, welche gleichzeitig zum Aufhängen des Ventils beim Ein- und Ausbauen dienen können.

Gruppenventile.

Allgemeines.

Die Anordnung einer Anzahl kleiner Ventile an Stelle von einem einzigen großen Ventil ist alt und war seinerzeit hauptsächlich bei Wasserhaltungsmaschinen mit großer Fördermenge gebräuchlich. In neuerer Zeit ist man ebenfalls wieder dazu übergegangen, die großen teuren

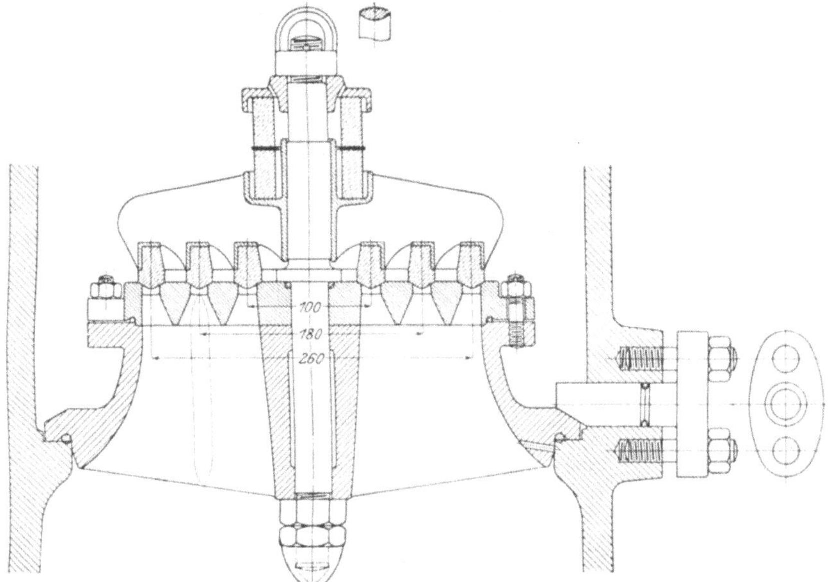

Fig. 227.

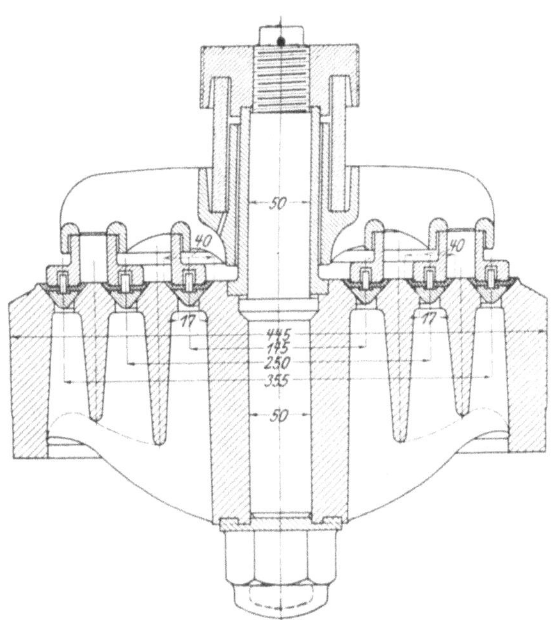

Fig. 228.

und schwierig auszuführenden Ventile mit mehreren konzentrischen
Ringen durch viele kleine Ventile zu ersetzen, jedoch mit keinem un-
bestrittenen Erfolg. Unruhiges Arbeiten der Ventile und selbst Ventil-
brüche sind eine häufige Erscheinung. Ersteres ist ohne weiteres verständlich, denn wenn auch die sämtlichen zusammenarbeitenden Ventile
einer Gruppe von genau gleicher Ausführung sind, so wird sich doch
eine Verschiedenheit in ihrer Wirkungsweise in den meisten Fällen nicht
vermeiden lassen, da es gewöhnlich nicht zu erreichen ist, daß sämtliche
Ventile unter den gleichen Strömungsverhältnissen arbeiten. Infolge-

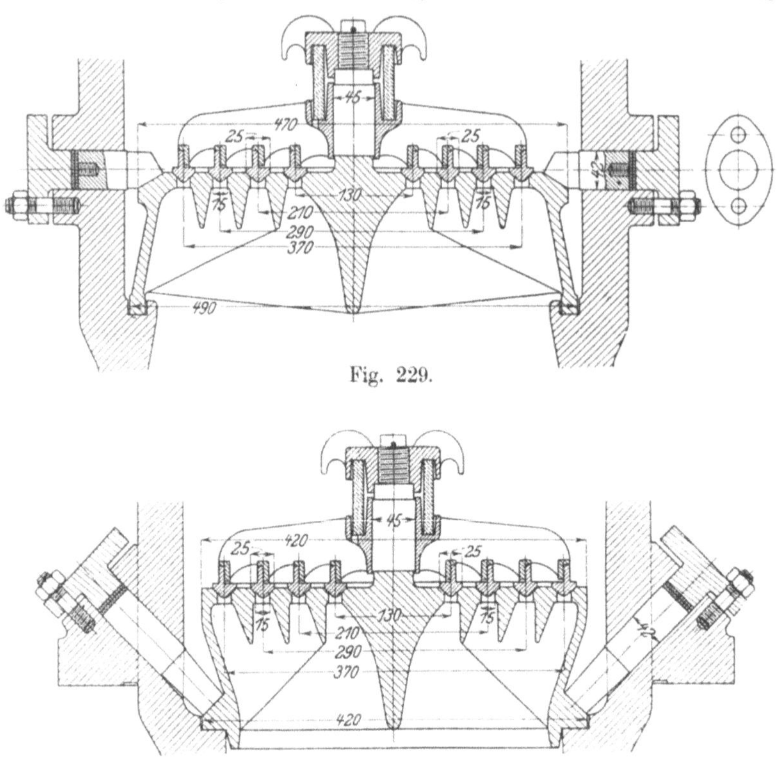

Fig. 229.

Fig. 230.

dessen werden die gleichen Belastungsfedern verschieden wirken und
außerdem sich mit der Zeit verschieden verändern, wobei das Übel
immer größer wird. Insbesondere wird sich dies bei den Saugventilen
bemerklich machen, wo die Ventilbelastung einen verhältnismäßig
größeren Teil des Öffnungswiderstandes ausmacht als bei den Druckventilen.

Die Erscheinung, daß selbst Ventile, deren Spindeln beim normalen
Zusammenarbeiten sämtlicher Ventile ganz wenig beansprucht sind,
in die Brüche gehen, läßt sich in folgender Weise erklären: Ist eines oder
sind mehrere der Ventile einer Gruppe in hohem Maße undicht, was

z. B. bei Förderung verunreinigten Wassers oder durch Abnutzung der Ventile der Fall sein kann, so werden sich diese Ventile leichter öffnen als die übrigen dichtschließenden, da der Wasserdruck von unten beim Abheben des Ventils von seinem Sitz auch auf die Dichtungsfläche des Ventils wirkt. Öffnen sich nur wenige Ventile, so wird die ganze Kolbenverdrängung mit großer Geschwindigkeit durch die wenigen Öffnungen getrieben. Die Ventile werden sich gleich nach dem Öffnen an ihre Hubbegrenzung legen. Mit der Zunahme der Kolbengeschwindigkeit wächst der Druck im Pumpenraum entsprechend der Zunahme des Durchgangswiderstandes der offenen Ventile. Wird diese Drucksteigerung so groß wie der Öffnungswiderstand der geschlossen gebliebenen Ventile, bevor der Kolben die Hubmitte erreicht, so treten auch diese Ventile nachträglich noch in Tätigkeit, andernfalls bleiben sie geschlossen. Der Überdruck im Pumpenraum, unter dem das Wasser durch die Ventile strömt, kann also bis zur Höhe des Öffnungswiderstandes der geschlossen gebliebenen Ventile anwachsen. Ist die Ventilkonstruktion zu schwach, um der Kraft des unter diesem Überdruck austretenden Wasserstrahls standzuhalten, so geht das Ventil in Trümmer.

Zur Begründung dieser Auffassung möge das folgende Zahlenbeispiel dienen:

Eine Pumpe habe auf jedem Ventilsitz eine Anzahl Tellerventile von 60 mm Durchmesser und einer Breite der Dichtungsfläche von 5 mm (vergleiche Fig. 114, S. 171). Die Hubbegrenzung gestatte einen Ventilhub von 12,5 mm. Bei diesem Ventilhub berechnet sich die Kraft P, welche der Wasserstrahl auf den Ventilteller ausübt, nach Gleichung 327 zu

$$P = 0{,}51\,c_1{}^2, \qquad \dots \dots \dots \dots \dots \quad (327)$$

wenn c_1 die Geschwindigkeit ist, mit welcher das Wasser die Öffnung des Ventilsitzes durchströmt.

Andrerseits ergibt sich für ein solches Ventil der Durchgangswiderstand h_v nach Gleichung 322 zu

$$h_v = 0{,}15\,c_1{}^2 \qquad \dots \dots \dots \dots \dots \quad (322)$$

Schließlich ist der Öffnungswiderstand $h_{(dv)_0}$, wenn das Ventil als Druckventil arbeitet und deshalb der Einfluß der Ventilbelastung und der Ventilmasse beim Öffnungswiderstand eine verhältnismäßig geringe Rolle spielt, also vernachlässigt werden kann, nach Gleichung 337 bestimmt durch

$$h_{(dv)_0} = h_0 \frac{f_0 - f_u}{f_u} = 0{,}44\,h_0 \qquad \dots \dots \dots \quad (337)$$

Die Pumpe habe 12 Ventile, ihre Druckhöhe sei $h_0 = 275$ m, und die größte Durchflußgeschwindigkeit durch den Ventilsitz betrage, wenn alle 12 Ventile arbeiten, $c_1 = 2{,}1$ m, woraus $c_1{}^2 = 4{,}43$. Dann ist bei dieser Geschwindigkeit

der Strahldruck $P = 0{,}51 \cdot 4{,}43 = 2{,}26$ kg nach Gleichung (327),

der Durchgangswiderstand $h_v = 0{,}15 \cdot 4{,}43 = 0{,}664$ mW nach Gleichung (322),

der Öffnungswiderstand $h_{(dv)_0} = 0{,}44 \cdot 275 = 121$ mW nach Gleichung (337).

Öffnet sich nur eines der 12 Ventile, so ist die Durchflußgeschwindigkeit c_1 12 mal, der Wert c_1^2 aber 144 mal so groß, als wenn alle Ventile arbeiten. Man erhält jetzt

$$P = 2{,}26 \cdot 144 = 325 \text{ kg}$$
$$h_v = 0{,}664 \cdot 144 = 95{,}6 \text{ mW}$$
$$h_{(dv)_0} = 121 \text{ mW}$$

Die Drucksteigerung im Pumpenzylinder beträgt also 95,6 mW, während zur Öffnung der Ventile ein Überdruck von $h_{(dv)_0} = 121$ mW nötig ist. Es arbeitet demnach nur 1 Ventil, die übrigen 11 bleiben geschlossen. Soll kein Ventilbruch entstehen, so muß die Ventilkonstruktion einen Strahldruck von 325 kg aushalten können.

Es werde nun die Umgangszahl der Pumpe vermehrt, so daß die Drucksteigerung h_v im Pumpenzylinder die Höhe des Öffnungswiderstandes $h_{(dv)_0} = 121$ m der geschlossen gebliebenen Ventile erreicht. Mit $h_v = 121$ m ergibt sich dann die entsprechende Geschwindigkeit c_1 im Ventilsitz nach Gleichung (322) aus

$$121 = 0{,}15 c_1^2$$
$$c_1^2 = 807$$
$$c_1 = 28{,}4 \text{ m.}$$

Dann ist der Strahldruck, dem das Ventil ausgesetzt ist, bis die anderen Ventile sich öffnen,

$$P = 0{,}51 \cdot 807 = 411 \text{ kg.}$$

Setzt man allgemein für

den Strahldruck $P = \varkappa_x c_1^2$

den Durchgangswiderstand $h_v = \zeta_x c_1^2$,

wobei die Koeffizienten $\varkappa_x$ und ζ_x von der Ventilkonstruktion abhängen, so ergibt sich aus diesen beiden Gleichungen für den Strahldruck allgemein

$$P = \frac{\varkappa_x}{\zeta_x} h_v.$$

Soll die Ventilkonstruktion der Möglichkeit Rechnung tragen, daß anfänglich nur ein Ventil oder nur ein kleiner Teil der Ventilzahl in der Gruppe sich öffnet und infolgedessen der Durchgangswiderstand h_v bis zur Höhe des Öffnungswiderstandes $h_{(dv)_0}$ anwächst, so muß das Ventil einen Strahldruck von der Größe

$$P = \frac{\varkappa_x}{\zeta_x} h_{(dv)_0}$$

aushalten können. Es muß also um so kräftiger gebaut sein, je größer der Öffnungswiderstand, mit anderen Worten, je größer die Druckhöhe der Pumpe und je größer die Dichtungsfläche der Ventile im Verhältnis zur vom Wasser berührten Unterfläche des Ventils ist [s. Gleichung (337)].

Die Wahrscheinlichkeit, daß ein Ventil diesem größten Strahldruck ausgesetzt wird, ist um so größer, je mehr Ventile in der Gruppe sind.

Aus der ganzen Betrachtung geht hervor, daß **Gruppenventile unter weit ungünstigeren Bedingungen arbeiten als Einzelventile.**

Mehrere Ventile gleicher Konstruktion in einer Ebene.

Beispiele hierfür finden sich bei den später beschriebenen Pumpen, z. B. Fig. 316, 320, 369, Tafel V, IX, XII, XIII.

Mehrere konzentrische, voneinander unabhängig spielende Ringe in einer Ebene.

Diese Anordnung ist als ein Gruppenventil aufzufassen, bei dem Ventile verschiedener Größe zusammenzuarbeiten haben. Die den Gruppenventilen eigentümlichen, im vorstehenden besprochenen Nachteile kommen dieser Ventilgattung in erhöhtem Maße zu. Gleichzeitiges Öffnen und Schließen der Ringe verschiedener Größe bedingt Federn verschiedener Stärke, deren Abmessungen beim Entwurf schwer richtig zu treffen sind. Öffnet zu Beginn des Kolbenhubs nur ein Ring, so bleiben wegen der kleinen Ventilzahl die übrigen Ringe geschlossen. Die Feder des einen Rings wird überlastet, außerdem wird der Durchgangswiderstand vergrößert.

Anordnungen, bei denen Ventile verschiedener Größe unabhängig voneinander zusammen zu arbeiten haben, sind als **grundsätzlich falsch** zu bezeichnen und finden deshalb keine weitere Besprechung.

Etagenventile, d. h. mehrere Ventile gleicher Konstruktion in verschiedenen Ebenen.

Durch die Anordnung der Ventile übereinander anstatt ihrer Anordnung nebeneinander wird erreicht, daß der Querschnitt des Ventilkastens kleiner ausfällt. Dies ist sowohl bei großer Förderhöhe als auch bei großer Fördermenge ein wesentlicher Vorteil wegen Verringerung der Wandstärken des Ventilgehäuses. Andrerseits ist die große Länge der Wassersäule zwischen Ventil und Kolben wegen der Massenkräfte nachteilig. Für hohe Umgangszahlen sind daher diese Ventile nicht geeignet.

Im übrigen gilt für diese Ventilgattung das über Gruppenventile im allgemeinen Gesagte.

Fig. 231 (Bauart Thometzek, Konstruktion der Maschinenfabrk Eßlingen).

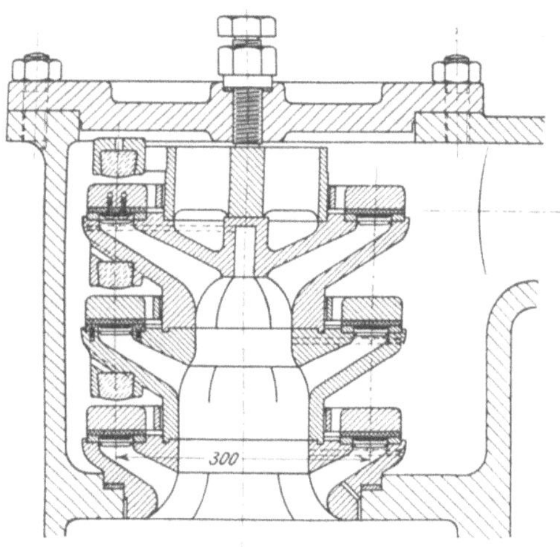

Fig. 231.

Etagen-Ringventil mit drei Ringen gleicher Ausführung, mit ebenen Sitzflächen und oberer Stiftführung. Die gußeisernen Ringe ohne Federbelastung sind mit Leder armiert. Zur Hubbegrenzung sind Gummipuffer angeordnet. Der Ventilstuhl besteht aus drei aufeinander gepaßten Sitzen aus Gußeisen, deren Dichtungsfläche durch aufgeschraubte Rotgußringe gebildet wird. Die Abdichtung der einzelnen Sitze gegeneinander und die Befestigung des ganzen Stuhls im Gehäuse wird durch eine Druckschraube bewirkt.

Fig. 232 und 233. Etagenventil für hohen Druck mit 2 Ringen (Konstruktion von A. Borsig, Tegel b. Berlin).

Der auf den Ringen lastende hohe Wasserdruck wird durch die metallische Dichtungsfläche der Ringe aufgenommen; außerdem ist für den Fall, daß es sich um sandhaltiges Wasser handelt, noch Lederdichtung vorgesehen. Die Drahtstärke der Ventilbelastungsfedern fällt wegen des großen Windungsdurchmessers der Feder naturgemäß groß aus. Die einzelnen Teile des ganzen Ventilstuhles werden durch zwei kräftige, an ihrem oberen Ende mit Ösen zum Herausheben des Ventils versehene Anker zu einem ganzen zusammengefaßt.

Fig. 234—236. H.-B.-Ventil D.R.P. Nr. 196817 von Hoffmann & Brenner, Kaiserswerth-Bockum b. Duisburg. Diese Ventilkonstruktion, der bei ihrem Bekanntwerden sofort ein großes Interesse entgegengebracht wurde, hat vielfache Anwendung gefunden. Eine eingehendere Besprechung derselben dürfte daher am Platze sein.

Nach der von den Patentinhabern veröffentlichten Beschreibung der Konstruktion tritt die zu fördernde Flüssigkeit durch einen festen unbeweglichen Gußkörper, der so gestaltet ist, daß er den Flüssigkeitsstrom in sanftem Übergang seitlich ablenkt und durch einen Ringspalt am äußeren Umfang radial nach allen Seiten hin austreten läßt. Das bewegliche Abschlußorgan besteht aus zwei dünnen Ringen von Messingblech, die bei geschlossenem Ventil den Ringspalt abdecken, indem sie sich mit ihren äußeren Rändern dicht gegeneinander legen und im übrigen sich auf den entsprechend geformten festen Gußkörper auflegen. Die erforderliche Schließkraft wird durch zwei Gummiringe von V-förmigem Querschnitt bewirkt, die in entsprechenden Rillen des Gußkörpers mit leichter Spannung eingelegt sind und mit ihren Rändern die Blechringe gegeneinander drücken.

Aus diesen Konstruktionseigentümlichkeiten des Ventils leiten die Patentinhaber ab, daß der Flüssigkeitsstrom bei seinem Austritt zwischen den Rändern der Blechringe bei geöffnetem Ventil absolut keine Ablenkung erfahre, da die Blechringe, nach oben und unten ausweichend,

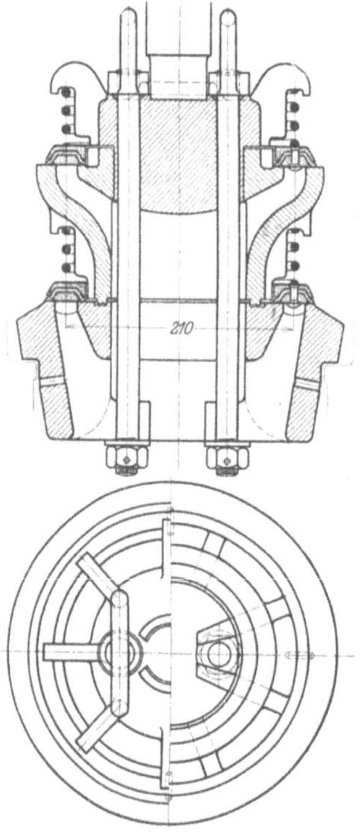

Fig. 232—233.

die schon im Spalt des Gußkörpers fertig gebildete Flüssigkeitsscheibe
frei durchtreten lassen.

Dies ist natürlich unrichtig. Um die durch die Gummiringfeder
belasteten Ringe offen zu ·halten, ist eine der Federkraft entgegenwirkende, also vertikal gerichtete Kraft notwendig, die nur von dem
horizontal und in radialer Richtung austretenden Flüssigkeitsstrom
ausgeübt werden kann. Diese Vertikalkraft entsteht dadurch, daß der
Flüssigkeitsstrahl durch die Ränder der Blechringe, die wie eine Zange
wirken, eine Einschnürung und dadurch
eine Ablenkung erfährt. Hierbei entsteht
der Durchgangswiderstand des
Ventils. Da der Flüssigkeitsstrom bei
dieser Ablenkung nur auf einen sehr
schmalen ringförmigen Flächenstreifen
einwirkt und hierbei außerdem nur die
Vertikalkomponente des Strahldrucks
in Betracht kommt, so genügt eine
schwache Belastungsfeder, wie sie durch
den Gummiring dargestellt wird. Es
kommt aber bei dem Durchgangswiderstand nicht auf den absoluten Wert
der Federkraft an, sondern auf den
Wert der Ventilbelastung, bezogen auf
diejenige Fläche des Ventils, auf welche
der Wasserstrahl einwirkt, und diese

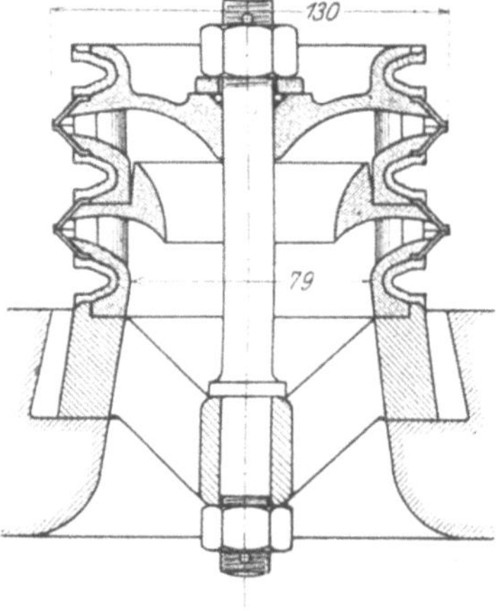

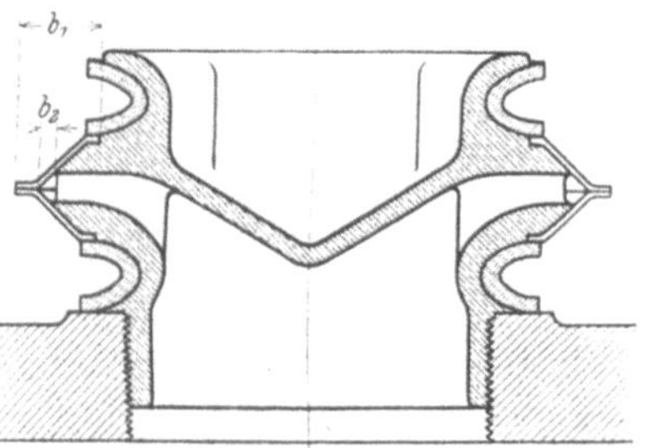

Fig. 234.

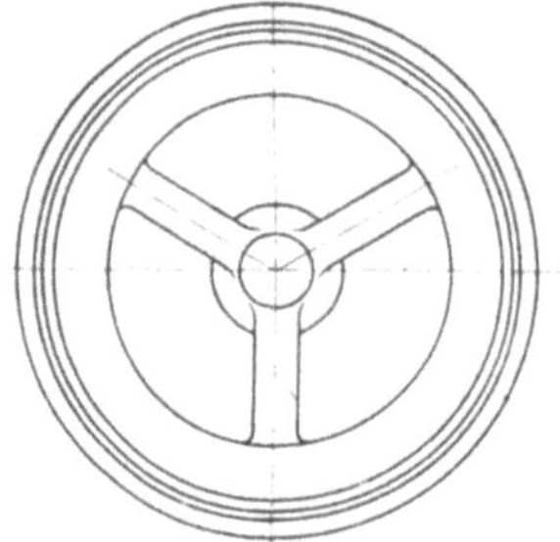

Fig. 235—236.

ist, wie oben bemerkt, im vorliegenden Fall sehr klein. Aus der geringen Kraft der Belastungsfeder auf einen geringen Durchgangswiderstand des Ventils zu schließen, wäre unrichtig. Zu bemerken ist noch,
daß die wirksame Belastung der Ringe, die sich aus Federdruck und
Ventilgewicht zusammensetzt, bei den beiden zusammenarbeitenden
Ringen verschieden ist, insofern sie bei dem oberen Ring gleich Federdruck plus Ventilgewicht, bei dem unteren gleich Federdruck minus
Ventilgewicht ist. Man muß also annehmen, daß der geringer belastete
untere Ring sich mehr öffnet als der obere.

Die Patentinhaber sagen ferner, daß Blechstärken von ca. 1 mm
bei den Ringen selbst für die höchsten Drücke genügen, da die Ringe

ja nur über dem schmalen Austrittsspalt des Gußkörpers dem Flüssigkeitsdruck frei ausgesetzt sind und zudem durch ihre denkbar günstige
kegelige Form größte Steifigkeit besitzen.

Ist die Blechstärke der Ringe so klein, daß diese sich in geschlossenem
Zustand auf die Kegelfläche des Ventilsitzes abstützen müssen, um
dem von außen wirkenden Wasserdruck widerstehen zu können, so
wird dadurch ein großer Öffnungswiderstand des Ventils bedingt,
denn zum Öffnen des Ventils muß der auf die ganze Ringfläche von der
Breite b_1 (s. Fig. 234) von außen wirkende Wasserdruck überwunden
werden, während die Fläche, auf welche das Wasser von innen drückt,
falls die Ringe auf der Kegelfläche aufliegen, nur die Breite b_2 (s. Fig. 234)
hat. Infolgedessen ist zum Öffnen des Ventils ein sehr großer Überdruck
notwendig. Richtiger erscheint es, und dies findet auch in den dem
Verfasser bekannt gewordenen Erfahrungen der ausführenden Firmen
seine Bestätigung, wenn beim geschlossenen Ventil zwischen der Innenfläche des Rings und der Kegelfläche des Sitzes ein kleiner Spielraum
verbleibt, so daß der Wasserdruck von innen beim Öffnen des Rings
auf die ganze Ringfläche abzüglich der Dichtungsfläche der Ränder,
ähnlich wie bei einem Teller- oder Ringventil, wirken kann. Dann muß
aber die Blechstärke der Ringe der Größe der Förderhöhe der Pumpe
entsprechen.

Ferner ist die Verspätung des Ventilschlusses zu erörtern. Wie bei
einem Teller- oder Ringventil, wenn es steigt, der Raum zwischen Ventilfläche und Sitz vom Wasser erfüllt werden muß, so ist auch beim H.-B.-
Ventil, wenn es sich öffnet, der Raum zwischen der Innenfläche des
Ventilrings und der Kegelfläche des Sitzes, und zwar bei beiden Ringen
mit einer Wassermenge zu füllen, die beim Schließen des Ventils durch
den Ventilspalt entweichen muß, wobei die Verzögerung des Ventilschlusses entsteht.

Es liegt außerdem in der Natur der Ventilkonstruktion, daß die Öffnung zwischen den Rändern der Blechringe nicht größer werden kann als

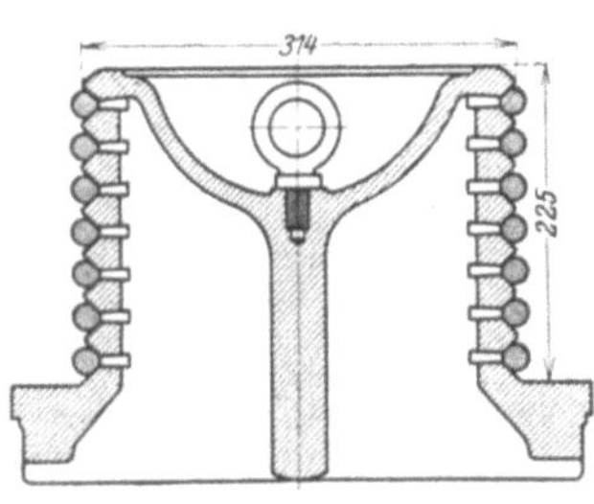

Fig. 237.

die Weite des Ringspaltes im Ventilsitz.
Das Ventil verhält sich wie ein Tellerventil,
das durch eine Hubbegrenzung gehindert
ist, über eine gewisse, und zwar geringe
Höhe zu steigen. Diesem Übelstand steht
gegenüber, daß sich die H.-B.-Ventile sehr
gut zum Aufbau in Etagen eignen, so daß
sich also über dem gleichen Grundriß
mehrere Ventilspalte anordnen lassen. Tatsächlich wird das H.-B.-Ventil besonders
häufig als Etagenventil ausgeführt, es ist
deshalb auch in dem vorliegenden Werk
unter dieser Ventilgattung besprochen.

Das Ergebnis einer mehrjährigen Erfahrung mit H.-B.-Ventilen ist
dahin zusammenzufassen, daß sie sich bei sachgemäßer Ausführung
und bei geeigneter Beschaffenheit des Materials der Gummifedern für
mäßige Förderhöhen gut bewährt haben. Für heißes, ölhaltiges, sandiges
oder schmutziges Wasser sind sie nicht geeignet. Den mit ihnen aus-

gerüsteten Pumpen wird ein sehr ruhiger Gang nachgerühmt. Mit der Notwendigkeit eines Ersatzes der Blech- und Gummiringe ist zu rechnen, weshalb auch eine öftere Revision der Pumpe angezeigt erscheint.

Die Frage, ob ein mit gleicher Sachkenntnis und Sorgfalt durchgebildetes Etagenventil aus federbelasteten Ringen von gleichem Durchmesser mit einem Gesamtaufbau, wie ihn die Fig. 232 und 233 zeigen, dem H.-B.-Etagenventil nicht ebenbürtig oder zu bevorzugen sei, mag zunächst offen bleiben.

Das in Fig. 237 schematisch dargestellte Etagenventil mit Gummiringen wird von Gebr. Körting, Körtingsdorf b. Hannover, gebaut. Nach Angabe der Firma ist es für Druckhöhen bis ca. 60 m und für Saughöhen bis ca. 7 m verwendbar.

c) Klappenventile.

Klappenventile werden meist mit wagerechter Drehachse angeordnet; die Sitzfläche kann dabei wagerecht oder geneigt liegen. Die Drehachse kann durch ein metallisches Gelenk gebildet sein, oder es wird bei Klappen aus biegsamen Materialien (Leder oder Kautschuk) ein Teil der Klappe derart festgehalten, daß eine gerade oder krummlinige Kante gebildet wird, um welche die Klappe sich bewegt. Bei den letzteren Anordnungen wird dann die Elastizität des Materials der Klappe selbst benutzt, um ihren Schluß herbeizuführen. Wie bei den Hubventilen werden auch bei den Klappen besondere Belastungsfedern angebracht; es muß dies geschehen, wenn die Klappe so gelegt wird, daß ihr Gewicht nicht imstande ist, den Schluß allein zu bewirken. Die Führung der Klappe ist durch das Gelenk gegeben; die Hubbegrenzung wird durch besondere Fänger oder dadurch erreicht, daß die Klappe gegen eine Wand des Ventilkastens schlägt.

Bei großen Fördermengen werden die Klappenventile ebenso wie die Hubventile als Gruppenventile ausgeführt.

Lederklappen.

Lederklappen werden hauptsächlich bei der Förderung von kaltem Wasser verwendet.

Fig. 238 und 239. Lederklappe mit rundem Querschnitt[1]). Das Gelenk ist von der Lederscheibe selbst dadurch gebildet, daß diese mittels einer Schiene am Ventilsitz festgeklemmt ist. Um der Klappe das nötige Gewicht zu verleihen und sie steif zu machen, ist eine Gußeisenplatte mit entsprechender Gegenscheibe aus Schmiedeisen vernietet. Der Hub der Klappe wird durch ein am Ventilkasten angegossenes Horn begrenzt.

Fig. 240 und 241. Gruppenventil mit vier Klappen auf einer Sitzfläche. Die Anordnung links zeigt die Bildung des Gelenks durch die Lederplatte selbst, während bei der Anordnung rechts ein besonderes Metallgelenk angewandt ist; hierbei hebt sich die Klappe auch lotrecht von der Sitzfläche ab, so daß am ganzen Umfang des Sitzes ein Durch-

---

[1]) C. Bach, Die Maschinenelemente.

fluß stattfindet. Die Konstruktion ist natürlich nur für sehr geringe Hubzahlen geeignet.

Fig. 242 und 243 (Konstruktion von A. Riedler). Klappenventil mit Lederdichtung und gesteuerter Schlußbewegung für Kanalisationspumpen [1]). Wegen der groben Verunreinigungen, welche das Wasser dieser Pumpen mit sich führt, müssen die Klappen einen sehr großen Hub haben; dies bedingt große Entfernung des Klappendrehpunktes vom Klappensitz und zwangläufige Schlußbewegung der Klappe. Die Sitzöffnung kann als ein Rechteck aufgefaßt werden, bei welchem die

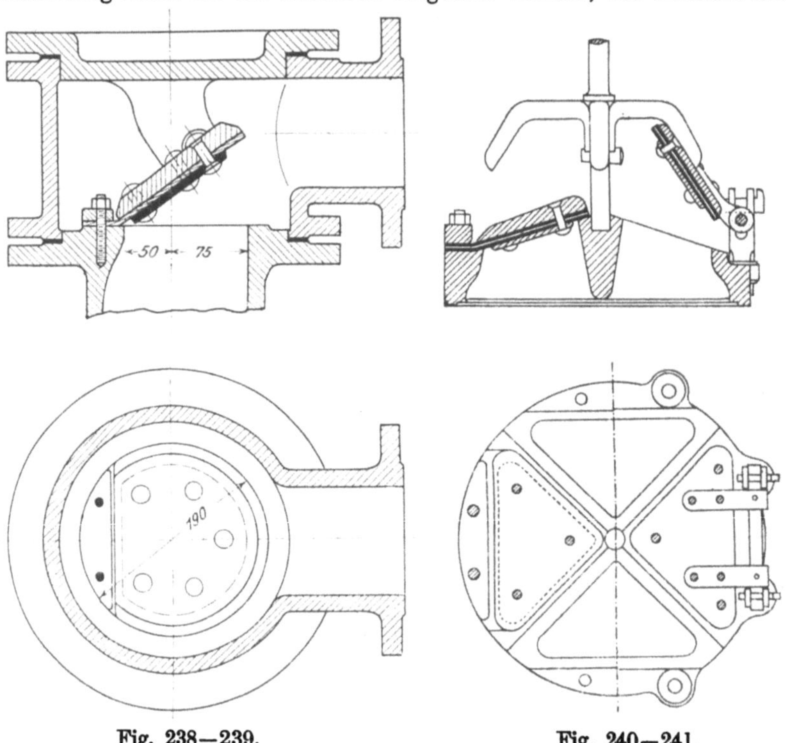

Fig. 238—239.
Fig. 240—241.

für den Wasseraustritt ungünstigen Ecken durch Abrundung vermieden sind. Die Klappe besteht aus drei Metallplatten und einer Dichtungsscheibe aus Leder. Ihre Führung erfolgt durch ein elastisches Band aus Gummi mit mehrfacher Einlage von Segelleinen. Der Schluß der Klappe geschieht zwangsmäßig durch den Druck einer Blattfeder, welche von der Steuerung abwärts bewegt wird und die Klappe auf ihren Sitz drückt.

Metallklappen.

Metallklappen verwendet man für die Förderung heißer Flüssigkeiten; außerdem werden sie hauptsächlich bei Feuerspritzen angeordnet, wo

---

[1]) A. Riedler, Schnellbetrieb.

sich Lederdichtung wegen des Austrocknens und Hartwerdens des Leders beim Stillstand nicht eignet. Die Möglichkeit, Klappenventile mit geneigter Sitzfläche zu bauen, gestattet eine sehr gedrängte Anord-

nung des die Saug- und Druckklappe enthaltenden Ventilkastens bei entsprechend kleinem schädlichem Raum der Pumpe.

Fig. 244—247. Anordnung der Klappen bei Feuerspritzen[1]). S ist der Saugraum, die Räume C_1 und C_2 schließen sich an die beiden einfachwirkenden Pumpenzylinder an, D steht mit dem Druckwindkessel in Verbindung. Die beiden Saugklappen (unten) und die beiden Druckklappen (oben) aus Bronze sind in einem luftdicht eingeschliffenen Hahn, ebenfalls aus Bronze, untergebracht, derartig, daß sämtliche Klappen mit ihren Sitzen zugleich ein- und ausgebaut werden können. Die Klappen sind aufgeschliffen und haben ein Metallgelenk, dessen Drehzapfen d 1—2 mm kleiner ist als der Lochdurchmesser d_1 im Auge der Klappe, damit das freie Spiel und das Aufsitzen der Klappe auf ihren Sitz möglichst wenig gehindert ist.

Fig. 248—253. Federnde Metallklappe von M. F. Gutermuth, D.R.P. Nr. 132 429, 132 844 und 133 196.

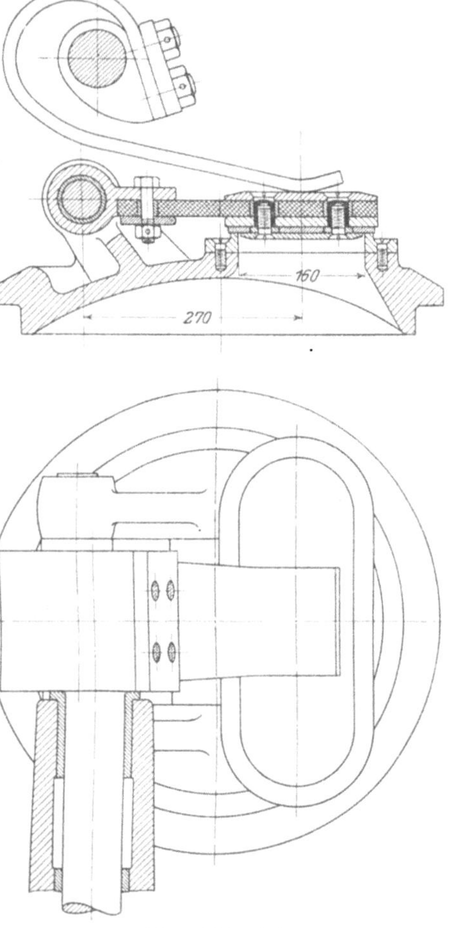

Fig. 242—243.

Bei dieser Konstruktion sind Klappe, Scharnier und Belastungsfeder in einem Stück vereinigt. Die Herstellung erfolgt in der Weise, daß zuerst die eine Endkante des aus besonders widerstandsfähigem und zähem Stahl- oder Bronzematerial (Nickelstahl, schwedischer Holzkohlenstahl oder Tombak) gefertigten ebenen Blechs umgefalzt und in den Schlitz eines Dorns eingepaßt wird. Der Dorn wird in einer besonderen Wickelmaschine in Drehung versetzt und das Blech so weit

---

1) C. Bach, Die Maschinenelemente.

gerollt, daß nur der als Verschlußorgan dienende Teil flach bleibt (Fig. 248).

Durch ein besonderes Verfahren wird das Blech in verschiedener Dicke gewalzt, so daß die eigentliche Klappe eine dem sie belastenden Flüssigkeitsdruck entsprechende Stärke erhält, während der zur Bildung

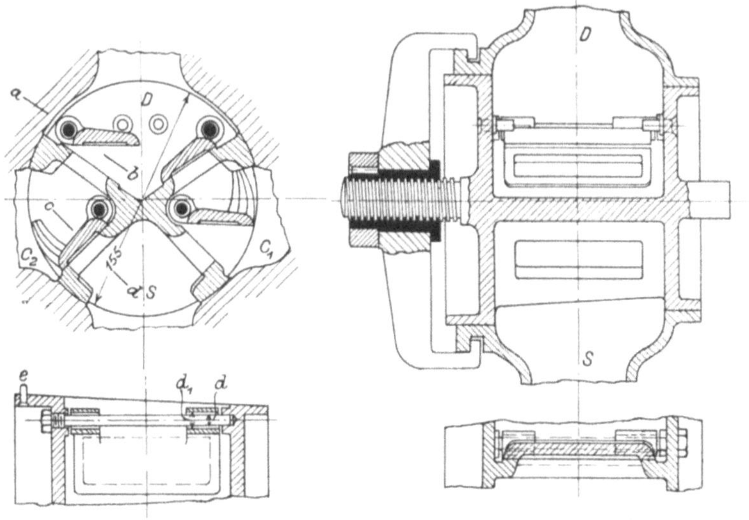

Fig. 244—245.   Fig. 246—247.

der Spiralfeder dienende Teil des Bleches zur Erzielung der erforderlichen Elastizität dünner ausgewalzt wird. Das Blech ist am Wickelende erbreitert (Fig. 249) zu dem Zweck, ein Streifen der federnden Windungen an den Gehäusewänden oder der benachbarten Klappe zu vermeiden.

Die zur Lagerung der Klappe dienende Spindel hat einen Längs-

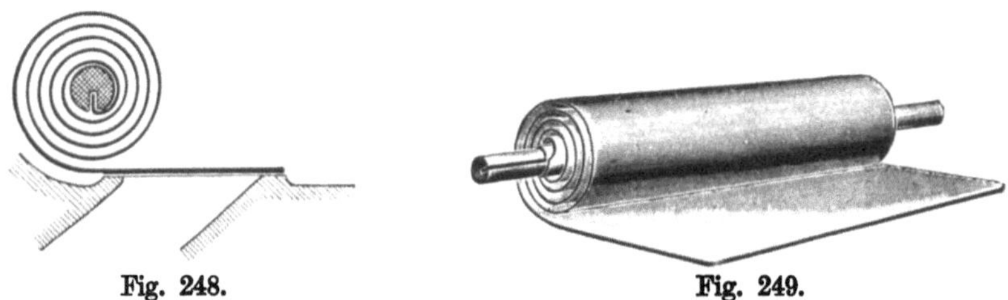

Fig. 248.   Fig. 249.

schlitz wie der beim Wickeln verwendete Dorn, nur ist sie etwa 1 mm dicker als dieser, damit die Spiralen auf ihr festsitzen und einer weiteren Befestigung nicht mehr bedürfen.

Die Vorteile, welche derartige federnde Klappen im Vergleich zu den älteren Klappenkonstruktionen bieten, sind die folgenden:

Dadurch, daß die Masse der Klappe auf den denkbar geringsten Betrag vermindert ist, eignet sich die Klappe für Pumpen mit beliebig hoher Umdrehungszahl. Die mit einem Scharnier verknüpften wesentlichen

Unzuträglichkeiten sind durch den Wegfall desselben vermieden. Durch eine entsprechend große Zahl der Windungen kann die Biegungsbeanspruchung der Spiralfeder, selbst bei großem Klappenhub, soweit herabgezogen werden, daß sie innerhalb der für die Beanspruchung der Konstruktionsmaterialien üblichen Grenzen verbleibt, ein Federbruch durch das normale Klappenspiel also nicht zu erwarten ist.

Dem naturgemäßen Verschleiß und der Zerstörung unterworfen ist nur die Platte, und zwar in gleichem Maße, wie dies bei allen Klappen- und Hubventilen mit ausschließlich metallischer Dichtung der Fall ist.

Der Umstand, daß die federnde Klappe an keine bestimmte Lage gebunden ist, daß sie gleich vorteilhaft liegend, hängend oder geneigt angeordnet werden kann, gewährt eine große Freiheit in der Disposition

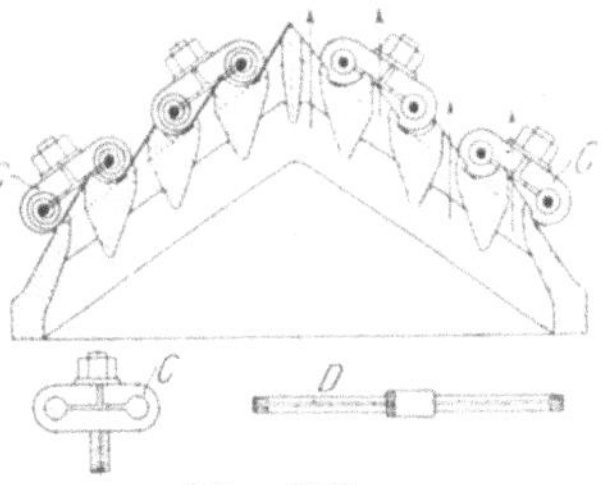

Fig. 250.

der Pumpe und ermöglicht eine außerordentlich günstige, von Wirbelungen und starken Richtungsänderungen freie Wasserführung.

Die Konstruktion eines Gruppenventils nach Gutermuth zeigt Fig. 250 und 251.

Fig. 250 ist ein Schnitt durch den Sitz, C sind Klammern, durch welche die Spindeln D paarweise in ihrer Mitte festgeklemmt werden.

Die Klappen werden über die überhängenden Enden der Spindeln hereingestreift. Fig. 251 gibt eine Ansicht des Sitzes, in welcher die Klappen in verschiedenen Stellungen zur Anschauung gebracht sind.

Die Vereinigung der Saug- und Druckklappen einer größeren Pumpe auf gemeinschaftlichem Sitz zeigt Fig. 252 und 253. Letzterer ist kegelförmig gestaltet, er wird, nachdem das Ventil fertig montiert ist, in den Pumpenkörper eingesetzt und durch eine Druckschraube in ihm

Fig. 251.

festgehalten (s. Fig. 340). Es sind acht Saugklappen und ebensoviele Druckklappen vorgesehen, welche zu zweien auf gemeinschaftlicher Spindel sitzen.

Fig. 254—256. Federndes Klappenventil von A. Osenbrück, D.R.P. Nr. 222761. Die aus hartgewalztem Phosphorbronzeband hergestellten federnden Ventilklappen sind als Ventilgruppe um einen ringförmigen Sitz mit Öffnungen, deren Anzahl sich nach der Fördermenge der Pumpe richtet, angeordnet. Sie sind mit ihrem einen Ende an einem Ring angenietet, während das andere Ende die eigentliche Klappe bildet. Beim Öffnen bleibt die Ebene der Klappe, abgesehen von einer ganz

geringen Drehung, parallel zu ihrer Sitzfläche, so daß das Wasser wie
bei einem Hubventil am ganzen Umfang der Sitzöffnung austreten kann.

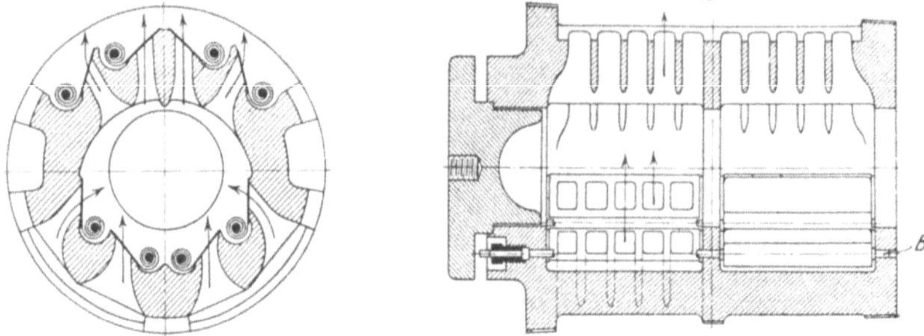

Fig. 252. Fig. 253.

Ist ein gewisser Hub erreicht, so legen sich die Klappen gegeneinander
und bilden einen federnden Ring (siehe Fig. 256). Das Wasser strömt
durch den zwischen diesem Ring und dem Sitz gebildeten Raum in der

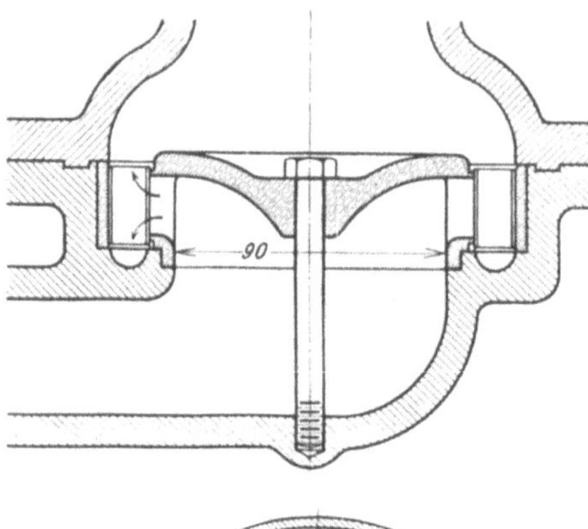

Richtung der Ventilachse nach
oben unmittelbar ins Ventilgehäuse, nach unten gelangt
es dorthin auf dem Weg durch
die Höhlung im Pumpen-
körper mit halbkreisförmigem
Querschnitt und dann sich
nach oben wendend durch die
Räume zwischen den Federn.

Als sehr vorteilhaft ist es zu
bezeichnen, daß die Gesamtanordnung des Ventils die Verwendung sehr langer Federn
ermöglicht, so daß auch bei

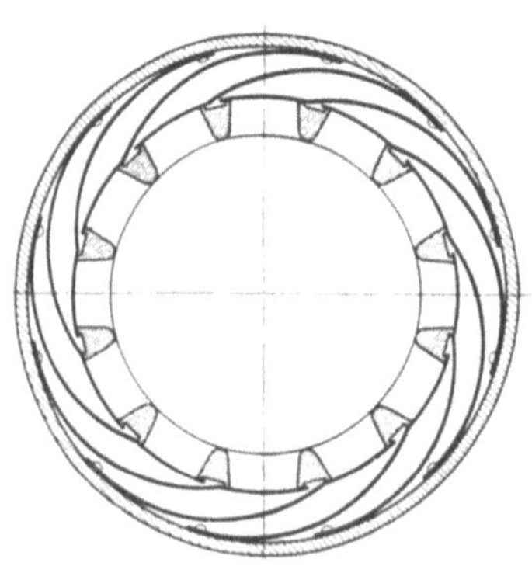

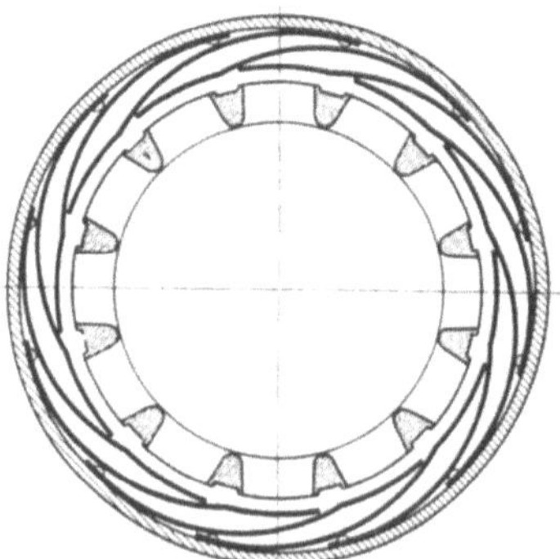

Fig. 254—255. Fig. 256.

großem Klappenhub die Biegungsanstrengung des Federmaterials gering
ausfällt und dadurch einem frühzeitigen Lahmwerden der Federn vorgebeugt ist.

Gummiklappen.

Die Gummiklappen eignen sich für kaltes und lauwarmes Wasser, jedoch nur für kleine Pressungen. Sie kommen mit oder ohne Hanfeinlage zur Verwendung und werden entweder so angeordnet, daß sie sich um eine gerade Kante biegen, oder daß die Aufklappung und Biegung um eine kreisförmige Kante erfolgt.

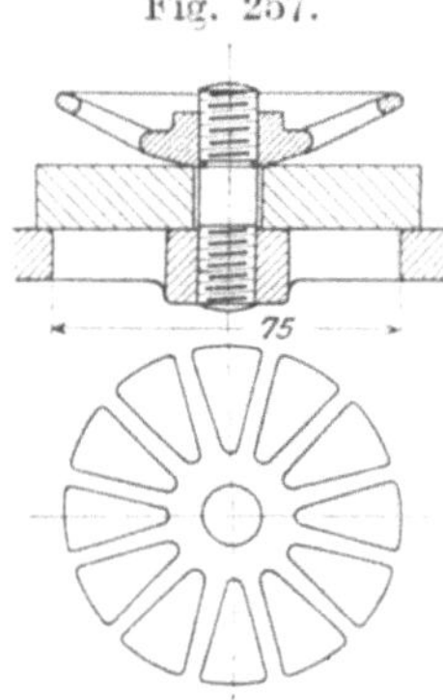

Fig. 257.

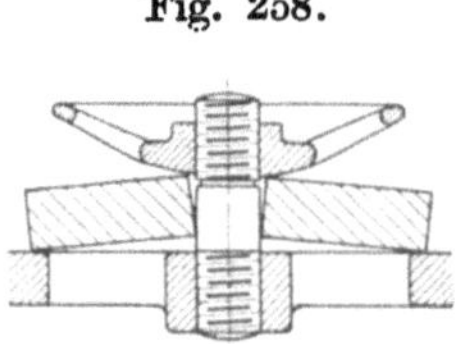

Fig. 258.

Fig. 257—259. Runde Gummiklappe. Dieselbe wird am ganzen Umfang durch den Wasserstrom aufgebogen und legt sich gegen den aufgeschraubten Hubfänger aus Bronze. Die schließende Kraft wird durch die Elastizität des Klappenmaterials erzeugt. Im ungespannten Zustand hat die Klappe die in Fig. 258 dargestellte Form, durch welche bewirkt wird, daß die Klappe auch ohne Belastung durch Wasserdruck sich dicht an die Sitzfläche anlegt. Der gleiche Zweck kann bei Verwendung von ebenen Gummiklappen dadurch erreicht werden, daß der Fläche des Sitzes eine Neigung gegeben wird, wie Fig. 260 und 261 zeigt. Es werden aber auch ebene Platten mit ebenem Sitz verwendet

Fig. 259.

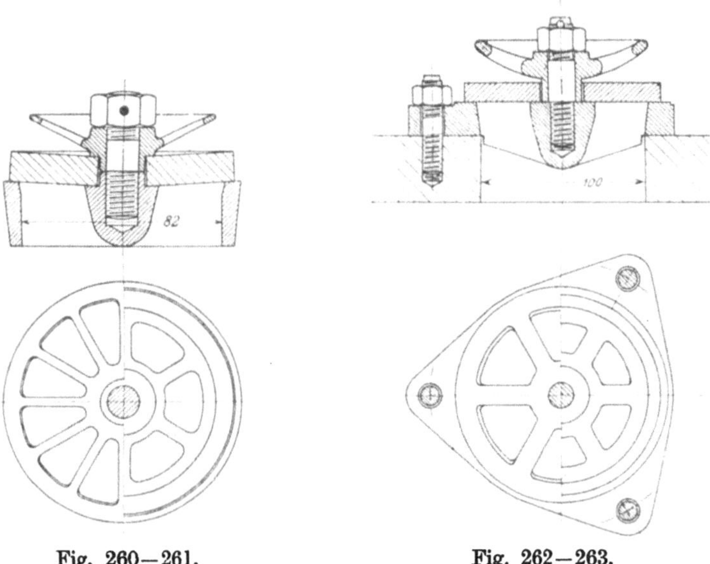

Fig. 260—261.   Fig. 262—263.

(Fig. 262 und 263, Konstruktion der Maschinenfabrik Eßlingen). Der Sitz von Gummiklappen muß gitterartig gestaltet werden, um der Platte zahlreiche Unterstützungsflächen zu bieten; die freitragende Länge der

Platte darf selbst bei geringem Druck, wie dem von zwei Atmosphären, höchstens gleich der doppelten Plattendicke genommen werden, da sonst die Platte stark verdrückt wird. Bei kalkhaltigem Wasser setzen sich die kleinen Rostöffnungen leicht zu. Die Roststäbe sind so dünn zu machen, als es die Herstellung und Festigkeit gestattet.

21. Seiher und Fußventil.

Um Unreinigkeiten von der Pumpe fernzuhalten, ist in der Saugleitung ein S e i h e r anzubringen. Dieser kann, sofern kein Fußventil am unteren Ende der Leitung vorgesehen ist, an irgendeiner, für die Reinigung bequem zugänglichen Stelle oberhalb des Wasserspiegels des Brunnens in die Leitung eingebaut sein, z. B. unter dem Boden des Maschinenhauses.

Eine hierfür geeignete Konstruktion zeigt Fig. 264[1]). Nach Abnahme des Deckels kann der zylindrische Einsatz aus gelochtem Blech dem Gehäuse entnommen und gereinigt werden. Um das Gehäuse entleeren zu können, ist an seinem Boden ein Abflußrohr angebracht.

Hat die Saugleitung ein Fußventil, so ist, um auch dieses vor Verunreinigung zu schützen, der Seiher unterhalb dieses Ventils anzuordnen. Er bildet dann das untere Ende der Leitung und wird S a u g k o p f oder S a u g - k o r b genannt. Seine Größe er-

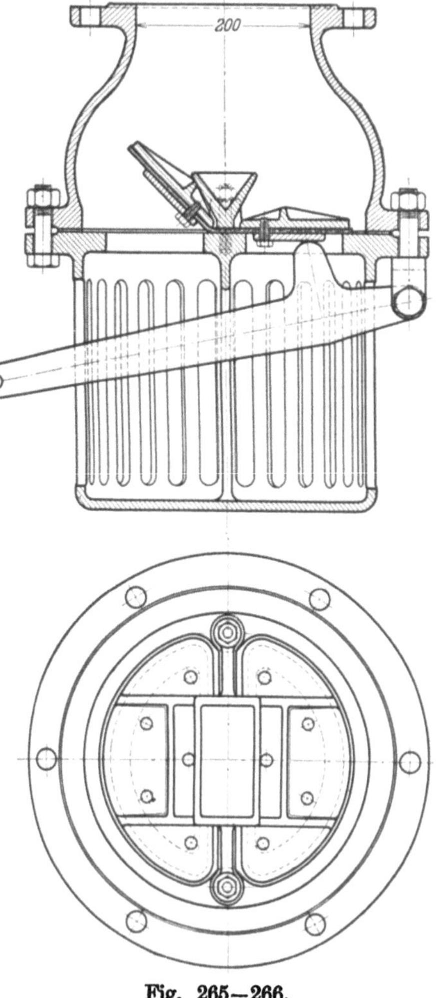

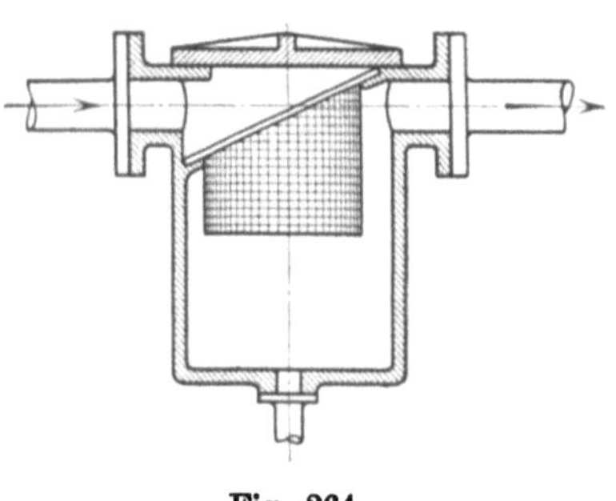

Fig. 264.

Fig. 265—266.

---

[1]) Greene, Pumping Machinery. Verlag von John Wiley & Sons, New York.

gibt sich aus der Regel, daß der Gesamtquerschnitt seiner Öffnungen
mit Rücksicht auf Verstopfung etwa 3- bis 4 mal so groß als der Querschnitt der Saugleitung sein soll.

Fußventile gestatten, die Saugleitung vor dem Anlassen der Pumpe
mit Wasser zu füllen, und verhindern, daß sich die Saugleitung beim
Abstellen der Pumpe entleert. Sie werden angebracht, sobald die Saughöhe etwa 3 m überschreitet. Bei der Konstruktion dieser Ventile,
welche in ihrer Ausführung den Pumpenventilen gleichen, ist zu berücksichtigen, daß der Durchgangswiderstand möglichst gering sein soll,
was leicht zu erreichen ist, da es sich nicht um spielende Ventile handelt,

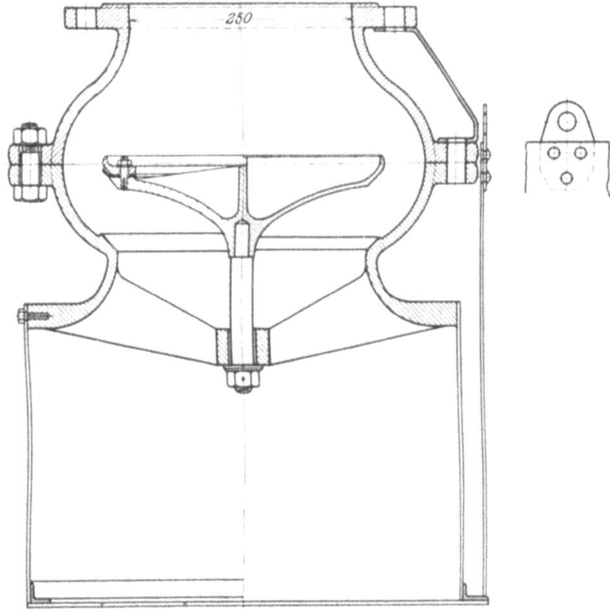

Fig. 267.

ihre Belastung also nicht mit Rücksicht auf rechtzeitigen Schluß gewählt
werden muß.

Es kommen Hubventile und Klappen zur Verwendung. Bei der
Formung des Ventilkastens ist insbesondere darauf zu achten, daß
das Ventil in gehobenem Zustande den Durchflußquerschnitt des Ventil-
raumes und des anschließenden Saugrohres nicht verengt.

Ist ein Fußventil angeordnet, so müssen Saugwindkessel und Saugleitung einen der ganzen Förderhöhe der Pumpe entsprechenden Druck
aushalten können, sofern nicht ein zuverlässig wirkendes Sicherheitsventil am Saugwindkessel angebracht ist.

Sachgemäß durchgebildete Fußventile mit Saugkorb stellen die
in Fig. 265—267 abgebildeten Konstruktionen der Amag-Hilpert in
Nürnberg dar.

Fig. 265—266 zeigt eine Ausführung mit Lederklappen von großem Hub bei geringer Belastung, also geringem Durchgangswiderstand. Der Saugkorb ist in Gußeisen ausgeführt. Die Anbringung des Hebels ermöglicht die eine Klappe zu heben, um die Saugleitung zu entleeren und die Öffnungen des Saugkorbs durchzuspülen. Die andere Fig. 267 gibt ein sehr leicht gehaltenes Kegelventil, vom Wasserstrahl in schlanken Windungen umspült, links mit Leder-, rechts mit Metalldichtung. Der Saugkorb aus durchlochtem Blech und Winkeleisen ist bei der Ausführung rechts von einem zweiten konzentrischen Saugkorb umgeben, der die groben Unreinigkeiten abhält und ohne Unterbrechung des Pumpenbetriebs zwecks Reinigung in die Höhe gezogen werden kann.

22. Verschiedene Betriebsvorrichtungen.

a) Vorrichtungen für das Ansaugen der Pumpe.

Es sei die Druckleitung mit Wasser, die Pumpe und die Saugleitung aber mit Luft gefüllt, wie dies nach einem Stillstand zum Zweck einer Ausbesserung, Reinigung usw. der Fall sein kann. Wird nun die Pumpe in Betrieb gesetzt, so muß sie, um das Wasser aus dem Brunnen anzusaugen, zunächst als Luftpumpe arbeiten. Man nennt diesen Vorgang das „trockene Ansaugen", im Gegensatz zur Inbetriebsetzung der Pumpe, wenn Pumpenraum und Saugleitung mit Wasser angefüllt si d.

Der Kolben (s. Fig. 268) sei in die höchste Stellung gebracht und es sei dafür gesorgt, daß bei dieser Kolbenstellung die Pressung der Luft im Pumpenraum, dessen Rauminhalt aus dem Zylindervolumen FS und dem Volumen σFS des schädlichen Raums besteht, gleich dem Druck der Atmosphäre ist. Wird der Kolben abwärts bewegt, so steigt die Pressung der Luft im Pumpenraum so lange, bis das Druckventil gehoben wird. Von diesem Augenblick an strömt Luft durch das Druckventil und die Pressung im Pumpenraum bleibt konstant, bis der Kolben das Ende seines Hubs erreicht hat. Ein Ausströmen von Luft durch das Druckventil wird aber nur stattfinden, wenn die Pressung im Pumpenraum mindestens gleich wird der auf dem Druckventil lastenden Pressung A der Atmosphäre, plus der Höhe H_d der Druckwassersäule, plus dem Widerstand h_d des Druckventils. Wenn der Kolben seinen tiefsten Stand erreicht hat, so ist der schädliche Raum σFS mit Luft von der Pressung $A + H_d + h_d$ erfüllt. Wird der Kolben wieder ganz in die Höhe gezogen, so dehnt sich diese Luft auf das Volumen $FS + \sigma FS$

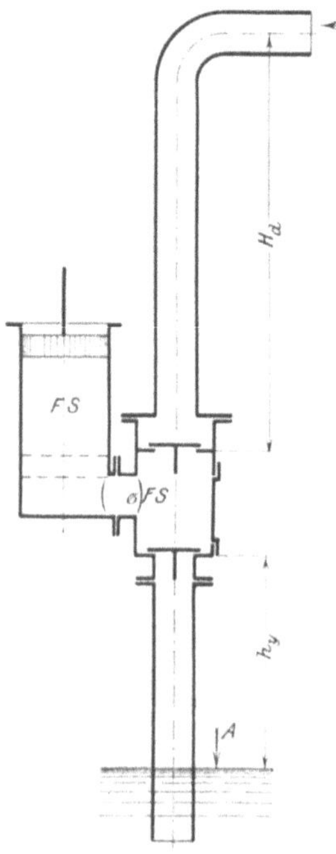

Fig. 268.

aus, dabei sinkt ihr Druck auf den Wert A_1, welcher sich nach dem Mariotteschen Gesetz ergibt aus

$$A_1(FS + \sigma FS) = (A + H_d + h_d)\sigma FS$$

$$A_1 = (A + H_d + h_d)\frac{\sigma}{1 + \sigma} = (A + H_d + h_d)\frac{1}{1 + \dfrac{1}{\sigma}}. \quad \ldots \quad 353$$

Dies ist die geringste Pressung, welche im Pumpenzylinder zu erreichen ist.

Soll das Wasser aus dem Brunnen bis in den Pumpenzylinder hinaufsteigen können, so muß der Druck A der Atmosphäre auf den Wasserspiegel des Brunnens imstande sein, den Druck h_y der Saugwassersäule, die kleinste Pressung A_1 im Pumpenraum, den Widerstand h_s des Saugventils und den Widerstand h_s' des etwa vorhandenen Fußventils zu überwinden. Von sonstigen hydraulischen Bewegungswiderständen und von Massenkräften kann abgesehen werden unter der Annahme, daß die Pumpe mit sehr geringer Geschwindigkeit angelassen wird.

Als Bedingung dafür, daß ein trockenes Ansaugen möglich ist, ergibt sich daher

$$A > h_y + (A + H_d + h_d)\frac{1}{1 + \dfrac{1}{\sigma}} + h_s + h'_s$$

oder

$$h_y < A - (A + H_d + h_d)\frac{1}{1 + \dfrac{1}{\sigma}} - h_s - h'_s \quad \ldots \ldots \quad 354$$

Die Höhe, auf welche die Pumpe trocken ansaugen kann, ist also um so größer, je kleiner die Druckhöhe H_d, je kleiner σ, d. h. je kleiner der Inhalt des schädlichen Raums im Verhältnis zum Hubvolumen, und je kleiner die Ventilwiderstände h_s und h'_s sind.

Aus Gleichung 354 sind die Maßnahmen abzulesen, welche getroffen werden können, wenn die Verhältnisse ein trockenes Ansaugen der Pumpe bei gefüllter Druckleitung nicht gestatten:

1. Man bringt im höchsten Punkt des Pumpenzylinders, unterhalb des Druckventils, ein kleines Hilfsdruckventil an, durch welches die Luft aus dem Pumpenzylinder so lange in die Atmosphäre anstatt in die Druckleitung gepumpt werden kann, bis der Pumpenraum mit Wasser angefüllt ist. In der Bedingungsgleichung 354 ist dann $H_d = 0$ zu setzen, und an die Stelle des Druckventilwiderstandes h_d tritt der Widerstand h'_d des Hilfsventils, welcher sehr klein gehalten werden kann. Durch eine derartige Vorrichtung kann unter Umständen das trockene Ansaugen der Pumpe ermöglicht werden, ohne daß die Druckleitung entleert wird.

Die Konstruktion Fig. 269 von Klein, Schanzlin & Becker, Frankenthal, zeigt ein solches Hilfsdruckventil, das zugleich auch als Schnüffelventil (s. S. 201) verwendet werden kann. Das Ventil besteht

aus einem Doppelkegel in drehbarem Gehäuse. In der gezeichneten
Stellung wirkt das Ventil als Druckventil zum Entfernen der Luft aus
dem Pumpenraum; wird das Gehäuse mittels des Handrads um 180°
in die gestricht gezeichnete Lage nach unten gedreht, so wirkt das Ventil
als Schnüffelventil zum Einsaugen von Luft. Durch eine Drehung um
90° wird die Vorrichtung abgestellt.

2. Man trifft eine Vorrichtung, welche ermöglicht, die Druckleitung
zu entleeren; dann wird in der Bedingungsgleichung 354 ebenfalls $H_d = 0$.

3. Man füllt den Pumpenraum und die Saugleitung mit Wasser
an, so daß ein trockenes Ansaugen überhaupt nicht nötig ist. Diese
Maßregel ist gleichbedeutend damit, daß $\sigma = 0$ wird. Dann ergibt die Bedingungsgleichung

$$A > h_y + h_s + h'_s,$$

d. h. der Atmosphärendruck muß größer
als die hydrostatische Saughöhe und die
Summe der Ventilwiderstände sein. Ist
dies nicht der Fall, dann ist nicht nur
das Ansaugen der Pumpe, sondern der
Betrieb der Pumpe überhaupt nicht
möglich, denn bei letzterem sind außer
diesen Widerständen noch die hydraulischen Widerstände bzw. die Massenkräfte zu überwinden. Das Anfüllen von
Saugleitung und Pumpe ist also ein
Mittel, welches die Schwierigkeiten beim Anlassen vollständig beseitigt.

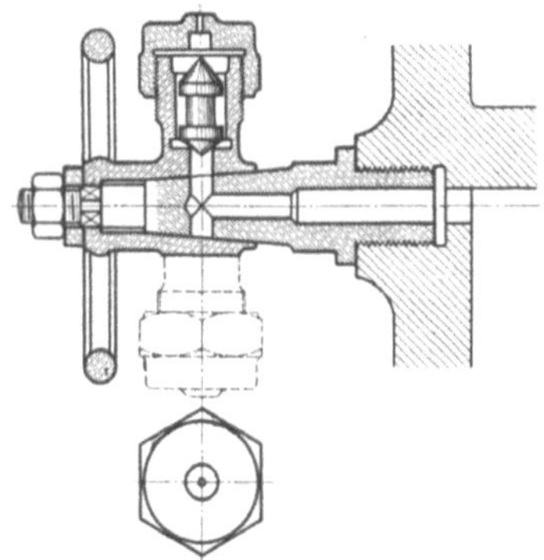

Fig. 269.

Bei weniger vollkommenen Einrichtungen nimmt man das Saugventil oder beide Ventile aus der Pumpe heraus und füllt das Wasser
durch die Öffnung des Ventilkastendeckels ein, die Saugleitung muß
dann natürlich ein Fußventil haben. Bei vollkommenen Anlagen ist
ein Hahn oder Ventil vorgesehen, durch dessen Öffnung eine Verbindung
zwischen Pumpenraum und Saugleitung bei Umgehung des Saugventils
(Umgangshahn) hergestellt werden kann. In diesem Fall braucht man
das Saugventil nicht herauszunehmen. Ist auch ein Umgangshahn
am Druckventil vorgesehen, so besteht die Möglichkeit, Pumpenzylinder
und Saugleitung mit dem Wasser des Druckwindkessels und der Druckleitung zu füllen. Der gleiche Zweck wird auch erreicht, wenn man
Druck- und Saugraum durch einen Hahn oder Ventil unmittelbar miteinander in Verbindung setzen kann. Die Anordnung eines Umgangshahns ist in Fig. 325, diejenige von Umgangsventilen in Tafel IX und X
ersichtlich. Bei der Konstruktion der Umgangsvorrichtung für das
Druckventil ist darauf zu achten, daß kein Luftsack für den Pumpenraum entsteht.

Bei Pumpen mit langer Druckleitung wird ein Absperrventil oder
eine Rückschlagklappe zwischen Pumpe und Druckleitung angeordnet,
um den Druckventilkasten öffnen zu können, ohne daß die Leitung entleert wird.

b) Vorrichtungen zum Anlassen und Abstellen der Pumpen.

Bei Pumpen zum Speisen von Hochbehältern, Gewichtsakkumulatoren oder Druckwindkesseln bringt es der Betrieb häufig mit sich, daß die Wasserlieferung in kurzen, von Betriebspausen unterbrochenen Perioden stattzufinden hat. Man trifft dann die Einrichtung meistens so, daß das Pumpwerk, sobald es Wasser liefert, mit voller Hubzahl des Pumpenkolbens arbeitet.

Besitzt die Pumpe ihre eigene Antriebsmaschine, so ist es der nächstliegende Gedanke, diese nach Bedarf anzulassen und abzustellen. In diesem Fall sind aber die Massen von Motor und Pumpe bei jedem Anlassen von neuem in Gang zu setzen, wozu ein gewisser Zeit- und Arbeitsaufwand erforderlich ist, der sich als um so nachteiliger geltend macht, je öfter die Betriebsunterbrechung stattzufinden hat. Mit Rücksicht hierauf ist es in vielen Fällen wirtschaftlicher, das Pumpwerk dauernd im Gang zu belassen und die Pumpe mit einer Auslösevorrichtung zu versehen, durch welche ihre Wasserlieferung in einfacher Weise unterbrochen werden kann, ohne daß sie selbst stillgesetzt wird. Dies kann auf verschiedene Weise erreicht werden:

1. **Abschluß der Saugleitung.** Bei kleinen Speisepumpen mit Antrieb durch ein auf der Schwungradwelle der Dampfmaschine sitzendes Exzenter bringt man zu diesem Zweck in der Saugleitung dicht unter dem Saugventil einen Hahn an. Wird dieser geschlossen, so scheidet sich bei der Saugwirkung des Kolbens im Pumpenraum Luft aus dem Wasser ab, unter Umständen tritt auch eine Verdampfung des Wassers ein; bei der Druckwirkung wird der Pumpeninhalt wieder zusammengedrückt, ohne daß die Ventile arbeiten.

2. **Anordnung eines Lufthahns am Pumpenraum.** Wird der Pumpenraum durch Öffnen eines Hahns mit der Atmosphäre verbunden, so saugt der Kolben Luft in den Zylinder und drückt diese wieder in die Atmosphäre zurück. Ein solcher Hahn ist im höchsten Punkt des Pumpenraums anzubringen, dann wird so viel Wasser im Pumpenzylinder verbleiben, daß bei der Endstellung des Kolbens, welche dem Beginn der Saugwirkung entspricht, der schädliche Raum soweit mit Wasser angefüllt ist, daß das Wiederingangsetzen der Pumpe leicht erfolgt.

3. **Stillsetzen eines Ventils durch Öffnen einer Umgehungsleitung.** Wird z. B. zwischen Pumpenraum und Saugleitung eine Verbindung durch Öffnen des betreffenden Umgangshahns hergestellt, so pendelt die Saugwassersäule der Kolbenbewegung entsprechend auf und ab, eine Wasserförderung findet nicht statt. Ist kein Saugwindkessel, aber ein Fußventil vorhanden, so ist diese Maßnahme nicht angängig, denn das Fußventil hindert das Wasser, bei der Druckwirkung des Kolbens in die Saugleitung zurückzuströmen, es wirkt wie ein Saugventil. In diesem Fall muß am Druckventil eine Umlaufvorrichtung vorhanden sein, allerdings lastet dann die Pressung des Druckwindkessels fortwährend auf dem Kolben.

4. **Abheben des Saugventils von seinem Sitz.** Wird das Saugventil auf rein mechanischem oder zum Teil hydraulischem Wege von

seinem Sitz abgehoben, so strömt das Wasser bei dem Druckhub des Kolbens durch die Öffnung des Saugventils zurück, ohne daß eine Förderung nach der Druckleitung der Pumpe stattfindet.

5. Ableiten der Pumpenlieferung in die Atmosphäre anstatt in die Druckleitung. Man bringt zwischen Druckventil und Rückschlagventil der Druckleitung ein Ventil an, durch dessen Öffnen die Pumpe in die Atmosphäre anstatt in die Druckleitung fördert.

Sehr häufig wird die Pumpenleistung automatisch geregelt. Dies kann, wie oben bemerkt, durch Aus- und Einschalten des Antriebs der Pumpe oder durch Aus- und Einschalten der Pumpe selbst mit den vorstehend angegebenen Auslösevorrichtungen geschehen. Welche der beiden Arten gewählt wird, hängt hauptsächlich von der Art der Antriebsmaschine ab.

Bei Dampfpumpen kann man die Einrichtung treffen, daß das Dampfabsperrventil beim höchsten und tiefsten Stand des Wasserspiegels durch einen Schwimmer oder beim höchsten und tiefsten Stand des Akkumulators durch einen Anschlag an diesem vermittels einer geeigneten, aus starren Gliedern oder auch teilweise aus Seilrollen bestehenden Stellvorrichtung geschlossen und geöffnet wird. Daß dies vollständig geschieht und die Maschine nicht etwa bei nur teilweise geöffnetem Ventil mit gedrosseltem Dampf arbeitet, kann man durch Einschalten eines Kipphebelwerks in die Stellvorrichtung erreichen. Es tritt aber die weitere Bedingung hinzu, daß die Dampfmaschine geeignet ist, bei jeder Kolbenstellung anzulaufen. Dies trifft bei direkt wirkenden mit voller Füllung arbeitenden Dampfpumpen zu.

Handelt es sich um eine Schwungraddampfpumpe, so muß diese zwei Zylinder haben, denn wegen des toten Punkts im Kurbelgetriebe müssen mindestens zwei gegeneinander versetzte Kurbeln vorhanden sein. Soll die Pumpe mit Expansion arbeiten, worin ja der Hauptvorteil der Schwungradpumpe vor der Pumpe ohne Drehbewegung besteht, so muß die selbsttätige Einrichtung so getroffen sein, daß zum Anlassen die Steuerung auf große Füllung eingestellt ist, denn sonst bekommt die Pumpe bei gewissen ungünstigen Kurbelstellungen keinen Dampf, und daß die Pumpe, wenn sie im Gang ist, die Steuerung auf die nötige Betriebsfüllung selbsttätig umstellt, um ein Durchgehen der Maschine zu verhindern. Durch dieses Erfordernis wird die ganze Einrichtung bei Schwungradpumpen umständlich und teuer. Man läßt deshalb lieber Schwungradpumpen ununterbrochen laufen und regelt ihre Wasserlieferung durch eine Auslösevorrichtung, die bei den Grenzlagen des Wasserspiegels oder des Akkumulatorstands in der oben beschriebenen Weise in Tätigkeit tritt. Handelt es sich um Anlassen oder Abstellen der Pumpe bei einem bestimmten Druck, so tritt an die Stelle des Schwimmers ein unter dem Wasserdruck stehender Steuerkolben, der durch Gewicht oder Feder belastet ist.

Bei Pumpen mit Riemenantrieb durch die Transmission macht ein automatisches Verschieben des Riemens, wobei die einmal eingeleitete Bewegung immer vollständig durchgeführt werden muß, erhebliche Schwierigkeiten, man wählt deshalb auch hier die Auslösevorrichtung an der Pumpe.

Anders ist es bei Pumpen mit elektrischem Antrieb. Der Elektromotor hat eine geringe Masse und eine sehr kurze Anlaufzeit. Zum Anlassen und Abstellen bedarf es nur des Schließens und Öffnens eines Schalters, dessen Betätigung durch Schwimmer oder Akkumulator bzw. bei der Regelung des Pumpenbetriebs nach dem Druck im Windkessel durch einen Steuerkolben oder ein Kontaktmanometer sich verhältnismäßig einfach gestaltet. Bei elektrischem Antrieb wird man also immer das ganze Pumpwerk stillsetzen, wobei man dann die Betriebskosten für den Leerlauf erspart.

Ausführliche Angaben über die Konstruktion und Anwendung der diesbezüglichen Vorrichtungen enthalten z. B. die Abhandlungen der Siemens-Schuckert-Werke über „Selbsttätige Anlaßvorrichtungen" (Technisches Heft 1 und 2). Die Beschreibung einer größeren Wasserversorgungsanlage mit selbsttätig sich je nach dem Druck im Windkessel ein- und ausschaltenden elektrisch angetriebenen Pumpen gibt die Abhandlung von P. Kurgaß: Das Delphinpumpwerk und seine Anwendung, in der Z. Ver. deutsch. Ing. 1912, S. 435.

c) Vorrichtungen zum Regeln der Fördermenge.

Die Fördermenge einer Kolbenpumpe ist durch das Produkt aus wirksamem Kolbenquerschnitt, Kolbenhub und Umdrehungszahl oder Hubzahl bestimmt. Durch Änderung einer dieser drei Größen kann sie beeinflußt werden.

Eine Änderung des wirksamen Kolbenquerschnitts kann man dadurch bewirken, daß die Pumpe zwei wirksame Kolbenflächen von verschiedenem Querschnitt erhält, von welchen je nach dem Wasserbedarf die eine oder die andere entweder durch Anheben der Ventile oder durch Ausschalten derselben mittels Umlaufvorrichtungen außer Wirkung gebracht werden kann. Dieser Gedanke liegt den Vorrichtungen von Capitaine & v. Hertling in Berlin (D.R.P. Nr. 85111) und Hans Hoerbiger & Friedrich William Rogler in Budapest (D.R.P. Nr. 132883) zugrunde.

Eine Änderung des Hubs läßt sich bei Pumpen mit Kurbelantrieb durch Änderung des Kurbelradius erzielen, indem man den Kurbelzapfen in einem Schlitten verstellbar macht oder eine Kurbelscheibe mit mehreren in verschiedenem Abstand von der Drehachse angebrachten Löchern für den Kurbelzapfen vorsieht. (Siehe auch die Versuchspumpe im Anhang.)

Die Änderung der Umdrehungszahl ist das natürlichste und am meisten angewandte Mittel zur Änderung der Fördermenge. Bei Pumpen mit Riemenantrieb kann man im Vorgelege ein Paar Stufenscheiben anordnen, so daß man durch Umlegen des Riemens der Pumpe verschiedene Umdrehungszahl geben kann. Die Hubzahl von Dampfpumpen wird entweder durch Beeinflussung der Dampfspannung mittels Drosselns oder durch einen Zentrifugalregulator geändert.

Die Aufgabe des Regulators ist bei einer Dampfmaschine zum Betrieb eines Pumpwerks eine andere als bei einer Dampfmaschine, welche eine Transmission, einen elektrischen Generator usw. anzutreiben hat.

Im letzteren Fall hat der Regulator zu bewirken, daß die Maschine bei allen Belastungen die gleiche Umdrehungszahl macht. Es wird dies dadurch erreicht, daß durch Verschiebung der Regulatormuffe die Füllung der Maschine der geforderten Leistung entsprechend geändert wird. Der Regulator muß nahezu astatisch, d. h. so gebaut sein, daß die Umdrehungszahl, bei welcher er seine höchste Stellung einnimmt, nur sehr wenig größer ist als die Umdrehungszahl, welche seiner tiefsten Lage entspricht. Zufolgedessen genügt eine kleine Steigerung der Umdrehungszahl, um den Regulator aus seiner tiefsten in seine höchste Stellung zu bringen und dabei die Füllung aus ihrem größten Wert in ihren kleinsten überzuführen.

Bei einem Pumpwerk dagegen ist, solange die Förderhöhe die gleiche ist, der Widerstand des Pumpenkolbens auch immer (annähernd) der gleiche, ganz einerlei, ob die Pumpe langsam oder schnell geht. Da somit der notwendige mittlere Dampfdruck oder die Leistung der Maschine pro Umdrehung stets die gleiche bleibt, so ist auch die nötige Füllung immer dieselbe. Ein Pumpwerk soll aber je nach dem Wasserbedarf mit sehr verschiedenen Umdrehungszahlen betrieben werden können. Der grundsätzliche Unterschied in der Aufgabe der Regulatoren für Transmissionsdampfmaschinen und für Pumpwerksdampfmaschinen besteht daher darin, daß der Regulator im ersten Fall die Umdrehungszahl bei verschiedener Füllung, im zweiten Fall die Füllung oder die Leistung pro Umdrehung bei verschiedener Umdrehungszahl festzuhalten hat. Werden die ersteren Regulatoren „Geschwindigkeitsregulatoren“ genannt, so können die letzteren als „Leistungsregulatoren“ bezeichnet werden.

Ein Pumpwerksregulator muß stark statisch, d. h. so gebaut sein, daß die Umdrehungszahl, welche seiner höchsten Stellung entspricht, ein Vielfaches von der Umdrehungszahl ist, bei welcher er seine tiefste Lage einnimmt. Außerdem muß der Regulator seine verschiedenen Lagen bei gleicher Stellung der Steuerung einnehmen können. Dies kann nach Angabe von F. J. Weiß (Z. Ver. deutsch. Ing. 1891, S. 1065) auf zwei Arten bewirkt werden: entweder durch Änderung der Länge der Zugstange Z des Stellzeugs (Fig. 270) oder durch senkrechtes Verschieben des Regulatorhebeldrehpunktes B (Fig. 274).

Es sei die Maschine mit einer bestimmten Umdrehungszahl im Betrieb, der Regulatorhebel befinde sich dabei in der in Fig. 270 (ausgezogen) gezeichneten Stellung. Der Steuerungshebel l, durch dessen Drehung die Füllung der Maschine beeinflußt wird, stehe auf der zum Betrieb der Maschine nötigen Füllung. Die Zugstange Z, welche diese beiden Hebel verbindet, ist mit ihrem unteren Ende in die Nabe eines Handrads eingeschraubt, welches im Ende des Steuerungshebels drehbar gelagert ist.

Wird nun durch Drehen dieses Rads die Zugstange (Fig. 270) beispielsweise verkürzt, so wird, da die Regulatormuffe einer Verschiebung mehr Widerstand entgegensetzt als der Steuerhebel, das Ende des letzteren in die Höhe gezogen, es wird eine größere Füllung eingestellt. Die Folge ist, daß die Maschine schneller läuft, dadurch steigt der Regulator und dreht den Steuerhebel wieder nach abwärts, bis dieser wieder in die Betriebsstellung gelangt ist, d. h. bis wieder Gleichgewicht zwischen der Dampfarbeit und Widerstandsarbeit des Pumpenkolbens eingetreten ist. Der Regulator steht jetzt aber höher als vorher, und dementsprechend ist auch die Umdrehungszahl der Maschine eine größere.

Die Konstruktion des Regulators von F. J. Weiß ist in Fig. 271 schematisch dargestellt. An einem auf der Regulatorspindel festsitzenden Querarm sind die beiden Schwungmassen vom Gewicht G exzentrisch aufgehängt, so daß sie durch die in ihrem Schwerpunkt wirkende Zentrifugalkraft C nach außen gedreht und gleichzeitig gehoben werden. Die Gewichte sind von einem Gehäuse umschlossen, das auf der Regulatorwelle frei verschiebbar ist und sich auf die Schwunggewichte mit der Kraft Q stützt, so daß die senkrechte Bewegung dieser Gewichte unmittelbar auf das Gehäuse übertragen wird. Das untere Ende des letzteren bildet die Regulatormuffe, an welcher der Regulatorhebel angreift.

Die konstruktive Ausführung des Regulators zeigt Fig. 272 und 273. In derselben ist eine besondere Vorrichtung zum selbsttätigen Abstellen der Maschine zu bemerken: Bei Transmissionsdampfmaschinen wird die Einrichtung getroffen, daß die Füllung der Maschine sehr klein oder null wird, wenn der Regulator in

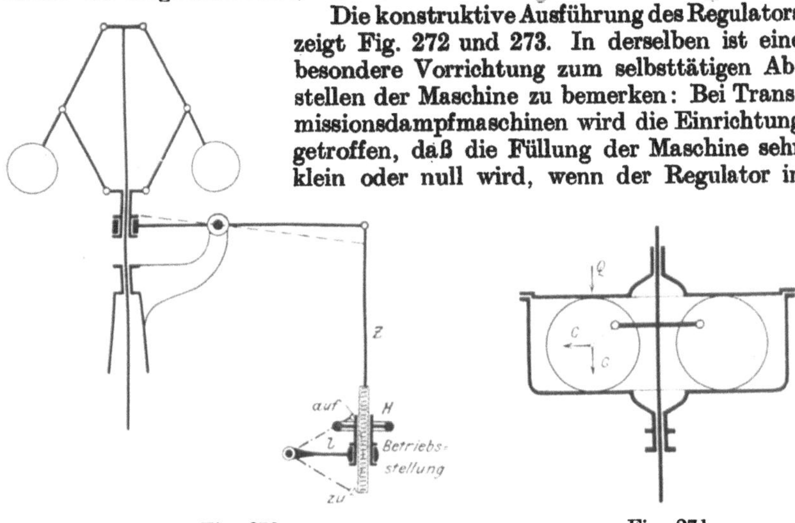

Fig. 270.   Fig. 271.

seine höchste Stellung gelangt. Im Fall einer plötzlichen Entlastung nimmt die Umdrehungszahl der Maschine nur wenig zu, denn wegen des nahezu astatischen Charakters des Regulators steigt derselbe bei einer kleinen Steigerung der Umdrehungszahl in seine höchste Stellung und schließt dadurch die Dampfzufuhr zum Zylinder rasch ab. Bei einem Pumpwerk, das mit einem stark statischen Leistungsregulator betrieben wird, sind die Verhältnisse wesentlich andere: Es sei angenommen, die Pumpe werde mit ihrer höchsten zulässigen Umdrehungszahl betrieben, welche etwa 65 in der Minute betragen möge. Der Regulator wird alsdann in seiner höchsten Betriebsstellung, gleichzeitig aber die Steuerung auf Betriebsfüllung, die etwa 0,3 sein möge, stehen. Tritt nun durch einen Rohrbruch in der Druckleitung eine plötzliche Entlastung der Maschine ein, so muß, um ein Durchgehen derselben zu verhindern, die Steuerung rasch auf Nullfüllung gebracht werden. Da hierzu aber eine große Drehung des Steuerungshebels nötig ist, so müßte die Regulatormuffe noch um

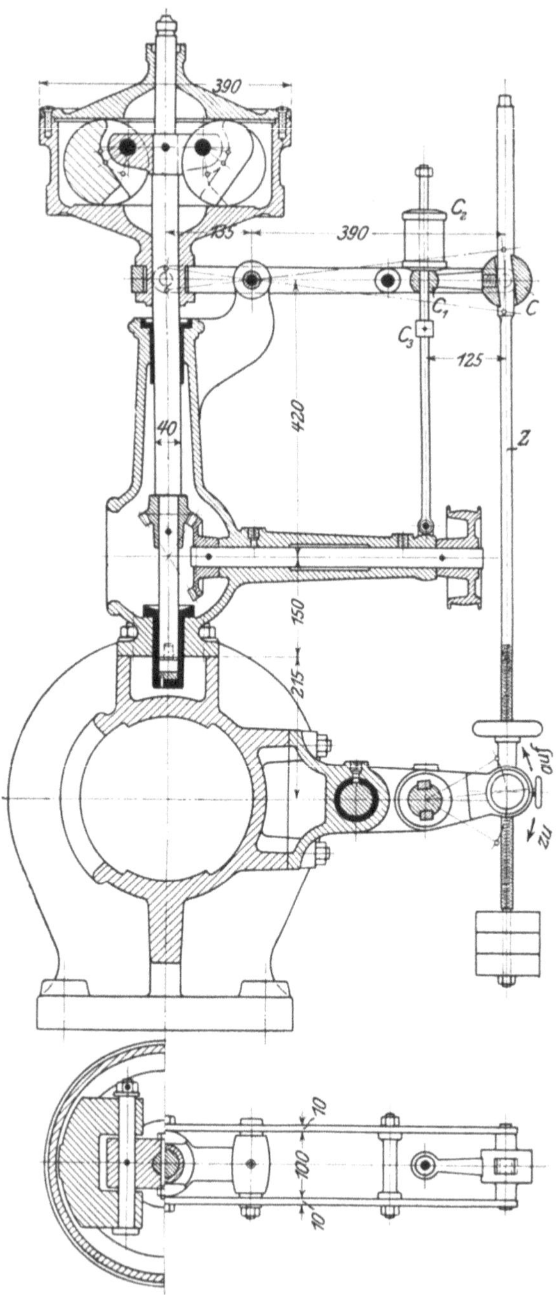

Fig. 272—273.

ein beträchtliches Stück steigen können, hiermit wäre aber wegen des stark statischen Charakters des Weißschen Regulators eine unzulässige Steigerung der Umdrehungszahl verbunden. Es ist deshalb die Einrichtung getroffen, daß, sobald die höchste zulässige Umdrehungszahl überschritten wird, die Verbindung zwischen Regulator und Steuerungshebel gelöst und die Steuerung durch ein am Steuerhebel hängendes Gewicht rasch auf Nullfüllung gebracht wird.

Die Zugstange Z ist durch einen Einschnitt mit einer Nase versehen, mittels welcher sie an einer im Regulatorhebel drehbar gelagerten Nuß C aufgehängt ist. In diese Nuß ist ein Hebel CC_1 eingeschraubt, auf dessen Ende C_1 ein Belastungsgewicht C_2 abwärts drückt. Hierdurch wird der Eingriff zwischen Zugstange und Nuß gesichert. Steigt der Regulator, so senkt sich die Nuß C; der Hebel CC_1, welcher an seinem Ende C_1 an einer vertikalen Stange geführt ist, behält aber seine horizontale Lage vermöge des Belastungsgewichts C_2 bei, und der Eingriff der Zugstange in die Nuß bleibt erhalten, bis das Hebelende C_1 sich soweit nach abwärts bewegt hat, daß es gegen den Bund C_3 an der Führungsstange stößt. In diesem Augenblick hat der Regulator sich soweit gehoben, daß die Maschine ihre höchste zulässige Umdrehungszahl erreicht hat. Steigt der Regulator noch weiter, so bewegt sich auch die Nuß C noch weiter abwärts, da aber das Ende C_1 am Bund C_3 anliegt, so erfährt die Nuß C eine Drehung um ihre horizontale

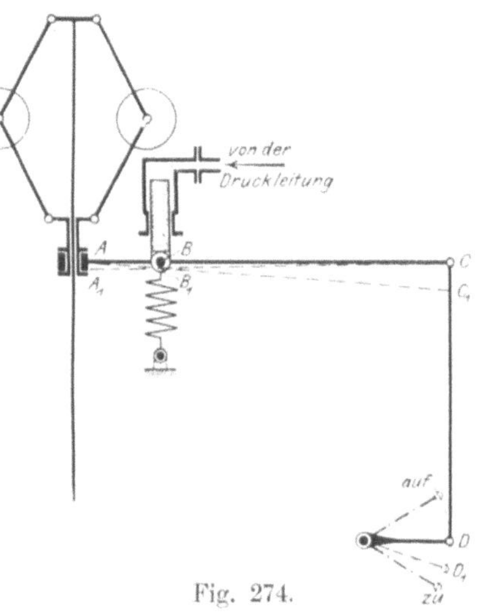

Fig. 274.

Achse, der Eingriff zwischen Stange und Nuß wird gelöst, und die Zugstange Z schlüpft durch den Schlitz der Nuß hindurch unter der Wirkung des an ihrem Ende hängenden Belastungsgewichts. Die Steuerung wird momentan auf Füllung null eingestellt.

Die im vorstehenden beschriebene Einrichtung gestattet die Änderung der Umdrehungszahl des Pumpwerks nur von Hand, was bei Maschinen, welche einen Hochwasserbehälter zu speisen haben, vollständig genügend ist. Eine selbsttätige Regulierung der Umdrehungszahl in Abhängigkeit von dem Druck der geförderten Flüssigkeit, derart, daß die Umdrehungszahl um so mehr abnimmt, als die Pressung in der Druckleitung zunimmt, läßt sich durch die in Fig. 274 schematisch angegebene Verschiebung des Regulatorhebeldrehpunkts erzielen.

Der Drehpunkt des Regulatorhebels liegt im Kopf eines Plungers, auf welchen von unten eine Feder, von oben der Flüssigkeitsdruck des Wassers in der Druckleitung oder im Sammelgefäß wirkt. Wächst dieser Druck, so wird der Plunger abwärts geschoben. Man hat sich nun vorzustellen, daß zuerst B nach B_1 gelangt. Da der Widerstand der Regulatormuffe größer ist als der Widerstand des Steuerhebels, so bildet zunächst A den Drehpunkt für den Regulatorhebel, und es kommt C nach C_1. Hierdurch wird aber die Füllung der Maschine zu klein, diese läuft daher langsamer; es sinkt infolgedessen die Regulatormuffe, wobei nunmehr B_1 den Drehpunkt bildet. Es wächst dadurch die Füllung, und zwar so lange, bis die Dampfarbeit gleich der Widerstandsarbeit des Pumpenkolbens geworden ist und der Regulatorhebel etwa in die Stellung A_1C gelangt. Entsprechend der Verschiebung der Muffe von A nach A_1 ist die Umdrehungszahl der Pumpe jetzt eine kleinere als vorher.

Eine Verwendung des Weißschen Regulators zur selbsttätigen Regelung der Umdrehungszahl und zum selbsttätigen Abstellen von Akkumulatorspeisepumpen bei einem Rohrbruch ist in Ad. Ernst, Die Hebezeuge, Verlag von Julius Springer, Berlin, beschrieben.

Neben dem Regulator von Weiß ist der Leistungsregulator von Tolle, gebaut von Theod. Wiedes Maschinenfabrik, A.-G., in Chemnitz, sowie der Leistungsregulator von Stumpf, gebaut von Steinle & Hartung in Quedlinburg, anzuführen. Der letztere macht eine Auslösevorrichtung entbehrlich. Er besitzt einen großen Muffenhub, der gleichsam aus zwei Teilen besteht: für den unteren Teil des Muffenhubs ist der Regulator stark statisch, für den oberen Teil aber nahezu astatisch. Die unteren Muffenstellungen dienen für die Leistungsregelung wie beim Regulator von Weiß. Überschreitet die Muffe eine gewisse Hubhöhe, welche der größten zulässigen Umdrehungszahl entspricht, so steigt der Regulator rasch nach oben und stellt hierdurch die Steuerung auf Füllung null. Näheres hierüber ist in M. Tolle, Die Regelung der Kraftmaschinen, Verlag von Julius Springer, Berlin, zu finden.

II. Beispiele ausgeführter Kolbenpumpen.

23. Pumpen mit Handbetrieb.

Der Handbetrieb eignet sich naturgemäß nur für kleine Leistungen. Man trifft ihn bei Pumpen, die nicht andauernd im Betrieb sind, und bei solchen, deren Verwendungsort wechselt (transportable Pumpen).

Der Antrieb durch die Hand geschieht mittels Hebel oder Kurbel. Senkrecht angeordnete Hebel (Fig. 275 und 276), welche wagerecht hin- und herbewegt werden, heißen Schwunghebel oder Schwengel, im Gegensatz zu den wagerecht liegenden durch die Hand auf- und abbewegten Hebeln (Fig. 277), welche Druckhebel oder Druckbäume genannt werden.

Die in Rechnung zu nehmende Größe der Leistung eines Arbeiters hängt wesentlich von der Arbeitsdauer ab. Insofern es sich bei den gebräuchlichen Handpumpen um einen Betrieb mit Unterbrechungen und Arbeitsperioden von einer Dauer bis etwa 10 Minuten handelt, können folgende Verhältnisse angenommen werden:

Hängender Schwengel für eine einfachwirkende Saugpumpe
mit Ventilkolben (Brunnenpumpe) nach Fig. 275. Unter der
Annahme, daß das Kolben- und Gestängegewicht durch das Schwengel-
gewicht annähernd ausgeglichen wird, ist nur beim Niederdrücken
des Schwengels Arbeit zu leisten. Bei einem Weg des Angriffspunkts
am Schwengel von $s = 0{,}75$ m und $n = 45$ Doppelhüben in der Minute
sei die Druckkraft $P = 15$ kg angenommen. Alsdann ist die geleistete
Arbeit pro Niedergang oder auch pro Doppelhub

$$A = Ps = 15 \cdot 0{,}75 = 11{,}25 \text{ kgm}$$

und die in der Sekunde geleistete Arbeit

$$A_s = \frac{An}{60} = \frac{11{,}25 \cdot 45}{60} = 8{,}43 \text{ kgm.}$$

Stehender Schwunghebel nach Fig. 276. Derselbe diene zum
Antrieb einer doppeltwirkenden Pumpe. Es hat alsdann der Arbeiter
abwechselnd zu drücken und zu ziehen. Mit $P = 10$ kg, $n = 50$, $s = 0{,}75$ m
ergibt sich die Arbeit pro Doppelhub

$$A = 2 Ps = 2 \cdot 10 \cdot 0{,}75 = 15 \text{ kgm}$$

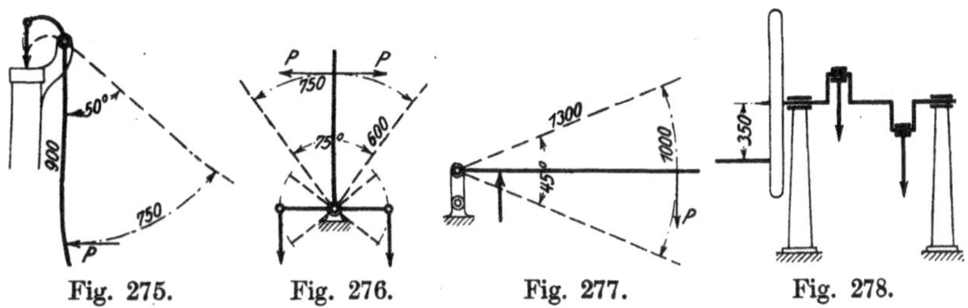

Fig. 275.   Fig. 276.   Fig. 277.   Fig. 278.

und die Arbeit pro Sekunde

$$A_s = \frac{An}{60} = \frac{15 \cdot 50}{60} = 12{,}5 \text{ kgm.}$$

Druckhebel für eine einfachwirkende Druckpumpe nach
Fig. 277. Sofern die Saughöhe gering ist, kommt im wesentlichen nur
die Arbeit zum Niederdrücken des Hebels in Betracht. Mit $P = 15$ kg,
$n = 35$, $s = 1{,}0$ m erhält man

$$A = Ps = 15 \cdot 1 = 15 \text{ kgm}$$

und

$$A_s = \frac{An}{60} = \frac{15 \cdot 35}{60} = 8{,}75 \text{ kgm.}$$

Kurbelantrieb für Brunnenpumpen nach Fig. 278. Der
Arbeiter wirkt an der Kurbel abwechslungsweise drückend und ziehend.
Bei einem Kurbelradius $r = 0{,}35$ m, einer Umdrehungszahl $n = 25$ sei
der mittlere Kurbeldruck zu $P = 15$ kg angenommen. Dann ist die
Kurbelgeschwindigkeit

$$v = \frac{2 \pi r n}{60} = \frac{2 \cdot 3{.}14 \cdot 0{,}35 \cdot 25}{60} = 0{,}916 \text{ m}$$

und die pro Sekunde an der Kurbel geleistete Arbeit

$$A_s = Pv = 15 \cdot 0{,}916 = 13{,}74 \text{ kgm.}$$

In der Regel wird ein Schwungrad von 1,0—1,5 m Durchmesser und einem Gewicht von 50—60 kg angebracht. Bei größeren Brunnentiefen wird zur Ausgleichung des Kolben- und Gestängegewichts eine Zwillingspumpe gewählt, deren beide Kolben durch eine doppelt gekröpfte Welle mit Kurbelversetzung von 180° bewegt werden.

Durch Anordnung eines Zahnrädervorgeleges läßt sich die gleiche Pumpe für verschiedene Förderhöhen verwenden. Wählt man z. B. bei doppelter Förderhöhe eine Räderübersetzung 1 : 2, so ist bei gleicher Umdrehungszahl der Vorgelegewelle die Umdrehungszahl der Pumpenwelle und demnach auch die Kolbengeschwindigkeit halb so groß. Es wird die halbe Wassermenge auf die doppelte Höhe gefördert, die notwendige Antriebsarbeit an der Vorgelegewelle ist also die gleiche.

Die in Fig. 279 dargestellte Brunnenpumpe der Komman-

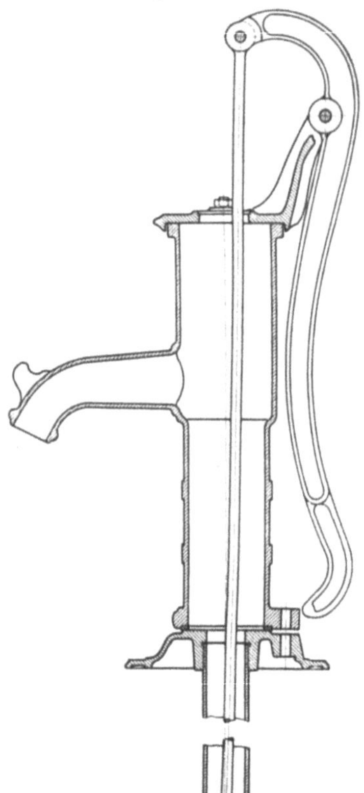

Fig. 279.

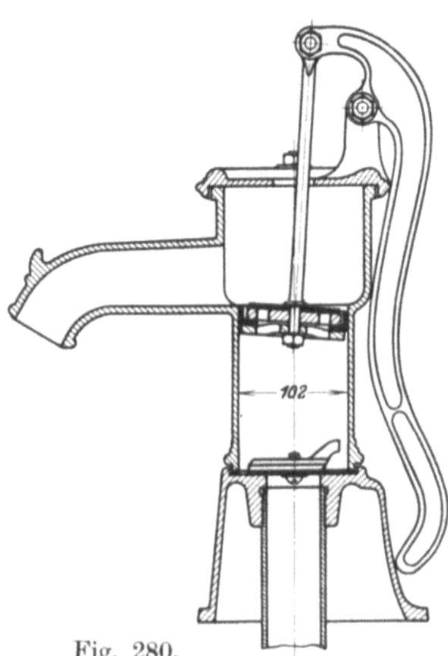

Fig. 280.

dit-Gesellschaft für Pumpen- und Maschinenfabrikation W. Garvens, Wülfel vor Hannover, besteht aus dem Arbeitszylinder, einem schmiedeisernen Zwischenrohr und dem Ständer. Als Saugventil dient eine Lederklappe, der Ledermanschettenkolben mit Messingkegelventil wird durch einen Schwengel bewegt. Um diesen beliebig gegen den Ausguß verstellen zu können, ist der Arm, welcher das Auge für seinen Drehzapfen trägt, an einen Ring angegossen, der auf dem Pumpenständer gedreht und durch zwei Schrauben festgeklemmt werden kann. Die Länge des Zwischenrohrs wird so bemessen, daß der Arbeitszylinder sich mit seiner Unterkante mindestens 1 m unter der Erdoberfläche, also außerhalb Frostbereich befindet. Ferner ist in dem Zwischenrohr bei *a* ein kleines Loch angebracht, durch welches das im Zwischenrohr und Ständer befindliche Wasser beim Stillstand der Pumpe abläuft. Dadurch wird verhütet, daß dieses Wasser im Winter gefriert, im Sommer sich erwärmt.

Je nach der Zylinderweite beträgt die Fördermenge dieses Pumpentyps bei 45 Schwengelhüben in der Minute 21—114 l/min. Hierbei ist die zulässige Maximalförderhöhe 21—4,2 m. Die vom tiefsten Stand des Wasserspiegels im Brunnen zu messende Saughöhe darf nie mehr als 7 m betragen.

Während diese Pumpe durch Saugen und gleichzeitiges Heben des Wassers fördert, stellt die ebenfalls von den Garvenswerken gebaute Pitcherpumpe (Fig. 280) eine reine Saugpumpe dar. Der Ständer ist zugleich Pumpenzylinder. Saug- und Kolbenventil, beide

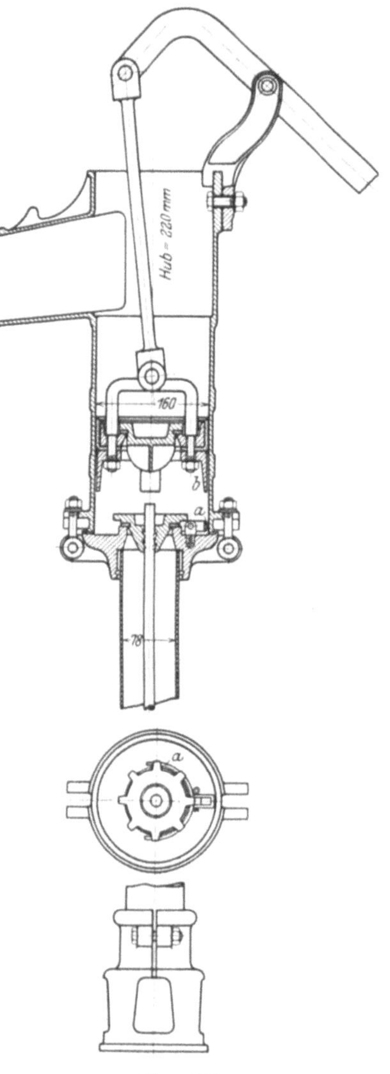

Fig. 281.

in Form von Lederklappen, sind sehr leicht zugänglich. Die größte mögliche Förderhöhe ist gleich der größten zulässigen Saughöhe, d. h. 7 m.

Die Jauchepumpe „Gigant" des Eisenhütten- und Emaillierwerks Neusalz (Oder) (Fig. 281) besitzt einen Kolben mit Chrom-

ledermanschette und ein Kolbenventil mit Paragummïdichtung von
reichlich großem Durchgangsquerschnitt. Das Saugstechventil mit
langem Schaft hat ebenfalls Paragummidichtung. Zur Verhütung des
Einfrierens kann die Pumpe durch Niederdrücken des Kolbens in seine
tiefste Stellung entleert werden. Das Kolbenventil tritt hierbei mit
dem oberen Ende des Saugventilschafts in Berührung. Beide Ventile
zusammen werden alsdann durch den drehbaren Hebel *a* angehoben,
indem dessen rechtes Ende von einer am Kolben angegossenen Knagge *b*
niedergedrückt wird. Die Leistung der Pumpe beträgt bei 60 Hüben
in der Minute ca. 250 l/min.

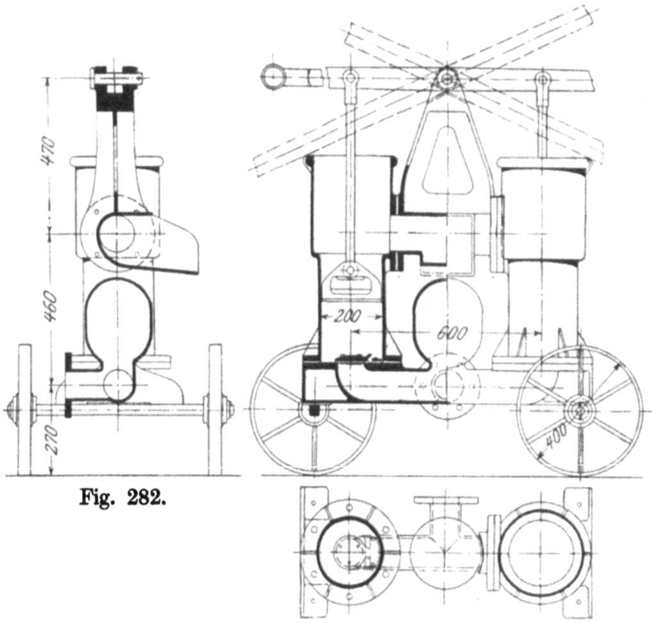

Fig. 282.

Fig. 283—284.

Zum Entleeren von Baugruben, zum Auspumpen von Grundwasser
u. dgl. wird die Baupumpe, Fig. 282—284, welche eine Zwillingsanordnung der einfachwirkenden Hubpumpe darstellt, außerordentlich
häufig gebraucht. Die Bewegung der Kolben erfolgt durch einen Doppelhebel, der von zwei bzw. vier Mann bedient wird. Die Pumpe wird entweder auf einem Balkenrahmen oder, wie die Figur zeigt, auf einem
eisernen Rädergestell befestigt. Im Fall, daß die Pumpe das Wasser
nicht bloß zu saugen, sondern auch zu heben hat, werden die Zylinder
oben mit einem Deckel abgeschlossen, der mit einer Stopfbüchse für
den Durchtritt der Kolbenstange versehen ist.

Für Bauzwecke wie auch zur Förderung von Flüssigkeiten aller Art,
besonders auch dickflüssiger und durch Fremdkörper verunreinigter
Stoffe, eignen sich die von der Firma **Hammelrath & Schwenzer** in

Düsseldorf eingeführten Diaphragmapumpen Fig. 285 und Fig. 286. An Stelle des Kolbens besitzen diese Pumpen eine ringförmige Membrane aus Paragummi oder Chromleder. Diese ist an ihrem äußeren Umfang zwischen dem Ober- und Unterteil des Pumpenkörpers eingeklemmt und an ihrem inneren Umfang mit zwei ringförmigen Scheiben, welche durch ein Hebelwerk auf- und abbewegt werden, mittels Verschraubung verbunden. Als Saugventil dient eine Gummikugel mit Eisenkern, als Druckventil ein im Mittelpunkt der Membrane sitzendes Tellerventil mit Gummidichtung und unterer Rippenführung. Die Wirkungsweise der Pumpe ist genau dieselbe wie diejenige einer einfachwirkenden Hubpumpe mit Ventilkolben. Durch das Heben der Membrane vergrößert sich der Inhalt des unter derselben befindlichen Pumpenraums; dadurch tritt eine entsprechende Wassermenge aus der Saugleitung durch das Kugelventil in diesen Raum ein, gleichzeitig wird das über der Membrane befindliche Wasser gehoben und kommt durch den Ausguß zum Abfluß. Beim Sinken der Membrane ist das Saugventil geschlossen, und das von der Membrane verdrängte Wasser tritt durch das Tellerventil über dieselbe, ohne daß eine Förderarbeit geleistet wird. Die Bedienung der Pumpe ist eine sehr einfache. Die Ventile sind sehr leicht zu übersehen, nach Herausnahme des Tellerventils ist das Kugelventil ohne

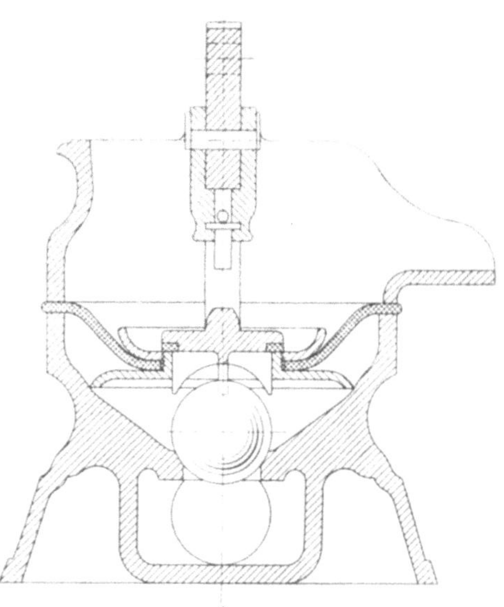

Fig. 285.

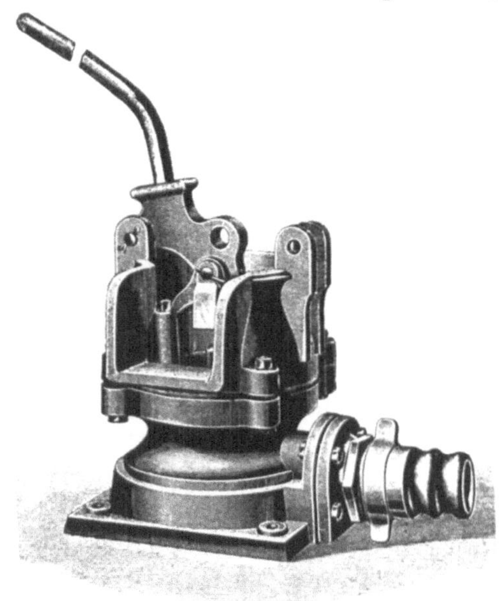

Fig. 286.

weiteres zugänglich, so daß eine Störung infolge von Unreinigkeiten
leicht zu beheben ist. Die mit dem Verschleiß von Kolbendich-
tungen verknüpften Übelstände sind bei den Membranpumpen nicht
vorhanden. Der Arbeitsverbrauch derselben ist kleiner als derjenige
der Kolbenpumpen, weil keine Kolbenreibung zu überwinden ist. Die
zulässige Saughöhe wird von der genannten Firma zu 8,5 m angegeben.
Hat die Pumpe nicht bloß zu saugen, sondern auch zu heben, so wird
der Raum oberhalb der Membrane durch eine Haube, die eine Stopfbüchse für den Durchtritt der die Membrane bewegenden Stange und
eine Öffnung zum Anschluß der Druckleitung erhält, abgeschlossen.
Die zulässige Gesamtförderhöhe solcher Pumpen beträgt 12 bis höchstens
15 m. Die Diaphragmapumpen werden auch in Zwillingsanordnung
für Hebel-, Schwungrad- und Kraftantrieb gebaut.

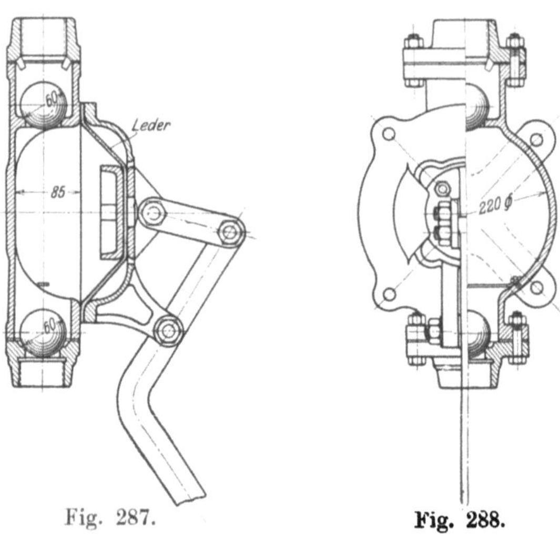

Fig. 287.   Fig. 288.

Eine Membranpumpe zum Befestigen an der Wand ist die in Fig. 287
und 288 abgebildete Pumpe „Max" der Firma Eisenhütten- und
Emaillierwerk Neusalz (Oder). Saug- und Druckventil sind Gummikugeln. Ins Innere der Pumpe gelangt man durch Abnahme des mit
vier Schrauben befestigten Gehäusedeckels.

Die von G. A. Schütz, Wurzen i. S., gebaute Membranpumpe
Fig. 289 ist eine einfachwirkende Plungerpumpe, bei der der Plunger
von der zu pumpenden Masse durch eine Membran getrennt ist. Der
Plunger bewegt die in der Mitte eines linsenförmigen Raumes ausge-
spannte Membran, deren Hubvolumen dem Plungerhubvolumen entspricht, durch Vermittlung des im Pumpenzylinder befindlichen Wassers.
Derartige Pumpen eignen sich besonders für Säuren, Laugen oder sandige
Teile enthaltende Flüssigkeiten. Je nach den chemischen Eigenschaften
der zu pumpenden Masse werden die mit ihr in Berührung kommenden
Wandungen des Pumpenunterteils und der Ventilgehäuse aus Gußeisen
oder Bronze, oder aus Gußeisen mit Hartblei- oder Hartgummiauskleidung

ausgeführt. Ebenso bestehen die Ventile aus Gußeisen, Bronze oder
Gummi mit Eisenkern. Die Konstruktion eignet sich auch für liegende
Bauart. Größere Förderleistun-
gen werden durch Zwillings- und
Drillingsanordnung mit Riemen-
antrieb erzielt.

Für Förderhöhen bis ca. 25 m
finden doppeltwirkende Handkolbenpumpen Verwendung.

Die Handkolbenpumpe
„Franconia" der Maschinen-
und Armaturfabrik vorm.
Klein, Schanzlin & Becker
in Frankenthal (Rheinpfalz)
(Fig. 290 und 291) besitzt einen
mit Ledermanschetten gedich-
teten Doppelkolben, welcher
durch einen Schwunghebel bewegt wird. Da der zwischen
den beiden Kolbenscheiben befindliche Zylinderraum mit der
Druckleitung in Verbindung
steht, so werden die Manschetten
ständig gegen die Zylinder-
wandung gepreßt, wodurch eine
zuverlässige Abdichtung erzielt
wird. Durch die lange Führung
des Doppelkolbens ist ein Ecken

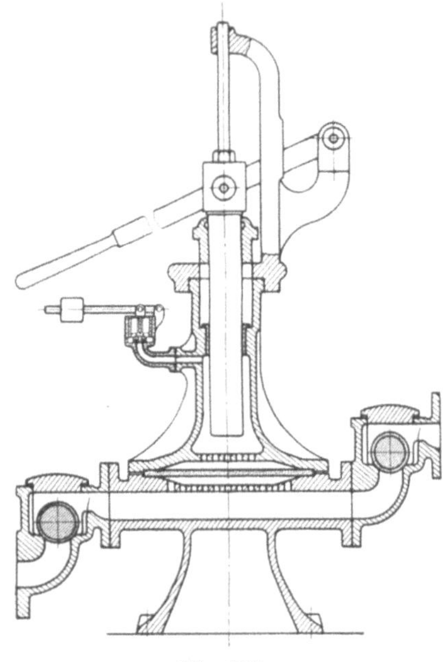

Fig. 289.

desselben an den Zylinderwänden vermieden. Da die Hebelwelle im
Druckwasserraum liegt, so ist eine Beeinträchtigung der Saugwirkung,

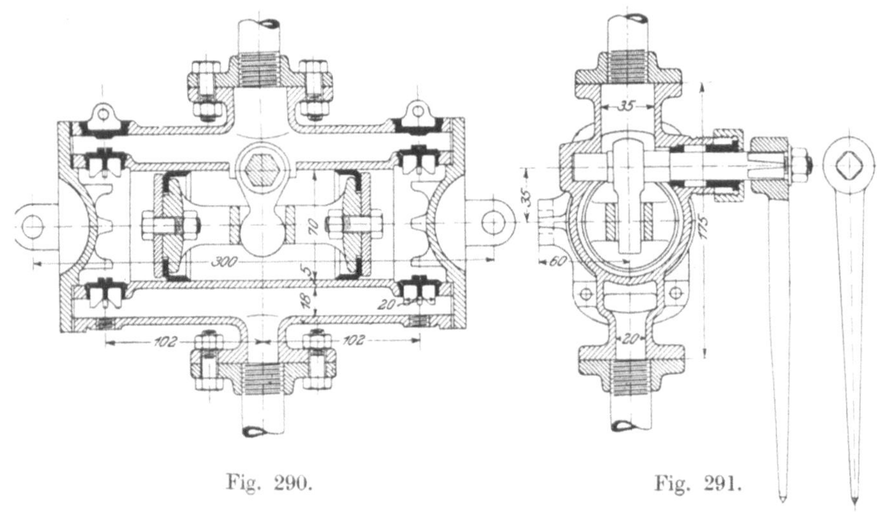

Fig. 290.   Fig. 291.

hauptsächlich auch beim Ansaugen, durch Eintreten von Luft durch die Wellenstopfbüchse ausgeschlossen. Die Wölbung der Zylinderdeckel bietet neben größerer Widerstandsfähigkeit derselben den Vorteil, daß ein sehr kleiner schädlicher Raum erzielt wird, so daß diese Pumpen bei Anwendung eines Fußventils bis zu 7 m saugen können. Nach Angabe der ausführenden Firma kann unter der Voraussetzung der entsprechenden Kraft am Hebel die Gesamtförderhöhe dieser Pumpen ca. 22 m betragen.

Die Handkolbenpumpe der Maschinenfabrik Gritzner, Akt.-Ges. in Durlach, die sog. Niagarapumpe, Fig. 292, besitzt zwei Scheibenkolben, welche mittels eines Schwunghebels, auf dessen Welle ein doppelarmiger Hebel angebracht ist, in entgegengesetzter Richtung hin- und herbewegt werden. Ist F der wirksame Kolbenquerschnitt, S der Hub der Kolben, so wird, wenn die Kolben gegeneinander oder auseinander bewegt werden, bei dem Hub S von beiden Kolben zusammen die Wassermenge $2FS$ verdrängt. Durch die Antriebsvorrichtung wird also gleichsam der wirksame Kolbenhub verdoppelt.

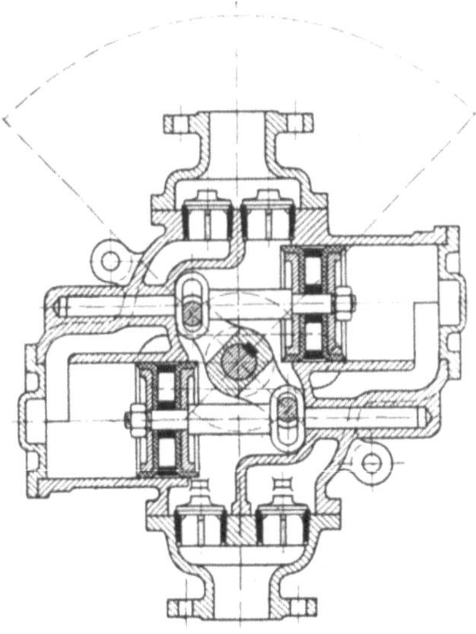

Fig. 292.

Die Wirkungsweise der Pumpe ist die folgende: Die inneren Seiten der Kolben saugen das Wasser durch das untere linke Saugventil und drücken es durch das obere rechte Druckventil in das Druckrohr. Die äußeren Kolbenseiten saugen durch das rechte Saugventil und drücken durch das linke Druckventil. Die erstere Funktion der Pumpe ist ohne weiteres klar, zur zweiten wäre zu bedenken, daß die beiden in der Zeichnung ersichtlichen Räume (über dem rechten Saug- und unter dem linken Druckventil) durch einen Kanal, welcher an der Hinterseite der Pumpe liegt, verbunden sind.

Vermöge der Gesamtanordnung der Pumpe ist bei sehr gedrängtem Bau eine große Wasserlieferung erzielt. Dieser Vorteil bedingt aber zwei Kolben mit beiderseitiger Abdichtung und doppelten Antrieb. Die zulässige Saughöhe wird von der ausführenden Firma zu 7 m, die Druckhöhe zu 20—25 m angegeben.

Die doppeltwirkende Golfpumpe (Fig. 293 u. 294) von Max Brandenburg in Berlin ist eine Vereinigung zweier Hubpumpen mit wagerechter Zylinderachse, deren Saug- und Kolbenventile als Klappen ausgeführt sind. Die Wirkungsweise ist bereits auf S. 9 beschrieben. Zulässige Saug- und Druckhöhe betragen nach Angabe der Firma 8 bzw. 20 m.

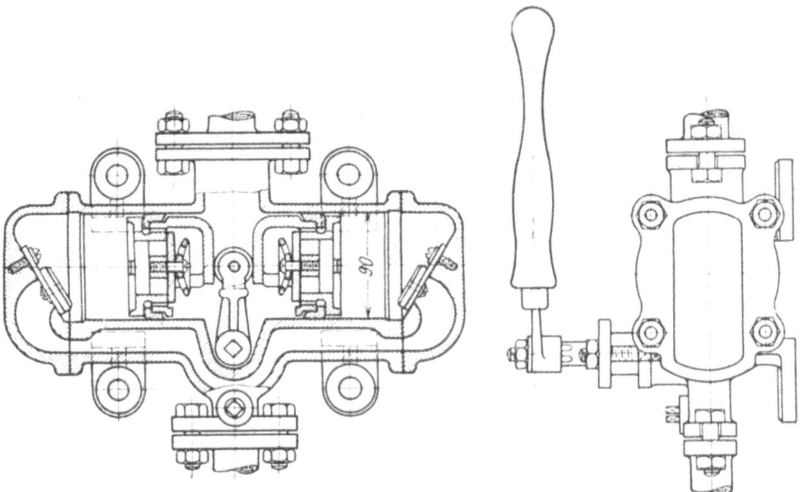

Fig. 293.   Fig. 294.

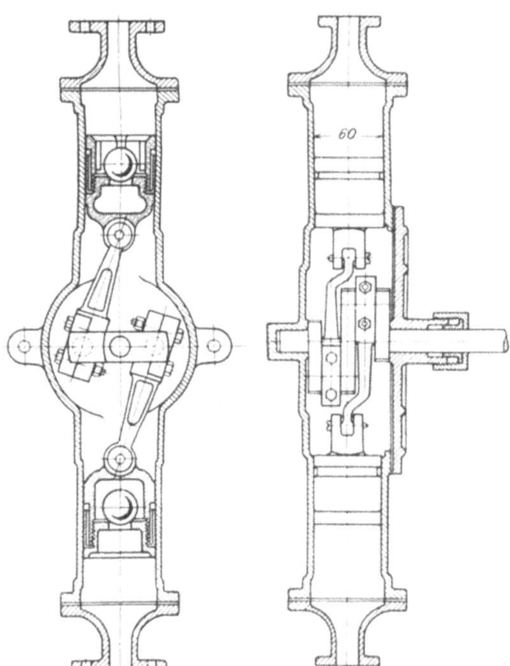

Fig. 295.

Die Anordnung von zwei Hubpumpen übereinander mit senkrechter Achse zeigt die Pumpe „Rekord" von Gotthold Allweiler in Radolfzell (Baden), Fig. 295. Die beiden Kolben mit Messing-Kugelventilen haben gegenläufige Bewegung. Jeweilig saugt und drückt zugleich der aufsteigende Kolben, während der niedergehende sich wirkungslos durch die Wassersäule schiebt. Es liegt also Doppelwirkung vor bei nur 2 Ventilen, aber 2 Kolben. Da die Bewegungsrichtung des niedergehenden Kolbens der Wasserströmung entgegengesetzt gerichtet ist,

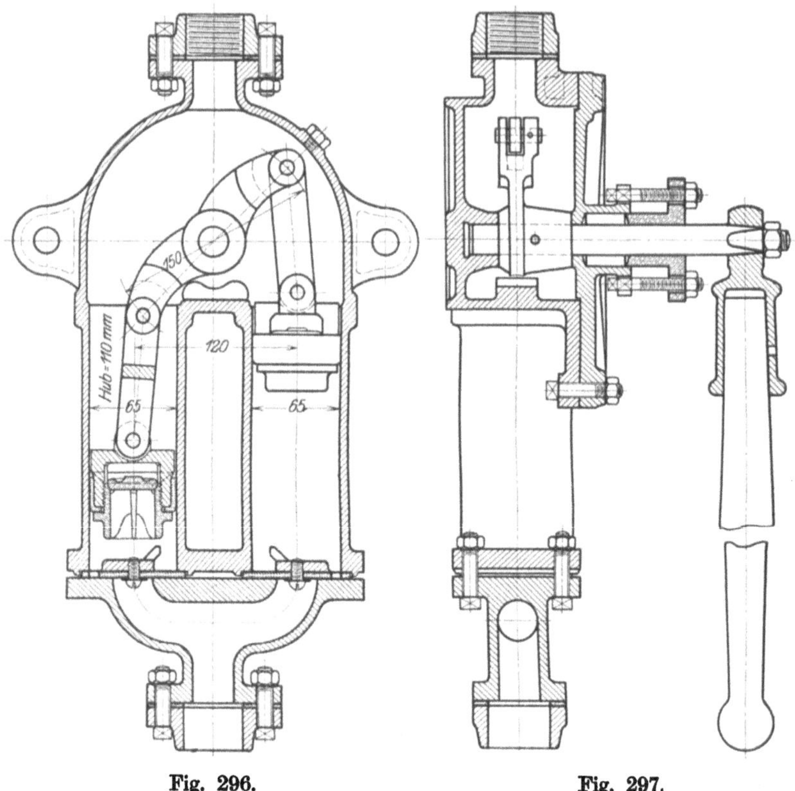

Fig. 296.   Fig. 297.

so ist die relative Durchflußgeschwindigkeit des Wassers durch sein Ventil gleich der Summe von Kolben- und Wassergeschwindigkeit. Die Pumpe kann durch Handhebel oder auch Schwungrad von Hand oder durch Riemenscheibe angetrieben werden. Bei Dauerbetrieb dürfte es sich aber als nachteilig erweisen, daß die Kurbelgetriebe in der Förderflüssigkeit liegen und die Zapfen deshalb nicht geschmiert werden können. Die Saughöhe wird bei Verwendung eines Fußventils zu 6 m, die Gesamtförderhöhe zu 10 m angegeben.

Der Zusammenbau von zwei Hubpumpen nebeneinander mit senkrechter Zylinderachse ergibt die doppeltwirkende Oderpumpe Fig. 296

und 297 der Firma **Eisenhütten- und Emaillierwerk Neusalz
(Oder)**. Die Pumpen haben in normaler Ausführung gußeiserne Ledermanschettenkolben mit Messing-Kegelventil, schmiedeiserne Gelenk-
stücke, stählerne Welle und Lederklappenventile. Kolben und Triebwerk werden durch Abnahme des seitlichen Gehäusedeckels zugänglich.

Eine **Handpreßpumpe** für einen Druck bis 1200 Atmosphären
der Firma **Friedrich Götze in Burscheid bei Köln a. Rh.** zeigt

Fig. 298. Fig. 299.

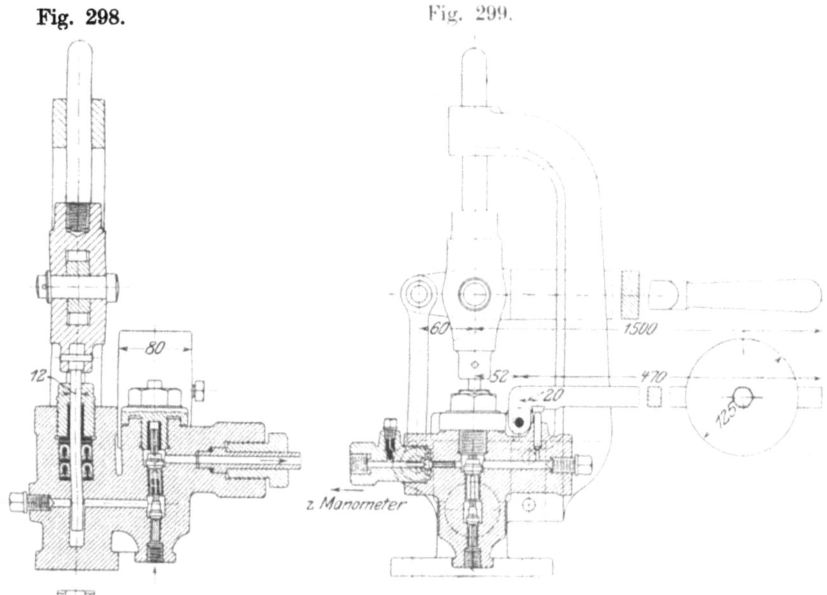

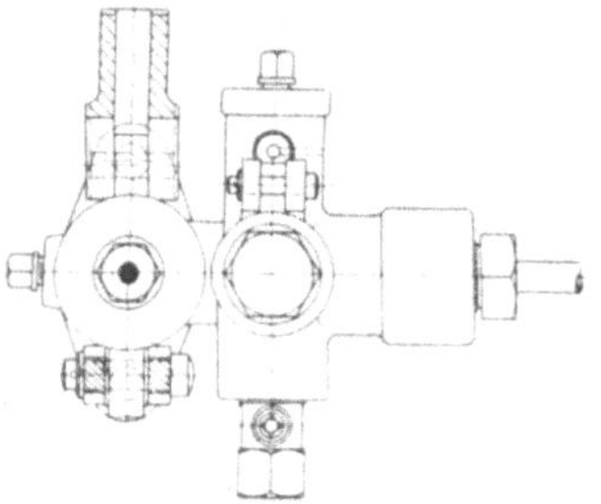

Fig. 300.

Fig. 298 bis 300. Das Material des
Pumpenkörpers ist Kanonenmetall, des
Plungers und sämtlicher Ventile Nickelstahl, der Verschlußschrauben Stahl, des
Kreuzkopfes und Führungsarmes Gußeisen, der Hebel und Zapfen Schmiedeisen bzw. Stahl. Die Abdichtung des
Plungers geschieht durch zwei Ledermanschetten mit Rotgußsitzen. Eine
Überschreitung des zulässigen Höchst-
drucks ist durch ein Sicherheitsventil mit Gewichtsbelastung vermieden. Zum Schutz des Manometers gegen plötzliche Entlastung
ist ein Rückschlagventil in dem zum Manometer führenden Kanal
angeordnet, außerdem ist ein Ablaßventil für das Manometer vorgesehen.

Solche Preßpumpen werden häufig mit zwei konzentrischen in-
einandergesteckten Plungern ausgeführt, von denen der größere zum
Füllen, der kleinere zum Pressen dient. Nach Erreichung eines

bestimmten Druckes wird der größere von Hand ausgelöst, worauf mit dem kleineren bis zur Erzeugung des Höchstdrucks weiter gearbeitet wird.

24. Pumpen mit Riemenantrieb.

Die Riemenübertragung kommt bei Pumpen kleiner und mittlerer Arbeitsleistung in Anwendung, wenn diese von einer Transmissionswelle oder von schnellaufenden Motoren (Gasmotoren, Elektromotoren) angetrieben werden.

Bei Transmissionspumpen wird bis zu Arbeitsleistungen von etwa 25 Pferdekräften die Riemenscheibe auf der Pumpenwelle selbst angebracht. Für größere Arbeitsleistung ordnet man, um zu große Abmessungen der Riemenscheiben zu vermeiden, diese auf einer schneller als die Pumpenwelle laufenden Vorgelegewelle an und überträgt die an der Riemenscheibe geleistete Arbeit mittels Stirnrädergetriebes auf die Pumpenwelle. Der Vergrößerung der Antriebsarbeit der Pumpe durch die Reibungswiderstände des Zahnrädervorgeleges steht eine Verminderung der von dem Riemenzug herrührenden Zapfenreibungsarbeit gegenüber, weil der Riemenzug bei der schnellaufenden Riemenscheibe kleiner sein kann als bei der langsamlaufenden. Man findet jedoch die Anwendung eines Rädervorgeleges auch bei Arbeitsleistungen, die wesentlich kleiner sind als 25 Pferdekräfte, im Fall, daß sich für einen bestimmten Konstruktionstyp bei größeren Förderhöhen unbequeme Abmessungen der Riemenscheibe ergeben, oder wenn der Unterschied in den Umdrehungszahlen der Transmissionswelle und der Pumpenwelle für eine einfache Riemenübertragung zu groß ist. Dies trifft bei langsamlaufenden Pumpen, z. B. Tiefbrunnenpumpen zu, bei welchen die Arbeitsverhältnisse der Pumpe oft nur 20 bis 30 Umdrehungen in der Minute gestatten.

Die Beanspruchung des Riemens ist bei Pumpen mit Kurbelgetriebe eine ungünstige, insofern bei einfachwirkenden und bei doppeltwirkenden Pumpen die Umfangskraft an der Riemenscheibe fortwährend von null auf ein Maximum steigt und wieder auf null sinkt. Diese Veränderlichkeit in der Umfangskraft ist bei einfachwirkenden Pumpen am größten, dieselben werden daher bei Riemenantrieb nur für ganz kleine Leistungen gebaut, in der Regel findet man Zwillingspumpen, d. h. zwei einfachwirkende Pumpen mit Kurbelversetzung von 180⁰, doppeltwirkende Pumpen oder, wenn die notwendige Umfangskraft an der Riemenscheibe möglichst gleichmäßig sein soll, wie dies beim Antrieb durch Elektromotoren erforderlich ist, drei einfachwirkende unter 120⁰ gekuppelte sog. Drillingspumpen. Für große Wassermengen werden auch zwei doppeltwirkende Pumpen mit Kurbeln unter 90⁰ angeordnet (vgl. auch die Lieferungskurven auf S. 17 und 18, welche ein Bild von der Veränderlichkeit der Umfangskraft an der Riemenscheibe geben, für den Fall, daß die Saugarbeit der Pumpe gegenüber der Druckarbeit nicht in Betracht kommt).

Die Ausbildung der Riemenscheibe zum Schwungrad ist nur bei schnellaufenden Scheiben, wie sie bei Pumpen mit elektrischem Antrieb vorkommen, von Vorteil, denn bei den Riemenscheiben der gewöhnlichen Transmissionspumpen ist die Umfangsgeschwindigkeit zu klein, als daß ein nennenswerter Betrag von mechanischer Energie zum Ausgleich der Umfangskraft in dem Scheibenkranz aufgespeichert werden könnte.

Die in Fig. 301 dargestellte **Rohrbrunnenpumpe der Aktiengesellschaft für Brückenbau, Tiefbohrung und Eisenkonstruktionen in Neuwied a. Rh.** ist eine Hubpumpe mit Ausgleichsplunger (vgl. Fig. 18, S. 12).

Der Oberbau der Pumpe besteht aus einem gußeisernen Kasten, auf welchem die zylindrische Geradführung für den Kreuzkopf eines Kurbelgetriebes stehend angeordnet ist. Das obere Ende der Geradführung schließt sich an ein schmiedeisernes, im Mauerwerk gelagertes Balkengerüst an, welches das Triebwerk trägt.

An der Seite des Kastens zweigt die Druckleitung ab, während am Boden desselben unter Vermittlung eines konischen Zwischenstücks aus Gußeisen das Pumpenrohr aufgehängt ist. Dieses besteht aus schmiedeisernen Flanschenrohren, dem Pumpenzylinder aus Gußeisen und dem schmiedeisernen Saugrohr. Letzteres ist noch durch ein Gasrohr verlängert, um die ganze Leitung auf dem Grund des Brunnens abstützen zu können.

Saugventil und Kolbenventil sind einfache Ringventile aus Bronze mit ebenen Sitzflächen, Lederdichtung und oberer Stiftführung. Der außen kegelförmig abgedrehte Saugventilsitz ruht in einer entsprechend ausgebohrten Hülse, welche in das untere Zylinderende eingeschraubt ist. Er wird durch das Eigengewicht in seiner Lage gehalten und kann an einer Traverse gefaßt und heraufgeholt werden. Der durch federnde Bronzeringe abgedichtete Ventilkolben aus Gußeisen hängt an einem Gestänge, welches aus schmiedeisernen, durch Keilschlösser verbundenen Stangen hergestellt ist und durch das Kurbelgetriebe auf- und niederbewegt wird. Am oberen Ende des Gestänges ist der Ausgleichsplunger angebracht. Die Decke des Wasserkastens hat eine Öffnung, welche so groß ist, daß der Ventilkolben und das Saugventil nach oben herausgezogen werden können. Der Verschluß dieser Öffnung erfolgt durch einen Deckel mit Stopfbüchse zur Abdichtung des durchtretenden Plungers.

Die Kurbelwelle ist durch eine Riemenscheibe und ein Zahnrädervorgelege mit der Übersetzung $1:5$ angetrieben. Zur Erzielung gleicher Antriebskraft für den Auf- und Niedergang ist ein Gegengewicht angeordnet.

Die Hauptabmessungen der Pumpe sind: Durchmesser des Ventilkolbens $D = 175$ mm, Durchmesser des Ausgleichsplungers $d = 160$ mm, Hub $S = 750$ mm, Umdrehungen in der Minute $n = 20$.

Die Wirkungsweise der Pumpe (vgl. S. 12, Fig. 18) ist die folgende: Beim Aufgang wird die Wassermenge $(F-f)\,S$ in den Druckwindkessel gefördert und gleichzeitig die Wassermenge FS in den Zylinderraum gesaugt, beim Niedergang wird die Wassermenge fS in den Druckwindkessel gepreßt. Die während einer Kurbelumdrehung in den Windkessel geförderte Wassermenge ist also $(F-f)\,S + fS = FS$ und die Wasserlieferung in der Sekunde

$$Q = \frac{FSn}{60}.$$

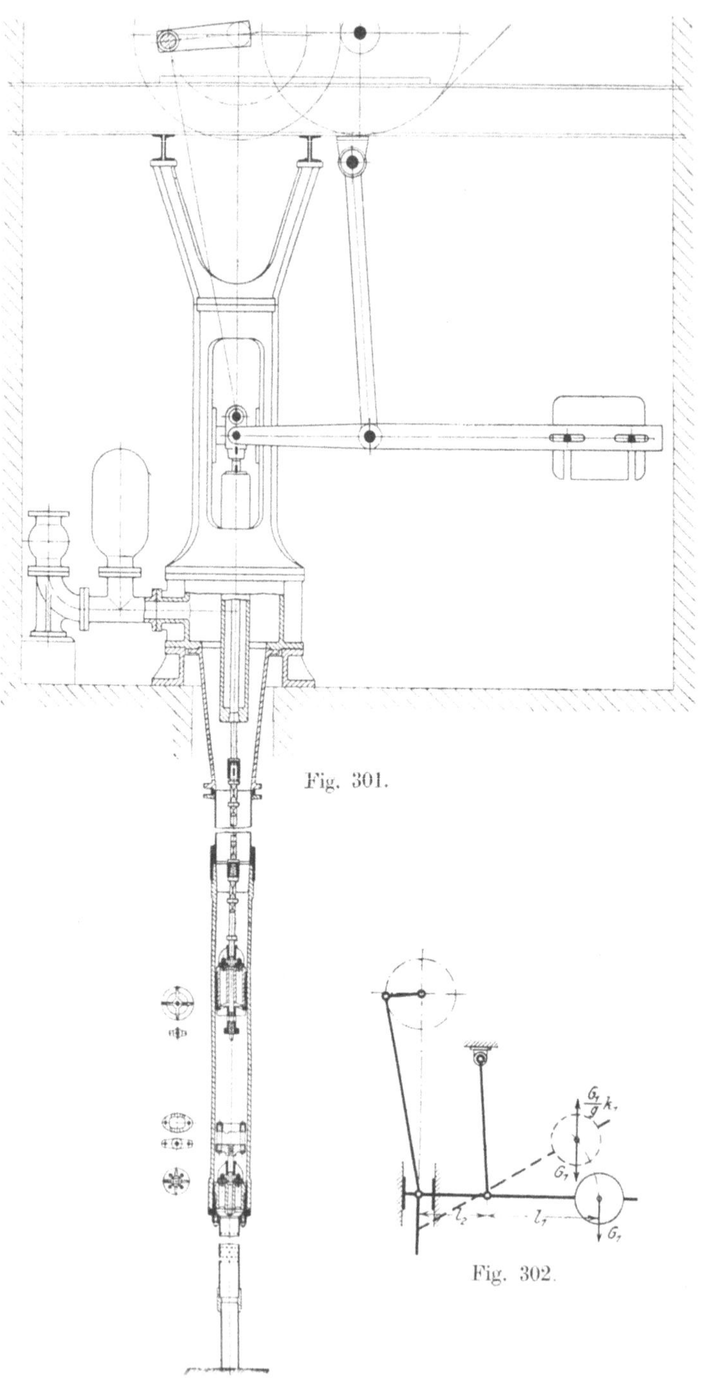

Fig. 301.

Fig. 302.

Bestimmung der Größe des Gegengewichts: Die notwendige Kraft an der Kolbenstange unterhalb des Kreuzkopfes sei für den Aufgang mit P_a, für den Niedergang mit P_n bezeichnet. Das Gegengewicht von der Größe G_1 kg übt (s. Fig. 302) auf den Kreuzkopf vermöge des Hebelverhältnisses $l_1 : l_2$ einen nach oben gerichteten Druck von der Größe

$$G_2 = G_1 \frac{l_1}{l_2} \quad \ldots \ldots \ldots \ldots \ldots \quad 355$$

aus. Durch diesen Druck wird die notwendige Kraft an der Schubstange beim Aufgang vermindert, beim Niedergang vermehrt. Diese Kraft ist

$$\text{für den Aufgang} \quad P_1 = P_a - G_2 = P_a - G_1 \frac{l_1}{l_2} \quad \ldots \ldots \quad 356$$

$$\text{,, \quad ,, \quad Niedergang} \quad P_2 = P_n + G_2 = P_n + G_1 \frac{l_1}{l_2} \quad \ldots \ldots \quad 357$$

Es ist also die Antriebskraft für den Auf- und Niedergang gleich, d. h. $P_1 = P_2$, wenn

$$P_a - G_2 = P_n + G_2 \quad \ldots \ldots \ldots \ldots \quad 358$$

d. h.

$$G_2 = \frac{P_a - P_n}{2} \quad \ldots \ldots \ldots \ldots \ldots \quad 359$$

ist. Hieraus folgt die Größe des Gegengewichts

$$G_1 = \frac{G_2 l_2}{l_1} = \frac{P_a - P_n}{2} \frac{l_2}{l_1} \quad \ldots \ldots \ldots \quad 360$$

Die Kraft P_a bzw. P_n an der Kolbenstange bestimmt sich wie folgt: Der Kolben sei in seine Mittelstellung gebracht. Seine senkrechte Entfernung vom Druckwindkessel sei alsdann $L\,m$, sein Abstand vom Wasserspiegel des Brunnens H_s m. Die Höhe der Wassersäule über Tag einschließlich der Widerstände in der Druckleitung sei H_d m, dann ist die absolute Windkesselpressung $(A + H_d)$ m, wenn A den Druck der Atmosphäre auf die Mündung des Druckrohres in m Wassersäule bedeutet. Sofern man den kleinen Querschnitt des Gestänges vernachlässigt, ist die wirksame Fläche des Ventilkolbens oben und unten gleich groß. Sie sei (s. vorletzte Seite) mit F qm und die Querschnittsfläche des Ausgleichsplungers mit f qm bezeichnet.

Beim Aufgang drückt auf die obere Fläche des Ventilkolbens die Windkesselpressung $(A + H_d)$ und die Wassersäule von der Höhe L, also eine Kraft $\gamma F (A + H_d + L)$ kg, wenn $\gamma = 1000$ das Gewicht eines cbm Wasser bedeutet. Die unterhalb des Ventilkolbens befindliche Wassersäule übt vermöge des auf dem Wasserspiegel des Brunnens lastenden Atmosphärendrucks auf die Unterfläche des Kolbens eine nach oben gerichtete Kraft $\gamma F (A - H_s)$ kg aus. Auf die untere Fläche f des Ausgleichsplungers wirkt (angenähert) die Windkesselpressung, also eine nach oben gerichtete Kraft $\gamma f (A + H_d)$ kg, während auf die obere Fläche des Plungers der Atmosphärendruck mit $\gamma f A$ kg wirkt. Das abwärts wirkende Gewicht der beiden Kolben, des Gestänges und der auf- und niedergehenden Teile des Triebwerks sei G kg.

Es ist somit die notwendige Zugkraft an der Kolbenstange beim Aufgang

$$P_a = \gamma F(A + H_d + L) - \gamma F(A - H_s) - \gamma f(A + H_d) + \gamma f A + G$$
$$= \gamma F(H_d + L + H_s) - \gamma f H_d + G \ldots \ldots \ldots \ldots \quad 361$$

Beim Niedergang wirkt auf die untere Fläche des Ausgleichsplungers die nach oben gerichtete Kraft $\gamma f(A + H_d)$ kg, auf die obere Fläche desselben, nach abwärts gerichtet, der Atmosphärendruck $\gamma f A$ kg. Außerdem wirkt das Gewicht G kg der Konstruktionsteile nach abwärts.

Die notwendige Druckkraft an der Kolbenstange beim Niedergang ist daher

$$P_n = \gamma f(A + H_d) - \gamma f A - G$$
$$= \gamma f H_d - G \ldots \ldots \ldots \ldots \ldots \ldots \quad 362$$

Setzt man die gefundenen Werte von P_a und P_n in die Gleichung 360 ein, so ergibt sich die Größe des Gegengewichts zu

$$G_1 = \left[\frac{\gamma F(H_d + L + H_s)}{2} - \gamma f H_d + G \right] \frac{l_2}{l_1} \quad \ldots \ldots \quad 363$$

Aus der Gleichung ist ersichtlich, daß das Gegengewicht um so kleiner ausfällt, je größer der Querschnitt f des Ausgleichsplungers gewählt wird. Ist $f = \dfrac{F}{2}$, so findet gleiche Wasserlieferung in den Windkessel beim Auf- und Niedergang statt, ist $f = F$, so arbeitet die Pumpe einfachwirkend und drückt nur beim Niedergang Wasser in den Windkessel.

Bei der Berechnung des Triebwerks ist die Einwirkung der Massenkräfte zu berücksichtigen. Offenbar ist der nötige Druck am Kurbelzapfen beim Anhub für den Aufgang am größten, denn in diesem Augenblick sind nicht nur die auf- und niedergehenden Konstruktionsteile und das Gegengewicht, sondern es ist auch die ganze zwischen dem Ende des Saugrohrs und dem Windkessel befindliche Wassermenge zu beschleunigen, während beim Niedergang, abgesehen von dem kurzen Stück zwischen Ausgleichsplunger und Windkessel, das Wasser in der Pumpe stillsteht.

Wird die Kolbenbeschleunigung beim Anhub mit k_0, die Beschleunigung der Schwerkraft mit $g = 9{,}81$ bezeichnet, so ist zur Beschleunigung der Konstruktionsteile vom Gewicht G die Kraft $\dfrac{G}{g} k_0$ erforderlich.

Steht der Kolben in seiner tiefsten Stellung, so steht das Gegengewicht G_1 in seiner höchsten (s. Fig. 302). Ist die Beschleunigung des Kolbens k_0, so ist die Beschleunigung des Gegengewichts $k_1 = k_0 \dfrac{l_1}{l_2}$. Es ist also die Massenkraft im Schwerpunkt des Gegengewichts $\dfrac{G_1}{g} k_1 = \dfrac{G_1}{g} k_0 \dfrac{l_1}{l_2}$. Diese Kraft wirkt entgegengesetzt der Beschleunigungsrichtung, ist also nach oben gerichtet und übt vermöge der Hebelanordnung auf den Kreuzkopf eine nach abwärts gerichtete Kraft von der Größe $\dfrac{G_1}{g} k_0 \left(\dfrac{l_1}{l_2} \right)^2$ aus, welche beim Anhub zu überwinden ist. Für die

Wassermenge zwischen dem Ende des Saugrohrs und dem Windkessel sei ein konstanter Querschnitt F bei einer Länge L_0, also das Gewicht $\gamma F L_0$ angenommen. Zu ihrer Beschleunigung ist die Kraft $\dfrac{\gamma F L_0}{g} k_0$ notwendig.

Die Summe der zur Massenbeschleunigung notwendigen Kräfte ist somit

$$K = \left[G + G_1 \left(\frac{l_1}{l_2} \right)^2 + \gamma F L_0 \right] \frac{k_0}{g} \quad \ldots \ldots \quad 364$$

und die zum Anhub notwendige Kraft am Kurbelzapfen

$$P_0 = P_1 + K = P_a - G_1 \frac{l_1}{l_2} + K \quad \ldots \ldots \quad 365$$

Hinsichtlich der Frage, wie das Verhältnis $l_2 : l_1$ am Gegengewichtshebel zu wählen ist, sei noch folgendes hervorgehoben:

Die Größe des Gegengewichts bestimmt sich nach Gleichung 360 aus

$$G_1 = \frac{P_a - P_n}{2} \frac{l_2}{l_1}$$

Je größer also der Hebelarm l_1 gewählt wird, um so kleiner kann das Gegengewicht sein.

Die im Schwerpunkt des Gegengewichts wirkende Massenkraft ist nach dem Vorstehenden

$$\frac{G_1}{g} k_0 \frac{l_1}{l_2} = \frac{P_a - P_n}{2g} k_0.$$

Sie ist also unabhängig von der Länge des Hebels l_1. Der von dieser Massenkraft auf den Kreuzkopf ausgeübte Rückdruck, welcher die Beanspruchung des Getriebes vermehrt, ist aber

$$\frac{G_1}{g} k_0 \left(\frac{l_1}{l_2} \right)^2 = \frac{P_a - P_n}{2g} k_0 \frac{l_1}{l_2}.$$

Er ist also um so größer, je länger der Hebel l_1 gewählt wird. Mit Rücksicht auf die Ruhe des Gangs der Pumpe und auf die Beanspruchung des Triebwerks ist es also angezeigt, den Hebelarm l_1 kurz mit entsprechend großem Gegengewicht auszuführen.

Eine Bohrlochpumpe nach dem Prinzip Rittinger, System Boehme der Breslauer Dampfkessel- und Maschinenfabrik Boehme in Breslau zeigt Fig. 303—305.

Ein innen und außen abgedrehter Stahlzylinder, der an seinem unteren Ende das Saugventil und den Saugkorb trägt, ist in seinem äußeren Durchmesser so dimensioniert, daß er durch die Verrohrung des Bohrloches hinabgelassen werden kann. Nach oben ist er durch aneinandergeschraubte Rohre verlängert und über Tage einstellbar aufgehängt. In dem Stahlzylinder bewegt sich mit dem auf- und niedergehenden Steigrohr und zwischengeschalteten Windkessel von ziemlich großer Länge (da der Durchmesser sehr beschränkt ist) fest verbunden ein Hohltauchkolben mit dem Druckventil. Oben endet das Steigrohr in einem zweiten gußeisernen Zylinder, der auf dem feststehenden sog.

Fig. 303.

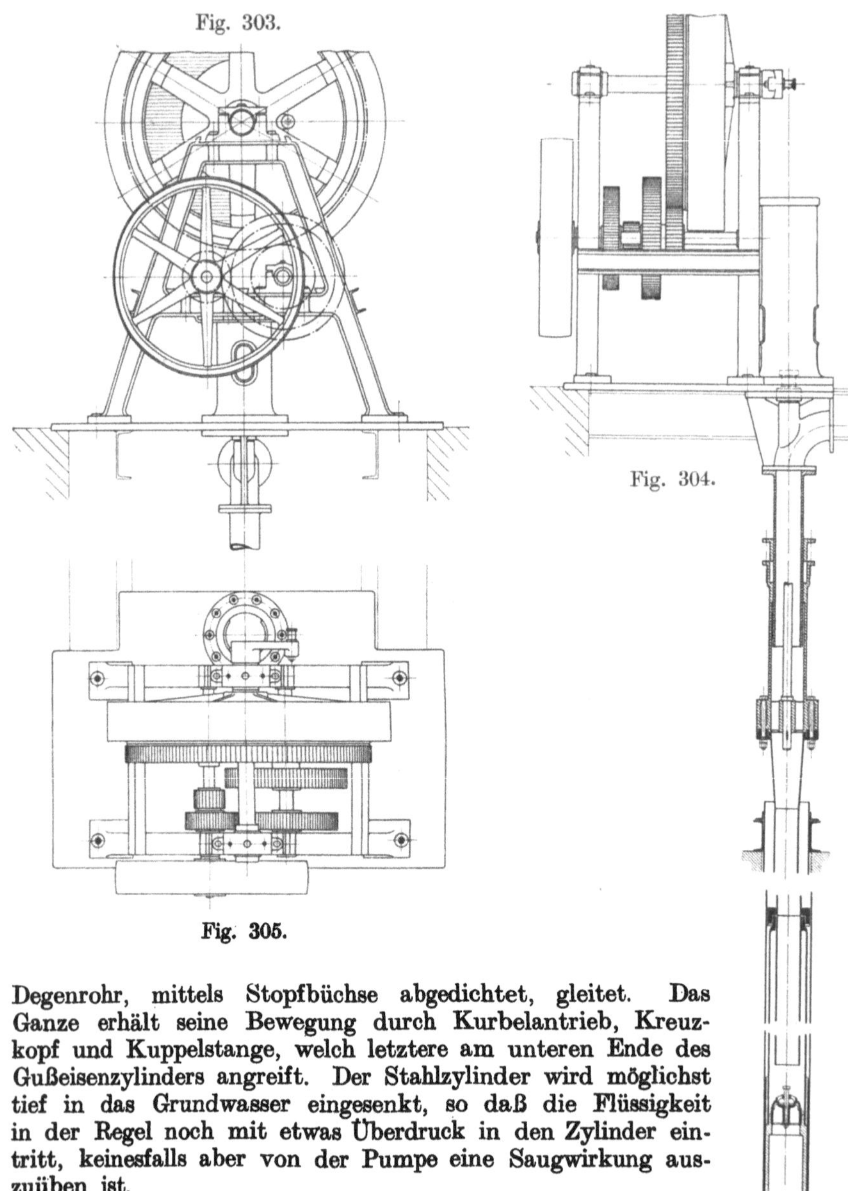

Fig. 305.

Fig. 304.

Degenrohr, mittels Stopfbüchse abgedichtet, gleitet. Das
Ganze erhält seine Bewegung durch Kurbelantrieb, Kreuzkopf und Kuppelstange, welch letztere am unteren Ende des
Gußeisenzylinders angreift. Der Stahlzylinder wird möglichst
tief in das Grundwasser eingesenkt, so daß die Flüssigkeit
in der Regel noch mit etwas Überdruck in den Zylinder eintritt, keinesfalls aber von der Pumpe eine Saugwirkung aus-
zuüben ist.

Bezüglich der Bauart ist noch zu erwähnen, daß die
starken Verbindungsflanschen der Gestängerohre an der
Wandung des Zylinderaufhängerohrs gleiten und dadurch die
Geradführung für das Gestänge ermöglichen. Damit die Aus-
wechslung abgenutzter Teile nach Möglichkeit vermieden oder
doch auf das mindest zulässige Maß beschränkt werde, sind

die Doppelsitzglockenventile aus Bronze hergestellt und ist der Tauchkolben so eingerichtet, daß er in seiner ganzen Länge im Stahlzylinder genau geführt und abgedichtet ist, während einige federnde Kolbenringe eine dauernd gute Abdichtung verbürgen.

Die vorliegende Pumpe ist für 35—45 m Teufe, zwei verschiedene Leistungen von 3 und 6 l/sek bei 12 bzw. 24 Doppelhüben konstruiert. Hierbei ist der Durchmesser des Pumpenkolbens $= 220$ mm, der äußere Durchmesser des Degenrohrs $= 160$ mm und der Kolbenhub $= 500$ mm. Der Antrieb erfolgt elektrisch mittels Riemenscheibe und auswechselbaren doppelten Stirnradvorgeleges.

Die Wirkungsweise der Pumpe läßt sich an der schematischen Fig. 306 erklären.

D ist das feststehende Degenrohr. Der Kolben K wird samt dem Windkessel W, dem Steigrohr R und dem oberen Zylinder C auf- und abbewegt. V_s ist das Saugventil, V_d das Druckventil. Ferner sei F der Kolbenquerschnitt, S der Kolbenhub, f der lichte Querschnitt der Steigleitung, f_1 der äußere Querschnitt des Degenrohrs.

Der Kolben befinde sich in der Skizze in Mittelstellung. Es ist dann

$H_d =$ mittlere Druckhöhe,

$L =$ Länge des Steigrohrs,

$H_s =$ mittlere (negative) Saughöhe.

Wasserlieferung der Pumpe: Beim Aufgang wird der obere Zylinder C um S gehoben, das Degenrohr dringt dadurch in den Zylinder hinein und verdrängt eine Wassermenge $f_1 S$ aus diesem nach der Druckleitung. Gleichzeitig tritt in den unteren Zylinder durch das Saugventil die Wassermenge $F S$. Beim Niedergang verdrängt der Kolben aus dem unteren Zylinder die Wassermenge $F S$. Dieselbe gelangt durch das Steigrohr in den oberen Zylinder C. Dadurch, daß dieser Zylinder sich zugleich mit dem Kolben nach abwärts bewegt, macht das Degenrohr einen Raum $f_1 S$ frei. Dieser Raum wird von der durch das Steigrohr kommenden Wassermenge ausgefüllt, der übrige Teil $(F - f_1) S$ dieser Wassermenge geht in die Druckleitung über. Es tritt also Wasser in die Druckleitung

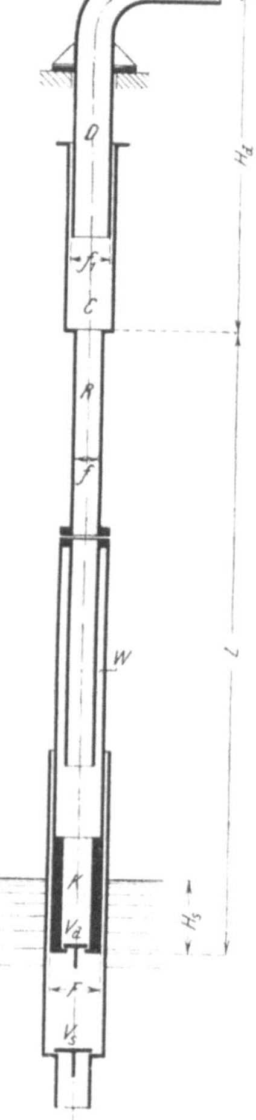

Fig. 306.

beim Aufgang $f_1 S$

beim Niedergang $(F - f_1) S$.

Soll die Pumpe beim Auf- und Niedergang gleich viel Wasser ausgießen, so muß demnach sein

$$f_1 = F - f_1$$
$$2 f_1 = F.$$

Damit die Kraft zum Bewegen des Kolbens für den Aufgang und Niedergang gleich groß wird, ergeben sich folgende Bedingungen.

Aufgang:

1. Es ist das Gewicht des Kolbens (Kolben + Windkessel + Wasser im Windkessel) samt dem Gewicht des Steigrohrs, des oberen Zylinders, des Gestänges und der auf- und niedergehenden Massen des Triebwerks zu heben. Hierzu ist notwendig die Kraft $+G$ kg.
2. Das Gewicht des im Steigrohr befindlichen Wassers ist $\gamma f L$, wo $\gamma = 1000$ das Gewicht von 1 cbm Wasser bedeutet. Dieses Gewicht ist zu heben, erfordert daher die Kraft $+\gamma f L$ kg.
3. Auf die Bodenfläche des oberen Zylinders vom Querschnitt f_1 drückt die Drucksäule von der Höhe H_d mit der Kraft $\gamma f_1 H_d$ nach abwärts. Um diesen Druck zu überwinden, ist also die Kraft $+\gamma f_1 H_d$ kg notwendig.
4. Auf die untere Fläche des Kolbens K wirkt die Wassersäule H_s nach oben mit einem Druck $\gamma F H_s$. Die notwendige Kraft zum Aufgang wird also durch diesen Druck vermindert um $\gamma F H_s$ kg.

Somit ist die notwendige Kraft am Gestänge beim Aufgang:

$$P_a = G + \gamma f L + \gamma f_1 H_d - \gamma F H_s \quad\ldots\ldots\ldots \quad 366$$

Niedergang:

Das Saugventil ist geschlossen, das Druckventil ist geöffnet.

1. Auf die untere Kolbenfläche von der Größe $(F-f)$ wirkt der Druck einer Wassersäule von der Höhe $(L+H_d)$. Demnach ist zum Niederdrücken des Kolbens eine Kraft $\gamma(F-f)(L+H_d)$ notwendig.
2. Auf die Ringfläche (f_1-f) am Boden des oberen Zylinders wirkt der Druck H_d. Also wirkt nach abwärts auf diese Fläche die Kraft $\gamma(f_1-f)H_d$; die notwendige Kraft für den Niedergang wird dadurch vermindert um $\gamma(f_1-f)H_d$ kg.
3. Das Gewicht G des Kolbens usw. wirkt nach abwärts und vermindert die notwendige Kraft um G kg.

Somit ist die notwendige Kraft am Gestänge für den Niedergang

$$\begin{aligned}P_n &= \gamma(F-f)(L+H_d) - \gamma(f_1-f)H_d - G \\ &= \gamma F(L+H_d) - \gamma f L - \gamma f_1 H_d - G \quad\ldots\ldots \quad 367\end{aligned}$$

Sollen die Kräfte für den Auf- und Niedergang gleich groß sein, d. h. $P_a = P_n$ oder $P_a - P_n = 0$ sein, so ergibt sich

$$G + \gamma f L + \gamma f_1 H_d - \gamma F H_s - \gamma F L - \gamma F H_d + \gamma f L + \gamma f_1 H_d + G = 0$$

$$2G + 2\gamma f L + 2\gamma f_1 H_d - \gamma F(H_s + L + H_d) = 0$$

$$2\gamma f L = \gamma F(H_s + L + H_d) - 2G - 2\gamma f_1 H_d \quad\ldots\ldots \quad 368$$

Die Bedingung gleicher Antriebskraft beim Auf- und Niedergang fordert daher ein Querschnittsverhältnis

$$\frac{f}{F} = \frac{H_s + L + H_d}{2L} - \frac{G}{\gamma F L} - \frac{f_1 H_d}{F L} \quad\ldots\ldots \quad 369$$

Da man die Geschwindigkeit der Flüssigkeit in dem Steigrohr nicht zu groß annehmen darf, so wird man in den meisten Fällen keinen vollkommenen Ausgleich erreichen. Man verwendet deshalb ein Gegengewichtsrad auf der Kurbelwelle mit eingelegten auswechselbaren Platten, so daß man in der Lage ist, je nach dem Wasserstand im Bohrloch die Ausbalancierung abzustimmen.

Die Vorteile, welche für dieses Pumpensystem geltend gemacht werden können, sind folgende:

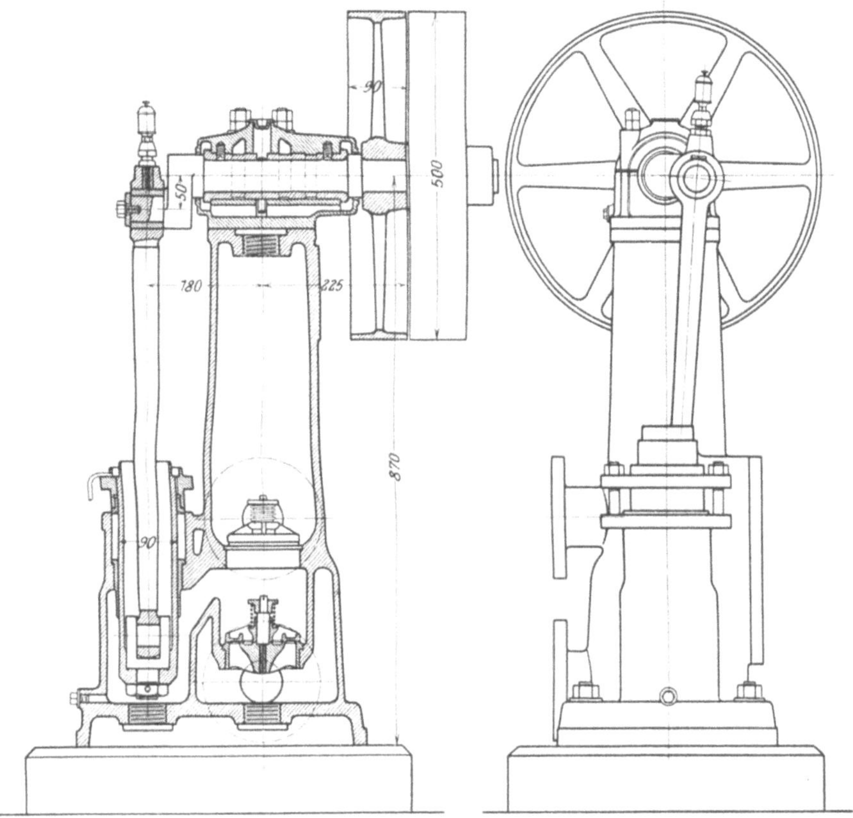

Fig. 307. Fig. 308.

Der Ausgleich des Kraftbedarfs für den Auf- und Niedergang liegt in der Pumpe selbst, wodurch das Ausgleichsgewicht entweder ganz entbehrlich oder nur klein wird. Wegen der kleineren Gewichte kann man hohe Umdrehungszahlen anwenden, je nach der Größe 30—50 in der Minute. Da die Wassersäule nicht zur Ruhe kommt, weil sie auch beim Niedergang hochgedrückt wird, so muß sie nicht bei jedem Aufgang angehoben werden; die in Rechnung zu ziehenden Massenkräfte sind daher geringer. Die Reibung in dem engen Steigrohr wirkt mit abbremsend auf die Massen beim Niedergang.

Weiteres über Bohrlochpumpen gibt die vorzügliche Abhandlung von H. Wettich, Die Durchbildung der Bohrlochpumpen mit bewegten Maschinenteilen unter Tage, Z. d. Ver. deutsch. Ing. 1911, S. 617.

Die freistehende einfachwirkende Plungerpumpe von Bopp & Reuther, Mannheim-Waldhof (Fig. 307 und 308) eignet sich zum Speisen von Behältern und Dampfkesseln bis zu 6 Atm. Betriebsdruck. Die stehende Anordnung verlangt nur wenig Raum im Grundriß. Das Kurbelwellenlager mit Ringschmierung hat besonders lange nachstellbare Rotgußschalen. Das obere Lenkstangenlager hat ebenfalls nachstellbare Rotgußschalen, das untere in Öl laufenden Bolzen mit gehärteter

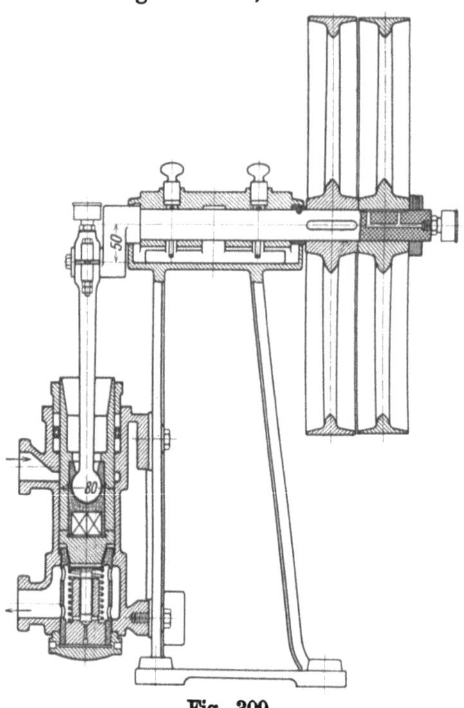

Fig. 309.

Stahlbüchse. Zur Führung des Plungers dient eine lange Bronzebüchse. Die einfachen Bronzeringventile mit Federbelastung haben reichlichen Durchgangsquerschnitt. Der obere Teil der Säule ist als Druckwindkessel, der untere als Saugwindkessel ausgebildet.

Wenn es sich um die Förderung heißer, mit Dampf gemischter Flüssigkeiten aus evakuierten Räumen handelt, insbesondere also beim. Abziehen von Öl oder Kondensat aus Abdampfleitungen von Kondensations - Maschinen, dann aber auch in chemischen Fabriken u. dgl. können Pumpen mit Saugventilen wegen deren Öffnungs- und Durchgangswiderstandes selbst bei zulaufender Flüssigkeit nicht verwendet werden.

In solchen Fällen eignet sich die saugventillose Tauchkolbenpumpe der Amag-Hilpert in Nürnberg, Fig. 309. An Stelle des Saugventils ist im Pumpenzylinder am oberen Ende des Hubraums eine ringförmige Aussparung vorgesehen, welche mit dem Zuflußrohr in Verbindung ist und vom Kolben in seiner höchsten Stellung überlaufen wird, derart, daß die Förderflüssigkeit durch ihr Eigengewicht in den Pumpenzylinder gelangt. Wesentlich beschleunigt wird dieser Flüssigkeitseintritt dadurch, daß der Druck im Pumpenzylinder beim Beginn des Flüssigkeitseintritts sehr gering ist. Dies ist dadurch erreicht, daß durch die Formgebung des unteren Kolbenendes und des Zylinderbodens, der zugleich den Druckventilsitz bildet, der schädliche Raum der Pumpe auf ein Minimum reduziert ist und infolgedessen beim Hochziehen des Kolbens ein hohes Vakuum im Pumpenzylinder entsteht. Der niedergehende Kolben schließt den Ringkanal wieder ab und entfernt die in den Pumpenzylinder eingetretene Flüssigkeitsmenge durch das am Zylinderboden angeordnete federbelastete Metalltellerventil mit Stiftführung. Der zum Kreuzkopf ausgebildete Tauchkolben läuft in einer langen Stopfbüchse, welche entweder mit Wasserverschluß oder mit Vakuumanschluß nach dem zu entleerenden Raum versehen wird.

Das von der Pumpe Fig. 309 in der Minute geförderte Volumen beträgt bei höchstens ca. 190 Umdrehungen in der Minute ca. 77 l. Hierbei ist die höchste zulässige Druckhöhe 25 m. Der Pumpentyp wird in 4 verschiedenen Größen in stehender und in Wandanordnung gebaut.

Die Perkeopumpe (Fig. 310) von W. H. Hilger & Co. in Bonn a. Rh. ist eine stehende Differentialpumpe mit Ventilkolben, deren Wirkungsweise auf S. 12 beschrieben ist. Diese Bauart gestattet eine sehr günstige mit geringen seitlichen Ablenkungen behaftete Führung des Wassers beim Durchströmen des Pumpenraums und der Ventile. Genügende Lufträume. für Saug- und Druckwindkessel ergeben sich zwanglos in dem Gehäuse rings um den Pumpenzylinder und in dem Innern des Hohlgußständers für das Kurbelwellenlager. Daß die federbelasteten Tellerventile nicht ohne weiteres zugänglich sind,

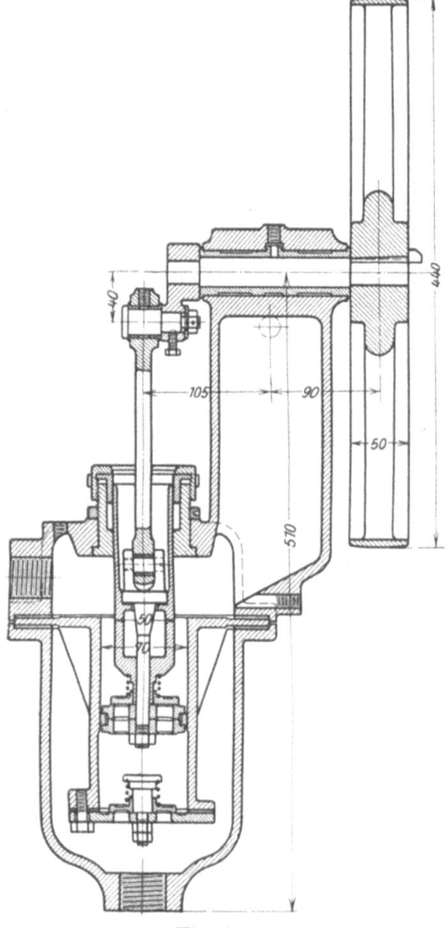

Fig. 310.

spielt bei den geringen Abmessungen der Konstruktionsteile keine Rolle. Die Wasserlieferung beträgt bei 165 Umdrehungen in der Minute ca. 25 l/min.

Ein Beispiel einer freistehenden Differentialplungerpumpe stellt die Revopumpe (Fig. 311) von Bopp & Reuther in Mannheim-Waldhof dar. Die Wirkungsweise ist an Hand der schematischen Fig. 17 auf S. 11 beschrieben. Der Antrieb des Plungers erfolgt durch eine tiefliegende, in kräftigem Fundamentrahmen gelagerte, gekröpfte Welle mittels zweier zu beiden Seiten des Pumpenzylinders angeordneter Schubstangen, welche an dem zu einem Querhaupt mit nachstellbaren

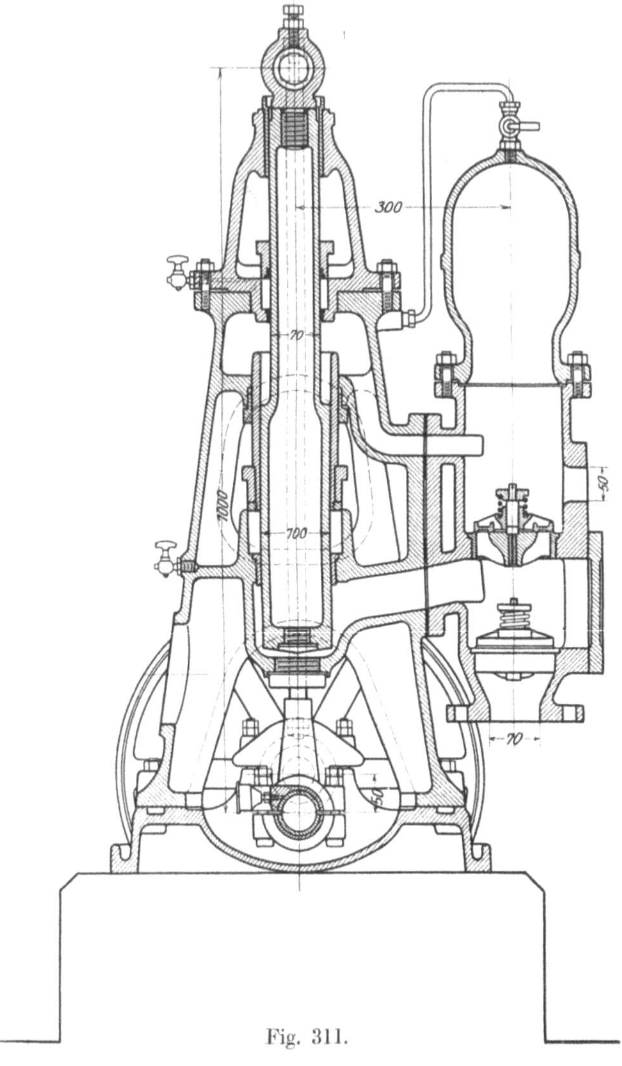

Fig. 311.

Rotgußschalen ausgebildeten oberen Ende des Plungers angreifen. Die durch diese Anordnung ermöglichte große Länge der Schubstange ist vorteilhaft für das Ventilspiel sowie die Beschleunigung der Triebwerks- und Wassermassen und ergibt einen kleinen Bahndruck des Plungers in seiner Führungsbüchse. Der als besonderer Konstruktionsteil ausgebildete Ventilkasten ist am kräftigen Hohlgußständer seitlich angeschraubt. Das Saugventil ist durch einen seitlichen Deckel, das Druckventil nach Abnahme des Druckwindkessels zugänglich. Die Fördermenge beträgt bei einer größten Umdrehungszahl von 130 in der Minute ca. 100 l/min bei einer größten Förderhöhe von 150 m.

Die altbekannte Californiapumpe (Fig. 312) ist eine liegende doppeltwirkende Pumpe mit Klappenventilen bei besonders gedrängtem Bau. Infolge der Anordnung sämtlicher 4 Klappen in einem Kasten oberhalb des Zylinders besitzt das Pumpengehäuse eine geringe Länge. Die Eigenschaft der Klappenventile, daß sie auch mit geneigter Sitzfläche ausgeführt werden können, ist bei der Anordnung der Saugklappen benutzt mit dem Erfolg, daß bei vorteilhaftester Ausnützung des Raumes im Pumpengehäuse der Wasserstrom beim Durchgang durch die Ventile nur eine geringe Ablenkung erfährt. Nach Lösen zweier Schrauben kann der Ventilkastendeckel mit dem Windkessel abgenommen werden. Hierdurch werden die Druckventile freigelegt. Um zu den Saugventilen zu gelangen, muß die Sitzplatte der Druckventile entfernt werden.

Eine Lösung desselben Problems in moderner Ausführung mit federbelasteten Ringventilen ist die liegende doppeltwirkende Scheibenkolbenpumpe (Fig. 313—315) der Amag-Hilpert in Nürnberg. Der Scheibenkolben mit Ledermanschettendichtung (s. Fig. 154) erhält seine Bewegung von der in gegabeltem Rahmen gelagerten gekröpften Stahlwelle. Die Lager sind schräg geteilt. Die Schubstange aus

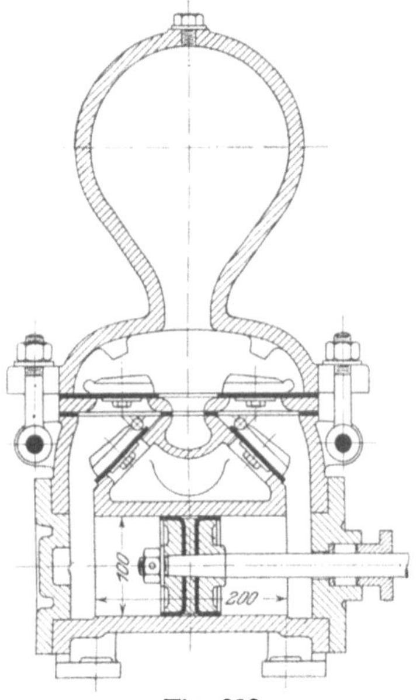

Fig. 312.

Stahlguß hat am Kurbel- und Kreuzkopfzapfen nachstellbare Lagerschalen. Das als stehender Zylinder ausgebildete Pumpengehäuse mit schöner symmetrischer Gestaltung sowohl in der Längen- als in der Breitenrichtung bietet reichliche Durchflußquerschnitte. Die Räume zu beiden Seiten der eingebauten Ventilgehäuse dienen einerseits als Saugwindkessel, andererseits als Abflußkanal aus dem zur Haube ausgebildeten Druckwindkessel. Die federbelasteten Ringventile (s. Fig. 201) sind paarweise übereinander angeordnet und durch eine Bügelverschraubung niedergehalten, nach deren Lösen beide Ventile herausgehoben werden können. Die Pumpe liefert bei 68 Umdrehungen in der Minute ca. 290 l/min und ist für 40 m Förderhöhe gebaut.

Die liegende, doppeltwirkende Plungerpumpe (Fig. 316 bis 318) der Firma Weise & Monski, Halle a. S., fördert 400 l/min bei 160 Um-

drehungen auf eine Höhe von 40 m. Der großen Umdrehungszahl entsprechend besitzt die Pumpe reichliche Durchgangsquerschnitte für die
Wassermassen, welche die Geschwindigkeitsänderungen des Pumpenkolbens mitzumachen haben, d. h. im Pumpenraum und den Saugrohren.

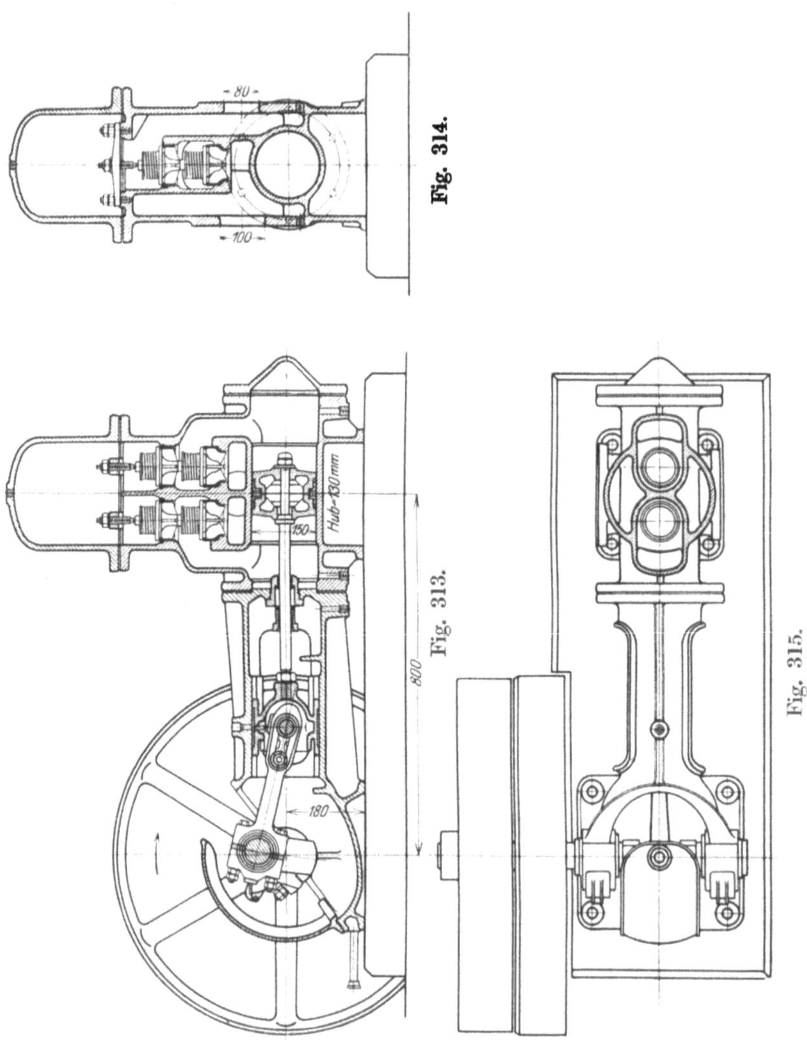

Da eine große Umdrehungszahl großen Ventilumfang bedingt, wenn die
Pumpe genügende Saugfähigkeit besitzen soll, so sind die Ventile, welche
als Tellerventile mit Lederdichtung von der in Fig. 181 und 182 dargestellten Konstruktion ausgeführt sind, in doppelter Anzahl vorhanden.
Der Unterteil des Pumpengehäuses ist als Saugwindkessel in einer Weise

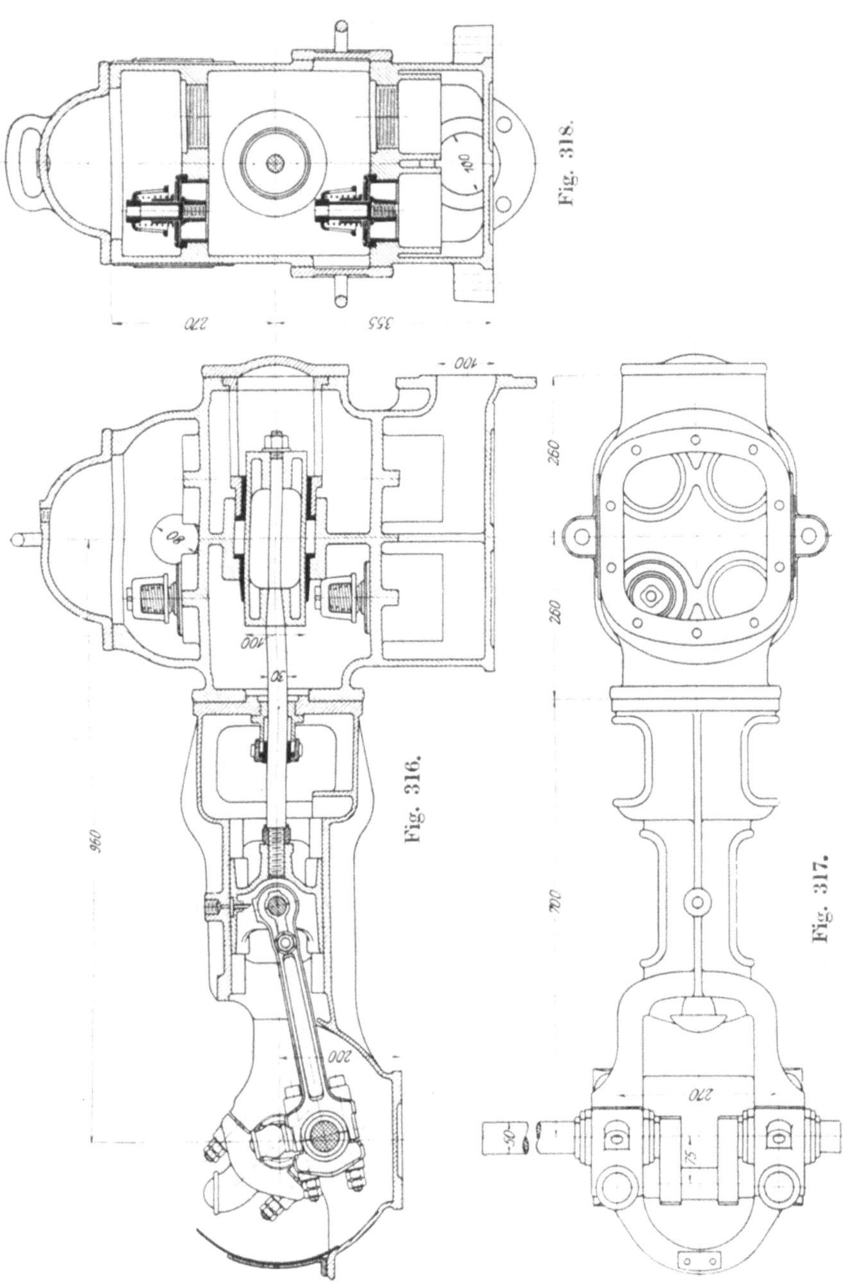

Fig. 318.

Fig. 316.

Fig. 317.

ausgebildet, daß die Saugwassersäule die denkbar geringste Länge
besitzt. Durch die Wölbung des Deckels über dem Druckventilkasten
ist ein Raum geschaffen, welcher als Windhaube oder Druckwindkessel
dient. Der Antrieb der Pumpe erfolgt durch eine gekröpfte Welle, deren
symmetrisch zur Pumpenachse angeordnete Lager die bei der großen
Umdrehungszahl zu berücksichtigenden Massenkräfte des Triebwerks
und des Wassers im Pumpenzylinder gleichmäßig aufnehmen.

Zur Förderung größerer Wassermengen auf mäßige Höhe bauen
Weise & Monski, Halle a. S., für Riemen- oder elektrischen Antrieb

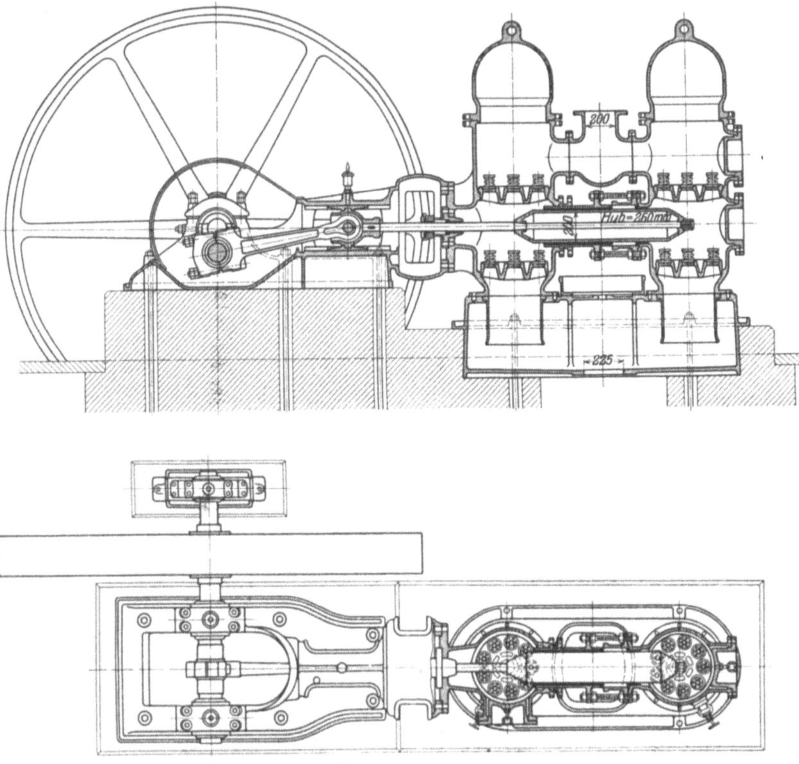

Fig. 319—320.

den in Fig. 319 und 320 dargestellten Typ einer schnellaufenden Pumpe.
Entsprechend der großen Umdrehungszahl von 145 in der Minute hat
die Pumpe bei einem Kolbendurchmesser von 200 mm den kleinen Hub
von 260 mm. Der Plunger ist als Hohlzylinder mit zugespitzten Enden
möglichst leicht ausgeführt. Zur Erzielung eines kurzen Wasserwegs
innerhalb des Pumpenraums sind die Ventilsitze von großem Durchmesser, welche je 10 Ventile tragen, möglichst nahe an die Pumpenachse
herangerückt. Die beiden Druckräume von großem Querschnitt sind
auf dem kürzesten Weg durch ein weites Zwischenrohr miteinander ver-

bunden. Die Pumpe ist für eine Förderung von 2250 l/min auf 40 m Höhe gebaut.

Stehende Pumpen brauchen weniger Raum im Grundriß als liegende, die einseitige Abnutzung von Kolben, Kolbenstange und Kreuzkopf ist vermieden, die Wasserführung im Pumpenraum läßt sich aber nicht so günstig gestalten, wie bei liegenden Pumpen.

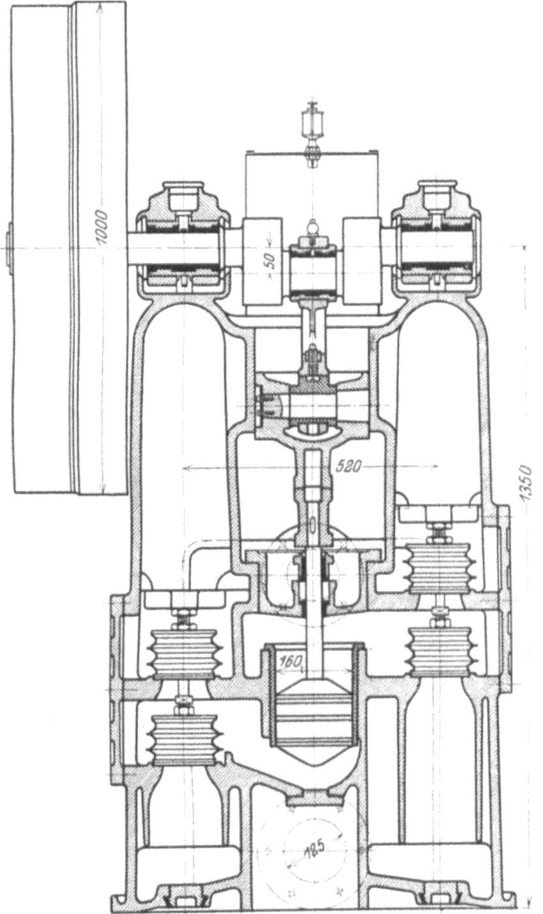

Fig. 321.

Eine stehende doppeltwirkende Pumpe mit Scheibenkolben der Maschinenbau-A.-G. Balcke, Frankenthal (Pfalz), zeigt Fig. 321. Die gekröpfte Kurbelwelle ist auf 2 Säulen gelagert, deren Innenraum den Saugwindkessel, Ventilkasten und Druckwindkessel für je eine einfachwirkende Pumpe bildet. Dazwischen liegt der Pumpenraum, von dem gemeinschaftlichen Scheibenkolben in einen oberen und unteren

Fig. 322.
Schnitt E-F
D
65
325
Schnitt C-D
80
A
B
a
100
120
C
120
Fig. 323.
Schnitt A-B
E
a
F

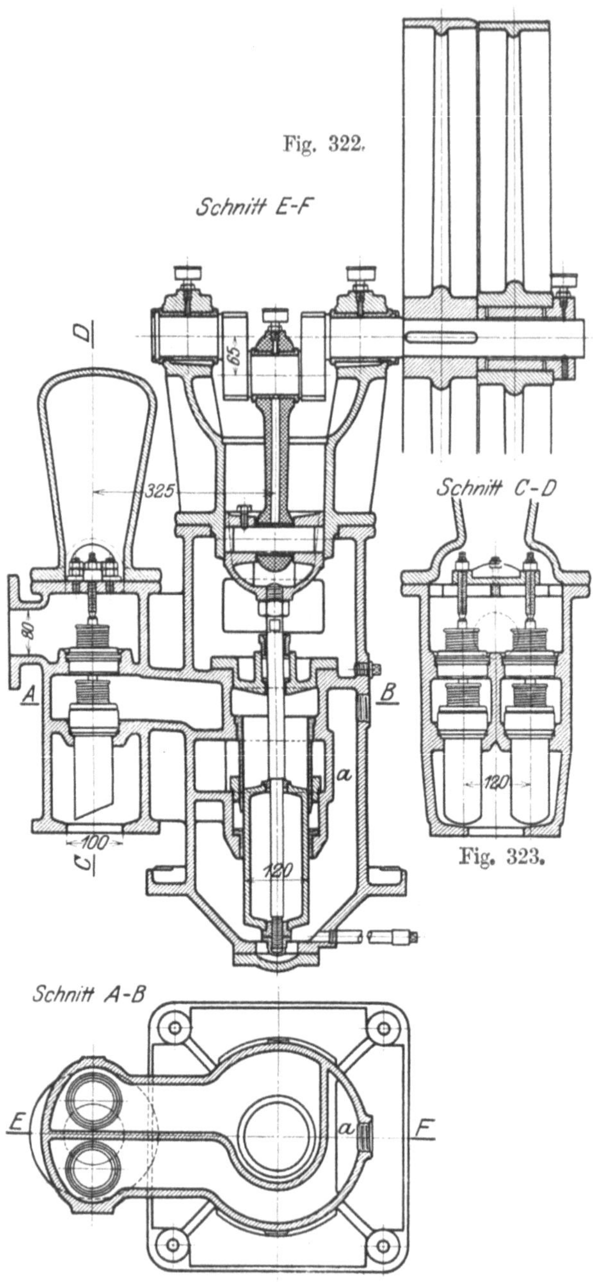

Fig. 324.

Teil getrennt. Die durch Druckschrauben im Gehäuse festgehaltenen H.-B.-Ventile (vgl. Fig. 235 und 236) sind durch seitliche Türen bequem zugänglich. Der Innenraum des zylindrischen Kreuzkopfes wird zur Schmierung des Kreuzkopfzapfens mit Öl gefüllt. Die Pumpe ist für

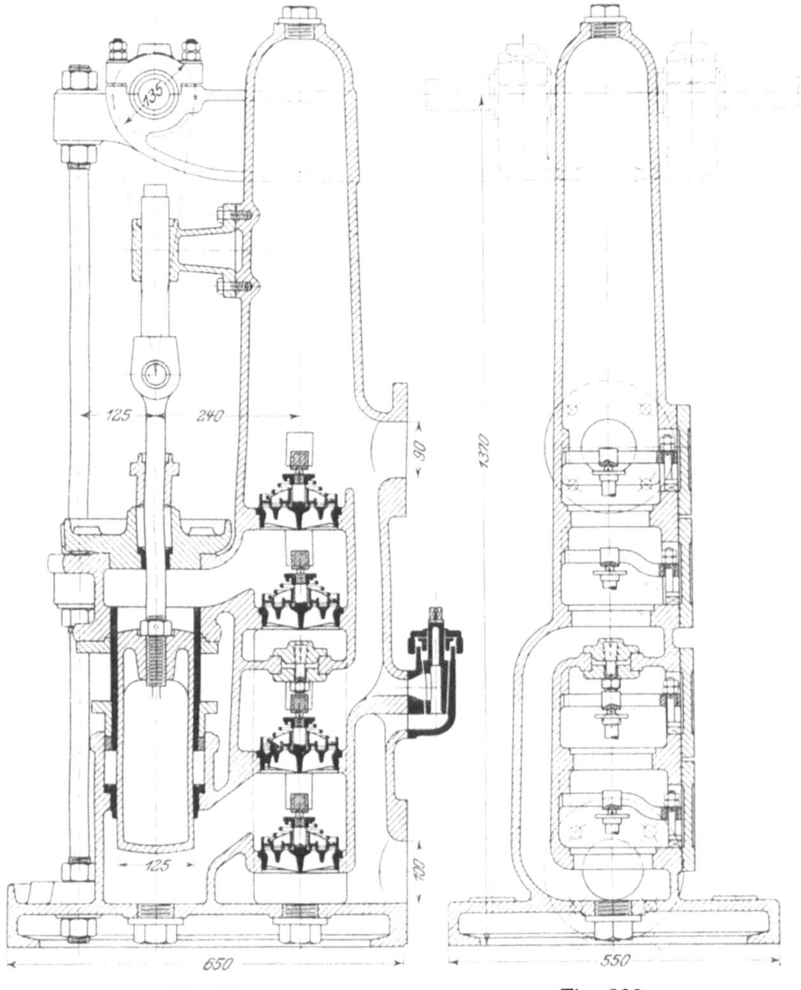

Fig. 325.   Fig. 326.

eine Wasserlieferung von 555 l/min bei 150 Umdrehungen auf 60 m Höhe gebaut.

Bei der stehenden doppeltwirkenden Plungerpumpe der Amag-Hilpert, Nürnberg, Fig. 322—324, sind sämtliche 4 Ventile in einem seitlich des Pumpenzylinders angeordneten Gehäuse von ovalem Querschnitt, das durch eine Mittelwand in 2 Kammern (s. Fig. 324) geteilt ist, untergebracht. Die hintere Kammer steht mit dem oberen Pumpenraum unmittelbar, die vordere Kammer mit dem unteren Pumpenraum durch den Kanal a in Verbindung. Die mit Gummischnur eingedichteten Ventile (vgl. Fig. 201) sind durch Bügelschrauben niedergehalten, nach deren Lösen sie einzeln leicht herausgenommen und zerlegt werden können. Die Pumpe fördert 290 l/min bei 107 Umdrehungen auf 90 m Höhe.

Die Konstruktion einer stehenden doppeltwirkenden Pumpe, welche große Verbreitung gefunden hat und vielfach zum Vorbild genommen wurde, ist die in Fig. 325 und 326 dargestellte Unapumpe der Maschinen- und Armaturfabrik vorm. Klein, Schanzlin & Becker, Frankenthal (Pfalz). Die Wasserlieferung beträgt 300 l/min bei 100 Umdrehungen und einer Förderhöhe von 40 m.

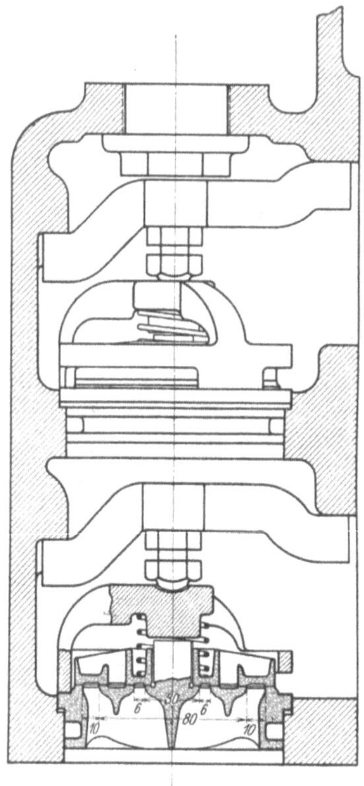

Fig. 327.

Die Konstruktion der Stopfbüchse, nach welcher die Pumpe ihren Namen trägt, ist bereits auf S. 212 besprochen. Die Ventile werden entweder in der durch Fig. 222 oder der durch Fig. 327 veranschaulichten Weise im Gehäuse festgehalten. Im ersteren Fall drückt der durch eine Schraube angezogene Bügel unmittelbar auf die Ventilspindel, im zweiten Fall wird der Druck der Bügelschraube durch Vermittlung eines Rings auf den äußeren Umfang des Ventilsitzes übertragen. Dadurch wird ein Verspannen des Ventilsitzes durch übermäßiges Anziehen der Bügelschraube vermieden. Die Ventile sind in der Pumpensäule, welche in ihrem oberen Teil als Druckwindkessel dient, senkrecht übereinander angeordnet und durch seitliche Öffnungen bequem zugänglich. Die Zufuhr des Wassers zum oberen Saugventil geschieht durch einen seitlichen Kanal von reichlichen Abmessungen. Durch die hohe Lage der Druckventile über dem ihnen zugehörigen Zylinderraum ist erreicht, daß die beim Saughub in den Pumpenraum eingetretene Luft bei dem darauffolgenden Druckhub durch das Druckventil sofort wieder entweicht; ein Festsetzen der Luft im Pumpenzylinder ist also ausgeschlossen. Der Antrieb erfolgt durch eine gekröpfte Welle, deren beiderseitige Konsollager mit der Fundamentplatte verankert sind. Zum Anfüllen der Saugleitung und des Saugwindkessels vor der Inbetriebsetzung ist ein

Hahn vorgesehen, mittels dessen Saug- und Druckraum miteinander verbunden werden können.

Stehende Zwillingspumpen mit 2 einfachwirkenden Plungern nach Fig. 328 bauen Weise & Monski, Halle a. S., für Förderhöhen von 35—140 m. Vermöge der Zwillingsanordnung mit Antrieb der Plunger durch um 180° versetzte Stirnkurbeln ist eine Kröpfung der

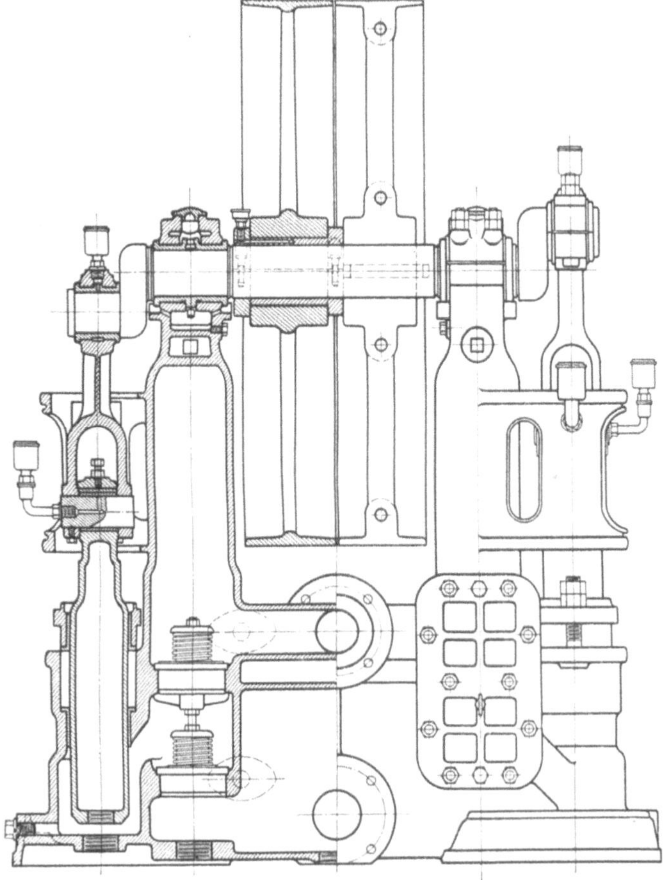

Fig. 328.

Welle und fliegende Anordnung der Riemenscheiben vermieden, dabei ist der Gang der Pumpe ein sehr regelmäßiger, da die Plunger nach jedem Hub ihre Rolle vertauschen und die Getriebeteile sich gegenseitig vollständig ausbalancieren. Die Konstruktion der durch seitliche Öffnungen im Gehäuse zugänglichen Ventile und ihre Befestigung zeigt Fig. 203 und 204. Für eine Wasserlieferung von 230 l/min bei 125 Umdrehungen erhält die Pumpe einen Hub von 130 mm bei 100 mm Kolbendurchmesser, wobei die Förderhöhe bis 140 m betragen kann.

Die stehende Zwillingspumpe von Bopp & Reuther, Mannheim-Waldhof (Fig. 329 und 330) wird hauptsächlich in hydraulischen
Akkumulatoranlagen bei einem Druck bis zu 50 Atm. verwendet.

Die Zylinder sowie die von ihnen getragenen runden Kreuzkopf-
führungen sind an den Hohlgußständer verschraubt und durch eine
angegossene Nase gegen den senkrecht wirkenden Plungerdruck abgestützt. Die Ventilkasten sind für sich hergestellt und enthalten feder-

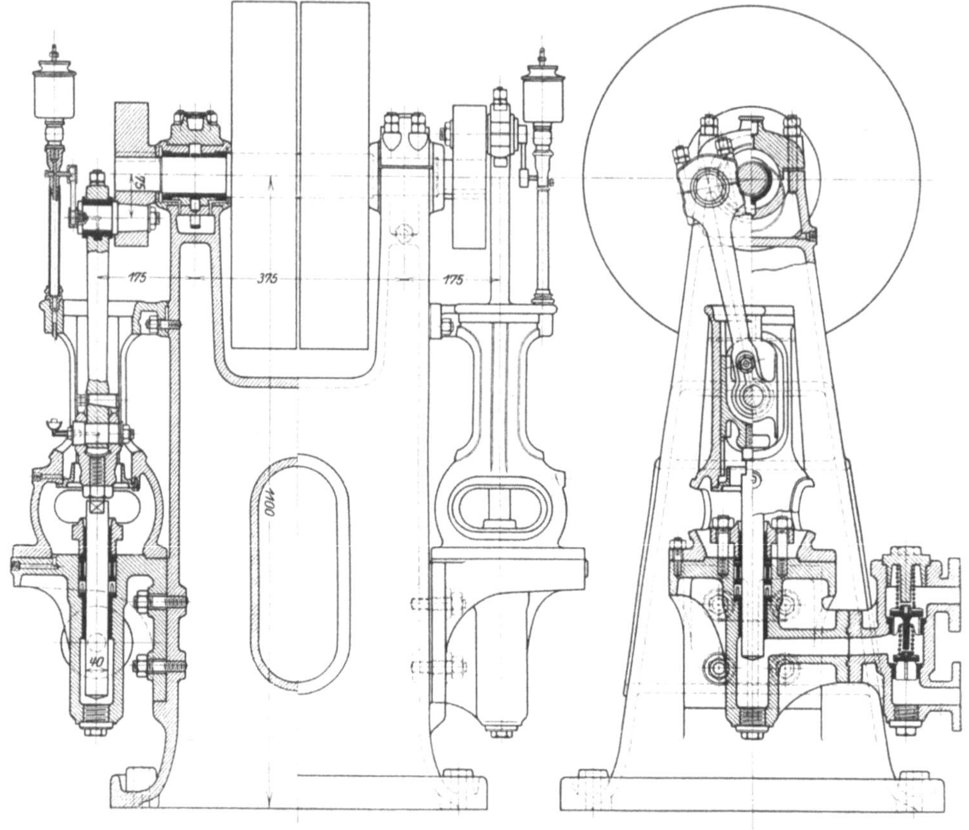

Fig. 329.Fig. 330.

belastete Tellerventile aus zäher Bronze. Die Abdichtung der Kolben
erfolgt durch Ledermanschetten.

Da es sich um Dauerbetrieb handelt, besitzen die Wellenlager Ringschmierung, während die Schmierung der Kurbel- und Kreuzkopfzapfen durch feststehende, während des Betriebs zu bedienende Tropf-
öler geschieht. Die Gleitschuhe der Kreuzköpfe tauchen zur Schmierung
der Gleitbahn in ihrer tiefsten Stellung in ringförmige Ölbehälter. Die
Wasserlieferung beträgt 40 l/min bei 120 Umdrehungen.

Die Verwendung von Druckwindkesseln ist bei Preßpumpen wegen
der raschen Absorption der Luft durch Wasser bei hohem Druck ausgeschlossen. Es sind deshalb überall, wo Gleichmäßigkeit der Wasserförderung und des Kraftbedarfs von Wichtigkeit sind, Drillingspumpen
die geeignetste Pumpenanordnung. Diesem Grundsatz entspricht die
elektrisch angetriebene Dreiplunger-Preßpumpe der Maschinenbau-
A.-G. Balcke, Frankenthal (Pfalz), Fig. 331, für 200 Atm. Vermöge

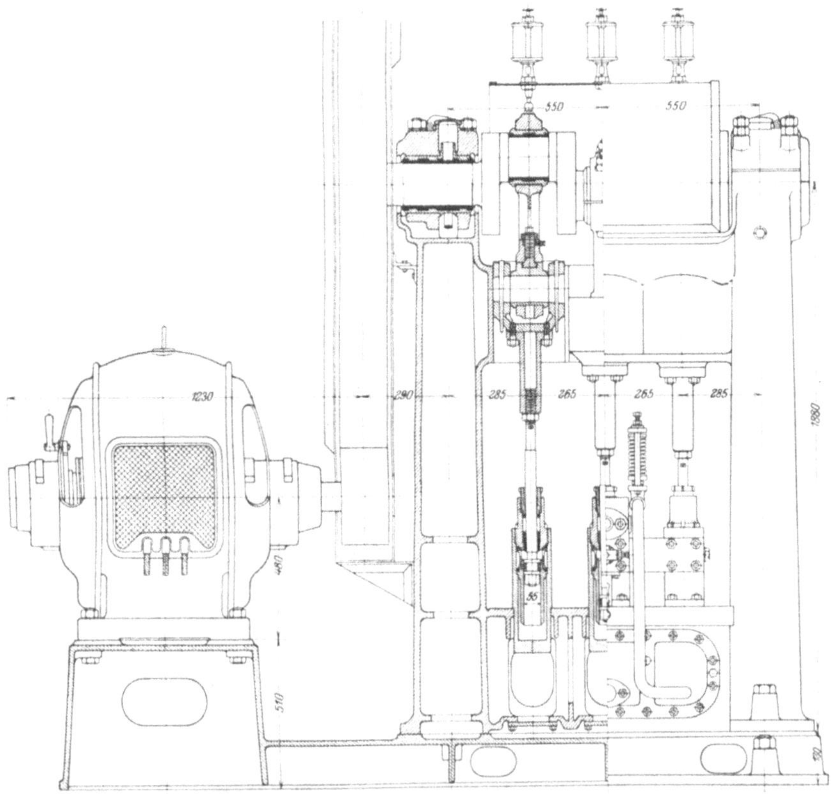

Fig. 331.

der Versetzung der Kurbeln um 120⁰ und da außerdem die 3 Pumpen
mit Differentialplungern ausgestattet sind, also hinsichtlich der Druckwirkung jede einzelne wie eine doppeltwirkende Pumpe arbeitet, ergibt
sich ein Wasserstrom in der Druckleitung von (nahezu) vollständig
gleicher Geschwindigkeit und ein Widerstand von konstanter Größe an
der Riemenscheibe.

Fig. 332 zeigt den Schnitt durch die mittlere der 3 Pumpen. Der
Pumpenkörper samt Ventilkasten ist aus Siemens-Martin-Stahl ge-
schmiedet. Saug- und Druckventil mit ihren Sitzen aus Kanonenmetall

180
1455
A
a₁
b
c
B
zum
Akkum.
C
d
40
55
710
425
115
185
580
310
180
1170

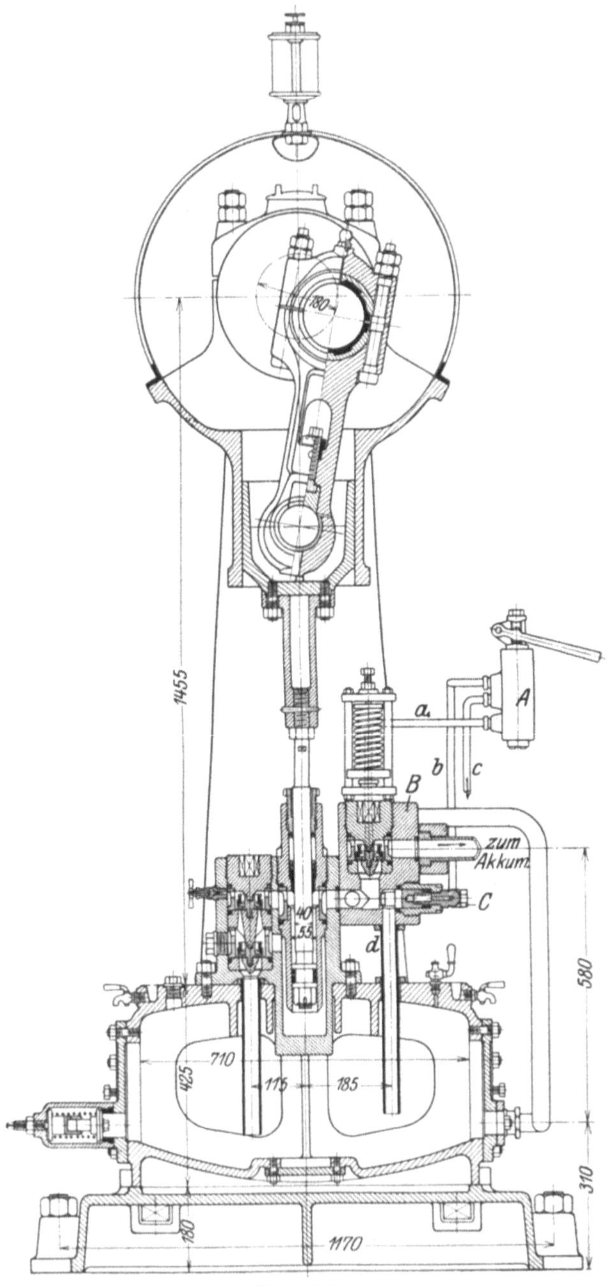

Fig. 332.

liegen unmittelbar übereinander, mittels Manschetteneinsätzen im Pumpenkörper abgedichtet und nach Entfernung der Ventilverschraubung nach oben leicht herauszuziehen. Die Geradführung des Plungers erfolgt durch einen zylindrischen Kreuzkopf von großem Durchmesser, der Widerstand des Plungers wird auf die Kurbelzapfen von großem Durch-

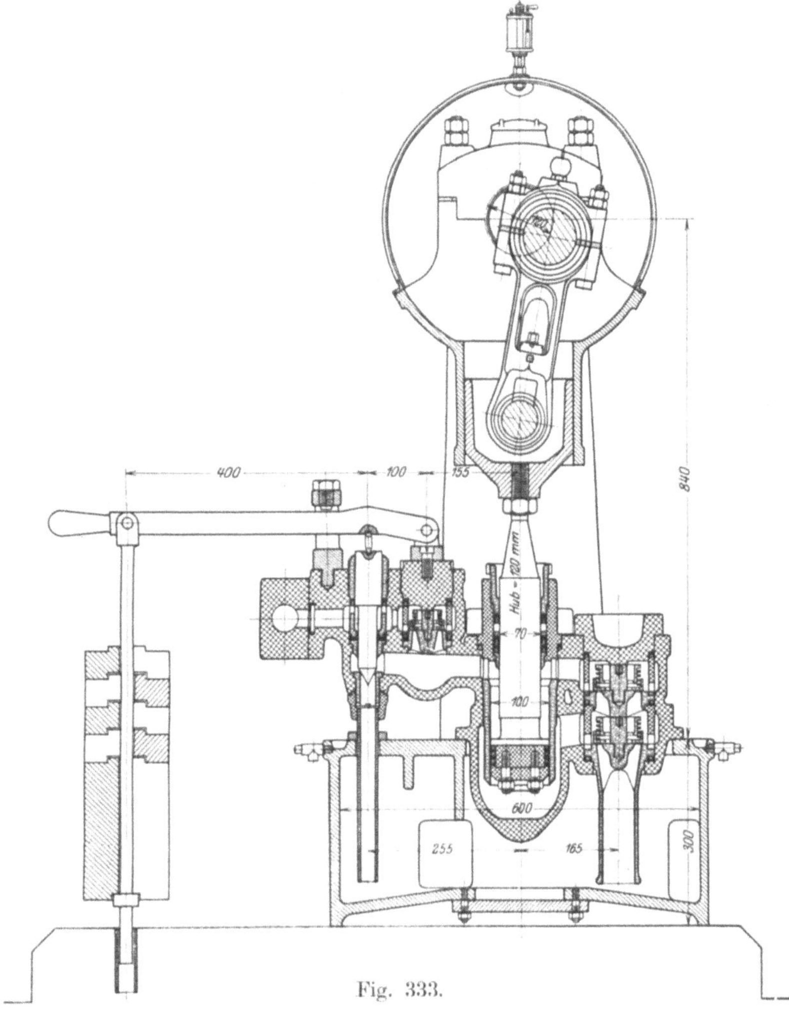

Fig. 333.

messer durch eine Lenkstange aus Stahlguß mit beiderseits nachstellbaren Zapfenlagern übertragen. Der untere Teil des Triebwerkgestells ist zu einem großen, zugleich als Saugwindkessel dienenden Wasserkasten ausgebildet, aus dem die Pumpen saugen.

In Fig. 332 ist außerdem eine selbsttätige, der Firma patentierte Auslösevorrichtung ersichtlich, die dazu dient, die Pumpe aus-

zuschalten, wenn der von ihr gespeiste Akkumulator in seine höchste
Stellung gelangt ist.

Diese Vorrichtung besteht aus dem Steuerschieber A, dessen Betätigung durch ein mit dem Akkumulatorplunger verbundenes Gestänge
erfolgt, und aus dem an den Druckstutzen angeschraubten Ventilkasten B.
Letzterer enthält ein Rückschlagventil für den Weg zum Akkumulator
und ein hydraulisch betätigtes Umführungsventil C in dem Raum zwischen
dem Rückschlagventil und den Pumpendruckventilen.

Durch Leitungen a und b ist der Steuerschieber einmal mit dem
Druckrohr oberhalb des Rückschlagventils und dann mit dem hydrau-

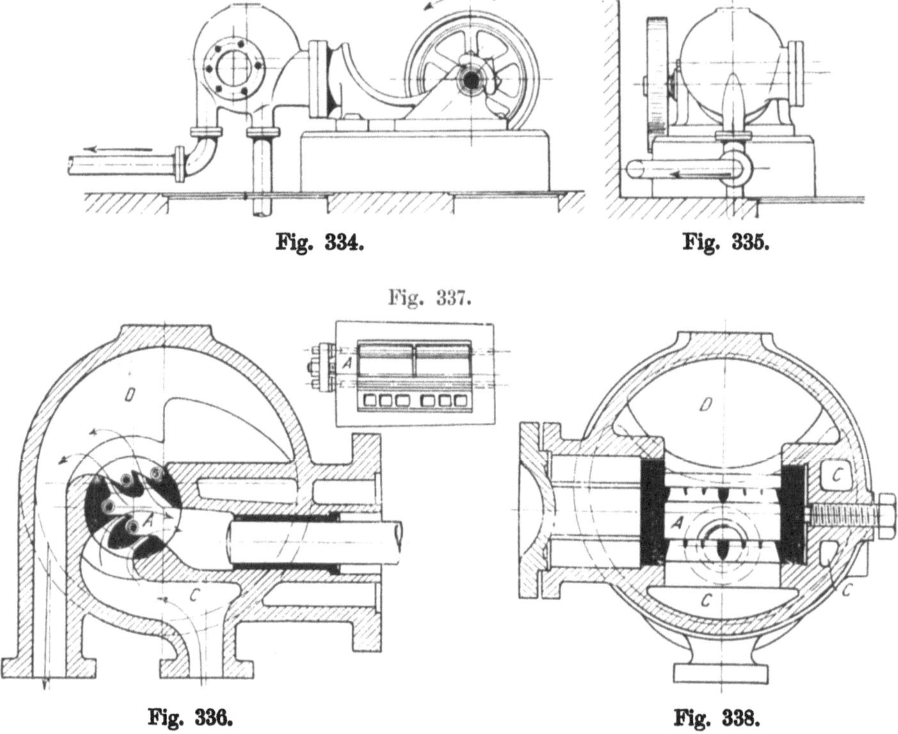

Fig. 334.   Fig. 335.

Fig. 337.

Fig. 336.   Fig. 338.

lischen Auslöseventil verbunden. Außerdem hat der Steuerschieber
noch einen Weg c für Abwasser. Beim normalen Arbeiten der Pumpe
steht das hydraulische Auslöseventil unter Akkumulatordruck, indem
der Steuerschieber Leitung a und b verbunden hält. Kommt der Akkumulator in seine Höchstlage, dann schiebt er den Steuerkolben hoch
und verbindet dadurch b mit c. Der entlastete Auslösekegel öffnet sich,
und die ganze Leistung der Pumpe wird bei geschlossenem, unter Akkumulatordruck stehendem Rückschlagventil ohne jede Druckarbeit
mittels Leitung d in den Saugraum zurückgefördert, bis der Akkumulator
in seiner Tiefstellung den Kolben des Steuerschiebers wieder umschaltet

und *b* mit *a* verbindet, so daß das Umlaufventil hydraulisch geschlossen wird.

Bei 120 Umdrehungen ist die Wasserlieferung der 3 Pumpen ca. 145 l/min, wobei der Plungerdruck 2200 kg entsprechend 200 Atm. beträgt.

Für Preßpumpen, welche ohne Zwischenschaltung eines Akkumulators unmittelbar in einen Preßzylinder mit ansteigendem Druck arbeiten, baut die Maschinenbau - A.-G. Balcke Dreiplungerpreßpumpen, bei welchen 1 oder 2 Füllplunger vorgesehen sind, um eine wesentliche Erhöhung der Förderleistung, verbunden mit Verkürzung der zu einer Pressung nötigen Zeit und mit besserer Ausnützung des Antriebsmotors, zu erzielen (Fig. 333).

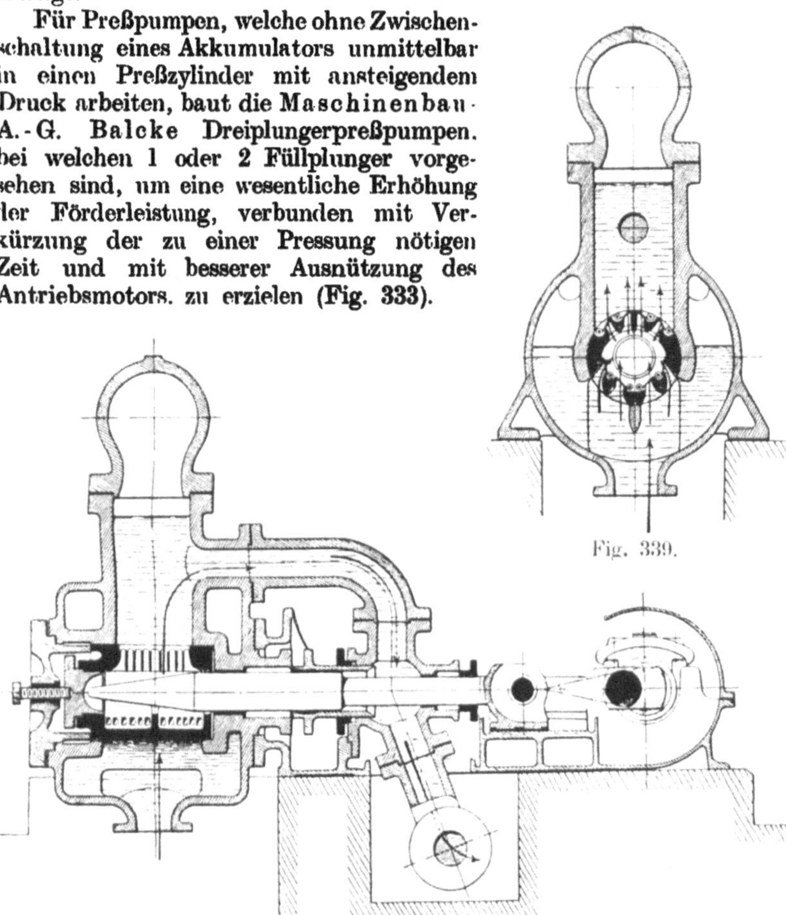

Fig. 339.

Fig. 340.

Die Auslösung der Füllplunger erfolgt durch einen in geeigneter Weise bemessenen und belasteten Ventilkegel, der bei Erreichung eines bestimmten Drucks in der Druckleitung angehoben wird, worauf das Förderwasser der Pumpe bei geschlossenem Rückschlagventil ohne Druck in den Saugkasten zurückläuft. Auf diese Weise bleiben Saug- und Druckventil fortgesetzt in Tätigkeit, das Ventilspiel wird durch die Auslösevorrichtung nicht gestört, der einzige Unterschied ist, daß die Pumpe das eine Mal mit, das andere Mal ohne Belastung arbeitet.

Nach Auslösen der Füllplunger vollendet der Preßplunger, dessen Ventilkegel entsprechend stärker belastet ist, die Pressung bis zum Enddruck.

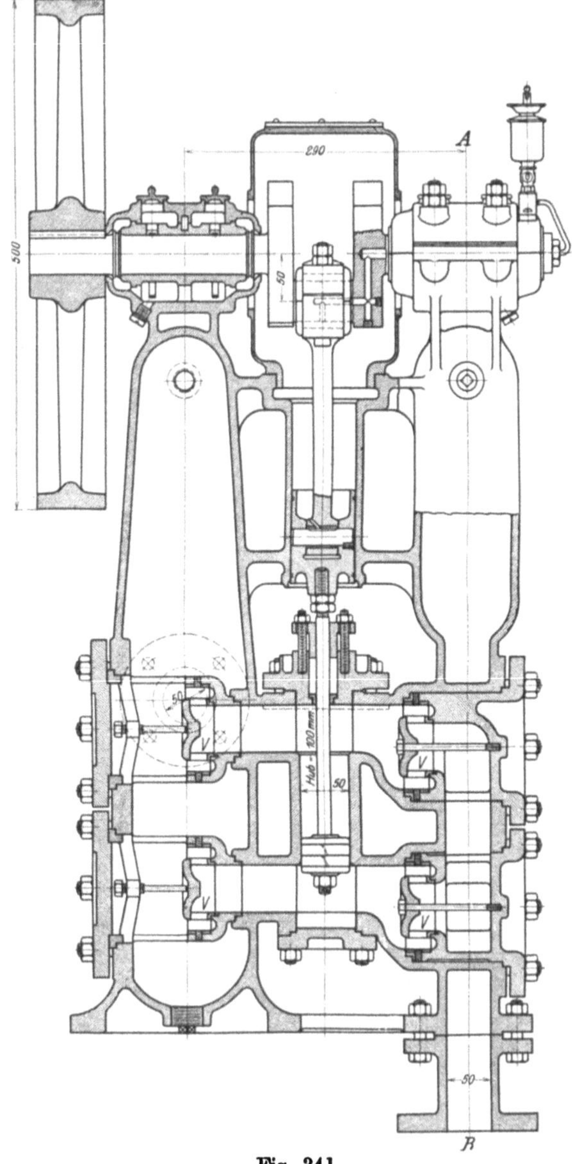

Fig. 341.

Diese selbsttätige Ausschaltvorrichtung mit Stufenauslösung für Preßpumpen ohne Akkumulator ist der Firma ebenfalls patentiert.

Schnellaufende Pumpen können auch mit Klappenventilen ausgeführt werden, sofern diese speziell für große Hubzahl geeignet sind.

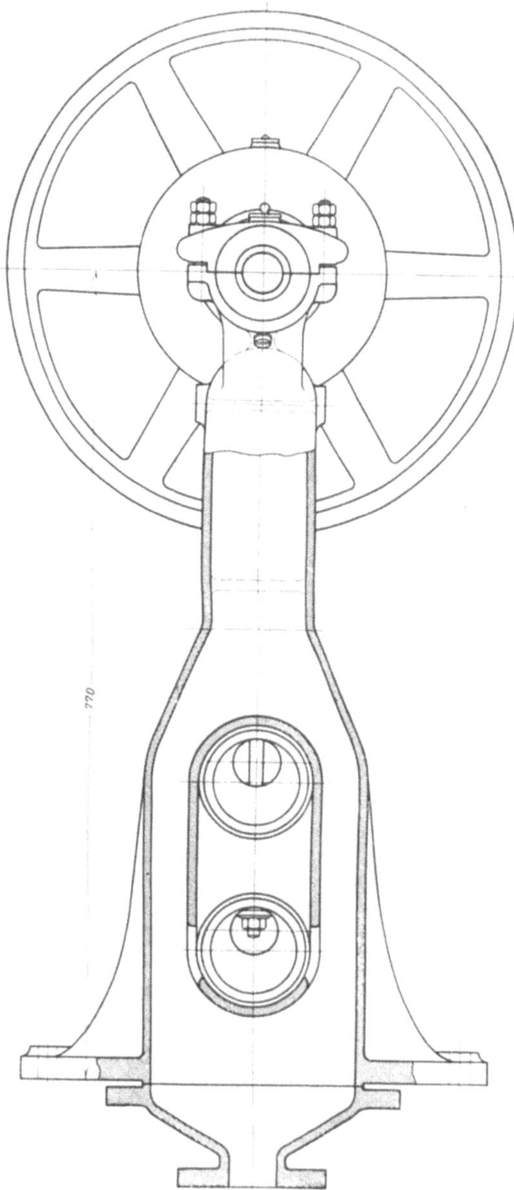

Fig. 342.

Hierfür kommen die federnden Metallklappen von Gutermuth und von Osenbrück in Betracht (vgl. Fig. 248 bzw. Fig. 255).

Fig. 334—338 zeigt die einfachwirkende „Kugelspeisepumpe" von Gutermuth für Riemen- oder auch unmittelbaren Antrieb durch Elektromotor in der Ausführung der Maschinenfabrik Eßlingen. Kolbendurchmesser = 70 mm, Hub = 100 mm, minutliche Umdrehungszahl = 250, Wasserlieferung = ca. 90 l/min.

Auf dem kegelförmigen Ventilsitz A, welcher von der Seite in das kugelförmige Pumpengehäuse eingesetzt ist und durch 6 Flanschenschrauben festgehalten wird, sind die Saug- und die Druckklappen, deren je 4 vorhanden sind, angeordnet. Durch geschickte Ausnützung des Innenraums der Kugel ist sowohl für den Saugwindkessel C als auch den Druckwindkessel D genügender Rauminhalt gewonnen.

Ein Beispiel einer größeren Pumpe mit Gutermuth-Klappen für Riemenantrieb ist die in Fig. 339 und 340 dargestellte Hochdruckdifferentialpumpe, gebaut von der Maschinenbauanstalt Humboldt in Kalk bei Köln. Kolbendurchmesser = 140 bzw. 115 mm, Hub = 140 mm, minutliche Umdrehungszahl = 250, Wasserlieferung = ca. 30 cbm in der Stunde. Durch die spitze Form des Plungers, welcher in den zylindrischen Raum zwischen den Ventilen ganz hineintritt, ist eine günstige Wasserführung im Pumpenzylinder erzielt, insofern sich das Wasser im Pumpenzylinder im wesentlichen nur senkrecht bewegt und dem Kolben nicht in wagrechter Richtung zu folgen braucht, eine Bewegungsumkehr also nicht stattfindet. Die Konstruktion des kegelförmigen Klappensitzes ist in Fig. 252 und 253 in größerem Maßstab dargestellt.

Die doppeltwirkende Osencopumpe von Osenbrück & Co., Hemelingen bei Bremen (Fig. 341 und 342), besitzt federnde Metallklappen nach Fig. 255. Die in Fig. 341 mit V bezeichneten Gruppenventile sind zu beiden Seiten des Pumpenzylinders angeordnet und können mit ihren Sitzen bequem aus dem Pumpengehäuse herausgenommen werden. Wegen des bei dem großen Durchgangsquerschnitt der ganzen Ventilgruppe geringen Klappenhubs arbeiten diese Pumpen selbst bei mehreren hundert Umdrehungen noch stoßfrei und mit gutem volumetrischem Wirkungsgrad. Sie eignen sich daher zum Antrieb durch schnellaufende Motoren. Vorliegende Pumpe liefert bei 400 Umdrehungen ca. 137 l/min.

Ein Beispiel für die Steuerung von Pumpen durch Schieber ist der in Fig. 343 und 344 dargestellte Wassermotor der Maschinenfabrik von A. Schmid, Zürich I, der auch als Pumpe vielfache Anwendung gefunden hat.

Der Zylinder ist mittels senkrecht zu seiner Achse angeordneter Drehzapfen in zwei zur Zylinderachse parallelen, um Zapfen drehbaren Stangen gelagert. Er erhält durch das Kurbelgetriebe eine schwingende Bewegung, durch welche seine Kanäle an dem als Zylinderfläche ausgeführten Schieberspiegel abwechselungsweise mit dem Saug- und Druckrohr in Verbindung treten. Ersteres mündet im Mittelpunkt des Steuerkopfes, während letzteres mit den äußeren Kanälen des Steuerkopfes in Verbindung steht.

Die kreisende Bewegung des Kurbelzapfens kann als eine senkrechte Auf- und Abbewegung und als eine gleichzeitige wagrechte Hin- und Herbewegung aufgefaßt werden. Durch die erstere entsteht in der

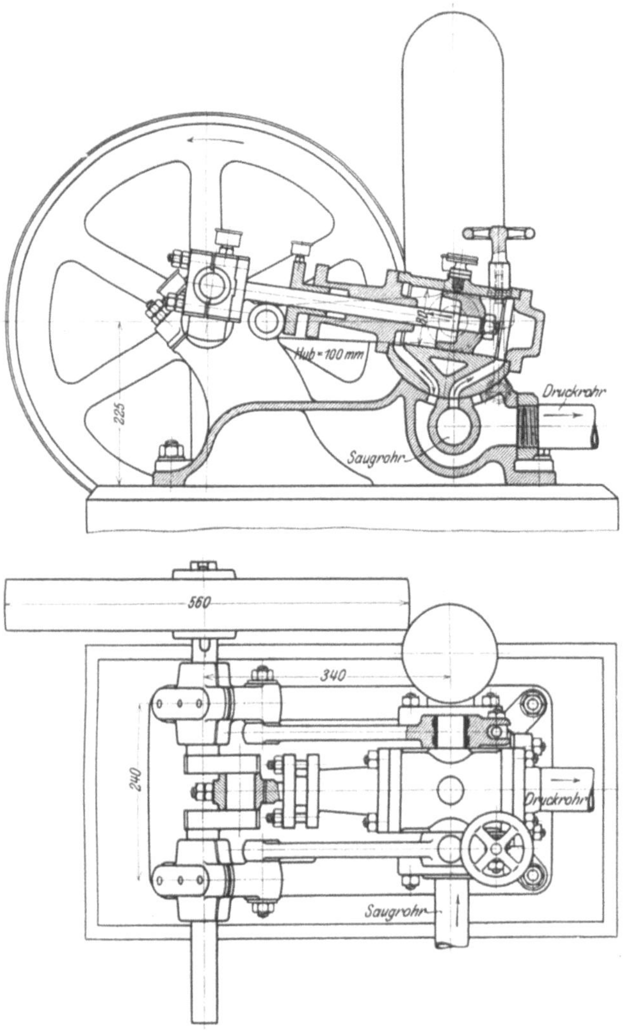

Fig. 343—344.

Hauptsache die Drehung des Zylinders um seine Achse und gleichzeitig das Öffnen und Schließen der Kanäle, durch die zweite anderseits die hin- und hergehende Kolbenbewegung. Diese Anordnung der Pumpe ist insofern eine sehr günstige, als zu Beginn des Kolbenhubs der Kurbelzapfen sich mit großer Geschwindigkeit in senkrechter Richtung bewegt, während seine Horizontalgeschwindigkeit klein ist. Der Kanal wird daher rasch geöffnet, während der Kolben sich mit geringer Geschwindigkeit bewegt. Bei der Kurbelstellung unter 90° hat andererseits der Kolben seine größte Geschwindigkeit, die Kanäle sind ganz geöffnet, und die Bewegung am Schieberspiegel ist null. Die Wirkungsweise der ganzen Einrichtung ist die gleiche wie diejenige einer Pumpe mit Muschelschieber, welcher durch ein unter 90° gegen die Pumpenkurbel aufgekeiltes Exzenter von großer Exzentrizität bewegt wird.

Da der Wasserdruck bestrebt ist, den Zylinder vom Schieberspiegel abzuheben, so kann man durch richtige Einstellung der Schraube mit Handrad (s. Fig. 344) erreichen, daß die Schieberreibung möglichst gering wird.

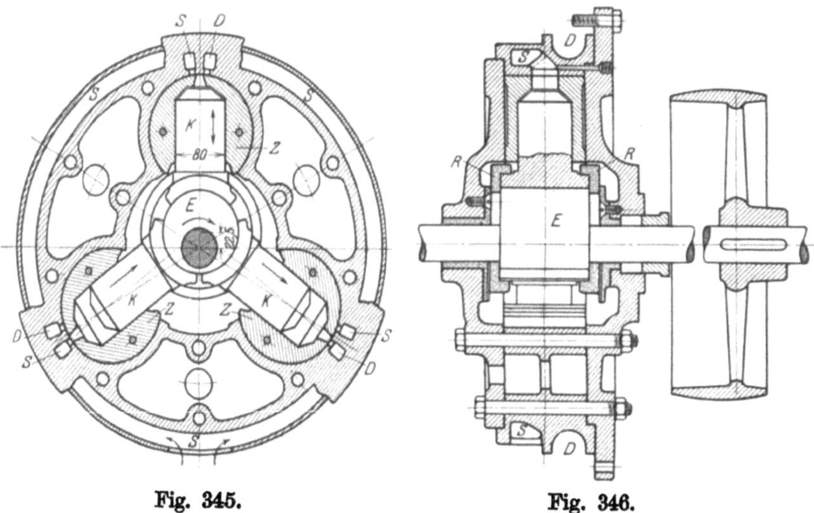

Fig. 345.   Fig. 346.

Die Steuerung von Pumpen durch Flachschieber hat den Übelstand, daß eine große Schieberreibungsarbeit entsteht, weil zur Vermeidung großer Wassergeschwindigkeit die Kanal- und Schieberabmessungen groß sein müssen. Es ist daher ein naheliegender Gedanke, an Stelle von Flachschiebern Kolbenschieber zu verwenden, denn bei diesen kann durch die Wahl eines entsprechend großen Schieberdurchmessers großer Spaltquerschnitt bei geringem Reibungswiderstand erzielt werden.

Ein weiteres Beispiel einer Schieberpumpe ist die dreizylindrige Ölpumpe zum Universal-Öldruckregulator für Wasserturbinen der Firma Escher Wyss & Cie. in Zürich, Fig. 345 und 346. Die 3 Kolben K der oszillierenden Pumpenzylinder Z stützen sich in breiten zylindrischen Flächen gegen einen exzentrisch auf der Antriebswelle sitzenden Zylinder E, mit welchem sie durch zwei von beiden Seiten aufgeschobene Mitnehmerringe R gekuppelt sind. Bei der Hin- und Herschwingung der Pumpenzylinder, die wie Drehschieber wirken, tritt die Öffnung in ihrem Boden abwechselnd mit einem Saugkanal S und einem Druckkanal D in Verbindung. Die 3 Saugkanäle münden, ebenso wie die 3 Druckkanäle, in einen die Pumpe umgebenden ringförmigen Saugkanal bzw. Druckkanal. In ersteren tritt das Öl unten ein, und aus letzterem wird es durch ein Steigrohr in einen Windkessel mit 15 Atm. Betriebsdruck gepreßt.

25. Pumpen mit unmittelbarem Antrieb durch Elektromotoren.

Kleine Elektromotoren gewöhnlicher Bauart haben so hohe Umdrehungszahlen, daß selbst bei der Verwendung von sehr schnell laufenden Pumpen Zwischengetriebe unvermeidlich sind. Als solche finden, wenn Motor und Pumpe zusammengebaut sind, Zahnrädergetriebe und kurze Riemen mit Spannrolle Verwendung. Außerdem ist bei größeren Leistungen, wenn die räumlichen Verhältnisse eine getrennte Aufstellung von Motor und Pumpe gestatten, Riemen- oder Seilübertragung zu finden.

Je größer die Leistung eines Elektromotors ist, um so kleiner ist seine normale Umdrehungszahl. Mit der Zunahme der Größe der Anlage wird also die Möglichkeit eines unmittelbaren Antriebes näher gerückt. Tatsächlich lassen sich Pumpwerke von etwa 150 Pferdekräften und darüber mit direkter Kuppelung ausführen, wenn Motor und Pumpe einander angepaßt werden, wie dies die elektrisch betriebenen Wasserhaltungsmaschinen dartun.

Das Bestreben, die Umdrehungszahl der Pumpen dem Elektromotor zuliebe möglichst zu steigern, hat zum Bau von sog. Expreßpumpen mit 200—300 Umdrehungen geführt. Von diesen hohen Umdrehungszahlen, welche die Lebensdauer der Ventile stark kürzen und wegen der unvermeidlich großen Beschleunigung nur geringe Saughöhe ermöglichen, ist man jedoch wieder abgekommen.

Große Pumpen mit 120—180 Umdrehungen gelten jetzt als schnelllaufend. Sie lassen sich nach den Grundsätzen und Grundformen bauen, welche sich bei den Dampfwasserhaltungen entwickelt und bewährt haben, wenn in allen Konstruktionseinzelheiten der großen Umdrehungszahl, hauptsächlich auch dem Einfluß der Massenkräfte gebührend Rechnung getragen wird. Dementsprechend finden doppeltwirkende Plungerpumpen mit nach innen oder nach außen gekehrten Stopfbüchsen ebenso wie Differentialpumpen Verwendung, wobei mit Rücksicht auf den Elektromotor des gleichmäßigen Widerstands wegen häufig Zwillingsanordnung gewählt wird. Nachstehend sind einige Ausführungen solcher Pumpen gegeben.

Unterirdische Wasserhaltungsmaschine mit elektrischem Antrieb, gebaut von der Maschinen- und Armaturfabrik vorm. Klein, Schanzlin & Becker in Frankenthal (Pfalz). Die Anlage (Tafel I) besteht aus zwei doppeltwirkenden Plungerpumpen, welche durch um 90° versetzte Stirnkurbeln von der Welle des Elektromotors unmittelbar angetrieben werden. Der Bau der Pumpe entspricht der bei doppeltwirkenden liegenden Dampfpumpwerken gebräuchlichsten Anordnung. Mit Rücksicht auf die große Umdrehungszahl haben die Ventile, welche in Fig. 229 und 230 in größerem Maßstab dargestellt sind, sehr großen Durchgangsquerschnitt. Zur Verminderung der Massenkraft ist der Kolben möglichst leicht als Hohlkolben ausgeführt. Seine Abdichtung ist durch die Unastopfbüchse (vgl. Fig. 174) bewirkt.

Kolbendurchmesser . . . . 165 mm
Hub . . . . 350 mm
Umdrehungszahl in der Minute . 145
Wasserlieferung in der Stunde . . 240 cbm
Förderhöhe ca. . . . . 200 m.

Unterirdische Wasserhaltungsmaschine mit elektrischem Antrieb, gebaut von Haniel & Lueg in Düsseldorf-Grafenberg.

Zwei unter 90° gekuppelte Differentialpumpen (Tafel II) werden von der Welle des Elektromotors unmittelbar angetrieben. Die Pumpen zeichnen sich durch außerordentlich kräftigen und soliden Bau aus. Sie bestehen aus 3 Hauptteilen: der vorne liegenden Geradführung mit Kurbellager, dem Mittelstück, das den vorderen Pumpenraum bildet und als zylindrische Laterne ausgebildet ist, und dem hinten liegenden Pumpenzylinder samt Ventilgehäusen, welcher auf dem Saugwindkessel sitzt. Diese 3 Teile sind zentrisch durch Flanschenschrauben miteinander verbunden. Geradführung samt Kurbellager, Mittelstück und Saugwindkessel liegen mit breiten Flanschen in einer durchlaufenden Ebene auf dem Fundament auf und sind mit diesem durch zahlreiche und kräftige Schrauben verankert.

Der Saugwindkessel hat die Form eines senkrechten Hohlzylinders mit halbkugelförmigem Boden. Seine Wandstärke ist so bemessen, daß er der vollen Druckhöhe der Pumpe widerstehen kann. Der Plunger ist als leichter Hohlgußkörper ausgeführt. Seine Verbindung mit dem Kreuzkopf ist durch einen Bolzen bewirkt, welcher einerseits in den Plungerkopf, andererseits in das geschlitzte, mit vier Schraubenbolzen zusammengezogene zylindrische Ende des Kreuzkopfs eingeschraubt ist. Die untere Gleitfläche des letzteren ist mit Lagermetall ausgegossen. Die Abdichtung des Pumpenzylinders gegen außen und gegen den vorderen Pumpenraum ist durch eine Stopfbüchse, die Abdichtung des vorderen Pumpenraums gegen außen einerseits durch eine Ledermanschette, andererseits durch eine Stopfbüchse bewirkt. In beide Stopfbüchsen ist ein Ring eingelegt, in dessen Höhlung durch eine Pumpe Schmiermaterial gepreßt wird. Die Ventile sind konzentrische Ringventile mit Federbelastung.

Das Saugventil, dessen Sitzdurchmesser kleiner ist als der Durchmesser des Druckventilsitzes, wird von oben in das Pumpengehäuse eingebracht und ist durch die hintere Öffnung des Pumpenzylinders zugänglich. In die beiden von den vorderen Pumpenräumen abzweigenden Druckleitungen ist je eine Rückschlagklappe mit Umführungsrohr eingeschaltet, so daß jede Pumpe ohne Entleerung der Druckleitung geöffnet und vor der Wiederingangsetzung aus der Druckleitung angefüllt werden kann.

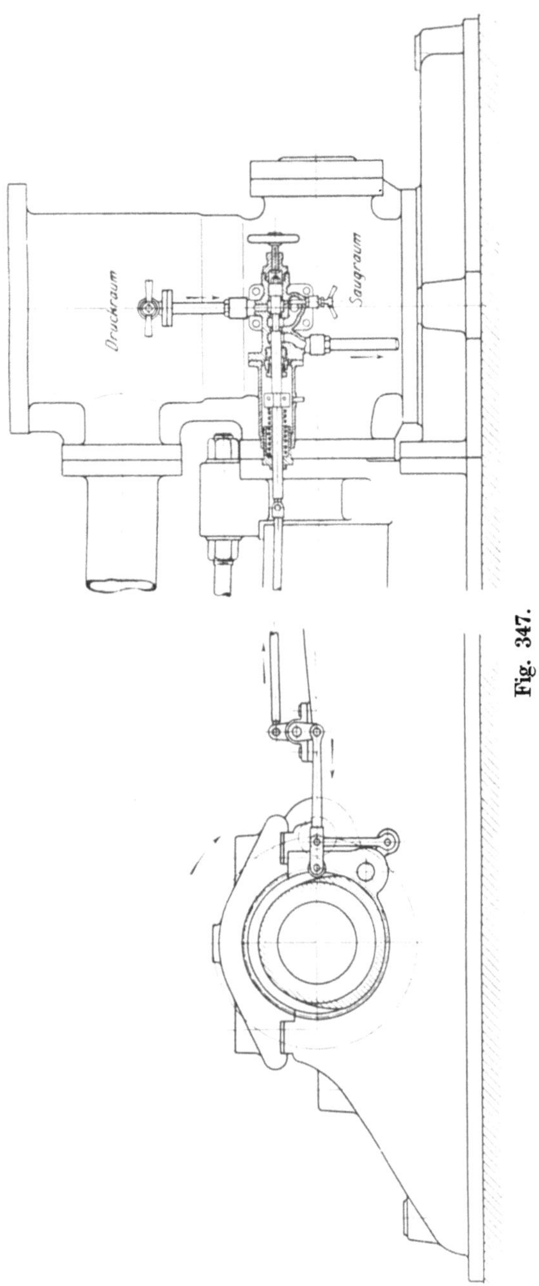

Fig. 347.

Kolbendurchmesser . . . . 185/130 mm
Hub . . . . 400 mm
Umdrehungszahl in der Minute 111
Wasserlieferung in der Stunde ca. . . . . . . 135 cbm
Förderhöhe . . . . 400 m.

Zur Ingangsetzung des Pumpwerks ist auf jeder Pumpenseite die der Firma Haniel & Lueg patentierte (D.R.P. Nr. 100025) Anlaßvorrichtung (Fig. 347)[1]) angebracht. Diese besteht aus einer kleinen hydraulischen Steuerung mit Kolbenschieber, welche durch ein Handrad aus- und eingerückt werden kann. Wird die Spindel mit dem Handrad herausgedreht, dann wird der Kolbenschieber durch eine Drahtfeder nach rechts gedrängt, es legt sich die Rolle des Antriebshebels gegen die auf der Pumpenwelle angebrachte unrunde Scheibe, und die Pumpe arbeitet als hydraulischer Motor, welcher sein Kraftwasser aus der Steigleitung erhält, indem durch die hin- und hergehende Bewegung des Schiebers der Pumpenraum zwischen den Ventilen abwechselnd mit dem Druckraum und der Atmosphäre in Verbindung gebracht wird. Wenige selbsttätige Umdrehungen der Pumpe genügen, um das Anlaufen des Elektromotors unter dem von der gleichzeitig angelassenen Primäranlage abgegebenen Strom zu veranlassen. Hat der Elektromotor Strom, dann wird die hydraulische Steuerung mittels des Handrads wieder abgestellt.

Unterirdische Wasserhaltungsmaschine mit elektrischem Antrieb der „Preußengrube" Miechowitz, gebaut von O. Schwade & Co. in Erfurt.

Die Gesamtanlage der Wasserhaltung ist in Fig. 348 und 349, die Pumpe mit Motor auf Tafel III dargestellt. Die doppeltwirkende Plungerpumpe mit nach innen gekehrten Stopfbüchsen ist durch den seitlich von ihr liegenden Elektromotor unmittelbar angetrieben.

Charakteristisch für den Bau der Pumpmaschine ist die Verlegung des Querhaupts und der Geradführung zwischen die beiden Pumpenzylinder und der Antrieb der Plunger durch zwei seitlich der Pumpenachse liegende Schubstangen, welche an den beiden Enden des Querhaupts angreifen. Die Welle hat eine Stirnkurbel und eine Kröpfung, sie ist dreifach gelagert, und zwar in dem zwischen den Kurbelarmen liegenden Pumpenlager und den beiden Lagern des Elektromotors.

Diese Anordnung bietet gegenüber von Pumpen mit außenliegenden Stopfbüchsen und Antrieb durch eine einfache Stirnkurbel und Umführungsgestänge folgende Vorteile: die gesamte Baulänge der Maschine ist wesentlich kleiner, die hin- und hergehenden Massen sind ebenfalls kleiner, die Belastungsverhältnisse des Hauptlagers, dessen Mitte in der Achse des Pumpenzylinders liegt, sind günstiger als diejenigen eines seitlich der Pumpenachse liegenden Kurbellagers mit Bajonettbalken, denn auf das Hauptlager kommt nur die Größe des Triebwerksdrucks selbst, während sich bei seitlicher Anordnung dieser Druck, dem Hebelverhältnis der an der Pumpenwelle wirkenden Triebwerks- und Lagerdrücke entsprechend, in vergrößertem Maße auf das Lager absetzt. Außerdem ist der das Hauptlager mit dem Pumpenkörper

---

[1]) B. Gerdau, Neuere Wasserhaltungen für Bergwerke.

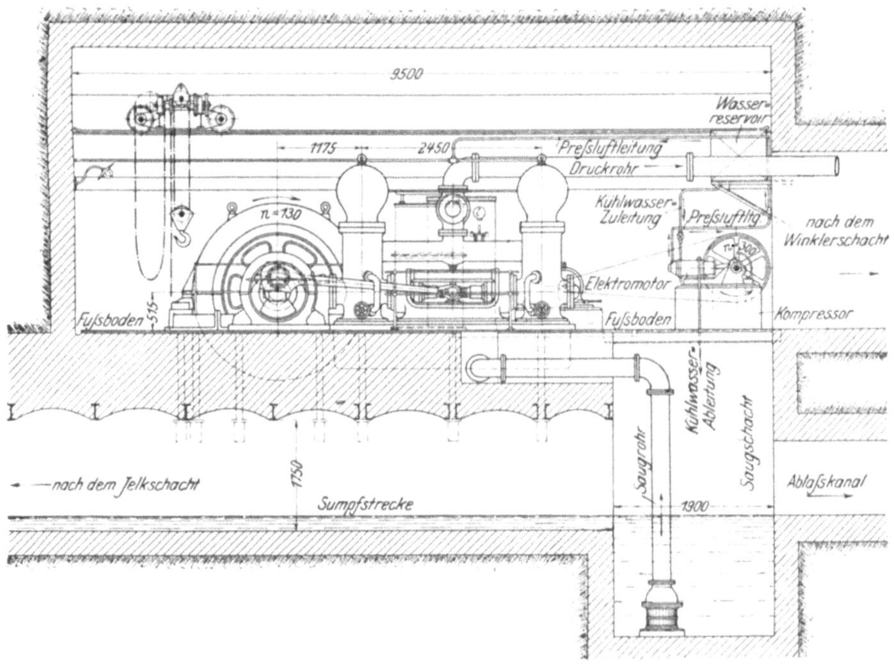

Fig. 348.

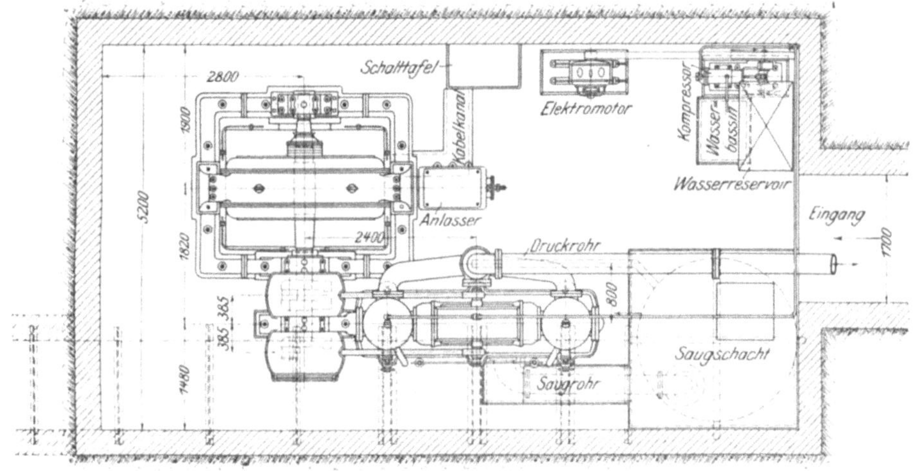

Fig. 349.

verbindende Rahmen nur auf Zug und Druck beansprucht, während der Bajonettbalken Biegungsmomente aufzunehmen hat.

Die Konstruktion der Pumpe verlangt, daß die beiden Schubstangen durch richtiges Einstellen ihrer Lagerschalen stets genau gleich lang sind, andernfalls tritt eine Verdrehung des Querhaupts, Biegungsbeanspruchung der Plunger mit Vergrößerung der Stopfbüchsenreibung ein.

Der Umstand, daß die Stirnkurbel gegenüber der Kröpfung durch die an ihr wirkende Schubstangenkraft eine Verdrehung erfährt und demgemäß die von den beiden Schubstangen übertragene Kraft nur gleich groß ist, wenn das Querhaupt sich schräg stellen kann, gibt in Wirklichkeit zu keinen Bedenken Veranlassung, denn diese Verdrehung ist wegen des großen Durchmessers, welchen der Wellenhals im Hauptlager besitzt, verschwindend klein.

Die beiden Lager des Elektromotors sind durch einen kräftigen Fundamentrahmen miteinander verbunden. Das Hauptlager bildet mit dem Kurbellager ein Gußstück.

Ein langer gußeiserner in das Fundament eingebetteter Kasten, welcher mit dem Rahmen des Hauptlagers starr verbunden ist, bildet den Saugraum für die beiden hinten und vorne aufgesetzten Pumpen, welche mittels Tauchrohren ihr Wasser ansaugen. Der obere Raum des Kastens dient als Saugwindkessel.

Die Köpfe der beiden Hohlgußplunger sind mit dem Querhaupt durch eingeschraubte und gegen Drehung gesicherte Bolzen verbunden. Das Querhaupt stützt sich mit einem Schuh auf die Gleitbahn. Diese sitzt auf dem Saugwindkessel auf und ist mit ihren zylindrischen Enden zwischen die Flanschen der Zylinder und Zylinderdeckel eingeklemmt. Letztere sind zentrisch in die Pumpenzylinder eingesetzt und bilden den Packungsraum für die Stopfbüchsen. Die Flanschen der Stopfbüchsenbrillen sind in einem Anguß an den Zylinderdeckeln geführt, so daß einem Schiefziehen der Brillen vorgebeugt ist.

Die Ventile sind konzentrische Ringventile mit Lederdichtung und Belastung durch eine für sämtliche Ringe gemeinschaftliche Gummirohrfeder.

Um den Elektromotor mit unbelasteter Pumpe in Gang setzen zu können, sind an den Druckventilen Umführungsleitungen von großem Querschnitt vorgesehen.

Die Anordnung der Druckwindkessel, Rohrleitungen und die sonstige Ausrüstung der Pumpe ist aus den Abbildungen ersichtlich.

Zwei Pumpensysteme, welche speziell bei elektrisch betriebenen Wasserhaltungen Eingang gefunden haben, können wegen der vielseitigen Beachtung, die ihnen eine Zeitlang zuteil wurde, heute noch nicht bei der Besprechung übergangen werden. Es sind dies die Riedlerexpreßpumpe und die Bergmanspumpe.

Die Konstruktion der Riedlerexpreßpumpe bezweckt, bei hoher Tourenzahl eine große Saugfähigkeit zu erzielen. Deshalb ist das Saugventil mit wagerechter Achse ausgeführt und gesteuert.

Die Einrichtung einer solchen Pumpe ist in Fig. 350 und 351[1]) dargestellt: Die Pumpe ist eine liegende Differentialpumpe. S ist der Saugraum mit hochliegendem Windkessel, P der Pumpenraum, D der Druckraum. Das Saugventil (Fig. 351) besteht aus einem einfachen Metall- oder Holzring R mit wagerechter Achse, welcher den Plunger K umgibt und von einem festliegenden Ring F gestützt und geführt ist. Letzterer Ring ist zugleich zum Hubfänger ausgebildet und mit einem Pufferring aus Gummi versehen. Bei der Saugbewegung des Kolbens (nach rechts) strömt das Wasser aus dem Saugraum durch die ringförmige Öffnung des Ventilsitzes und drückt das leichte, von keiner Feder belastete Ventil gegen den Hubfänger. Das Wasser strömt also in einer der Kolbenbewegung entgegengesetzten Richtung in den Pumpenraum ein. Gegen Ende des Saughubs wird das Ventil von dem am Plungerende befestigten Steuerkopf H, welcher mit einer Gummirohrfeder und einem Gummiring versehen ist, auf seinen Sitz gedrückt. Der Schluß des Ventils erfolgt also genau so wie bei einem selbsttätigen Ventil unter Federbelastung. Bei der Druckbewegung des Kolbens (nach links) wird das Wasser aus dem Pumpenraum durch das Druckventil hindurch nach dem Druckraum gefördert. Letzteres Ventil ist als selbsttätiges aus einer Anzahl konzentrischer unabhängig voneinander arbeitender Ringe mit Gummirohrfederbelastung ausgeführt.

Die wagerechte Anordnung der Ventilachse ist für die Führung des Ventils nicht günstig, denn dadurch, daß der Ring an seinem unteren Teil aufliegt, entsteht bei seiner Bewegung eine Reibungskraft, welche ein Ecken und Klemmen des Rings um so mehr begünstigt, als dieser einen großen Durchmesser hat und sehr nieder ist. Bei den Ausführungen scheint sich jedoch aus der Art der Ventilführung kein Anstand ergeben zu haben.

Die mögliche Saughöhe einer Pumpe ist um so größer, je kleiner der Beschleunigungswiderstand der Wassermasse zwischen dem Saugwindkessel und Pumpenkolben und je kleiner der Öffnungswiderstand des Saugventils ist. Durch die wagerechte Anordnung der Ventilachse wird das Saugventil dem Windkessel allerdings sehr nahe gerückt, die Länge der Wassersäule, welche beim Anhub beschleunigt werden muß, ist aber vom Wasserspiegel bis zum Ende des Kolbens bei seiner äußersten Linksstellung, d. h. bis zum Ende des Steuerkopfes zu messen. Die Länge der zu beschleunigenden Wassersäule ist aus diesem Grunde bei der Riedlerexpreßpumpe kaum geringer als bei liegenden Pumpen gewöhnlicher Bauart mit aufrechten Ventilen. Ungünstig wirkt ferner der Umstand, daß das Wasser sich im Pumpenzylinder in einer der Kolbenbewegung entgegengesetzten Richtung bewegen muß, um den hinter dem Steuerkopf frei werdenden Raum auszufüllen. Der Gewinn an Saughöhe, welcher mit der wagerechten Anordnung durch Verminderung des Beschleunigungswiderstands der Wassermassen erzielt wird, ist daher ein ganz unbedeutender, wenn überhaupt ein solcher besteht.

Anders ist es mit dem Öffnungswiderstand des Ventils: Schnelllaufende Pumpen werden mit einer Spaltgeschwindigkeit von 4—5 m ausgeführt und es beträgt der von der Ventilbelastung herrührende

---

[1]) A. Riedler, Schnellbetrieb (Expreßpumpen S. 44).

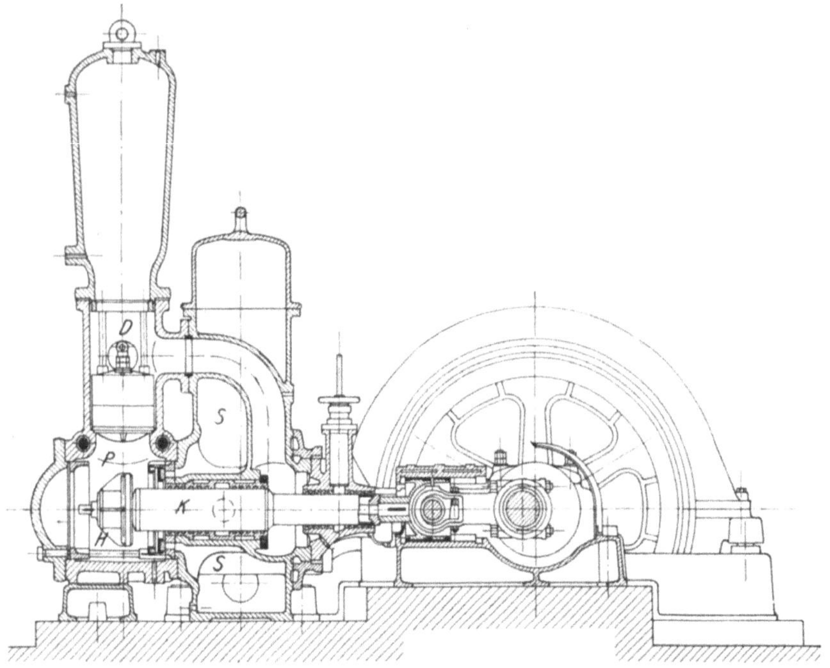

Fig. 350.

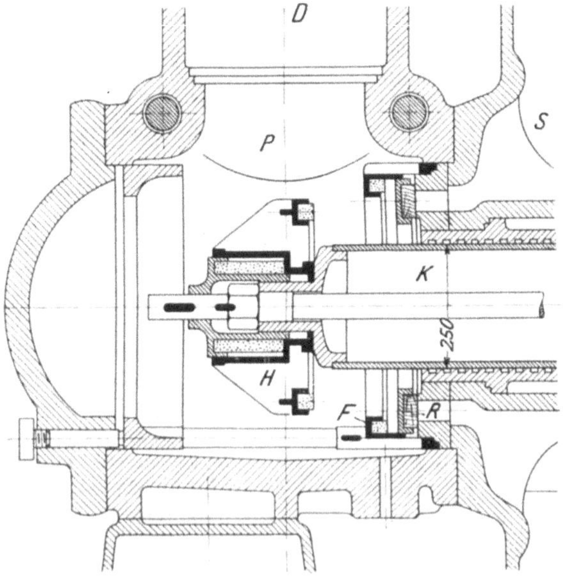

Fig. 351.

Teil des Öffnungswiderstands dementsprechend ungefähr 1,5—2 m. Diese Widerstandshöhe kommt bei dem Saugventil mit wagerechter Achse ohne Federbelastung in Wegfall, die mögliche Saughöhe der Riedlerpumpe ist demnach größer als bei anderen Pumpen, vorausgesetzt, daß sie keine größere Umdrehungszahl hat; anderenfalls wird der Gewinn an Saughöhe wieder geschmälert durch die Vergrößerung des Beschleunigungswiderstandes der Wassermasse und Ventilmasse.

Bei der Riedlerpumpe wird der Wasserspiegel im Saugwindkessel durch Absaugen der Luft in einer gewissen Höhe gehalten. Diese Einrichtung ist notwendig, weil sich andernfalls der Wasserspiegel bis zum oberen Rand der ringförmigen Öffnung des Ventilsitzes absenken und das Ventil in seinem oberen Teil entweder beständig oder periodisch von Luft durchströmt werden würde. Dies würde zu Unzuträglichkeiten (unruhigem Ventilspiel, Stößen in der Pumpe) führen. Ein Vorteil für die Beschleunigung des Wassers und der Ventilmasse beim Anhub des Pumpenkolbens ergibt sich durch die hohe Lage des Wasserspiegels natürlich nicht, denn je höher der Wasserspiegel im Windkessel hinaufgezogen wird, um so geringer ist der Luftdruck im Windkessel, der ja dazu dienen muß, die Wassermasse zu beschleunigen, und um so größer ist die Länge der zu beschleunigenden Wassermasse. Der Wasserspiegel soll daher nur so hoch stehen, daß ein Absaugen von Luft aus dem Windkessel durch das Saugventil hindurch vermieden ist. Man findet auch bezüglich Pumpen gewöhnlicher Bauart nicht selten die Ansicht vertreten, daß bei einem hohen Wasserspiegel im Saugwindkessel die Saugventile sich leichter öffnen, weil sie unter einer größeren Druckhöhe stehen. Daß diese Ansicht eine irrige ist, geht aus dem Vorstehenden hervor.

Der große Durchmesser des Saugventils und seines Sitzes verlangt bei der Riedlerpumpe eine große Öffnung hinten am Pumpenzylinder, zugleich ist oben eine große Öffnung wegen des Druckventils erforderlich. Hierdurch ergibt sich für den Pumpenkörper eine Form, welche für große Beanspruchungen durch inneren Überdruck wenig geeignet ist. Dies ist bei einer elektrisch angetriebenen Wasserhaltungsmaschine mit großer Umdrehungszahl um so bedenklicher, als die Spannungswechsel, welchen das Material des Pumpenkörpers unterliegt, sehr häufige und sehr große sind. Die Verstärkung des Gehäuses durch Spannbolzen kann nur als Notbehelf angesehen werden.

Durch die wagrechte Anordnung des Saugventils ergibt sich bei der Riedlerpumpe eine Menge von Konstruktions-, Ausführungs- und Betriebsschwierigkeiten, so daß es verständlich erscheint, wenn Pumpen einfacherer Bauart vor ihr der Vorzug gegeben wird.

Das zweite Pumpensystem stellt die nach dem Patent von R. Bergmans von der Maschinenbauanstalt Breslau in Breslau gebaute Bergmanspumpe (Fig. 352) dar. Die Konstruktion hat den Zweck, den plötzlichen Übergang der Saugspannung in die Druckspannung zu Beginn des Druckhubs im Pumpenzylinder zu vermeiden und dadurch einen stoßfreien, ruhigen Gang der Pumpe zu erzielen.

Ein bekanntes Mittel zur Erreichung dieses Zweckes besteht darin, daß man beim Saughub durch Schnüffelventile Luft in den Pumpenzylinder saugt. Zu Beginn des Druckhubs wirkt dann auf die Kolbenfläche nur die Saugspannung, der Kolbenwiderstand wächst erst durch die Kompression der im Zylinder befindlichen Luft und erreicht seinen Höchstwert, bei welchem das Druckventil geöffnet wird, erst bei einem gewissen Abstand des Kolbens von seiner Totlage, d. h. zu einem Zeitpunkt, wo der Beschleunigungswiderstand des Wassers und des Triebwerks nicht mehr so groß ist wie zu Beginn des Hubs. Es fällt dadurch die größte Inanspruchnahme aller Konstruktionsteile kleine aus, und sie ist nicht eine plötzliche stoßartige, sondern eine allmählich sich entwickelnde. Die gleiche Wirkung wie das Luftschnüffeln hat ein im

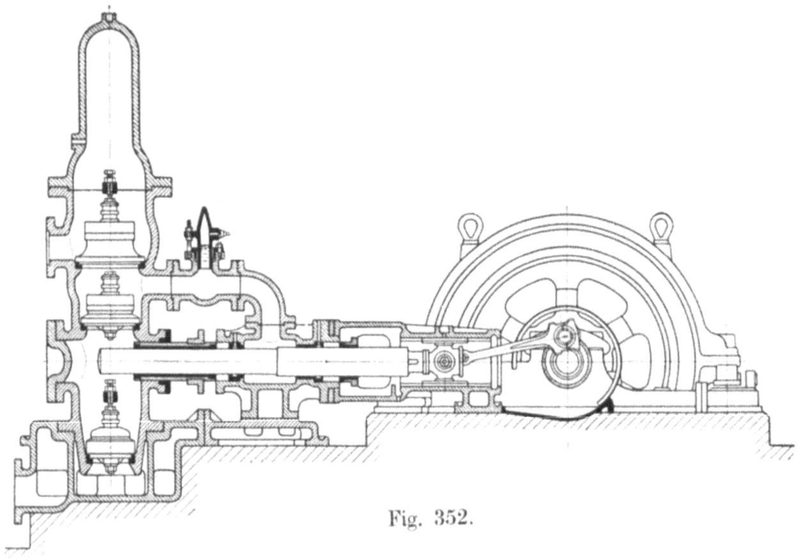

Fig. 352.

Pumpenraum vorhandener Luftsack. Das Mittel des Luftschnüffelns ebenso wie der Luftsack hat aber den Nachteil, daß die Saugwirkung der Pumpe beeinträchtigt und ihr Lieferungsgrad verringert wird. Die Bergmanspumpe hat nun ebenfalls einen Luftsack, dieser ist aber für die Saugwirkung dadurch unschädlich gemacht, daß der Ausgleichsraum, in welchem sich die den Luftsack bildende Windhaube befindet, während der Saugwirkung des Pumpenkolbens durch ein Zwischenventil von dem Pumpenraum abgeschlossen wird.

Die Wirkungsweise der Pumpe ist die folgende: Hat sich der Kolben (s. Fig. 352) nach links bewegt und das Ende des Druckhubs erreicht, so herrscht im Pumpen- und Ausgleichsraum eine Pressung, welche gleich der Druckhöhe der Pumpe ist. Die gleiche Pressung hat die Luft in der Windhaube. Geht der Kolben nach rechts, so schließt sich das Druckventil und das Zwischenventil; im Pumpenraum wird gesaugt, im Ausgleichsraum wirkt der Flüssigkeitsdruck auf die ringförmige Kolbenfläche, welche durch die Verstärkung des Plungers in seinem vorderen Teil vorhanden ist. Durch diesen Druck wird der Plunger nach rechts getrieben, die Bewegungsumkehr zu Beginn des Saughubs erfolgt ohne Druckwechsel im Getriebe. Der Druck im Ausgleichraum nimmt sodann der Ausdehnung der Luft in der Windhaube entsprechend ab, jedoch nur soweit, daß bis zum Ende des Hubs, woselbst übrigens die Massenkraft des Kolbens und der Triebwerksteile in der Bewegungsrichtung wirkt, kein Druckwechsel stattfindet. Bei beginnendem Druckhub wird dann zunächst das Zwischenventil, das nur durch einen geringen Wasserdruck belastet ist, leicht und stoßfrei angehoben, der Druck im Ausgleichsraum steigert sich allmählich, bis schließlich das Druckventil geöffnet wird. In Fig. 353 ist der Verlauf der Druckänderung im Pumpen- und Ausgleichsraum dargestellt.

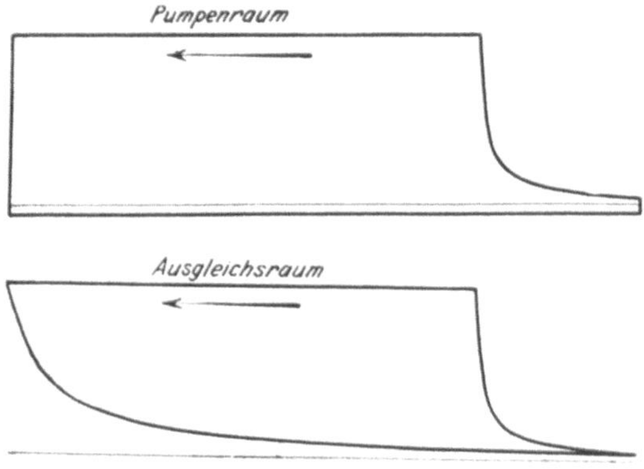

Fig. 353.

Den Vorteilen, welche der Bergmanspumpe eigen sind, stehen folgende Nachteile gegenüber: Die Pumpe, deren Bau mit demjenigen einer Differentialpumpe große Ähnlichkeit hat, ist nur einfachwirkend, sie braucht trotzdem ebensoviele Stopfbüchsen wie eine Differentialpumpe, zudem ist der vordere Teil des Plungers und seine Stopfbüchse größer als bei einer Differentialpumpe gleicher Wasserlieferung, hierzu kommt ein drittes Ventil und die Windhaube. Die Vermeidung des Druckwechsels im Getriebe ist durch eine große Ungleichheit im Arbeitswiderstand der Pumpe erkauft, insofern die ganze Arbeitsleistung des Pumpenantriebs auf den Druckhub entfällt. Werden, wie gewöhnlich geschieht, zwei Pumpen mit um 180° versetzten Kurbeln angeordnet, so hat man eine doppeltwirkende Pumpe mit 6 Ventilen und mindestens 4 Reibung erzeugenden Stopfbüchsen, durch welch letztere der Gesamtwirkungsgrad der Pumpe beeinträchtigt wird.

26. Pumpen mit unmittelbarem Antrieb durch Gasmotoren.

Benzin-, Leuchtgas-, Generatorgas- und Ölmotoren werden sehr häufig zum Antrieb von Pumpen verwendet, wobei die Arbeitsübertragung durch Riemen die Regel bildet, denn sie ist durch die baulichen Verhältnisse dieser Motoren und ihre Umdrehungszahl sozusagen gegeben. Der Riemenantrieb bietet in bequemer Weise die Möglichkeit, den Motor ohne Belastung anlaufen zu lassen, und gewährt außerdem großen Spielraum bei der Wahl der Umdrehungszahl der Pumpe. Man ist jedoch auch zur direkten Kuppelung von Gasmotor und Pumpe geschritten, was bei großen Pumpmaschinen keine Schwierigkeit bietet, da die Umdrehungszahlen großer Gasmotoren nicht so hoch sind, daß sie mit Pumpen, die für schnellen Gang besonders gebaut sind, nicht zu erreichen wären.

Das im nachstehenden beschriebene Wasserwerk der Stadt Posen gibt hierfür ein Beispiel.

Pumpmaschine des Wasserwerks der Stadt Posen, gebaut von Weise & Monski in Halle a. S.

Die Pumpmaschine (Tafel IV) besteht aus einem normal 250, maximal 275 PS leistenden Deutzer Sauggasmotor, welcher diese Leistung bei ca. 150 minutlichen Umdrehungen erreicht. Rechts und links ist eine Pumpe direkt mit der Welle des Gasmotors gekuppelt. Die Kupplungsflanschen der Wellen haben schmiedeiserne, herausnehmbare Zwischenscheiben, so daß eine oder beide Pumpen losgekuppelt werden können. Eine auf der Schwungradwelle angebrachte Seilscheibe ist zum Antrieb einer als Reserve projektierten Hochdruck-Zentrifugalpumpe gleicher Leistung wie die beiden direkt gekuppelten Pumpen vorgesehen. Diese arbeiten direkt ins Leitungsnetz und haben folgende Hauptabmessungen:

<pre>
        Kolbendurchmesser . . . . 256 mm
        Hub . . . . 350 mm
        Umdrehungszahl in der Minute 150
        Wasserlieferung in der Stunde ca. . . . . . 600 cbm
        Saughöhe . . . .   7 m
        Druckhöhe . . . . 63 m.
</pre>

Die Pumpen (Tafel V) sind doppeltwirkende Plungerpumpen mit nach außen gekehrten Stopfbüchsen und Umführungsgestänge.

Die beiden Pumpenkörper sind auf einem gußeisernen Kasten aufgebaut, welcher in das Fundament eingebettet ist und als Saugwindkessel dient. Der eintretende Wasserstrom wird durch ein Rohr bis in die Mitte dieses Windkessels geführt und dort durch eine Stauplatte nach oben abgelenkt, um einen möglichst ruhigen Wasserspiegel zu erhalten und Stoßwirkungen des eintretenden Wassers von den Saugventilen fernzuhalten. Durch zwei Tauchrohre, welche mit Luftlöchern versehen sind, damit sich der Wasserspiegel nicht bis zur Mündung der Rohre absenkt, wird das Wasser auf beiden Pumpenseiten angesaugt.

Die Plunger sind zur Verminderung der Massenkräfte möglichst leicht gebaut. Sie bestehen aus einem schmiedeisernen Rohr, das einerseits durch den gußeisernen Plungerkopf, andrerseits durch eine gußeiserne Bodenplatte abgeschlossen ist. Diese Teile werden durch eine am Plungerkopf angreifende Zugstange, an deren Ende eine Mutter aufgeschraubt ist, zusammengehalten.

Die Stopfbüchse, deren Abdichtung nach innen und außen durch Ledermanschetten mit dazwischenliegenden Rotgußringen bewirkt wird, ist in Fig. 169 und 170 in größerem Maßstab dargestellt. Das die beiden Plunger verbindende Umführungsgestänge besteht aus zwei Traversen aus Stahlguß, welche durch schmiedeiserne Stangen miteinander verbunden sind. Die vordere Traverse wird vom Kreuzkopf getragen. Die hintere Traverse ist mit der Kolbenstange des hinteren Plungers durch Schraube und Mutter verbunden und stützt sich mit ihrem Fuß auf eine Gleitbahn, welche einerseits an dem hinteren Pumpenkörper angeschraubt, andererseits von einer Säule getragen ist. Die beiden Stangen sind in Augen geführt, die an ein zwischen die beiden Pumpenkörper zentrisch eingesetztes Gußstück angegossen sind. Die Saug- und die Druckventile sitzen senkrecht übereinander in dem gemeinschaftlichen Ventilkasten, in den auch der Plunger eintritt. Durch diese Anordnung ist der kürzeste Weg für den Durchgang des Wassers durch den Pumpenraum erzielt.

Die Ventile sind als Gruppenventile ausgeführt. Auf jedem Ventilsitz sind 18 kleine Ringventile angeordnet, deren Konstruktion von der in Fig. 196 und 197 gegebenen Ausführung nur insofern abweicht, als die Ventilbelastung nicht durch eine Drahtfeder, sondern durch eine Gummirohrfeder bewirkt ist. Die Sitzplatten der Ventile aus Stahlguß werden durch je 4 zylindrische, am einen Ende abgeschrägte Bolzen, welche durch außerhalb des Gehäuses angebrachte Traversen angedrückt werden und durch kleine Stopfbüchsen gegen die Gehäusewand abgedichtet sind, im Pumpengehäuse festgehalten. Der Durchmesser der Druckventil-Sitzplatte ist etwas größer als derjenige der Saugventil-Sitzplatte, damit die letztere von oben in das Pumpengehäuse eingebracht werden kann. Um bequem zu den Ventilen gelangen zu können, sind mit Deckeln verschlossene Handlöcher vorgesehen. Nach oben sind die beiden Pumpengehäuse durch Windhauben abgeschlossen, deren Lufträume durch eine Rohrleitung miteinander verbunden sind. Aus den beiden Pumpenseiten tritt das Wasser durch seitliche Stutzen in die gemeinschaftliche Druckleitung. Um den Gasmotor unbelastet anlaufen lassen zu können, ist eine Umlaufvorrichtung vorgesehen, durch welche die beiden Pumpenräume bei der Ingangsetzung der Pumpe miteinander verbunden werden können, so daß das Wasser von einem Pumpenraum in den anderen übertritt, ohne daß die Ventile spielen und eine Wasserförderung stattfindet. An das vordere Pumpengehäuse schließt sich, durch einen eingelegten Ring zentriert, die Geradführung an. Der dem Zylinder zunächst liegende Teil derselben hat, den Abmessungen der Stopfbüchse entsprechend, einen verhältnismäßig großen Durchmesser und ist zur bequemeren Bedienung der Stopfbüchse mit seitlichen Öffnungen versehen. Der anschließende Teil ist als Gleitbahn für den Kreuzkopf ausgebildet. Nach vorn ist die Geradführung gegabelt und nimmt zwischen den mit Ringschmierung versehenen Lagern die gekröpfte Kurbelwelle auf. Der Raum zwischen beiden Lagern ist als Trog zum Auffangen des abtropfenden Öles ausgebildet; nach oben erfolgt der Abschluß durch ein Spritzblech. Die Schmierung des Schubstangenlagers geschieht selbsttätig durch beiderseits an der Kurbel

befestigte Schmierringe, welchen das Öl durch Tropfapparate zugeführt wird.

Zum Anfüllen der Pumpe mit Wasser vor der Inbetriebsetzung
dienen Umlaufleitungen zwischen Druck- und Pumpenraum einerseits
und Pumpen- und Saugraum andererseits.

27. Dampfpumpen.

Es ist gebräuchlich, eine Maschinenanordnung, bestehend aus einer
Pumpe und einer dieselbe unmittelbar und allein treibenden Dampfmaschine, eine Dampfpumpe zu nennen. Die Dampfpumpen werden
mit und ohne Schwungrad ausgeführt; dementsprechend werden unter-
schieden: Schwungrad-Dampfpumpen und Pumpen ohne Schwungrad, welche meistens direktwirkende Dampfpumpen genannt
werden.

A. Schwungrad-Dampfpumpen.

Die Schwungraddampfpumpen finden in kleiner Ausführung als
Kesselspeise- und Reservoirpumpen, in großer Ausführung als Wasser-
versorgungs- und Wasserhaltungsmaschinen die ausgedehnteste Verwendung.

Kleine einzylindrige Dampfpumpen mit Schwungrad sind für Kesselspeisung weniger geeignet als direktwirkende Dampfpumpen, denn für
Kesselspeisung muß die Pumpe immer sehr reichlich bemessen werden,
um versäumtes Speisen nachholen zu können. Hieraus folgt, daß bei
kontinuierlichem Speisen, wie es beim normalen Betrieb statthaben
soll, die Pumpe mit verhältnismäßig kleiner Umdrehungszahl arbeitet,
was bei einfacher Schiebersteuerung durch Drosseln des Dampfes erzielt
wird. Da ferner bei einfacher Schiebersteuerung kleine Füllung, also
vorteilhafte Ausnützung der Expansionswirkung des Dampfes nicht
möglich ist, so arbeitet die Pumpe für gewöhnlich mit großer Füllung
und gedrosseltem Dampf. Der Vorteil des Schwungrads kommt nicht
zur Geltung, vielmehr bietet dieses den Nachteil, daß die Pumpe bei
kleiner Umdrehungszahl wegen des toten Punkts im Kurbelgetriebe
leicht stehen bleibt. Eine direktwirkende, mit voller oder nahezu voller
Füllung arbeitende Pumpe kann dagegen mit beliebig kleiner Hubzahl
betrieben, es kann also auch bei kleinem Wasserbedarf kontinuierlich
gespeist werden. Zugleich braucht die direktwirkende Pumpe weniger
Raum und gibt, da sie keine rotierenden und rasch bewegten Konstruktionsteile besitzt, bei beschränkten Raumverhältnissen, wie besonders in Schiffen, weniger Gelegenheit zu Unglücksfällen.

Schwungraddampfpumpen für mittlere und große Leistungen werden
vorwiegend als Zwillings- bzw. Compoundpumpen ausgeführt.

Bezüglich der Gesamtanordnung kommen hauptsächlich 2 Bauarten in Betracht: Dampf- und Pumpenzylinder befinden sich entweder
nebeneinander oder hintereinander.

Die Anordnung von Dampf- und Pumpenzylinder nebeneinander
eignet sich für stehende Pumpen kleiner Leistung, insofern sich dabei
eine kleine Bauhöhe der Pumpe bei tiefliegendem Schwerpunkt der
Maschine, also große Standfestigkeit derselben ergibt.

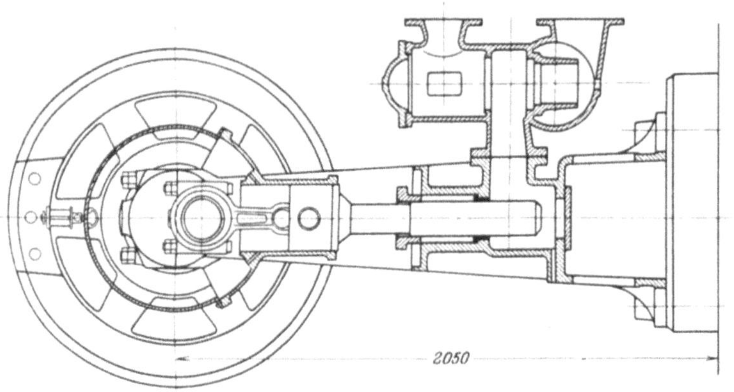
2050
Fig. 355.

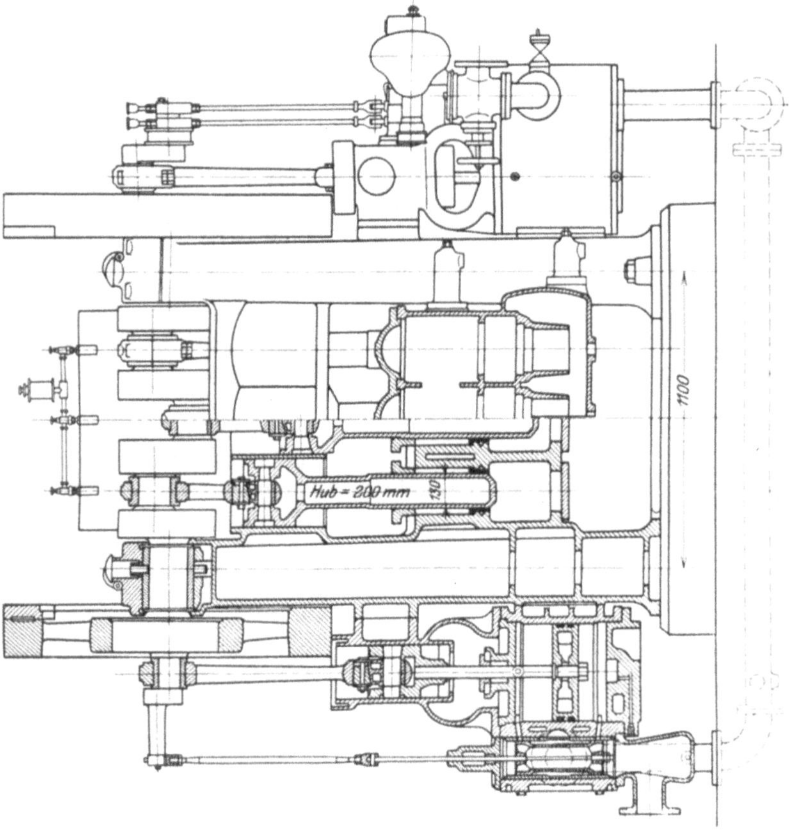

Hub = 200 mm
1100
Fig. 354.

Ein Beispiel hierfür ist die Dreiplunger-Speisepumpe mit Dampf-antrieb der Maschinenbau A.-G. Balcke, Frankenthal (Pfalz) Fig. 354 und 355. Zwischen den beiden die mehrfach gekröpfte Antriebswelle tragenden Ständern ist eine Drillingspumpe mit einfachwirkenden Plungern eingebaut. Die beiden Säulen mit den Wellenlagern bilden mit den 3 Pumpenzylindern und den zugehörigen zylindrischen Gerad-führungen ein einziges Gußstück, an das die Zylinder der Compound-maschine zu beiden Seiten angeschraubt sind. Der Hochdruckzylinder (rechts) hat doppelte Kolbenschiebersteuerung mit veränderlicher, durch Regulator betätigter Füllung, der Niederdruckzylinder (links) besitzt einfache Kolbenschiebersteuerung mit fester Füllung. Die ge-kröpfte Welle ist an ihren Enden zu Kurbelscheiben ausgebildet, auf denen schwere Schwungräder zentrisch angeordnet sind, so daß auch bei geringer Umdrehungszahl ein gleichmäßiger Gang der Pumpe ge-sichert ist.

Bei allen Dreiplungerpumpen der Firma Balcke sind die Ventile in einem kombinierten Kasten (Fig. 356 u. 357) untergebracht. Saug- und Druckventil jeder einzelnen Pumpe besitzen eine gemeinschaftliche Spindel, die durch Bügelschraube im Gehäuse festgehalten wird. Die drei Pumpen entnehmen ihr Wasser aus einem gemeinsamen großen zylindrischen Saugwindkessel, ein Druckwindkessel ist bei der hohen Gleichmäßigkeit der Wasserlieferung von Drillingspumpen überflüssig und deshalb auch nicht vorgesehen; dafür sind die Ventilkastendeckel zu kleinen Windhauben ausgebildet.

Weit häufiger als die Anordnung der Zylinder nebeneinander, bei der ebensoviele Kurbelgetriebe nötig, als Dampf- und Pumpenzylinder im ganzen vorhanden sind, und bei der die ganze Antriebsarbeit durch die Kurbelwelle übertragen werden muß, ist die Aufstellung der Zylinder über- oder hintereinander. Dampf- und Pumpenkolben sitzen in diesem Fall auf gemeinschaftlicher Kolbenstange, durch die der Dampf-druck unmittelbar auf den Pumpenkolben übertragen wird, das Kurbel-getriebe hat nur die Ausgleichsarbeit aufzunehmen bzw. herzugeben.

Bei den stehenden Pumpen dieser Bauart befindet sich der Dampf-zylinder immer oben, so daß er in seiner Längenänderung infolge der Erwärmung nicht gehindert ist; die Pumpe steht unten, damit ihre Saughöhe möglichst gering ist. Die Schubstange des Kurbelgetriebes greift an der Kolbenstange immer zwischen Dampf- und Pumpen-zylinder an. Die Kurbelwelle ist häufig unterhalb des Pumpenzylinders im Gestell der Maschine gelagert. Alsdann ist zur Umgehung des Pumpen-zylinders eine Gabelung oder doppelte Ausführung der Schubstange notwendig.

Hierher gehören die Wanddampfpumpe mit parallel zur Wand angeordnetem Schwungrad (Fig. 358) von Weise & Monski, Halle a. S., und die Zwillingsdampfpumpe von A. L. G. Dehne, Halle a. S. Fig. 359. Bei ersterer ist die Öffnung der Gabel der Schubstange sowohl durch den Durchmesser des Pumpenzylinders als auch durch den Ausschlag der Schubstange, bei letzterer nur durch den Durchmesser des Pumpen-zylinders bedingt.

In beiden Fällen ist die Form der Schubstange wegen der mit ihr
verknüpften Biegungsbeanspruchung eine ungünstige. Um zu große
Abmessungen zu vermeiden, führt man deshalb bei Pumpen für größere

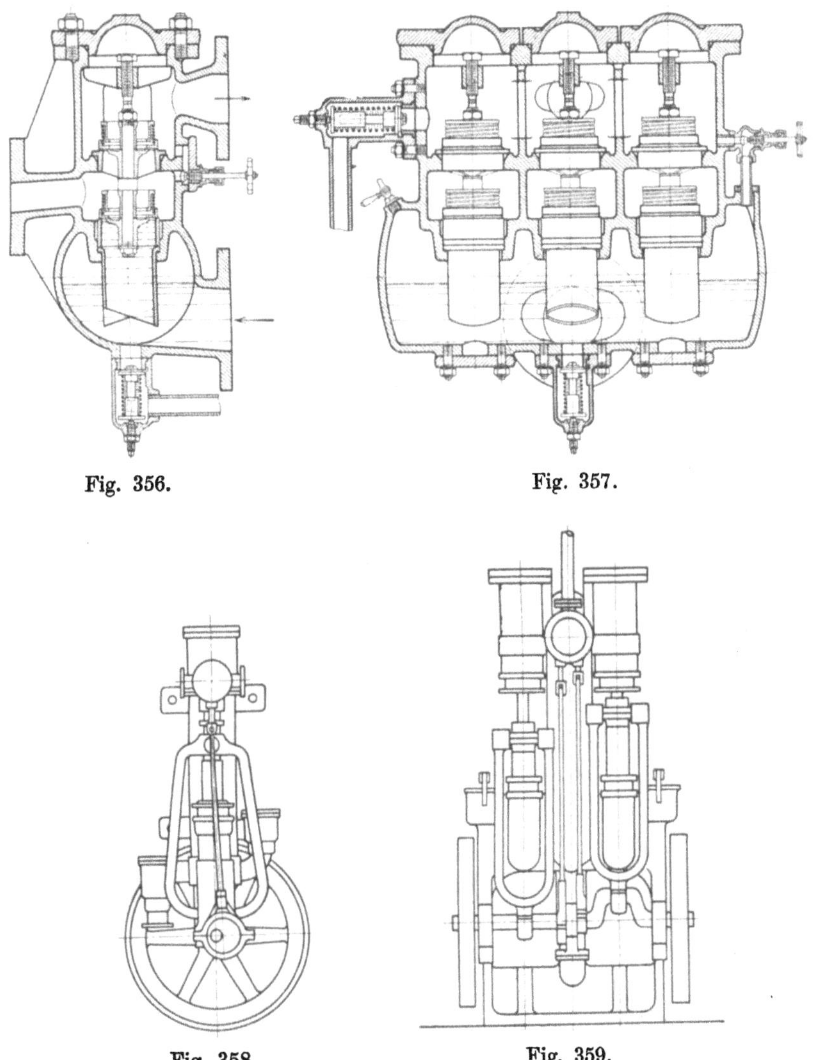

Fig. 356.

Fig. 357.

Fig. 358.

Fig. 359.

Leistungen die Schubstange lieber doppelt aus, wie dies die Verbund-
Dampfpumpe der Maschinen- und Armaturfabrik vorm. Klein,
Schanzlin & Becker, Frankenthal (Pfalz), Fig. 360 und 361, zeigt.
Dieselbe ist als Kesselspeisepumpe für 13 Atm. Druck und eine Wasser-
lieferung von 40 cbm/std bei 85 Umdrehungen in der Minute gebaut.

Der Hochdruckzylinder besitzt von Hand verstellbare Doppelschieber-
steuerung, der Niederdruckzylinder einfachen Schieber. Die feder-

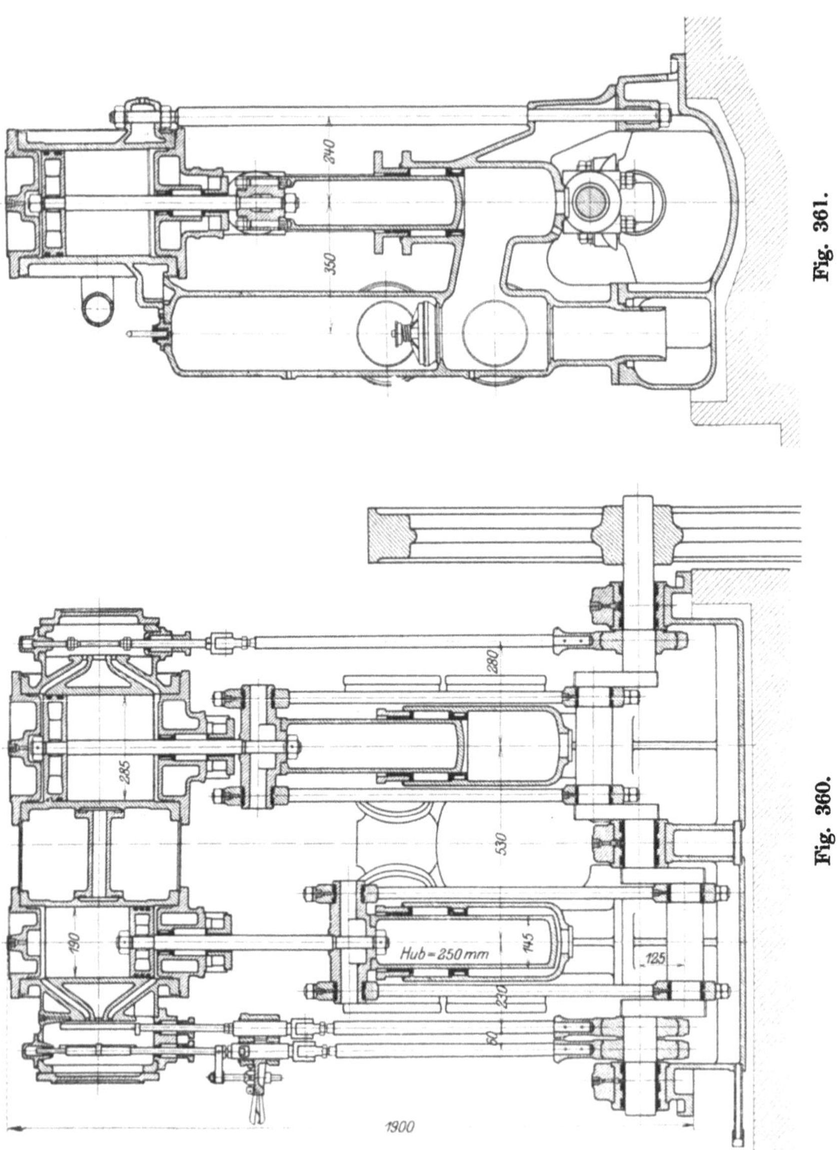

Fig. 361.

Fig. 360.

belasteten Pumpenventile bestehen aus zwei fest miteinander verbundenen konzentrischen Ringen.

An Stelle der Anordnung mit tiefliegender Kurbelwelle wird auch
das ganze Kurbelgetriebe zwischen Dampf- und Pumpenzylinder ver-

legt. Dann ist eine Gabelung der Kolbenstange zwischen den Zylindern notwendig, um der Welle samt dem Kurbelgetriebe auszuweichen.

So führt z. B. die oben genannte Firma Klein, Schanzlin & Becker ihre stehenden Zwillings- und Verbund-Dampfspeisepumpen, sofern nicht hoher Kesseldruck in Betracht kommt, nach Fig. 362 u. 363 aus. Der Dampfdruck wird hierbei durch das in Stahlguß ausgeführte sog. „Maschinenelement System Klein" auf den Plunger übertragen. Die Schenkel desselben sind nach der Seite soweit abgekröpft, daß sie dem schwingenden Kopf der Schubstange ausweichen, die Öffnung der Gabel braucht dann nur so groß zu sein, als die rotierende Kröpfung der Welle erfordert.

Die Anordnung des Kurbelgetriebes zwischen Dampf- und Pumpenzylinder ist auch die geeignete Bauart für große stehende Dampfpumpen,

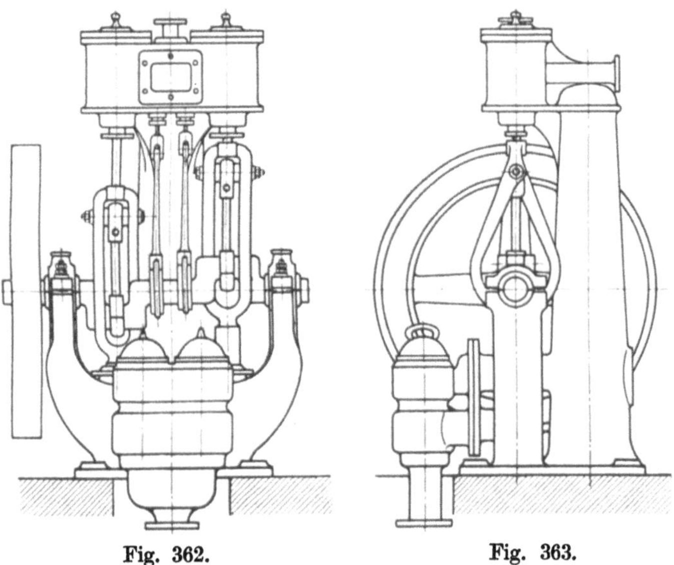

Fig. 362.   Fig. 363.

bei welchen die tief aufgestellte stehende Pumpe durch eine stehende Dampfmaschine angetrieben wird. Die Gabelung der Kolbenstange zur Umgehung der im Fundamentrahmen der Dampfmaschine gelagerten Kurbelwelle erfolgt in diesem Falle durch zwei zur Achse der Kolbenstange parallele Stangen, welche durch schräg gestellte Traversen miteinander verbunden sind, so daß die Schubstange und Kurbel zwischen ihnen durchschlagen können (vgl. Fig. 368).

Auch bei liegenden Pumpen kleiner Ausführung wird das ganze Kurbelgetriebe häufig zwischen Dampf- und Pumpenzylinder in einen Fundamentrahmen verlegt, an dessen Enden diese Zylinder freihängend angeordnet werden. Bei großen liegenden Dampfpumpen wird die Pumpe in der Regel von der nach rückwärts verlängerten Kolbenstange der Dampfmaschine angetrieben. Dieser hintere Teil der Kolbenstange hat dann jeweilig nur den der Gesamtförderhöhe der Pumpe entsprechenden Wasserdruck auf den Pumpenkolben, welcher ungefähr gleich dem mittleren Dampfdruck ist, zu übertragen, während von dem vorderen Teil der Kolbenstange und dem Kurbelgetriebe zu Beginn des Hubs, solange bis die Ventile nach der Kolbenumkehr geschlossen haben, die Summe dieses Wasserdrucks und des der Eintrittsdampfspannung entsprechenden Dampfdrucks aufzunehmen ist.

Doppelte Ausführung des Triebwerks mit Angriff der Schubstange an der Kolbenstange zwischen den Zylindern kommt bei liegenden Pumpen ebenfalls vor, mit dem Zweck, die Baulänge der Pumpe zu verringern. Die gekröpfte Kurbelwelle liegt dann gewöhnlich unmittelbar vor dem Dampfzylinder.

Handelt es sich um den Antrieb einer tief aufgestellten stehenden Pumpe durch eine liegende Dampfmaschine, so erhält der Pumpenkolben seine Bewegung entweder von der verlängerten Kolbenstange der Dampfmaschine mittels Winkelhebels (s. Tafel VIII, Antrieb der Schöpfpumpe) oder von der Schwungradwelle mittels einer Stirnkurbel (s. Tafel VI).

Pumpmaschine des Wasserwerks der Stadt Ludwigsburg in Hoheneck, gebaut von der Maschinenfabrik Eßlingen in Eßlingen.

Die Dampfmaschine (Tafel VI) ist eine liegende Tandemmaschine mit Kuchenbecker-Ventilsteuerung und Weißschen Leistungsregulator. Der Niederdruckzylinder liegt vorne zunächst der Geradführung, der Hochdruckzylinder ist mit einer kräftig ausgeführten Laterne an ihn angeschlossen.

Der Antrieb der unter der Sohle des Maschinenhauses aufgestellten doppeltwirkenden Pumpe stehender Bauart erfolgt durch eine auf der Schwungradwelle unter 90° gegen die Maschinenkurbel versetzte Stirnkurbel. Von dem Triebwerk der Hauptpumpe ist noch die Bewegung der gleichfalls unter Flur stehenden Kondensatorluftpumpe ohne Saugventile von Kuhnscher Bauart abgeleitet.

Dampfmaschine:

Durchmesser des Hochdruckzylinders . . . . . 410 mm
Durchmesser des Niederdruckzylinders . . . . 635 mm
Hub . . . . 840 mm
Umdrehungszahl in der Minute 42

Pumpe:

Kolbendurchmesser . . . . 265 mm
Durchmesser der Kolbenstange . . . . 120 mm
Hub . . . . 760 mm
Wasserlieferung in der Stunde ca. . . . . . . 180 cbm
Saughöhe . . . . 6—7 m
Druckhöhe . . . . 164 m

Der Pumpenzylinder (Tafel VII) stützt sich auf das Fundament und ist außerdem mit seinem oberen Teil an eine senkrechte, in das Mauerwerk eingelassene gußeiserne Platte angeschraubt, welche bis zu dem als Rahmen ausgebildeten Fuß des Kurbellagers hinaufreicht und dadurch eine starre Verbindung zwischen diesem Lager und dem

Zylinder bewirkt. Auf halber Höhe ist die zylindrische Geradführung für den Kreuzkopf an die Wandplatte angeschraubt.

Die Gleitbahn des Kreuzkopfes wird von unten und oben geschmiert. Zum Zweck der Schmierung von unten sind an den unteren Enden der Gleitschuhe Filzstücke angebracht, welche beim Niedergang in einen unten an der Gleitbahn angebrachten, mit Öl gefüllten Trog eintauchen und beim Aufgang das angeschluckte Öl auf die Laufflächen übertragen. Die Schmierung von oben geschieht durch direkte Zuleitung von Öl auf die Gleitbahn.

Der Pumpenzylinder besteht aus 2 Teilen: dem Unterteil aus Stahlguß und dem die Lauffläche des Kolbens enthaltenden und in den Unterteil eingreifenden Oberteil aus Gußeisen. Der letztere hat oben einen Deckel mit Stopfbüchse und eine als Wasserverschluß und zur Aufnahme von Tropfwasser dienende gußeiserne Schale mit Überlaufrohr.

Der gußeiserne Kolben ist als ein Scheibenkolben mit Abdichtung durch federnde Rotgußringe anzusehen, welcher so weit nach unten verlängert ist, daß die beim Kolbenaufgang im unteren Pumpenraum sich abscheidende Luft nicht in den eigentlichen Zylinder eintreten kann, sondern sofort bis unter das Druckventil emporsteigt, durch welches sie zu Beginn des Druckhubs entweicht. Der Kolben ist mit der an ihrem unteren Ende mit einem Flansch versehenen Kolbenstange aus Stahl mittels 4 Schraubenbolzen verbunden. Durch den Querschnitt der Kolbenstange wird die wirksame Kolbenfläche im oberen Pumpenraum so weit verringert, daß die notwendige Antriebskraft beim Aufgang nicht größer ist als beim Niedergang.

An den Pumpenzylinder sind links die beiden Druckventil-, rechts die beiden Saugventilkästen angeschraubt. Um die Beanspruchung des Materials an den Anschlußstellen der seitlichen Stutzen herabzuziehen, sind Schraubenbolzen eingezogen (vgl. S. 197). Die Ventile, welche für die Saug- und die Druckseite gleich sind, bestehen aus vier konzentrischen, durch Rippen miteinander verbundenen Ringen in einer Ausführung, wie sie durch Fig. 216 und 217, S. 232, näher dargestellt ist. Die Ringbreite ist 23 mm, die Breite der Dichtungsflächen $2^1/_2$ mm.

Das Wasser tritt aus dem Saugwindkessel in die beiden Saugventilkästen, welche in ihrem unteren Teil zu kleinen Windkesseln mit Tauchrohr ausgebildet sind. Aus den Druckventilkästen, deren Deckel so gewölbt sind, daß sie als Windhauben wirken, wird das Wasser in ein Rohr zusammengeführt, an welches sich die Druckleitung mit dem schmiedeisernen Druckwindkessel anschließt. Durch einen Absperrschieber mit Umlaufvorrichtung kann die Druckleitung abgeschlossen werden, so daß man den Windkessel und die Pumpe entleeren und öffnen kann, ohne daß das Wasser aus der Leitung abgelassen wird. Die Umlaufvorrichtung am Schieber dient zum Anfüllen des Windkessels aus der Leitung vor dem Wiedereröffnen des Schiebers, was erforderlich ist, weil dieser unter dem einseitig auf ihn wirkenden Wasserdruck der Leitung nicht gehoben werden kann. Außerdem ist zwischen Windkessel und Pumpe eine Rückschlagklappe angebracht, um die Rohrleitung samt dem Windkessel von der Pumpe abschließen zu können. An dieser Klappe wie auch an sämtlichen Pumpenventilen befinden sich Umlaufvorrichtungen. Unter jedem Druckventil sitzt ein Schnüffelventil zum Speisen der Windhauben und des Druckwindkessels mit Luft. In die Saug- und die Druckleitung ist je ein Sicherheitsventil eingebaut. Saug- und Druckwindkessel sind mit Wasserstandszeigern und Vakuummeter bzw. Manometer versehen. Der Saugwindkessel trägt außerdem oben einen Lufthahn, von welchem eine Leitung zur Kondensator-Luftpumpe führt, so daß man mit dieser Pumpe die Luft aus dem Saugwindkessel absaugen kann. Indikatorschrauben am Saugwindkessel sowie unten und oben am Pumpenzylinder vervollständigen die Ausrüstung der Pumpe.

Pumpmaschine des Wasserwerks der Stadt Frankfurt a. O., gebaut von der Maschinenfabrik Eßlingen in Eßlingen.

Das Pumpwerk (Taf. VIII) besteht im wesentlichen aus einer liegenden Verbundmaschine mit Kuchenbecker-Ventilsteuerung und Weißschem Leistungsregulator, einer stehenden einfachwirkenden Schöpfpumpe und einer liegenden doppeltwirkenden Druckpumpe.

Die Schöpfpumpe fördert das Wasser auf eine Filteranlage, von der es durch die Druckpumpe in das Hochreservoir gehoben wird. Als weitere Hilfspumpen sind eine stehende Kondensatorluftpumpe Kuhnscher Bauart und eine Speisepumpe vorhanden.

Die Schöpfpumpe und die beiden Hilfspumpen sind unterhalb der Sohle des Maschinenhauses aufgestellt und werden von der verlängerten Kolbenstange des Niederdruckzylinders der Dampfmaschine mittels Winkelhebels angetrieben. Durch eine Treppe und Galerie ist eine bequeme Bedienung dieses Teils der Anlage ermöglicht.

Die Druckpumpe, welche auf gleicher Höhe wie die Dampfmaschine steht, ist mit der verlängerten Kolbenstange des Hochdruckzylinders unmittelbar gekuppelt.

Die Hauptabmessungen sind

Dampfmaschine:

Durchmesser des Hochdruckzylinders	380 mm
Durchmesser des Niederdruckzylinders	570 mm
Hub	760 mm
Umdrehungszahl in der Minute	50—80

Schöpfpumpe:

Durchmesser des Tauchkolbens	500 mm
Hub	500 mm
Wasserlieferung in der Stunde ca.	275—440 cbm
Saughöhe	4 m
Druckhöhe	3—10 m

Druckpumpe:

Durchmesser des Plungers	275 mm
Durchmesser der Kolbenstange	70 mm
Hub	760 mm
Wasserlieferung in der Stunde ca. . . .	250—400 cbm
Saughöhe	3 m
Druckhöhe	67—77 m.

Der Körper der Schöpfpumpe (Tafel IX) besteht aus einem zylindrischen Untersatz und einer Haube. Das Innere des Untersatzes ist durch einen von oben hereinragenden, angegossenen Hohlzylinder mit Boden in zwei Räume geteilt, von welchen der innere zylindrische den Pumpenraum, der äußere ringförmige den Saugwindkessel bildet; in den letzteren tritt das Wasser durch einen Saugstutzen mit rechteckiger Öffnung von der Seite ein. Im Boden des Pumpenraums sind 30 Saugklappen im Kreise angeordnet. Um den Stoß des eintretenden Wassers von den der Eintrittsöffnung zunächst liegenden Ventilen fernzuhalten und außerdem durch eine gleichmäßige Verteilung des Wassers nach beiden Seiten einen möglichst ruhigen Wasserspiegel im Saugraum zu erzielen, ist gegenüber der Eintrittsöffnung eine senkrechte Stauwand und oberhalb derselben eine wagerechte Staurippe angebracht. Das von der Sitzebene der Saugklappen abwärts führende Tauchrohr ist mit fünf, an seinem Umfang gleichmäßig verteilten Schlitzen versehen, wodurch die im Saugwindkessel sich abscheidende Luft in kleinen Mengen und gleichmäßiger Verteilung von der Pumpe abgesaugt wird. Gleichzeitig wird durch die Schlitze verhindert, daß der Wasserspiegel im Windkessel bis zum unteren Rand des Tauchrohrs sinkt.

Die Decke des Pumpenraumes wird von einer durch Rippen gut versteiften Platte mit 30 Öffnungen für die Druckklappen und einem zylindrischen Anguß in der Mitte zur Aufnahme der unteren Führungsbüchse des Tauchkolbens gebildet. Die obere Führungsbüchse wird von einem an seiner Außenfläche abgedrehten und durch übergreifende Flanschen zentrierten Rohr getragen. Über dieses Rohr ist die den Druckraum und Druckwindkessel bildende Haube, mit seitlichem Stutzen zum Anschluß der Druckleitung, gestülpt. Der durch die beiden Rotgußbüchsen geführte hohle Tauchkolben aus Gußeisen ist oben durch eine Stopfbüchse abgedichtet. Um ein Schiefziehen der Brille zu vermeiden, sind die verzahnten Rotgußmuttern der Stopfbüchsenschrauben mit einem Stirnrad im Eingriff, von welchem sie eine gleich große Drehung erhalten. Zum Auffangen von Tropfwasser dient der die Stopfbüchsenbrille umgebende ringförmige Raum sowie ein Anguß, welcher rings um den zylindrischen Untersatz der Pumpe läuft.

Der Tauchkolben ist unten durch einen mit Kupfer verstemmten Deckel abgeschlossen und trägt in seinem oberen, offenen Teil einen mit ihm verschraubten Einsatz, in welchen der Zapfen für den Angriff der Schubstange eingebaut ist. Die Schubstange hat zwei offene Köpfe, deren Schrauben für beide Köpfe gemeinschaftlich und so lang sind, daß der Kolben bei seiner tiefsten Stellung durch Lösen der Muttern auf das im Boden des Pumpenraums eingesetzte Kautschukpolster niedergelassen werden kann. Dadurch läßt sich die Schubstange zum Zweck des Nachsehens der Lager usw. leicht herausnehmen und wieder einbauen, ohne daß das Einsatzstück herausgenommen werden muß.

Die Saug- und Druckklappen, deren Konstruktion in Fig. 262 und 263, S. 251, in größerem Maßstab wiedergegeben ist, sind durch je 6 Öffnungen am Umfang der Haube bzw. des zylindrischen Untersatzes der Pumpe bequem zugänglich.

Von der sonstigen Ausrüstung der Pumpe ist zu erwähnen: ein Sicherheitsventil mit Federbelastung an der Druckleitung, desgleichen eines am Saugwindkessel; die Anordnung einer Umlaufvorrichtung zwischen Druck- und Pumpenraum sowie zwischen Pumpenraum und Saugwindkessel zum Zweck des Anfüllens der Pumpe und Saugleitung vor der Inbetriebsetzung; ein Schnüffelventil zum Einführen von Luft unter die Druckventile und Speisen des Druckwindkessels mit Luft; ein Wasserstandszeiger mit Manometer am Druckwindkessel und die am Saugwindkessel angebrachten Vorrichtungen, bestehend aus einem Wasserstandszeiger mit Vakuummeter, einer Luftschraube zum Ablassen der Luft beim Anfüllen des Windkessels und einem mit der Kondensator-Luftpumpe durch ein Rohr verbundenen Luftabsaugehahn. Ferner sind Indikatorschrauben am Pumpenraum und am Druckwindkessel vorgesehen.

Die Druckpumpe (Tafel X) ist eine doppeltwirkende Plungerpumpe. Der zylindrische Untersatz aus Gußeisen ist mit dem Fundamentrahmen der Dampfmaschine verschraubt und dient als Saugwindkessel, in welchen die mit Luftlöchern versehenen Saugrohre des zweiteiligen Pumpenzylinders eintauchen. Gegenüber der in der Mitte liegenden Einmündung der Saugleitung ist eine wagerechte Querwand in den Windkessel eingegossen, welche den Stoß des eintretenden Wasserstroms aufnimmt. Die Verbindung der beiden Zylinderhälften unter sich erfolgt durch ein als Trog ausgebildetes Zwischenstück, das, mit Wasser angefüllt, ein Eintreten von Luft in die Pumpenzylinder während der Saugwirkung bei mangelhafter Dichtung der Stopfbüchsen verhindert. Die symmetrisch gebauten Zylinderhälften sind kugelförmig gestaltet und enthalten die unmittelbar übereinanderliegenden Saug- und Druckventile von gleicher Größe. Diese sind wie das in Fig. 216 und 217, S. 232, dargestellte Ventil konstruiert, mit dem Unterschied, daß fünf Ringe vorhanden sind. Durch seitliche, mit Deckeln verschlossene Handlöcher kann man bequem zu den Ventilen gelangen.

Der gußeiserne Plunger ist in Hohlguß ausgeführt. Die Kolbenstange aus Stahl ist an ihrem Ende mit einem Flansch versehen und durch Stiftschrauben mit dem Kolben verbunden. Die Druckräume der beiden Zylinderseiten sind durch ein gußeisernes Leitungsrohr, in dessen Mitte die gemeinschaftliche Druckleitung abzweigt, miteinander in Verbindung gesetzt.

Die übrige Ausrüstung ist ähnlich wie bei der oben beschriebenen Schöpfpumpe.

Pumpmaschine des Wasserwerks Johannisthal der Charlottenburger Wasserwerke A.-G., gebaut von A. Borsig in Tegel b. Berlin.

Die Tafeln XI und XII stellen eine der drei für das Förderwerk der Johannistaler Pumpstation von der Firma Borsig gelieferten Pumpmaschinen dar.

Die Dampfmaschine ist eine liegende Heißdampf-Verbundmaschine mit zwangläufiger Ventilsteuerung Patent Salingré, D.R.P. 237097. Mit den verlängerten Kolbenstangen derselben werden zwei doppeltwirkende Plungerpumpen unmittelbar angetrieben. Der Kolben der über Flur stehenden doppeltwirkenden Luftpumpe für die Einspritzkondensation ist durch eine Stange mit dem Kreuzkopf der Niederdruckseite der Dampfmaschine verbunden.

Durchmesser des Hochdruckzylinders . . . . . 500 mm
Durchmesser des Niederdruckzylinders . . . . 875 mm
Durchmesser der Plunger . . . . 338 mm
Gemeinsamer Hub . . . . 1000 mm
Umdrehungszahl in der Minute . . . . . 55—90
Wasserlieferung in der Stunde . . . . 1100—1800 cbm
Förderhöhe . . . . 60—100 m
Dampfüberdruck vor der Maschine . . . . . . 11 Atm.
Dampftemperatur vor der Maschine . . . . . 350° C.

Die Pumpen haben kleine federbelastete Ringventile (s. Fig. 209
und 210), welche in Gruppen von je 61 Stück in kräftige, mit dem Pumpenkörper in einem Stück gegossene Ventilsitze eingeschraubt sind. Je
zwei Pumpenkörper von zylindrischer Form sind durch Flanschen untereinander und mit dem zugleich als Grundplatte dienenden Saugkasten
verbunden. Neben dem Pumpenkörper und auf dem gleichen Saugkasten angeordnet steht ein besonderer Saugwindkessel, an welchen
sich von unten her die Saugleitung anschließt.

Der hohle gußeiserne Plunger besteht aus einem möglichst leicht
gehaltenen zylindrischen Mittelstück und zwei kräftigen Stirnplatten,
welche durch eine am Ende der durchgehenden Kolbenstange angebrachte
Mutter zusammengehalten werden. Die lange Plungerführung aus Gußeisen ist mit einer besonderen Weißmetallegierung ausgegossen (s. Fig. 176,
S. 213). Von einer Abdichtung des Plungers durch eine Stopfbüchse
ist Abstand genommen, da infolge des Auftriebes im Wasser nur ein
geringer Teil des Plungergewichts auf die Führung entfällt, eine einseitige Abnützung derselben also kaum stattfindet, und da die große
Länge der Führungsbüchse eine genügende Abdichtung gewährleistet.
Außerdem wird die Kolbenstange der Pumpe durch einen Gleitschuh
getragen, welcher zugleich zu ihrer Kupplung mit der Kolbenstange
der Dampfmaschine dient. Durch den Wegfall der Plungerstopfbüchse
ist der gedrängte Bau, welchen der Pumpenkörper aufweist, ermöglicht
und außerdem die Stopfbüchsenreibung vermieden.

Über den Druckventilen sitzen zwei große Druckwindkessel, deren
Lufträume durch ein Rohr verbunden sind. Das Wasser gelangt durch
einen Stutzen aus dem vorderen in den hinteren Windkessel und aus
diesem in die Druckleitung. Die Ventile sind durch Handlöcher zugänglich, deren je eines an den beiden Pumpenkörpern und an jedem
Windkessel angeordnet ist.

Die Verbindung zwischen Pumpe und Dampfmaschine ist durch
kräftige, gußeiserne, auf dem Fundament aufliegende und mit diesem
verankerte Balken, sowie zwei schmiedeiserne Verbindungsstreben über
der Pumpenmitte hergestellt. Verbindungsbalken sowie Verbindungsstreben sind direkt an die Geradführung der Dampfmaschine angeschlossen, um eine freie Ausdehnung der Dampfmaschinenzylinder
nach hinten zu gestatten.

**Verbund-Pumpmaschine des Wasserwerks Rothenburgsort der Stadt
Hamburg** nach den Entwürfen und Angaben von Baurat R. Schröder

gebaut von der Ascherslebener Maschinenbau-Aktiengesell-
schaft (vormals W. Schmidt & Co.) in Aschersleben (Harz).

Der Gesamtaufbau der Maschine ist in Fig. 364 und 365 dargestellt.
Eine stehende Heißdampf-Verbundmaschine mit Ventilsteuerung und

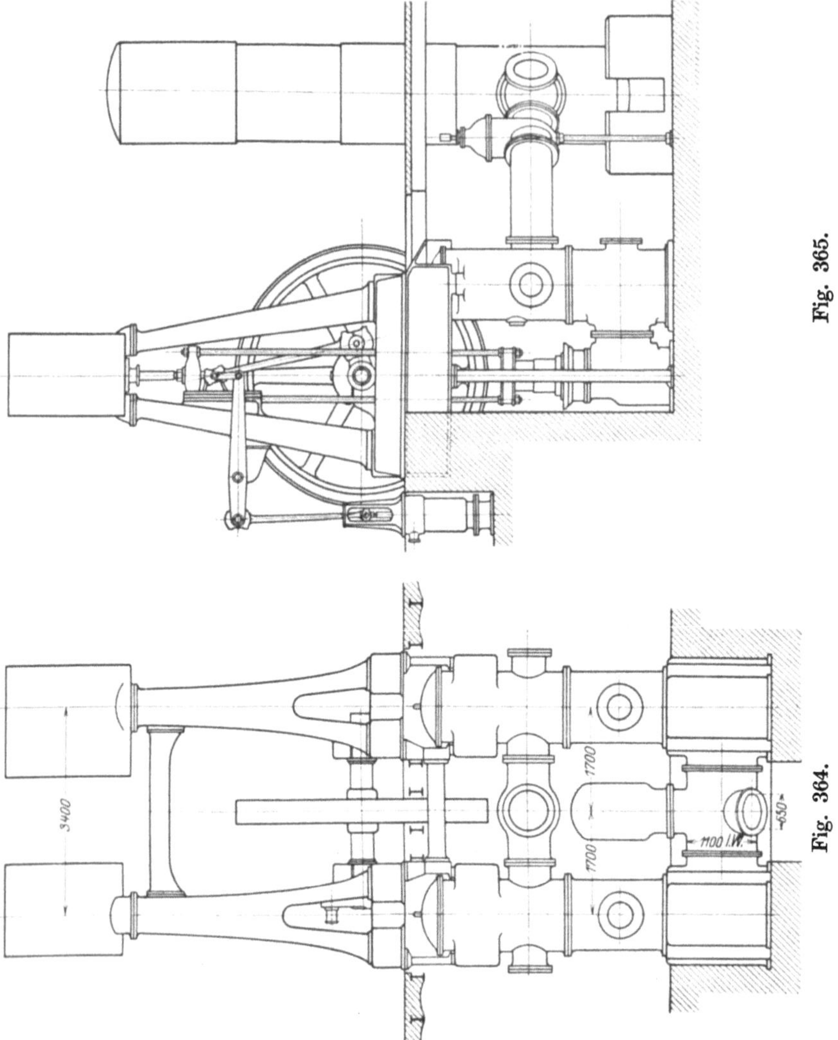

Fig. 365.

Fig. 364.

180⁰ Kurbelversetzung treibt zwei unter dem Maschinenhausflur aufgestellte einfachwirkende Pumpen, deren Tauchkolben mittels Umführungsstangen von den Maschinenkreuzköpfen ihre Bewegung erhalten.

Jeder der beiden Dampfzylinder wird von zwei mit den Füßen auf
einer Grundplatte verschraubten Hohlgußständern getragen.

Jede der beiden Grundplatten liegt auf zwei kräftigen gußeisernen I-Trägern, deren eines Ende in das Fundamentmauerwerk eingebettet ist, während das andere sich auf einen seitlichen Anguß am Druckwindkessel der Pumpe stützt. Jeder Träger wird außerdem in seiner Mitte durch eine auf dem Pumpenuntersatz stehende kräftige Säule aus Gußeisen gestützt.

Die Versteifung der beiden Maschinenhälften gegeneinander ist durch ein zwischen die inneren Träger der beiden Grundplatten eingepaßtes Flanschenrohr bewirkt, außerdem sind die Hohlgußständer an ihrem oberen Ende durch zwei kastenförmige Querbalken miteinander verbunden. Das Schwungrad ist zwischen den beiden Maschinenhälften auf der mit zwei Stirnkurbeln versehenen Welle angeordnet.

Die beiden Pumpen haben einen gemeinsamen Saugwindkessel, der aus den Untersätzen der Ventilgehäuse und einem mit einer Lufthaube versehenen wagerechten Zwischenstück besteht, in dessen Mitte das zum Brunnen führende Saugrohr angeschlossen ist.

Die Hauptabmessungen sind

Dampfmaschine:

Durchmesser des Hochdruckzylinders	530 mm
Durchmesser des Niederdruckzylinders . . .	1000 mm
Hub	1100 mm
Umdrehungszahl in der Minute	40—50

Pumpe:

Kolbendurchmesser	516 mm
Hub	1100 mm
Wasserlieferung in der Stunde ca. . .	1080—1350 cbm
Förderhöhe.	52 m

Eine genaue Beschreibung der Konstruktionseinzelheiten sowie ausführliche Angaben über den Kohlen- und Dampfverbrauch der Maschine finden sich in der Zeitschr. d. Ver. deutsch. Ing. 1907, S. 925 u. ff.

Die bei den Versuchen zur Feststellung des Dampf- und Kohlenverbrauches unter Zugrundelegung eines volumetrischen Wirkungsgrads von 96% erreichten Arbeitsleistungen betrugen bei einer manometrischen Förderhöhe von 56,1 m, 40 minutlichen Umläufen, einer Dampfspannung von 9,6 Atm. und einer Dampftemperatur von 346° C vor dem Hochdruckzylinder mit 1 kg Dampf 52,61 mt und mit 1 kg Kohle von 7435 WE/kg 437,8 mt.

Die Verdampfungsziffer betrug somit unter den Versuchsverhältnissen rund 8,3, der Dampfverbrauch 5,14 kg und der Kohlenverbrauch 0,61 kg für die Pumpen-Ne/Stunde.

Dreifach-Expansions-Pumpmaschine des Wasserwerks Rothenburgsort der Stadt Hamburg, nach den Entwürfen und Angaben von Baurat R. Schröder gebaut von Thyssen & Co. in Mülheim a. d. Ruhr.

Der Gesamtaufbau der drei von der Firma Thyssen & Co. gelieferten Maschinen ist in Fig. 366 und 367 dargestellt.

Die stehende Heißdampf-Dreifach-Expansionsmaschine mit Ventilsteuerung und unter 120° versetzten gekröpften Kurbeln treibt drei unter dem Maschinenhausflur aufgestellte doppeltwirkende Pumpen,

deren Tauchkolben mittels Umführungsstangen von den Maschinenkreuzköpfen ihre Bewegung erhalten.

Der Hochdruckzylinder ist in der Mitte, der Mitteldruckzylinder
rechts und der Niederdruckzylinder links aufgestellt.

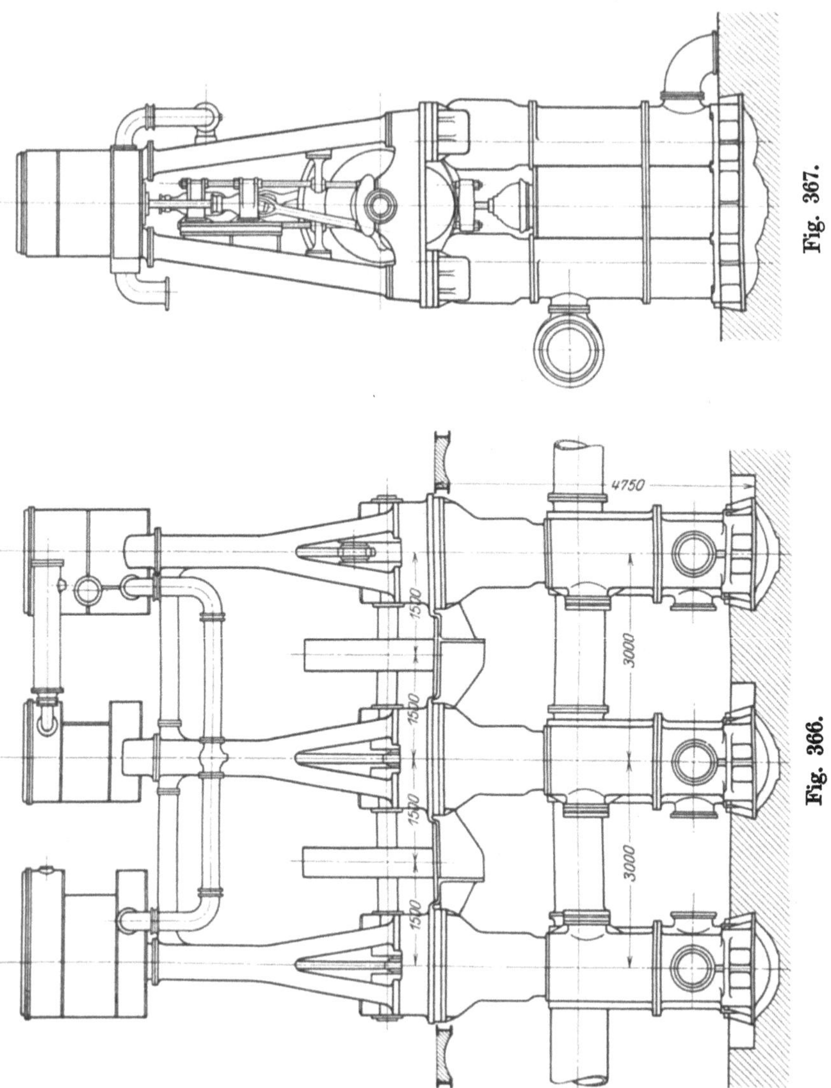

Fig. 367.

Fig. 366.

Die Zylinder werden durch je zwei mit einer Grundplatte verschraubte
Hohlgußständer getragen. Die drei Grundplatten ruhen mit ihren
Enden auf den beiden Drucklufthauben der zugehörigen Pumpe und
sind durch trogartige Gußstücke, in welche die beiden Schwungräder

hineinragen, untereinander verbunden. Außerdem sind die Hohlgußständer an ihren oberen Enden durch kastenförmige Balken gegeneinander
versteift. Auf diese Weise ist die Maschine ohne Zuhilfenahme von
Mauerwerk frei im Raume stehend aufgebaut. Die dreifach gekröpfte
Kurbelwelle ruht in sechs an die Grundplatten angegossenen Lagern.

Die Hauptabmessungen sind:

Dampfmaschine:

Durchmesser des Hochdruckzylinders . . . . . 480 mm
Durchmesser des Mitteldruckzylinders. . . . . 800 mm
Durchmesser des Niederdruckzylinders . . . 1200 mm
Hub . . . . 1000 mm
Umdrehungszahl in der Minute . . . . . . 45—60

Pumpe:

Kolbendurchmesser . . . . 339 mm
Hub . . . . 1000 mm
Wasserlieferung in der Stunde ca. . . 1350—1800 cbm
Förderhöhe . . . . 72 m.

Bezüglich weiterer Einzelheiten sei auf die Abhandlungen von
R. Schröder in der Zeitschr. d. Ver. deutsch. Ing. 1907, S. 1222 und
1910, S. 869 u. ff. verwiesen.

Bei den Abnahmeversuchen, bei denen im Mittel die manometrische
Förderhöhe 63,37 m, die minutliche Umlaufzahl 45, der Dampfdruck
rund 12 Atm. und die Dampftemperatur 350⁰ C vor dem Hochdruckzylinder betrug, wurden unter Zugrundelegung eines Pumpenlieferungs-
grades von 96⁰/₀ folgende Arbeitsleistungen erreicht: mit 1 kg Dampf
55,8 mt, mit 1 kg Steinkohle von im Mittel 7516 WE 502,1 mt.

Die Verdampfungsziffer betrug somit unter den Versuchsverhältnissen 9, der Dampfverbrauch für die Pumpen-Ne/Stunde 4,84 kg und
der Kohlenverbrauch für die Pumpen-Ne/Stunde 0,54 kg.

**Pumpmaschine des Wasserwerks Kaiserswerth der Duisburger Wasser-
werke,** gebaut von der Maschinenfabrik Eßlingen in Eßlingen.

Durch eine stehende Zwillings-Gleichstrom-Heißdampfmaschine mit
Ventilsteuerung werden mittels Umführungsstangen zwei stehende
doppeltwirkende Tauchkolbenpumpen angetrieben (Fig. 368 und 369).
Charakteristisch für den Bau der Maschine ist, daß die Schubstangen
von der Kurbelwelle abwärts gehen und demgemäß die Geradführung
für den Kreuzkopf des Kurbelgetriebes unterhalb der Kurbelwelle
liegt. Im Vergleich zu der üblichen Anordnung des Kurbelgetriebes
oberhalb der Welle baut sich in diesem Fall die über Maschinenhausflur stehende Dampfmaschine niedriger, und die Pumpe kommt bei
der gleichen Gesamthöhe der ganzen Maschine tiefer zu stehen, ihre
Saughöhe ist also kleiner.

Die Verlegung des Kurbelgetriebes nach unten ergibt für den Betrieb
der Maschine den Unterschied, daß die größere Massenbeschleunigung
zu Beginn des Kolbenaufgangs stattfindet, also nicht zu Beginn des
Kolbenniedergangs wie bei der gewöhnlichen Anordnung. Bei einem
Längenverhältnis von Kurbelradius zu Schubstange wie 1 : 8, das die
Maschine aufweist, kommt diesem Umstand keine Bedeutung zu. Außer-

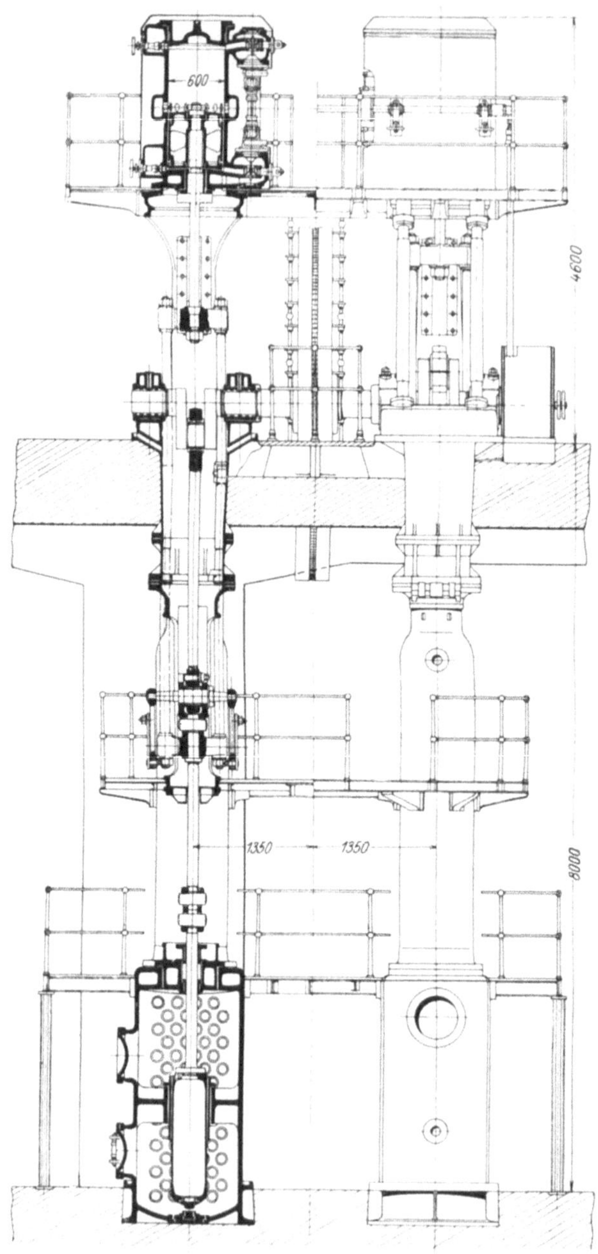

Fig. 368.

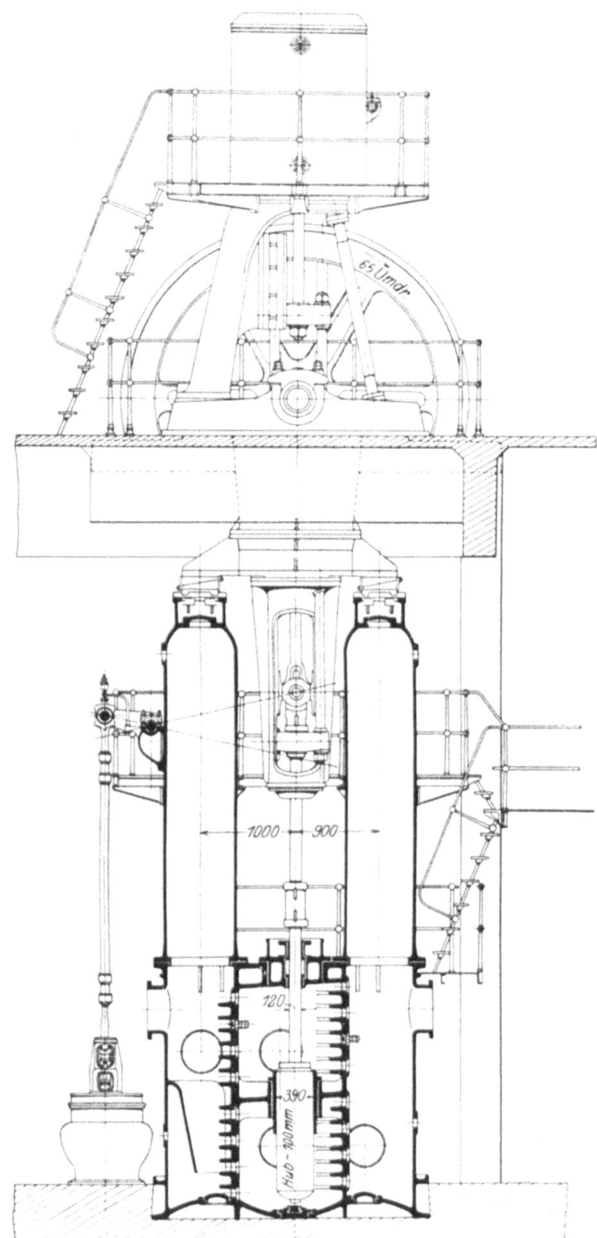

Fig. 369.

dem ist im vorliegenden Fall durch das Umführungsgestänge der veränderliche Dampfdruck, bei der üblichen Anordnung jedoch der Wasserdruck auf den Pumpenkolben, welcher konstant und gleich der mittleren Größe des Dampfdrucks ist, zu übertragen. Die Widerstandsfähigkeit des Umführungsgestänges muß also größer sein.

Die Dampfzylinder werden hinten durch einen Hohlgußständer, welcher zugleich die Gleitbahn für das obere Querhaupt des Umführungsgestänges bildet, vorne durch zwei Säulen getragen. Die auf einer Eisenbetonschicht von 900 mm Stärke gelagerten und miteinander verschraubten Grundplatten stützen sich jede mit einem Anguß auf einen Querbalken, der auf den beiden Drucklufthauben der doppeltwirkenden Pumpe aufliegt und die angegossene zylindrische Geradführung für den Kreuzkopf des Kurbelgetriebes trägt.

Die mit zwei unter 180⁰ versetzten Kröpfungen versehene Kurbelwelle ruht in vier an die Grundplatten angegossenen Lagern und trägt das zwischen den beiden Pumpenhälften angeordnete Schwungrad.

Jedes der beiden Pumpengehäuse ist mit Ausnahme der aufgeschraubten Lufthauben in einem Stück gegossen und besteht aus drei nebeneinander angeordneten Räumen, dem Saug-, Pumpen- und Druckraum, die durch senkrechte Wände voneinander getrennt sind.

Diese Bauart ermöglicht einen außerordentlich kurzen Wasserweg innerhalb des Pumpenraums von Saug- zu Druckventil, sie bedingt aber liegende Anordnung der Ventile, welche im vorliegenden Fall als zweietagige HB.-Ventile mit wagerechter Spindel (s. Fig. 235 und 236) ausgeführt sind. Jede der beiden doppeltwirkenden Pumpen hat insgesamt 56 Saug- und ebensoviele Druckventile. Die Ventilsitze sind mittels Eisenkitts in Aussparungen der Gehäusewände befestigt.

Dampfmaschine:

    Durchmesser des Dampfzylinders . . . . 600 mm

    Hub . . . . 700 mm

    Umdrehungszahl in der Minute . . . . . 65—95

Pumpe:

    Kolbendurchmesser . . . . 390 mm

    Hub . . . . 700 mm

    Wasserlieferung in der Stunde ca. . . . 1200—1740 cbm

    Förderhöhe . . . . 75 m.

B. Direktwirkende Dampfpumpen.

Bei den direktwirkenden Dampfpumpen sind die Kolben der hintereinanderliegenden Pumpen- und Dampfzylinder durch die gemeinschaftliche Kolbenstange miteinander gekuppelt, ohne daß ein Kurbelgetriebe mit einem Schwungrad, durch dessen gleichmäßige Drehung dem Kolben ein bestimmtes Bewegungsgesetz vorgeschrieben wird, vorhanden ist. Die Dampfmaschine ist eine ein- oder mehrzylindrige (Zweifach- oder Dreifachexpansionsmaschine). Sehr häufig kommt das Zwillingssystem zur Verwendung, wobei zwei Dampfpumpen mit ein- oder mehrzylindriger Betriebsmaschine nebeneinander aufgestellt sind. Derartige Zwillingsdampfpumpen werden Duplexpumpen genannt, wenn die Bewegung der Kolben beider Maschinen durch die Steuerung in gegenseitige Abhängigkeit gebracht ist. Im Gegensatz hierzu wird für die einfache Anordnung auch der Name Simplexpumpen gebraucht.

Während bei den direktwirkenden Dampfpumpen die Pumpe selbst ebenso wie bei Schwungradpumpen ausgeführt werden kann, macht das Fehlen des Schwungrades und seiner rotierenden Welle besondere Vorrichtungen für die Steuerung der Dampfmaschine notwendig.

Der nächstliegende Gedanke für die Einrichtung der Steuerung ist, einen Muschelschieber anzuordnen, dessen Stange, sobald sich der Kolben dem Hubende nähert, durch einen Anschlag od. dgl. von der Kolbenstange so verschoben wird, daß der Schieber in seine andere Endlage gelangt und dadurch die Maschine umsteuert. Beim Umlegen des Schiebers ist aber sein Reibungswiderstand und derjenige seiner Stange zu überwinden, gleichzeitig werden die Dampfkanäle zuerst verengt, dann bei der Mittelstellung des Schiebers ganz abgeschlossen, und schließlich strömt der Dampf in einer der Kolbenbewegung entgegengesetzten Richtung in den Zylinder. Gegen Ende des Hubs nimmt also die den Kolben bewegende Kraft ab, während der von ihm zu überwindende Widerstand vergrößert ist. Das Umlegen des Schiebers kann daher nur vollständig erfolgen, wenn die bewegten Massen eine gewisse lebendige Kraft besitzen. Es sei der Fall angenommen, daß die Dampfspannung gerade ausreicht, um die Maschine mit einer Geschwindigkeit zu betreiben, bei welcher der Schieber ganz umgelegt wird. Sinkt nun die Dampfspannung, wie dies beim Betrieb vorkommt, so läuft die Maschine langsamer, und die lebendige Kraft der Massen genügt nicht mehr, den Schieber ganz zu öffnen. Infolgedessen arbeitet die Maschine beim nächsten Hub mit gedrosseltem Hinter- und Vorderdampf, sie wird daher noch langsamer gehen und deshalb am Ende des Hubs den Schieber noch weniger öffnen. Dies geht so fort, bis nach einigen Hüben der Schieber so wenig geöffnet wird, daß der Druck auf den Dampfkolben nicht mehr genügt, um den Widerstand des Pumpenkolbens zu überwinden, die Pumpe also stehen bleibt. Ein gewöhnlicher Muschelschieber eignet sich daher ohne weitere Vorrichtungen nicht für die Steuerung direktwirkender Dampfpumpen.

Eine stoßfreie Kolbenumkehr bei jeder in Betracht kommenden Hubzahl zu erzielen und ein Stehenbleiben der Pumpe auch bei langsamem Gang mit Sicherheit auszuschließen, ist die Bedingung, welche die Konstruktion der Steuerungen direktwirkender Dampfpumpen erfüllen muß. Die Zahl der für diesen Zweck erdachten und ausgeführten Vorrichtungen ist eine außerordentlich große, es kann sich daher nur um die Besprechung einer beschränkten Anzahl derselben handeln. Es wurden diejenigen Konstruktionen gewählt, welche eine größere Verbreitung gefunden haben.

Abgesehen von den später zu behandelnden Steuerungen der Duplexpumpen, wird bei allen diesen Steuerungen der Flach- oder Kolbenschieber, durch welchen die Dampfverteilung erfolgt, mittels Dampfdruck umgelegt.

Das einzig richtige Konstruktionsprinzip, welches auch allen zuverlässig wirkenden Steuerungen zugrunde liegt, besteht darin, daß das Umlegen des Verteilungsschiebers durch einen Stoßkolben erfolgt, dessen Enden sich in zwei Kammern des Schieberkastens bewegen, welche abwechselnd unmittelbar mit dem Dampfraum des Schieberkastens bzw. dem Auspuff durch eine besondere Vorsteuerung in Verbindung gesetzt werden. Zu dieser Vorsteuerung verwendet man Flach-, Kolben-, Drehschieber oder Ventile, die durch Dampfdruck, durch den Kolben selbst oder die Kolben- bzw. Schieberstange betätigt werden.

Bei der in England sehr verbreiteten „Cornish"-Dampfpumpe (Fig. 370—373), nach Tonkins Patent gebaut von I. Evans and Sons, Wolverhampton[1]), besteht die Vorsteuerung aus einem mittels Dampfdruck bewegten Hilfskolbenschieber. Die Dampfverteilung geschieht durch einen gewöhnlichen Muschelschieber S (Fig. 371). Dieser wird durch einen langen Stoßkolben K (Fig. 370), welcher in dem zylindrisch ausgebohrten und an seinen Enden mit Deckeln verschlossenen Schieberkasten mittels Dampfdruck hin- und herbewegt wird, verlegt. Ein im Innern dieses Stoßkolbens untergebrachter Hilfskolbenschieber L steuert denselben in folgender Weise: In Fig. 370 ist der Verteilungsschieber nach links ausgewichen, der Frischdampf strömt aus dem Dampfraum D des Schieberkastens durch den Kanal i_1 in den Zylinder, während der Kanal i_2, infolge der Stellung des Schiebers, mit dem Auspuffrohr der Maschine in Verbindung gesetzt ist, der Dampfkolben bewegt sich also nach links. Ist er über das Loch m (Fig. 370) in der Zylinderwand hinweggeschritten, so strömt der Hinterdampf aus dem Zylinder durch die Kanäle m, l, s ins Innere J_2 des Stoßkolbens und drückt auf die linke Endfläche des Hilfsschiebers. Dieser wird dadurch nach rechts geschoben, denn seine rechte Endfläche steht nur unter dem Druck des Auspuffdampfes, insofern der rechte Innenraum J_1 des Stoßkolbens mit dem vorderen der im Boden des Schieberkastens angebrachten Kanäle g (Fig. 373) verbunden ist und dieser Kanal zu dem vorderen Hauptdampfkanal i_2 führt. Dieser steht aber vermöge der Ausweichung des Muschelschiebers nach links mit dem Auspuff in Verbindung. Durch die Verlegung des Hilfsschiebers nach rechts (s. Fig. 372) kann der Frischdampf aus dem Dampfraum D des Schieberkastens in die linke Kammer E_2 des letzteren treten, während die rechte Kammer E_1 durch die Kanäle n, o, q, g mit dem Kanal i_2, also dem Auspuff verbunden ist. Der Verlegung des Hilfsschiebers folgt daher eine Verlegung des Stoßkolbens samt Verteilungsschieber durch den Dampfdruck nach rechts, die Maschine wird also umgesteuert. Ein Auftreffen des Stoßkolbens auf den Schieberkastendeckel wird durch ein Dampfkissen vermieden, das sich dadurch bildet, daß der Austrittskanal q vom Stoßkolben abgeschlossen wird, ehe dieser den Schieberkastendeckel erreicht. In gleicher Weise ist ein Anschlagen des Hilfsschiebers an die Endflächen des Stoßkolbens vermieden. Bei der Bewegung des Stoßkolbens nach links arbeiten die entsprechenden Kanäle n, o, q auf der linken Seite

---

[1]) F. Colyer. Pumps and Pumping Machinery. E. & F. N. Spon, London.

des Stoßkolbens mit dem hinteren Kanal g zusammen, der in den Hauptkanal i_1 mündet.

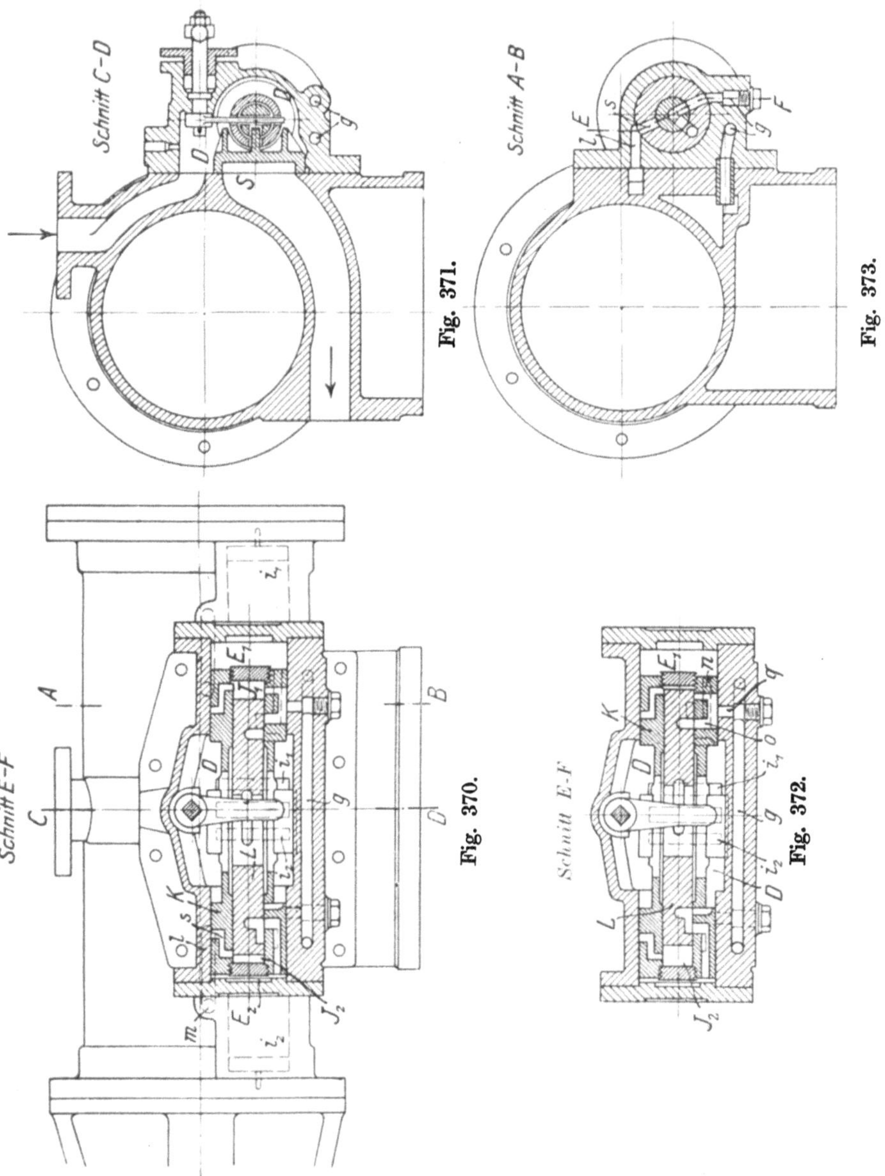

Die amerikanische Cameron-Pumpe, gebaut von den A. S. Cameron Steam Pump Works, New York, hat die in Fig. 374 dargestellte Steuerung. Die Umsteuerung des Stoßkolbens samt Verteilungsschieber erfolgt hier durch vom Dampfkolben betätigte Ventile. Die beiden Endflächen des Stoßkolbens K, welcher den Verteilungsschieber S bewegt, sind durchlocht, so daß sämtliche Räume des Schieberkastens miteinander in Verbindung stehen und von Frischdampf erfüllt sind. Bewegt sich der Dampfkolben nach links, so stößt er am Ende seines Hubs gegen den Stift des Umsteuerungsventils V und schiebt dieses nach links. Dadurch wird der Kanal E mit dem Kanal F, welcher zum Auspuff führt, in Verbindung gebracht. Sobald das Ventil geöffnet wird, strömt daher der Dampf aus der Kammer G ins Freie ab, und der Stoßkolben wird samt dem Verteilungsschieber infolge der Druckverminderung in dieser Kammer durch den Druck des Dampfes im Schieberkasten nach links verlegt, die Maschine also umgesteuert. Durch den Kanal D steht die linke Fläche des Ventils unter dem Druck des Frischdampfes

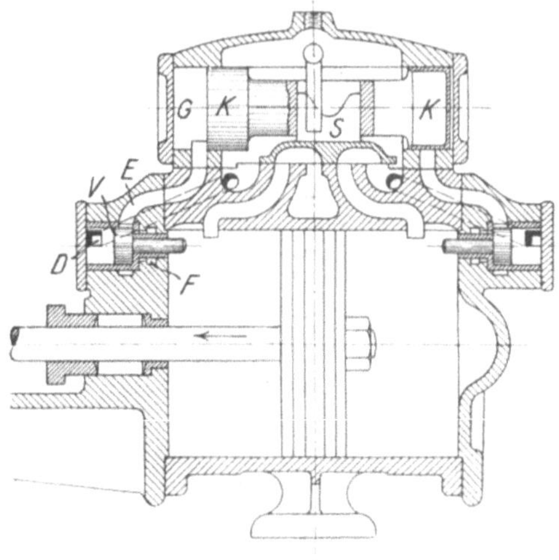

Fig. 374.

im Schieberkasten, das Ventil wird daher wieder geschlossen, sobald sich der Dampfkolben nach rechts bewegt.

Die Dampfpumpe Fig. 375—378 mit Steuerung von Voit wird von der Firma Schäffer & Budenberg in Magdeburg-Buckau und von der Maschinen- und Armaturfabrik vorm. Klein, Schanzlin & Becker in Frankenthal (Pfalz) gebaut. Die Umsteuerung des Stoßkolbens K erfolgt durch einen Flachschieber V (Fig. 376), welcher von der Kolbenstange bewegt wird. Durch die Muffe M, welche auf der Kolbenstange befestigt ist, wird die Hülse H mit den an ihr angebrachten Anschlagschrauben S in schwingende Bewegung versetzt. Gegen das Ende des Hubs trifft die Schraube S auf den Gleitstein G und nimmt ihn sowie den Vorsteuerungsschieber V mit. Durch die Ausweichung dieses Schiebers wird vermöge der Kanäle g die eine der beiden Kammern J mit dem Dampfraum D des Schieberkastens, die andere mit dem Auspuff in Verbindung gebracht und infolgedessen der Stoßkolben samt dem Verteilungsschieber durch den Unterschied des Dampfdrucks in den beiden Kammern nach derjenigen Seite verlegt, auf welcher die Kammer mit dem Auspuff in Verbindung ist. Der Hauptkanal i mündet in den Dampfzylinder in einem gewissen Abstand von dessen Ende, so daß der Dampfkolben gegen Ende seines Hubs die Kanalöffnung überläuft und dadurch Kompression erzeugt. Der Hilfskanal k dagegen geht bis ans Ende des Zylinders, so daß der Dampf aus dem Schieber-

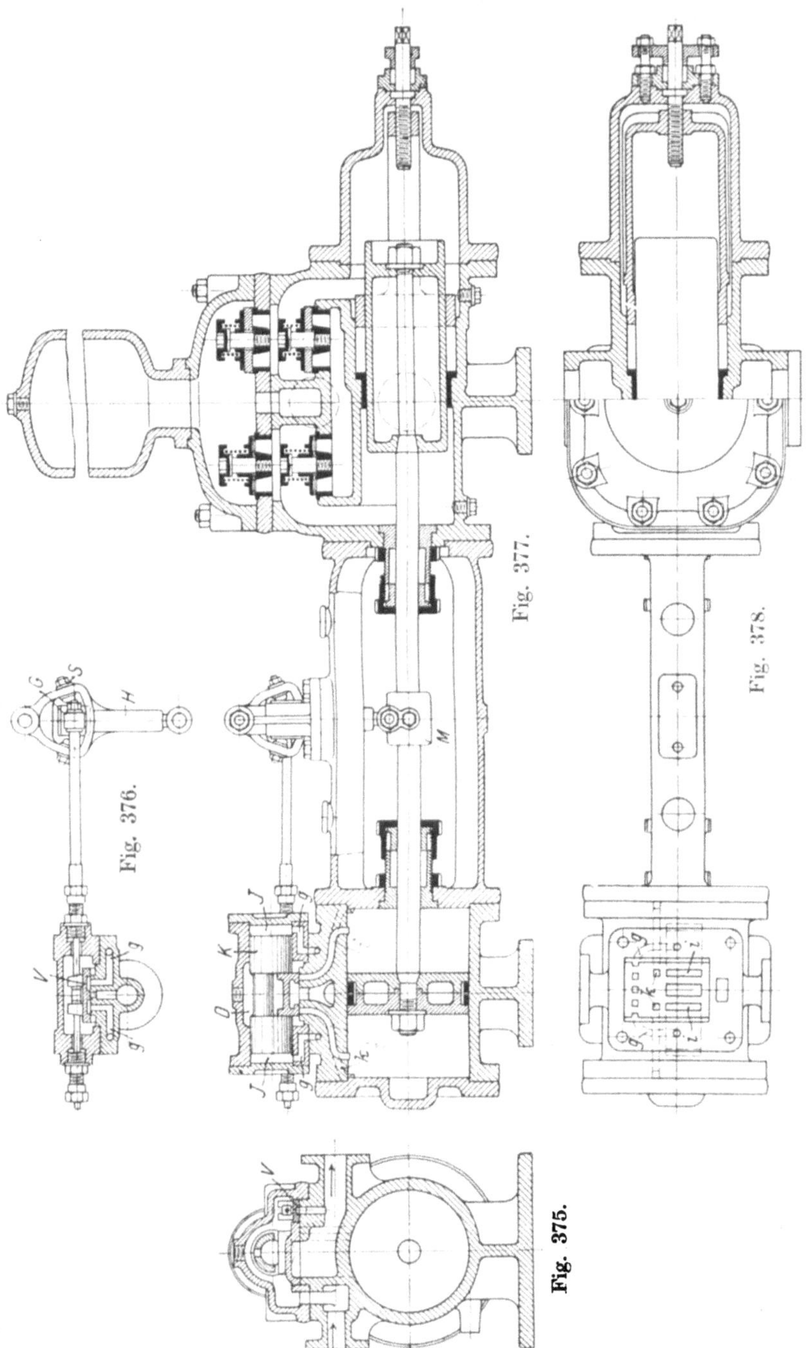

Fig. 377.

Fig. 378.

Fig. 376.

Fig. 375.

kasten durch diesen Kanal bei der Endstellung des Kolbens einströmen und den Rücklauf einleiten kann. Der Hauptschieber ist so geformt, daß der Eintritt des Dampfes durch die beiden Kanäle i und k, der

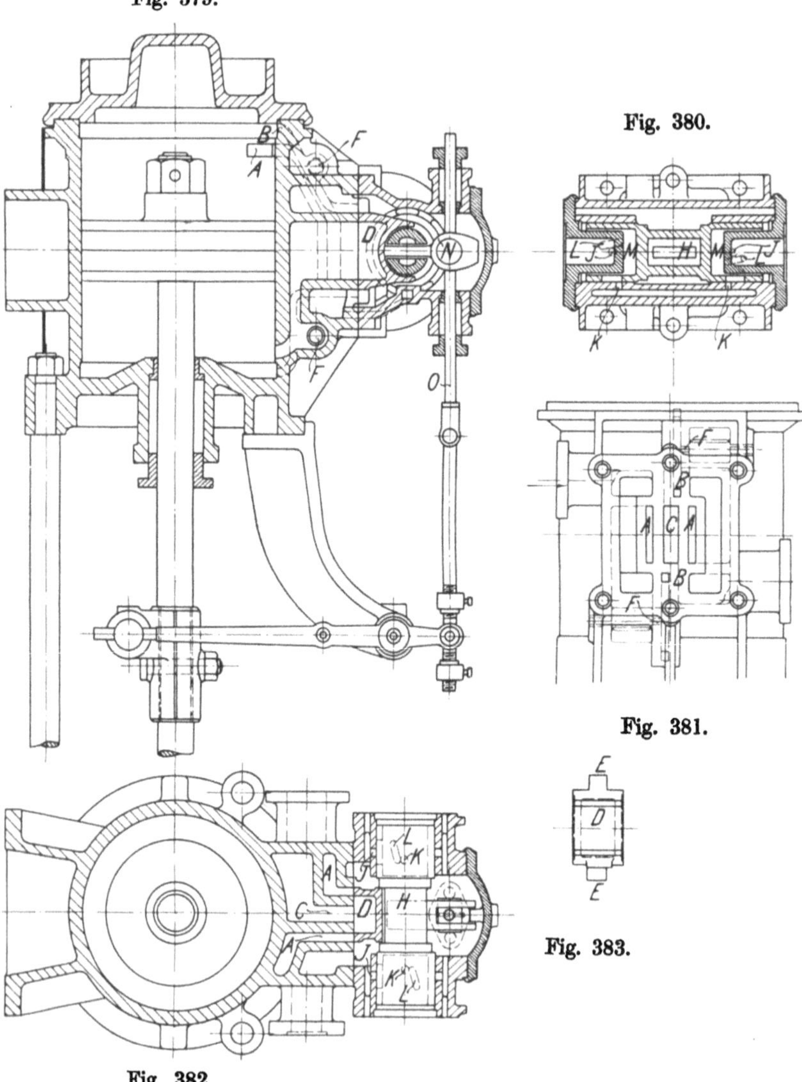

Fig. 379.

Fig. 380.

Fig. 381.

Fig. 382.

Fig. 383.

Austritt jedoch nur durch den Hauptkanal i erfolgt. An der Konstruktion der Pumpe selbst ist die im Innern des Pumpenzylinders liegende Plungerstopfbüchse, welche auch während des Gangs bequem und gleichmäßig angezogen werden kann, bemerkenswert.

Die von der Worthington-Blake-Pumpen-Compagnie, G. m. b. H., Berlin C, gebauten Pumpen haben die in Fig. 379—383 dargestellte Steuerung nach dem Patent von Albert Francis Hall (D.R.P. Nr. 93252). Die Umsteuerung des Stoßkolbens erfolgt durch Drehen desselben um seine Achse mittels eines von der Kolbenstange betätigten Hebelwerks, ein besonderes Vorsteuerungsorgan (Schieber oder Ventil) ist nicht vorhanden, es bildet vielmehr der Stoßkolben seinen eigenen Schieber. Der zylindrisch ausgebohrte Schieberkasten ist quer zur Achse des stehenden Dampfzylinders angeordnet, damit das Gewicht der Steuerungsteile keinen Einfluß auf die Wirkungsweise der Steuerung ausübt. In dem Schieberspiegel befinden sich außer dem Auspuffkanal C und den beiden Hauptkanälen AA zwei Hilfskanäle BB, über welchen die zwei seitlichen Lappen EE des Flachschiebers D (Fig. 383) arbeiten. Diese Hilfskanäle gehen bis zu den Enden des Zylinders, während die Hauptkanäle in einem gewissen Abstand einmünden, so daß sie von dem Kolben am Ende seines Hubs ganz bedeckt werden. Da zu gleicher Zeit die Lappen E über den Hilfskanälen stehen, so ist die Ausströmung vollständig geschlossen, und der Kolben wird durch die Kompression des nachbleibenden Dampfes aufgefangen. Um diese Kompression regulieren und dadurch den Hub immer ganz ausnützen zu können, sind kleine Zwischenkanäle F angebracht, welche durch die Kompressionsventile geöffnet werden können; dadurch wird eine Verbindung zwischen den Hauptkanälen und den Hilfskanälen hergestellt. Wenn der Dampfkolben im Beginn seines Hubs steht, kann der Dampf so lange nur durch den Hilfskanal eintreten, bis der Kolben den Hauptkanal geöffnet hat. Wegen des hierdurch bewirkten allmählichen Dampfeintritts wird der Kolben sanft und ohne Stoß in Bewegung gesetzt.

Der den Verteilungsschieber mitnehmende Stoßkolben H bewegt sich in zwei Zylindern, welche mit dem Schieberkasten ein Gußstück bilden. In diesen Zylindern befinden sich je zwei kleine Kanäle, von welchen der mit J bezeichnete mit dem Hauptdampfraum und der mit K bezeichnete mit dem Auspuffraum kommuniziert. Der Stoßkolben bildet seinen eigenen Schieber, indem er Schlitze L besitzt, welche, je nachdem sie sich über J oder K befinden, die Räume MM entweder mit dem Dampfraum oder mit dem Auspuffraum verbinden; um dies zu bewirken, wird der Stoßkolben um seine Achse vermittels des Gelenks N, welches mit der Schieberstange O verbunden ist, gedreht. Die Bewegung der Schieberstange erfolgt mittels Hebelübersetzung durch die Kolbenstange und kann durch zwei Stellringe justiert werden. Die Schlitze im Stoßkolben haben zu den Kanälen J und K eine derartige Lage, daß der einströmende Dampf während des ganzen Wegs des Stoßkolbens durch den Kanal J Zutritt hat, während die zum Auspuff führenden Kanäle K vor der Beendigung des Stoßkolbenhubs geschlossen werden, so daß der Stoßkolben durch Kompression in seiner Bewegung aufgefangen wird und nicht gegen den Deckel des Schieberkastens stößt.

Die Weir-Dampfpumpen stehender Anordnung haben einen horizontal beweglichen Stoßkolben, der als Verteilungsschieber ausgebildet ist, und einen auf seinem abgeplatteten Rücken vertikal beweglichen

Flachschieber, welcher mittels Hebelwerk von der Kolbenstange bewegt
wird und als Vorsteuerungsschieber dient. Eine ausführliche Darstellung dieser Pumpen findet sich in Zeitschr. d. Ver. d. Ing. 1892,
S. 1211.

Die Oddie-Simplexsteuerung der Maschinenfabrik Oddesse
G. m. b. H. in Oschersleben (Fig. 384—386) hat folgende Einrichtung:
Es ist nur ein einziger Schieber vorhanden, welcher gleichzeitig als
Hilfs-, Verteilungs-, Expansions- und Umsteuerungsschieber dient.
Derselbe ist in Fig. 384 und 385 mit d bezeichnet. Er hat zwei Ein-

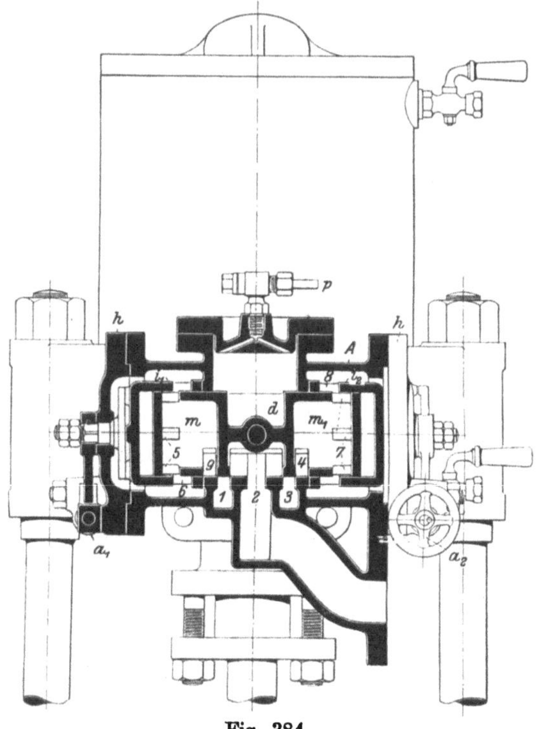

Fig. 384.

strömungskammern m und m_1, ferner eine Reihe von Öffnungen 5 und
7 am Umfang dieser Kammern und die Kanäle 9 und 4 (Fig. 384) zu
beiden Seiten der mittleren Auspuffkammer. Es sind sodann noch die
kleinen Kanäle x und y vorhanden, welche je an ein Ende des Schiebers
führen (Fig. 385).

Ferner sind zwei Kappen i_1 und i_2 in Fig. 384, 385 und 386 ersichtlich.
Die sepassen leicht, aber dampfdicht auf die Enden des Schiebers und
sind in der Richtung der Schieberachse unbeweglich. Im Umfang dieser
Kappen befinden sich die Öffnungen 6 und 8. Die Reihe der Öffnungen 6
auf der linken Kappe i_1 entspricht den Öffnungen 5 an der linken Schieber-
kammer, wenn der Schieber ganz nach rechts verlegt ist, und umgekehrt.

Der Schieberkasten A (Fig. 384 und 386) trägt den Schieberspiegel mit den drei Kanälen 1, 2 und 3, von welchen 1 mit dem oberen
Teil des Dampfzylinders (Fig. 385) und 3 mit dessen unterem Ende ver-

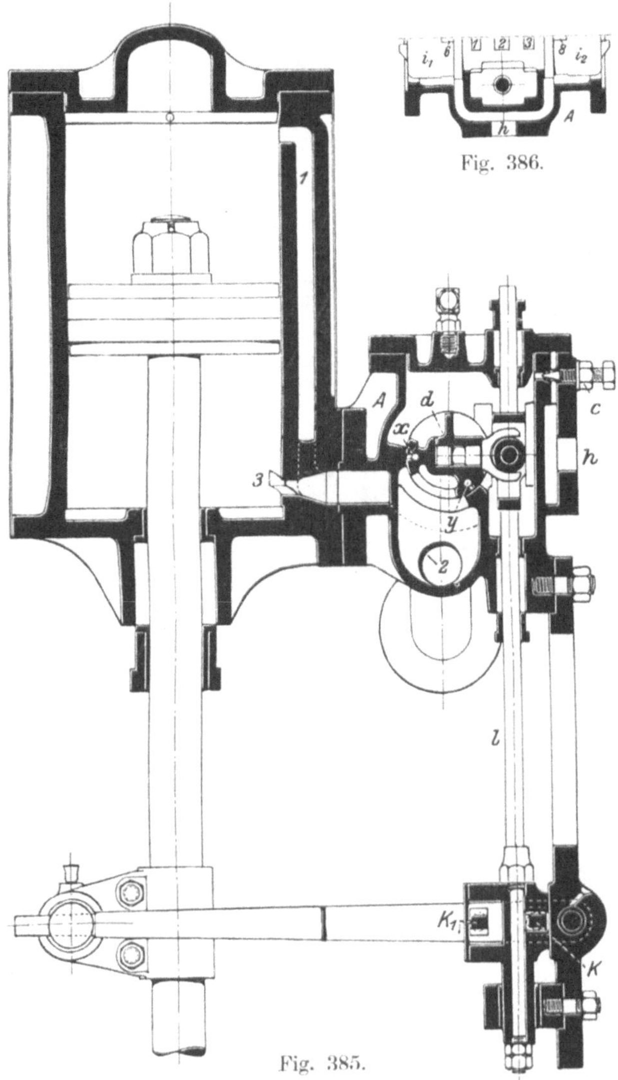

Fig. 386.

Fig. 385.

bunden ist, während 2 die Auspufföffnung bildet. Bei h tritt der Arbeits-
dampf ein und strömt rechts und links an die beiden Enden des Schieberkastens, wobei er die Kappen umgibt. In dem mittleren Raum des
Schieberkastens befindet sich nur gedrosselter Dampf, der durch eine

kleine mit der Schraube c regulierbare Öffnung eintritt und den Schieber nur so stark belastet, als nötig ist, um ihn dicht und die Laufflächen poliert zu erhalten.

Die Enden des Schieberkastens sind durch Deckel h (Fig. 384) geschlossen. Diese tragen die Reguliervorrichtung der Maschine. Mittels der Handräder a_1 und a_2 können die Kappen gedreht und dadurch ihre Öffnungen gegen die entsprechenden Öffnungen im Schieber verstellt werden. Hiermit ist eine Änderung in der Füllung des Dampfzylinders verknüpft.

Mit diesen Einrichtungen ergibt sich nun folgende Wirkungsweise der Steuerung: Steht der Kolben auf dem unteren Totpunkt seines Hubs, so befindet sich der Schieber d auf der linken Seite des Schieberkastens. Der Hauptkanal, der zum oberen Teil des Dampfzylinders führt, ist dann in Verbindung mit dem Auspuffkanal 2. Der Hauptkanal 3, welcher zu dem unteren Ende des Dampfzylinders führt, steht durch den Kanal 4 mit der rechten Kammer m_1 des Schiebers d in Verbindung. Die Stellung der kleinen Kanäle 7 in dem Umfang des Schiebers muß jetzt derjenigen der kleinen Kanäle 8 in der Kappe derart entsprechen, wie dies Fig. 387 veranschaulicht.

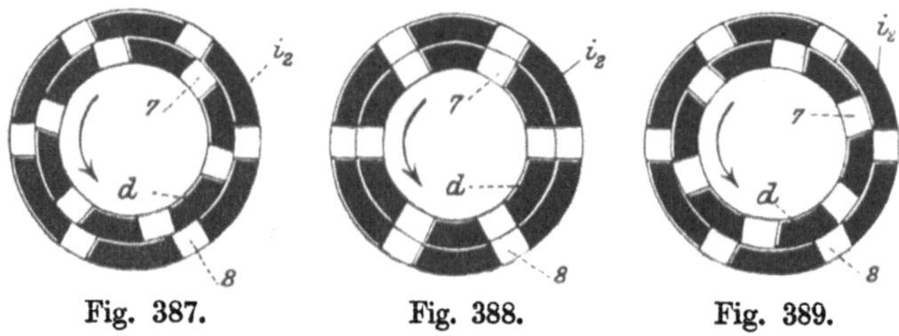

Fig. 387.   Fig. 388.   Fig. 389.

Der Dampf tritt jetzt zunächst in geringer Menge unter den Kolben, welcher sofort seinen Aufwärtshub beginnt.

Beim Anfang des Hubes erhält der Schieber eine langsame Drehbewegung vermittels des Mitnehmers k der Schieberstange l, und der in Fig. 385 gezeigten Rolle und Gabel aus gehärtetem Stahl.

An einem bestimmten Punkte, kurz vor Mitte Hub, sind die Kanäle in den Kappen und dem Schieber ganz offen, so daß dem Kolben durch die volle Dampfzuströmung die höchste Geschwindigkeit gegeben wird (s. Fig. 388). Nachher beginnen sich die Kanäle in weiterer Drehbewegung zu schließen, bis die Dampfzuführung an dem durch die vorherige Einregulierung bestimmten Punkte vollständig abgeschnitten wird (Fig. 389).

Der Kolben geht langsamer, und der Hub wird durch Expansion vollendet.

Kurz vor Hubende kommt der Mitnehmer k_1 (Fig. 385) in Tätigkeit, wodurch die Drehbewegung entsprechend dem längeren Hebelarm beschleunigt wird. Hierbei wird der kleine Kanal y geöffnet, so daß der Schieber aus seiner Stellung von links nach rechts geht.

Der Hauptkanal 3 ist jetzt mit dem Auspuffkanal 2 verbunden, und der Kanal 1, welcher zur oberen Seite des Dampfzylinders führt, steht mit der inneren Kammer *m* (Fig. 384) auf der linken Seite des Schiebers in Verbindung.

Nun beginnt der Abwärtshub, und zwar in der gleichen wie beim Aufwärtshub beschriebenen Weise.

Bei den **Duplexpumpen** sind die oben beschriebenen Schwierigkeiten, welche bei der Verwendung eines gewöhnlichen durch die Kolbenstange bewegten Muschelschiebers bestehen, in höchst sinnreicher Weise dadurch behoben, daß zwei gleiche Pumpen nebeneinander angeordnet sind und die Steuerung der einen Pumpe von der Kolbenstange der anderen Pumpe betätigt wird. Das älteste System solcher Duplexpumpen, welchem die späteren Ausführungen nachgebildet wurden, ist dasjenige von Henry R. Worthington, New-York, dessen Patent vom Jahr 1848 datiert.

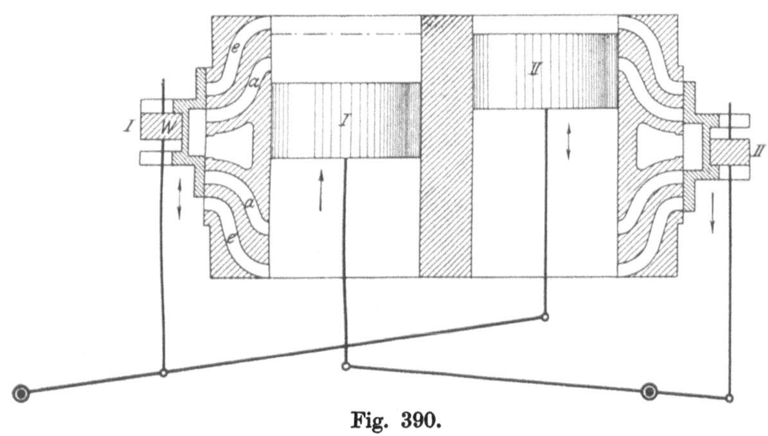

Fig. 390.

Die Wirkungsweise der Worthingtonpumpen geht aus den schematischen Figuren 390—392 hervor: Der Bau der Dampfzylinder weicht von der gewöhnlichen Form insofern ab, als an jedem Zylinderende ein besonderer Einströmungskanal *e* und Ausströmungskanal *a* vorhanden ist. Durch diese Einrichtung ist die Begrenzung des Kolbenhubs erzielt, indem der Kolben gegen das Ende seines Hubs den Ausströmungskanal überläuft, den Dampfaustritt dadurch abschneidet, bei seinem weiteren Fortschreiten den im Zylinder eingeschlossenen Dampf komprimiert und schließlich durch dessen Gegendruck zum Stillstand kommt. Die Bewegung der Kolbenstange wird auf den betreffenden Schieber, wie die Figuren zeigen, einerseits durch ein einarmiges, andererseits durch ein doppelarmiges Hebelwerk übertragen. Der Schieber ist mit seiner Stange nicht fest verbunden, sondern es ist ein gewisser toter Gang vorhanden.

Fig. 390. Kolben *II* befindet sich in seiner höchsten Stellung und steht still. Schieber *I* hat seinen unteren Einströmungskanal geöffnet, Kolben *I* bewegt sich daher aufwärts und zieht vermöge der Hebeleinrichtung den Schieber *II* abwärts. Er ist bei der gezeichneten Stellung

so weit in die Höhe gegangen, daß er eben im Begriff ist, Schieber *II*
oben zu öffnen. Indem der Kolben *I* weiter schreitet, wird der Schieber *II*
oben weiter geöffnet, und es wird Kolben *II* in Bewegung gesetzt, ehe
Kolben *I* den oberen Ausströmungskanal abschneidet und durch die
Kompression des über ihm befindlichen Dampfes zum Stillstand kommt.

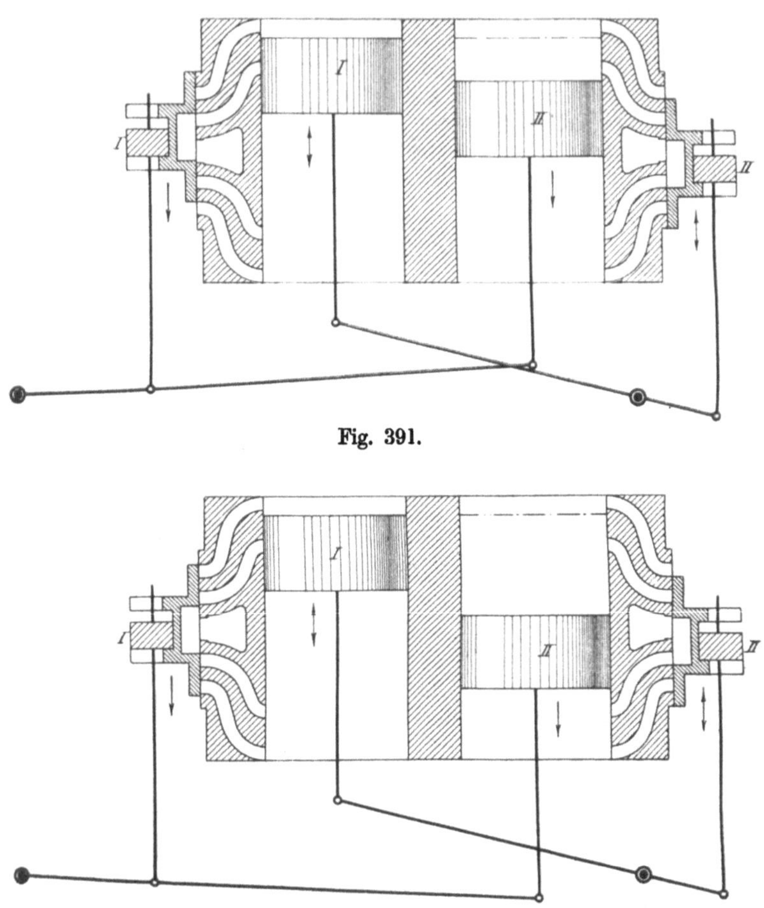

Fig. 391.

Fig. 392.

Fig. 391. Kolben *I* ist ans Ende seines Hubs gelangt und stehen
geblieben. Er hat vorher Schieber *II* ganz geöffnet. Kolben *II* ist
im Niedergang begriffen, infolgedessen geht die Schieberstange *I* abwärts: die gezeichnete Stellung entspricht dem Augenblick, wo die untere
Fläche der Mutter *W* an der Schieberstange, nach Durchschreiten des
toten Ganges, am Schieber zum Anliegen kommt und diesen abwärts
in Bewegung setzt. Kolben *I* bleibt noch so lange stehen, bis sein oberer
Einströmungskanal durch die Abwärtsbewegung von Kolben *II* geöffnet

wird. Diesen Augenblick gibt Fig. 392. Die gegenseitige Lage der Kolben und Schieber in dieser Figur entspricht der Lage der Getriebeteile in Fig. 390. Während in Fig. 390 Kolben *II* nach seiner Hubpause durch den ihm nachfolgenden Kolben *I* in Gang gesetzt wird, setzt in Fig. 392 der vorauslaufende Kolben *II* den stehen gebliebenen Kolben *I* wieder in Bewegung, um darauf nach Vollendung seines Hubs selbst wieder stehen zu bleiben.

Da jeder Kolben den anderen in Gang setzt, bevor er selbst zur Ruhe kommt, so kann keine Unterbrechung in der Wasserlieferung der Pumpe entstehen, und es besteht daher eine vollständige Zwangläufigkeit, ohne daß ein unmittelbarer Zusammenhang zwischen den beiden Getriebehälften vorhanden ist. In dem Augenblick, wo ein Kolben den Schieber des andern öffnet, ist sein eigener Einströmungskanal ganz offen, der Kolben steht daher unter der Wirkung des vollen

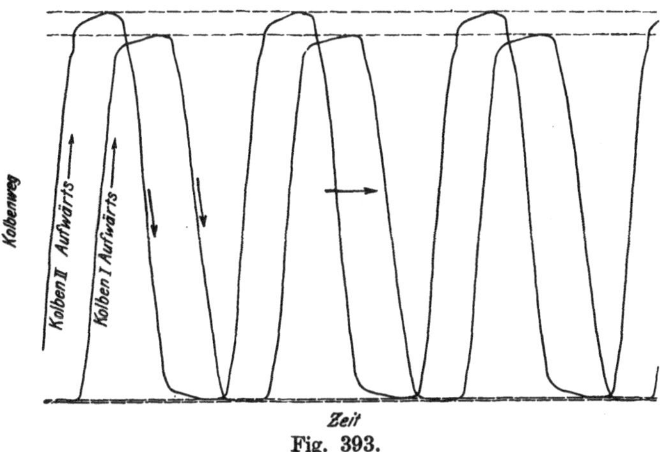

Fig. 393.

Dampfdrucks, infolgedessen das Öffnen des Schiebers mit unbedingter Sicherheit erfolgt. Ein Stehenbleiben der Pumpe ist nur möglich, wenn der Eintrittsdampf durch das Einlaßventil so stark gedrosselt wird, daß der Druck des Dampfkolbens den Widerstand des Pumpenkolbens nicht mehr überwinden kann.

Ein Bild von der gleichzeitigen Bewegung der beiden Kolben einer Duplexpumpe gibt das Diagramm Fig. 393[1]). Dasselbe ist an einer im Betrieb befindlichen Pumpe in der Weise aufgenommen, daß die Kolbenwege von den Kolben selbst auf eine durch einen Elektromotor in gleichförmige Drehung versetzte Papiertrommel aufgezeichnet wurden.

Es ist aus dem Diagramm ersichtlich, daß der eine Kolben dem andern nachläuft und jeweilig der eine sich in Bewegung befindet, wenn der andere umkehrt, und daß sich die Kolben auf dem größten Teil ihres Wegs mit gleichförmiger Geschwindigkeit bewegen.

---

[1]) Von Herrn E. Linder, Betriebsingenieur d. Maschinenbau-A.-G. Vulkan, Stettin, mir gütigst zur Veröffentlichung überlassen.

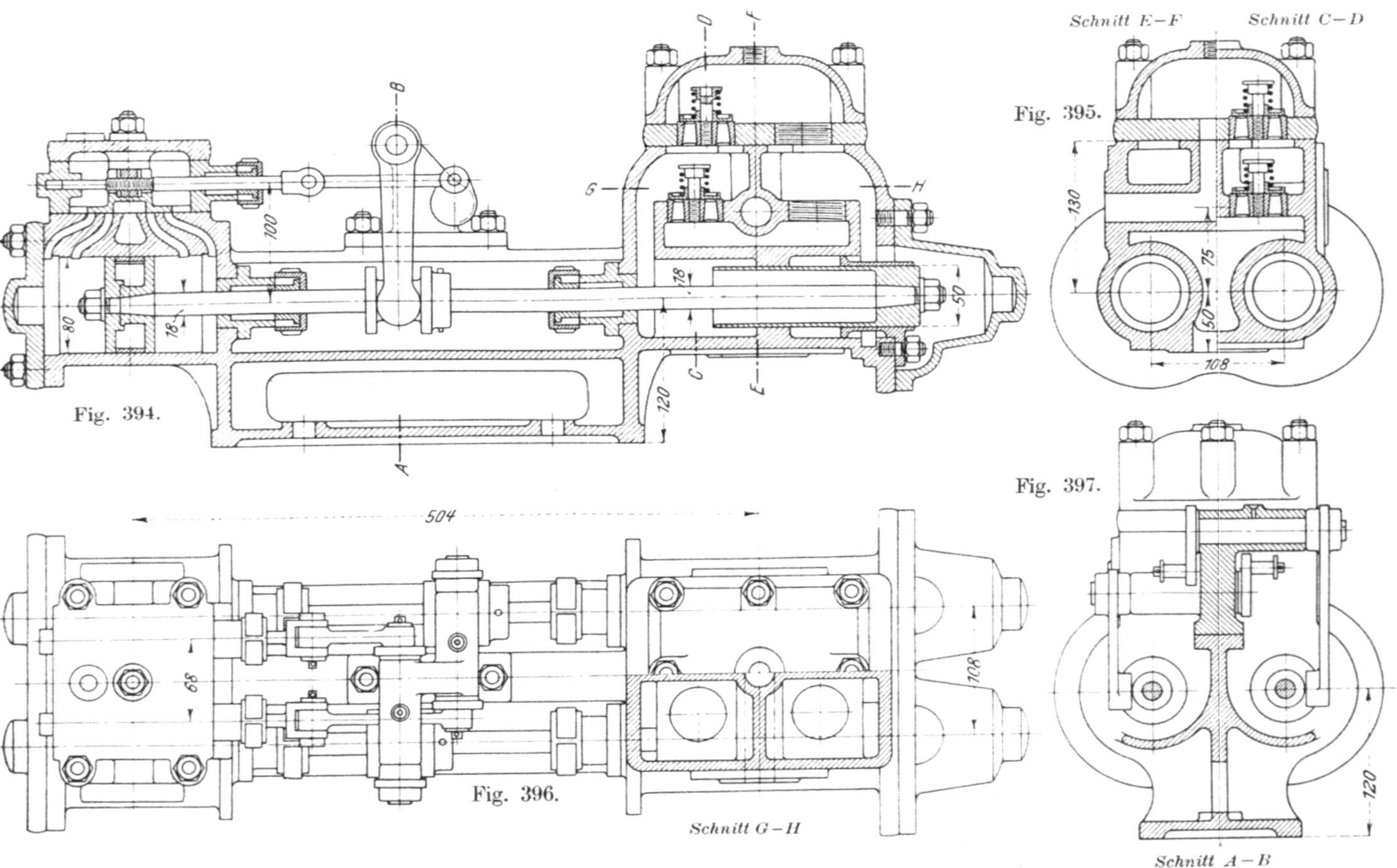

Fig. 394.
Fig. 395.
Schnitt E–F
Schnitt C–D
Fig. 397.
Fig. 396.
Schnitt G–H
Schnitt A–B
504
130
75
108
120
68
100
80
78
50
120

Während bei Schwungradpumpen den Kolben ihre Bewegung zwangsmäßig durch das Kurbelgetriebe vorgeschrieben wird, folgen die Kolben von direkt wirkenden Pumpen in jedem Augenblick unmittelbar dem auf sie wirkenden Dampf- und Wasserdruck. Da die Wassersäulen in

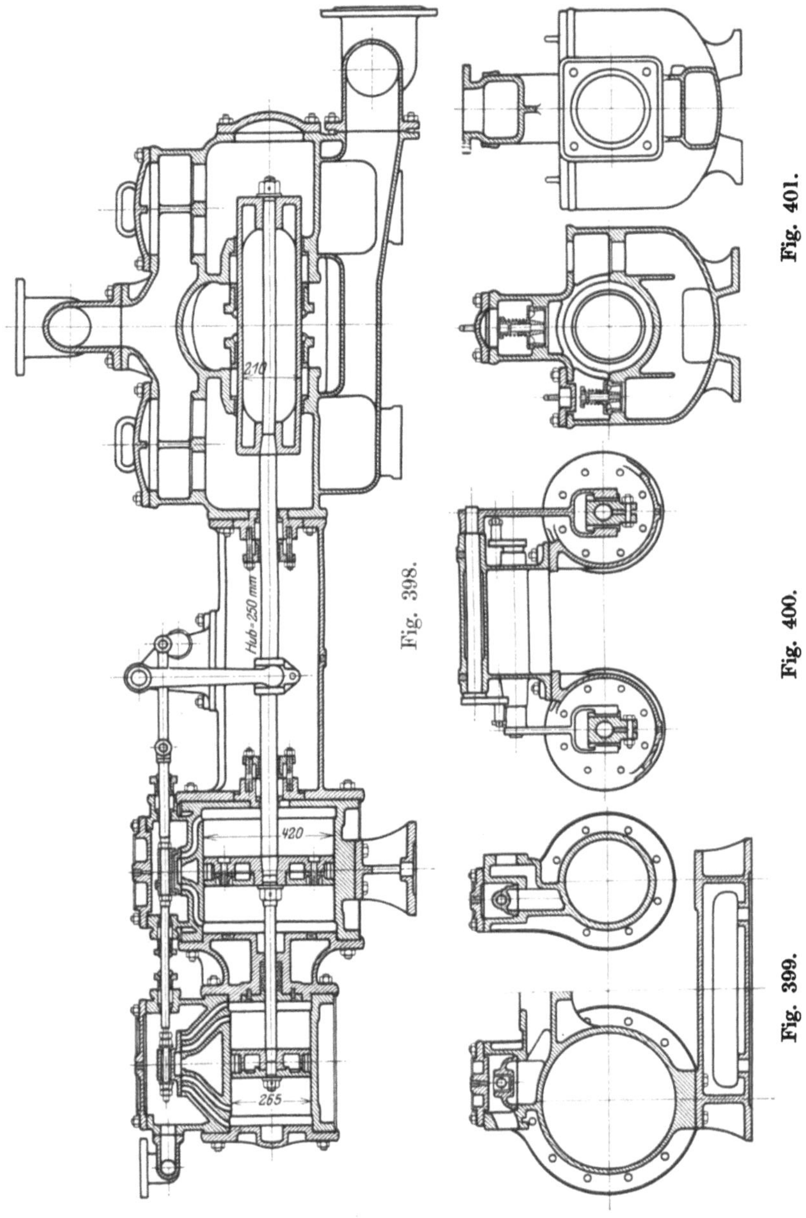

Fig. 398.

Fig. 399.

Fig. 400.

Fig. 401.

der Saug- und der Druckleitung vermöge ihrer Trägheit das Bestreben
haben, eine gleichmäßige Geschwindigkeit beizubehalten, so wirken
sie auf eine gleichmäßige Wasserlieferung der Pumpe hin. Geht der
eine Kolben infolge der Kompressionswirkung des Dampfes am Hubende
langsamer, so drängt die Saugwassersäule nach, es steigert sich der
Druck im Pumpenraum auf der Saugseite in beiden Pumpenzylindern,
und es wird dadurch auch auf die Saugfläche des andern Kolbens ein
erhöhter Druck ausgeübt, es wird also durch die Verzögerung des einen
Kolbens der andere Kolben angetrieben. Gleichzeitig übt die Drucksäule eine Rückwirkung auf die beiden Kolben in dem gleichen Sinn
aus, indem durch ihr Beharrungsvermögen bei einer Verzögerung des
einen Kolbens die Pressung im Druckraum der beiden Pumpen, also
auch an der Druckfläche des andern Kolbens abnimmt und dadurch
eine Geschwindigkeitssteigerung dieses Kolbens hervorgerufen wird.

Da somit die Wassermassen in den Leitungen auf eine gleichmäßige
Wasserlieferung der Pumpenkolben unmittelbar hinwirken, erscheint
es überflüssig oder sogar unrichtig, in den unmittelbaren Zusammenschluß von Leitungsmasse und Kolben ein federndes Zwischenglied
in Gestalt eines Windkessels einzuschalten. Tatsächlich hat sich auch
im Betriebe erwiesen, daß bei Duplexpumpen Windkessel entbehrlich
sind. Dies ist auch für das Ingangsetzen der Fall, denn dieses kann bei
direktwirkenden Pumpen mit ganz allmählicher Geschwindigkeitssteigerung erfolgen, im Gegensatz zu Schwungradpumpen, welche zur
Überwindung des toten Punkts im Kurbelgetriebe einer gewissen lebendigen Kraft des Schwungrads, also einer gewissen Umdrehungszahl
beim Anlassen bedürfen.

Einige Ausführungen von Duplexpumpen mit Worthingtonsteuerung
der Firma Weise & Monski in Halle a. S. zeigen die vorstehenden
Abbildungen.

Fig. 394—397 ist eine Kesselspeisepumpe mit innenliegenden
Plungerstopfbüchsen für max. 12 Atm. Betriebsdruck. Die beiden
Dampfzylinder, das Zwischenstück und die beiden Pumpenzylinder
bilden ein Gußstück. Der Pumpenzylinder ist von der bei direkt wirken-
den Dampfpumpen besonders beliebten Bauart, bei welcher sämtliche
Ventile in einem Kasten oberhalb der Zylinderachse angeordnet sind.
Wasserlieferung ca. 65 l/min bei 125 Doppelhüben in der Minute.

Eine Verbund-Duplexpumpe zur Förderung von ca. 1800 l/min
bei 55 Doppelhüben auf eine maximale Höhe von 150 m zeigen die
Fig. 398—401. Die Dampfseite besteht aus zwei auf einem gemeinschaftlichen Fuß stehenden Niederdruckzylindern mit freihängend angeschraubten Hochdruckzylindern. Die Pumpenseite bilden zwei doppeltwirkende mit außenliegenden, nach innen gekehrten Stopfbüchsen versehene Plungerpumpen, die sich mit angegossenen Füßen auf das Fundament stützen und durch das die Steuerwellen tragende Zwischenstück
mit den Niederdruckzylindern verbunden sind. Die Pumpenventile
sind in doppelter Anzahl vorhanden.

Der Bau einer Preßpumpe für hohen Druck ist ferner aus Fig. 402
bis 404 ersichtlich. Die Plunger der doppeltwirkenden Pumpen sind
durch Umführungsgestänge gekuppelt. Die Ventile sind in besonderen

mit dem Pumpenkörper verschraubten Gehäusen untergebracht. Die
Verbindung von Dampf- und Pumpenseite ist durch acht starke Eisen-
stangen bewirkt.

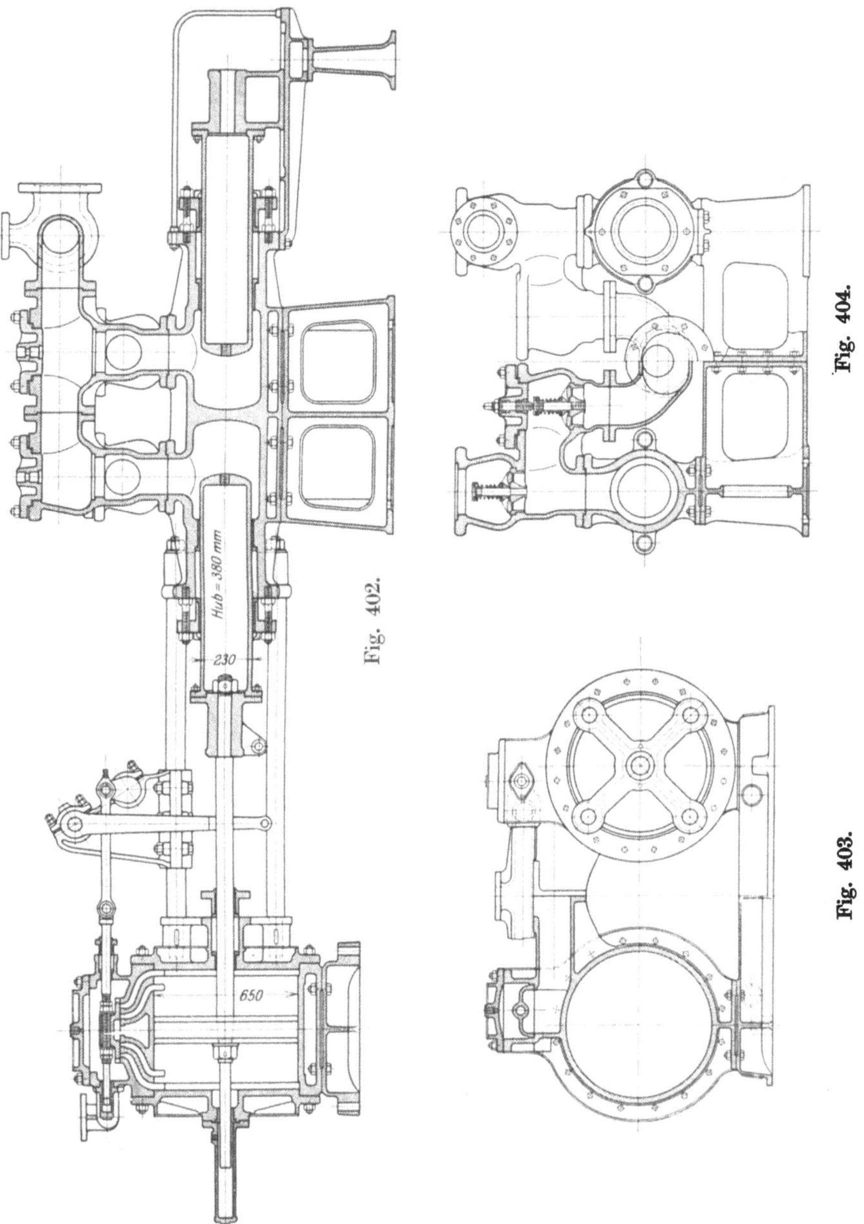

Ein zweites System von Duplexpumpen, das jüngeren Ursprungs ist, wird durch die **Oddesse-Dampfpumpen**, gebaut von der **Maschinenfabrik Oddesse, G. m. b. H. in Oschersleben**, dargestellt (Fig. 405—412). Die Anordnung zweier direkt und doppelt wirkender Dampfpumpen nebeneinander, von denen die eine die Steuerung der anderen betätigt, hat diese Pumpe mit der Worthingtonpumpe gemein, die Konstruktion der Dampfzylinder samt Steuerung ist jedoch eine wesentlich verschiedene.

Abgesehen von den kleinsten Modellen werden diese Pumpen mit einer Expansionsschiebersteuerung (D.R.P. Nr. 96795) nach Art der Meyersteuerung gebaut. Letztere besitzt bekanntlich einen Grundschieber, welcher die Dampfverteilung besorgt, und einen auf seinem Rücken gleitenden, aus zwei mittels Schraubenspindel verstellbaren Platten bestehenden Expansionsschieber, durch welchen die Größe der Füllung bestimmt wird. Bei Schwungradmaschinen beträgt der Winkel, unter welchem das Antriebsexzenter gegen die Kurbel aufgekeilt ist, für den Verteilungsschieber ca. 90°, für den Expansionsschieber ca. 180°.

Wenn man sich nun vorstellt, daß die gegenseitige Bewegung der beiden Dampfkolben einer Duplexpumpe der Bewegung zweier Kolben durch zwei um 90° versetzte Kurbeln ähnlich ist, insofern der eine Kolben sich immer ungefähr in der Hubmitte bewegt, wenn der andere am Hubende steht, so leuchtet ein, daß bei der Duplexpumpe der Antrieb des Verteilungsschiebers von der Kolbenstange der benachbarten Pumpenseite, der Antrieb des Expansionsschiebers von der Kolbenstange der eigenen Pumpenseite erfolgen muß, oder mit anderen Worten: jede der beiden Kolbenstangen hat den Verteilungsschieber der anderen und den Expansionsschieber der eigenen Pumpenseite anzutreiben.

Die Steuerungseinrichtung der Oddessepumpen ist dementsprechend die folgende: Auf der Kolbenstange (3) sitzt fest der Arm (15), mit welchem die Treibstange (4) und das mit ihr verbundene Treibstück (5 bzw. 6) zusammenhängt. In letzterem befindet sich (s. Fig. 408) eine schräge Nut und an dem Grundschieber (7 bzw. 8) ein Ansatz, der in dieser Nut gleitet. Durch diese Anordnung wird die Längsbewegung der Kolbenstange in eine Querbewegung des Schiebers umgesetzt und gemäß dem Winkel der schrägen Nut verkürzt.

Der prismatische Ansatz der Schieber hat ein gewisses Spiel, sog. toten Gang in der Nut, so daß, wie bei der Worthingtonpumpe, am Hubende eine Pause entsteht. Durch die linke Kolbenstange wird mit dem Treibstück (6) der rechte Verteilungsschieber (7) bewegt. Die von dem Spiegel desselben ausgehenden Kanäle münden in den rechten Zylinder; dementsprechend wird die Dampfverteilung für den rechten Zylinder durch die linke Kolbenstange bewirkt.

Auf dem Rücken des Verteilungsschiebers (8) gleiten die Expansionsschieberplatten (10), welche, wie bei der Meyersteuerung, von außen behufs Änderung der Füllung mittels rechts- und linksgängiger Spindel zusammen- oder auseinandergedrückt werden können. Ihre Stellspindel (12) hat zwei Bunde, zwischen welchen sie in einem am rechten Verteilungsschieber (7) angebrachten Anguß gelagert ist. Die Expansionsschieberplatten (10) erhalten auf diese Weise ihre Bewegung von dem Verteilungsschieber (7), also von der linken Kolbenstange, denn der Verteilungsschieber (7) wird durch die linke Kolbenstange mittels des Treibstückes (6) bewegt.

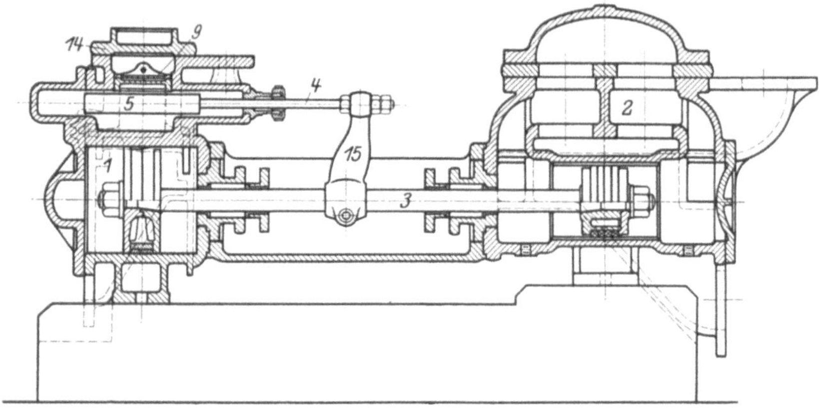

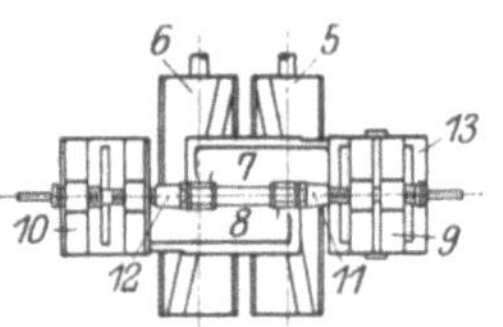

Fig. 405.

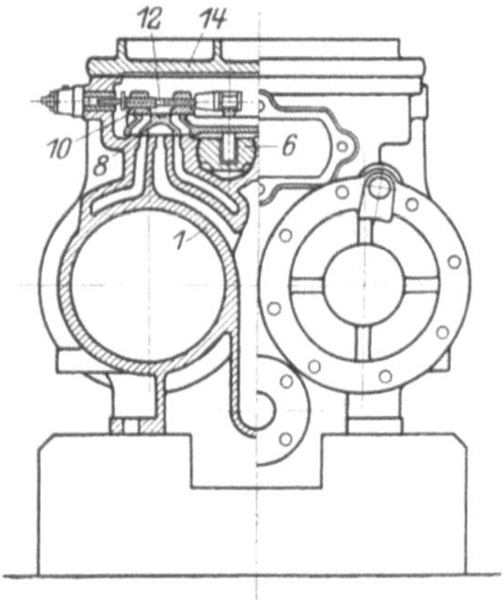

Fig. 406.

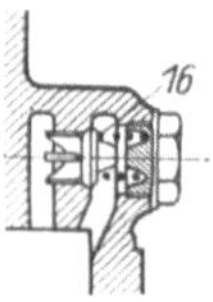

Fig. 409.

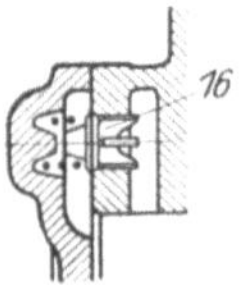

Fig. 410.

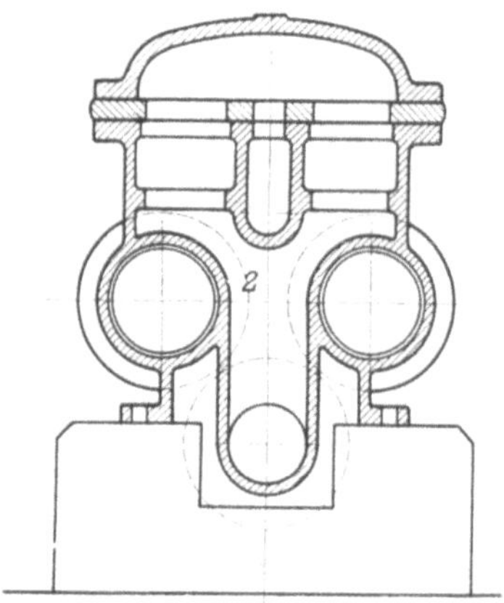

Fig. 407.

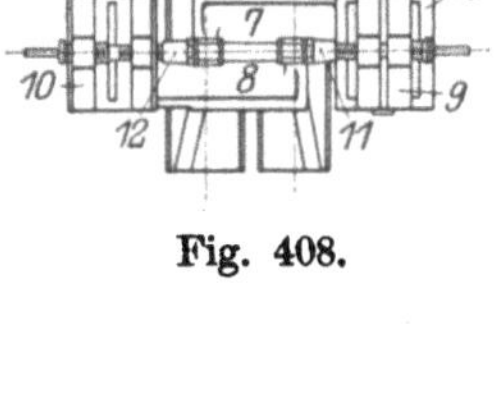

Fig. 408.

Fig. 411.

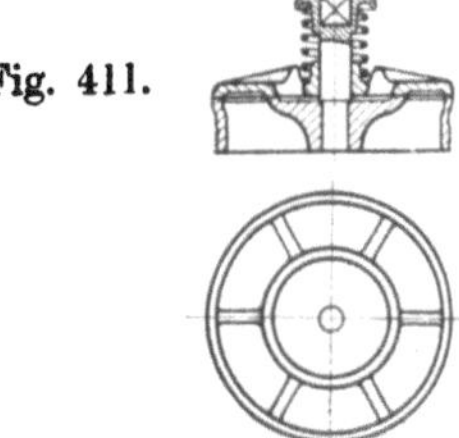

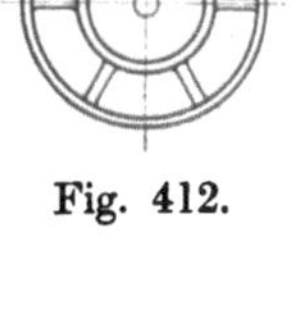

Fig. 412.

Die aus der Steuerung sich ergebende Schieberbewegung macht es nötig, auf der einen Seite, nämlich zwischen dem Grundschieber (7) und dem Expansionsschieber (9) eine festliegende Zwischenplatte (13) einzuschalten, weil beide Schieber in einem Moment gleiche Bewegungsrichtung haben. Der schneller bewegte Grundschieber würde ohne diese Platte den langsamer geschobenen Expansionsschieber wieder überlaufen und noch eine Nachströmung bewirken.

Durch die Expansionsvorrichtung wird bei den kleinen Pumpen in erster Linie bezweckt, daß der Pumpe jeweilig diejenige Füllung gegeben werden kann, welche zur Erreichung des vollen Kolbenhubs bei der jeweiligen Leistung erforderlich ist. Der Wasserdruck auf den Pumpenkolben ist annähernd der gleiche, ob die Pumpe schnell oder langsam läuft, demgemäß ist auch der notwendige mittlere Dampfdruck immer der gleiche, bei schnellem Gang ist aber bei Beginn des Hubs zur Beschleunigung der Massen ein größerer, zu Ende des Hubs wegen der lebendigen Kraft der Massen ein kleinerer Dampfdruck notwendig. Ein ruhiger Gang der Pumpe erfordert daher einen von Anfang bis zu Ende des Hubs abnehmenden Dampfdruck, was durch die Expansionseinrichtung annähernd erreicht wird.

Die Hubbegrenzung der Kolben wird durch ein Dampfkissen gebildet, das, wie bei den Worthingtonpumpen, dadurch entsteht, daß der Kolben den Auspuffkanal vor Beendigung des ganzen Hubs überläuft und den eingeschlossenen Dampf komprimiert. Ein besonderer vom Schieberspiegel bis zum Zylinderende führender Einströmungskanal, wie bei den Worthingtonpumpen, ist aber nicht vorhanden, vielmehr nur eine kurze Abzweigung vom Hauptkanal, welche ans Zylinderende führt, um beim Hubwechsel den Dampf aus dem durch den Kolben verschlossenen Hauptkanal hinter den Kolben gelangen zu lassen. In dieser Abzweigung sitzt ein kleines Rückschlagventil (16), welches bei der Kompression geschlossen ist und geöffnet wird, sobald der Frischdampf vom Schieberkasten in den Hauptkanal gelangt. Sofern die Endspannung der Expansion durch die Füllung so reguliert wird, daß der Kolben stets den gleichen Hub macht, arbeitet die Pumpe immer mit der gleichen Kompression.

Eine weitere Steuerungsart für Duplexpumpen ist die „gelenklose Automatsteuerung" (D.R.P. Nr. 157097) der Firma Otto Schwade & Co. in Erfurt. Fig. 413—416.

Die mit der Kolbenstange durch einen Arm starr verbundene Schieberstange hat an ihrem Ende ein viergängiges Schraubengewinde von großer Steigung (Fig. 416), durch dessen geradlinige Hin- und Herbewegung eine mit entsprechendem Innengewinde versehene Hülse hin- und hergedreht wird. Von dieser Hülse erhält der Schieber der benachbarten Pumpenseite eine hin- und hergehende Bewegung, indem er mit einem Arm in einen an ihrer Außenseite angebrachten Schraubengang eingreift. An jedem Ende des Dampfzylinders ist, wie bei der Worthingtonpumpe, ein besonderer Einströmungskanal vorgesehen. Nach der Angabe der ausführenden Firma sind hinsichtlich der Abnützung der Steuerung günstige Verhältnisse zu verzeichnen.

Die Firma **Weise & Monski** in Halle a. S. baut noch eine andere
Steuerung (D.R.P. Nr. 153148) (Fig. 417—420), bei welcher das Hebelwerk und die Gelenke der Worthingtonsteuerung vermieden, die Schieberstangen vielmehr mit den Kolbenstangen starr verbunden sind und
in der Richtung der Zylinderachsen hin- und herbewegt werden, während
das Öffnen und Schließen der Dampfkanäle dadurch erfolgt, daß die
betreffenden Kanten des Schiebers und der Kanäle schräg zur Bewegungsrichtung des Schiebers, dessen Weg gleich dem Kolbenweg ist, angeordnet sind.

Die Schieber a und b sind mit schrägen Dichtungsleisten c versehen,
zu denen die Dampfeinlaßkanäle d und die Auslaßkanäle h parallel

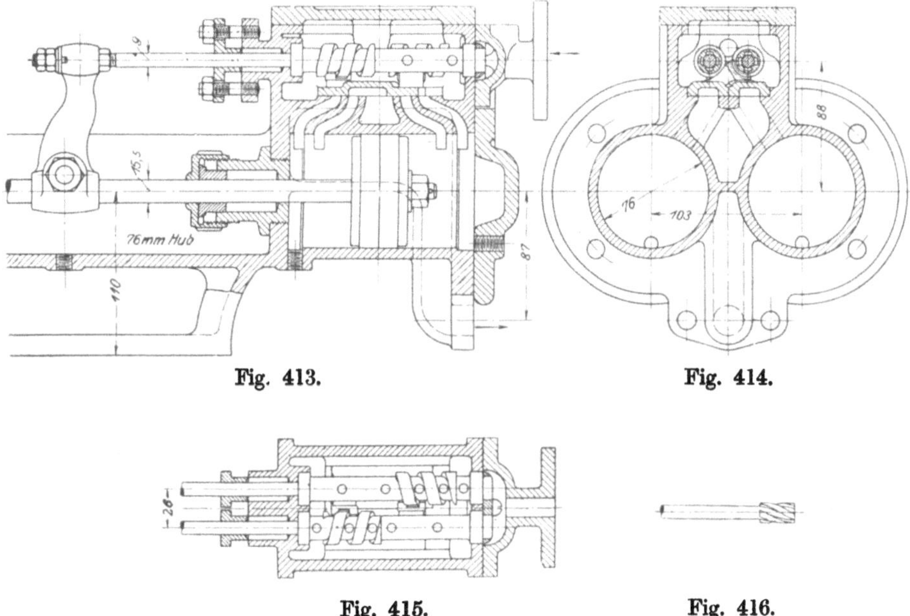

Fig. 413.   Fig. 414.

Fig. 415.   Fig. 416.

angeordnet sind. Diese Dampfkanäle sind durch eine festliegende hohle
Platte, deren Oberfläche die Gleitbahn der Schieber bildet, derart geführt, daß der Schieber a den Kolben im Zylinder II und der Schieber b
den Kolben im Zylinder I steuert.

Der charakteristische Unterschied gegenüber verwandten Systemen
gelenkloser Steuerungsarten besteht darin, daß die Vermeidung äußerer
Steuerungsteile nicht eine Vermehrung der inneren Steuerungsteile
zur Folge gehabt hat, denn die ganze Steuerung besteht nur aus den
zwei Mitnehmerarmen, den zwei Schieberstangen und den zwei Schiebern.
Keilschieber, Schneckengetriebe usw. mit ihren Übertragungsmechanis-
men sind nicht vorhanden. Nachteilig ist natürlich die mit dem großen
Schieberweg verknüpfte Reibungsarbeit. Die genannte Firma verwendet daher diese gelenklose Steuerung gewöhnlich nur in Fällen,

wo die Pumpen in sehr staubiger Atmosphäre arbeiten müssen, ohne
genügenden Schutz und ausreichende Wartung erhalten zu können.

Da der vom Dampfkolben zu überwindende Widerstand, welcher
sich aus dem Wasserdruck auf den Pumpenkolben und den Reibungs-
widerständen zusammensetzt, während des ganzen Hubs nahezu konstant
ist, so müssen direkt wirkende Dampfpumpen bei langsamem Gang

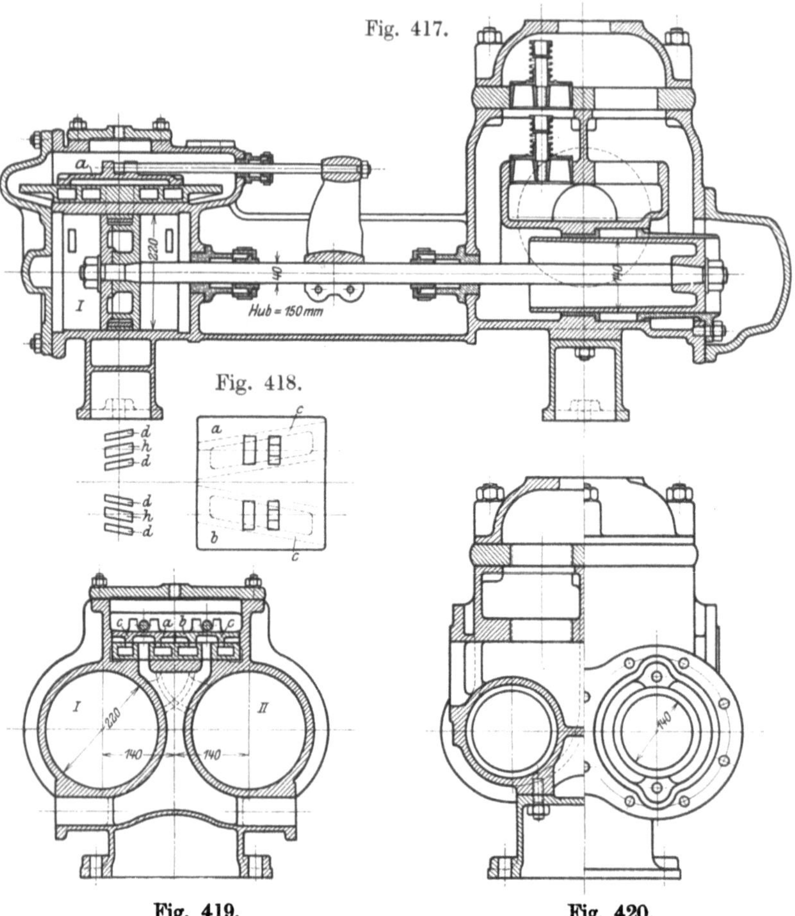

Fig. 419.   Fig. 420.

mit voller Füllung arbeiten. Bei schnellem Gang kommen die Wirkungen
der hin- und hergehenden Massen hinzu, es kann daher, wie schon oben
erwähnt, mit Expansion gearbeitet werden, und zwar kann der Expansionsgrad um so größer sein, je größer die Massenkräfte d. h. je
größer die Geschwindigkeitsänderungen und je größer die bewegten
Massen sind. Die Expansion kann durch eine dafür eingerichtete Steuerung oder auch durch Anordnung mehrerer Dampfzylinder, in welchen

der Dampf stufenweise expandiert, erzielt werden, wobei in letzterem Fall durch die Vergrößerung der hin- und hergehenden Massen ein größerer Expansionsgrad möglich ist und der Vorteil der stufenweisen Expansion hinsichtlich der Wärmeausnützung zur Geltung kommt. Es werden daher direktwirkende Dampfpumpen bei viel kleineren Leistungen, als dies bei Schwungradpumpen üblich ist, als Zweifach- oder Dreifach- expansionsmaschinen ohne und mit Kondensation ausgeführt. Bei Zweifachexpansionsmaschinen arbeiten häufig die beiden Zylinder mit voller Füllung, wobei dann der Expansionsgrad dem Inhaltsverhältnis der beiden Zylinder entspricht. Erhält bei Dreifachexpansionsmaschinen der Hochdruckzylinder Expansionssteuerung, während der Mittel- und Niederdruckzylinder mit voller Füllung arbeiten und Kondensation vorgesehen ist, so kann ein Expansionsgrad erzielt werden, welcher demjenigen von Schwungrad-Verbundmaschinen gleichkommt. Höhere Expansionsgrade lassen sich nur mit sogenannten Kraftausgleichern,

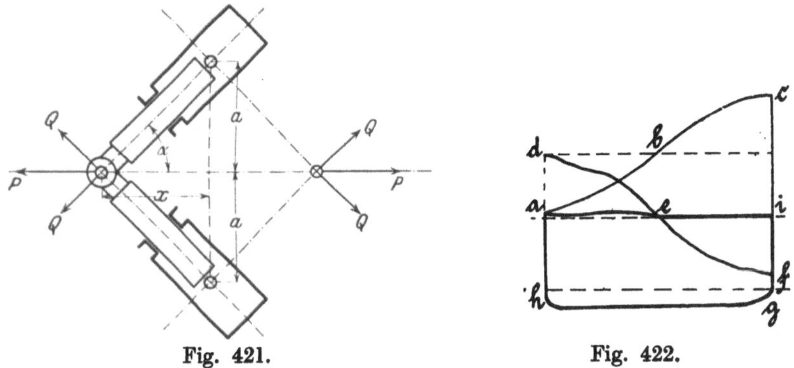

Fig. 421. Fig. 422.

d. h. Vorrichtungen erzielen, welche die ausgleichende Wirkung eines Schwungrads ersetzen.

Die Wirkungsweise des Ausgleichers der Worthingtonpumpen ist die folgende: Am Verbindungsrahmen zwischen Dampf- und Pumpen- seite sind zwei Zylinder (vgl. Taf. XIII) drehbar gelagert, deren Kolben an ein auf der Kolbenstange befestigtes Querhaupt angeschlossen und durch einen gleichbleibenden Wasserdruck Q belastet sind. Während der ersten Hubhälfte wirken die Kolben der Dampfkraft entgegen mit einem Gesamtdruck $P = 2\,Q \cos \alpha$ (Fig. 421), während sie in der zweiten Hubhälfte die Dampfkraft unterstützen. Bezeichnet x die Ausweichung des Dampfkolbens aus seiner Mittellage, a die senkrechte Entfernung der Zylinderdrehpunkte von der Pumpenachse, so ergibt sich

$$P = 2\,Q \cos \alpha = \frac{2\,Q}{\sqrt{1 + \mathrm{tg}^2\,\alpha}} = \frac{2\,Q}{\sqrt{1 + \left(\dfrac{a}{x}\right)^2}} = 2\,Q\,\frac{x}{\sqrt{x^2 + a^2}}$$

Die Wirkung des Ausgleichwerks einer Worthington-Verbund- dampfpumpe, welche John Mair (Engineering 1886, S. 340) untersucht hat, zeigt Fig. 422. Die Linie *defgh* gibt die Summe der Dampfdrücke auf die beiden Dampfkolben und die Linie *abc* den Druck des Ausgleichwerks in der Richtung der Pumpenachse entsprechend vorstehender Gleichung. Die Linie *aei* der resultierenden Kraft an der Kolbenstange ist, wie ersichtlich, horizontal, diese Kraft ist also wie der Widerstand des Pumpenkolbens konstant.

Die konstruktive Ausführung des Ausgleichwerks der Worthingtonpumpen zeigen die Fig. 423 und 424. Die beiden Ausgleichzylinder *A* stehen durch ihre hohlen Drehachsen mit dem Akkumulatorzylinder *B* in Verbindung. Der Plunger *C* dieses Zylinders ist durch die auf den Kolben *K* wirkende Luftpressung des Druckwindkessels der Pumpe

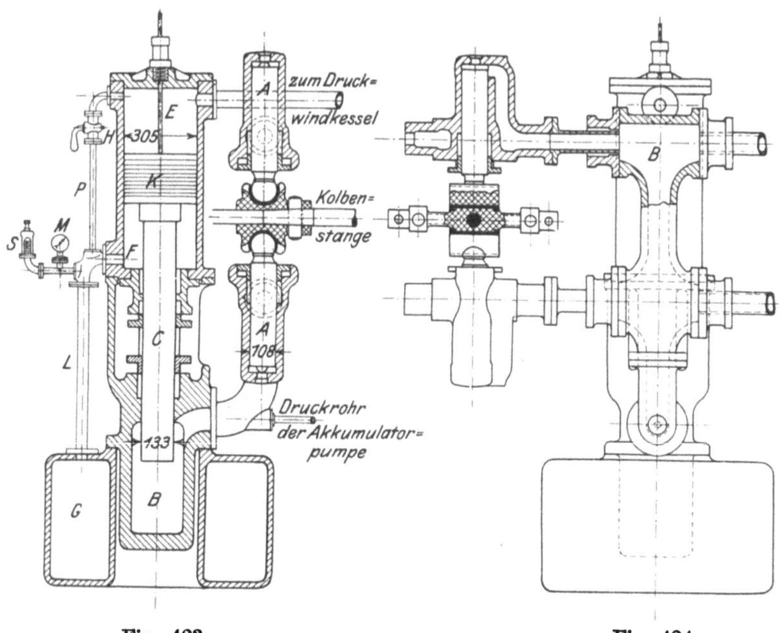

Fig. 423.   Fig. 424.

belastet, indem der Raum *E* mit dem Luftraum dieses Windkessels verbunden ist. Der Raum *F* unterhalb des Kolbens *K* ist ebenfalls mit Luft gefüllt, deren Druck nach Bedarf geregelt werden kann. Durch ein weites Rohr *L* ist eine Verbindung mit dem Gefäß *G* hergestellt, dessen Rauminhalt so groß ist, daß der Druck in *F* trotz der bei jedem Hub stattfindenden Schwankung in der Kolbenstellung nahezu konstant ist. Im allgemeinen wird durch die Undichtheit des Kolbens *K* der Raum *F* genügend mit Luft versorgt. Es kann aber auch durch das Verbindungsrohr *P* Luft zugeführt und mit dem Hahn *H* der Druck im Raum *F* und dadurch die Wasserpressung im Akkumulator und den Ausgleichszylindern geregelt werden. An die Leitung *L* ist ein Manometer *M* und ein federbelastetes einstellbares Sicherheitsventil *S* angeschlossen. Zum stetigen Ersatz der durch Undichtheiten verloren gehenden Preßflüssigkeit in den Ausgleichzylindern A und den damit verbundenen Akkumulatorzylindern B dient eine kleine Kolbenpumpe.

Das Ausgleichwerk „Ideal" (D.R.P. Nr. 120675) der Oddessepumpen (Fig. 425) ist wesentlich anderer Konstruktion. Der hauptsächlichste Teil ist ein Plunger A, der in einem Zylinder C arbeitet und durch eine Stopfbüchse B abgedichtet ist. Der Zylinder C enthält eine bestimmte Menge Glyzerin oder eine andere Flüssigkeit. Der Plunger A ist hohl und bildet in seinem oberen Teile einen Windkessel D, während sein unteres Ende ständig in die Flüssigkeit eintaucht. In dem Windkessel D befindet sich Preßluft, die aus dem Luftbehälter R in

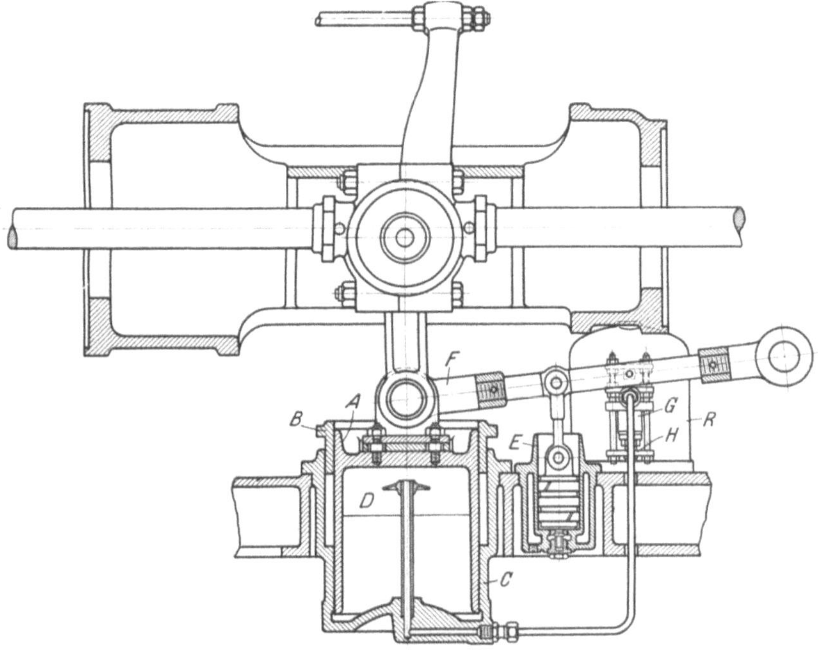

Fig. 425.

denselben gelangt und durch einen kleinen vom Lenkerarm F aus betätigten Luftkompressor E erzeugt wird. Vom Luftbehälter R führt durch ein vom Lenkerarm F bewegtes Ventil ein Rohr in das Innere des Windkessels D. Das Ventil G öffnet sich nach unten und ist so eingestellt, daß es für einen Augenblick geöffnet wird, wenn sich der Plunger A in seiner tiefsten Stellung befindet. Der Luftdruck im Raum D ist bestrebt, den Plunger A beständig nach oben zu drücken, und die von ihm ausgeübte Kraft wird durch Vermittlung eines Hebelpaares auf die Kolbenstange der Pumpe übertragen. Wenn die Pumpe auf Hubmitte steht, hat der Plunger seine tiefste Stellung, während den Endstellungen der Dampfkolben seine höchste Stellung entspricht.

Die Wirkungsweise ist die folgende: In der ersten Hubhälfte, wo die Leistung des Dampfes größer ist, als für die Pumparbeit erforderlich, wird der Überschuß dadurch aufgebraucht, daß der Plunger niedergedrückt wird. Dabei erfährt sein Luftinhalt noch eine weitere Kompression, und zwar bis zu einem Enddruck, welcher gleich der Spannung im Luftbehälter R ist, denn bei der tiefsten Stellung des Plungers wird das Ventil G von dem letzteren niedergedrückt, so daß in der Hubmitte der Raum D für kürzere Zeit mit dem Luftbehälter R in Verbindung ist.

Während der zweiten Hubhälfte steigt der Plunger wieder nach oben. Dabei wirkt die Preßluft im Innern desselben, unter gleichzeitiger Expansion, durch die Hebelvermittlung auf die Kolbenstange und die im ersten Teil des Kolbenwegs aufgespeicherte Arbeit wird an die Kolbenstange wieder abgegeben. Letzteres geschieht mit zunehmender Kraft vermöge der mit dem Fortschreiten der Kolben sich ändernden Kraftrichtung.

Durch Vergrößern oder Verringern des Glyzerininhalts im Zylinder C kann man den Verlauf der Kompression und Expansion der im hohlen Kolben arbeitenden Preßluft verschieden gestalten. Dadurch besteht die Möglichkeit, die Änderung der in der Richtung der Pumpenachse wirkenden Ausgleichskräfte jedem Dampfdrucke und verschiedenen Füllungsgraden anzupassen.

Durch das Ausgleichwerk wird auch eine selbsttätige Regulierung des Hubs der Maschine bewirkt: Mit dem Ventil G ist ein Rückschlagventil H verbunden, welches sich ebenso wie das Ventil G nach innen öffnet und so lange geschlossen bleibt, als die Pumpe ihren normalen Hub nicht überschreitet. Durch den Lenkarm F wird das Ventil H jedoch bei der geringsten Hubüberschreitung der Maschine geöffnet, so daß eine gewisse Luftmenge aus dem Behälter R entweichen kann und der Druck vermindert wird. Demnach muß die Pumpe stets unbedingt sicher mit vollem Hub arbeiten, da der Druck auf den Ausgleichplunger stetig zunimmt, solange die Hublänge nicht erreicht ist.

Eine wertvolle Übersicht über die Ausführungsarten und die wirtschaftlichen Verwendungsgebiete der Worthington-Duplexpumpen und Pumpmaschinen gibt die Abhandlung von O. H. Müller in der Zeitschr. d. Ver. deutsch. Ing. 1905, S. 981 u. ff.

Die Ausführungen einer liegenden Worthington-Compound-Pumpe mit Ausgleichern und Kondensation ist nachstehend besprochen, die Beschreibung einer großen stehenden Dreifachexpansionsmaschine findet sich in dem Aufsatz von M. F. Gutermuth in der Zeitschr. d. Ver. deutsch. Ing. 1901, S. 1442.

Pumpmaschine des Wasserwerks der Stadt Nürnberg in Erlenstegen, ausgeführt von E. Earnshaw in Nürnberg[1]).

Das von der Worthington-Pumpen-Kompagnie, A.-G. in Berlin, errichtete Pumpwerk besteht aus zwei Duplexpumpen von der auf Tafel XIII dargestellten Ausführung.

---

[1]) In der Zeitschrift des Bayer. Dampfkessel-Revisions-Vereins 1902, Nr. 10, 11 und 12 erschienen.

Die Maschine hat auf jeder Seite einen Hochdruck- und einen Niederdruckzylinder mit Aufnehmer, einen Pumpenzylinder, zwei Ausgleichzylinder und eine Kondensatorluftpumpe.

Der Frischdampf wird durch den Wasserabscheider, das Hauptabsperrventil und ein Zweigrohr, welches mit zwei Absperrventilen zur Regulierung der Dampfspannung versehen ist, den beiden Hochdruckzylindern zugeführt. Aus diesen gelangt er in die unter den Hochdruckzylindern angeordneten Aufnehmer, dann in die Niederdruckzylinder und schließlich in den Kondensator. Die Dampfverteilung wird in allen Zylindern durch Drehschieber bewirkt, die sich in eingesetzten gußeisernen Büchsen bewegen und ihren Antrieb durch das in Fig. 426 dargestellte Gestänge erhalten. Die um feste an den Zylindern sitzende Zapfen drehbaren Steuerscheiben F werden durch Vermittlung der Stangen G und des Hebels H von dem Kreuzkopf der anderen Maschinenseite angetrieben. Die Auslaßschieber sind an die Scheiben F zwangläufig angelenkt. Während sonach die Auslaßorgane lediglich

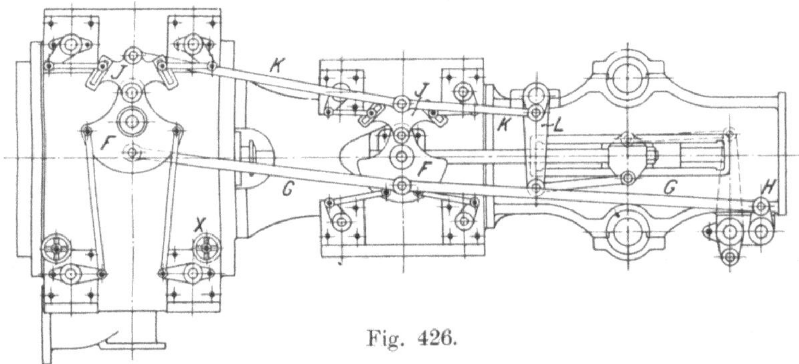

Fig. 426.

durch die andere Maschinenhälfte angetrieben werden, erhalten die Einlaßschieber eine durch die Kolbenbewegung beider Maschinenseiten beeinflußte Bewegung, indem deren Steuerscheiben J ihre Drehpunkte auf den Steuerscheiben F haben und außerdem durch Vermittlung der Stangen K und des Hebels L von ihrem eigenen Kreuzkopf bewegt werden. Die Veränderung der Füllung in beiden Zylindern geschieht durch Verschiebung der Angriffspunkte der Steuerstängchen der Einlaßschieber in den Kulissen der Steuerscheiben J. Um ein Anschlagen der Kolben an die Zylinderdeckel zu verhindern, sind die Ausströmkanäle des Niederdruckzylinders (Tafel XIII) in einiger Entfernung von den Deckeln angeordnet. Die Dampfkolben schließen sonach diese Kanäle frühzeitig ab und sperren eine Dampfmenge zwischen sich und den Deckeln ein, die als Dampfkissen wirkt. Durch kleine Handventilchen X (Fig. 426) kann die Höhe der Kompressionsspannung und dadurch der Hub der Maschine reguliert werden.

Die Hoch- und Niederdruckzylindermäntel sowie die hinteren Deckel der Niederdruckzylinder werden mit Frischdampf geheizt. Der von diesen Mänteln abströmende Heizdampf wird in die Heizröhren der beiden Aufnehmer geleitet, aus denen das Kondensat einer kleinen Pumpe zufließt, die dasselbe in den Kessel zurückfördert.

Die Anordnung der Triebwerksteile ist aus der Tafel zu ersehen. Die Dampfkolben haben mehrteilige gußeiserne Dichtungsringe, die durch Stahlfedern an die Zylinderwandungen angepreßt werden; die Niederdruckzylinder sind auf Eisenrollen gelagert. Die durch Doppelhebel angetriebenen Kondensatorluftpumpen haben gußeiserne Tauchkolben und je zweimal zwei Saug- und ebensoviele Druckventile.

Die Pumpen sind doppeltwirkend, haben in Messingbüchsen laufende Tauchkolben und je zweimal neun Saug- und ebensoviele Druckventile. Sämtliche Ventile sind federbelastete Tellerventile, von der in größerem Maßstab auf der Tafel dargestellten Konstruktion. Unmittelbar hinter der Maschine sitzt der für beide Pumpen gemeinsame Saugwindkessel und über derselben der Druckwindkessel; außerdem ist in einiger Entfernung von der Pumpe noch ein großer, für das ganze Pumpwerk gemeinsamer Druckwindkessel angeordnet. Zum Ersatz der Luft im Druckwindkessel und in dem Ausgleicher ist unabhängig von der Pumpmaschine ein Westinghouse-Kompressor aufgestellt, welcher in seiner Ausführung mit dem für die Westinghousebremsen benützten sehr große Ähnlichkeit hat.

Direktwirkende Dampfpumpen finden für kleinere Anlagen, wie z. B. zur Kesselspeisung, für Preßpumpwerke u. dgl. die ausgedehnteste Verwendung. Bei großen Ausführungen als Wasserhaltungs-, Wasserwerksmaschinen usw. sind die direktwirkenden Dampfpumpen den Schwungradmaschinen hinsichtlich Dampfverbrauch mindestens ebenbürtig. Sie beanspruchen weit weniger Grundfläche und bedürfen nur eines einfachen billigen Fundaments, sind daher in der Anschaffung und Montage billiger. Als Nachteil großer direktwirkender Dampfpumpen im Vergleich mit Schwungradmaschinen ist hervorzuheben der weniger einfache Bau, die weit schwierigere Betriebsführung, die mühsamere Instandhaltung, die Störung des sonst sehr ruhigen Ganges durch verhältnismäßig geringe Änderungen des Pumpenwiderstandes oder der Dampfspannung, und die mehr oder weniger umständliche Ingangsetzung.

28. Wasserdruckpumpen.

Entsprechend der Bezeichnung Dampfpumpe versteht man unter Wasserdruckpumpe die unmittelbare Vereinigung einer Pumpe und einer Wassersäulenmaschine.

Der Druck des Betriebswassers wird entweder durch das natürliche Gefälle oder durch eine Preßpumpe erzeugt, dabei wird die Wassersäulenmaschine mit oder ohne Drehbewegung ausgeführt.

Eine für kleinere Wasserversorgungsanlagen vielfach ausgeführte Wasserdruckpumpe mit Drehbewegung ist die in Fig. 427—428 dargestellte Kröberpumpe. Es werden in derselben kleine Quellwasserkräfte ausgenutzt, um hoch gelegenen Verwendungsgebieten Wasser zuzuführen.

Die Maschine verwertet auf diese Weise kleine Wasserkräfte von
0,3—33 l in der Sekunde bei 10—100 m Gefälle und überwindet Förderhöhen bis zu 250 m.

Die Figuren veranschaulichen die wesentliche Anordnung. Auf
der Grundplatte B ist ein zylindrisch ausgedrehter Verteilungskopf A
befestigt, in den die Abflußleitung a des Triebwassers, die Leitung b,
welche das letztere zuführt, und die Druckleitung c für das Förderwasser
münden. Auf der Spiegelfläche des Verteilungskopfes gleitet der um

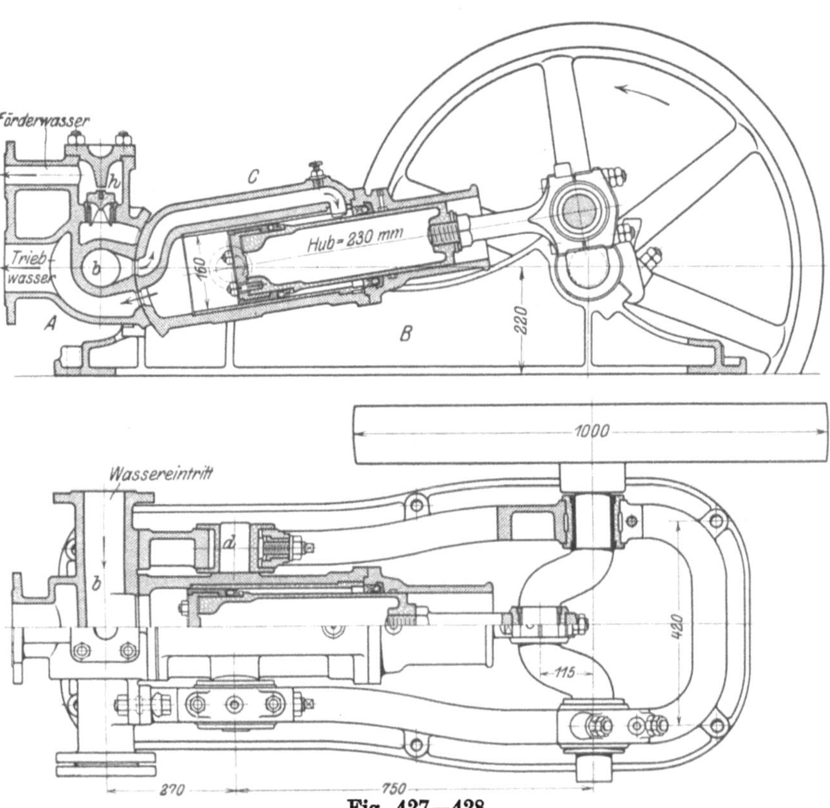

Fig. 427—428.

die Zapfen d schwingende Zylinder C. Diese Zapfen d liegen in verstellbaren Lagerschalen, um das dichte Aufeinanderliegen der Gleitflächen
bewirken zu können. Der Kolben besteht aus zwei Teilen verschiedenen
Durchmessers; er durchdringt als Taucher den Zylinderdeckel und hängt
unmittelbar an der Kurbel, so daß bei der Drehung derselben die Schwingung des Zylinders erfolgt. Hierdurch entsteht die Steuerung in folgender Weise: In der angegebenen Stellung tritt das Kraftwasser gegen die
ringförmige vordere Kolbenfläche und treibt den Kolben zurück; gleichzeitig strömt das hinter dem Kolben befindliche Wasser durch a ab.

Ist die Kurbel im toten Punkt angekommen, so wechselt die Verbindung der Kanäle derart, daß bei weiterer Drehung Kraftwasser hinter den Kolben tritt, ihn hinausschiebt und dadurch das vor demselben befindliche Wasser durch c in die Steigleitung drückt. Dieses geschieht während einer halben Umdrehung der Kurbel, bis dieselbe wieder im toten Punkt steht und das zuerst beschriebene Spiel von neuem beginnt. Es wirkt somit das Kraftwasser abwechselnd auf beide Kolbenseiten und wird ein Teil desselben nach der Druckleitung gefördert. Diese Anordnung der Steuerung wird gewählt, wenn es sich darum handelt, das Kraft- und das zu hebende Wasser derselben Quelle oder Sammel-Stube zu entnehmen, also einen Teil des Kraftwassers unmittelbar zur Wasserversorgung zu verwenden. Wenn es sich aber bei einer Wasserversorgung um die Hebung von Quellwasser durch nicht genießbares Kraftwasser handelt, so sind die Kanäle für das Kraftwasser und das zu fördernde Wasser vollständig zu trennen. Dies geschieht durch Anbringung von vier getrennten Stutzen- und Spiegelöffnungen am Verteilungskopf. Hierbei kann auch durch Vertauschung der Zu- und Abströmungen des Kraftwassers mit denen für das zu hebende Wasser die seltener vorkommende Aufgabe gelöst werden, mit einer kleineren Menge Kraftwasser von größerer Gefällhöhe eine größere Wassermenge auf kleinere Höhe zu heben.

In der durch Fig. 427 und 428 dargestellten Einrichtung ist die Pumpe einfach-, der Motor doppeltwirkend. In die Steigleitung c des zu hebenden Wassers wird ein Rückschlagventil h eingeschaltet, das zur Entlastung der Maschine beim Rückgang des Kolbens und beim Stillstand dient. Ferner werden die Steigleitung c und die Zuleitung b des Kraftwassers mit Windkesseln versehen. Durch ein in die letztgenannte Leitung eingeschaltetes Ventil oder einen Schieber wird der Zufluß des Kraftwassers und damit auch die Geschwindigkeit der Maschine geregelt. Der in der Steigleitung angebrachte Windkessel erhält in seinem Untersatz eine vom Oberkessel ganz getrennte Kammer; diese wird mit Luft von atmosphärischer Spannung gefüllt, welche durch Einleiten von Druckwasser verdichtet wird; durch Einführen dieser verdichteten Luft in den einen oder anderen Windkessel kann die in diesem verlorene Luft ersetzt werden.

Der Gesamtwirkungsgrad der Pumpe ist nach Versuchen 0,53 bis 0,88; im allgemeinen steigt der Wirkungsgrad mit dem Gefälle des Kraftwassers; liegt dieses Gefälle unter 8—10 m, so wird ein günstiger Wirkungsgrad nicht mehr erzielt, weshalb bei Ausführungen nicht unter dieses Maß gegangen wird.

Nähere Mitteilungen über das Anwendungsgebiet der Kröberpumpen gibt die Zeitschr. d. Ver. deutsch. Ing. 1895, S. 1069 und das Journal für Gasbeleuchtung und Wasserversorgung 1893, S. 144; die erwähnten Versuche sind mitgeteilt in dem letztgenannten Journal 1890, S. 634.

Die häufigste Verwendung finden die Wasserdruckpumpen für die Zwecke der Wasserhaltung in Bergwerken. Wasserhaltungsmaschinen mit hydraulischem Betrieb sind in verschiedener Form schon in früherer Zeit gebaut worden, worüber v. Hauers Werk „Die Wasserhaltungsmaschinen der Bergwerke" ausführliche Auskunft gibt. Sie haben aber, teils wegen der ihnen anhaftenden Mängel, teils infolge der Entwicklung der unterirdischen Dampfwasserhaltungen keine starke Verbreitung gefunden. Da jedoch der Verwendung der letzteren dadurch eine Grenze gezogen ist, daß bei großer Teufe selbst bei vorzüglich arbeitenden Dampfmaschinen das Grubenwasser für die Kondensation nicht mehr ausreicht und manche Gruben solche Teufen erreicht haben, so hat man der Ausbildung der hydraulischen Wasserhaltungsmaschinen im letzten Jahrzehnt des vorigen Jahrhunderts erneute Aufmerksamkeit geschenkt.

Bei den modernen Anlagen dieser Art wird durch eine über Tage aufgestellte Dampfpumpe das Kraftwasser gegen einen Druck von 200 bis 300 Atm. in einen Akkumulator gepreßt und durch eine Rohrleitung der unterirdischen Anlage zugeführt. Letztere besteht aus einer mit oder ohne Drehbewegung arbeitenden Wassersäulenmaschine mit Förderpumpe.

Um einen gedrängten Bau der ganzen Maschine zu erzielen, ist der Kolben der Kraftmaschine feststehend und hohl ausgeführt. Durch seine Bohrung wird das Preßwasser in das Innere des Kraftzylinders mittels einer Steuerung derart geleitet, daß der Zylinder eine hin- und hergehende Bewegung erfährt, dabei ist der Kraftzylinder zugleich als Plunger der Förderpumpe ausgebildet.

Das austretende Preßwasser wird durch eine Rückleitung wieder zutage in ein Reservoir geführt, aus welchem es von den Preßpumpen wieder angesaugt wird. Durch diese Einrichtung ist erreicht, daß die Wassersäulenmaschine nur mit ganz reinem Wasser arbeitet, was zur Erhaltung ihrer Steuerungsvorrichtung unbedingt erforderlich ist.

Hydraulische Wasserhaltungsanlagen sind hauptsächlich von der Berliner Maschinenbauaktiengesellschaft vormals L. Schwartzkopff in Berlin nach dem System Kaselowsky-Prött sowie von Haniel und Lueg in Düsseldorf-Grafenberg ausgeführt worden.

Eine eingehende Beschreibung der betreffenden Konstruktionen enthalten die Abhandlungen in der Zeitschr. d. Ver. deutsch. Ing. von Fr. Frölich 1900, S. 1712 und B. Gerdau 1899, S. 29, so daß hier auf diese Mitteilungen verwiesen werden kann.

In neuerer Zeit sind die hydraulischen Wasserhaltungen durch die elektrisch betriebenen wieder verdrängt worden.

Anhang.

29. Versuche über die Wirkungsweise von Pumpenventilen.

a) Versuchseinrichtung.

Zu den Versuchen benützte der Verfasser die für diesen Zweck eigens gebaute Differentialpumpe (s. Fig. 429 und Fig. 112, S. 162), deren Stufenkolben von 150 bzw. 105 mm Durchmesser durch einen einfachen Kolben von 105 mm Durchmesser unter Verwendung von Stopfbüchsen mit entsprechend größerer Wandstärke ersetzt werden kann.

Der Kolbenhub kann zwischen 350 und 50 mm beliebig geändert
werden. Zu diesem Zweck ist der Kurbelzapfen (s. Fig. 430) auf
einer konischen Stahlscheibe, mit der er ein Stück bildet, exzentrisch
angeordnet. Durch Drehen dieser Zapfenscheibe kann die Entfernung
des Kurbelzapfens von der Achse der Kurbelwelle, also der Kurbel-

Fig. 429.

radius, verändert werden. Zum Festziehen der Scheibe in einer bestimmten Stellung dient ein in ihrem Mittelpunkt angebrachter kräftiger
Zapfen mit Mutter. Außerdem ist noch die Einstellung der Scheibe
gegen eine willkürliche Verdrehung während des Betriebs bei zu
geringem Reibungswiderstand an der Kegelfläche durch einen einge-
steckten zylindrischen Bolzen gesichert. Die Einrichtung ist für acht
verschiedene Kolbenhübe, nämlich 350, 300, 250, 190, 150, 125, 90

und 50 mm, getroffen. Demgemäß hat die Kurbelscheibe der Pumpe acht Löcher zum Durchstecken des Sicherungsbolzens, während an der Kurbelzapfenscheibe nur eines bzw. deren zwei nötig sind.

Zum Antrieb der Pumpe mittels Riemen dient ein 5pferdiger Gleichstrommotor für 440 Volt, mittels dessen drei Regulierwiderständen die Pumpe auf jede zwischen 60 und 200 liegende Umdrehungszahl in der Minute eingestellt werden kann.

Die Ventilbewegung wird durch einen auf dem Ventil lose aufsitzenden und von der Indikatorfeder angedrückten Stift unmittelbar auf das Indikatorschreibzeug übertragen, das den Ventilhub in 3,52facher Vergrößerung im Diagramm aufzeichnet (s. Fig. 464, S. 384). Da nur Diagramme mit Zeitbasis ein richtiges Bild von der Ventilgeschwindigkeit und ihrer Änderung geben, so erhielt die Papiertrommel eine gleichförmige Drehbewegung. Die Einrichtung hierfür besteht (s. Fig. 432) aus einem $^1/_{25}$pferdigen Nebenschlußmotor E samt Anlaß- und Regulierwiderstand A für 110 Volt, der an die Batterie der Fabrik angeschlossen war, und einem vom Motor mittels Lederschnur angetriebenen Tachometer T mit Quecksilberskala. Die Umdrehungszahl der andererseits vom Motor mittels Schneckengetriebe und Lederschnur angetriebenen Indikatortrommel wurde bei allen Versuchen auf 72 in der Minute einreguliert. Bei einem Durchmesser von 80 mm war somit die Umfangsgeschwindigkeit der Papiertrommel $v = 301$ mm/sek und die Länge l des Diagramms, welche gleich

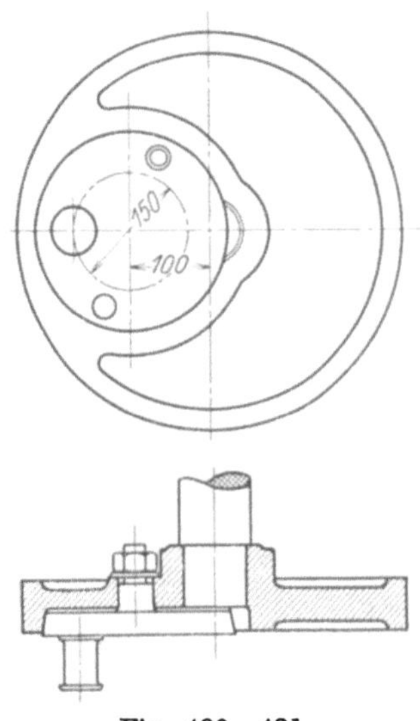

Fig. 430—431.

dem Trommelweg während der Zeitdauer $t = \dfrac{60}{2\,n}$ eines Kolbenhubs ist, war bestimmt durch $l = vt = \dfrac{301 \cdot 60}{2\,n} = \dfrac{9030}{n}$ mm. Hieraus ergibt sich eine Diagrammlänge von 150,5 mm bei 60 und von 45,15 mm bei 200 Umdrehungen.

Zur Markierung des Durchgangs des Kurbelgetriebes durch die Totlage auf dem Ventilhubdiagramm diente ein Wagenersches elektromagnetisches Schreibzeug (s. Fig. 464, S. 384). Die Spule des Elektromagnets erhielt ihren Strom von dem in Fig. 429 ersichtlichen kleinen Akkumulator von 4 Volt. Den Stromsender bildete die in Fig. 434 abgebildete, mit der Kurbelscheibe der Pumpe sich drehende zylindrische Kontaktscheibe, an deren Umfang, der zum Teil mit nichtleitendem Material belegt ist, die Kontaktfeder anliegt. Im Augenblick, wo die Pumpenkurbel durch den toten Punkt geht, wird der Stromkreis durch Übergleiten der Kontaktfeder vom nichtleitenden auf den leitenden Teil des Scheibenumfangs geschlossen und dadurch vom Elektromagnet der die Marke zeichnende Stift des Schreibzeugs angezogen. Dieser macht bei stillstehender Trommel (s. Fig. 435) einen senkrechten Strich ab. Bewegt sich die Trommel, so entsteht ein Bogen ac mit scharfer Ecke bei c, dessen Länge von der Papiergeschwindigkeit abhängt. Um den Ventilhub bei der Kolbenumkehr im Diagramm zu finden, ist durch den Punkt a oder vielmehr im Abstand x links von c ein senkrechter Strich zu ziehen. Da die Trommelgeschwindigkeit bei allen Versuchen die gleiche war, so genügte eine einmalige Bestimmung der Strecke x.

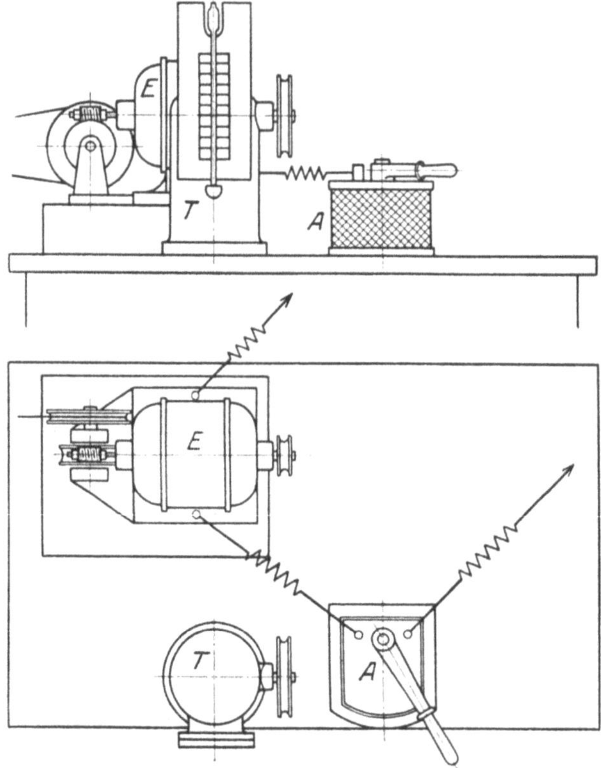

Fig. 432—433.

Die Ventilbelastung besteht bei der Versuchseinrichtung aus dem Gewicht G_w des Ventils im Wasser, dem Druck der Indikatorfeder einschließlich des Gewichts von Indikatorstift samt Schreibzeug und dem Druck (Gewicht plus Federkraft) der Ventilfeder, falls eine solche neben der Indikatorfeder verwendet wird. Die Wirkung der beiden Federn kommt dann derjenigen einer einzigen Feder gleich, deren Konstante gleich der Summe der Konstanten der beiden Federn ist. Da der Stift den Deckel des Ventilgehäuses durchdringt, so ist der im Ventilgehäuse vorhandene Wasserdruck bestrebt, den Stift aus dem Gehäuse hinauszutreiben. Die hiermit verbundene Entlastung des Ventils hatte bei einem Stiftdurchmesser von 5 mm, d. h. einem Querschnitt $f = 0{,}196$ qcm die Größe $E = f p_d = 0{,}196\, p_d$ kg, wenn mit p_d der Überdruck im Ventilgehäuse in kg/qcm bezeichnet wird. Der wirksame Druck der Indikatorfeder war um diesen Betrag kleiner in die Rechnung einzustellen.

Bezeichnet $\mathfrak{F}_0$ den Druck einer Feder von gleicher Wirkung wie die Gesamtwirkung der beiden Federn (abzüglich der Entlastung) beim Aufsitzen des Ventils und $\mathfrak{F}$ den Druck dieser Feder beim Ventilhub h cm, so ist die Federkonstante, d. h. die Änderung des Federdrucks bei einer Zusammendrückung der Feder von 1 cm

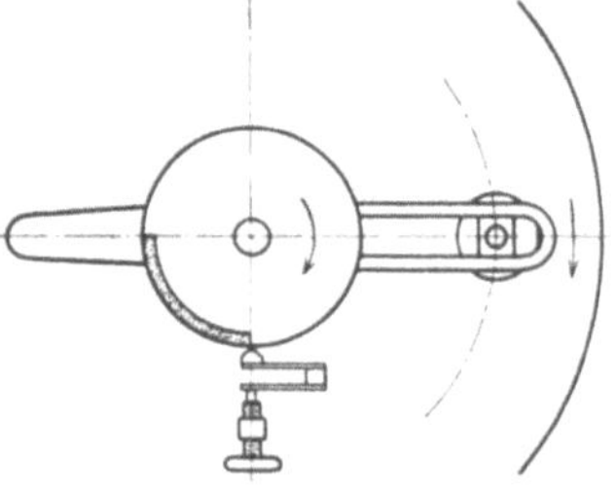

Fig. 434.

bestimmt durch $C = \dfrac{\mathfrak{F} - \mathfrak{F}_0}{h}$ kg oder der Druck der Feder bei irgend einem Ventilhub h durch $\mathfrak{F} = (\mathfrak{F}_0 + C h)$ kg. Die gesamte Ventilbelastung beim Ventilhub h ist alsdann bestimmt durch $(G_w + \mathfrak{F})$ kg oder, in Meter Wassersäule bezogen auf die Ventilfläche ausgedrückt, durch

$$b = \frac{G_w + \mathfrak{F}}{f \gamma} \text{ mW},$$ wobei f die Fläche des Ventiltellers in qm und $\gamma = 1000$ kg das Gewicht von 1 cbm Wasser bedeutet.

b) Ausführung der Versuche.

Die Versuche bezogen sich auf die Wirkungsweise der Ventile als Druckventile und wurden so ausgeführt, daß jeweilig für einen bestimmten Kolbenhub unter Verwendung des kleinen oder des großen Kolbens und bei schwacher oder starker Federbelastung des Ventils eine Reihe von Ventilhubdiagrammen mit fortgesetzt größerer Umdrehungszahl genommen wurde, bis deutlich hörbarer, dann mäßiger und schließlich kräftiger Ventilschlag eintrat. Die bei einer solchen Reihe gewonnenen Diagramme wurden dann (siehe die folgenden Figuren) so übereinander gezeichnet, daß sie sich in dem senkrechten Strich, der den Augenblick der Kolbenumkehr

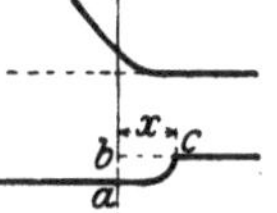

Fig. 435.

angibt, decken. Hierdurch ist aus den Bildern das mit der Zunahme der Umdrehungszahl stattfindende Anwachsen des Ventilhubs bei der Kolbenumkehr, die Zunahme der Ventilschlußgeschwindigkeit und schließlich die Zunahme der Verspätung des Ventilschlusses zu erkennen. Die Bilder gewähren eine wesentliche Unterstützung bei der Entscheidung, wo die Schlaggrenze, d. h. der Eintritt deutlichen Ventilschlags anzunehmen ist, zumal die Bestimmung durch das Gehör in manchen Fällen durch die Nebengeräusche (Lärm des Riemens bei großer Umdrehungszahl, starkes Rauschen des aus dem Druckwindkessel austretenden Wasserstrahls bei großer Wassermenge, Stampfen der Pumpe an der Grenze ihrer Saugfähigkeit usw.) erschwert ist.

Tellerventil I.
$d = 80$ mm.

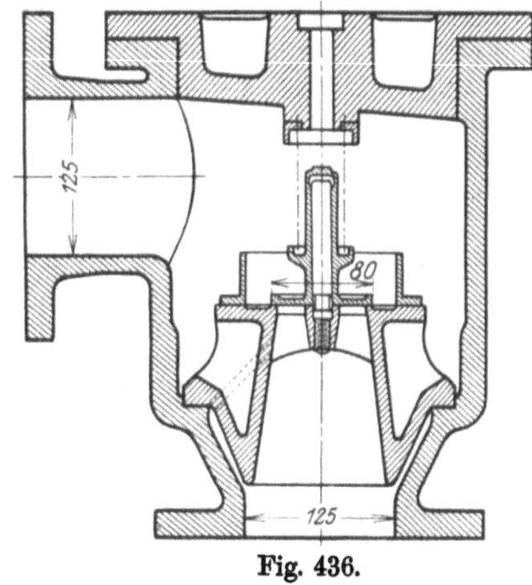

Fig. 436.

$d = 0{,}080$ m
$f = 0{,}00477$ qm
$l = 0{,}251$ m.

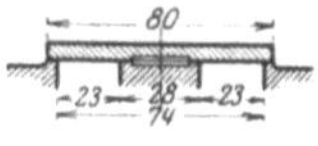

Fig. 437.

$G_w = 0{,}435$ kg
$\dfrac{G_w}{f\gamma} = 0{,}091$ mW.

Versuche mit schwacher Ventilbelastung.

$\mathfrak{F}_0 = 0{,}595$ kg; $\mathfrak{F}_{15} = 1{,}148$ kg; $b_0 = 0{,}216$ mW; $b_{15} = 0{,}332$ mW.

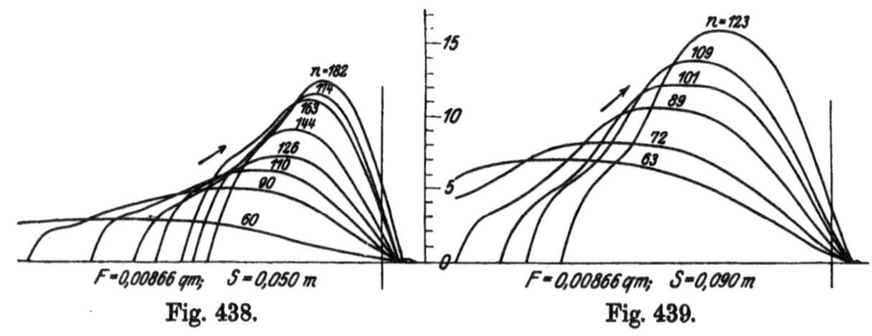

Fig. 438.   Fig. 439.

$F = 0{,}00866$ qm; $S = 0{,}050$ m								$F = 0{,}00866$ qm; $S = 0{,}090$ m					
n = 60	90	110	126	**144**	163	174	182	63	72	89	101	**109**	123
$Q_v n$ = 26	58	87	116	**148**	191	217	238	51	67	102	132	**154**	197
Q_v = 0,43	0,64	0,79	0,90	**1,03**	1,17	1,25	1,31	0,81	0,93	1,15	1,31	**1,41**	1,60
h_{max} = 2,8	5,0	6,2	7,1	**9,0**	11,0	11,7	12,5	7,0	8,0	10,5	12,0	**13,7**	16,0

Schlaggrenze $Q_v n \sim 145$.

Versuche mit starker Ventilbelastung.

$$\mathfrak{F}_0 = 1{,}597 \text{ kg}; \quad \mathfrak{F}_{15} = 2{,}420 \text{ kg}; \quad b_0 = 0{,}426 \text{ mW}; \quad b_{15} = 0{,}598 \text{ mW}.$$

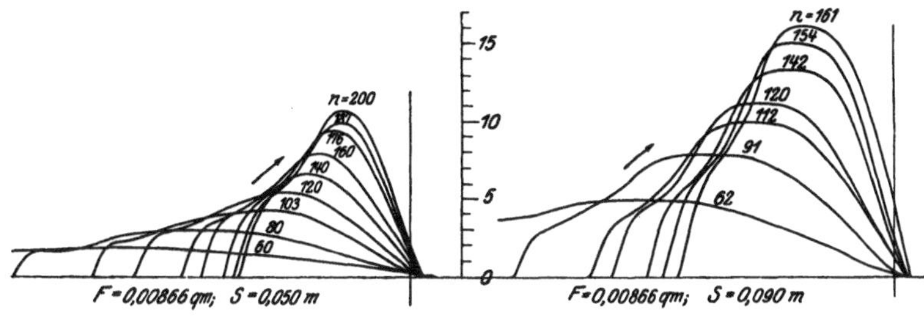

Fig. 440.   Fig. 441.

$F = 0{,}00866$ qm; $S = 0{,}050$ m							$F = 0{,}00866$ qm; $S = 0{,}090$ m					
$n\ =$ 60	103	140	160	176	187	**200**	62	91	112	120	**142**	154
$Q_v n\ =$ 26	76	140	184	223	250	**288**	50	107	162	187	**261**	308
$Q_v\ =$ 0,43	0,74	1,00	1,15	1,27	1,34	**1,44**	0,80	1,18	1,45	1,56	**1,84**	2,00
$h_{max}\ =$ 1,9	4,2	6,8	7,8	9,3	9,8	**10,8**	4,9	7,8	10,0	11,0	**13,5**	15,0

Schlaggrenze $Q_v n \sim 285$.

Größter Ventilhub und sekundliche Wassermenge.

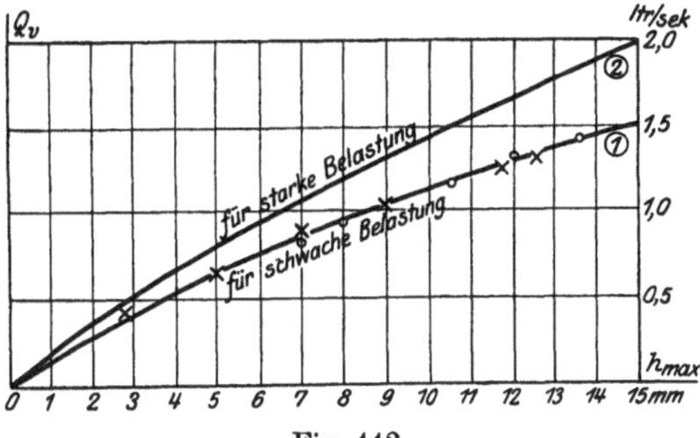

Fig. 442.

Tellerventil II.
$d = 100$ mm.

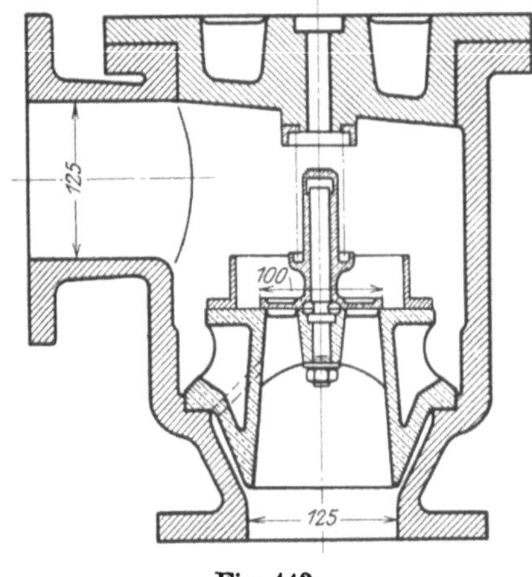

Fig. 443.

$d = 0,100$ m
$f = 0,0076$ qm
$l = 0,314$ m.

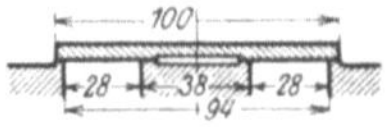

Fig. 444.

$G_w^{\bullet} = 0,564$ kg
$\dfrac{G_w}{f\gamma} = 0,074$ mW.

Versuche mit schwacher Ventilbelastung.

$\mathfrak{F}_0 = 1,330$ kg; $\mathfrak{F}_{15} = 2,273$ kg; $b_0 = 0,249$ mW; $b_{15} = 0,374$ mW.

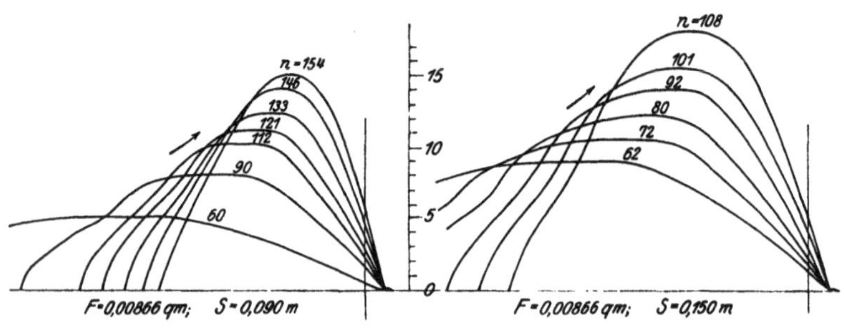

Fig. 445.   Fig. 446.

$F = 0,00866$ qm; $S = 0,090$ m							$F = 0,00866$ qm; $S = 0,150$ m					
n = 60	90	112	**121**	133	146	154	62	72	80	**92**	101	108
$Q_v n$ = 47	105	162	**190**	229	277	308	83	112	138	**182**	220	252
Q_v = 0,78	1,17	1,45	**1,57**	1,72	1,90	2,00	1,34	1,55	1,72	**1,98**	2,18	2,33
h_{max} = 5,0	8,0	10,2	**11,1**	12,3	14,0	15,0	9,0	10,5	12,0	**14,0**	15,4	18,0

Schlaggrenze $Q_v n \sim 185$

Versuche mit starker Ventilbelastung.

$\mathfrak{F}_0 = 2{,}606$ kg; $\mathfrak{F}_{15} = 4{,}224$ kg; $b_0 = 0{,}417$ mW; $b_{15} = 0{,}630$ mW.

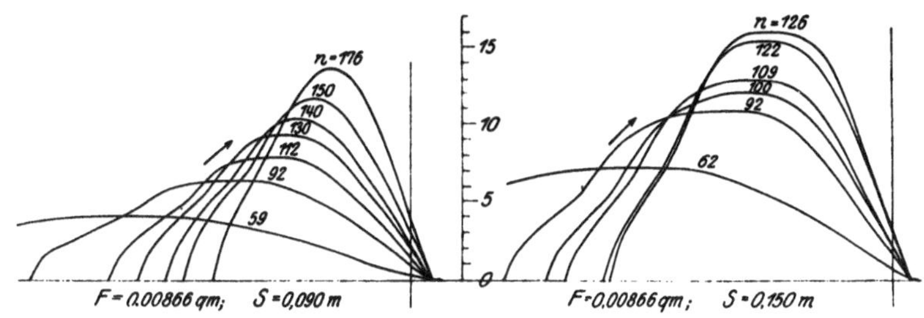

Fig. 447.	Fig. 448.

$F = 0{,}00866$ qm; $S = 0{,}090$ m							$F = 0{,}00866$ qm; $S = 0{,}150$ m					
n = 59	92	112	130	140	**150**	176	62	92	100	109	**122**	126
$Q_v n$ = 45	109	162	220	255	**292**	401	82	182	216	256	**320**	343
Q_v = 0,76	1,19	1,45	1,69	1,82	**1,95**	2,28	1,33	1,98	2,16	2,35·	**2,63**	2,72
h_{max} = 4,1	6,2	7,8	9,2	10,5	**11,7**	13,7	7,1	10,8	12,0	13,0	**15,2**	16,0

Schlaggrenze $Q_v n = 310$

Größter Ventilhub und sekundliche Wassermenge.

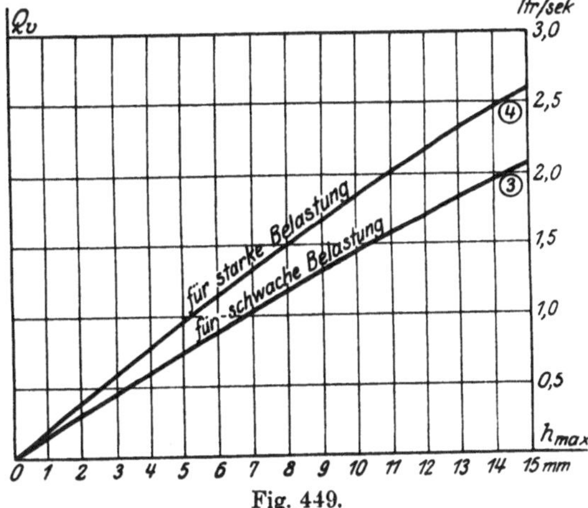

Fig. 449.

Einfaches Ringventil III.
$d_m = 75$ mm.

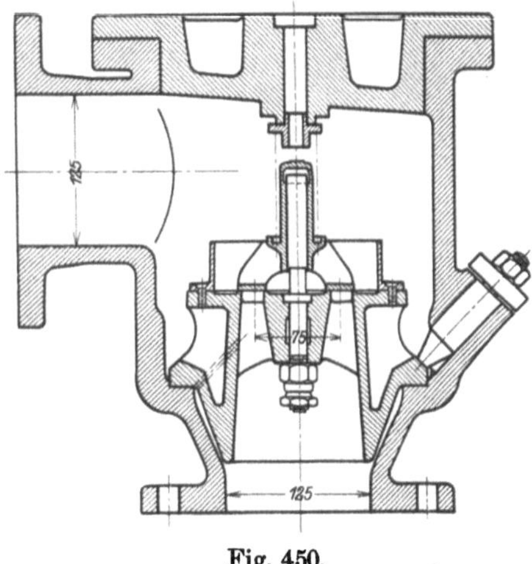

Fig. 450.

$d_m = 0,075$ m
$e = 0,024$ m
$f = 0,00565$ qm
$l = 0,471$ m.

Fig. 451.

$G_w = 0,660$ kg
$$\frac{G_w}{f\gamma} = 0,117 \text{ mW.}$$

Versuche mit schwacher Ventilbelastung.

$\mathfrak{F}_0 = 0,715$ kg; $\mathfrak{F}_{15} = 1,409$ kg; $b_0 = 0,244$ mW; $b_{15} = 0,366$ mW.

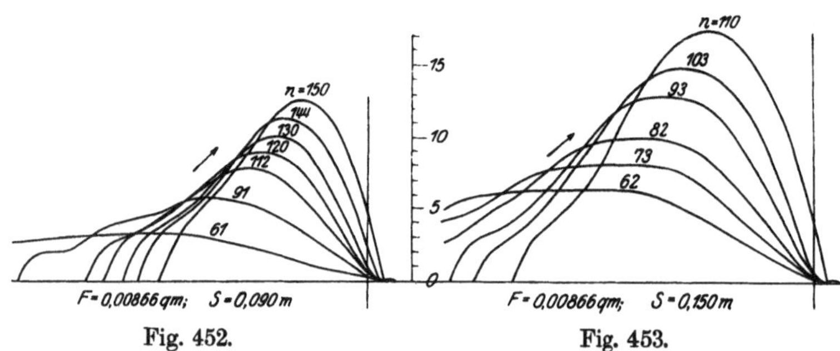

Fig. 452.

Fig. 453.

$F = 0,00866$ qm; $S = 0,090$ m							$F = 0,00866$ qm; $S = 0,150$ m					
n = 61	91	112	120	130	**144**	150	62	73	82	93	103	**110**
$Q_v n$ = 48	107	162	187	221	**269**	292	84	115	144	186	229	**261**
Q_v = 0,79	1,18	1,45	1,56	1,70	**1,87**	1,95	1,34	1,57	1,76	2,00	2,22	**2,37**
h_{max} = 3,2	5,8	7,8	8,9	10,0	**11,1**	12,5	6,3	8,0	10,0	12,8	14,8	**17,4**

Schlaggrenze $Q_v n \sim 270$.

Versuche mit starker Ventilbelastung.

$\mathfrak{F}_0 = 1{,}719$ kg; $\mathfrak{F}_{15} = 2{,}910$ kg; $b_0 = 0{,}421$ mW; $b_{15} = 0{,}632$ mW.

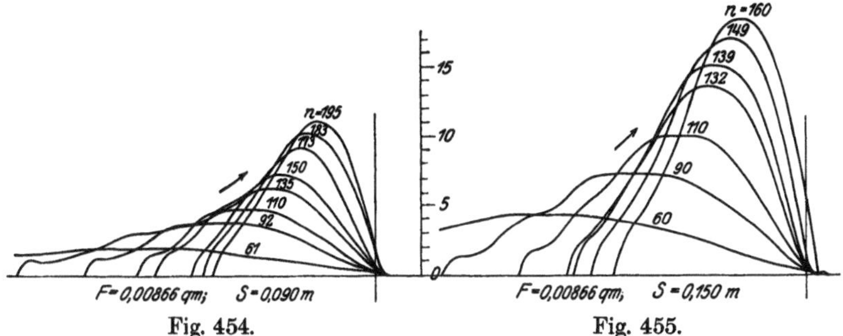

Fig. 454.   Fig. 455.

$F = 0{,}00866$ qm; $S = 0{,}090$ m							$F = 0{,}00866$ qm; $S = 0{,}150$ m						
n = 61	92	135	150	173	183	**195**	60	90	110	132	139	**149**	160
$Q_v n$ = 48	109	236	292	389	439	**493**	78	175	261	376	417	**478**	552
Q_v = 0,79	1,19	1,75	1,95	2,25	2,40	**2,53**	1,30	1,94	2,37	2,85	3,00	**3,21**	3,45
h_{max} = 1,8	3,8	6,2	7,2	9,0	10,2	**11,0**	4,2	7,2	10,0	13,6	15,0	**16,8**	18,3

Schlaggrenze $Q_v n \sim 470$.

Größter Ventilhub und sekundliche Wassermenge.

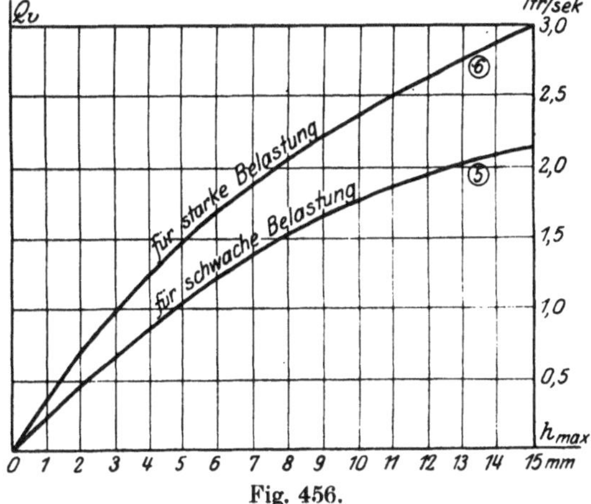

Fig. 456.

Einfaches Ringventil IV.
$d_m = 120$ mm.

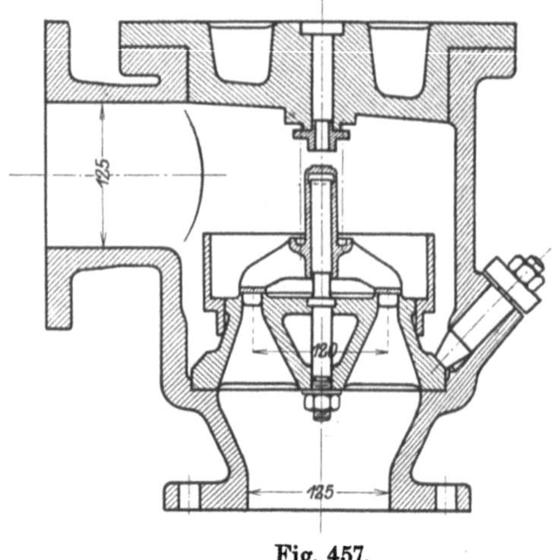

Fig. 457.

$$d_m = 0,120 \ \text{m}$$
$$e = 0,024 \ \text{m}$$
$$f = 0,0090 \ \text{qm}$$
$$l = 0,754 \ \text{m}.$$

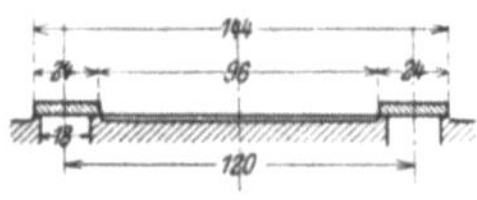

Fig. 458.

$$G_w = 0,960 \ \text{kg}$$
$$\frac{G_w}{f\gamma} = 0,107 \ \text{mW}.$$

Versuche mit schwacher Ventilbelastung.

$\mathfrak{F}_0 = 0,740$ kg; $\mathfrak{F}_{15} = 1,780$ kg; $b_0 = 0,189$ mW; $b_{15} = 0,304$ mW.

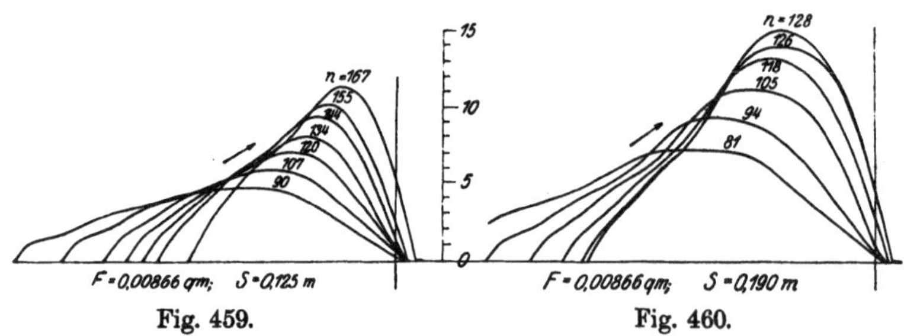

Fig. 459.

Fig. 460.

$F = 0,00866$ qm; $S = 0,125$ m							$F = 0,00866$ qm; $S = 0,190$ m					
n = 90	107	120	134	144	155	167	81	94	105	118	126	128
$Q_v n$ = 146	205	259	323	373	432	501	179	241	301	381	425	448
Q_v = 1,62	1,92	2,16	2,41	2,59	2,79	3,00	2,21	2,56	2,87	3,23	3,45	3,50
h_{max} = 4,8	6,0	7,0	8,1	9,3	10,2	11,3	7,2	9,2	11,0	13,2	13,9	15,0

Schlaggrenze $Q_v n \sim 370$.

Versuche mit starker Ventilbelastung.

$$\mathfrak{F}_0 = 3{,}072 \text{ kg}; \quad \mathfrak{F}_{15} = 5{,}286 \text{ kg}; \quad b_0 = 0{,}448 \text{ mW}; \quad b_{15} = 0{,}694 \text{ mW}.$$

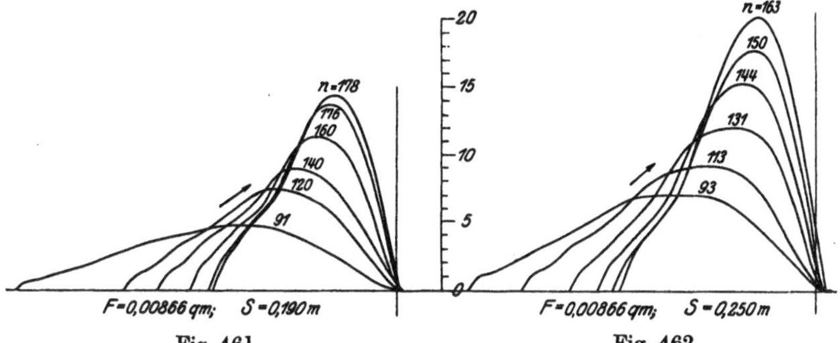

<table>
<tr><td align="center">Fig. 461.</td><td align="center">Fig. 462.</td></tr>
</table>

$F = 0{,}00866$ qm; $S = 0{,}190$ m						$F = 0{,}00866$ qm; $S = 0{,}250$ m					
n = 91	120	140	160	**176**	178	93	113	131	144	**150**	163
$Q_v n$ = 227	394	536	601	**848**	867	310	461	620	749	**811**	889
Q_v = 2,49	3,28	3,83	4,38	**4,82**	4,87	3,33	4,08	4,73	5,20	**5,41**	5,66
h_{max} = 4,8	7,3	8,9	11,2	**13,6**	14,3	7,0	9,2	12,0	15,3	**17,7**	18,1

Schlaggrenze $Q_v n \sim 850$.

Größter Ventilhub und sekundliche Wassermenge.

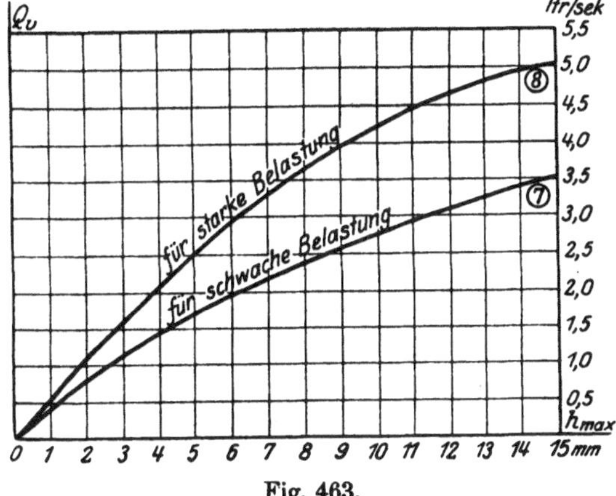

Fig. 463.

Zweifaches Ringventil V.
$\Sigma d_m = d_1 + d_2 = 238$ mm.

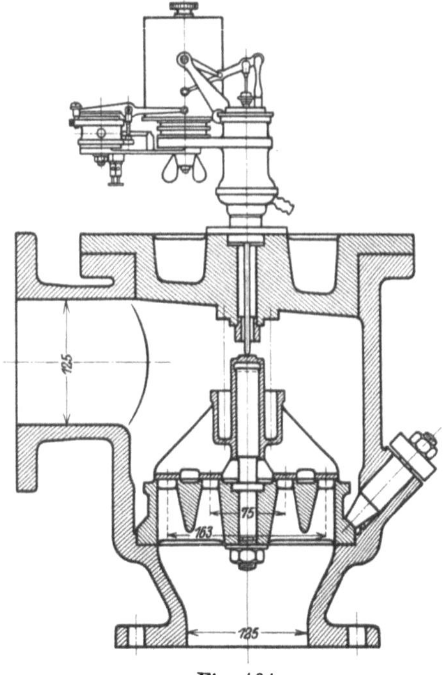

Fig. 464.

$d_1 = 0{,}075$ m; $d_2 = 0{,}163$ m
$e = 0{,}024$ m
$f = 0{,}0179$ qm
$l = 1{,}495$ m.

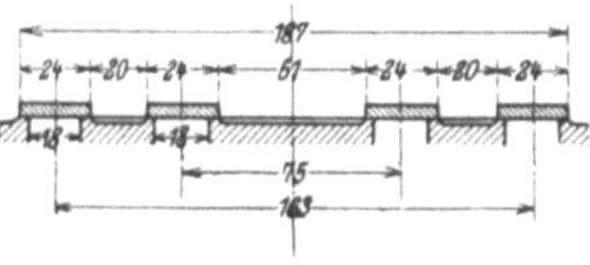

Fig. 465.

$G_w = 2{,}530$ kg

$\dfrac{G_w}{f\gamma} = 0{,}140$ mW.

Versuche mit großem Kolben und schwacher Ventilbelastung.

$\mathfrak{F}_0 = 0{,}815$ kg; $\mathfrak{F}_{15} = 1{,}855$ kg; $b_0 = 0{,}187$ mW; $b_{15} = 0{,}245$ mW.

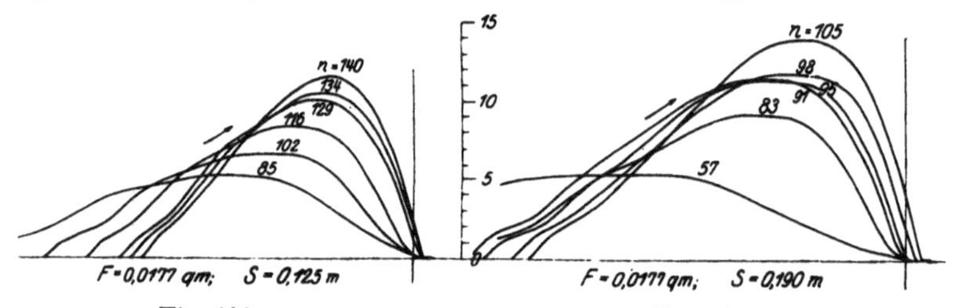

Fig. 466.   Fig. 467.

$F = 0{,}0177$ qm; $S = 0{,}125$ m						$F = 0{,}0177$ qm; $S = 0{,}190$ m					
$n \;\;\;= 85$	102	116	**129**	134	140	57	83	91	95	**98**	105
$Q_v n = 265$	382	493	**609**	659	720	184	384	462	504	**536**	615
$Q_v \;\;= 3{,}12$	3,74	4,25	**4,73**	4,91	5,14	3,22	4,64	5,08	5,30	**5,47**	5,86
$h_{max} = 5{,}0$	6,6	8,2	**10,0**	10,3	11,6	5,5	9,0	11,0	11,5	**12,0**	14,0

Schlaggrenze $Q_v n \sim 560$.

Versuche mit kleinem Kolben und schwacher Ventil-belastung.

$\mathfrak{F}_0 = 0{,}815$ kg; $\mathfrak{F}_{15} = 1{,}855$ kg; $b_0 = 0{,}187$ mW; $b_{15} = 0{,}245$ mW.

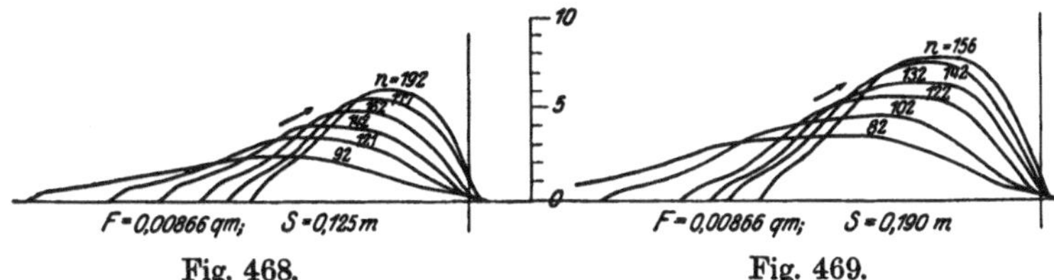

Fig. 468. Fig. 469.

$F = 0{,}00866$ qm; $S = 0{,}125$ m						$F = 0{,}00866$ qm; $S = 0{,}190$ m					
n = 92	121	142	162	**177**	192	82	102	122	132	**142**	156
$Q_v n$ = 152	262	359	471	**563**	664	184	284	407	476	**556**	666
Q_v = 1,66	2,17	2,53	2,91	**3,18**	3,46	2,24	2,79	3,34	3,61	**3,92**	4,27
h_{max} = 2,4	3,3	4,2	5,0	**5,7**	6,2	3,6	4,6	5,7	6,4	**7,3**	7,8

Schlaggrenze $Q_v n \sim 560$.

Versuche mit großem Kolben und starker Ventil-belastung.

$\mathfrak{F}_0 = 4{,}192$ kg; $\mathfrak{F}_{15} = 8{,}682$ kg; $b_0 = 0{,}376$ mW; $b_{15} = 0{,}627$ mW.

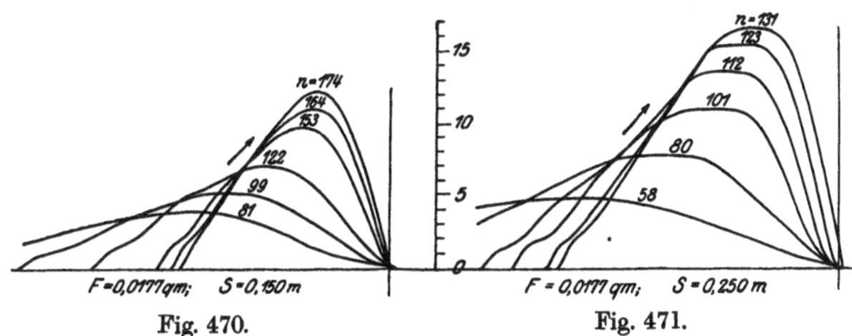

Fig. 470. Fig. 471.

$F = 0{,}0177$ qm; $S = 0{,}150$ m						$F = 0{,}0177$ qm; $S = 0{,}250$ m					
n = 81	99	122	153	**164**	174	58	80	101	112	**123**	131
$Q_v n$ = 289	432	655	1029	**1184**	1333	247	471	751	924	**1114**	1263
Q_v = 3,57	4,35	5,37	6,74	**7,22**	7,66	4,27	5,88	7,44	8,24	**9,06**	9,64
h_{max} = 4,0	5,1	7,0	9,7	**11,0**	12,1	4,9	7,8	11,1	13,6	**15,2**	17,0

Schlaggrenze $Q_v n \sim 1100$.

Dreifaches Ringventil VI.

$$\Sigma d_m = d_1 + d_2 + d_3 = 357 \text{ mm.}$$

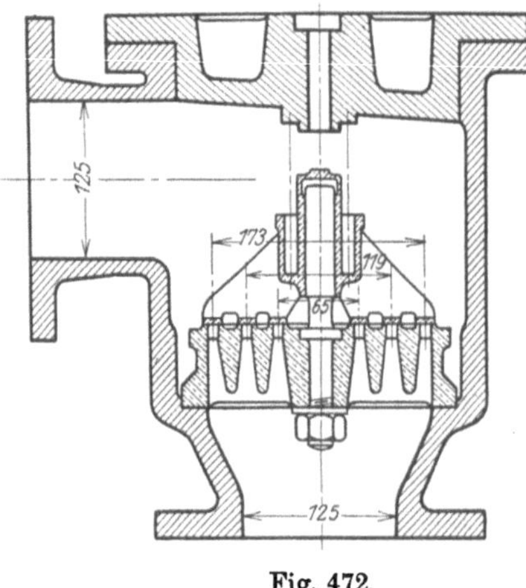

Fig. 472.

$d_1 = 0,065$ m
$d_2 = 0,119$ m
$d_3 = 0,173$ m
$e = 0,024$ m
$f = 0,0168$ qm
$l = 2,242$ m.

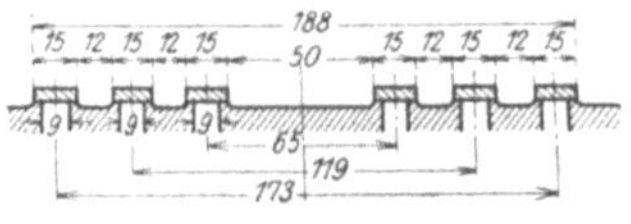

Fig. 473.

$G_w = 2,680$ kg.

$$\frac{G_w}{f\gamma} = 0,159 \text{ m.W.}$$

Versuche mit großem Kolben und schwacher Ventilbelastung.

$\mathfrak{F}_0 = 0,830$ kg; $\mathfrak{F}_{15} = 1,870$ kg; $b_0 = 0,209$ mW; $b_{15} = 0,271$ mW.

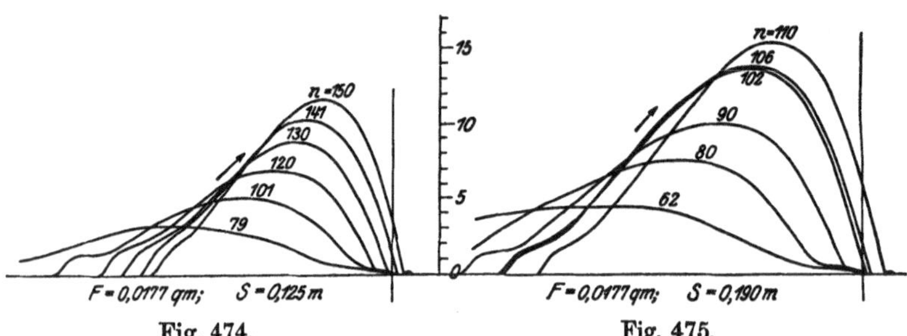

Fig. 474.

Fig. 475.

$F = 0,0177$ qm; $S = 0,125$ m						$F = 0,0177$ qm; $S = 0,190$ m					
n = 79	101	120	130	**141**	150	62	80	90	102	**106**	110
$Q_v n$ = 228	374	528	620	**730**	826	214	357	453	582	**627**	675
Q_v = 2,90	3,70	4,40	4,77	**5,17**	5,50	3,46	4,48	5,04	5,69	**5,91**	6,14
h_{max} = 3,0	5,0	7,2	8,8	**10,1**	11,7	4,4	7,3	9,8	13,5	**13,8**	15,5

Schlaggrenze $Q_v n \sim 650$.

Versuche mit kleinem Kolben und schwacher Ventilbelastung.

$\mathfrak{F}_0 = 0,830$ kg; $\mathfrak{F}_{15} = 1,870$ kg; $b_0 = 0,209$ mW; $b_{15} = 0,271$ mW.

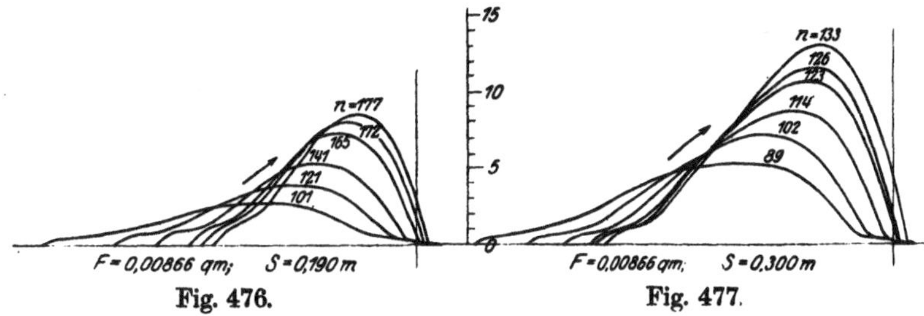

Fig. 476.   Fig. 477.

$F = 0,00866$ qm; $S = 0,190$ m						$F = 0,00866$ qm; $S = 0,300$ m					
n = 101	121	141	**165**	172	177	89	102	114	**123**	126·	133
$Q_v n$ = 279	400	544	**746**	810	858	343	450	563	**654**	687	766
Q_v = 2,76	3,31	3,86	**4,52**	4,71	4,85	3,85	4,41	4,94	**5,32**	5,45	5,76
h_{max} = 2,8	3,8	5,2	**7,2**	7,9	8,4	5,1	7,0	8,6	**10,5**	11,3	13,0

Schlaggrenze $Q_v n \sim 650$.

Versuche mit großem Kolben und starker Ventilbelastung.

$\mathfrak{F}_0 = 3,517$ kg; $\mathfrak{F}_{15} = 8,007$ kg; $b_0 = 0,368$ mW; $b_{15} = 0,635$ mW.

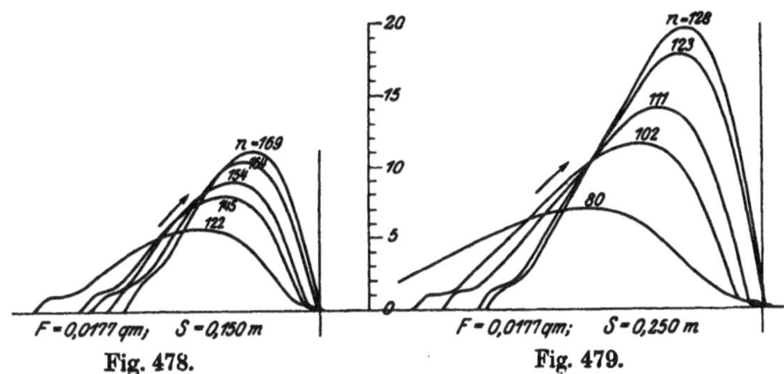

Fig. 478.   Fig. 479.

$F = 0,0177$ qm; $S = 0,150$ m					$F = 0,0177$ qm; $S = 0,250$ m				
n = 122	145	154	164	**169**	80	102	111	**123**	128
$Q_v n$ = 655	926	1044	1184	**1259**	471	765	905	**1114**	1207
Q_v = 5,37	6,39	6,79	7,22	**7,44**	5,88	7,50	8,16	**9,06**	9,41
h_{max} = 5,8	8,0	9,0	10,5	**11,2**	7,0	11,6	14,0	**17,8**	19,7

Schlaggrenze $Q_v n \sim 1170$.

Größter Ventilhub und sekundliche Wassermenge.

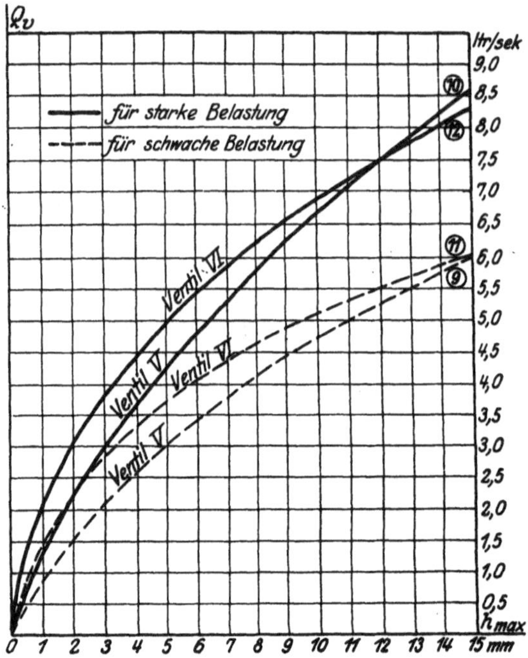

Fig. 480.

c) Ventilhublinien, Q-h-Linien und Schlaggrenzen der Versuchsventile.

Im vorstehenden sind für jedes der kleineren Ventile 4 Versuchsreihen, davon 2 bei schwacher und 2 bei starker Belastung unter Verwendung des kleinen Kolbens wiedergegeben; bei den großen Ventilen,
wo sowohl der kleine als auch der große Kolben benützt wurde, kommen
noch 2 weitere Reihen hinzu.

Außer den dargestellten wurde noch eine große Anzahl anderer
Versuche ausgeführt, auf deren Veröffentlichung hier verzichtet werden
muß.

d) Größter Ventilhub und vom Ventil verarbeitete Wassermenge.
Q-h-Linie.

Da bei doppeltwirkenden Pumpen für die Berechnung des Ventils
nur die Wasserlieferung von einer Pumpenseite in Betracht kommt,
so ist für alle Pumpen die vom Ventil in der Sekunde verarbeitete durchschnittliche Wassermenge bestimmt durch

$$Q_v = \frac{F S n}{60} \quad \ldots \ldots \ldots \ldots \ldots \quad 370$$

Unterhalb der Diagramme einer jeden Versuchsreihe (S. 376 u. ff.)
sind in einer Tabelle die zugehörigen Werte von Umdrehungszahl n,

Wassermenge Q_v in l/sek und größtem Ventilhub h_{max} in mm zusammengestellt, außerdem ist das Produkt $Q_v n$ angegeben.

Trägt man aus der Tabelle z. B. zu Fig. 438 S. 376 die größten Ventilhübe h_{max} als Abszissen, die zugehörigen Wassermengen Q_v als Ordinaten auf, so erhält man die in Fig. 442 mit Kreuz versehenen Punkte, deren Verbindung die Q-h-Linie 1 ergibt, die zunächst für das Ventil I bei schwacher Belastung und dem Kolbenhub 50 mm gilt. Verfährt man ferner ebenso mit den Werten von h_{max} und Q_v aus der Tabelle zu Fig. 439, die für den Fall des Kolbenhubs 90 mm bei der gleichen Ventilbelastung Gültigkeit hat, so findet man, daß die (mit Kreis bezeichneten) Punkte auf die gleiche Linie fallen. Diese gilt also sowohl für den Kolbenhub 50 mm als auch 90 mm, sie gilt ganz allgemein für den Fall des Tellerventils I bei schwacher Belastung, d. h. einer solchen, die durch das Ventilgewicht $G_w = 0{,}435$ kg, den Federdruck $\mathfrak{F}_0 = 0{,}595$ kg und $\mathfrak{F}_{15} = 1{,}148$ kg gekennzeichnet ist.

Die Q-h-Linie 2 des Ventils I bei starker Belastung findet sich in gleicher Weise aus den Tabellen zu Fig. 440 und Fig. 441. Daß das Ventil im Fall gleicher Wassermenge bei schwacher Belastung durchweg höher steigt als bei starker, ist ohne weiteres einleuchtend.

Aus dem Vorstehenden folgt nun als allgemein gültiger Satz: Ein mit einer bestimmten Feder belastetes Ventil steigt immer gleich hoch, wenn die vom Ventil in der Sekunde verarbeitete durchschnittliche Wassermenge $Q_v = \dfrac{F S n}{60}$ die gleiche ist, dabei ist es ganz gleichgültig, aus welchen Einzelwerten von Kolbenquerschnitt, Kolbenhub und Umdrehungszahl sich das Produkt $F S n$ zusammensetzt.

Als weiterer experimenteller Beweis dafür, daß bei gleicher Wassermenge die Steighöhe des Ventils immer die gleiche ist, mögen noch die folgenden zwei Figuren dienen, welche durch Versuche mit dem zweifachen Ringventil V (s. S. 384) bei schwacher Belastung gewonnen wurden.

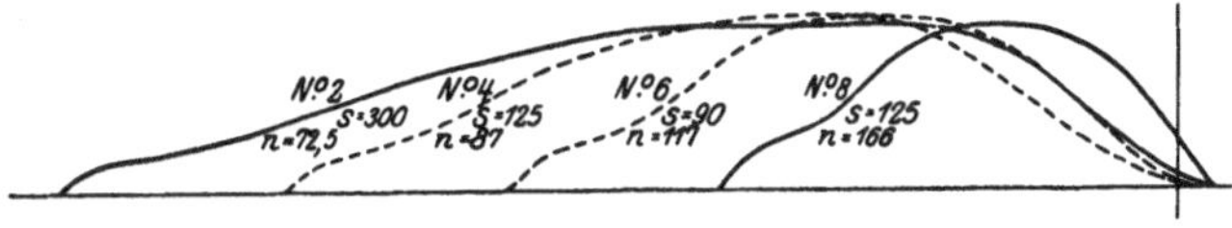

Fig. 481.

Versuch Nr.	F qm	S m	n pro Minute	Q_v l/sek	h_{max} mm
1	0,00866	0,350	63	3,18	5,0
2	0,00866	0,300	72,5	3,13	4,8
3	0,00866	0,250	85	3,06	4,8
4	0,01770	0,125	87	3,21	5,1
5	0,00866	0,190	111	3,04	4,9
6	0,01770	0,090	117	3,10	5,0
7	0,00866	0,150	141	3,09	4,6
8	0,00866	0,125	166	2,99	4,7

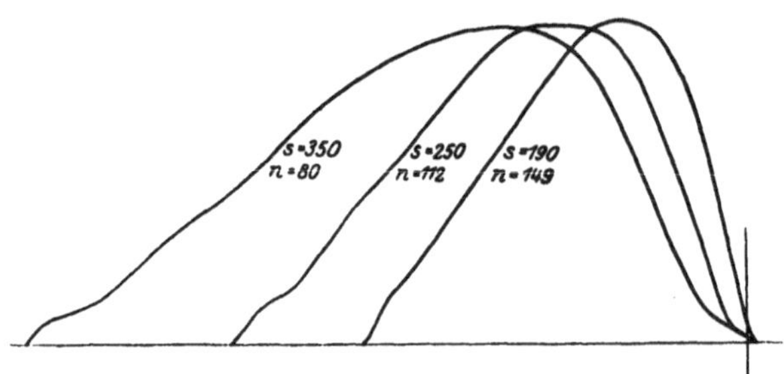

Fig. 482.

Versuch Nr.	F qm	S m	n pro Minute	Q_v l/sek	h_{max} mm
1	0,01770	0,350	80	8,25	13,2
2	0,01770	0,250	112	8,25	13,4
3	0,01770	0,190	149	8,36	13,8

Bemerkenswert ist, daß trotz des großen Unterschieds in der Umdrehungszahl, also auch in der Geschwindigkeit und Beschleunigung, mit welcher das keineswegs als masselos zu bezeichnende Ventil immer den gleichen Weg zurücklegt, ein Einfluß seiner Masse auf die Größe seiner Steighöhe sich nicht geltend macht.

Der Einfluß der Konstruktion des Ventils auf die Gestalt der Q-h-Linie läßt sich aus der Zusammenstellung der Q-h-Linien der sechs Ventile in Fig. 109 und 110 auf S. 155 beurteilen.

Bei den Tellerventilen (Ventil I und II) sind die Q-h-Linien sehr flache Bögen, nahezu gerade Linien (Linie 1—4). Verarbeitete Wassermenge und Steighöhe des Ventils sind annähernd proportional.

Bei den Ringventilen (Ventil III—VI) nimmt die Wassermenge mit der Steighöhe des Ventils anfangs rasch, dann immer langsamer zu. Die durch die Ringkonstruktion erzielte Vergrößerung des Spaltquerschnitts verliert mit der Steighöhe des Ventils, also mit der Größe der verarbeiteten Wassermenge an Bedeutung (Linie 5—12).

Das kleine Ringventil (Ventil III), welches gleichen äußeren Durchmesser, also gleichen Platzbedarf im Grundriß hat, wie das Tellerventil II und gleich stark belastet ist, verarbeitet bei der gleichen Steighöhe im Fall starker Belastung viel mehr Wasser (Linie 6) als das Tellerventil II (Linie 4). Dementsprechend liegt auch (siehe späteres) seine Schlaggrenze ($Q_v n = 470$) wesentlich höher als bei letzterem Ventil ($Q_v n = 310$).

Die vom schwach belasteten Ringventil III verarbeitete Wassermenge (Linie 5) ist bis zur Steighöhe von ca. 8 mm gleich groß wie beim starkbelasteten Tellerventil II (Linie 4), bei größerer Steighöhe jedoch wesentlich geringer als bei letzterem.

Bei einem Vergleich der Q-h-Linien für das zweifache Ringventil V und das dreifache Ringventil VI springt der Einfluß der Größe des

Spaltquerschnitts besonders in die Augen. Die Ventile haben gleichen äußeren Durchmesser, Ventil VI hat jedoch einen um 50% größeren Spaltumfang ($l = 2{,}242$ m) als Ventil V ($l = 1{,}495$ m). Bei kleiner Steighöhe tritt durch Ventil VI bedeutend mehr Wasser als durch Ventil V. Mit zunehmender Steighöhe wird aber der Unterschied immer geringer (Linie 10 und 12 bzw. 9 und 11) und schließlich ist die von beiden Ventilen verarbeitete Wassermenge ungefähr die gleiche. Der Wert des großen Spaltumfangs von Ventil VI geht also mit wachsender Steighöhe verloren.

Diese Erscheinung findet durch eine Untersuchung darüber, wie sich der Durchflußquerschnitt bei den beiden Ventilen mit der Steighöhe ändert, ihre Erklärung:

Bei dem zweifachen Ringventil V strömt das Wasser durch 4 zylindrische Mantelflächen (s. Fig. 483)

Aus der äußersten Mantelfläche von der Größe $f_1 = \pi d_1 h$ tritt es unmittelbar ins Druckventilgehäuse über. Die Größe dieses Austrittsquerschnitts wächst proportional dem Ventilhub vom Anfangswert Null

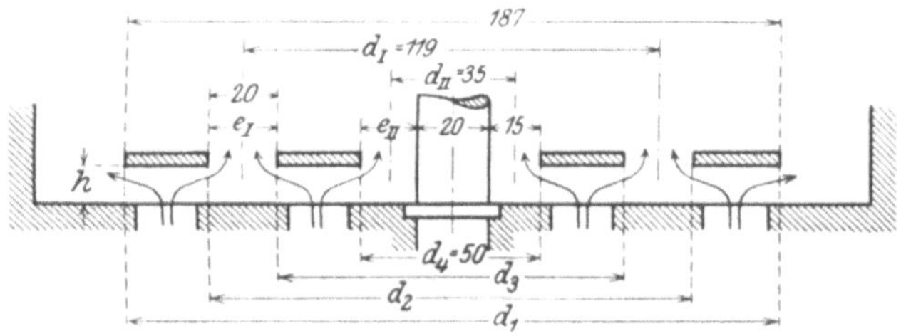

Fig. 483.

auf den Endwert $\pi \cdot 18{,}7 \cdot 1{,}5 = 88{,}0$ qcm, der beim Ventilhub $h = 1{,}5$ cm erreicht wird. Diese Zunahme des Durchflußquerschnitts in Abhängigkeit vom Ventilhub stellt in Fig. 484 die gerade Linie 1 dar.

Als Durchgangsquerschnitt für die durch den ringförmigen Spalt zwischen den beiden Ventilringen vom Flächeninhalt $f_I = \pi \cdot d_I e_I$ ins Gehäuse übertretende Wassermenge kommt die Summe der beiden Mantelflächen vom Durchmesser d_2 und d_3 bzw. dem Flächeninhalt $f_2 = \pi d_2 h$ und $f_3 = \pi d_3 h$ so lange in Betracht, bis diese Summe mit größer werdendem Ventilhub gleich der Fläche des Ringspalts geworden ist. Der Ventilhub h, bei welchem dies eintritt, bestimmt sich aus

$$f_2 + f_3 = f_I$$

oder $$\pi d_2 h + \pi d_3 h = \pi d_I e_I$$

Da $d_I = \dfrac{d_2 + d_3}{2}$ ist, so ergibt sich

$$h = \frac{e_I}{2} = \frac{2{,}0}{2} = 1{,}0 \text{ cm.}$$

Bis zum Ventilhub von 10 mm wächst der Durchgangsquerschnitt also proportional dem Ventilhub und erreicht dabei den Flächeninhalt von $f_I = \pi \cdot d_I e_I = 3{,}14 \cdot 11{,}9 \cdot 2{,}0 = 74{,}7$ qcm. Eine weitere Vergrößerung der beiden Mantelflächen durch Steigen des Ventils von 10 auf 15 mm hat auf die durch den Ringspalt strömende Wassermenge keinen Einfluß, diese richtet sich nach dem kleinsten Durchgangsquerschnitt und dieser ist der Flächeninhalt des Ringspaltes von der unveränderlichen Größe 74,7 qcm. Die zuerst steigende und dann horizontale Linie 2 in Fig. 484 gibt die Zunahme des Durchgangsquerschnitts für das aus dem Ringspalt zwischen den beiden Ventilen ausströmende Wasser.

Die am inneren Umfang des Ventils durch die Mantelfläche von der Größe $f_4 = \pi d_4 h$ strömende Wassermenge muß die Ringfläche zwischen Ventil und Ventilspindel von der Größe $f_{II} = \pi d_{II} e_{II} = 3,14 \cdot 3,5 \cdot 1,5 = 16,5$ qcm passieren.

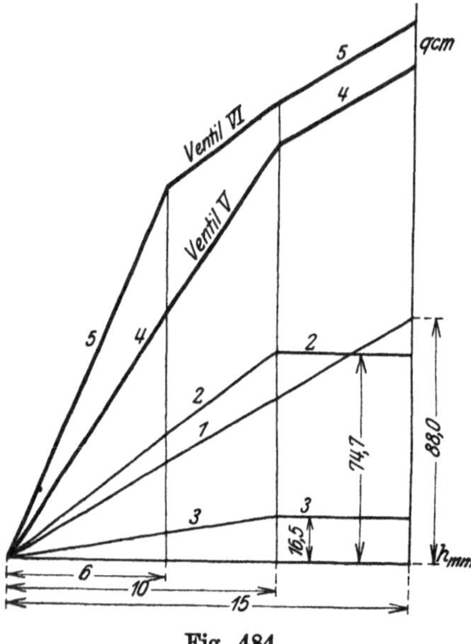

Fig. 484.

Eine wie vorstehend ausgeführte Untersuchung ergibt, daß der in Betracht kommende Durchflußquerschnitt vom Ventilhub 0 bis zum Ventilhub 10 mm stetig wächst und bei letzterem Hub die Größe des Ring - Querschnitts zwischen Ventil und Ventilspindel von 16,5 qcm erreicht, worauf er bis zum Ventilhub von 15 mm gleich bleibt. Siehe Linie 3 in Fig. 484.

Durch Summieren der Ordinaten der Linien 1—3 erhält man die Linie 4, welche das mit dem Steigen des zweifachen Ringventils V verbundene Anwachsen seines ganzen Durchflußquerschnitts zur Anschauung bringt. Vom Ventilhub 10—15 mm ändert sich dieser nur noch durch die Zunahme der Mantelfläche am äußeren Umfang des Ventils. Er wächst also nur wie bei einem Tellerventil, dessen Durchmesser gleich dem äußeren Durchmesser des Ringventils, d. h. 187 mm ist.

Untersucht man das dreifache Ringventil VI nach dem gleichen Verfahren, so erhält man die Linie 5 in Fig. 484.

Vergleicht man den Verlauf der Linien für die durchströmenden Wassermengen der Ventile V und VI in Fig. 480, S. 388 oder Fig. 109, S. 155 mit demjenigen der Linien für den Durchflußquerschnitt dieser Ventile in Fig. 484, so springt die Ähnlichkeit in die Augen. Die Art, wie die Wassermenge mit dem Ventilhub zunimmt, findet in der Zunahme des Durchflußquerschnitts ihre Erklärung. Hierbei kommt jedoch noch in Betracht, daß die Größe der Wassermenge nicht nur von dem Durchflußquerschnitt, sondern auch von der Durchflußgeschwindigkeit, also von der Ventilbelastung, die mit steigendem

Ventil wächst, und außerdem von den Strömungsverhältnissen, die sich ebenfalls mit der Größe des Ventilhubs ändern, abhängig ist.

e) Größte Umdrehungszahl und sekundliche Wassermenge, Schlaggrenze.

Der Schluß des Ventils ist von Schlag begleitet, wenn das Ventil mit entsprechend großer Geschwindigkeit auf den Sitz trifft. Die Geschwindigkeit des Ventils in einem bestimmten Punkt seiner Bahn kommt im Diagramm durch den Neigungswinkel der Tangente an die Ventilhublinie in dem betreffenden Punkt zum Ausdruck. Je steiler die Tangente gerichtet ist, um so größer ist die Ventilgeschwindigkeit. Die Versuche ergaben, daß deutlicher Ventilschlag durchschnittlich bei einer Ventilschlußgeschwindigkeit von ungefähr 160—200 mm/sek eintrat. Die Geschwindigkeit des niedergehenden Ventils wird im allgemeinen um so größer sein, je höher es gestiegen ist, je größer also der Weg ist, den es bis zum Sitz zurückzulegen hat, und je kürzer die Zeit ist, innerhalb welcher dieser Weg zurückgelegt wird. Die Steighöhe ist aber, wie nachgewiesen, bei gleicher Ventilbelastung um so größer, je größer die Wassermenge Q_v, und die Zeit für den Niedergang ist um so kürzer, je größer die Umdrehungszahl n der Pumpe ist. Die Verhältnisse sind also für die Entstehung großer mit Ventilschlag verbundener Ventilschlußgeschwindigkeit um so günstiger, je größer Q_v und n sind oder je größer das Produkt $Q_v n$ ist.

Der Ventilhubindikator gestattete Ventilhübe bis zu 20 mm, dadurch war eine obere Grenze für die vom Ventil verarbeitete Wassermenge Q_v gegeben, anderseits konnte die Umdrehungszahl n der Pumpe nicht über 200 in der Minute gesteigert werden. Der Nachweis eines Ventilschlags war also nur möglich durch Versuche, bei welchen die Betriebsverhältnisse der Pumpe innerhalb dieser Grenzen lagen. Außerdem ist durch die Saugverhältnisse der Pumpe jeweilig ein Höchstwert für das Produkt $Q_v n$ festgelegt, jenseits dessen überhaupt kein Betrieb mehr möglich ist (s. S. 164).

Die Entstehung des Ventilschlags bei Kolbenpumpen ist bereits auf S. 148 ausführlich besprochen. Die daselbst gemachten Darlegungen finden in den Ventilhubdiagrammen Fig. 438 u. ff. ihre Bestätigung. Bei den geringeren Umdrehungszahlen, wo das Ventil schon frühzeitig vor der Kolbenumkehr in die Nähe des Sitzes gelangt, macht sich die durch die Verengung des Ventilspalts entstehende Bremswirkung in einer raschen Abnahme der Ventilgeschwindigkeit gegen Ende des Kolbenhubs bemerkbar, die Ventilhublinie schmiegt sich gleichsam an die Horizontale an. Die Zeit des Abschlusses bleibt zunächst auch bei größer werdender Umdrehungszahl ungefähr die gleiche. Weiterhin wächst der Ventilhub bei der Kolbenumkehr sehr rasch, die Ventilhublinie wird immer steiler, das Ventil gelangt mit unverminderter Geschwindigkeit auf seinen Sitz und wenn schließlich auch die Verspätung des Ventilschlusses größer wird, so tritt kräftiger Ventilschlag ein.

In den Tabellen unterhalb den Ventilhublinien (Fig. 438 u. ff.) ist derjenige Versuch, bei welchem „deutlicher" Ventilschlag festzustellen war, bei jeder Versuchsreihe im Druck hervorgehoben. Wie ersichtlich, ist bei einem mit bestimmter Belastung arbeitenden Ventil dieser Versuch durch (annähernd) den gleichen Wert des Produktes $Q_v n$ gekennzeichnet. Es kommt also, ebenso wie bei der Steighöhe des Ventils, auf die Größe Q_v der Wassermenge an, gleichgültig aus welchen Einzelwerten von Kolbenquerschnitt, Kolbenhub und Umdrehungszahl sich dieselbe zusammensetzt.

Die als Schlaggrenze unter der Tabelle angegebene Zahl ist der Durchschnittswert von meistens 4—6 verschiedenen Versuchen.

f) Abhängigkeit der Schlaggrenze von der Konstruktion des Ventils und von seiner Belastung.

Auf Grund von Versuchen mit einem federbelasteten Tellerventil von 60 mm Durchmesser wurde vom Verfasser die Bedingung aufgestellt[1]), daß zur Vermeidung eines Ventilschlags das Produkt aus der Ventilbelastung bei der Kolbenumkehr und dem Spaltumfang des Ventils einen Mindestwert haben muß, der um so größer ist, je größer die Wasserlieferung und Umgangszahl der Pumpe sind. In der Formelsprache lautet diese Bedingung

$$b_0 l > \lambda Q_v n \quad \dots \dots \dots \dots \quad 371$$

wobei der Koeffizient λ von der Ventilkonstruktion abhängt.

Berechnet man den Wert

$$\lambda = \frac{b_0 l}{Q_v n} \cdot \quad \dots \dots \dots \dots \quad 372$$

aus den Versuchswerten (s. S. 376 u. ff. oder die Tabelle 3 S. 158), also für die Schlaggrenze, so ergibt sich für das Tellerventil I

$$\text{bei schwacher Belastung} \quad \lambda = \frac{0{,}216 \cdot 0{,}251}{0{,}145} = 0{,}374$$

$$\text{bei starker Belastung} \quad \lambda = \frac{0{,}426 \cdot 0{,}251}{0{,}285} = 0{,}375$$

Durch die gleiche Ermittelung des Wertes λ für die anderen Versuchsventile gelangt man zu folgender Zusammenstellung:

Ventil	$\lambda = \dfrac{b_0 l}{Q_v n}$		
	schwache Belastung	starke Belastung	Mittelwert
Tellerventil I	0,374	0,375	0,37
Tellerventil II	0,423	0,422	0,42
Einfaches Ringventil III	0,426	0,422	0,42
Einfaches Ringventil IV	0,386	0,397	0,39
Zweifaches Ringventil V	0,500	0,511	0,51
Dreifaches Ringventil VI	0,721	0,706	0,71

[1]) H. Berg, Die Wirkungsweise federbelasteter Pumpenventile und ihre Berechnung. Heft 30 der Mitteilungen über Forschungsarbeiten.

Hieraus folgt, daß für ein und dasselbe Ventil der Koeffizient λ bei schwacher und bei starker Belastung den gleichen Wert hat. **Ventilbelastung beim Aufsitzen des Ventils und Schlaggrenze sind für ein bestimmtes Ventil proportional.** Durch die neuen Versuche ist erwiesen, daß der von Bach bei der Untersuchung eines Tellerventils von 60 mm Durchmesser mit reiner Gewichtsbelastung aufgestellte Satz[1]), daß an der Grenze des stoßfreien Ventilschlusses die wirksame Ventilbelastung dem zu fördernden Wasserquantum und der Umgangszahl proportional ist, allgemeine, also auch für mehrfache Ringventile mit Federbelastung zutreffende Gültigkeit hat.

In der oben (S. 394) angeführten Abhandlung hat der Verfasser in Ermangelung von Versuchswerten für andere Ventilkonstruktionen empfohlen, bei der Berechnung neuer Ventile zur **sicheren Vermeidung eines hörbaren Ventilschlags** für alle Ventile den Koeffizienten λ gleich 1,63 zu wählen, d. h. zwei- bis viermal so groß, als er sich nach obiger Tabelle für **deutlichen Ventilschlag** durch die neuen Versuche ergeben hat. Verfährt man nach dieser Konstruktionsregel, so erhält man sehr reichliche Ventilbelastung. Große Vorsicht war ja auch bei der Übertragung der Versuchsergebnisse eines Tellerventils auf die Berechnung von Ringventilen geboten.

Nachdem nunmehr ein sicherer Anhalt für die Beurteilung durch die neuen Versuchszahlen geschaffen ist, genügt es, eine weit geringere Erhöhung des Wertes λ oder des Produktes $Q_v n$ zur Vermeidung von Ventilschlag bei der Berechnung vorzunehmen. Über das Maß dieser Erhöhung wird sich der Konstrukteur von Fall zu Fall je nach dem erforderlichen Sicherheitsgrad schlüssig machen (siehe die Rechnungsbeispiele S. 159 u. ff.).

g) Einfluß der Ventilkonstruktion auf die Verspätung des Ventilschlusses.

Den Kurbelwinkel δ, bei welchem der Abschluß erfolgt, erhält man aus der Gleichung 299 (S. 145) für den Ventilhub, wenn man $h = 0$ setzt. Dann ergibt sich

$$tg\,\delta = \frac{\omega}{\mu\sqrt{2g\,b_0}}\,\frac{f}{l} \qquad \ldots \ldots \ldots \ldots \quad 373$$

Die Zeit t in Sekunden, innerhalb welcher die Kurbel den Winkel δ zurücklegt, verhält sich zur Zeit $T = \dfrac{60}{n}$ einer Umdrehung der Kurbel wie $\delta : 360$. Demnach ist

$$t = \frac{60}{n}\,\frac{\delta}{360} = \frac{\delta}{6\,n} \cdot \qquad \ldots \ldots \ldots \ldots \quad 374$$

Da der Winkel δ klein ist, so kann $\delta = tg\,\delta$ gesetzt werden. Man erhält daher mit Gleichung 373 unter gleichzeitiger Berücksichtigung, daß

---

[1]) C. Bach, Versuche zur Klarstellung der Bewegung selbsttätiger Pumpenventile, Zeitschr. d. Ver. deutsch. Ing. 1886.

$\omega = \dfrac{\pi n}{30}$ ist, für die Zeit des Ventilschlusses nach der Kolbenumkehr

$$t = \frac{\pi}{180\,\mu\,\sqrt{2g\,b_0}}\,\frac{f}{l} \quad . \ . \ . \ . \ . \ . \ . \ . \ . \ . \ . \quad 375$$

Für ein gegebenes Ventil, also bestimmten Wert von $\dfrac{f}{l}$ ist hiernach, solange die Werte μ und b_0 sich mit der Größe des Ventilhubs bei der Kolbenumkehr nicht wesentlich ändern, der Wert t konstant. Dieses Ergebnis, zu welchem auch O. H. Müller[1]) auf theoretischem Wege gelangt ist, wird durch das Verhalten der Ventile bestätigt. Sie schließen, solange die Schlaggrenze noch ferne ist, wie bereits oben (S. 393) erwähnt, immer zu ungefähr der gleichen Zeit nach der Kolbenumkehr ab. Nach vorstehender Gleichung ist der Wert t um so größer, je größer die Ventilfläche im Verhältnis zum Spaltumfang ist.

Bei den sechs Versuchsventilen gelten für das Verhältnis $\dfrac{f}{l}$ folgende Werte:

Ventil	I	II	III	IV	V	VI
$\dfrac{f}{l}$	0,020	0,025	0,012	0,012	0,012	0,0075

Hiernach muß die zeitliche Schlußverspätung bei den Tellerventilen (I und II) größer als bei den Ringventilen (III—VI) sein, und zwar beim Tellerventil II am größten und beim dreifachen Ringventil VI am kleinsten. Dies wird durch die Ventilhublinien Fig. 438 u. ff. bestätigt. Ebenso auch, daß bei starker Belastung, d. h. großem Wert von b_0 (s. obige Gleichung) der Ventilschluß früher erfolgt, als bei schwacher.

h) Zusammenstellung von Ventilhubdiagrammen. Wirkung der Massenkraft des Ventils.

Die folgende Zusammenstellung von Versuchsdiagrammen in drei Reihen ist von Interesse, da durch sie die früheren Ausführungen (s. S. 147) über die am Ventil wirkenden Kräfte und über den Verlauf der Ventilhublinie weiterhin als zutreffend erwiesen werden.

Die unterhalb den Ventilhubdiagrammen aufgezeichneten Sinuslinien stellen die Geschwindigkeit des aus dem Ventilsitz austretenden Wasserstromes, die proportional der Kolbengeschwindigkeit ist, dar.

Bei allen Diagrammen tritt der folgende allgemeine Verlauf des Ventilspiels in Erscheinung: Das nach Abschluß des Saugventils durch Druck bzw. Stoß von seinem Sitz abgehobene Ventil wird nach einer anfänglichen mehr oder minder starken Verzögerung durch den stetig anwachsenden Wasserstrom unter leichten Geschwindigkeitsschwankungen in die Höhe getrieben. Mit der Kurbelstellung von 90° erreicht die Geschwindigkeit des Wasserstroms im Ventilsitz ihren Höchstwert, von da an nimmt sie ab. Vermöge seiner lebendigen Kraft steigt aber das Ventil trotzdem noch weiter (0,3—2 mm), bis seine Ge-

---

[1]) O. H. Müller, Das Pumpenventil. Verlag von A. Felix, Leipzig 1900.

schwindigkeit durch den Gegendruck der Ventilbelastung aufgezehrt ist. Dies wird um so rascher eintreten, je mehr der Druck der Ventilbelastungsfeder mit dem Steigen des Ventils wächst, d. h. je größer die Federkonstante ist, und je rascher die von unten auf die Ventilfläche wirkende Kraft des Wasserstroms abnimmt. Durch den Umstand, daß das Ventil zunächst nicht sinkt, der Ventilhub nicht kleiner wird, ist die Abnahme dieser Kraft um so intensiver, wie aus den Erläuterungen auf S. 136 hervorgeht.

Bei allen Diagrammen ist nach Überschreitung der Kurbelstellung von 90° eine rasch zunehmende Verzögerung des Ventils wahrzunehmen. Hat dieses seinen Höchststand erreicht, so beginnt es seinen Niedergang unter dem Druck seiner Belastung (Gewicht plus Federkraft) und dem Gegendruck des Wasserstroms. Die hierbei der Ventilmasse erteilte Beschleunigung muß so groß sein, daß das Ventil eine Geschwindigkeit erreicht, die es bis zum Augenblick der Kolbenumkehr in die Nähe des Sitzes bringt, ohne daß dabei aber eine gewisse Höchstgeschwindigkeit beim Ventilschluß erreicht bzw. überschritten wird.

Im einzelnen ist zu den Diagrammen, die alle mit dem zweifachen Ringventil V unter Verwendung des kleinen Pumpenkolben ($F = 0{,}00866$ qm) erzielt wurden, folgendes zu bemerken:

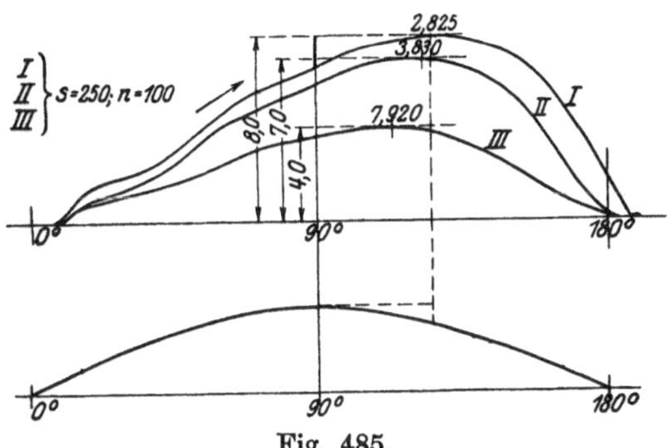

Fig. 485.

Zu Fig. 485. Kolbenhub und Umdrehungszahl sind bei allen drei Versuchen gleich, daher ist die Wasserlieferung der Pumpe die gleiche; dagegen ist die Ventilbelastung in jedem einzelnen Fall bei Anwendung von Federn verschiedener Stärke eine andere. Nachstehende Tabelle gibt die Belastung des Ventils bei seinem Höchststand in kg, außerdem den Federdruck auch in Prozent der Gesamtbelastung.

Versuch Nr.	Ventilhub	Gesamt-belastung	Ventil-gewicht	Federdruck	
	mm	kg	kg	kg	%
I mit schwacher Indikatorfeder .	8,0	2,825	2,530	0,295	10,4
II mit starker Indikatorfeder . .	7,0	3,830	2,530	1,300	34,0
III mit starker Indikatorfeder und Zusatzfeder	4,0	7,920	2,530	5,390	68,0

Bei Versuch I steigt das Ventil nach der Kurbelstellung von 90°
noch 1,2 mm weiter. Der Federdruck von 0,295 kg bei seinem höchsten
Stand genügt nicht, um ihm die nötige Beschleunigung für den Niedergang zu verleihen, denn sein Abstand vom Sitz beträgt bei der Kolbenumkehr noch 1,9 mm. Es schließt stark verspätet und mit Schlag.

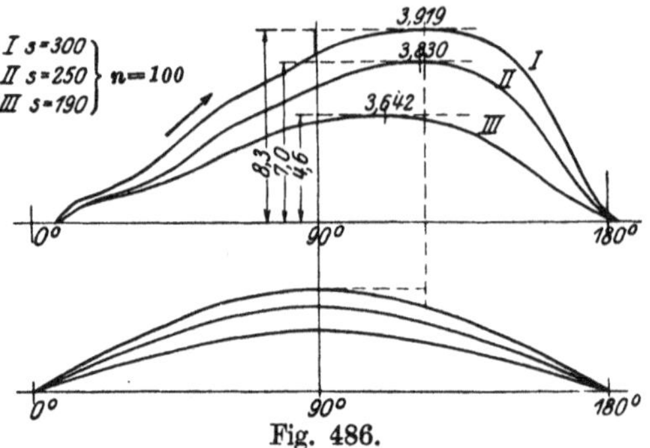

Fig. 486.

Zu Fig. 486. Umdrehungszahl und Ventilbelastungsfeder sind bei
allen drei Versuchen gleich, der Kolbenhub ist verschieden, also die
Wasserlieferung der Pumpe verschieden, Ventilbelastung beim höchsten
Stand des Ventils:

Versuch Nr.	Ventilhub	Gesamt-belastung	Ventil-gewicht	Federdruck	
	mm	kg	kg	kg	%
I mit starker Indikatorfeder . .	8,3	3,919	2,530	1,389	35,4
II desgl.	7,0	3,830	2,530	1,300	34,0
III desgl.	4,6	3,642	2,530	1,112	30,5

Bei Versuch I erfährt das Ventil bei seiner Umkehr wegen der stärkeren
Feder eine größere Beschleunigung als bei Versuch I der vorhergehenden
Reihe (Fig. 485). Es gelangt vor der Kolbenumkehr so nahe an den Sitz,
daß durch die Bremswirkung infolge der Verengung des Ventilspalts
seine Geschwindigkeit stark verändert wird.

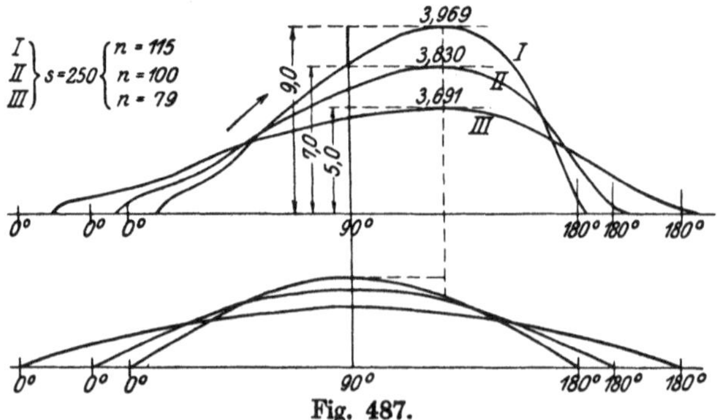

Fig. 487.

Zu Fig. 487. Kolbenhub und Ventilbelastungsfeder sind bei allen drei Versuchen gleich. Die Umdrehungszahl ist verschieden, also auch die Wasserlieferung der Pumpe. Ventilbelastung beim höchsten Stand des Ventils:

Versuch Nr.	Ventilhub	Gesamt-belastung	Ventil-gewicht	Federdruck	
	mm	kg	kg	kg	%
I mit starker Indikatorfeder . .	9,0	3,969	2,530	1,439	36,2
II desgl.	7,0	3,830	2,530	1,300	34,0
III desgl.	5,0	3,691	2,530	1,161	31,5

Im Augenblick der Kurbelstellung von 90^0 hat das Ventil bei Versuch I eine große Geschwindigkeit, es steigt deshalb noch beinahe 2 mm. Bei seinem höchsten Stand ist einerseits der Federdruck etwas größer als bei Versuch I der vorigen Reihe (Fig. 486), anderseits nimmt wegen der größeren Umdrehungszahl die Kraft des Wasserstroms rascher ab, das Ventil erlangt daher eine größere Geschwindigkeit, vermöge deren es trotz der kürzeren Zeit für den Niedergang den Ventilsitz bei der Kolbenumkehr bis auf einen Abstand von 0,5 mm erreicht und eben noch ohne Schlag schließt. Eine nennenswerte Verzögerung durch Bremswirkung tritt nicht mehr ein.

Es sei noch bemerkt, daß bei allen drei Versuchsreihen der Versuch II durch das gleiche Diagramm dargestellt wird.

i) Druckdiagramme.

Ebenso wie bei Dampfmaschinen kann bei Pumpen der Indikator verwendet werden, um die vom Kolben geleistete Arbeit zu bestimmen und die Vorgänge im Inneren des Pumpenzylinders zu beurteilen. Eine Unvollkommenheit besteht jedoch darin, daß die Pumpe, während das Indikatordiagramm genommen wird, anders als sonst arbeitet, insofern der Wechsel zwischen Saug- und Druckspannung bei der Kolbenumkehr bei geöffnetem Indikatorhahn weniger plötzlich vor sich geht und von Druckschwankungen, die von den Schwingungen des federbelasteten Indikatorkolbens herrühren, begleitet ist.

Fig. 488 zeigt das Diagramm einer Saug- und Druckpumpe. Die hin- und hergehende Bewegung der Indikatortrommel ist mittels Schnurtrieb von einem in gleicher Weise wie die Pumpenkurbel rotierenden Punkt abgeleitet, so daß in jedem Augenblick die Papiergeschwindigkeit proportional der Geschwindigkeit des Pumpenkolbens ist. Der Flächeninhalt des Diagramms stellt das Produkt aus Druck auf den Kolben und Kolbenweg, d. h. die am Kolben geleistete Arbeit dar. Demgemäß werde dieses Diagramm als „Arbeitsdiagramm" der Pumpe bezeichnet. Die horizontale Linie AB entspricht dem Atmosphärendruck. Sie wird erhalten, wenn man den Indikatorzylinder mit der Atmosphäre in Verbindung setzt. Während der Saugwirkung ist die Pressung im Pumpenzylinder kleiner als 1 Atmosphäre, was sich darin zeigt, daß der Schreibstift eine unterhalb AB liegende Linie CD aufzeichnet. Nach der Kolbenumkehr am Ende des Saughubs bei D steigt der Druck rasch bis zu einem Höchstwert, dessen Größe durch den Öffnungswiderstand des Druckventils bedingt ist. Nach einigen Schwankungen, welche durch die Schwingungen der Indikatorfeder hervorgerufen werden, bleibt die Pressung im Pumpenzylinder bis zum Ende des Druckhubs bei F nahezu gleichmäßig auf einer Höhe, welche der Druckhöhe der Pumpe entspricht. Nach der Kolbenumkehr bei F sinkt sie dann wieder rasch unter den Atmosphärendruck bis auf einen kleinsten Wert, der die Öffnung des Saugventils zur Folge hat, und geht

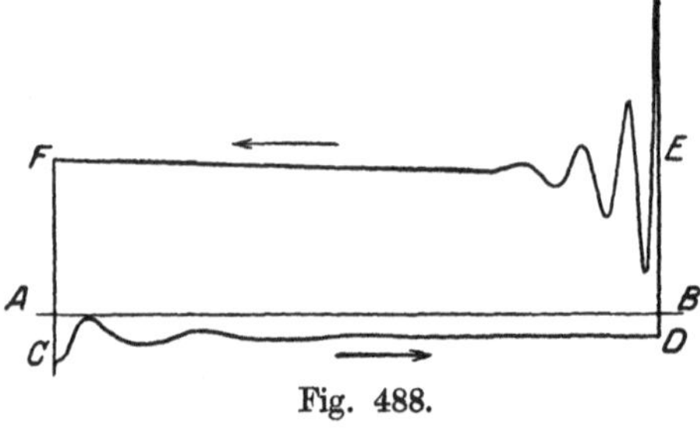

Fig. 488.

dann ebenfalls wieder nach einigen Schwankungen in den während des Saughubs gleich bleibenden Druck über. Der Betrag, um welchen die Sauglinie CD tiefer als die atmosphärische Linie AB liegt, entspricht der Saughöhe der Pumpe.

Aus dem senkrechten Verlauf der Linien DE und FC wird man schließen, daß der Übergang der Saug- in die Druckspannung und umgekehrt genau im Augenblick der Kolbenumkehr und plötzlich erfolgt. Nun ist aber erwiesen, daß dies in Wirklichkeit nicht der Fall ist, schon deshalb nicht, weil die Ventile immer verspätet schließen. Außerdem liegt bei geöffnetem Indikatorhahn zwischen dem Schluß des einen und der Öffnung des anderen Ventils eine Periode der Druckänderung im Pumpenzylinder, die von um so längerer Dauer ist,

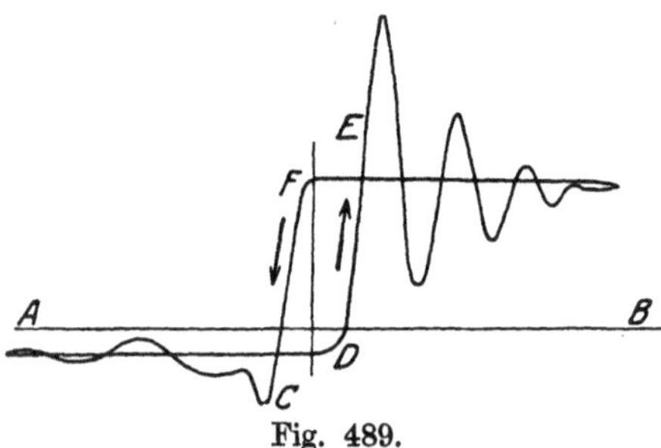

Fig. 489.

je langsamer das Wasser in den Indikatorzylinder ein- bzw. aus diesem austritt, je kleiner also die Pumpenlieferung und je größer die Deformation des Pumpenkörpers bei der Druckänderung ist, ferner je größer der Durchmesser des Indikatorkolbens, je schwächer die Indikatorfeder und je größer der notwendige Öffnungsdruck des Ventils ist. Bei geschlossenem Indikatorhahn wird hingegen unter Voraussetzung der Abwesenheit von Luft die Eröffnung des einen nach Abschluß des anderen Ventils augenblicklich erfolgen, wobei die Deformation des Pumpenkörpers wieder verzögernd wirken wird.

Der ganze vorstehend beschriebene Vorgang spielt sich ab, während der Schreibstift im Diagramm die Linie DE bzw. FC zeichnet. Es tritt in diesem Arbeitsdiagramm nur die Druckänderung im ganzen in Erscheinung, wie der zeitliche Verlauf des Druckwechsels sich vollzieht, ist nicht zu ersehen. Hierüber gibt das „Druckwechseldiagramm" der Pumpe Fig. 489 besseren Aufschluß. Man erhält dasselbe, wenn man den Antrieb der Indikatortrommel von einem rotierenden Punkt ableitet, der um 90° der Pumpenkurbel vor- oder nacheilt. Dann bewegt sich die Papiertrommel im Augenblick, wo der Pumpenkolben umkehrt, mit ihrer höchsten Geschwindigkeit.

Aus der Neigung der Linien DE und FC ist jetzt ersichtlich, daß der Übergang von der Saug- in die Druckspannung und umgekehrt mit einer gewissen Zeitdauer verknüpft ist. Ein Übelstand, der in dem Antrieb der Papiertrommel durch die Pumpe selbst begründet ist, besteht darin, daß die Papiergeschwindigkeit, welche die Stärke dieser Neigung mitbestimmt, sich mit der Umdrehungszahl der Pumpe ändert. Der gleiche Vorgang stellt sich je nach der Umdrehungszahl der Maschine verschieden dar. Ein weiterer Nachteil der schwingenden Trommelbewegung ist der, daß das Papier sich in jedem Augenblick mit einer anderen Geschwindigkeit bewegt und man von dem gleichen Vorgang, je nachdem er zeitlich mehr in die Mitte des Kolbenhubs oder mehr ans Ende fällt, ein wesentlich verschiedenes Bild erhält.

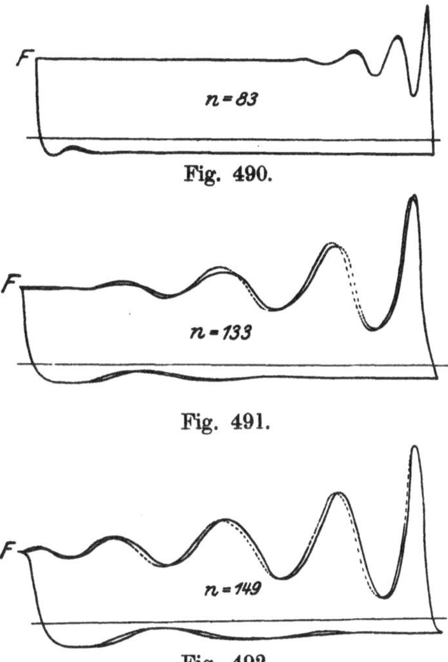

Fig. 490.

Fig. 491.

Fig. 492.

Unter dafür günstigen Bedingungen kommt auch im Arbeitsdiagramm der Pumpe später Schluß der Ventile und allmählicher Verlauf des Druckwechsels zum Ausdruck. Ein Beispiel hierfür geben die Diagramme Fig. 490—492. Die Versuchspumpe arbeitet mit kleinem Kolbenhub (50 mm), als Druckventil dient das, wie früher festgestellt, spät schließende Tellerventil II, als Saugventil das Ringventil IV. Bei 83 Umdrehungen (s. Fig. 490) ist von verspätetem Schluß des Druckventils am Ende des Druckhubs bei F nichts zu bemerken, bei der Kolbenumkehr sinkt die Spannung sofort, dagegen nicht bei 133 und noch weniger bei 149 Umdrehungen (Fig. 491 u. 492). Die Annahme, daß die Verspätung des Ventilschlusses mit der Umdrehungszahl in dem Maße wächst, wie es die Figuren darstellen, wäre unrichtig, denn die Geschwindigkeit der Papiertrommel ist bei 149 Umdrehungen 1,8 mal so groß wie bei 83 Umdrehungen. Selbst wenn das Ventil zu gleicher Zeit nach der Kolbenumkehr schließt, muß die Verspätung bei 149 Umdrehungen im Diagramm sich wegen der größeren Papiergeschwindigkeit viel größer darstellen. Tatsächlich schließt das Ventil, wenn der Indikatorhahn geschlossen ist, immer mit der gleichen zeitlichen Verspätung. Dies zeigt das Ventilhubdiagramm Fig. 493, dessen Papiertrommel sich immer mit der gleichen konstanten Geschwindigkeit dreht. Der Ventilschluß erfolgt bei geschlossenem Hahn in allen drei Fällen zur gleichen Zeit, nicht aber bei dem gleichen Kurbelwinkel. Im nachstehenden ist nun nachgewiesen, daß der Indikator auf die Verspätung des Ventilschlusses keinen Einfluß hat. Hieraus ist zu folgern, daß auch bei geöffnetem Indikatorhahn, d. h. im Fall der Fig. 490—492 das Ventil tatsächlich zu gleicher Zeit schließt oder daß jedenfalls die Verzögerung des Ventilschlusses mit der Zunahme der Umdrehungszahl nicht so groß ist, wie ihn die Diagramme darstellen. Aus alledem ergibt sich, daß beim Vergleich solcher mit Schnurtrieb von der Maschine erzeugter Diagramme große Vorsicht geboten ist.

Um den Einfluß des Indikators auf das Ventilspiel festzustellen, wurde zum Arbeitsdiagramm Fig. 494 das Ventilhubdiagramm des Ringventils III einmal bei offenem und dann bei geschlossenem Indikatorhahn aufgenommen (s. Fig. 495). Es zeigt sich, daß durch den Indikator die Öffnung des Ventils verschleppt wird. Bei geschlossenem Hahn wird das Ventil mehr durch Stoß geöffnet; ist es von seinem Sitz abgehoben, so läßt seine Geschwindigkeit nach, bis sich die Geschwindigkeit des Wasserstroms im Ventilsitz mit der Geschwindigkeitszunahme des Pumpenkolbens entsprechend gesteigert hat. Bei offenem Hahn wird das Ventil mehr durch Druck von seinem Sitz gehoben und sofort von dem unter

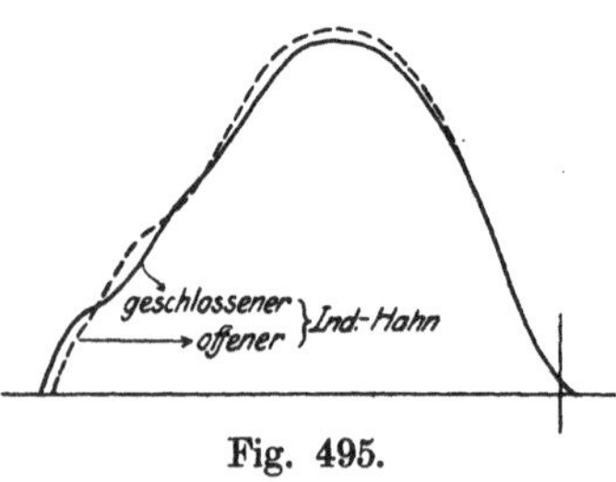

Fig. 495.

der Wirkung des federbelasteten Indikatorkolbens stehenden Wasserstrom weiter in die Höhe getrieben. Der Einfluß des Indikators ist also dahin zu präzisieren: Er verlangsamt den Druckwechsel in der Pumpe bei der Kolbenumkehr und bewirkt ein zwar sanfteres aber späteres Öffnen der Ventile, auf den Ventilschluß hat er keinen Einfluß. Druckwechsel und Ventileröffnung vollziehen sich also beim gewöhnlichen Betrieb der Pumpe rascher, als das Indikatordiagramm angibt.

Der zum Abheben des Ventils von seinem Sitz erforder-liche Druck ist um so größer, je kleiner die vom Wasser berührte untere Fläche f_u des Ventils, wenn es aufsitzt, im Verhältnis zur oberen Fläche f_0 oder mit anderen Worten, je größer das Verhältnis $f_0 : f_u$ ist (vgl. S. 177). Bei dem drei-fachen Ringventil VI ist

$$f_0 : f_u = 15 : 9 = 1{,}67,$$

bei dem zweifachen Ring-ventil V dagegen

$$f_0 : f_u = 24 : 18 = 1{,}33.$$

Demnach ist der nötige Öff-nungsdruck beim dreifachen Ringventil der größere. Das dreifache Ringventil ist im Fall der Fig. 496 als Druck-ventil und im Fall der Fig. 497

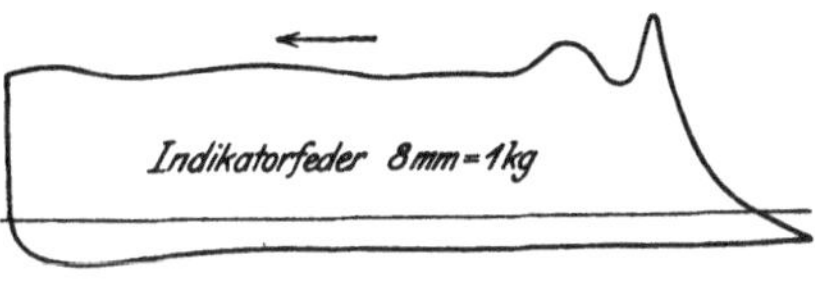

Fig. 496.

als Saugventil eingebaut, während dem zweifachen Ringventil jeweils die Rolle des anderen Ventils zugeteilt ist. Nach vorstehendem muß im Fall der Fig. 496 der Öffnungsdruck des Druckventils größer und der Öffnungsdruck des Saug-ventils kleiner als der be-treffende Druck im Fall der Fig. 497 sein. Dies wird durch die Diagramme bestätigt.

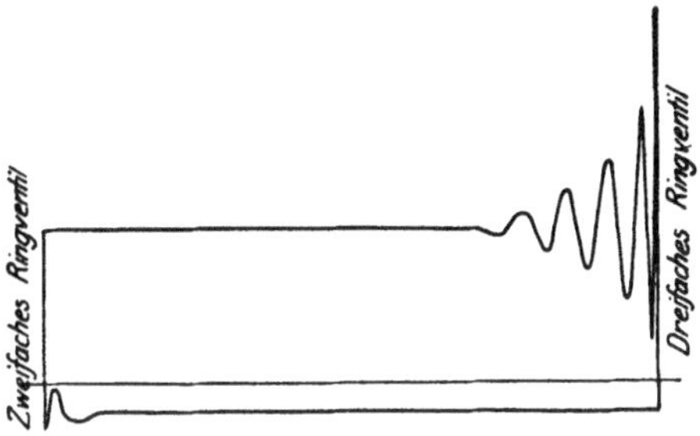

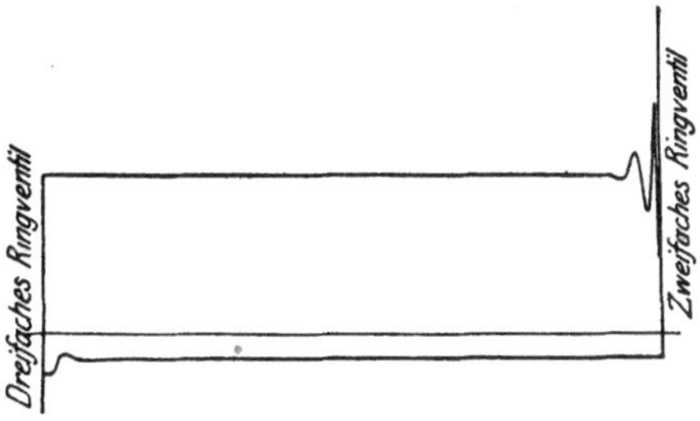

Die Wirkung des Schnüf-felventils zeigt Fig. 498 bei großem Kolbenhub und lang-samem Gang der Pumpe, und Fig. 499 bei kleinem Hub und größerer Umdrehungszahl. Die während des Saughubs durch

Fig. 497.

das Schnüffelventil angesaugte Luftmenge wird zu Beginn des Druck-hubs zusammengedrückt, dann erst beginnt die Wasserförderung. Daß im ersten Fall die ganze eingetretene Luftmenge mit dem Wasser durch das Druckventil aus dem Pumpenraum wieder entweicht, geht daraus hervor, daß die Pressung im Pumpenraum nach Schluß des Druckventils bei der Kolbenumkehr sofort auf die Saugspannung herabsinkt. Im zweiten Fall trifft das nicht zu,

Fig. 498.

ein im Pumpenraum verbliebener Rest von komprimierter Luft dehnt sich zu Beginn des Saughubs wieder aus. Die Einrichtung des Schnüffelventils wird bei größerer Umdrehungszahl der Pumpe wirkungslos.

Bei Vorhandensein eines Luftsacks im Pumpenraum, d. h. einer Stelle, an der sich ständig Luft aufhält, weil sie nicht entweichen kann, entstehen Schwingungen in der Druck- und der Sauglinie, wie dies Fig. 500 zeigt. Dieses Diagramm wurde dadurch gewonnen, daß der

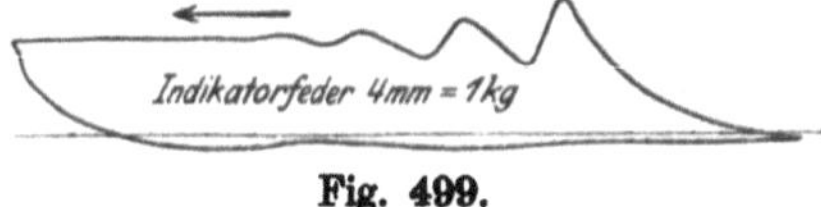

Fig. 499.

mit schräger Unterfläche ausgeführte Deckel des Saugventilkastens verkehrt eingesetzt wurde.

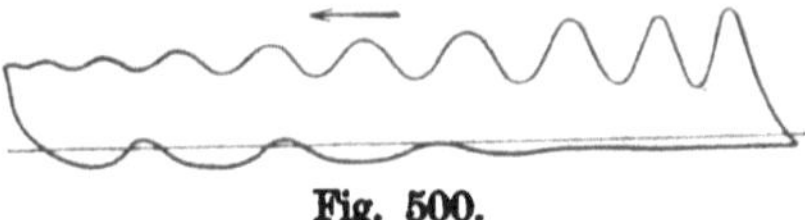

Fig. 500.

Auf die Veröffentlichung anderer interessanter Diagramme ist bereits auf S. 126 hingewiesen.

II. Flügelpumpen.

Die Wirkungsweise der Flügelpumpen ist derjenigen der Kolbenpumpen gleichartig, indem bei der Hin- und Herschwingung des Flügels in einem feststehenden zylindrischen Gehäuse, gegen dessen Wandungen er sich abdichtend anlegt, die Saugwirkung durch Vergrößerung des an die Saugleitung anschließenden Gehäuseraumes und die Druckwirkung durch Verdrängen der angesaugten Flüssigkeit aus dem Gehäuse entsteht. Wie bei den Kolbenpumpen, so ist auch bei den Flügelpumpen eine Steuerung durch Ventile (Hubventile, Klappen oder Schieber) notwendig.

Verschiedene Pumpensysteme.

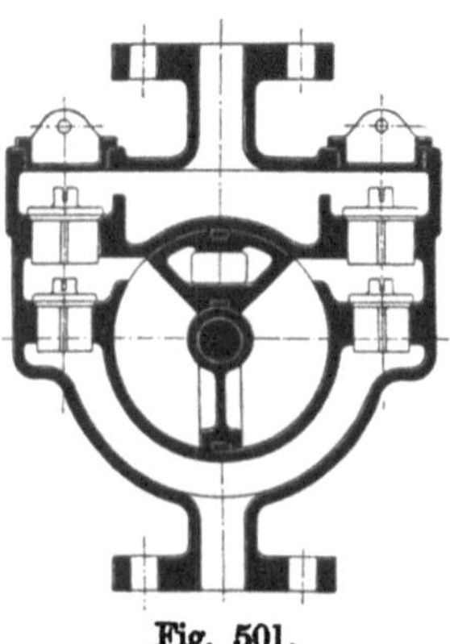

Fig. 501.

Nach der Wirkungsweise unterscheidet man doppelt- und vierfachwirkende Pumpen.

Die doppeltwirkende Deltapumpe der Amag-Hilpert in Nürnberg (Fig. 501) besitzt einen einfachen Metallflügel mit Lederausfütterung, der einen Drehwinkel von 180° gestattet, während bei den nachstehend besprochenen Pumpen mit Doppelflügel nur ein Ausschlag von ca. 90° möglich ist. Der wesentliche Vorteil dieses Typ besteht jedoch darin, daß die Tellerventile oder Kugeln ohne Abnahme der vorderen Gehäusewand nach Öffnen der Ventilgehäuseschrauben zugänglich sind. Nach Angabe der Firma kann unter Verwendung eines Fußventils die Saughöhe bis zu 7 m und die Druckhöhe bis zu 20 m bei entsprechender Kraftäußerung am Hebel betragen. Die Pumpen werden in Größen für eine Wasserlieferung von 24—330 l/min bei 104—40 Doppelhüben in der Minute gebaut.

Die am meisten verbreitete Konstruktionsform ist die **doppeltwirkende Pumpe mit durchbrochenem Doppelflügel**, wie sie z. B. in einer Ausführung von E. C. Flader, Jöhstadt i. S. in Fig. 502 u. 503 dargestellt ist.

Der mit Metallklappen versehene Flügel sitzt auf einer Welle, welche durch den Deckel des zylindrischen Gehäuses hindurchtritt und mittels Stopfbüchse und Überwurfmutter abgedichtet ist. Auf ein Vierkant am äußeren Ende der Welle ist ein Handhebel aufgeschoben. Die Saug-

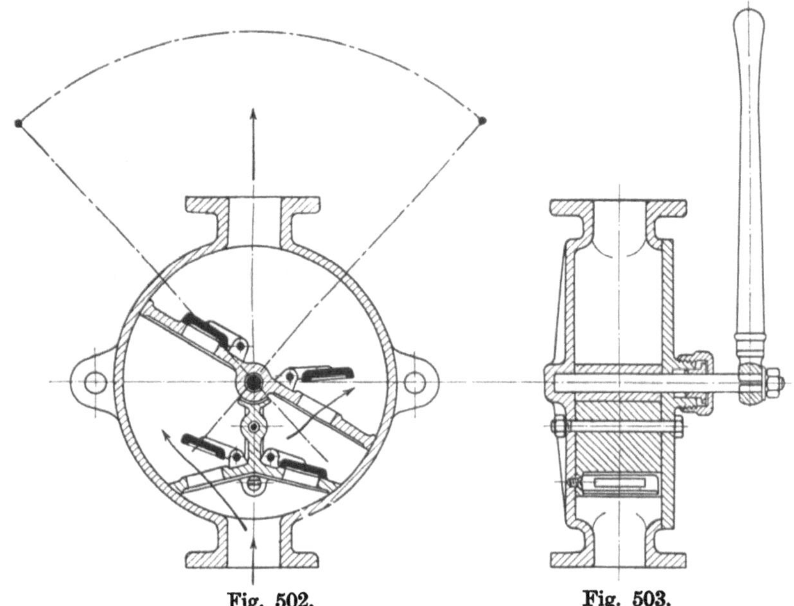

Fig. 502. Fig. 503.

klappen sitzen auf einem Einsatzstück, das zu beiden Seiten gegen die zylindrische Wand des Gehäuses, nach oben gegen die Nabe des Flügels abdichtet und mittels Schraube an der rückwärtigen Gehäusewand befestigt ist. An Stelle der Klappen kommen für die Förderung dicker Flüssigkeiten Kugelventile in Anwendung. Die erreichbare Saughöhe beträgt nach Angabe der genannten Firma bis zu 8 m, die Druckhöhe 40—60 m. Bei Anbringung eines Windkessels kann die Pumpe als Spritze verwendet werden.

Eine andere Bauart des gleichen Pumpensystems, mit Lederklappen und Druckwindkessel, nach der Ausführung von G. Allweiler, Radolfzell, zeigt Fig. 504.

Zur Förderung dicker Flüssigkeiten werden bei den Flügelpumpen allgemein Kugelventile aus Metall oder Gummi verwendet.

Die Pumpen der Firma Grether & Cie. in Freiburg (Baden) haben an Stelle der Saugklappen große in der Höhe der Pumpenwelle angebrachte Hubventile.

Eine vierfache Wirkung ist bei dem von Abrahamson (D.R.P. Nr. 58863 und 58865) angegebenen Pumpentyp erzielt, welcher nach den Fig. 505—507 von G. Allweiler in Radolfzell (Baden) für Fördermengen von 26—455 l/min bei 104—40 Doppelhüben ausgeführt wird. Der Doppelflügel AB hat keine Klappen, diese sind vielmehr auf besonderen Einsätzen C und D angebracht, er besitzt jedoch zwei kreuzweise verlaufende Kanäle c und h, welche die Pumpenräume b und d bzw. e und g miteinander verbinden.

Wird der Flügel in der Pfeilrichtung bewegt, so wirkt links die untere Fläche des Flügels A, rechts die obere Fläche des Flügels B saugend; die Flüssigkeit tritt durch die Klappe a zunächst in den Raum b und durch den Kanal c auch in den Raum d. Zu gleicher Zeit wirken die beiden anderen Flächen der Flügel A und B drückend, wobei die aus dem Raum e verdrängte Flüssigkeit unmittelbar durch die Klappe f in das Druckrohr gelangt und die aus dem Raume g verdrängte Flüssigkeit denselben Weg macht, nachdem sie zunächst

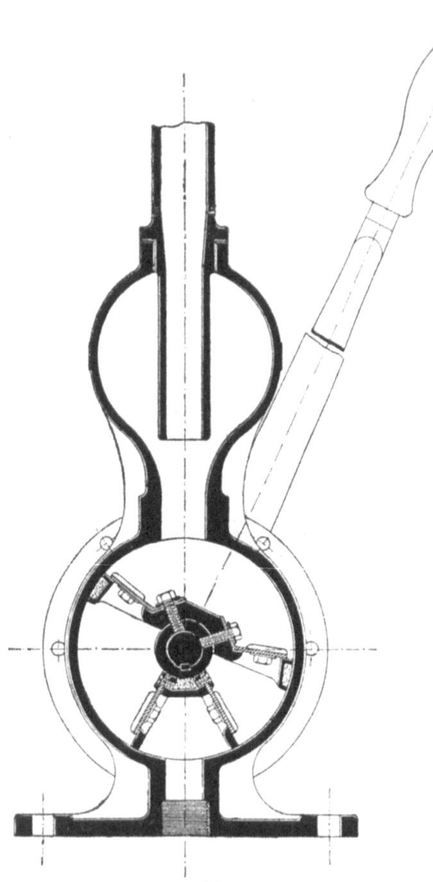

Fig. 504.

aus g durch den Kanal h in den Raum e getreten ist. Diese Pumpenform hat gegenüber einer doppeltwirkenden Pumpe insbesondere den Vorteil, daß sie bei gleicher Größe und gleicher Hubzahl eine erheblich größere Fördermenge ergibt.

Die in Fig. 508 dargestellte Konstruktion von A. F. Abrahamson, Madrid (D.R.P. Nr. 80775), ist eine Abänderung der vorstehend beschriebenen Konstruktion und kennzeichnet sich dadurch, daß die feststehenden, mit Saug- und Druckventilen versehenen Scheidewände durch bewegliche Schieber ersetzt sind, welche, unter dem Einfluß der schwingenden Flügel stehend, die Ventile entbehrlich machen und daher eine wesentliche Vereinfachung der ganzen Pumpeneinrichtung darstellen. Erhalten die Flügel F eine Bewegung in der Richtung des Pfeils, so wird die Flüssigkeit durch das Klappenventil V und den Kanal K

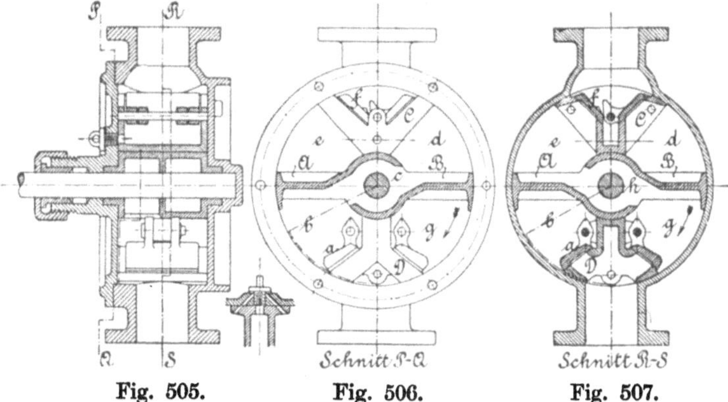

Fig. 505.   Fig. 506.   Fig. 507.

in die erste Kammer B sowie von hier durch den Kanal E in die zweite Kammer B eingesaugt, während die vorher in die beiden durch Kanal G verbundenen Kammern C eingetretene Flüssigkeit durch Kanal L in die Steigleitung S gedrückt wird.

Bei der Umkehr der Flügel schließt sich die Klappe V und verhindert ein Rückströmen des angesaugten Wassers; es entsteht bei der Rückbewegung der Flügel in den Kammern B ein Druck, welcher die Schieber H und J umsteuert, so daß nun die Kammern C die Saugräume und die Kammern B die Druckräume bilden.

Die Schieber werden durch Schlitze und eingreifende Stifte in ihren Endlagen gesichert. Bei M ist eine Schraube zum Zwecke der Entleerung des Pumpengehäuses und der Steigleitung angebracht.

Geförderte Flüssigkeitsmenge.

Die von der Pumpe geförderte Flüssigkeitsmenge bestimmt sich, wie folgt.

Fig. 508.

Es bezeichne

V die Flüssigkeitsmenge, welche bei einer Hin- und Herschwingung des Flügels theoretisch nach dem Druckrohr gefördert wird,

R den inneren Halbmesser des zylindrischen Gehäuses,

B die innere Breite desselben,

r den Halbmesser des um die Drehachse angeordneten Kerns, der keine Förderung veranlaßt,

α den Winkel, um welchen der Flügel gedreht wird, ausgedrückt in Graden, so ist bei der doppeltwirkenden Pumpe

$$V = 2\pi(R^2 - r^2)\,B\,\frac{a}{360} \quad \ldots \ldots \ldots \ldots \quad 376$$

und bei der vierfach wirkenden Pumpe

$$V = 4\pi(R^2 - r^2)\,B\,\frac{a}{360} \quad \ldots \ldots \ldots \ldots \quad 377$$

Unter Berücksichtigung, daß durch Undichtheiten in den Leitungen und am Flügel sowie durch nicht rechtzeitigen Schluß der Ventile und durch etwaiges Ansaugen von Luft oder Entwicklung von Gasen bei der Saugwirkung die tatsächlich am Ende des Steigrohres auslaufende Flüssigkeitsmenge kleiner ist als die aus den vom Flügel durchlaufenen Räumen sich ergebende, wird die wirklich in einer Sekunde geförderte Flüssigkeitsmenge bei n Hin- und Herschwingungen in der Minute

$$Q_e = \eta_v\,\frac{n\,V}{60} \quad \ldots \ldots \ldots \ldots \ldots \quad 378$$

Der volumetrische Wirkungsgrad η_v kann bei gut ausgeführten Pumpen mit kurzen Leitungen zu 0,8—0,9 angenommen werden, solange die Pumpen wenig gebraucht sind.

Die Größe des Winkels a hängt außer von der Konstruktion des Pumpeninneren auch von der Art des Antriebs ab. Erfolgt dieser mittels Hebel von Hand, was gewöhnlich der Fall ist, so kann a auch bei einfachem Flügel nicht viel mehr als 90° betragen, da sonst der Angriff an dem Hebelende während eines Teils des Weges ungünstig ist.

Die Flügelpumpen finden für Handbetrieb häufig, für Kraftbetrieb selten Anwendung und dann gewöhnlich nur zur Überwindung kleiner Förderhöhen. Da die Flügel schwierig abzudichten und auf die Dauer dicht zu halten sind, so werden kleine Handkolbenpumpen mit Antrieb durch Schwunghebel den Flügelpumpen häufig vorgezogen, sofern nicht der geringe Preis der Flügelpumpen den Ausschlag gibt.

III. Rotationspumpen.

Bei den Rotationspumpen, welche häufig auch Kapselpumpen genannt werden, beruht das Saugen und Drücken darauf, daß durch die Drehbewegung des im Pumpengehäuse rotierenden Verdrängers der an die Saugleitung anschließende Gehäuseraum vergrößert und der mit der Druckleitung verbundene Raum verkleinert wird. Durch die stetige Bewegung des Verdrängers kann eine stetige Saug- und Druckwirkung erzielt werden, so daß fortdauernd Flüssigkeit aus der Saugleitung in das Pumpengehäuse und aus diesem nach der Druckleitung strömt. Bei der Konstruktion der Pumpe ist möglichst anzustreben, daß die Wassergeschwindigkeit im Saug- und Druckrohr gleichförmig wird, da dann die Anbringung von Windkesseln unnötig ist und Arbeitsverluste sowie Stöße infolge von Geschwindigkeitsänderungen der Flüssigkeitsmassen in den Leitungen ausgeschlossen sind. Aus dem Umstande, daß die beiden Leitungen mit dem Pumpengehäuse fortwährend in Verbindung stehen, ergibt sich, daß bei diesen Pumpen keine Steuerung durch Ventile notwendig ist, es muß jedoch ein Rückfließen der Flüssigkeit vom Druckrohr nach dem Saugrohr vermieden werden und kann dies durch eine besondere Steuerungseinrichtung geschehen, ferner durch geeignete Gestaltung des Verdrängers oder des Gehäuses oder durch Anwendung zweier oder mehrerer Verdränger, welche die angesaugte Flüssigkeit zwischen sich fassen und sie nach der Druckleitung schieben usw.

Verschiedene Pumpensysteme.

Das hauptsächliche Merkmal zur Unterscheidung der verschiedenen Ausführungsarten bildet die Anzahl der getriebenen Wellen. Danach sind Pumpen mit einer, zwei oder drei Wellen zu unterscheiden. Im ersten Falle kann die Welle in oder außer der Mitte des Gehäuses gelagert sein. Bei der Anordnung zweier Wellen können diese parallel sein oder sich schneiden.

Pumpen mit einer Welle.

1. *Die Welle ist zentrisch zum Gehäuse gelagert.*

Gebr. Ritz & Schweizer in Schwäbisch-Gmünd bauen Pumpen, bei welchen die Kolben a und b (Fig. 509) drehbar um Zapfen c angebracht sind und von der aus einem Stück hergestellten, aus einem Kern A und aus einem Ring B bestehenden, mit der Antriebswelle C fest verbundenen Walze mitgenommen werden. In den ringförmigen Hohlraum der Walze ragt das feststehende, am Gehäuseboden D durch

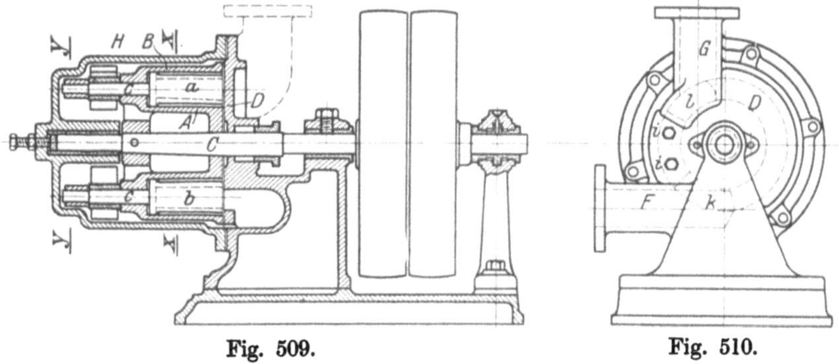

Fig. 509.   Fig. 510.

2 Schrauben i befestigte Abschlußstück E, welches die Trennungswand zwischen Saug- und Druckraum bildet. Wird die Walze mit den Kolben in der Pfeilrichtung (Fig. 511) gedreht, so erfolgt wegen der zwischen dem Kolben b und dem festliegenden Abschlußstück E entstehenden Raumvergrößerung Ansaugen aus dem mit der Öffnung k einmündenden Saugrohr F, während der Kolben a die zwischen ihm und dem Ab-

schlußstück E befindliche Flüssigkeit durch die Öffnung l in das Druckrohr G hinausschiebt.

Damit nun die Kolben an dem in ihrem Weg liegenden Abschlußstück E vorbeikommen, ist auf ihrer Drehachse ein Ring mit zwei Daumen d und d_1 (Fig. 512) befestigt. Außerdem sind am Pumpengehäuse H
zwei festliegende Anschlagstücke e und f angebracht. Bei der Drehung

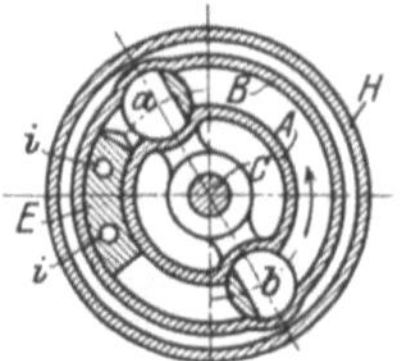

Fig. 511.

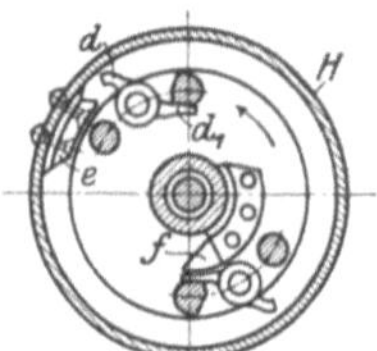

Fig. 512.

der Walze samt den Kolben stößt der Daumen d an das Stück e, infolgedessen wird der Kolben a so gedreht, daß er sich in die Aussparung
des Walzenkerns A hineinlegt und dem festliegenden Abschlußstück E
ausweicht. Wenn dann der andere Daumen d_1 mit dem Anschlagstück f
in Berührung tritt, so wird der Kolben a in die gezeichnete Stellung
wieder zurückgedreht. Sehr vorteilhaft ist die Gleichmäßigkeit der
Wassergeschwindigkeit beim Durchgang durch die Pumpe. Diese Pumpe

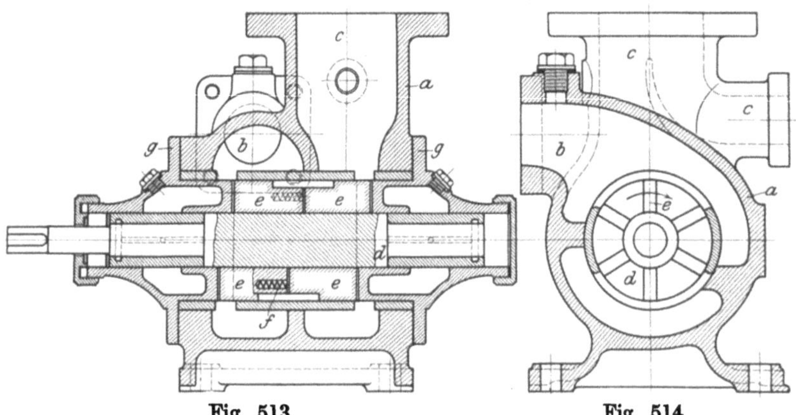

Fig. 513.

Fig. 514.

wird für 40—70 Umdrehungen in der Minute und für Förderungen von
0,5—5 l bei je einer Umdrehung gebaut, dabei kann nach Angabe der
Firma die Förderhöhe 25 m betragen, davon bis 9 m Saughöhe.

Ein weiteres Beispiel einer einachsigen Rotationspumpe ist die
Pittlersche Kapselpumpe oder R.A.G.-Rundlaufpumpe von
Rich. Klinger, G. m. b. H., in Berlin-Tempelhof (Fig. 513—516).

Die Pumpe besteht aus dem zentrisch ausgebohrten Gehäuse a
(Fig. 513 und 514) mit dem Saugstutzen b und dem Druckstutzen c.

Der rotierende Kolben d ist mit 6 Längsschlitzen versehen, in denen die Schieber e axial verschiebbar sind. Diese werden seitlich durch die Gehäusedeckel g, deren innere Stirnflächen zu Kurvenscheiben ausgebildet sind, geführt. Die Schieber sind in der Mitte geteilt und mit Federn f versehen, durch die sie nach außen gegen die Kurvenflächen gedrückt werden. Das Material der Schieber ist gewöhnlich Hartgummi, dasjenige der übrigen vom Wasser berührten Teile Phosphorbronze.

Die Wirkungsweise einer derartigen Pumpe mit 4 Schiebern ist aus Fig. 515 und 516 verständlich. Fig. 516 stellt eine Abwicklung des

Fig. 515.

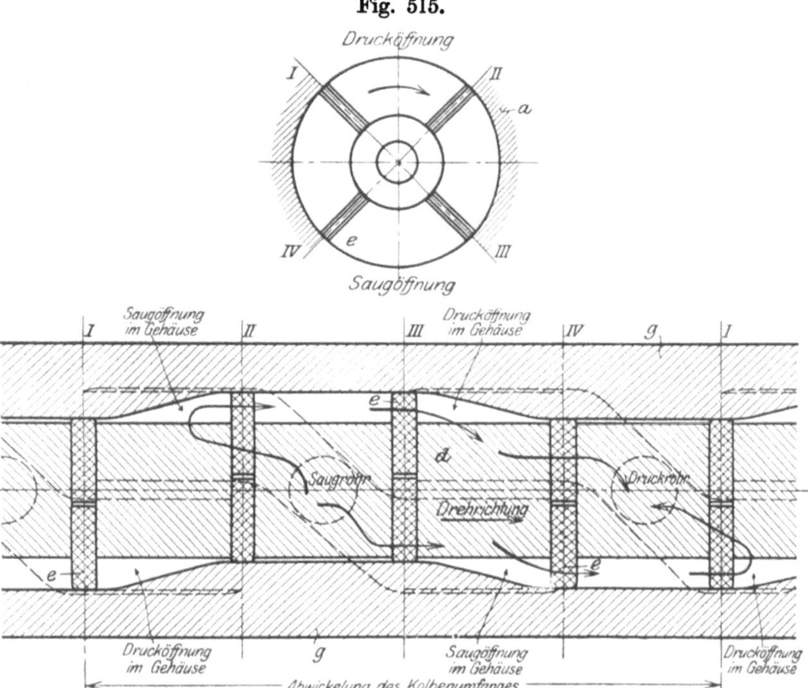

Fig. 516.

Kolbenumfangs und des Umfangs der Kurvenflächen an den Deckeln dar. Bei der Bewegung des Kolbens mit den Schiebern in der Pfeilrichtung findet eine Vergrößerung oder Verkleinerung der Räume zwischen je 2 Schiebern und eine Saug- bzw. Druckwirkung durch die im Gehäuse angeordneten Saug- bzw. Drucköffnungen statt.

Vorteilhaft ist, daß auf dem Wege von Stellung I—II und von III—IV, wo die axiale Bewegung der Schieber durch die Kurvenflächen vor sich geht, auf die Schieberplatte von beiden Seiten der gleiche Flüssigkeitsdruck wirkt, der Schieber also unbelastet und dementsprechend die Abnützung an den auf den Kurvenflächen gleitenden Stirnseiten des Schiebers gering ist.

Diese Rundlaufpumpen eignen sich für unmittelbaren Antrieb durch Elektromotoren und werden für die Zwecke der Hauswasserversorgung u. dgl. in Größen für 25—125 l/min. und 40 m Förderhöhe gebaut.

Für größere Leistungen bis zu 1500 l/min wird der Kolben mit mehreren Ringnuten versehen, denen gleich breite Ausschnitte der hin- und herbewegten Schieber entsprechen. Dadurch erhält man ebensoviele Arbeitsräume, als Ringnuten vorhanden sind, und erzielt man ein Vielfaches der Förderleistung der einfachen Maschine. Diese Konstruktion weisen die von zahlreichen Feuerwehren eingeführten R.A.G.-Rundlauf-Feuerlöschpumpen auf. Näheres hierüber siehe in der Zeitschr. d. Ver. deutsch. Ing. 1907, S. 1066, und 1908, S. 894.

2. *Die Welle ist exzentrisch zum Gehäuse gelagert.*

Ein Beispiel hierfür ist die seinerseit P. Samain (D.R.P. Nr. 1549) patentierte Kapselpumpe, welche von den Siemens-Schuckert-Werken, wie in Fig. 517—519 dargestellt, ausgeführt wird.

Die in ihrer Mitte geteilte Pumpenwelle hat zwei unter 90° stehende rechteckige Schlitze, in welchen zwei Platten von der in Fig. 518 dargestellten Form radial und unabhängig voneinander verschiebbar sind. Diese beiden Schieber sind aus einer Hartgummikomposition hergestellt

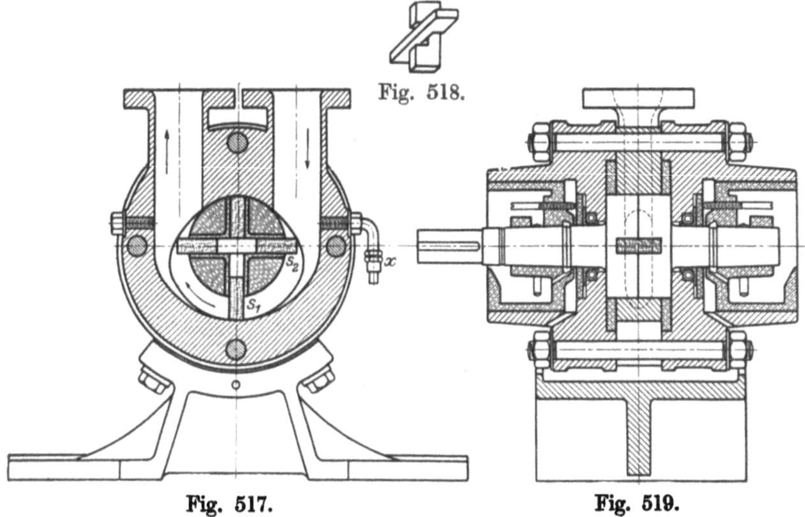

Fig. 517.				Fig. 519.

und gleiten auf den mit Weißmetall ausgegossenen Flächen der Wellenschlitze. Das Pumpengehäuse besteht im wesentlichen aus einem Mittelstück und zwei Deckeln. Das Mittelstück ist ebenso breit wie die Hartgummischieber und hat eine Öffnung, deren Umriß oben und unten durch Kreisbogen um das Wellenmittel, seitlich durch Übergangskurven, die diese Kreisbogen verbinden, bestimmt ist. Die nach diesem Umriß geformte Innenwand der Öffnung bildet die Führungsfläche für die Schieber. Zwischen dem Mittelstück und den Deckeln liegen zwei ringförmige Rotgußplatten, welche den eigentlichen Pumpenraum, in welchem sich die Schieber drehen, seitlich abschließen und die Anlauffläche für die Schieber bilden.

In der gezeichneten Stellung trennt der Schieber s_1 den Saugraum von dem Druckraum und wirkt bei seiner Bewegung wie ein Kolben, der einerseits drückt, andererseits saugt, dabei wird er durch die Zentrifugalkraft gegen die Führungsfläche gepreßt. Der andere Schieber s_2 ist außer Tätigkeit, er erfährt aber außer seiner Drehung durch die Führungsfläche des Gehäuses eine radiale Verschiebung nach rechts, wodurch der Druckraum der Pumpe vergrößert, der Saugraum verkleinert wird. Hierdurch ergibt sich sowohl im Pumpengehäuse als auch in den anschließenden Leitungen eine gewisse Unregelmäßigkeit in der Wasserbewegung. Um diese abzuschwächen, ist am Saugraum der Pumpe ein Schnüffelventil x angebracht, durch welches ein Luftstrom von gleichmäßiger Stärke eintritt, der die Förderflüssigkeit elastischer macht.

Die Welle ist durch Gummistulpen gedichtet, die durch messingene Drahtfedern leicht angepreßt werden. Durch Stellschrauben angedrückte Rotgußplatten halten Stulpen und Federn in ihrem Lager.

Da die Pumpe bis zu 1000 Umdrehungen in der Minute machen kann, eignet sie sich zum direkten Antrieb durch Elektromotoren. Sie wird in 6 verschiedenen Größen gebaut, für Hauswasserversorgung vorzugsweise für 22 l/min und eine größte Förderhöhe von 25 m bei 925 Umdrehungen.

Über Versuche mit dieser Pumpe berichtet Kammerer in der Zeitschr. d. Ver. deutsch. Ing. 1905, S. 1040.

Pumpen mit zwei parallelen Wellen.

Die einfachste Konstruktion von Rotationspumpen mit zwei parallelen Wellen stellen die Zahnradpumpen dar. Sie bestehen aus zwei im Eingriff befindlichen Stirnrädern in einem Gehäuse, das einerseits an die Saug-, anderseits an die Druckleitung angeschlossen ist. Befriedigende Wirkungsweise setzt Präzisionsarbeit voraus. Solche Pumpen baut F. A. Neidig, Mannheim, in 6 verschiedenen Größen für eine maximale Fördermenge von 8—130 l/min bei 1000—300 Umdrehungen. Dabei kann nach Angabe der Firma die Druckhöhe bis zu 150 m ohne nennenswerte Lässigkeitsverluste betragen.

Die älteren Pumpen dieser Gruppe besitzen zwei mittels Stirnrädergetriebe in Drehung versetzte, verzahnte Körper, durch deren Zusammenarbeiten die Saug- und die Druckwirkung wie auch die Abdichtung zwischen Saug- und Druckraum erfolgt. Hierbei sind entweder beide Körper von gleicher Form und wirken in gleicher Weise, oder sie haben verschiedene Gestalt, und es hat der eine Körper die Aufgabe der Flüssigkeitsförderung, während der andere als Steuerungsorgan wirkt, indem er lediglich zur stetigen Abdichtung zwischen Saug- und Druckraum dient.

Hierher gehören z. B. die Pumpen von Repsold, Henry, Root, Greindl usw.

Bei allen diesen Konstruktionen von Pumpen mit zwei Wellen findet die gegenseitige Berührung der beiden Drehkörper, also die Abdichtung zwischen Saug- und Druckraum nach einer Linie, nicht nach einer Fläche statt. Eine geringfügige Abnützung oder eine kleine Ungenauigkeit in der Ausführung hat daher einen nicht unbedeutenden Verlust an der Pumpenlieferung durch Rückfluß zur Folge. Wesentlich günstiger liegen in dieser Hinsicht die Verhältnisse bei den Drehkolbenpumpen. Es sei deshalb hier von einer Behandlung der vorgenannten älteren Pumpen abgesehen unter Hinweis auf die diesbezüglichen Ausführungen in dem Werk: Die Pumpen von Hartmann-Knoke, III. Auflage von H. Berg, Verlag von J. Springer, Berlin.

Das den Drehkolbenpumpen gemeinsame Konstruktionsprinzip besteht darin, daß durch die Anordnung eines im Mittelpunkte des Pumpengehäuses feststehenden Kernes ein ringförmiger Raum zwischen diesem Kern und der Gehäusewand geschaffen ist, in welchem sich mehrere Verdränger (Drehkolben) hintereinander herbewegen, indem

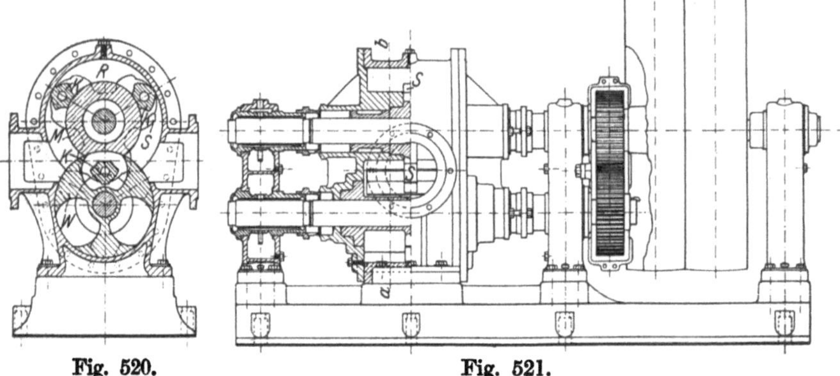

Fig. 520.   Fig. 521.

dieselben an einer von der Triebwelle der Pumpe gedrehten Scheibe befestigt sind. Die Berührung dieser Drehkolben mit der Gehäusewand und der Mantelfläche des Kerns findet in breiten Flächen statt. Anderseits wird die Abdichtung zwischen Saug- und Druckraum durch eine sich drehende Walze, welche für den Durchtritt der Kolben beim Übergang vom Druckraum in den Saugraum mit Aussparungen versehen ist, ebenfalls durch Flächen bewirkt. Die Drehung dieser Walze geschieht in den meisten Fällen durch ein außerhalb des Pumpengehäuses angebrachtes Stirnrädergetriebe. Da die Steuerwalze nur ein Abschluß- organ darstellt und an der Förderung nicht teilnimmt, so hat das Zahn- rädergetriebe außer zur Überwindung der Reibungswiderstände ein Arbeitsmoment nicht zu übertragen, es arbeitet daher mit sehr geringer Belastung, also unter wesentlich günstigeren Bedingungen als bei den älteren Konstruktionen, bei welchen die beiden Drehkörper im Gehäuse in gleichem Maße an der Flüssigkeitsförderung beteiligt sind.

Die älteste der zu dieser Pumpengruppe gehörigen Konstruktionen ist die in Fig. 520 und 521 dargestellte Rotationspumpe der Firma

Karl Enke in Schkeuditz bei Leipzig. Eine in der Mitte des Gehäuses auf der Antriebswelle sitzende, verzahnte Platte S trägt auf jeder Seite drei Kolben K, welche die Flüssigkeit durch den ringförmigen Raum R von der Saugseite nach der Druckseite schieben. Die durch ein außerhalb des Gehäuses liegendes Stirnrädergetriebe gedrehte Steuerwalze W besitzt drei Aussparungen, durch welche die Kolben frei, d. h. ohne daß sie mit den Kanten der Walze in Berührung kommen, hindurchgehen. Die Steuerwalze bildet einen über die ganze Breite des Gehäuses sich erstreckenden Zylinder, welcher durch seine Berührung einerseits mit der zylindrischen Gehäusewand, andererseits mit dem in seinem unteren Teile kreisbogenförmig ausgeschnittenen feststehenden Kern M die Abdichtung zwischen Saug- und Druckraum bewirkt. In ihrer Mitte ist die Walze, der Verzahnung der kolbentragenden Platte entsprechend, ausgespart, so daß in dem mittleren Teile eine gegenseitige Abwicklung der beiden Drehkörper stattfindet. Die beiden Wellen werden von langen, mit Ringschmierung versehenen Lagern getragen und sind durch Stopfbüchsen abgedichtet, deren der Firma patentierte Kon-

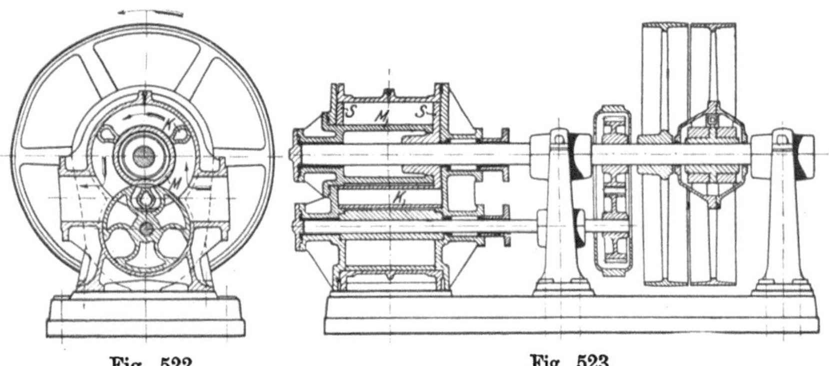

Fig. 522.Fig. 523.

struktion ein Schiefziehen unmöglich macht. Eine Reibung der aneinander vorbeigleitenden Teile in den Dichtungsflächen infolge von Durchbiegung der Wellen ist dadurch ausgeschlossen, daß die Naben der beiden Drehkörper unmittelbar im Gehäuse abgestützt sind, eine Durchbiegung der Wellen durch das Gewicht der Drehkörper oder den auf diesen lastenden Flüssigkeitsdruck also nicht vorhanden ist. Diese Pumpen werden für eine minutliche Lieferung von 0,03—12,0 cbm mit 160—50 Umdrehungen bei dünnen Flüssigkeiten und von 0,05—8,5 cbm mit 110 bis 35 Umdrehungen bei dicken Flüssigkeiten gebaut.

Bei der in Fig. 522 und 523 veranschaulichten **Kapselpumpe der Peniger Maschinenfabrik und Eisengießerei in Penig i. S.** sind die Drehkolben K an ihren Enden durch zwei im Gehäuse geführte kreisrunde Scheiben S miteinander verbunden, wobei die eine Scheibe mittels Nabe auf der Triebwelle befestigt ist. Der zylindrische Kern M, um welchen sich die Kolben drehen, ist mit dem linken Gehäusedeckel zusammengegossen. Die Wellen sind beiderseits von Büchsen getragen. Diese Pumpen werden für eine minutliche Lieferung von 0,025 cbm bei 200 Umdrehungen bis 15,0 cbm bei 65 Umdrehungen gebaut. Nach Angabe der Firma kann die Förderhöhe 60 m, eventuell noch mehr, bei guter Leistung betragen.

Die Kreiskolbenpumpe, Fig. 524 und 525, der Firma C. H. Jäger & Co. in Leipzig-Plagwitz besitzt drei Drehkolben K, welche von einer in der Mitte des Gehäuses angeordneten, kreisrunden Scheibe S getragen sind. Die Steuerwalze von verhältnismäßig sehr großem Durchmesser hat vier große Kammern H, durch welche die Kolben mit reichlichem Spielraum hindurchtreten, unter gleichzeitigem Abschlusse der Druck- von der Saugseite durch die Kanten der Walze (vgl. Fig. 524). Beim Eintreten des Kolbens in die Kammer wird ein Teil der Flüssigkeit aus dieser verdrängt. Um dieser Flüssigkeitsmenge einen reichlichen Austrittsquerschnitt zu verschaffen, sind in den beiden Gehäusedeckeln seitliche Ausbuchtungen A angebracht, so daß die Flüssigkeit auch auf den beiden Stirnseiten aus den Kammern H austreten bzw., wenn der Kolben die Kammer verläßt, in diese eintreten kann. Die Aussparungen B in der unteren Zylinderwand dienen zur Entlastung der

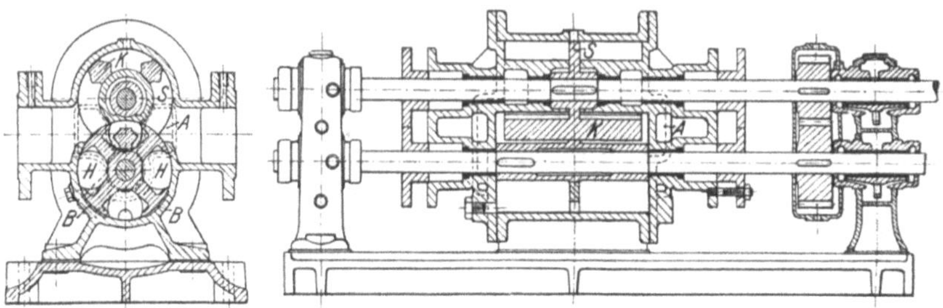

Fig. 524.   Fig. 525.

Steuerwalze. Sie sind durch Kanäle, welche sich ebenfalls in den Deckeln befinden, mit den gegenüberliegenden Druckflächen in Verbindung gesetzt und erhalten dadurch den gleichen Druck wie diese. Die Antriebswelle ist durch vier, die Welle der Steuerwalze durch zwei im Gehäuse eingesetzte Büchsen getragen. Die Pumpen werden von der genannten Firma in Größen für eine Lieferung von 0,08 cbm pro Minute bei 250 Umdrehungen, bis 14,0 cbm pro Minute bei 60 Umdrehungen, Wasser als Förderflüssigkeit angenommen, zur Ausführung gebracht. Die Umdrehungszahl kann um $50^0/_0$ höher oder niedriger als die angegebene gewählt werden. Als oberste Grenze der Förderhöhe wird für Dauerbetrieb bei kleinen Pumpen 30 m, bei den größeren 40 m, für zeitweisen Betrieb (Springbrunnen, Feuerspritzen) 70 m angegeben. Bei Förderhöhen über 30 m wird das Hintereinanderschalten zweier gleich großer Pumpen empfohlen.

Bei der Konstruktion der Rotationspumpe von F. H. E. Lehmann, Ingenieur in Eilenburg, Prov. Sachsen, ist der Vermeidung von Wirbelbildungen und Stößen beim Durchgang der Flüssigkeit durch das Pumpengehäuse in besonderer Weise Rechnung getragen. Der Konstruktion liegt folgender Gedanke zugrunde:

Beim Eintritt des Kolbens in die Steuerkammer (s. Fig. 526) wird die Flüssigkeit aus letzterer vom Kolben verdrängt und muß, da ihr nur ein kleiner Spalt für den Austritt zur Verfügung steht, stark beschleunigt werden, wodurch Ungleichmäßigkeit der Flüssigkeitsbewegung, ver-

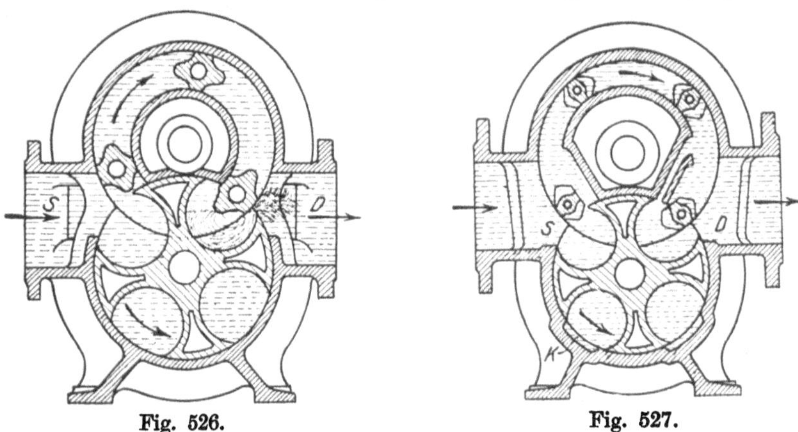

Fig. 526.   Fig. 527.

bunden mit Stoß, hervorgerufen wird. In ähnlicher Weise muß beim Austritt des Kolbens aus der Kammer der vom Kolben freigemachte Raum mit Flüssigkeit angefüllt werden. Bei großen Umdrehungszahlen liegt hierbei die Gefahr vor, daß der Druck im Saugraum nicht genügt,

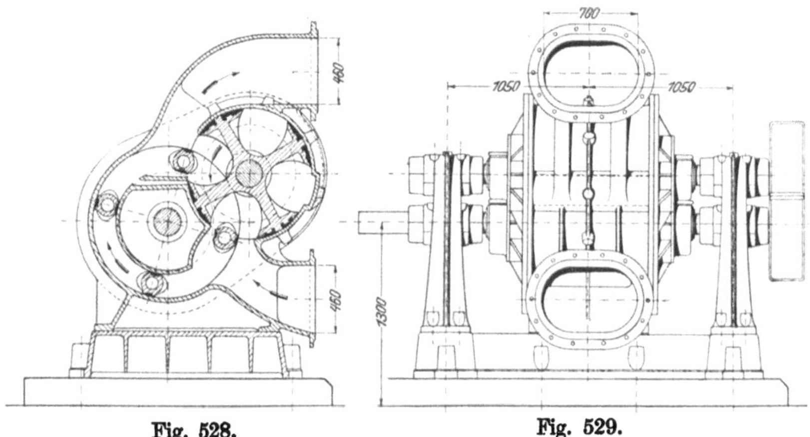

Fig. 528.   Fig. 529.

um der Flüssigkeit die nötige Eintrittsgeschwindigkeit zu verleihen, so daß in der Steuerkammer ein Vakuum entsteht, welches in der Folge unter Entstehung von Wasserschlag ausgefüllt wird. Um diese Übelstände zu vermeiden und selbst bei hoher Umdrehungszahl eine stoßfreie Bewegung der Flüssigkeit zu erzielen, ist bei der Lehmannpumpe der Kern, um welchen die Drehkolben kreisen, mit Kanälen (Fig. 527, rechts) oder Aussparungen (Fig. 527, links) versehen. Dadurch ist erreicht, daß die Flüssigkeit zu beiden Seiten der Kolben in die Kammer ein- bzw. aus ihr ausströmen kann, ohne daß Wirbelbildung und starke Geschwindigkeitsänderung entsteht.

Die Fig. 528 und 529 zeigen eine große Lehmann-Pumpe für normal 29,24 cbm pro Minute bei 68 Umdrehungen, maximal 34,40 cbm bei 80 Umdrehungen. Die vier Drehkolben sind ebenso wie die Steuerwalze mit auswechselbaren Dichtungsplatten versehen. Zur Entlastung der Steuerwalze ist in deren Gehäuse eine Aussparung angebracht.

Bei der Sichelpumpe von A. Freundlich in Düsseldorf (D.R.P. Nr. 156261) Fig. 530—533 liegt der Mittelpunkt der Steuerwalze innerhalb des von den Flügeln (Kolben) beschriebenen Raums. Die Steuerwalze ist als Hohlkörper von sichelförmiger Gestalt (Fig. 532) aus-

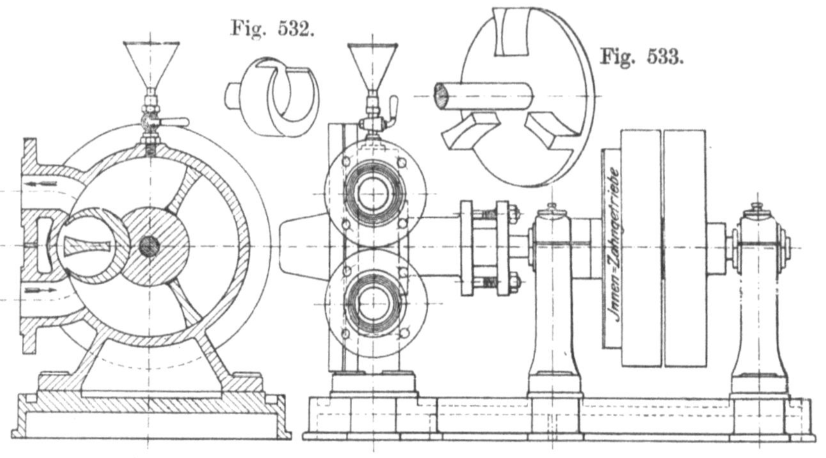

Fig. 530.   Fig. 531.

geführt; sie wird durch ein Getriebe mit Innenverzahnung, welche in Ölbad läuft, von der Antriebswelle der Pumpe in gleichem Sinn wie die Flügelscheibe gedreht und macht während einer Umdrehung der letzteren ebenso viele Umdrehungen, als Flügel vorhanden sind, wobei sie sich beim Übergang der Flügel vom Druckraum in den Saugraum um diese herumdreht. Da ein besonderes Gehäuse für die Steuerwalze nicht erforderlich ist und die letztere sehr kleine Abmessungen erhält, so besitzt die Pumpe einen außerordentlich gedrängten Bau, ihre Anordnung verlangt aber, daß die Steuerwalze auf ihrer Welle fliegend angebracht wird. Die Pumpen werden für eine minutliche Lieferung von 0,13—2,03 cbm bei 160—110 Umdrehungen für dünne Flüssigkeiten und von 0,08—1,66 cbm bei 120—80 Umdrehungen für dicke Flüssigkeiten ausgeführt.

Zu der gleichen Pumpengruppe gehört auch die Rotationspumpe von Selwig & Lange in Braunschweig (Fig. 534 und 535). Die Antriebswelle trägt eine Scheibe mit 6 Kolben; eine im Raume innerhalb der kreisenden Kolben liegende Steuerwalze mit 3 Kammern wird von den Kolben unmittelbar durch Mitnahme in Drehung versetzt. Die Pumpe wird für eine minutliche Fördermenge von 0,08—0,64 cbm bei 200 bis 90 Umdrehungen gebaut. Nach Angabe der Firma eignet sie sich hierbei für die Förderung von dünnen Flüssigkeiten auf Höhen bis 15 m, bei

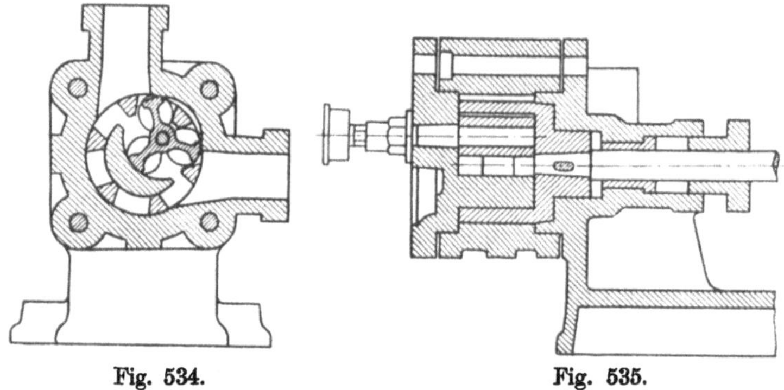

Fig. 534.   Fig. 535.

größeren Förderhöhen ist die Umdrehungszahl geringer zu nehmen; beim Heben dicker Flüssigkeiten sind Umdrehungszahlen zweckmäßig, die bis auf die Hälfte der angegebenen heruntergehen. Da die im Druck-rohr befindliche Flüssigkeit beim Abstellen der Pumpe die Steuerwalze und damit auch die Flügelscheibe zu-rückzutreiben vermag, wobei dann die Pumpe sich ent-leeren würde, ist im Saug-oder Druckrohr ein Rück-schlagventil anzubringen.

Pumpen mit drei parallelen Wellen.

Ein Beispiel für diese Gruppe von Rotations-pumpen ist die von der Maschinen- und Arma-turfabrik vorm. Klein, Schanzlin und Becker in Frankenthal nach dem Pa-tent von Joh. Klein (D.R.P.

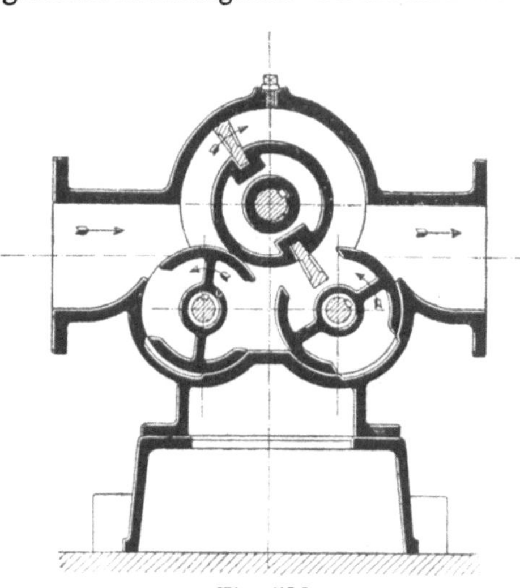

Fig. 536.

Nr. 80397) gebaute Walzenpumpe Fig. 536. Dieselbe hat eine mit zwei einander diametral gegenüberstehenden Flügeln versehene Förder-walze und zwei mit weiten Ausschnitten für den freien Durchgang der Flügel versehene Steuerwalzen. Während des Durchtritts des Flügels durch eine Steuerwalze wird die Abdichtung zwischen Druck- und Saugraum von der anderen besorgt. Alle drei Walzen haben gleichen Durchmesser und gleiche Umfangsgeschwindigkeit, so daß sie an ihrer gegenseitigen Berührungsstelle nicht aneinander schleifen. Die beiden Steuerwalzen sind durch Aussparung im Gehäuse von einseitigem Flüssigkeitsdruck entlastet. Die Pumpen werden für eine minutliche Lieferung von 0,047—0,667 cbm bei 200—130 Umdrehungen gebaut.

Geförderte Flüssigkeitsmenge, Lieferungsgrad, Gesamtwirkungsgrad.

Die Flüssigkeitsmenge, welche theoretisch pro Umdrehung vom Saugraum in den Druckraum gefördert wird, läßt sich für die einzelnen Pumpenarten leicht aus der Zeichnung der Pumpe bestimmen. Die tatsächlich geförderte Flüssigkeitsmenge ist kleiner, da die Abdichtung durch Linien oder Flächen, welche sich ohne gegenseitige Pressung berühren, eine unvollkommene ist und infolgedessen ein Rückströmen vom Druck- nach dem Saugraum stattfindet. Die hierdurch entstehenden Lieferungsverluste sind teils stetig andauernde und von der Umdrehungszahl unabhängige, teils bei jeder Umdrehung bei gewissen Kolbenstellungen sich wiederholende. Letztere sind im allgemeinen pro Umdrehung um so kleiner, je größer die Umdrehungsgeschwindigkeit der Drehkörper ist; sie wiederholen sich aber in der Zeiteinheit um so öfter, je mehr Umdrehungen die Pumpe macht. Da sich somit der absolute Wert des ganzen Lieferungsverlustes mit der Umdrehungszahl der Pumpe nicht wesentlich ändert, so ist der relative Wert um so kleiner und dementsprechend der Lieferungsgrad der Pumpe um so größer, je mehr die Pumpe fördert, d. h. je größer ihre Umdrehungszahl ist.

Bezeichnet:

V die pro Umdrehung theoretisch geförderte Flüssigkeitsmenge in cbm,

n die Umdrehungszahl der Antriebswelle in der Minute,

$Q = \dfrac{V \cdot n}{60}$ die theoretisch in der Sekunde verdrängte Flüssigkeitsmenge in cbm.

Q_v die in der Sekunde zurückfließende Flüssigkeitsmenge in cbm,

$Q_e = Q - Q_v$ die tatsächlich geförderte Flüssigkeitsmenge in cbm, so ist der volumetrische Wirkungsgrad oder der Lieferungsgrad:

$$\eta_v = \frac{Q_e}{Q} = \frac{Q - Q_v}{Q} = 1 - \frac{Q_v}{Q} = 1 - \frac{60\,Q_v}{V \cdot n} \quad \ldots \ldots \quad 379$$

d. h. um so größer, je größer die Umdrehungszahl der Pumpe ist.

Von wesentlichem Einfluß auf den Lieferungsverlust ist natürlich auch die Förderhöhe: bei wachsender Förderhöhe wird die rückfließende Flüssigkeitsmenge größer, der Lieferungsgrad der Pumpe nimmt ab.

Zu dem Arbeitsverlust durch Rückfließen infolge von Undichtheit tritt als weiterer Verlust der notwendige Arbeitsaufwand zur Überwindung der hydraulischen Bewegungswiderstände und der Widerstände infolge der gegenseitigen Reibung der bewegten Konstruktionsteile.

Die hydraulischen Widerstände in den Leitungen sind die gleichen wie bei Kolbenpumpen; es kann daher auf die diesbezüglichen Auseinandersetzungen im Abschnitt Kolbenpumpen verwiesen werden. Der Ventilwiderstand ist nicht vorhanden, dagegen entstehen je nach der Pumpenkonstruktion größere oder kleinere Geschwindigkeitsänderungen und damit verknüpfte Widerstände beim Durchgang der Flüssigkeit durch die Pumpe. Nach den Lehren der Hydraulik sind diese hydraulischen Widerstände unabhängig von dem Flüssigkeitsdruck, also der Förderhöhe, sie wachsen aber beträchtlich mit der Flüssigkeitsgeschwindigkeit, also der Umdrehungszahl der Pumpe.

Die Reibungswiderstände der Konstruktionsteile setzen sich zusammen aus der gegenseitigen Reibung der abdichtenden Flächen, der Zahnreibung der Stirnräder bei Pumpen mit mehreren Wellen, der Lager- und Stopfbüchsenreibung usw. Der absolute Wert der notwendigen Arbeit zur Überwindung dieser Widerstände wächst mit der Umdrehungszahl und mit der Belastung der Getriebewelle, also mit der Förderhöhe.

Aus dem Vorstehenden geht hervor, daß Umdrehungszahl und Förderhöhe die einzelnen Arbeitsverluste in verschiedener Weise beeinflussen. Im allgemeinen wird es zutreffen, daß die Gesamtsumme der Arbeitsverluste mit der Umdrehungszahl und Förderhöhe wächst. Da aber gleichzeitig auch die Leistung der Pumpe zunimmt, so kann der relative Wert der Arbeitsverluste trotzdem kleiner oder der Gesamtwirkungsgrad, welcher gleich dem Verhältnis der Nutzarbeit zur Antriebsarbeit ist, größer sein.

Die rechnungsmäßige Ermittlung der Arbeitsverluste im einzelnen wie auch in ihrer Gesamtheit ist nicht möglich; es sind daher die günstigsten Arbeitsbedingungen für eine bestimmte Pumpenkonstruktion auf dem Versuchswege zu ermitteln. Näheres hierüber gibt die oben (S. 413) angeführte Abhandlung von Kammerer.

Solange nicht weitere durch zuverlässige Versuche ermittelte Werte über den Gesamtwirkungsgrad der Rotationspumpen bekannt gegeben sind, dürfte derselbe unter günstigen Verhältnissen zu 0,6—0,75, bei großen Pumpen unter Umständen noch wesentlich höher, anzunehmen sein.

Die notwendige Antriebsarbeit N der Pumpe in Pferdestärken ergibt sich aus:

$$N = \frac{\gamma Q_e H}{\eta \cdot 75} \quad \ldots \ldots \ldots \ldots \quad 380$$

oder der Gesamtwirkungsgrad

$$\eta = \frac{\gamma Q_e H}{75 N} \quad \ldots \ldots \ldots \ldots \quad 381$$

wenn γ das Gewicht eines cbm der Förderflüssigkeit in kg, H die Summe der Saug- und der Druckhöhe ausschließlich der Widerstände in m bezeichnet.

Das an der treibenden Welle auszuübende Drehmoment ist bestimmt durch:

$$M_d = 71\,620\,\frac{N}{n} \text{ cm kg} \ldots \ldots \ldots \quad 382$$

Ausführung, Betrieb und Verwendung.

Die Ausführung der Pumpengehäuse und Drehkörper erfolgt in der Regel ganz in Eisen, oder diejenige des Gehäuses in Eisen, der Drehkörper in Bronze. Wenn die chemischen Eigenschaften der Förderflüssigkeit die Verwendung von Eisen nicht gestatten, wird die Pumpe ganz in Bronze, unter Umständen in Hartblei hergestellt. Um einen ruhigen, stoßfreien Gang zu erzielen, werden die Zahnräder der mehrachsigen Pumpen mit kleiner Teilung, zuweilen auch als Pfeilräder ausgeführt. Der Bemessung und Lagerung der Wellen ist die größte Beachtung zu schenken, bei den besseren Ausführungen werden meist Ringschmierlager von großer Länge vorgesehen. Die Abdichtung geschieht durch Stopfbüchsen mit Hanf- oder Baumwoll-, seltener Metallpackung. Um das Einsaugen von Luft zu verhüten, können die Stopfbüchsen mit einem Gehäuse umgeben und unter Wasser gesetzt werden.

Bei Pumpen, welche eine gleichmäßige Förderung ergeben, kann die Umdrehungszahl ziemlich hoch genommen werden, was aber wegen der Abnützung und der damit verbundenen allmählichen Verminderung des Wirkungsgrades infolge von Undichtheit nicht von Vorteil ist. Bei den gebräuchlichen Ausführungen liegen die Umdrehungszahlen zwischen 250 bei den kleinen und 50 bei den größten Pumpen, während bei den ganz kleinen Modellen bis 400 und 500 Umdrehungen und höher gegangen wird. Die Rotationspumpen sind daher hauptsächlich für Riemenantrieb geeignet. Die Saugleitung wird in der Regel mit einem Fußventil und einer Auffüllvorrichtung versehen, es sind dann Saughöhen von 7—8 m bei kaltem Wasser erreichbar. Heiße und kochende Flüssigkeiten können ebenso wie bei Kolbenpumpen nicht gesaugt werden, sie müssen der Pumpe zulaufen. Als geeignete Druckhöhe kann durchschnittlich 30—40 m angenommen werden. Windkessel sind bei vielen, aber nicht bei allen Konstruktionen entbehrlich. Die Fördermenge kann in einfachster Weise durch Änderung der Umlaufszahl, wo dies nicht angängig ist, nicht etwa durch Drosselung in der Saug- oder Druckleitung, sondern durch eine Umlaufleitung, welche die Druck- mit der Saugseite verbindet und mit einem Hahn, Schieber oder Ventil versehen ist, geändert werden.

Vermöge des Umstandes, daß die Rotationspumpen sich nicht nur für dünne, sondern im Gegensatz zu den Ventilpumpen auch für dicke und breiige Flüssigkeiten und solche mit Beimengungen aller Art sehr gut eignen, ist ihr Verwendungsgebiet in der Industrie ein außerordentlich großes. Für Flüssigkeiten, welche harte Teilchen, wie Sand, mit sich führen, eignen sich die Rotationspumpen wegen des zu rasch eintretenden Verschleißes der Dichtungsflächen und des dadurch entstehenden großen Lieferungsverlustes nicht.

Alphabetisches Namen- und Sachverzeichnis.

Additional material from *Die Kolbenpumpen einschließlich der Flügel- und Rotationspumpen*
ISBN 978-3-662-24071-7 (978-3-662-24071-7_OSFO1.pdf),
is available at http://extras.springer.com

Additional material from *Die Kolbenpumpen einschließlich der Flügel- und Rotationspumpen*
ISBN 978-3-662-24071-7 (978-3-662-24071-7_OSFO2.pdf),
is available at http://extras.springer.com

Additional material from *Die Kolbenpumpen einschließlich der Flügel- und Rotationspumpen*
ISBN 978-3-662-24071-7 (978-3-662-24071-7_OSFO3.pdf),
is available at http://extras.springer.com

Additional material from *Die Kolbenpumpen einschließlich der Flügel- und Rotationspumpen* ISBN 978-3-662-24071-7 (978-3-662-24071-7_OSFO4.pdf), is available at http://extras.springer.com

Additional material from *Die Kolbenpumpen einschließlich der Flügel- und Rotationspumpen*

ISBN 978-3-662-24071-7 (978-3-662-24071-7_OSFO5.pdf),

is available at http://extras.springer.com

Additional material from *Die Kolbenpumpen einschließlich der Flügel- und Rotationspumpen*

ISBN 978-3-662-24071-7 (978-3-662-24071-7_OSFO6.pdf),

is available at http://extras.springer.com

Additional material from *Die Kolbenpumpen einschließlich der Flügel- und Rotationspumpen*
ISBN 978-3-662-24071-7 (978-3-662-24071-7_OSFO7.pdf),
is available at http://extras.springer.com

Additional material from *Die Kolbenpumpen einschließlich der Flügel- und Rotationspumpen*

ISBN 978-3-662-24071-7 (978-3-662-24071-7_OSFO8.pdf),

is available at http://extras.springer.com

Additional material from *Die Kolbenpumpen einschließlich der Flügel- und Rotationspumpen*
ISBN 978-3-662-24071-7 (978-3-662-24071-7_OSFO9.pdf),
is available at http://extras.springer.com

Additional material from *Die Kolbenpumpen einschließlich der Flügel- und Rotationspumpen* ISBN 978-3-662-24071-7 (978-3-662-24071-7_OSFO10.pdf), is available at http://extras.springer.com

Additional material from *Die Kolbenpumpen einschließlich der Flügel- und Rotationspumpen*

ISBN 978-3-662-24071-7 (978-3-662-24071-7_OSFO11.pdf),

is available at http://extras.springer.com

Additional material from *Die Kolbenpumpen einschließlich der Flügel- und Rotationspumpen*

ISBN 978-3-662-24071-7 (978-3-662-24071-7_OSFO12.pdf),

is available at http://extras.springer.com

Bau und Berechnung der Dampfturbinen. Eine kurze Einführung. Von Studienrat Oberingenieur **Franz Seufert**, (Stettin). Mit 54 Textabbildungen. Preis M. 5.—.

Anleitung zur Durchführung von Versuchen an Dampfmaschinen, Dampfkesseln, Dampfturbinen und Verbrennungskraftmaschinen. Zugleich Hilfsbuch für den Unterricht in Maschinenlaboratorien technischer Lehranstalten. Von Studienrat Oberingenieur **Fr. Seufert**, Stettin. Sechste, erweiterte Auflage. Mit 52 Textabbildungen. Preis M. 14.-.

Bau und Berechnung der Verbrennungskraftmaschinen. Eine Einführung von Studienrat Obering. **Fr. Seufert.** Zweite, verbesserte Auflage. Mit 94 Abbildungen und 2 Tafeln. Preis M. 11.—.

Das Entwerfen und Berechnen der Verbrennungskraftmaschinen und Kraftgas-Anlagen. Von Dr.-Ing. e. h. **Hugo Güldner**, Maschinenbaudirektor, Vorstand der Güldner-Motoren-Gesellschaft in Aschaffenburg. Dritte, neubearbeitete und bedeutend erweiterte Auflage. Mit 1282 Textfiguren, 35 Konstruktionstafeln und 200 Zahlentafeln. Unveränderter Neudruck. Gebunden Preis M. 120.—.

Der Bau des Dieselmotors. Von Ing. **Kamillo Körner**, o. ö. Professor an der deutschen Technischen Hochschule in Prag. Unveränderter Neudruck. Mit 500 Textfiguren. Gebunden Preis M. 68.—

Ölmaschinen. Wissenschaftliche und praktische Grundlagen für Bau und Betrieb der Verbrennungsmaschinen. Von Prof. **St. Löffler** und Prof. **A. Riedler**, Berlin. Mit 228 Textabb. Gebunden Preis M. 16.—.

Schnellaufende Dieselmaschinen unter besonderer Berücksichtigung der während des Krieges ausgebildeten U-Boots-Dieselmaschinen und Bord-Dieseldynamos. Von Marinebaum. Dr.-Ing. **Otto Föppl** und Dr.-Ing. **H. Strombeck**, Wilhelmshaven. Mit 95 Textabb. u. 6 Taf., darunter Zusammenstellungen von Masch. von AEG, Benz, Daimler, Germaniawerft, Görlitzer M. A.-G., Körting u. MAN-Augsburg. Preis M. 16.—; gebunden M 21.—.

Ölmaschinen, ihre theoretischen Grundlagen und deren Anwendung auf den Betrieb unter besonderer Berücksichtigung von Schiffsbetrieben. Von Marine-Oberingenieur **M. W. Gerhards.** Zweite, vermehrte und verbesserte Auflage. Mit 77 Textabbildungen. Gebunden Preis M. 30.—.

Schiffsölmaschinen. Ein Handbuch zur Einführung in die Praxis des Schiffs-Ölmaschinenbetriebes. Von Direktor Dipl.-Ing. Dr. **W. Scholz** in Hamburg. Zweite, verbesserte und erheblich erweiterte Auflage. Mit 143 Textabbildungen. Preis M. 12.— ; gebunden M. 14.—.

Betrieb und Bedienung von ortsfesten Viertakt-Dieselmaschinen. Von Dipl.-Ing. **Arthur Balog** und Werkführer **Salomon Sygall.** Mit 58 Textabbildungen und 8 Tafeln. Preis M. 7.—.

Hierzu Teuerungszuschläge

Maschinentechnisches Versuchswesen. Von Prof. Dr.-Ing.
A. Gramberg. Erster Band: **Technische Messungen bei Maschinenuntersuchungen und zur Betriebskontrolle.** Zum Gebrauch in Maschinenlaboratorien und in der Praxis. Vierte, vielfach erweiterte und umgearbeitete Auflage. Gebunden Preis M. 64.—.
Zweiter Band: **Maschinenuntersuchungen und das Verhalten der Maschinen im Betriebe.** Ein Handbuch für Betriebsleiter, ein Leitfaden zum Gebrauch bei Abnahmeversuchen und für den Unterricht an Maschinenlaboratorien. Mit 326 Textfiguren. Zweite, neubearbeitete Auflage.
In Vorbereitung.

Technische Untersuchungsmethoden zur Betriebskontrolle, insbesondere zur Kontrolle des Dampfbetriebes. Zugleich ein Leitfaden für die Übungen in den Maschinenbaulaboratorien technischer Lehranstalten. Von Professor **Julius Brand,** Oberlehrer an den Vereinigten Maschinenbauschulen zu Elberfeld. Mit einigen Beiträgen von Dipl.-Ing. Oberlehrer **Robert Heermann.** Vierte, verbesserte Auflage. Mit 277 Textabbildungen, 1 lithographischen Tafel und zahlreichen Tabellen.
Gebunden Preis M. 60.—.

Technische Wärmelehre der Gase und Dämpfe. Eine Einführung für Ingenieure und Studierende. Von **Franz Seufert,** Oberingenieur und Studienrat an der höheren Maschinenbauschule in Stettin. Zweite Auflage. Mit 25 Abb. und 5 Zahlentafeln. In Vorbereitung.

Verbrennungslehre und Feuerungstechnik. Von Studienrat Oberingenieur **Franz Seufert.** Mit 19 Textabbildungen, 13 Zahlentafeln und vielen Berechnungsbeispielen. Erscheint im Frühjahr 1921.

Neue Tabellen und Diagramme für Wasserdampf. Von Dr. **R. Mollier,** Professor an der Technischen Hochschule in Dresden. Mit 2 Diagrammtafeln. Unveränderter Neudruck. Preis M. 4.—.

Verdampfen, Kondensieren und Kühlen. Erklärungen, Formeln und Tabellen für den praktischen Gebrauch. Von Baurat E. Hausbrand. Sechste, vermehrte Auflage. Mit 59 Figuren im Text und 113 Tabellen. Unveränderter Neudruck. Gebunden Preis M. 60.—.

Taschenbuch für den Maschinenbau. Unter Mitwirkung bewährter Fachgelehrter herausgegeben von Professor **Heinrich Dubbel,** Ingenieur in Berlin. Dritte, erweiterte und verbesserte Auflage. Mit 2620 Textfiguren und 4 Tafeln. In Ganzleinen.
In zwei Teilen: In einem Band gebunden Preis M. 70.—.
In zwei Bänden gebunden Preis M. 84.—.

Hilfsbuch für den Maschinenbau. Für Maschinentechniker sowie für den Unterricht an technischen Lehranstalten. Unter Mitwirkung von hervorragenden Fachgelehrten herausgegeben von Oberbaurat **Fr. Freytag †,** Professor i. R. Sechste, erweiterte und verbesserte Auflage. Mit 1288 in den Text gedruckten Figuren, einer farbigen Tafel und 9 Konstruktionstafeln. In Ganzleinen gebunden Preis M. 60.—.

Hierzu Teuerungszuschläge